내가 뽑은 원픽! 최신 출제경향에 맞춘 최고의 수험서

2026 나무의사
핵심문제집

윤준원, 김태성 공저

PROFILE
저자 약력

윤준원

KT, 경기도농업기술원, 국립농산물품질관리원 근무
나무의사
문화재수리기술사(식물보호)
문화재수리기능공(조경, 식물보호)
산림기사
식물보호기사, 식물분류기사
유기농업기사, 유기농업기능사, 종자기능사
정보통신기술자(고급)

블로그 https://m.blog.naver.com/ktjunjun
유튜브 나무의사윤준원TV

김태성

나무의사
문화재수리기술자(식물보호)
식물보호기사
식물보호산업기사
산림기사
도시농업관리사
농학석사

머리말

나무의사는 여전히 공부하기 힘든 자격시험으로 여겨지고 있습니다.

시험대비 강의를 하면서 여러 수강생들로부터 문제중심의 강의를 해달라는 많은 요청이 있었습니다. 많은 수강생들이 어려움을 호소하는 내용은 비슷합니다.
어느 정도 내용을 알겠으나 문제로 나오면 정확히 답을 고를 수 없어 점수 올리기가 어렵다, 현장일로 공부할 시간은 부족한데 범위는 방대하다, 암기해야 할 분량이 많다, 이해가 가지 않는 부분도 많다.

이러한 의견들을 수렴하고 이렇게 어려운 여건 속에서 공부하시는 분들을 위해 효과적으로 공부할 수 있도록, 시험을 보셨던 분들의 기억과 공개된 기출문제를 응용해서 문제를 만들고 시험에 적응할 수 있도록 모의고사까지 완성한 본 나무의사 핵심문제집 도서를 출간하게 되었습니다.

기본을 다져 놓아야 점수를 올릴 수 있습니다.
문제를 많이 풀어 보시어 지금까지 쌓은 실력을 점검하는 기회로 생각하시면 좋겠습니다.

포기하지 않고 꾸준히 준비한다면 충분히 합격 가능한 시험이라고 감히 말씀드려 봅니다.
또한 본 도서에 있는 문제들을 빠짐없이 풀어보신다면 합격으로 가는 길은 분명 훨씬 가까워진다는 말씀도 드립니다. 감사합니다.

공저자 씀

Tree Doctor
나무의사 가이드

나무의사 자격정보

- 자격명 : 나무의사
- 자격의 종류 : 국가전문자격
- 자격발급기관 : 한국임업진흥원(KOFPI)
- 검정수수료 : 1차 20,000원, 2차 47,000원
- 관련근거 : 산림보호법 및 같은 법 시행령, 시행규칙

나무의사 제도 및 수목진료 체계

- 제도 : 전문자격을 가진 나무의사가 수목의 상태를 정확히 진단하고 올바른 수목치료 방법을 제시(처방전 발급)하거나 치료하는 제도
- 수목진료 체계
  - 나무의사가 있는 나무병원을 통해서만 수목진료가 가능함
  - 농작물을 제외하고 산림과 산림이 아닌 지역의 수목, 즉 모든 나무를 대상으로 함
  - 본인 소유의 수목을 직접 진료하는 경우, 국가 또는 지방자치단체가 실행하는 산림병해충 방제사업의 경우 제외
  - 기존 나무병원 등록자는 유예기간(~2023년) 안에 자격을 취득하여야 함

시험과목

구분	시험과목	시험방법	배점	문항수
1차 시험	1. 수목병리학	객관식 5지택일형	100점	25
	2. 수목해충학		100점	25
	3. 수목생리학		100점	25
	4. 산림토양학		100점	25
	5. 수목관리학(가~다 포함) 　가. 비생물적 피해(기상·산불·대기 오염 등에 의한 피해) 　나. 농약관리 　다. 「산림보호법」 등 관계 법령		100점	25
	※ 시험과 관련하여 법률·규정 등을 적용하여 정답을 구해야 하는 문제는 시험시행일 기준으로 시행 중인 법률·기준 등을 적용하여 그 정답을 구해야 함			
2차 시험	서술형 필기시험 　- 수목피해 진단 및 처방	논술형 및 단답형	100점	-
	실기시험(작업형, DVD 등) 　- 수목 및 병충해의 분류, 약제처리와 외과수술		100점	

시험 일정

- 나무의사 자격시험 시행 일정(2025년 기준)

구분	시행월	
제11회 나무의사 자격시험	1차	2025년 2월 22일
	2차	2025년 7월 12일

※ 자세한 사항은 한국임업진흥원 홈페이지를 참고하시기 바랍니다.

- 1차 시험 : 각 과목 100점을 만점으로 하여 각 과목 40점 이상, 전과목 60점 이상인 사람을 합격자로 결정
- 2차 시험 : 1차 시험에서 합격한 사람을 대상으로 논술형과 실기시험 각 100점을 만점으로 하여 각 40점 이상, 전과목 평균 60점 이상인 사람을 합격자로 결정

응시자격

1. 「고등교육법」 제2조 각 호의 학교에서 수목진료 관련 학과의 석사 또는 박사 학위를 취득한 사람
2. 「고등교육법」 제2조 각 호의 학교에서 수목진료 관련 학과의 학사학위를 취득한 사람 또는 이와 같은 수준의 학력이 있다고 인정되는 사람으로서 해당 학력을 취득한 후 수목진료 관련 직무분야에서 1년 이상 실무에 종사한 사람
3. 「초·중등교육법 시행령」 제91조에 따른 산림 및 농업 분야 특성화고등학교를 졸업한 후 수목진료 관련 직무분야에서 3년 이상 실무에 종사한 사람
4. 다음 각 목의 어느 하나에 해당하는 자격을 취득한 사람

   ㉠ 「국가기술자격법」에 따른 산림기술사, 조경기술사, 산림기사·산업기사, 조경기사·산업기사, 식물보호기사·산업기사 자격
   ㉡ 「자격기본법」에 따라 국가공인을 받은 수목보호 관련 민간자격으로서 「자격기본법」 제17조제2항에 따라 등록한 기술자격
   ㉢ 「문화재수리 등에 관한 법률」에 따른 문화재수리기술자(식물보호 분야) 자격

5. 「국가기술자격법」에 따른 산림기능사 또는 조경기능사 자격을 취득한 후 수목진료 관련 직무분야에서 3년 이상 실무에 종사한 사람
6. 수목치료기술자 자격증을 취득한 후 수목진료 관련 직무분야에서 3년 이상 실무에 종사한 사람
7. 수목진료 관련 직무분야에서 5년 이상 실무에 종사한 사람

※ 비고
  1. 수목진료 관련 학과란 조경과, 농업과, 임업과 및 수목의 피해를 진단·처방하고, 그 피해를 예방하거나 치료하는 활동과 관련된 학과로서 산림청장이 별도로 정하는 학과를 말한다.
  2. 수목진료 관련 직무분야란 나무병원, 나무의사 양성기관 등 수목피해 진단·처방·치료와 관련된 사업 분야로 산림청장이 별도로 정하여 고시하는 분야를 말한다.
  3. 나무의사 자격시험 응시를 위해서는 양성기관 교육을 필수로 이수해야 한다(양성기관 교육이수 150시간).

Tree Doctor
이 책의 특징

1. 2025년 11회 시험문제 포함, 8~11회 최신기출문제 수록

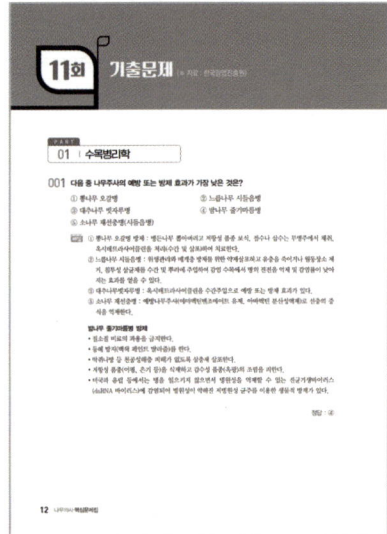
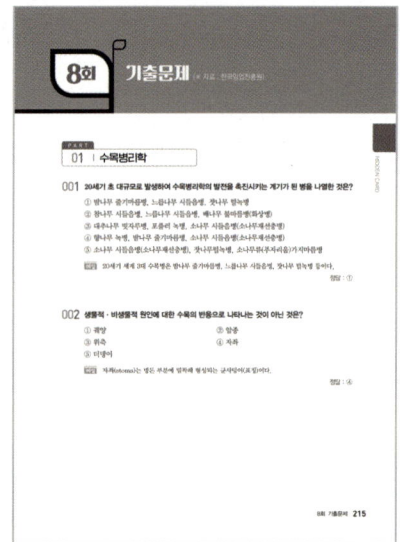

※ 1~7회 PDF 무료 제공(예문에듀 홈페이지-자료실)

2. 학습능력 UP! 최신 출제 경향에 맞춘 과목별 기출예상문제 수록

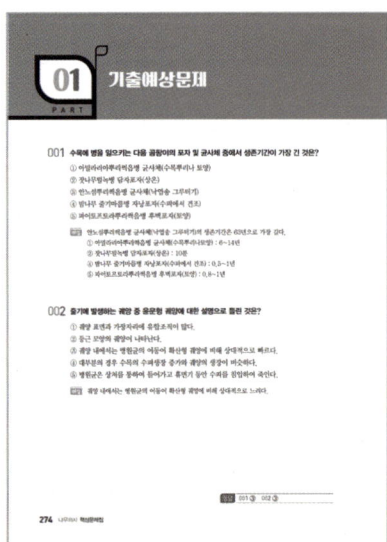
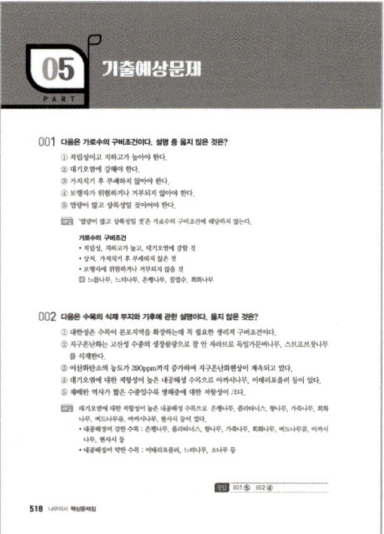

3. 탄탄한 이론 학습! 이해를 돕는 그림과 도표 다수 수록

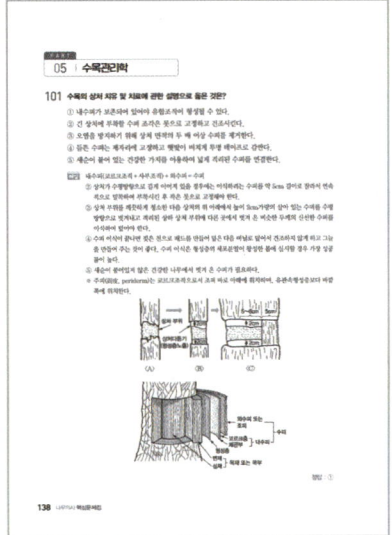

4. 완벽한 실전 대비! 실전모의고사 2회분 제공

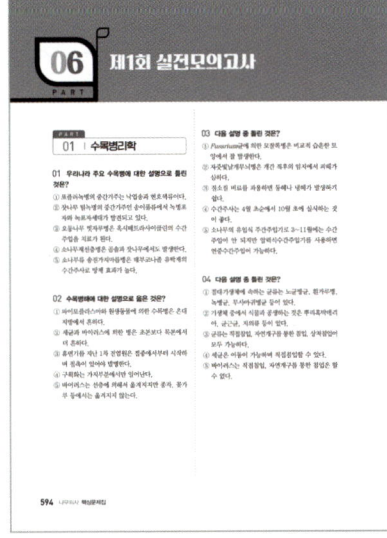
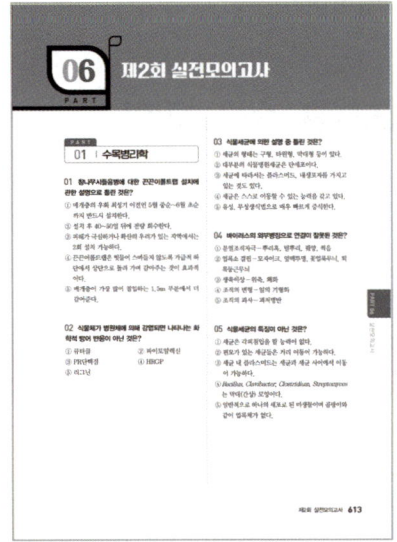

Tree Doctor

목차

HIDDEN CARD 최신기출문제
- 2025년 11회 기출문제 ········· 12
- 2024년 10회 기출문제 ········· 80
- 2023년 9회 기출문제 ········· 155
- 2022년 8회 기출문제 ········· 215

Part 01 수목병리학
- 기출예상문제 ········· 274

Part 02 수목해충학
- 기출예상문제 ········· 316

Part 03 수목생리학
- 기출예상문제 ········· 392

Part 04 산림토양학
- 기출예상문제 ········· 454

Part 05 수목관리학
- 기출예상문제 ········· 518

Part 06 실전모의고사
- 제1회 실전모의고사 ········· 594
- 제2회 실전모의고사 ········· 613
- 제1회 실전모의고사 정답 및 해설 ········· 631
- 제2회 실전모의고사 정답 및 해설 ········· 638

Tree Doctor
나무의사
[핵심문제집]

HIDDEN CARD

최신기출문제

11회 기출문제
10회 기출문제
9회 기출문제
8회 기출문제

Tree
Doctor

11회 기출문제 (※ 자료 : 한국임업진흥원)

PART 01 | 수목병리학

001 다음 중 나무주사의 예방 또는 방제 효과가 가장 낮은 것은?

① 뽕나무 오갈병
② 느릅나무 시들음병
③ 대추나무 빗자루병
④ 밤나무 줄기마름병
⑤ 소나무 재선충병(시들음병)

해설
① 뽕나무 오갈병 방제 : 병든나무 뽑아버리고 저항성 품종 보식, 접수나 삽수는 무병주에서 채취, 옥시테트라사이클린을 처리(수간 및 살포)하여 치료한다.
② 느릅나무 시들음병 : 위생관리와 매개충 방제를 위한 약제살포하고 유충을 죽이거나 월동장소 제거, 침투성 살균제를 수간 및 뿌리에 주입하여 감염 수목에서 병의 진전을 억제 및 감염률이 낮아지는 효과를 얻을 수 있다.
③ 대추나무빗자루병 : 옥시테트라사이클린을 수간주입으로 예방 또는 방제 효과가 있다.
⑤ 소나무 재선충병 : 예방나무주사(에마멕틴벤조에이트 유제, 아바멕틴 분산성액제)로 선충의 증식을 억제한다.

밤나무 줄기마름병 방제
- 질소질 비료의 과용을 금지한다.
- 동해 방지(백색 페인트 발라줌)를 한다.
- 박쥐나방 등 천공성해충 피해가 없도록 살충제 살포한다.
- 저항성 품종(이평, 은기 등)을 식재하고 감수성 품종(옥광)의 조림을 피한다.
- 미국과 유럽 등에서는 병을 일으키지 않으면서 병원성을 억제할 수 있는 진균기생바이러스(dsRNA 바이러스)에 감염되어 병원성이 약해진 저병원성 균주를 이용한 생물적 방제가 있다.

정답 : ④

002 〈보기〉에서 병을 일으키는 병원체가 담자균에 속한 것을 모두 고른 것은?

〈보기〉
ㄱ. 철쭉 떡병
ㄴ. 소나무 혹병
ㄷ. 뽕나무 오갈병
ㄹ. 밤나무 뿌리혹병
ㅁ. 벚나무 빗자루병
ㅂ. 대추나무 빗자루병
ㅅ. 밤나무 가지마름병
ㅇ. 잣나무 아밀라리아뿌리썩음병

① ㄱ, ㄴ, ㅅ
② ㄱ, ㄴ, ㅇ
③ ㄷ, ㄹ, ㅂ
④ ㄷ, ㅁ, ㅇ
⑤ ㄹ, ㅁ, ㅂ

해설
ㄱ. 철쭉 떡병(담자균)
ㄴ. 소나무 혹병(담자균)
ㄷ. 뽕나무 오갈병(파이토플라스마)
ㄹ. 밤나무 뿌리혹병(세균)
ㅁ. 벚나무 빗자루병(자낭균)
ㅂ. 대추나무 빗자루병(파이토플라스마)
ㅅ. 밤나무 가지마름병(자낭균)
ㅇ. 잣나무 아밀라리아뿌리썩음병(담자균)

정답 : ②

003 〈보기〉의 병원체 종류와 증상을 옳게 나열한 것은?

〈보기〉
ㄱ. 곰팡이
ㄴ. 세균
ㄷ. 바이러스
ㄹ. 파이토플라스마
ㅁ. 기생식물
ㅂ. 선충

① 혹 : ㄴ, ㄹ, ㅂ
② 점무늬 : ㄱ, ㄴ, ㄷ
③ 목재부후 : ㄱ, ㄷ, ㅁ
④ 뿌리썩음 : ㄱ, ㄹ, ㅂ
⑤ 빗자루 : ㄱ, ㄴ, ㄷ, ㄹ, ㅁ

해설

혹	병해	곰팡이, 바이러스, 세균, 선충, 기생식물
	장해	토양수분 과다
	충해	흡즙성해충, 충영형성해충
점무늬	병해	점무늬병균(대부분 곰팡이), 세균, 바이러스
	장해	대기오염
	충해	흡즙성해충

빗자루	병해	곰팡이, 파이토플라스마
	장해	제초제
	충해	흡즙성해충
목재 부후		곰팡이
뿌리 썩음		곰팡이, 세균, 선충

정답 : ②

004 수목병 및 병원체 진단에 관한 설명으로 옳지 않은 것은?

① 습실처리법은 곰팡이 감염이 의심될 때 주로 사용한다.
② 광학현미경으로 바이러스 감염에 의한 봉입체를 관찰할 수 있다.
③ 곰팡이에 의한 병 중에도 '코흐의 원칙'을 적용할 수 없는 경우도 있다.
④ 면역학적 진단을 하려면 대상 병원체에 대한 항혈청을 가지고 있어야 한다.
⑤ 썩고 있는 뿌리를 DAPI로 염색하여 형광현미경으로 관찰하면 감염 여부를 알 수 있다.

해설 DAPI염색법(4',6-diamidino-2-phenulindole)
파이토플라스마의 진단방법으로 세포의 핵을 DAPI라는 dye로 염색한 것이다. DNA를 염색함으로써 핵과 chromatin의 morphology를 확인하거나 세포핵으로의 permeability를 light intensity 기준으로 비교하기 위해 사용한다.

정답 : ⑤

005 수목 또는 산림 쇠락에 관한 일반적인 설명으로 옳지 않은 것은?

① 도관을 갖고 있는 수종에서만 발생이 보고되고 있다.
② 생물적 요인과 비생물적 요인에 의하여 복합적으로 나타난다.
③ 한두 그루에 국한하지 않고 성숙목 또는 성숙림에서 광범위하게 발생한다.
④ 나무 생존에 대한 위협이라기보다는 자연 평형 유지 등 생태적 현상이라는 견해도 있다.
⑤ 비생물적 요인 등 1차 요인에 의해 시작되어 생물적 요인 등 2차 요인에 의해 피해가 심해진다.

해설 수목 또는 산림 쇠락은 수종에 관계 없이 발생한다.
- 나무 한두 그루에 국한되어 발생하는 것이 아니라 넓은 지역에 걸쳐 주로 성숙림 또는 성숙목에서 여러 수종에서 광범위하게 나타난다.
- 비교적 넓은 지역에서 자라는 하나 또는 여러 수종에서 특별한 원인이 알려지지 않은 채 활력이 점진적 또는 급격히 감퇴하거나 집단으로 고사하는 현상을 말한다.
- 생물적 요인, 비생물적요인 등 몇 가지 요인의 상호작용에 의해 나타나서 복합병해라 한다.
- 수목활력을 떨어뜨리는 환경요인(건축공사피해, 수분의 불균형, 답압된 토양, 대기오염 등 스트레스)이 발병을 좌우한다.
- 1차 요인에 이어서 2차적인 병원체나 해충들이 결국 수목을 쇠락시키거나 고사시킨다.

정답 : ①

006 다음 버섯과 관련된 설명으로 옳지 않은 것은?

> ㉠ 말(발)굽잔나비버섯(*Fomitopsis officinalis*)
> ㉡ 말똥진흙버섯(*Phellinus igniarius*)

① ㉠과 ㉡은 모두 목재부후균이다.
② ㉠은 주로 침엽수를, ㉡은 주로 활엽수를 감염한다.
③ ㉡의 피해가 심해지면 목질부가 스펀지처럼 쉽게 부서진다.
④ ㉠에 의한 피해를 심하게 받은 목질부는 네모 모양으로 금이 가면서 쪼개진다.
⑤ ㉠은 리그닌을 완전히 분해하지만, ㉡은 리그닌을 거의 분해하지 못한다.

해설

학명	버섯명	발생 부위	기주	특징
Fomitopsis officinalis	말(발)굽잔나비버섯	변재, 심재	침엽수	갈색부후
Phellinus igniarius	(말똥)진흙버섯	변재, 심재	활엽수	백색부후

분류	부후균병	발생 부위	종류
기생 부위	심재부후	살아있는 수목의 줄기	진흙말굽버섯, 해면버섯, 덕다리버섯, 꽃구름버섯, 장수버섯
	근계부후	살아있는 수목의 뿌리	뽕나무버섯, 시루뻔버섯, 해면버섯, 복령속버섯, 땅해파리버섯, 송편버섯
	변색부후	수목의 죽은 부분과 목재	구름버섯, 말굽버섯, 잔나비버섯, 조개버섯, 옷솔버섯, 구멍장이버섯, 치마버섯, 꽃구름버섯
분해 성분	백색부후	cellulose, hemicellulose, lignin을 분해	진흙버섯, 구름버섯, 말굽버섯, 시루뻔버섯, 장수버섯, 치마버섯, 영지버섯, 표고버섯, 느타리버섯
	갈색부후	cellulose, hemicellulose를 분해	잔나비버섯, 덕다리버섯, 해면버섯, 복령속버섯, 잣버섯, 개떡버섯

정답 : ⑤

007 밤나무에 발생하는 줄기마름병(㉠)과 가지마름병(㉡)에 관한 설명으로 옳지 않은 것은?

① ㉠균보다 ㉡균의 기주범위가 훨씬 넓다.
② ㉠균과 ㉡균 모두 감염 부위에 자낭각을 만든다.
③ ㉠균은 감염 부위에 분생포자각을 만들지만, ㉡균은 분생포자반을 만든다.
④ ㉠균과 ㉡균 모두 밤나무 가지와 줄기를 감염하지만, 병원균 속(genus)은 다르다.
⑤ ㉠과 ㉡의 발생을 줄이기 위해서는 밤나무의 비배와 배수 관리에 유의하여야 한다.

해설 밤나무줄기마름병과 가지마름병은 무성세대로 분생포자각을 만든다.

구분	밤나무 줄기마름병	밤나무 가지마름병
기주	밤나무	다범성병해 (과수와 유실수 포함한 각종 수목)
유성세대(월동 및 1차감염)	자낭각	자낭각
무성세대(병든부위)	분생포자각	분생포자각
병원균 속(genus)	*Cryphonectria parasitica*	*Botryosphaeria dothidea*
방제	비배, 배수관리 철저, 질소질비료 과용금지, 동해방지(백색 페인트), 천공성해충 피해를 입지 않도록 해야 함, 저항성품종 식재, 저병원성 균주 접종	비배, 배수관리 철저, 감염가지 소각, 적절한 가지치기, 접목 시에 도구를 수시로 소독, 아까시나무가 주요 전염원이므로 제거

정답 : ③

008 병든 가지를 접수로 사용하였을 때 접목부를 통하여 전염되는 병이 아닌 것은?

① 벚나무 번개무늬병
② 오동나무 빗자루병
③ 쥐똥나무 빗자루병
④ 포플러류 갈색무늬병
⑤ 포플러류 모자이크병

해설
- 포플러류 갈색무늬병(*Cercospora*)은 접목부에 의해 전염이 되지 않는다.
- 파이토플라스마와 바이러스(전신감염성)는 감염된 묘목을 통해 전파되므로 무병묘목생산이 중요하다.
  - 파이토플라스마 : 오동나무 빗자루병, 쥐똥나무 빗자루병
  - 바이러스 : 벚나무 번개무늬병, 포플러류 모자이크병

정답 : ④

009 전염경로를 차단하여 수목병을 관리하는 방법으로 옳지 않은 것은?

① 꽃사과나무 근처에 향나무를 심지 않는다.
② 소나무재선충 감염목은 발견 즉시 제거하여 소각한다.
③ 포플러류 조림지 근처에는 일본잎갈나무를 심지 않는다.
④ 장미 모자이크병 예방을 위하여 감염된 낙엽을 긁어모아 태운다.
⑤ 유관속 감염균이 우려되는 나무는 전정할 때 전정도구를 에틸알코올 70%로 자주 소독한다.

해설 수목바이러스병 방제법(장미모자이크병 등)에는 무병묘목생산, 접목, 꺾꽂이 등에 사용하는 도구 소독, 종자감염 방지, 감염된 나무 제거 등이 있다.

정답 : ④

010 식물병원체 중 세포벽을 가지고 있는 원핵생물의 생태에 관한 설명으로 옳지 않은 것은?

① 주로 상처나 자연개구를 통하여 기주식물로 침입한다.
② 화상병균은 토양 속에서 기주식물이 없으면 수가 급격히 감소한다.
③ 기주식물 밖에서도 살 수 있지만, 대부분 기주식물 안에서 기생한다.
④ 매개충에 의해 전반되는 것은 많으나, 매개충 체내에서 증식하는 것은 없다.
⑤ 뿌리혹병균(*Agrobacterium tumefaciens*)은 기주식물이 없어도 토양 속에서 오랫동안 살 수 있다.

해설
- 세균의 전파는 주로 물, 곤충, 동물, 인간에 의하여 이루어진다. 곤충은 세균을 식물체에 운반역할을 하며 자신의 증식과 전반을 곤충에 의존하기는 하나 전반적으로 필수적이지는 않다.
- 세포벽이 없는 파이토플라스마의 경우에도 매개곤충의 구침을 통해 곤충체 내로 들어가 침샘, 소화기관, 말피기씨관, 헤모림프, 지방체 등에서 증식한다.

정답 : ④

---

011 다음 수목병 진단 결과에서 ( ) 안에 알맞은 것은?

- 6~7월경 모과나무 잎에 노란색과 갈색 반점이 나타나며 잎의 뒷면 반점 부위에 회갈색 긴 털 모양인 (㉠)가 형성되어 있다.
- 이것을 광학현미경으로 관찰하면 노란색 둥근 (㉡)가 다수 보인다.

	㉠	㉡
①	녹포자기	녹포자
②	녹포자기	녹병정자
③	녹병정자기	녹포자
④	녹병정자기	녹병정자
⑤	겨울포자퇴	겨울포자

해설

Gymnosporangium asiaticum	향나무녹병	배나무 • 녹병정자(n) : 잎의 앞면 • 녹포자(n+n) : 잎의 뒷면	향나무(겨울포자) n+n → 2n

- 6~7월 장미과 식물 잎과 열매에 노란색의 작은 반점이 많이 나타나며 반점 가운데에 검은색의 녹병정자기가 형성된다(잎의 앞면).
- 곧이어 잎이 뒷면에는 회색 내지 담갈색의 긴 털모양의 녹포자퇴 만들어지는데, 그 안에서 녹포자가 형성된다.
- 녹포자는 다시 향나무로 비산되어 향나무의 잎과 줄기 속에 침입하여 균사상태로 잠복하여 월동한다.

정답 : ①

012 옥신의 양이 증가되어 이상비대 증상을 일으키는 병이 아닌 것은?

① 철쭉 떡병
② 소나무 혹병
③ 향나무 녹병
④ 감나무 뿌리혹병
⑤ 대추나무 빗자루병

해설
- 파이토플라스마에 의한 병은 총생(곁눈이 지속적으로 형성하여 잔가지가 밀생), 빗자루(아주 작은 잎이 밀생)나 새집 둥우리와 같은 모습이 나타나며, 엽화현상으로 개화나 결실이 되지 않는다. 황화현상이나 위황현상도 나타나며 오갈증상을 보이기도 한다. 전체적으로 위축현상을 보인다(옥신의 양과 관계없음).
- 혹을 일으킬 수 있는 병해 : 곰팡이(녹병), 바이러스, 세균, 선충, 기생식물
- 철쭉 떡병(곰팡이 – 담자균),
- 소나무 혹병(곰팡이 – 담자균 – 녹병), 향나무 녹병(곰팡이 – 담자균 – 녹병)
- 감나무 뿌리혹병(세균)

정답 : ⑤

013 다음 특징을 나타내는 뿌리병은?

- 병원체보다 기주가 병 발생에 더 큰 영향을 미친다.
- 침엽수와 활엽수에 모두 발생한다.
- 병원체의 영양생장기관에는 유연공격벽이 존재한다.

① 뿌리혹선충병
② 흰날개무늬병
③ 리지나뿌리썩음병
④ 아밀라리아뿌리썩음병
⑤ 파이토프토라뿌리썩음병

해설
- 병원균 우점병 : 모잘록병, 파이토프토라뿌리썩음병, 리지나뿌리썩음병
- 기주 우점병 : 아밀라리아뿌리썩음병, 안노섬뿌리썩음병, 자주날개무늬병
- 아밀라리아뿌리썩음병
  - 침엽수와 활엽수 모두에 가장 큰 피해를 주는 산림병해 중 하나이다.
  - 북아메리카에서 병원성이 강한 *A. solidipes*에 의한 산림의 생산량 감소가 크다.
  - 국내에서 문제되고 있는 아밀라리아뿌리썩음병도 *A. solidipes*종에 의한 잣나무림 피해가 크다.
  - 담자균문 주름버섯목(유연공격벽, 꺽쇠연결체 형성)에 속하는 *Armillaria*균으로 기주범위가 광범위하다.
  - 목본류뿐만 아니라 딸기, 감자를 포함한 초본식물에도 병을 발생시킨다.
  - 수목의 연령과 상관없이 피해를 주나 임분의 연령이 증가할수록 감소하는 경향이 있다.
  - 표징 : 뿌리꼴균사다발, 부채꼴균사판, 뽕나무버섯
  - 자연림보다는 조림지에서 더 큰 피해를 준다.
  - 방제법 : 저항성 수종 식재, 그루터기 제거, 수분관리, 간벌, 비배관리, 해충방제 등

정답 : ④

014 목재부후에 관한 설명으로 옳지 않은 것은?

① 연부후 피해 목재는 마르면 할렬이 나타난다.
② 일부 진균과 방선균은 목재부후균 생장 억제 효과가 있다.
③ 감염 부위에 따라 뿌리, 밑동, 줄기, 가지 썩음으로 구분할 수 있다.
④ 아까시흰구멍버섯은 갈색부후균으로 심재를 먼저 분해하고 변재를 분해한다.
⑤ 음파, 전기저항 특성 등을 이용해 수목 내부 부후 정도를 측정할 수 있다.

해설
- 아까시흰구멍버섯(줄기밑동썩음병)은 백색부후균으로 심재를 먼저 분해하고 변재를 분해한다.
- 연부후는 목재가 함수율이 높은 상태에서 발생하며 다습토양 접촉, 오랫동안 수침, 바닷물침지 고목재 등에서 발생, 표면이 연해지고 암갈색으로 변색, 내부는 건전상태이다.
- 목재부후균에 길항작용을 지닌 방선균, 세균, 진균 등의 미생물을 이용한 생물적 방제나 수목에서 유래한 억제물질을 사용한다.

정답 : ④

015 〈보기〉의 수목병을 일으키는 병원균의 속(genus)이 같은 것은?

〈보기〉
ㄱ. 감귤 궤양병 ㄴ. 배나무 뿌리혹병
ㄷ. 사과나무 화상병 ㄹ. 포도나무 피어스병
ㅁ. 살구나무 세균구멍병

① ㄱ, ㄷ   ② ㄱ, ㅁ
③ ㄴ, ㅁ   ④ ㄴ, ㄹ
⑤ ㄷ, ㄹ

해설
ㄱ. 감귤 궤양병(*Xanthomonas axonopodis*)
ㄴ. 배나무 뿌리혹병(*Agrobacterium tumefaciens*)
ㄷ. 사과나무 화상병(*Erwinia amylovora*)
ㄹ. 포도나무 피어스병(*Xylella fastidiosa*)
ㅁ. 살구나무 세균구멍병(*Xanthomonas arboricola*)

정답 : ②

016 수목병의 방제법에 관한 설명으로 옳지 않은 것은?

① 살충제와 살균제를 살포해 그을음병을 방제한다.
② 항생제 나무주사로 오동나무 빗자루병을 방제한다.
③ 일조와 통기를 개선하여 사철나무 흰가루병을 방제한다.
④ 살선충제 수관살포로 소나무 재선충병(시들음병)을 방제한다.
⑤ 혹을 도려낸 부위에는 석회유황합제 결정석회황 합제를 발라 뿌리혹병을 방제한다.

해설
- 살선충제(소나무재선충의 증식 억제)는 나무주사로 수체 내에 미리 침투 이행시켜놓아서 재선충의 감염, 발병을 예방하며 아바멕틴, 에마멕틴벤조에이트 제제 등을 사용한다.
- 수관살포는 매개충 방제로 매개충의 우화 및 후식 피해 시기인 5~7월에 페티트로티온 유제(50%) 또는 티아클로프리드 액상수화제(10%)를 3~4회 수관에 살포(항공 또는 지상)하여 성충을 구제하는 것이다.

정답 : ④

017 수목병원체가 기주에 침입하는 방법에 관한 설명으로 옳지 않은 것은?

① 바이러스는 선충에 의해 침입할 수 있다.
② 곰팡이와 세균은 자연개구로 침입할 수 있다.
③ 파이토플라스마는 매개충에 의해 침입할 수 있다.
④ 곰팡이는 수목 세포 내부로 직접침입할 수 있다.
⑤ 세균은 부착기와 흡기로 수목에 직접침입할 수 있다.

해설
- 세균은 직접침입은 할 수 없으나 크기가 아주 작아서 기주 수목에 생긴 상처나 기공, 피목, 수공, 밀선과 같은 자연개구를 통하여 침입할 수 있다.
- 세균은 대개 식물체의 표면에 오염원으로 존재하기 때문에 상처를 통해 침입 가능하다.
- 가지치기나 접목 등 수목관리작업과 자연재해, 곤충에 위한 상처가 세균에 감염되는 경로가 된다.
- 곰팡이의 부착기는 균사나 발아관의 끝부분이 부풀어 오른 것으로, 곰팡이가 기주식물에 부착하거나 침입하기 쉽도록 도와준다.

정답 : ⑤

018 다음 특징을 지닌 병원체가 일으키는 수목병에 관한 설명으로 옳지 않은 것은?

- 분류학적으로 몰리큐트강에 속한다.
- 세포는 원형질막으로만 둘러싸여 있다.
- 사부조직에 존재하고, 전신감염성이다.

① 매미충에 의해 주로 전반된다.
② 항생제 엽면살포와 토양관주는 방제 효과를 보기 어렵다.
③ 형광염색소를 이용한 형광현미경기법으로 진단할 수 있다.
④ 매개충은 병원체를 최초 획득한 후 기주수목에 바로 전반시킬 수 있다.
⑤ 병원체는 매개충 체내에 존재하며 매개충 탈피 과정에서도 살아남는다.

해설
- 매개충은 감염된 식물체에서 병원체를 흡즙 한 후 온도조건에 따라 10일 내지 45일 간의 잠복기를 거친 다음 다른 건전 식물체를 전염시킨다.
- 파이토플라스마는 매개충의 구침을 통해 곤충 내로 들어가 침샘, 소화기관, 말피기씨관, 헤모림프, 지방체에서 등에서 증식한다.
- 즙액전염, 종자전염, 토양전염 등은 되지 않는다.
- toluidine blue 조직염색(광학), confocal laser microscopy으로 진단한다.
- 조직 내 감염 DAPI 형광염색소를 사용한 신속, 간단한 형광현미경기법을 이용한다.

정답 : ④

019 병원성 곰팡이의 특징으로 옳은 것은?

① 상처를 통해 침입할 수 없다.
② 균핵과 후벽포자는 휴면을 위해 형성된다.
③ 담자균류는 영양생장기관의 단순공격벽 근처에 꺽쇠연결이 존재한다.
④ 유성생식을 통해 자낭균은 분생포자를, 담자균은 녹포자를 형성한다.
⑤ 분생포자는 주로 1차 전염원이 되고, 월동한 자낭과에서 형성된 자낭포자는 2차 전염원이 된다.

해설
- 곰팡이는 표피세포를 뚫고 직접침입(각피침입)이 가능하다.
- 식물을 가해하는 시기는 대부분 무성세대이고 유성세대는 월동이나 휴면 또는 유전적 변이를 통한 환경적응의 기작으로 해석할 수 있으며, 균핵과 후벽포자는 무성생식세대이다.
- 담자균류는 영양생장기관의 유연공격벽 근처에 꺽쇠연결이 존재한다.
- 자낭균류의 영양체는 분지하는 균사로 격벽이 있고, 격벽에는 물질 이동통로인 단순격벽공이 있다.
- 유성생식으로 자낭균은 자낭포자를 만들며 담자균은 담자포자를 만든다.
- 무성생식으로 자낭균과 담자균은 분생포자를 만든다.
- 유성(생식)세대 : 원형질융합과 핵융합 후 감수분열을 거쳐 난포자, 접합포자, 자낭포자, 담자포자를 생성한다.

- 반수체(n) 세포의 원형질 융합(n+n)한 후
  - 핵융합(2n), 감수분열 (유전자 재조합)을 거쳐 생산한다.
- 무성포자세대 : 핵융합 없이 세포분열로 번식체를 생산하여 단시간 내 분포확대한다.

정답 : ②

020 〈보기〉에서 같은 종류의 자낭과를 형성하는 수목병만을 고른 것은?

〈보기〉
ㄱ. 섬잣나무 잎떨림병
ㄴ. 밤나무 줄기마름병
ㄷ. 물푸레나무 흰가루병
ㄹ. 곰솔 리지나뿌리썩음병
ㅁ. 단풍나무 타르점무늬병
ㅂ. 잣나무 송진가지마름병

① ㄱ, ㄷ, ㄹ ② ㄱ, ㄷ, ㅂ
③ ㄱ, ㄹ, ㅁ ④ ㄴ, ㄹ, ㅁ
⑤ ㄴ, ㅁ, ㅂ

해설
ㄱ. 섬잣나무 잎떨림병 : 반균강(자낭반)
ㄴ. 밤나무 줄기마름병 : 각균강(자낭각)
ㄷ. 물푸레나무 흰가루병 : 각균강(자낭구)
ㄹ. 곰솔 리지나뿌리썩음병 : 반균강(자낭반)
ㅁ. 단풍나무 타르점무늬병 : 반균강(자낭반)
ㅂ. 잣나무 송진가지마름병 : 각균강(자낭각)

자낭균류 유성생식세대 자낭과, 주요병해

자낭과	내역
자낭구(부정자낭균강)	• 자낭구 내에 자낭이 불규칙하게 산재(폐쇄형) • 흰가루병류, *Penicilium, Aspergillus*의 유성세대
자낭각(각균강)	• 머리구멍이 있거나, 없음 • 밤나무줄기마름병균, 동충하초, 탄저병, 일부 그을음병균 등
반균강(자낭반)	• 자낭반 위에 자낭노출, 보통 측사 있음 • 타르점무늬병, 소나무잎떨림병, 노균병, 균핵병, 리지나뿌리썩음병, 소나무 피목가지마름병
자낭자좌(소방자낭균강) = 위자낭각	• 더뎅이병(*Elsinoe*), 검은별무늬병(*Venturia*)
나출자낭(반자낭균강)	• 자낭과 형성없음 • 벚나무 빗자루병(*Taphrina*속)

정답 : ③

021 적절한 풀베기로 병 발생 또는 피해확산을 감소시킬 수 있는 수목병만을 나열한 것은?

① 소나무 혹병, 향나무 녹병
② 곰솔 잎녹병, 전나무 잎녹병
③ 전나무 빗자루병, 전나무 잎녹병
④ 잣나무 털녹병, 오리나무 잎녹병
⑤ 모과나무 붉은별무늬병, 회화나무 녹병

해설
- 소나무류, 참나무류의 잎녹병이나 소나무 혹병 등의 경우, 겨울포자가 형성되기 전에 풀베기하면 중간기주에 침입한 병원균이 제거되므로 각종 녹병의 예방효과가 크다.
- 전나무 빗자루병(*Mellampsorella caryophyllacearum*) : 전나무(녹병정자, 녹포자)와 중간기주 점나도나물(여름포자, 겨울포자)에 발생한다.
- 회화나무 녹병 : 병든 낙엽을 태우거나 땅속에 묻는다. 가지에 생긴 혹이 발견 즉시 제거한다.

녹병균	병명	녹병정자, 녹포자세대	여름포자, 겨울포자세대
Cronartium ribicol	잣나무털녹병	잣나무	송이풀, 까치밥나무
C. quercuum	소나무혹병	소나무, 곰솔	졸참나무, 신갈나무
C. flaccidum	소나무 줄기녹병	소나무	모란, 작약, 송이풀
Coleosporium asterum	소나무잎녹병	소나무	황벽, 잔대, 참취
Gymnosporangium asiaticum	향나무녹병	배나무	향나무
Melampsore larici-populina	포플러잎녹병	낙엽송	포플러 (일본잎갈, 줄꽃, 현호색)
Uredinopsis komagatakensis	전나무잎녹병	전나무	뱀고사리
Chrysomyxa rhododendri	철쭉잎녹병	가문비나무	산철쭉

정답 : ③

022 뿌리혹선충에 관한 설명으로 옳지 않은 것은?

① 구침을 가지고 있으며 알로 증식한다.
② 2기 유충이 뿌리에 침입하여 정착한다.
③ 감염한 기주식물에 거대세포 형성을 유도한다.
④ 밤나무 아까시나무 오동나무 등 주로 활엽수 묘목을 가해한다.
⑤ 4차 탈피를 마치고 성충이 되면 암수의 형태가 유사해진다.

해설 4차 탈피를 마치고 성충이 되며 수컷은 벌레 모양으로 되어 뿌리 밖으로 나오며 암컷은 마지막 탈피 후 성충이 된 후에도 몸이 계속 커진다.

뿌리혹선충(내부기생성선충, 고착성)
- 구침을 가지고 있으며 알로 증식한다.
- 알에서 2령 유충으로 부화한 후 뿌리에 침입하여 식물세포를 구침으로 가해한다.
- 수컷은 뿌리 밖으로 탈출, 암컷은 처녀생식으로 500개 정도의 알을 산란한다.
- 2령 유충이 뿌리에 침입하여 정착하면 소시지 형태로 변한다.
- 기생당한 세포와 주변 세포들이 융합하고 핵분열을 거듭하여 거대세포로 변하며 주변에 물관부의 분화가 촉진되고 세포벽 이입생장이 형성되어 주변 세포로부터 물과 무기물의 유입이 촉진한다.
- 침엽수와 활엽수를 포함 약 1,000여 종의 나무를 가해하며 밤나무, 아까시나무, 오동나무 등의 활엽수에서 피해가 심하다.

정답 : ⑤

023 *Cercospora*속 또는 *Pseudocercospora*속이 일으키는 수목병에 관한 설명으로 옳지 않은 것은?

① 소나무 잎마름병은 주로 묘목에 발생한다.
② 때죽나무점무늬병균은 월동한 후 분생포자가 1차 전염원이 된다.
③ 느티나무흰무늬병균은 병반 안쪽에 분생포자경 및 분생포자가 밀생한다.
④ 벚나무갈색무늬구멍병균은 흑색 돌기 형태의 분생포자퇴나 자낭각을 형성한다.
⑤ 무궁화 점무늬병이 심하게 발생하면 기주의 수세는 약해지나 개화에는 영향이 없다.

해설 무궁화 점무늬병은 무궁화에서 그리 심한 편은 아니지만, 잎이 지저분한 모습을 나타내고, 조기낙엽되어 관상가치가 떨어지며 그늘진 곳에 밀식된 군락에서 흔히 발생한다. 심한 경우에는 수세를 약화시키며 개화도 불량해진다.

정답 : ⑤

024 소나무류 병명과 병원체 속(genus)의 연결이 옳지 않은 것은?

① 혹병 – *Cronartium*
② 가지마름병 – *Fusarium*
③ 피목가지마름병 – *Diplodia*
④ 가지끝마름병 – *Sphaeropsis*
⑤ 재선충병 – *Bursaphelenchus*

해설
- 피목가지마름병 – *Cenangium ferruginosum* Fr.
- 소나무 가지끝마름병 – *Sphaerosis sapinea, Diplodia pinea*

정답 : ③

025 삼나무 아랫가지의 잎이 회백색으로 변하고 검은 점들이 발견되었다. 광학현미경기법을 사용하여 이 부분에서 아래 병원체를 관찰하였다. 이에 관한 설명으로 옳지 않은 것은?

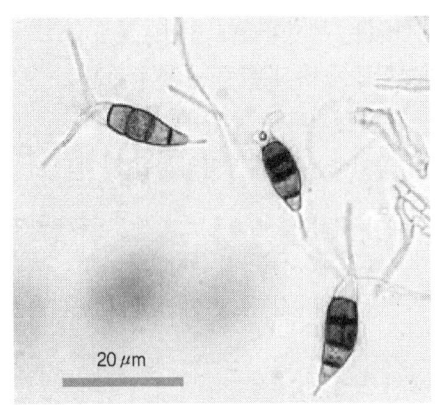

① 병원체의 무성세대 포자이다.
② 병원체의 유성세대 포자는 자낭포자이다.
③ 잎 표면에 뿔 모양의 분생포자덩이를 만든다.
④ 관찰한 포자의 중앙세포와 부속사의 특징에 따라 분류할 수 있다.
⑤ 분류학적 위치는 *Septoria*속이며, 다양한 수종에 잎점무늬병을 일으킨다.

해설 *Pestalotiosis*속에 의한 병 : 불완전균아문 유각균강 분생포자반균목

병명	병원균	병징 및 병환
은행나무 잎마름병	*P. ginkgo*	고온건조, 강풍, 해충, 부채꼴 모양으로 안쪽진행, 분생포자반
삼나무 잎마름병	*P. gladicola*	• 잎, 줄기 갈색~적갈색 → 회갈색 • 습할 때 분생포자 뿔모양
철쭉류 잎마름병	*Pestalotiosis spp.*	작은 점무늬 → 큰병반, 분생포자반 동심원상 형성
동백나무 겹무늬병	*P. guepini*	회색의 띠모양, 검은돌기(분생포자반)

*Septoria*속에 의한 병 : 불완전진아균문 유각균강 분생포자균목/자낭균아문소빙자낭균강

병명	병원균	병징 및 병환
자작나무 갈색무늬병	*Septoria betulae*	적갈색 점무늬, 분생포자각
오리나무 갈색무늬병	*Septoria alni*	다각형 내지 부정형병반
느티나무 흰별무늬병	*Septoria beliceae*	다각형 내지 부정형병반
밤나무 갈색점무늬병	*Septoria quercus*	경계 황색의 띠
가중나무 갈색무늬병	*Septoria sp.*	겹둥근무늬, 흰색 포장덩이

정답 : ⑤

026 곤충 목(order)의 특징에 관한 설명으로 옳은 것은?

① 참나무 시들음병 매개충은 노린재목에 속한다.
② 벼룩목은 원래 날개가 없는 무시아강에 속한다.
③ 기생성 천적에는 사마귀목에 속하는 종이 있다.
④ 나비목 유충의 입 구조는 찔러빠는 형태이다.
⑤ 총채벌레목 곤충은 줄쓸어빠는 비대칭형입틀을 가진다.

해설
① 광릉긴나무좀(참나무시들음병 매개충) : 딱정벌레목 – 바구미과 – 긴나무좀아과
② 벼룩목 : 날개가 퇴화 된 유시아강의 내시류
③ 기생성 천적 : 기생벌(맵시벌상과, 먹좀벌상과, 수중다리좀벌상과), 기생파리(쉬파리과, 기생파리과) 등
    ※ 사마귀목 : 포식성 천적
④ 나비목 유충의 입 구조는 씹는 형이며, 찔러빠는 형태를 가진 곤충은 노린재, 진딧물, 매미, 벼룩, 모기 등이다.

정답 : ⑤

027 곤충의 형태에 관한 설명으로 옳은 것은?

① 대벌레 머리는 후구식이다.
② 미국흰불나방의 번데기는 위용이다.
③ 소나무좀 유충은 배다리를 가지고 있다.
④ 매미나방 수컷성충의 더듬이는 실모양이다.
⑤ 아까시잎혹파리의 뒷날개는 곤봉 형태로 변형되어 있다.

해설 아까시잎혹파리의 뒷날개는 평균곤(퇴화되어 곤봉 형태)이다.
① 대벌레의 머리는 전구식이다.
② 미국흰불나방의 번데기는 피용이며, 위용에 속하는 것은 파리류이다.
③ 소나무좀 유충은 배다리 없으며, 나비목 유충이 배다리를 가지고 있다.
④ 매미나방 수컷성충의 더듬이는 깃털모양이며, 실모양에는 딱정벌레, 하늘소, 귀뚜라미, 바퀴가 있다.

더듬이 모양	곤충
깃털모양(우모상 : 강모가 발달 깃털모양)	모기(수컷), 나방(수컷)
채찍(강모상 : 마디가 가늘어 지고 매우 짧음)	잠자리류, 매미류
곤봉모양(방망이 : 끝이 굵어짐)	송장벌레, 나비목, 무당벌레
빗살모양(즐치상 : 머리 빗모양)	잎벌류, 뱀잠자리류
실모양(사상 : 가늘고 긴 모양)	딱정벌레, 하늘소, 귀뚜라미, 바퀴벌레
톱니모양(거치상 : 마디한쪽 비대칭)	방아벌레류

더듬이 모양	곤충
염주모양(구슬 : 각마디 둥근형태)	흰개미
무릎모양(팔굽, 슬상 : 두 번째마디에서 꺾임)	바구미, 개미
아가미모양(새상 : 얇은판 중첩)	풍뎅이

정답 : ⑤

028 곤충의 외표피에 관한 설명으로 옳지 않은 것은?

① 표피층의 가장 바깥쪽 부분이다.
② 가장 바깥층을 시멘트층이라 한다.
③ 색소침착이 일어나 진한 색을 띤다.
④ 방향성을 가진 왁스층이 표피소층 바로 위에 있다.
⑤ 수분 손실을 줄이고 이물질의 침입을 차단하는 기능을 한다.

해설
• 색소침착이 일어나 진한 색을 띠는 것은 원표피에서 일어나며, 경화과정이 일어나 멜라닌 색소침착이 동반되어 외원표피에 주로 어두운 갈색이 나타난다.
• 외표피(상표피) : 수분 손실을 줄이고 이물질의 침입을 차단하는 기능

시멘트층	왁스층보호, 수분조절기능(수공성과 호습성)
왁스층(지질층)	곤충의 몸 안과 밖으로 물이 이동하지 못하게 하는 장벽
단백질 외표피층(표피소층)	리포단백질과 지방산 사슬로 구성

• 원표피 : 키틴(N-acetyl-D-glucosamine)의 미세섬유

외원표피층(어두운 갈색)	• 경화반응 : 단백질 분자+퀴논화합물, 멜라닌 색소 침착동반(흑화) • 스클러로틴(비수용성 단백질)
중원표피층	외원표피와 내원표피의 사이층
내원표피층	아스로포딘(수용성 단백질)으로 표피의 유연성 부여
슈미드층	• 섬유는 없지만, 과립성인 무형의 층 • 아큐티클층이라고도 함

정답 : ③

029 곤충의 날개에 관한 설명으로 옳은 것은?

① 꿀벌은 날개가시형의 연결방식을 취한다.
② 외시류 곤충은 날개를 배 위로 접어놓을 수 없다.
③ 노린재목의 날개는 가죽질 형태로 변형되어 있다.
④ 딱정벌레목의 앞날개는 딱딱하게 변형되어 뒷날개를 보호한다.
⑤ 완전변태를 하는 모든 곤충은 비행할 수 있는 날개를 가지고 있다.

해설 ① 꿀벌 : 날개갈고리형 연결방식
② 외시류 : 날개를 배 위로 접어 놓을 수 있음
③ 노린재목 : 앞날개는 기부 절반이 가죽질로 끝 절반이 막질로 되어 있는 반초시
⑤ 완전변태를 하는 일부 유시곤충 중, 벼룩목은 날개가 없어짐

연결방식	내용
날개가시형	뒷날개 기부 앞쪽에서 앞날개 쪽으로 날개가시가 뻗어 나와 앞날개의 전연맥 아래쪽 기부에 있는 간진틀로 연결되는 방식(나비목)
날개걸이형	앞날개의 날개걸이맥 쪽에서 뒤로 뻗어 나온 날개걸이가 뒷날개의 기부와 겹치면서 연결되는 방식(나비목)
날개갈고리형	날개를 펼쳤을 때 뒷날개의 앞쪽에 날개걸쇠가 있어 앞날개의 뒤쪽과 연결되어 잡아주는 방식(벌목)

정답 : ④

030 곤충 소화기관에 관한 설명으로 옳지 않은 것은?

① 위식막은 중장의 상피세포를 보호한다.
② 여과실은 식엽성 곤충에서 발달된 구조이다.
③ 소화기관은 전장, 중장, 후장으로 구성된다.
④ 중장은 소화된 영양분을 상피세포를 통하여 혈림프로 흡수한다.
⑤ 모이주머니는 일시적인 먹이 저장소로 종에 따라 모양이 다양하다.

해설 매미나 깍지벌레, 그 밖의 흡즙성 곤충은 여과실이라는 특수한 기관이 있어 소화효소가 먹이에 닿기 전에 수분을 흡수한다.

정답 : ②

031 곤충의 배설과정에 관한 설명으로 옳지 않은 것은?

① 육상곤충은 암모니아보다 요산 배설이 유리하다.
② 말피기관은 함질소 노폐물을 거르는 역할을 한다.
③ 말피기관은 물이나 무기이온 등 몸에 필요한 성분을 능동적으로 재흡수한다.
④ 말피기관에서 형성된 1차 배설물은 소화관으로 이동하면서 최종 배설물로 전환된다.
⑤ 은신계는 전장벽에 붙어있어 삼투압차를 이용하여 전장에서 바로 노폐물과 함께 수분을 흡수한다.

> [해설]
> • 말피기기관은 전장벽에 붙어있어 삼투압차를 이용하여 전장에서 바로 노폐물과 함께 수분을 흡수한다. 주로 체강 중의 노폐물(주로 요산)을 흡수하여 체외로 방출시키고 수분을 재흡수하여 삼투압을 조절하는 기능이다. 능동수송을 통하여 칼륨이온과 물, 요산 등을 말피기관 속으로 흡수한 후, 물을 이용하여 세관의 요산을 물에 녹지 않는 나트륨염이나 칼륨염으로 전환시켜 소화관(후장)으로 보낸다.
> • 후장의 흡수작용은 직장의 유두돌기나 복잡한 은신계에서 한다. 은신계는 딱정벌레에서 볼 수 있으며, 말피기관의 끝이 직장에 밀접되어 있고 막으로 싸여 있다. 어떤 경우에나 직장에서는 소화된 찌꺼기에서 수분을 재흡수하여 체액이나 말피기관으로 보낸다.

정답 : ⑤

032 곤충의 신경계에 관한 설명으로 옳은 것은?

① 억제성 신경전달물질은 GABA이다.
② 중대뇌는 광감각을 수용하는 신경절이다.
③ 휴지전위 시 신경세포와 세포돌기의 내부는 양전하를 띤다.
④ 흥분성 신경전달물질은 연접후세포막의 염소이온통로를 개방한다.
⑤ 중추신경계는 뇌, 뇌아래신경절, 가슴 및 내장신경절로 구성된다.

> [해설]
>
> | 전대뇌 | 눈의 신경이 연결되어 시엽을 포함하고, 겹눈과 홑눈의 시신경을 담당 |
> |---|---|
> | 중대뇌 | 더듬이와 연결되어 감각과 운동축색을 받으며, 촉각각을 담당(냄새와 청각을 담당) |
> | 후대뇌 | 전방신경절을 통해 내장신경계 연결(윗입술, 전위) |
>
> • 휴지전위 : 세포가 자극을 받지 않은 상태에서 형성되는 막전위시 내부는 음전하, 외부는 양전하를 가지며 이온 조성의 차이로 말미암아 안정 상태에서 세포막 안쪽의 전위는 바깥쪽에 비해 보통 −60∼90mV 정도 낮은데, 이 전위차를 휴지 전위라고 한다.
> • 억제성 신경전달물질은 연접후세포막의 염소이온통로를 개방한다(억제성).
> • 시냅스 중 상당수는 흥분성이 아닌 억제성이다. 억제성 시냅스란 과분극화를 일으키는 시냅스후 전위인데, 신경전달물질의 작용으로 개방되는 수용체 분자의 이온 통로는 K^+나 Cl^- 또는 이 두 이온 모두에 대해 선택적으로 작용하는 통로가 된다. 이와 같은 과분극 상태의 시냅스에서 기록한 전압 변동을 억제성 시냅스후 전위라 한다.

- 중추신경계(중앙신경계) : 신경절은 몸의 마디마다 한 쌍이 가까이 붙어서 배치되어 있다. 그 사이를 한 쌍의 신경선이 이어주고 있다. 머리에서 배 끝까지 이어져 있으며, 머리에는 신경절들이 모여 뇌를 구성하고 있다. 뇌는 세 가지 신경절들이 연합한 것으로, 전대뇌, 중대뇌, 후대뇌가 있다.
- 신경의 기본구조는 신경세포, 신경절, 신경계(중추, 내장, 말초)
- 중추신경계 : 뇌, 식도하신경절, 복부신경색(절), 가슴신경절
- 내장신경계 : 전장신경계, 중앙신경계, 후장신경계(소화관 관리와 지배)
- 말초신경계 : 각 신경절에서 몸의 각 조직까지 연결

정답 : ①

033 곤충의 감각기관에 관한 설명으로 옳은 것은?

① 다리의 진동과 청각 기능을 수행하는 것은 존스톤기관이다.
② 완전변태류의 유충에 있는 유일한 광감각기관은 윗홑눈이다.
③ 압력, 중력, 진동 등의 물리적 자극을 감지하는 것은 감간체이다.
④ 근육과 연결조직 등에 분포하여 다극성신경세포를 가지고 있는 것은 신장감각기이다.
⑤ 구기, 다리, 산란관 등에 분포하여 용액 상태의 물질에 반응하는 것은 냄새감각기이다.

해설
- 다리의 진동과 청각 기능을 수행하는 것은 고막기관이다.
- 완전변태류의 유충에 있는 유일한 광감각기관은 옆홑눈이다.
- 신장이나 굽힘, 압축, 압력, 중력, 진동 등의 물리적 자극을 감지하는 것은 접촉, 자기, 소리수용체에서 반응하며 기계감각기에 속한다.
- 감간체에는 빛을 감지하는 색소(로돕신)가 들어 있어 있으며 낱눈은 모자이크처럼 상을 맺게 하는 역할을 한다.
- 구기, 다리, 산란관 등에 분포하여 용액 상태의 물질에 반응하는 것은 화학감각기 중 미각수용체이다(설탕, 소금, 물, 단백질, 산에 반응하며 맛 감각기는 입틀에서 풍부하지만, 더듬이, 발목마디, 생식기(암컷의 산란관 끝부분) 등에서도 볼 수 있다).
- 곤충의 감각계는 기계감각기, 화학감각기, 광감각기가 있다.
- 기계감각기에는 털감각기, 종상감각기, 신장수용기, 입력수용기, 현음기관이 있다.
- 곤충의 현음기관 : 외골격의 두 내부 표면 사이의 간극을 잇는 하나 이상의 양극성신경이다.

무릎아래기관	많은 곤충의 다리에 위치에 위치하며 상대적으로 막대감각기 수가 적지만 매질의 진동에 매우 민감하게 반응한다.
고막기관	소리 진동에 반응하는 드럼과 같은 고막 아래에 놓여 있다. 노린재목은 가슴에, 메뚜기류, 매미류, 일부 나방류는 복부, 귀뚜라미류, 여치류는 앞다리 종아리마디에 있다.
존스턴기관	• 각 더듬이의 흔들마디 안에 있다. 일부 곤충에서 더듬이의 위치나 방향에 대한 정보를 제공하는 자기수용기로 기능한다. • 모기와 깔다구에서는 더듬이의 털이 공명성 진동을 감지하여 특정 진동수의 공기음에 반응한다.

정답 : ④

034 **곤충의 호르몬에 관한 설명으로 옳지 않은 것은?**

① 유약호르몬은 알라타체에서 분비된다.
② 앞가슴샘자극호르몬은 카디아카체에서 합성된다.
③ 번데기로 용화할 때는 유약호르몬의 농도가 낮아진다.
④ 탈피호르몬은 앞가슴샘에서 합성되어 혈림프로 분비된다.
⑤ 허물벗기호르몬(eclosion hormone)은 뇌의 신경분비세포에서 합성된다.

해설 앞가슴자극호르몬은 뇌의 신경 분비 세포에서 생성(합성)된다.

카디아카체의 생성 및 역할
- 곤충의 내분비계 기관 중 하나로, 주로 전흉선자극호르몬(=앞가슴샘자극호르몬)을 저장하고 분비한다.
- 카디아카체는 뇌의 신경분비세포에서 신호를 받은 후에 앞가슴샘자극호르몬을 방출하며, 신호를 받기 전까지는 방출하지 않는다.
- 어떤 의미에서 카디아카체는 뇌의 작은 메시지에 반응하여 몸으로는 큰 파동의 호르몬을 전달하는 신호증폭기로서 역할을 한다.

정답 : ②

035 **수목해충의 산란행동에 관한 설명으로 옳지 않은 것은?**

① 개나리잎벌은 잎의 조직 속에 줄로 1~2열로 산란한다.
② 복숭아유리나방은 수피 틈에 1개씩 산란한다.
③ 박쥐나방은 날아다니면서 알을 지면에 떨어뜨린다.
④ 솔껍질깍지벌레는 가지에 알주머니 형태로 낳는다.
⑤ 극동등에잎벌은 잎 가장자리 조직 속에 덩어리로 산란한다.

해설 극동등에잎벌의 암컷성충은 잎 가장자리 조직 속에 톱 같은 산란관을 집어넣어 일렬로 알을 낳으며 산란한 곳은 약간 부풀어 오르고 갈색으로 변한다. 부화유충은 무리지어 가해하다가 자라면서 점차 분산한다.

정답 : ⑤

036 **곤충의 방어행동 관련 용어에 대한 설명으로 옳지 않은 것은?**

① 의사는 적의 공격을 받았을 때 갑자기 죽은 체하는 행동이다.
② 위장은 주변과 유사하게 색깔을 바꾸어 구별하기 어렵게 하는 행동이다.
③ 경고는 냄새, 소리, 눈에 띄는 몸 색깔 등으로 상대에게 위협을 가하는 행동이다.
④ 은폐는 잎에 앉아 있는 곤충이 사람이 다가가면 잎의 뒷면으로 숨는 행동을 포함한다.
⑤ 베이트형 모방은 독을 가지고 있는 곤충들끼리 유사한 패턴을 유지하여 공격을 피하는 전략적 행동이다.

| 해설 | 뮐러형 모방은 독을 가지고 있는 곤충들끼리 유사한 패턴을 유지하여 공격을 피하는 전략적 행동이다. |

의태 종류	영문	내용
표지의태 (베이츠형 의태)	Batesian mimicry	• 뚜렷한 외형이 맛없는 곤충을 연상케 하거나 포식자를 모방 • 무해한 종이 유해한 종을 모방하여 포식자로부터 보호받는 전략 • viceroy butterfly 왕나비는 monarch butterfly 왕나비를 닮아서 포식자로부터 보호받음(monarch butterfly는 조류에게 맛이 없는 먹잇감으로 인식) 예 재니등에, 꽃등에, 파리매, 유리나방 등이 꿀벌류나 말벌류를 모방하여 보호를 받음
공생의태 (뮐러형 의태)	Müllerian Mimicry	유해한 서로 비슷한 경고 패턴을 공유하여 포식자에게 경고하는 방식 예 벌과 말벌, 독나비들은 대체로 비슷함

정답 : ⑤

037 수목해충의 월동생태에 관한 설명으로 옳지 않은 것은?

① 호두나무잎벌레는 성충으로 월동한다.
② 거북밀깍지벌레는 교미 후 암컷성충만 월동한다.
③ 점박이응애는 수정한 암컷성충으로 수피나 낙엽 등에서 월동한다.
④ 벚나무모시나방은 노숙 유충으로 지피물이나 낙엽 밑에서 집단으로 월동한다.
⑤ 솔알락명나방은 노숙 유충으로 흙 속에서 월동하거나 알이나 어린 유충으로 구과에서 월동한다.

| 해설 | **벚나무모시나방**
• 어린 유충으로 지피물이나 낙엽 밑에서 집단으로 월동한다.
• 1년 1회 발생하며 월동한 유충은 4월경부터 활동하여 잎을 갉아 먹는다.
• 6월 중순~하순에 노숙 유충이 되며 잎을 뒷면으로 말고 고치를 만든다.

정답 : ④

038 감로와 분비물로 인해 발생되는 그을음병과 관련이 없는 해충류는?

① 잎응애류
② 나무이류
③ 매미충류
④ 가루이류
⑤ 깍지벌레류

| 해설 | • 잎응애류(거미강) : 고온건조한 기후가 지속되면 피해 심함, 잎 뒷면에 세포액을 흡수하여 잎이 황색, 흰색의 반점 형성. 밀도가 심하면 잎이 갈변 조기낙엽시키거나 퇴색되어 보인다.
• 그을음병(*Meliolaceae*) : 진딧물류, 깍지벌레류, 나무이류, 매미충류, 가루이류 등의 흡즙성곤충 분비물인 감로에 부생성 외부착생균 그을음병이 발생, 광합성을 방해한다.

정답 : ①

039 솔수염하늘소의 방제 방법으로 옳지 않은 것은?

① 성충 우화시기에 드론·지상방제를 실시한다.
② 목재 중심부 온도를 56.6℃에서 30분 이상 열처리한다.
③ 중대경목 벌채산물은 1.5cm 이하의 두께로 제재하여 활용한다.
④ 성충이 우화하기 전에 티아메톡삼 분산성액제로 나무주사를 한다.
⑤ 목질부에 있는 유충의 방제는 7월에 고사목을 벌채하여 훈증, 파쇄, 그물망, 피복 등을 실시한다.

해설
- 월동유충은 4월에 번데기 집을 짓고 성충은 5월 하순~8월 상순에 우화(6mm 탈출공)한다.
- 유충의 방제는 5월부터는 성충의 활동시기에 들어가기 때문에 4월 하순까지 고사목을 벌채하여 훈증, 소각, 파쇄, 매몰, 그물망피복 등을 실시한다.

정답 : ⑤

040 'A' 수목해충의 발육영점온도를 10℃로 가정할 때 다음 표의 1주일간 일평균기온에 따른 유효적산온도(DD ; Degree Day)는?

3월 / 일	11	12	13	14	15	16	17
평균기온(℃)	7	8	10	12	15	18	20

① 20
② 25
③ 30
④ 45
⑤ 90

해설 $(12-10) \times 1 = 2$, $(15-10) \times 1 = 5$, $(18-10) \times 1 = 8$, $(20-10) \times 1 = 10$이므로 $2+5+8+10 = 25$이다.
- 발육영점온도 : 곤충의 발육에 필요한 최저온도로 10℃ 이상만 유효
- 유효적산온도 : 곤충이 일정한 발육을 완료하기까지 필요한 총온열량

정답 : ②

041 「농촌진흥청 농약안전정보시스템」에 등록된 약제의 해충 방제 시기 및 방법에 관한 설명으로 옳은 것은?

① 매미나방은 유충발생초기인 7월에 경엽처리를 한다.
② 솔잎혹파리는 유충발생초기인 4월에 수관처리를 한다.
③ 밤나무혹벌은 성충발생최성기인 7월에 수관처리를 한다.
④ 오리나무잎벌레는 유충발생초기인 4월에 경엽처리를 한다.
⑤ 잣나무별납작잎벌(잣나무넓적잎벌)은 유충발생초기인 4~5월에 경엽처리를 한다.

해설 ① 매미나방은 4월 중순에 부화하여 약 2개월 가량이 유충기간에 경엽처리를 한다.
② 솔잎혹파리는 유충발생초기인 5월 하순~6월 하순에 수관처리를 한다.
④ 오리나무잎벌레는 유충발생초기인 5월 하순~7월에 경엽처리를 한다.
⑤ 잣나무별납작잎벌(잣나무넓적잎벌)은 유충발생초기인 7월 중순~8월 상순에 경엽처리를 한다.

정답 : ③

042 해충 발생밀도 조사방법과 대상해충의 연결이 옳은 것은?

① 먹이트랩 – 솔껍질깍지벌레
② 성페로몬트랩 – 솔잎혹파리
③ 유아등트랩 – 복숭아명나방
④ 털어잡기 – 소나무좀
⑤ 황색수반트랩 – 버즘나무방패벌레

해설 ① 먹이트랩 – 소나무좀
② 성페로몬트랩 – 솔껍질깍지벌레 또는 나방류, 우화상 – 솔잎혹파리
④ 털어잡기 – 활동성이 비교적 약한 수관부 서식해충으로 멸구, 매미충류
⑤ 황색수반트랩 – 총채벌레, 진딧물

정답 : ③

043 수목해충의 친환경 방제 방법에 관한 설명으로 옳지 않은 것은?

① 사사키잎혹진딧물은 성충이 탈출하기 전에 혹이 생긴 잎을 채취하여 매몰한다.
② 소나무좀은 신성충의 그해 산란 피해를 막기 위해 끈끈이롤트랩을 줄기에 감싼다.
③ 솔껍질깍지벌레는 성페로몬을 이용한 끈끈이트랩으로 수컷을 대량 유살한다.
④ 주둥무늬차색풍뎅이는 월동성충이 알을 낳기 전에 유아등을 이용하여 포획한다.
⑤ 큰이십팔점박이무당벌레는 잎 뒷면에 산란한 알덩어리를 채취하여 소각한다.

해설 **소나무좀 방제 방법**
• 소나무좀 유충에 기생하는 기생봉류, 맵시벌류, 기생파리류를 보호한다.
• 수세 쇠약목을 주로 가해하기 때문에 수세를 강화시키는 것이 가장 좋은 예방법이다.
• 수세가 쇠약한 나무는 미리 제거하고 원목과 침적은 5월 이전에 수피를 벗겨 번식처를 없애준다.
• 1~2월 중에 벌채된 소나무 원목을 1m가량 잘라 2월 하순에 임내 세워 유인한 후 5월 하순에 수피를 벗겨 유충을 구제한다.
• 3월 하순~4월 중순에 페니트로티온 유제 50% 또는 티아클로프리드 액상수화제 10% 500배액을 1주일 간격으로 2~3회 살포한다.

정답 : ②

044 진딧물류 중 기주전환을 하지 않는 종만을 나열한 것은?

① 곰솔왕진딧물, 붉은테두리진딧물
② 물푸레면충, 소나무왕진딧물
③ 소나무왕진딧물, 조록나무혹진딧물
④ 외줄면충, 호리왕진딧물
⑤ 조팝나무진딧물, 진사진딧물

해설 곰솔왕진딧물, 소나무왕진딧물, 조록나무혹진딧물, 호리왕진딧물, 진사진딧물은 기주 전환하지 않는다.
- 붉은테두리진딧물 : 여름기주(벼과식물), 겨울기주(벚나무 속)
- 물푸레면충 : 여름기주(전나무), 겨울기주(물푸레나무)
- 외줄면충 : 여름기주(대나무), 겨울지주(느티나무)
- 조팝나무진딧물 : 여름기주(명자나무, 귤나무), 겨울기주(사과나무, 조팝나무)
- 진사진딧물
  - 당단풍나무 등을 기주로 하여 살아가는 진딧물로 단식성에 완전생활환 진딧물로 연중 같은 기주에서 서식하며, 주로 신초 부위나 잎의 뒷면에 대규모의 군집을 형성한다.
  - 여름철에는 하면형의 새끼를 통해 월하한다. 무시충과 유시충 모두 흑갈색에 광택이 도는 체색을 가지며, 종아리마디는 전체가 흑갈색이다.
  - 초여름에는 일반적인 형태와 매우 다른 납작한 형태의 새끼가 나오는데 이는 하면에 특화된 형태이다.

정답 : ③

045 천적의 기주 및 방사시기에 관한 설명으로 옳지 않은 것은?

① 칠레이리응애는 점박이응애의 알과 성충을 포식한다.
② 진디혹파리 유충은 목화진딧물의 약충과 성충을 포식한다.
③ 콜레마니진디벌은 복숭아혹진딧물의 약충과 성충 몸속에 산란한다.
④ 혹파리살이먹좀벌은 솔잎혹파리 유충이 지면에 낙하하는 11월에 방사한다.
⑤ 중국긴꼬리좀벌은 밤나무혹벌의 기생성 천적으로 4~5월 하순 월 상순에 방사한다.

해설
- 혹파리살이먹좀벌은 솔잎혹파리 우화시기인 5월 중순~6월 하순 방사한다.
- 유충은 2회 탈피하며 9월 하순~다음해 1월에 벌레혹에서 탈출하여 땅에 떨어진다.
- 유충은 11월 중순이 최성기이다.

정답 : ④

046 수목해충인 잎벌류와 기주수목의 연결이 옳지 않은 것은?

① 극동등에잎벌 – 진달래, 철쭉
② 남포잎벌 – 야광나무, 쥐똥나무
③ 솔잎벌 – 곰솔, 잣나무
④ 장미등에잎벌 – 찔레꽃, 해당화
⑤ 좀검정잎벌 – 개나리, 광나무

해설 남포잎벌의 기주수목은 신갈나무, 떡갈나무이다.

정답 : ②

047 수목해충에 관한 설명으로 옳은 것은?

① 소나무허리노린재는 최근 정착한 외래해충으로 잣나무 종실을 가해한다.
② 황다리독나방은 일부 지역의 회화나무 가로수에서 돌발적으로 대발생하며, 섭식량도 많다.
③ 미국흰불나방은 북미로 출항하는 선박에 알덩어리가 존재하는지 여부를 검사받아야 한다.
④ 갈색날개노린재는 암컷성충이 산란을 위해 2년생 가지에 상처를 내기 때문에 가지가 말라 죽게 된다.
⑤ 매미나방은 연 2회 발생하는 것으로 알려졌으나 최근 남부지방에서 3화기 성충이 확인되고 있다.

해설 ② 황다리독나방은 층층나무 가해하는 단식성이다.
③ 매미나방은 북미로 출항하는 선박에 알덩어리가 존재하는지 여부를 검사받아야 한다.
④ 매미류 암컷성충이 산란을 위해 2년생 가지에 상처를 내기 때문에 가지가 말라 죽게 된다.
⑤ 매미나방은 연 1회 발생한다.

정답 : ①

048 수목해충별 가해부위, 연간 발생횟수, 월동태의 연결이 옳은 것은?

① 붉은매미나방 : 잎 – 1회 – 유충
② 솔알락명나방 : 잣송이 – 1회 – 성충
③ 사철나무혹파리 : 잎 – 1회 – 번데기
④ 루비깍지벌레 : 줄기·가지·잎 – 1회 – 암컷 성충
⑤ 밤혹응애(밤나무혹응애) : 잎 – 1회 – 암컷 성충

해설 ① 붉은매미나방 : 잎 – 1회 – 알로 월동
② 솔알락명나방 : 잣송이 – 1회 – 유충으로 월동
③ 사철나무혹파리 : 잎 – 1회 – 유충으로 월동
⑤ 밤혹응애(밤나무혹응애) : 잎 – 수회 발생함 – 암컷 성충

정답 : ④

049 다음 피해증상을 유발하는 수목해충은?

- 잎 아랫면에 기생하여 분비물로 흰색의 깍지를 만들어 덮는다.
- 여름형 깍지는 동심원형이고, 가을형은 편심원형이다.
- 잎 윗면에는 뿔 모양의 벌레혹을 만든다.

① 큰팽나무이 ② 회화나무이
③ 뿔밀깍지벌레 ④ 줄솜깍지벌레
⑤ 때죽납작진딧물

해설 큰팽나무이
- 팽나무만 가해하는 단식성해충이다.
- 약충이 잎 뒷면에 기생하여 잎 표면에 고깔 모양 뿔모양 벌레혹을 만든다.
- 잎 뒷면에 하얀색 털이 빽빽하게 난다.
- 형태가 동심원형인 여름형, 편심원형인 가을형으로 구분한다.

정답 : ①

050 〈보기〉의 수목해충 중에서 광식성만을 모두 고른 것은?

〈보기〉
ㄱ. 뽕나무이 ㄴ. 미국흰불나방
ㄷ. 왕공깍지벌레 ㄹ. 전나무잎응애
ㅁ. 검은배네줄면충 ㅂ. 뽕나무깍지벌레
ㅅ. 식나무깍지벌레 ㅇ. 줄마디가지나방

① ㄱ, ㄴ, ㄷ, ㄹ ② ㄴ, ㄹ, ㅂ, ㅅ
③ ㄴ, ㅂ, ㅅ, ㅇ ④ ㄴ, ㅁ, ㅂ, ㅅ
⑤ ㄷ, ㄹ, ㅁ, ㅇ

해설
- 단식성 : ㄱ. 뽕나무이, ㅁ. 검은배네줄면충, ㅇ. 줄마디가지나방
- 협식성 : ㄷ. 왕공깍지벌레
- 광식성 : ㄴ. 미국흰불나방, ㄹ. 전나무잎응애, ㅂ. 뽕나무깍지벌레, ㅅ. 식나무깍지벌레

구분	내용	종류
단식성	한 종의 수목만 가해하거나 같은 속의 일부 종만 가해	줄마디가지나방(회화나무), 회양목명나방(회양목), 개나리잎벌(개나리), 뽕나무명나방(뽕나무), 제주집명나방(후박나무), 밤나무혹벌(밤나무), 자귀나무뭉뚝날개나방(자귀, 주엽나무), 혹응애(구기자, 붉나무, 회양목, 향나무, 소나무)

구분	내용	종류
협식성	기주수목이 1~2개 과로 한정되어 가해하는 해충	솔나방, 솔잎벌, 북방수염하늘소, 광릉긴나무좀, 참나무재주나방, 대나무쐐기나방, 차독나방, 밤바구미, 도토리거위벌레, 벚나무깍지벌레, 쥐똥밀깍지벌레, 왕공깍지벌레, 소나무굴깍지벌레, 때죽납작진딧물, 외줄면충, 방패벌레류
광식성	여러과의 수목을 가해하는 해충	미국흰불나방, 독나방, 매미나방, 천막벌레나방, 애모무늬잎말이나방, 매실애기잎말이나방, 목화진딧물, 조팝나무진딧물, 복숭아혹진딧물, 뽕밀깍지벌레, 거북밀깍지벌레, 뽕나무깍지벌레, 식나무깍지벌레, 가루깍지벌레, 전나무잎응애, 점박이응애, 차응애, 오리나무좀, 가문비왕나무종, 알락하늘소, 유리알락하늘소, 왕바구미

정답 : ②

PART 02 | 수목생리학

051 진정쌍떡잎식물의 성숙한 자성배우체(암배우체)에 있는 핵의 개수는?

① 5 ② 6
③ 7 ④ 8
⑤ 9

해설 자성배우체에는 반족세포 3개, 극핵 2개, 조세포 2개, 난세포 1개에 각각 핵이 있다.

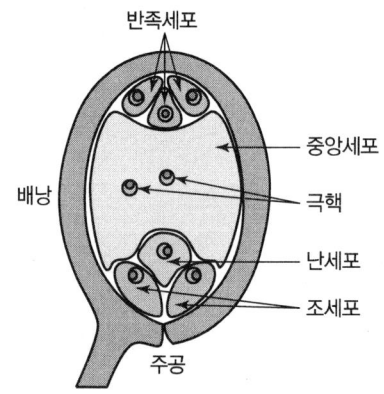

정답 : ④

052 〈보기〉에서 수목의 뿌리 생장에 관한 옳은 설명만을 고른 것은?

> ㄱ. 뿌리털은 주피 세포에서 만들어진다.
> ㄴ. 코르크 형성층은 피층에서 만들어진다.
> ㄷ. 측근은 내초의 분열 활동으로 만들어진다.
> ㄹ. 소나무와 상수리나무에서는 뿌리털이 형성되지 않는다.

① ㄱ, ㄴ ② ㄱ, ㄹ
③ ㄴ, ㄷ ④ ㄴ, ㄹ
⑤ ㄷ, ㄹ

해설
ㄱ. 뿌리털은 내초에서 만들어진다.
ㄴ. 코르크형성층은 줄기에서는 피층에서 생성되고, 뿌리에서는 내초에서 생성된다.
ㄷ. 뿌리의 측근은 주근(1차 뿌리)에서 수평 방향으로 뻗어나가며, 1차 뿌리의 원주상부(내피와 관다발 조직 사이)에서 형성된다.
ㄹ. 외생균근에 감염된 소나무와 상수리나무에서는 뿌리털이 형성되지 않으나 감염되지 않은 소나무와 상수리나무에서는 뿌리털이 형성된다.

정답 : 정답 없음

053 다음 중 잎의 자연적 수명이 가장 긴 수종은?

① 주목 ② 소나무
③ 동백나무 ④ 리기다소나무
⑤ 스트로브잣나무

해설 상록수 잎의 수명

수종	수명(년)	수종	수명(년)
대왕소나무	2	스트로브잣나무	2~3
방크스소나무	2~3	리기다소나무	2~3
잣나무	4~5	동백나무	3~4
테다소나무	2~5	전나무류	4~6
소나무	3~4	가문비나무류	4~6
주목류	5~6		

정답 : ①

054 수목에서 발견되는 탄수화물 중 갈락투론산(galacturonic acid)의 중합체만을 나열한 것은?

① 전분(starch), 포도당(glucose)
② 검(gum), 무실리지(mucilage)
③ 리그닌(lignin), 칼로스(callose)
④ 카로테노이드(carotenoid), 스테롤(sterol)
⑤ 헤미셀룰로스(hemicellulose), 셀룰로스(cellulose)

해설
- 갈락투론산은 펙틴·각종 식물의 점질물·세균의 다당류 등의 구성 성분이다.
- 갈락투론산 중합체 종류에는 펙틴, 검(gum), 무실리지(mucilage) 등이 있다.
- 검과 점액질(mucilage)
  - 갈락투론산의 중합체로 단백질로 함유된다.
  - 검은 수피와 종자껍질에 주로 존재한다.
  - 벚나무속에 병원균과 곤충의 피해를 입을 때 분비(검)한다.
  - 점액질 : 콩과식물의 콩꼬투리, 느릅나무 내수피와 잔뿌리 끝 주변에 분비되며, 잔뿌리의 윤활제 역할을 한다.

정답 : ②

055 버드나무류의 꽃에 해당하는 것만을 나열한 것은?

① 완전화, 양성화, 일가화
② 완전화, 양성화, 이가화
③ 완전화, 단성화, 이가화
④ 불완전화, 단성화, 일가화
⑤ 불완전화, 단성화, 이가화

해설 목본 피자식물 꽃의 네 가지 기본구조에 따른 분류

명칭	특징	수종
완전화	꽃받침, 꽃잎, 암술, 수술을 모두 가짐	벚나무, 자귀나무
불완전화	꽃받침, 꽃잎, 암술, 수술 중 한 가지 이상 부족함	버드나무류, 자작나무류, 가래나무류, 참나무과
양성화	암술과 수술을 한 꽃에 가짐	벚나무, 자귀나무
단성화	암술과 수술 중 한 가지만 가짐	버드나무류, 자작나무류
잡성화	양성화와 단성화가 한 그루에 달림	단풍나무, 물푸레나무
1가화	암꽃과 수꽃이 한 그루에 달림	참나무류, 오리나무류, 자작나무류, 가래나무과
2가화	암꽃과 수꽃이 각각 다른 그루에 달림	버드나무류, 포플러류

정답 : ⑤

056 중력을 감지하는 관주세포(평형세포)가 포함된 뿌리의 조직은?

① 내초
② 표피
③ 중심주
④ 뿌리골무
⑤ 분열지연중심부

해설 뿌리골무(근관)는 생장점 바깥부분을 말한다.

뿌리의 분류
- 어린뿌리의 분열 조직 정단분열조직은 끝부분에 존재
- 근관의 기능
  - 분열조직보호
  - 굴지성 유도
  - Mucigel을 분비(윤활유 역할)
  - 미생물이 많이 존재

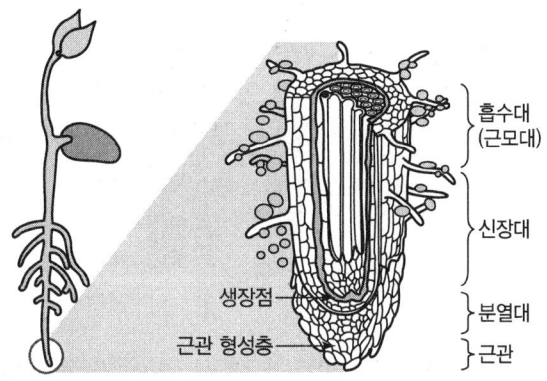

정답 : ④

057 성숙한 체세포(sieve cell) 소기관만을 나열한 것은?

① 리보솜, 핵
② 리보솜, 액포
③ 색소체, 액포
④ 미토콘드리아, 핵
⑤ 미토콘드리아, 색소체

해설 **체요소(체관요소)**
- 체세포(=사세포)는 나자(겉씨)식물의 체관을 구성하는 요소이고, 체관요소는 피자(속씨)식물의 체관을 구성하는 요소이다.
- 피자식물을 제외한 모든 유관속식물의 체요소는 덜 분화한 체세포(sieve cell)이다.
- 성숙한 체세포는 미토콘드리아와 색소체만 남고, 반세포로 분화된다.

구분	기본세포	보조세포	유세포	지지세포	물질이동 수단
피자식물	사관세포	반세포	사부유세포	사부섬유	사공, 사부막공(사역)
나자식물	사세포	알부민세포	사부유세포	사부섬유	사부막공(사역)

- 세포 내 소기관의 종류
  - 복막구조체(두겹의 막) : 핵, 엽록체, 미토콘드리아
  - 단막구조체(한겹의 막) : 소포체, 리보솜, 골지체, 퍼옥시솜, 올레오솜, 글리옥시솜, 액포
- 성숙한 체요소(체관요소)들이 연결된 모식도

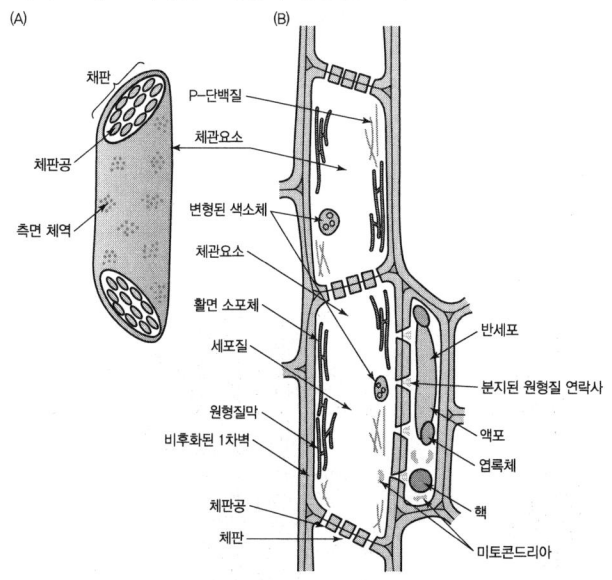

- 체관요소가 성숙해져 감에 따라 사관세포는 미토콘드리아와 색소체만 남고, 반세포로 분화된다.

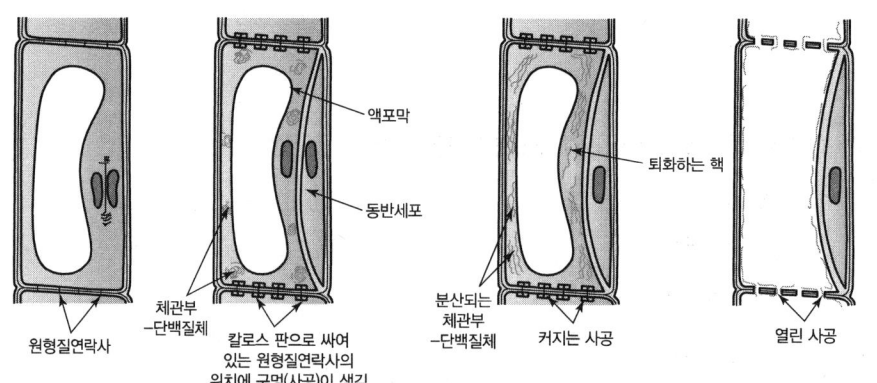

정답 : ⑤

058 지름이 큰 도관이 춘재에 환상으로 배열되는 수종만을 나열한 것은?

① 이팝나무, 느티나무, 회화나무
② 자작나무, 물푸레나무, 밤나무
③ 상수리나무, 목련, 아까시나무
④ 호두나무, 가래나무, 단풍나무
⑤ 신갈나무, 붉가시나무, 칠엽수

해설
- 환공재(춘재도관 지름이 추재도관보다 큼) : 참나무류, 음나무, 물푸레나무, 회화나무, 이팝나무, 느티나무
- 산공재(춘재도관 지름과 추재도관의 지름이 같음) : 단풍나무, 벚나무, 버즘나무, 포플러, 목련, 피나무, 자작나무, 버드나무, 플라타너스
- 반환공재 : 가래나무, 호두나무, 중국굴피나무

정답 : ①

059 줄기의 1차 분열조직과 이로부터 발생한 1차 조직의 연결이 옳은 것은?

① 원표피 – 내피
② 전형성층 – 주피
③ 개재분열조직 – 수
④ 기본분열조직 – 피층
⑤ 코르크형성층 – 표피

해설 코르크형성층은 줄기에서는 피층세포에서, 뿌리에서는 내초세포에서 기원한다.

정단분열조직	1차 분열조직	1차 조직	2차 분열조직 (측방분열조직)	2차 조직
줄기 정단 및 뿌리의 분열조직	원표피	표피		
	기본 분열조직	피층(줄기에서)	코르크형성층	주피
		내초(뿌리에서)		
		수 잎살조직(잎)		
	전형성층	1차 물관부	관다발형성층	2차 물관부
		1차 체관부		2차 체관부

※ 개재분열조직(절간분열조직, 부간분역조직) : 성숙한 조직이나 마디 사이에 끼어 있어서 이름 지어졌다. 예로 벼과 식물에서 줄기의 절간과 잎의 엽초와 엽신의 기부에 분포한다.

정답 : ④

060 다음 중에서 수액의 상승 속도가 빠른 수종부터 순서대로 나열한 것은?

① 가래나무 > 단풍나무 > 느티나무 > 소나무
② 단풍나무 > 느티나무 > 가래나무 > 소나무
③ 느티나무 > 가래나무 > 단풍나무 > 소나무
④ 단풍나무 > 느티나무 > 소나무 > 가래나무
⑤ 느티나무 > 단풍나무 > 소나무 > 가래나무

해설 수액의 상승 속도가 빠른 것부터 순서대로 나열하면 환공재 > 반환공재 > 산공재 > 가도관이다.
※ 앞의 58번 문제의 환공재와 산공재를 구별할 수 있어야 한다. 대부분의 활엽 수종은 환공재이므로 산공재인 단풍나무, 벚나무, 버즘나무, 포플러 등을 기억하여야 한다.

정답 : ③

061 ( ) 안에 들어갈 용어로 알맞은 것은?

- 비탈에서 자라는 나무는 이상재가 형성되기 쉽다.
- 침엽수는 비탈의 (㉠) 방향에 이상재가 생기고 이를 (㉡) 이상재라고 한다.
- 활엽수는 (㉢) 방향에 이상재가 생기고 이를 (㉣) 이상재라고 한다.

	㉠	㉡	㉢	㉣
①	위쪽	압축	위쪽	신장
②	위쪽	신장	아래쪽	압축
③	위쪽	압축	아래쪽	신장
④	아래쪽	신장	위쪽	압축
⑤	아래쪽	압축	위쪽	신장

해설 **이상재**
- 침엽수 : 바람이 불어가는 쪽(압축이상재)
- 활엽수 : 바람이 불어오는 쪽(신장이상재)
- 이상재의 형성은 식물호르몬(옥신)의 재분배로 인해 유도된다.

압축이상재	• 기울어진 수간의 아래쪽에 옥신의 농도 증가하여, 세포분열 촉진, 넓은 연륜 가짐 (정아나 수간에 IAA 처리 시 발생) • 에틸렌도 압축이상재 발생
신장이상재	• 기울어진 수간의 위쪽에 나타남 • 기울어진 수간의 위쪽에 옥신의 농도가 감소하여 발생 • 옥신을 처리하면 이상재 형성 억제하고 옥신의 길항제인 TIBA를 처리하면 이상재 형성 촉진

정답 : ⑤

062 다음 설명에 해당하는 식물호르몬은?

- 선구물질은 리놀렌산(linolenic acid)이다.
- 해충과 병원균에 대한 저항성에 관여한다.
- 수목에서 합성되는 곳은 줄기와 뿌리의 정단부, 어린잎과 열매 등이다.

① 폴리아민(polyamine)
② 사이토키닌(cytokinin)
③ 살리실산(salicylic acid)
④ 자스몬산(jasmonic acid)
⑤ 브라시노스테로이드(brassinosteroid)

해설 식물호르몬

호르몬의 종류		합성하는 곳	주요기능	선구물질
새로운 호르몬	브라시노 스테로이드	종자, 열매, 잎, 새 가지, 꽃눈	줄기와 뿌리 세포 분화촉진, 생식기관 발달촉진, 낙화와 낙과 억제, 스트레스 저항성 증가, 노화 억제	캄페스테롤
	자스몬산	줄기 정단부, 어린잎, 뿌리 정단부, 미성숙 열매	뿌리생장과 광합성 억제 등 ABA와 유사한 기능, 곤충과 병원균에 저항, 노화 촉진	리놀렌산
	살리실산	잎, 병원균 침입된 잎	개화촉진, 꽃잎 노화 지연, 천남성꽃열 발생, 병원균에 대한 전신적 저항	트랜스-신남산
	스트리고락톤	뿌리	새 가지의 분열 억제, 기생식물 발아 촉진, 수지상 균근사 생장 촉진	베타카로틴
	폴리아민	식물체의 거의 모든 세포에 존재, 다른 호르몬보다 높은 농도에서 반응	세포분열 촉진, 막의 안정성, 열매성숙 촉진, 잎의 노쇠방지, 스트레스 내성, DNA와 RNA 및 단백질 합성 촉진	아지닌

정답 : ④

063 〈보기〉 중 뿌리에서 무기 양분의 능동적흡수와 이동에 관한 옳은 설명만을 고른 것은?

〈보기〉

ㄱ. 에너지가 소모되지 않는다.
ㄴ. 선택적이고 비가역적인 과정이다.
ㄷ. 무기 양분은 운반단백질에 의해 원형질막을 통과한다.
ㄹ. 뿌리 호흡을 억제하면 무기 양분의 흡수가 증가한다.

① ㄱ, ㄴ
② ㄱ, ㄹ
③ ㄴ, ㄷ
④ ㄴ, ㄹ
⑤ ㄷ, ㄹ

해설 무기염의 선택적 흡수와 능동운반
- 무기염의 흡수는 단순한 삼투압에 의한 현상이 아니다.
- 자유공간을 이용한 무기염의 이동은 비선택적, 가역적, 에너지 소모가 없다(수동운반).
- 식물이 무기염을 흡수하는 과정은 선택적, 비가역적, 에너지를 소모한다(능동운반).
    ※ 운반체설로 설명 : 운반체는 원형질막에 있는 단백질(능동운반의 주역)
- 능동운반
    - 원형질막의 운반체에 의한 운반
    - 농도가 낮은 곳에서 높은 곳으로 농도 구배에 역행운반
    - 대사에 에너지 소모
    - 선택적으로 이루어지는 무기염의 이동

정답 : ③

064 광호흡에 관한 설명으로 옳지 않은 것은?

① 햇빛이 있을 때 주로 잎에서 일어난다.
② 햇빛으로 잎의 온도가 올라가면 광호흡이 증가한다.
③ C_3 식물보다 C_4 식물에서 광합성량 대비 광호흡량이 더 많다.
④ 광합성으로 고정한 탄수화물의 일부가 다시 분해되어 미토콘드리아에서 CO_2로 방출되는 과정이다.
⑤ 퍼옥시솜에는 광호흡 과정에서 생성된 과산화수소를 제거하기 위한 카탈라제가 풍부하게 들어있다.

해설 C_3 식물이 C_4 식물보다 광호흡량이 많다.
- 광호흡 : 광조건하에서만 일어나는 호흡
- 광호흡관여 기관 : 엽록체, 미토콘드리아, 퍼옥시솜

C_3 식물
- C_3 식물은 광합성으로 고정한 CO_2의 20~40%가량을 광호흡으로 방출한다.
- 광호흡은 야간호흡보다 2~3배정도 더 빠르게 진전된다.
- C_3 식물은 이산화탄소를 처음 고정하는 효소는 RuBP이다(친화력 $O_2 < CO_2$).
    ※ C_4 식물 : 낮의 광호흡량 > 밤의 호흡량
- C_4의 RuBP는 유관속초 세포에 국한된다(말산에서 CO_2 배출).

정답 : ③

065 〈보기〉에서 수분부족에 따른 수목의 반응으로 옳은 것만을 고른 것은?

> ㄱ. 프롤린이 축적되어 삼투퍼텐셜을 높인다.
> ㄴ. 심한 수분부족은 막단백질의 변형을 일으킨다.
> ㄷ. 추재가 형성되는 시기가 늦어진다.
> ㄹ. 체내 수분함량이 적어져 팽압이 감소하며 수분퍼텐셜이 낮아진다.

① ㄱ, ㄴ
② ㄱ, ㄹ
③ ㄴ, ㄷ
④ ㄴ, ㄹ
⑤ ㄷ, ㄹ

해설
ㄱ. 수분스트레스를 받으면 세포의 팽압감소, 광합성 중단으로 탄수화물 대사와 질소대사가 둔화되며 전분은 당류로 가수분해 되고 단백질합성 감소로 프롤린축적이 되어 삼투퍼텐셜을 낮춘다.
ㄷ. 수분스트레스는 춘재에서 추재로 빠르게 촉진이 되어 춘재 부분이 짧아지는 결과를 초래한다. 즉 춘재의 생장 감소율이 추재보다 더 크다.

- 수분스트레스로 proline 축적 : 글루탐산염(glutamate)로부터 proline이 합성될 때 귀환억제작용이 상실되어 체내에서 이용되지 않기 때문이다.
- 수분스트레스로 가장 예민하게 반응하는 것은 세포신장, 세포벽의 합성, 단백질의 합성이다.
- 수분퍼텐셜 −0.5MPa 때부터 abscisic acid를 생산한다.
- 수분부족 초기에 활성화되는 효소는 α−아밀라제와 리보뉴클레아제의 활동이 증가한다(가수분해 효소가 전분 등을 분해하여 삼투퍼텐셜을 낮춰 건조저항성을 높인다.).
- 목부세포의 수, 직경생장의 지속시간, 목부와 사부의 비율, 춘재에서 추재의 이행시기 등에 영향을 준다.

정답 : ④

066 세포호흡에 관한 설명으로 옳은 것은?

① 세포질에서 크레브스회로가 진행된다.
② 호흡과정을 통해 물이 분해되고 산소가 방출된다.
③ 전자전달계는 기질 수준의 인산화를 통해 많은 ATP를 생성한다
④ 해당작용은 미토콘드리아에서 일어나며, 피루브산과 CO_2, ATP가 생성된다
⑤ 크레브스회로에서 생성된 NADH와 $FADH_2$는 전자전달계에 전자를 운반하는 역할을 한다.

해설 **호흡작용의 3단계**
- 1단계 해당작용(포도당 분해) : 세포기질(세포질)에서 일어난다. 산소를 요구하지 않는 단계이고 고등식물, 효모균에 의해 발생한다. 에너지(ATP) 생산효율 낮다.
- 2단계 Krebs 회로 : 3개의 CO_2를 발생시킨다. NADH, $FADH_2$를 생산하고, 미토콘드리아 기질에서 발생하며, 산소가 있어야 진행된다.
- 3단계 말단전자전경로 : NADH로 전달된 전자와 수소가 최종적으로 산소에 전달되어 H_2O로 환원되면서 추가로 ATP 생산한다. 산소 소모, 호기성 호흡이 이루어진다.

정답 : ⑤

067 ( ) 안에 들어갈 용어로 적합한 것은?

> 종자 활력 간이검사법의 하나인 테트라졸륨 시험 시, 세포의 호흡에서 중추적 역할을 하는 (㉠) 효소는 테트라졸륨 용액과 결합하면 (㉡)이 되어 (㉢)색을 띠게 된다.

	㉠	㉡	㉢
①	탈수소	포르말린	검은
②	탈수소	포르마잔	붉은
③	탈산소	포르말린	노란
④	탈산소	포르마잔	붉은
⑤	탈산소	포르말린	검은

해설 '탈수소=산화된다', '탈산소=환원된다'라는 의미이다. 데히드로게나아제(산화효소)에 의해 붉은색의 포마잔으로 바뀌며, 살아있는 조직이 붉은색으로 염색된다.

테트라졸리움 시험
- 종자 내 산화효소가 살아있는지 여부를 여러 시약의 발색반응으로 검사
- 테트라졸리움이 산화효소에 의해 붉게 변색
- 시험단계
  - 1단계 : 물에 침적(18~20시간)
  - 2단계 : 종피에 상처유도(칼로 주공쪽을 약간 잘라냄)
  - 3단계 : 1% tetrazolium 용액에서 종자 침적(pH 6.5~7.0, 30℃, 48시간)
  - 4단계 : 종자가 핑크색으로 염색된 정도를 검사
- 단점 : 어떤 종자는 염색이 잘 안 되며, 염색 정도를 해석하는 데 어려움이 있고, 비정상발아를 찾아낼 수 없다.

정답 : ②

068 수목의 증산에 관한 설명으로 옳지 않은 것은?

① 증산작용은 잎의 온도를 낮춘다.
② 증산작용은 무기염의 흡수와 이동을 촉진한다.
③ 낙엽수는 한겨울에는 증산작용을 하지 않는다.
④ 잎의 표면에 각피를 두껍게 만들거나 털을 많이 만들어 증산을 억제한다.
⑤ 소나무류는 잎의 표피 안쪽 깊숙한 곳에 기공이 위치하여 증산을 억제한다.

해설 낙엽수는 한겨울에도 증산작용을 상당량 수행한다. 낙엽수는 잎이 없지만, 가지와 줄기의 표면에서 증산작용을 한다.

정답 : ③

069 〈보기〉에서 강한 빛에 의해 광합성 기구가 손상되는 것을 막기 위한 수목의 반응으로 옳은 것을 모두 고른 것은?

〈보기〉
ㄱ. 카로테노이드는 들뜬 에너지를 흡수하여 열로 방출한다.
ㄴ. 잔토필(xanthophyll) 회로에 따라 제아크산틴을 합성한다.
ㄷ. 광계 사이에 에너지 분배를 조절하여 광저해 현상을 억제한다.
ㄹ. 엽록체는 입사광에 평행한 측벽으로 이동하여 빛 흡수를 최소화한다.

① ㄱ, ㄴ
② ㄷ, ㄹ
③ ㄱ, ㄴ, ㄷ
④ ㄴ, ㄷ, ㄹ
⑤ ㄱ, ㄴ, ㄷ, ㄹ

해설 **카로테로이드**
- 식물체의 녹색 이외에 황색, 주황색, 적색, 갈색 등 다양한 색깔을 나타낸다.
- Isoprene(C_5H_8) 8개가 모인 화합물이다.
- 뿌리, 줄기, 잎, 꽃, 열매 등의 색소체에 존재한다.
  - carotene 중 β-carotene(노란색), xanthophyll(노란, 갈색) 중 lutein은 엽록체에서 가장 많이 존재하는 카로테노이드이다.
  - 카로테로이드는 암흑 속에서도 합성한다(노란색).
  - 무기영양소 결핍, 한발, 저온 등에도 남아 노란색을 나타낸다.
  - 광합성 보조색소로 햇빛에 의한 광산화 방지한다.

정답 : ⑤

070 수목의 호흡작용으로 옳지 않은 것은?

① 오존(O_3)에 노출되었을 때 잎의 호흡이 증가한다.
② 수피를 벗겨 상처를 만들면 호흡이 증가한다.
③ 광도가 높을 때 양엽의 호흡량은 음엽보다 낮다.
④ 답압과 침수는 산소의 공급을 방해하여 뿌리호흡의 감소를 유발한다.
⑤ 잎은 완전히 자란 직후에 중량 대비 호흡량이 가장 많다.

해설 양엽의 광보상점이 음엽보다 높다. 즉 호흡량이 더 많다.

광도
- 광보상점과 광포화점
  - 광보상점 : 호흡으로 방출되는 CO_2양=광합성으로 흡수하는 CO_2양
  - 광포화점 : 광도가 증가해도 더 이상 광합성량이 증가하지 않는 포화상태의 광도

• 양엽과 음엽

양엽	−높은 광도에서 광합성이 효율적이다. −광포화점 높고, 책상조직이 빽빽하게 배열되어 있다. −cuticle층과 잎의 두께가 두껍다.
음엽	−낮은 광도에서 광합성이 효율적, 양엽보다 넓다. −엽록소의 함량이 더 많고, 광포화점이 낮고, 책상조직이 엉성하다. −cuticle층과 잎의 두께는 얇다.

정답 : ③

071 수목의 광합성 명반응에 관한 설명으로 옳지 않은 것은?

① 엽록소가 있는 그라나에서 이뤄지며 산소가 발생한다.
② 빛에너지를 NADPH와 ATP에 저장하는 과정으로 물의 분해가 일어난다.
③ H^+이 루멘에 축적되어 틸라코이드막을 경계로 H^+ 농도의 차이가 발생한다.
④ ATP합성효소에 의해 H^+이 스트로마에서 루멘으로 들어오면서 ATP가 생성된다.
⑤ 물이 분해되면서 방출된 전자는 광계 Ⅱ에서 광계 Ⅰ로 전달되어 $NADP^+$를 환원시키는 데 기여한다.

해설 H^+를 받는 전자수용체는 엽록체 기질(스트로마)과 틸라코이드막의 내부공간(루멘)을 경계로 하는 틸라코이드막에 존재하는데 기질(스트로마)에 있는 H^+를 틸라코이드막 내부공간(루멘)에 축적시킨다. 즉, 전자수용체에 의해서 H^+이 이동하게 된다.

정답 : ④

072 무기영양소에 관한 설명으로 옳은 것은?

① 식물체 내에서 효소의 보조인자인 Mg, Si는 다량원소이다.
② 미량원소는 식물조직 내에 건중량의 0.1% 이하로 함유되어 있는 것을 말한다
③ Fe은 체내에서 이동이 용이하지 않으며, 기공의 삼투압을 가감하여 개폐시키는 작용을 한다.
④ 이동성이 빠른 원소인 P, Mg 등은 결핍증이 세포분열이 일어나는 곳인 어린잎에서 먼저 나타난다.
⑤ 무기영양소를 식물체 내에서 재분배하기 위해 이동시킬 때 사부를 이용하지 않고 목부를 통해 이동시킨다.

해설 ① 식물체 내에서 효소의 보조인자는 Mg, Mn 등 대부분 미량원소이다.
② 미량원소는 식물조직 내에 건중량의 0.1% 미만으로 함유되어 있는 것을 말한다.
③ Fe은 체내에서 이동이 용이하지 않으며, 기공의 삼투압을 가감하여 개폐시키는 작용을 하는 것은 K이다.

④ 이동성이 빠른 원소인 P, Mg 등은 결핍증이 세포분열이 일어나는 곳인 성숙잎에서 먼저 나타난다.
⑤ 무기영양소를 식물체 내에서 재분배하기 위해 이동시킬 때 목부를 통해 이동시킨다.

정답 : 정답 없음

073 수목의 균근에 관한 설명으로 옳은 것은?

① 내생균근균은 주로 담자균, 자낭균에 속한다.
② 균근균의 기주범위는 내생균근이 외생균근보다 훨씬 넓다.
③ 외생균근균은 균투를 형성하지 않아 뿌리털이 정상적으로 발생한다.
④ 내생균근은 온대지방에서는 소나무과, 참나무과, 자작나무과 등에서 흔히 발견된다.
⑤ 외생균근균의 균사는 뿌리의 피층보다 더 안쪽으로 침입하여 하르티히망을 만든다.

[해설] ① 내생균근균은 접합자균에 속한다.
③ 내생균근균은 균투를 형성하지 않아 뿌리털이 정상적으로 발생한다.
④ 외생균근은 온대지방에서는 소나무과, 참나무과, 자작나무과 등에서 흔히 발견된다.
⑤ 외생균근균의 균사는 뿌리의 피층보다 더 안쪽으로 침입하지 않는다. 즉 내피는 침입하지 않는다.

정답 : ②

074 ( ) 안에 들어갈 용어로 알맞은 것은?

수목의 질산환원은 뿌리로 흡수된 (㉠)형태의 질소가 아미노산 합성에 이용되기 전에 (㉡)형태의 질소로 환원되는 과정이다. 산성토양에서 자라는 소나무류, 진달래류 등은 질산환원이 (㉢)에서 일어나지만 그렇지 않은 식물은 (㉣)에서 일어난다.

	㉠	㉡	㉢	㉣
①	NH_4^+	NO_3^-	뿌리	줄기
②	NO_3^-	NH_4^+	잎	뿌리
③	NH_4^+	NO_3^-	줄기	잎
④	NH_4^+	NO_3^-	잎	뿌리
⑤	NO_3^-	NH_4^+	뿌리	잎

[해설] **질소환원**
• 질소환원장소

질소환원
↓
토양에서 뿌리로 NO_3^- 흡수 → NH_4^+ 형태로 전환되어야 한다.

- Lupine형 뿌리에서 $NO_3^- \rightarrow NH_4^+$ 예 나자식물, 진달래류, 프로테아과
- 도꼬마리형 잎에서 $NO_3^- \rightarrow NH_4^+$ 예 나머지 식물
- 탄수화물 공급이 느려지면 질산환원도 둔화된다.

정답 : ⑤

075 〈보기〉에서 수목의 수분 흡수와 이동에 관한 설명으로 옳은 것만을 고른 것은?

〈보기〉
ㄱ. 여름철 증산작용이 활발한 낮에 근압이 높아진다.
ㄴ. 수간압의 증가로 고로쇠나무에서 수액이 흘러나오기도 한다.
ㄷ. 근압은 도관에서 기포에 의한 공동현상을 제거하는 데 기여한다.
ㄹ. 뿌리의 삼투압으로 물을 능동 흡수하여 수간압이 높아진다.

① ㄱ, ㄴ　　　　　　　　　　② ㄱ, ㄹ
③ ㄴ, ㄷ　　　　　　　　　　④ ㄴ, ㄹ
⑤ ㄷ, ㄹ

해설　ㄱ. 근압은 뿌리의 삼투압에 의하여 수분을 흡수하는 경우로 낙엽수가 겨울철에 수분을 능동적으로 흡수하는 것을 말한다.
　　ㄹ. 뿌리의 삼투압으로 물을 능동 흡수하 것을 근압이라고 한다.

근압과 수간압
- 근압 : 능동적흡수에 의해 생기는 뿌리 내의 압력을 말한다.
- 일액현상
  - 배수조직을 통해 수분이 밖으로 나와서 물방울이 맺힌다.
  - 초본식물은 야간에 기온이 온화, 토양의 통기성 좋고, 토양수분이 충분할 때 나타난다.
  - 대표수종 : 자작나무, 포도나무 - 나자식물은 발견되지 않는다.
- 수간압
  - 낮에 CO_2가 수간의 세포간극에 축적되어 압력이 증가하여 수액이 상처를 통해 누출한다.
  - 밤에 CO_2가 흡수되어 압력이 감소하면 뿌리에서 물이 상승하여 도관을 재충전한다.
  - 수간압의 조건 : 야간온도가 영하로 내려가고 주야간의 온도차가 10℃ 이상 발생할 때이다.

정답 : ③

PART 03 | 산림토양학

076 도시숲 1ha에 질소성분 함량이 46%인 요소비료 200kg을 시비할 경우 공급될 질소량(kg)은?

① 46
② 92
③ 146
④ 192
⑤ 200

해설 요소 비료에 질소의 함량이 46%이므로 $1 : 0.46 = 200 : X$
∴ $X = 92$

정답 : ②

077 C/N비(탄질률)에 관한 설명으로 옳지 않은 것은?

① 생톱밥은 분뇨에 비하여 C/N비가 크다.
② 식물의 C/N비는 생육 기간 중 변화될 수 있다.
③ 낙엽의 C함량 50%, N 함량 0.5%일 때 C/N비는 86이다.
④ C/N비가 큰 유기물은 작은 유기물보다 분해속도가 느리다.
⑤ 일반적으로 C/N 비가 30보다 높은 유기물을 토양에 가하면 식물은 일시적 질소기아현상을 나타낸다.

해설 낙엽의 C함량이 50%, N함량이 0.5%일 때 C/N비는 50/0.5이므로 100이다.
- C/N율이 높으면 : 생식생장이 강화됨(탄소와 질소가 풍부하고, 탄질율이 높은 경우에 개화와 결실이 충실하게 된다.)
- C/N율이 낮으면 : 영양생장이 강화

식물체 및 미생물의 탄질률

구분	%C	%N	C/N
가문비나무의 톱밥	50	0.05	600
활엽수의 톱밥	46	0.1	400
밀집	38	0.5	80
음식물 퇴비	30	2.0	2
부식산	58	1.0	58

정답 : ③

078 인(P)에 관한 설명으로 옳지 않은 것은?

① 핵산과 인지질 등의 구성요소이다.
② 수목 잎의 인 함량은 N나 K보다 낮다.
③ 인산의 유실은 토사유출과 동반하여 일어날 수 있다.
④ 알칼리성 토양에서 인은 Fe, Al 등과 결합하여 불용화된다.
⑤ 식물 중 인의 기능은 광합성을 통하여 얻은 에너지를 저장하고 전달하는 것이다.

해설 산성토양에서 인은 Fe, Al 결합하여 불용화되며, 알칼리성 토양에서는 Ca 결합하여 불용화된다.

정답 : ④

079 다음 표에서 ㉡, ㉣, ㉥에 알맞은 특성을 바르게 나열한 것은?

구분	모래	미사	점토
유기물 분해속도	㉠	중간	㉡
pH 완충 능력	㉢	중간	㉣
양분 저장 능력	㉤	중간	㉥

	㉡	㉣	㉥
①	느림	낮음	높음
②	느림	높음	높음
③	빠름	낮음	높음
④	빠름	높음	낮음
⑤	빠름	높음	높음

해설

구분	모래	미사	점토
수분보유능력	낮음	중간	높음
통기성	좋음	중간	나쁨
유기물 함량 수준	낮음	중간	높음
유기물 분해	빠름	중간	느림
풍식 감수성	중간	높음	낮음
수식 감수성	낮음	높음	낮음
온도 변화	빠름	중간	느림
양분저장능력	나쁨	중간	높음
pH 완충 능력	낮음	중간	높음

정답 : ②

080 도시공원 내 산성토양 개량용 석회 물질의 시용에 관한 설명으로 옳지 않은 것은?

① 석회요구량은 필요한 석회량을 $Ca(OH)_2$로 계산하여 나타낸 값이다.
② 개량에 사용되는 석회물질은 토양 교질의 Al과 직접 반응한다.
③ 유기물 함량이 높은 토양은 낮은 토양보다 석회요구량이 더 많다.
④ 동일한 양의 석회를 시용할 때는 입자가 고운 석회물질의 반응이 더 빠르다.
⑤ 점토 함량이 높은 토양은 모래 함량이 높은 토양보다 석회요구량이 더 많다.

해설 석회요구량은 산성토양 또는 활성 Al에 의한 산성피해가 우려되는 토양의 pH를 일정수준으로 중화시키는 데 필요한 석회물질의 양을 $CaCO_3$으로 환산하여 나타낸 값이다. 목표 pH는 경제성과 작물의 종류를 모두 고려하여 설정한다.

정답 : ①

081 토양의 점토광물에 관한 설명으로 옳지 않은 것은?

① 2 : 1형 점토광물로 장석, 운모 등이 있다.
② 비규산염 2차 광물로 AlOOH, FeOOH 등이 있다.
③ 비팽창형 점토광물로 kaolinite, chlorite 등이 있다.
④ Si와 O로 이루어진 규산염광물의 기본구조는 규소사면체이다.
⑤ 비결정형 점토광물인 allophane은 화산지대 토양의 주요 구성 물질이지만 일반토양의 점토에도 존재한다.

해설
- 2 : 1형 광물 종류
  - 비팽창형 : illite(2 : 1의 층상구조를 가지면 2 : 1층들 사이의 공간에 K이 비교적 많이 함유)
  - 팽창형 : smectite(montmorillonite, beidellite, saporonite, nontronite) vermiculite
- 2 : 2 : 1형
  - chlorite(비팽창형광물) 2 : 1층들 사이에 K^+ 대신 brucite층이 있다.
- 주요 1차광물 종류
  - 석영과 장석 : 가장 치밀한 구조, 전기적으로 안정, Si-O형태이다.
  - 백운모 : 가운데의 팔면체층의 중심양이온이 모두 Al^{3+}이다.
  - 흑운모 : 알루미늄8면체 중 Al^{3+}가 Fe^{2+}나 Mg^{2+}로 치환이 일어난다.
  - 장석류 : 정장석(K), 조장석(Na) 등이 있다.
  - 각섬석류 : 국내에서 가장 쉽게 발견된다.
  - 휘석류 : 쉽게 풍화(경질의 광물)되며, 화학식은 $Ca(Mg, Fe)Si_2O_6$이다.
  - 감람석 : 가장 간단한 구조($(Mg, Fe)SiO_4$)하며 풍화되기 쉽고, 미량원소의 공급원이 된다.

정답 : ①

082 토양용액에 존재하는 다음 이온 중 일반적으로 농도가 가장 낮은 것은?

① K^+
② Ca^{2+}
③ Mg^{2+}
④ SO_4^{2-}
⑤ $H_2PO_4^-$

해설 다량원소

원소	함량	흡수형태	식물체내 주요 작용
칼륨(K)	1.0%	K^+	식물생장 조절물질의 공급 및 기공의 개폐작용
칼슘(Ca)	0.5%	Ca^{2+}	세포의 신장과 분열 및 조직 강화
마그네슘(Mg)	0.2%	Mg^{2+}	엽록소 구성원
인(P)	0.2%	$H_2PO_4^-$, HPO_4^{2-}	세포 및 체구성물질과 대사 에너지
황(S)	0.1%	SO_4^{2-}	아미노산 합성

정답 : ⑤

083 토양침식성인자(soil erodibility factor) K에 관한 설명으로 옳지 않은 것은?

① K값의 범위는 0~0.1이다.
② K값이 0.04 보다 큰 토양은 쉽게 침식된다.
③ 토양이 가진 본래의 침식가능성을 나타내는 것이다.
④ K값은 풍력의 단위침식능력에 의한 유실량을 나타낸다.
⑤ 토양 구조의 안정성은 K값에 영향을 끼치는 중요한 특성이다.

해설
- 풍식에서의 K는 토양면의 조도인자를 나타낸다.
- 풍식예측공식 E=I×K×C×L×V
  (여기서, I : 토양풍식성인자, K : 토양면의 조도, C : 기후인자, L : 포장의 나비, V : 식생인자)
- 토양침식성인자(soil erodibility factor) K(0~0.1 사이)
  - 토양이 가지는 본래의 침식가능성을 나타내며, 강우의 단위 침식능력에 의하여 유실된 양
  - 나지상태로 유지된 길이 22.1m, 경사 9%의 표준포장에서 실시한 시험
  - K에 영향을 끼치는 두 가지 요인 : 침투율과 토양구조의 안전성
  - 침투율이 높으면 유거량이 적어지고 토양구조가 안정화되면 빗물의 타격력에 견디는 힘이 강해짐
  - 침투율이 높은 토양에서는 0.025 정도나 그 이하이며, 침투율이 낮은 토양은 0.04 정도나 이보다 큼

정답 : ④

084 토양미생물에 관한 설명으로 옳지 않은 것은?

① *Frankia*속은 오리나무와 공생한다.
② 조류(algae)는 광합성을 할 수 있는 엽록소를 가지고 있다.
③ *Achromobacter*속을 식물에 접종하면 질소 고정력이 증가한다.
④ *Azotobacter*속, *Clostridium*속 등은 단생(독립) 질소고정균이다.
⑤ *Nitrosomonas*속, *Nitrobacter*속 등은 질소화합물을 산화하여 에너지를 얻는다.

해설 *Achromobacter*속은 탈질작용에 관여한다.

정답 : ③

085 석회암 등을 모재로 하여 생성된 토양으로 Ca과 Mg 함량이 높은 산림 토양군은?

① 갈색산림토양군 ② 암적색산림토양군
③ 적황색산림토양군 ④ 화산회산림토양군
⑤ 회갈색산림토양군

해설 암적색 산림토양군(DR ; Dark Red forest soils)
- 석회암 등을 모재로 하는 토양에 주로 출현하는 약산성토양으로 모재층에 가까워질수록 암적색이 강하게 나타난다.
- 염기성암에서 유래하여 Ca^{++}, Mg^{++}함량이 높고 점질이 많아 견밀하고 통기성이 불량한 토양으로 물리적 성질이 불량한 토양이다.

정답 : ②

086 토양의 수분퍼텐셜에 관한 다음 설명에서 (   ) 안에 들어갈 알맞은 용어는?

- 비가 오거나 관수 후 대공극에 채워진 과잉 수분을 제거하는 데 (㉠)퍼텐셜이 작용한다.
- 토양 표면에 흡착되는 부착력과 토양입지 사이의 모세관에 의하여 만들어지는 힘 때문에 퍼텐셜이 (㉡) 생성된다.
- 주로 수면 이하에서 상부의 물 무게에 의해 (㉢)퍼텐셜이 생성된다.
- 토양 용액 중에 존재하는 이온이나 용질의 농도 (㉣) 차이로 퍼텐셜이 발생한다.

	㉠	㉡	㉢	㉣
①	매트릭	중력	삼투	압력
②	매트릭	중력	압력	삼투
③	삼투	매트릭	중력	압력
④	중력	매트릭	압력	삼투
⑤	중력	삼투	압력	매트릭

해설 **수분퍼텐셜 종류**
- 중력퍼텐셜
  - 중력의 작용으로 인하여 물이 가질수 있는 에너지
  - 기준점 위인 경우 +, 아래인 경우 – 값을 가짐
- 매트릭퍼텐셜(matric potential)
  - 건조토, 스펀지에서 나타나는 물 부착력
  - 부착력과 토양공극내 모세관 작용에 의해서 생성된 물의 에너지
  - 기준상태인 자유수에 비하여 낮은 퍼텐셜, 항상 – 값을 가짐
- 압력퍼텐셜(pressure potential)
  - 물이 누르는 압력
  - 기준 : 대기와 접촉하고 있는 수면, 지하수면을 기준으로 지하수면은 0
  - 포화상태의 토양 + 값
  - 불포화상태의 토양에서는 토양수분이 대기압과 평형상태이므로 0
- 삼투퍼텐셜(osmotic potential)
  - 토양 중에 존재하는 이온이나 용질 때문에 생김
  - 용액 중의 이온이나 분자들은 수화현상으로 물 분자들을 끌어당기기 때문에 물의 퍼텐셜에너지가 낮아짐
  - 기준 : 순수한 물을 0으로 하기 때문에 토양용액은 항상 – 값을 가짐

정답 : ④

087 매립지의 알칼리성 토양을 개량하는데 적합한 토양개량제는?

① 탄산칼슘($CaCO_3$)
② 황산칼슘($CaSO_4$)
③ 수산화칼슘[$Ca(OH)_2$]
④ 탄산마그네슘($MgCO_3$)
⑤ 탄산칼슘마그네슘[$CaMg(CO_3)_2$]

해설 **황산칼슘**
화학식 $CaSO_4$으로 석고비료는 용해도가 높아 칼슘공급이 원활하게 되어 간척지, 임해매립지 토양의 나트륨(Na)을 효율적으로 치환·제거할 수 있고, 알칼리성 임해매립지 토양을 중성화시키며, 식재지반의 입단화, 토양구조개선, 나트륨피해를 줄여주는 칼슘공급 토양개량제이다.

정답 : ②

088 수목 시비에 관한 설명으로 옳은 것은?

① 미량원소 결핍은 보통 한 성분에 의해 나타나는 경우가 많다.
② 양분 결핍 여부를 판단하기 위한 가장 좋은 방법은 잎분석이다.
③ 질소가 결핍되면 어린잎과 새순에서 먼저 부족현상이 나타난다.
④ 양분 공급량에 따라 생체량이 증가하는 현상을 보수점감의 법칙이라 한다.
⑤ 경사지에 위치하는 어린 수목에 시비할 때는 양쪽 수관 끝에 측방시비하는 것이 좋다.

해설
- 결핍증은 산림에서 미량 원소 중에서 흔하게 나타나는데, 산성과 알칼리성 토양 모두에서 발생한다(Fe, Cu, Zn, Mo, Mn, B).
- 질소가 결핍되면 초기 생육이 현저하게 떨어지고, 생육기간이 경과할수록 오래된 잎에서 시작하여 점차 위쪽 어린잎으로 결핍증이 확산된다.
- 보수점감의 법칙 : 비료의 시용량이 적은 범위 내에서는 일정 시용량에 따른 수량의 증가량이 크지만, 어느 범위 이상으로 시용량이 많아지면 일정량을 시비하는 데 사용되는 수량 증가량은 점점 작아지고 마침내는 시비량을 증가하여도 수량은 증가하지 못하는 상태에 도달하게 되는 것

정답 : ②

089 다음 설명에 해당하는 필수원소가 수목 내에서 일으키는 생리작용은?

- 결핍 시 침엽수의 잎끝이 괴사하거나 갈색으로 변하고 잎 중간에 황색 띠가 나타나는 증상을 보인다.
- 활엽수에서는 담녹색 잎맥과 잎맥 주위가 담황색으로 변하는 결핍증상을 보인다.

① 과산화물 제거
② 단백질의 구성성분
③ 세포막의 기능 유지
④ ATP의 기능 활성화
⑤ 공변세포의 팽압 조절

해설 마그네슘
- 엽록소의 구성성분이며, ATP와 결합하여 제 기능을 하도록 활성화
- 기능 : 광합성, 호흡작용, 핵산합성에 관여하는 효소의 활성제 역할

활엽수	- 성숙잎의 엽맥과 엽맥 사이와 가장자리가 황화, 잎이 얇고 조기낙엽(엽맥에 인접한 엽육조직은 늦게까지 엽록소를 보유하므로 정상) - 가지는 결핍될 때까지 정상생육
침엽수	- 잎끝이 오렌지~적색으로 변색, 성숙잎에서 그리고 수관하부에서 먼저 시작 - 잎에서 변색된 곳과 녹색의 경계가 뚜렷

정답 : ④

090 ( ) 안에 들어갈 알맞은 용어는?

- 부식집적작용 중 분해가 양호한 유기물은 (㉠)이다.
- 침엽수 등의 식생에 의하여 공급되는 유기물이 토양미생물의 활동 부족으로 일부분만 분해된 것은 (㉡)이다.
- 그 중간단계의 특성을 보이는 유기물은 (㉢)이다.

	㉠	㉡	㉢
①	moder	mull	mor
②	mor	moder	mull
③	mor	mull	moder
④	mull	mor	moder
⑤	mull	moder	mor

해설 **육성부식의 종류**
- Mor(초기부식, 조부식) : 산성 침엽수림의 토양에서 낙엽의 부식화가 덜 된 초기화 단계의 부식을 말한다.
- Moder : Mor(초기부식단계)와 Mull(완성된 부식)의 중간단계를 말한다.
- Mulll(완성된 부식) : 초원에서 관찰될 수 있다. 토양의 수분상태, 지온, 식물, 양분, 토성 등이 토양생물의 활동에 좋은 상태를 제공하므로 동식물의 유체가 잘 분해되어 생성된 부식은 무기성분과 유기성분이 혼합되어 유기, 무기복합체를 이루어 안정된 부식이 형성된다. 대표적인 토양이 체르노젬이며, 토색은 흑색이다.

정답 : ④

091 산불 피해지의 용적밀도가 미피해지에 비해 높아지는 이유가 아닌 것은?

① 토양입단의 증가
② 세근 점유 공간의 감소
③ 유기물층 소실에 따른 부식 유입의 감소
④ 침식에 의한 유기물 및 세립질 토양 입자의 유실
⑤ 토양 소동물의 감소로 인한 토양 내 이동 공간의 축소

해설 산불 발생은 식생 소실, 표토의 낙엽 및 산림 잔유물 등 유기물원 감소, 토양 입단구조 변형을 일으키는데 입단이 파괴되고 감소한다. 산불이 강한 지역에서는 토양수분 반발층이 형성되기도 하며 용적밀도는 증가한다.

정답 : ①

092 〈보기〉에서 토양 내 H^+ 발생과 소비에 관한 옳은 설명 만을 고른 것은?

〈보기〉
ㄱ. 공중질소의 고정효소는 H^+을 발생시킨다.
ㄴ. 이산화탄소가 물에 용해되어 H^+을 발생시킨다.
ㄷ. 토양 내 전하의 균형은 H^+에 의해 이루어진다.
ㄹ. 정장석의 가수분해에 의한 풍화는 H^+을 발생시킨다.
ㅁ. 암모니아가 질산태질소로 산화되면서 H^+을 발생시킨다.

① ㄱ, ㄴ, ㄷ ② ㄱ, ㄷ, ㄹ
③ ㄱ, ㄹ, ㅁ ④ ㄴ, ㄷ, ㅁ
⑤ ㄴ, ㄹ, ㅁ

해설
- 점토에 흡착된 H^+의 해리 [$Al^{3+} + H_2O \Leftrightarrow Al(OH)^{2+} + H^+$]
- 부식에 의한 산성화 : $-COOH$와 $-OH$에서 H^+의 해리
- CO2에 의한 산성화 : $CO_2 + H_2O \Leftrightarrow H_2CO_3 \Leftrightarrow H^+ + HCO_3^- \Leftrightarrow H^+ + CO_3^{2-}$
- 유기산에 의한 산성화 : 미생물에 의해 유기물이 분해될 때 유기산이 생성됨
- 무기산에 의한 산성화 : 산성비
- 비료에 의한 산성화 : $NH_4^+ + 2O_2 \rightarrow NO_3^- + H_2O + H^+$

정답 : ④

093 탈질작용에 관여하는 미생물속(genus)만을 나열한 것은?

① Bacillus, Mycobacter
② Bacillus, Micrococcus
③ Derxia, Nitrosomonas
④ Pseudomonas, Klebsiella
⑤ Beijerinckia, Azotobacter

해설
- 미생물이 혐기성 조건하에서 질산태 질소 또는 아초산태 질소를 호흡계의 전자 수용체로서 이용하고, N_2 또는 N_2O를 생성하는 과정에 관한 것을 말하며 탈질소라고 한다.
- 탈질균 : Bacillus, Chromobacterium, Corynebacterium, Micrococcus, Pseudomonas

정답 : ②

094 토양오염의 특징에 관한 설명으로 옳지 않은 것은?

① 농약의 장기간 연용 및 산성비는 점오염원이다.
② 미량원소인 Mo은 산성조건에서 용해도가 감소한다.
③ 부식은 Cu^{2+}, Pb^{2+} 등과 킬레이트 화합물을 형성할 수 있다.
④ 토양에 시비하는 질소 비료와 인산 비료는 강이나 호소의 부영양화를 일으킨다.
⑤ 오염된 토양을 개량하고 복원하는 방법에는 물리적·화학적·생물적 방법 등이 포함된다.

해설 점오염원 및 비점오염원

구분	점오염원	비점오염원
내역	• 폐수배출시설, 하수발생시설, 축사 등으로서 관거·수로 등을 통하여 일정한 지점으로 수질오염물질을 배출하는 오염원을 말한다. • 광산, 송유관, 유류 및 유독물저장시설	• 도시, 도로, 농지, 산지, 공사장 등으로서 불특정 장소에서 불특정하게 수질오염물질을 배출하는 오염원을 말한다. • 중금속, 산성비, 방사건 물질 등

정답 : ①

095 토양 내 점토와 부식의 함량이 각각 30%, 5%일 때의 양이온교환용량(cmolc/kg)은? (단, 점토와 부식의 양이온교환용량은 각각 30과 200이며 모래와 미사의 양이온교환용량은 0으로 가정한다.)

① 10   ② 14
③ 15   ④ 16
⑤ 19

해설 토양의 양이온교환용량(CEC)
• 점토의 종류와 함량, 부식의 함량, pH 등에 따라서 결정되며, 토양의 화학적 특성과 양분 보유능에 영향을 미칠 뿐만 아니라 적정 시비량 산출과 중금속 등 유해물질의 거동에 대한 지표로 사용된다. 점토의 함량 및 이를 구성하는 광물의 종류와 유기물함량에 의해서 토양의 CEC가 결정된다.
• CEC는 30%×30=9, 5%×200=10, 9+10=19
• 모래와 미사는 표면적이 매우 작아 토양의 양이온교환용량에 거의 기여하지 않는다.

정답 : ⑤

096 토양수분에 관한 설명으로 옳지 않은 것은?

① 토양수는 토양수분퍼텐셜이 높은 곳에서 낮은 곳으로 이동한다.
② 판상구조 토양의 수리전도도는 입상구조 토양의 것보다 크다.
③ 사질토양은 모세관의 공극량이 적어 위조점의 수분함량도 낮다.
④ 식질토양의 배수가 불량한 이유는 미세공극이 많이 발달해 있기 때문이다.
⑤ 텐시오미터법은 유효수분 함량을 평가할 수 있으며 관수시기와 관수량을 결정하는 데 활용된다.

해설
- 판상구조 토양의 수리전도도는 입상구조 토양의 것보다 낮다.
- 토양 수리전도도는 포화상태 또는 거의 포화상태인 조건에서 토양이 물을 전달하는 능력으로 판상구조의 경우, 조직이 매우 치밀하여 식물의 뿌리가 뻗기 힘들고, 투수를 방해하여 토양의 물리적 성질이 불량하다.

구상구조	• 입상구조라고도 함 • 유기물이 많은 표층토에서 발달하고, 입단이 구상을 나타냄 • 초지나 지렁이와 같은 토양동물의 활동이 많은 토양에서 발견됨 • 입단의 결합이 약함, 쉽게 부서짐
판상구조	• 접시와 같은 모양, 수평배열의 토괴로 구성된 구조 • 모재의 특성을 그대로 간직하고 있는 것이 특징 • 우리나라 논토양에서 많이 발견 • 용적밀도가 크고 공극률이 급격히 낮아지며 대공극이 없어짐 • 수분의 하향이동이 불가능해지고, 뿌리의 하향 발육이 나쁨 • 판상구조를 없애기 위해서는 깊이갈이(심경)을 권장

정답 : ②

097 음이온의 형태로 식물체에 흡수되는 원소만을 나열한 것은?

① Fe, S
② K, Mn
③ Ca, Zn
④ Mg, Cu
⑤ Mo, Cl

해설 필수식물영양소 흡수형태 및 기능

구분	원소	함량	흡수형태	식물체내 주요 작용
다량 원소	탄소(C)	45%	CO_2, H_2O	
	산소(O)	45%		
	수소(H)	6%		
	질소(N)	1.5%	NH_4^+, NO_3^-	세포 원형질을 구성하는 단백질의 원소
	칼륨(K)	1.0%	K^+	식물생장 조절물질의 공급 및 기공의 개폐작용
	칼슘(Ca)	0.5%	Ca^{2+}	세포의 신장과 분열 및 조직 강화
	마그네슘(Mg)	0.2%	Mg^{2+}	엽록소 구성원

구분	원소	함량	흡수형태	식물체내 주요 작용
	인(P)	0.2%	$H_2PO_4^-$, HPO_4^{2-}	세포 및 체구성물질과 대사 에너지
	황(S)	0.1%	SO_4^{2-}	아미노산 합성
미량원소	철(Fe)	100ppm	Fe^{2+}, Fe^{3+}	산화·환원효소의 합성
	염소(Cl)	100ppm	Cl^-	세포의 pH 조절과 아밀라아제의 활성
	망간(Mn)	50ppm	Mn^{2+}	광합성작용 과정 중 물의 광분해
	아연(Zn)	20ppm	Zn^{2+}	옥신류의 생성과 단백질 합성
	붕소(B)	20ppm	$H_2BO_3^-$	세포막 형성 및 유관속 발달
	구리(Cu)	6ppm	Cu^{2+}	산화·환원작용의 조절 관련 효소
	몰리브덴(Mo)	0.1ppm	MoO_4^{2-}	질산환원효소의 구성원소

정답 : ⑤

098 토양의 이온교환에 관한 설명으로 옳은 것은?

① 양이온교환용량에 대한 H^+의 총량을 염기포화도라 한다.
② Fe과 Al이 많은 산성토양에는 음이온 흡착용량이 매우 낮다.
③ 양이온교환용량은 점토보다 모래의 영향을 더 많이 받는다.
④ 양이온의 흡착 강도는 양이온의 수화반지름이 작을수록 증가한다.
⑤ 토양 pH가 증가하면 의존성 전하가 감소하기 때문에 양이온교환용량도 증가한다.

해설
- 교환성 염기 : 토양입자 표면에 흡착되어 있는 양이온 중 토양을 산성화시키는 H, Al을 제외한, 토양을 알칼리성으로 만들려는 경향이 있는 Ca, Mg, K, Na를 교환성 염기라고 한다.
- 염기포화도=(Ca+Mg+K+Na)/CEC×100%
- H^+ 농도가 높아지면 흡착이 증가하므로, Fe, Al 수산화물이나 점토광물이 많은 산성토양에서 매우 높은 음이온흡착용량을 나타낸다.
- 양이온교환용량은 모래보다 점토의 영향이 크며 점토는 양이온 교환 용량(CEC)이 높아 칼슘, 마그네슘, 칼륨 등의 양이온을 흡수하고 교환할 수 있다.
- 토양 pH가 증가하면 음전하가 증가하여 양이온교환용량(CEC)이 증가할 수 있다.

정답 : ④

099 토성을 판별하기 위해 모래, 미사, 점토의 비율을 분석하는 방법만을 나열한 것은?

① 피펫법, 비중계법
② 피펫법, 건토 중량법
③ 촉감법, 건토 중량법
④ 촉감법, 코어 측정법
⑤ 비중계법, EDTA, 적정법

해설 모래를 제외한 미사와 점토를 분석하는 방법(Stokes의 법칙)
- 체를 이용하여 모래는 제외(지름이 0.05mm 이상인 모래를 분석하는 데 사용)
- 미국 ASTM표준체를 기준, 토양에서는 체 번호 10번(2mm)부터 체 번호 325번(0.05mm)을 사용
- Stokes의 법칙 : 토양현탁액을 가만히 두면 토양입자들이 중력의 힘에 의해 침강하고, 큰 입자일 수록 침강속도가 빠른 원리
- Stokes의 법칙을 이용하는 두 가지 방법 : 비중계법, 피펫법

피펫법	• 입자의 크기별 침강속도의 차이를 이용하여 직접 토양현탁액을 채취하고 조사한다 (토양함량을 측정). • 유기물의 제거 등의 전처리과정을 거치고 침강법에서 토양입자의 실중량을 측정한다.
비중계법	• 토양입자가 침강함에 따라 현탁액 중의 토양함량이 낮아지고, 따라서 현탁액의 비중도 낮아진다. • 비중계법은 피펫법에서 유기물 분해 등의 일부 전처리과정을 생략하고 물리화학적 분산 후 침강 시 토양입자의 함량은 비중계로 측정하므로 피펫법보다 측정시간이 짧고 조작이 간편하며 많은 시료를 한 번에 분석할 수 있다.

정답 : ①

100 'A' 도시공원에서 토양 코어(400cm³)로 채취한 토양의 물리적 특성이 다음과 같을 때 이 토양의 공극률(%)은?

건조 전 토양의 무게(g)	건조 후 토양의 무게(g)	고형 입자의 용적(cm³)
600	440	220

① 40
② 45
③ 50
④ 55
⑤ 6

해설 입자밀도는 440/220=2이고 용적밀도는 440/400=1.1이므로 공극률은 [1−(1.1/2)]×100=(1−0.55)=0.45×100=45이다.

공극률(孔隙率, porosity, n)
- 토양부피 V에 대한 전체 공극부피 V의 비율(액상, 기상)
- 공극률=(1−용적밀도/입자밀도)
- 입자밀도(진밀도)=건조토 무게/건조토양의 부피
- 용적밀도=건조토 무게/전체 부피

정답 : ②

PART 04 | 수목관리학

101 식재지 환경과 그에 적합한 수종의 연결이 옳지 않은 것은?

① 토양이 척박한 지역 – 보리수나무, 곰솔
② 배수가 잘 안 되는 지역 – 왕버들, 낙우송
③ 토양이 건조한 지역 – 호랑가시나무, 눈향나무
④ 고층건물에 가려진 그늘 지역 – 느티나무, 개잎갈나무
⑤ 염분을 함유한 바람이 많은 해안 지역 – 때죽나무 향나무

해설 느티나무와 개잎갈나무는 양수이므로 그늘진 곳에서는 생존이 어렵다.

조경수종의 내음성 정도

분류	기준	침엽수	활엽수
극음수	전광의 1~3%에서 생존 가능	개비자나무, 금송, 나한백, 주목	굴거리나무, 백량금, 사철나무, 식나무, 자금우, 호랑가시나무, 황칠나무, 회양목
음수	전광의 3~10%에서 생존 가능	가문비나무류, 비자나무, 솔송나무, 전나무류	너도밤나무, 녹나무, 단풍나무류, 서어나무류, 송악, 칠엽수, 함박꽃나무
중성수	전광의 10~30%에서 생존 가능	잣나무류, 편백, 화백	개나리, 노각나무, 느릅나무류, 때죽나무, 동백나무, 마가목, 목련류, 물푸레나무류, 산사나무, 산초나무, 산딸나무, 생강나무, 수국, 은단풍, 참나무류, 채진목, 철쭉류, 탱자나무, 피나무, 회화나무
양수	전광의 30~60%에서 생존 가능	낙우송, 메타세쿼이아, 삼나무, 소나무류, 은행나무, 측백나무, 향나무류, 개잎갈나무	가죽나무, 과수류, 느티나무, 등, 라일락, 모감주나무, 무궁화, 밤나무, 배롱나무, 벚나무류, 산수유, 아까시나무, 오동나무, 오리나무, 위성류, 이팝나무, 자귀나무, 주엽나무, 쥐똥나무, 층층나무, 백합나무, 양버즘나무
극양수	전광의 60% 이상에서 생존 가능	일본잎갈나무(낙엽송), 대왕송, 방크스소나무, 연필향나무	두릅나무, 버드나무, 붉나무, 예덕나무, 자작나무, 포플러류

※ 전광 : 햇빛이 최대로 비칠 때의 광도

정답 : ④

102 도시의 수목 생육 환경에 관한 설명으로 옳지 않은 것은?

① 대도시는 건물에 의한 대기의 흐름 변화 등으로 미기후의 변화가 크다.
② 대도시의 야간 상시조명이 주변 수목의 생식생장에 영향을 줄 수 있다.
③ 대기오염이 심한 도심환경의 경우 식재할 수 있는 가로수의 수종 선택이 제한될 수 있다.
④ 도시의 토양은 주기적인 낙엽 제거로 산림토양에 비해 용적밀도는 낮고, 투수계수는 높다.
⑤ 남부지방 수종을 중부지방 도심에 식재하면 극단적 기상 발생 시 큰 피해를 입을 수 있다.

해설 낙엽은 유기물의 효과를 기대할 수 있는데 이를 제거함으로써 유기물 공급과 반대효과를 얻는다.

유기물
- 모두 생물체로부터 기원하여 추가된 물질
- 유기물의 효과
  - 토양의 입단구조를 개선
  - 공극과 통기성을 증가(용적비중을 낮춤)
  - 토양온도의 변화를 완화
  - 토양의 보수력을 증가
  - 토양의 무기양료에 대한 흡착능력 향상
  - 유기물이 분해되어 무기양료가 됨
  - 토양미생물이 필요로 하는 에너지를 제공

정답 : ④

103 매립지 식재에 관한 설명으로 옳지 않은 것은?

① 폐기물매립지에는 키가 작고 천근성이며 내습성이 있는 수종을 식재한다.
② 해안매립지에는 곰솔, 감탕나무, 아까시나무, 녹나무 등을 식재한다.
③ 폐기물매립지 식재지반에는 가스수집정 우물과 가스배출용 배기파이프를 설치한다.
④ 해안매립지에서는 전기전도도(EC)가 이하인 물을 관수하여 0.7dS/m 토양 내 염분을 제거한다.
⑤ 해안매립지 식재지반에는 점토실 토양을 갯벌 바닥에 40cm 이상의 누께로 보설하여 염문자단층을 설치한다.

해설 해안매립지에 점토를 포설하면 삼투압과 모세관현상이 더 활성화되어 밑에 있는 염분이 지표로 올라오게 된다.

해안매립지
- 지하수위가 높고 염분이 표토로 올라옴
- 배수, 관수, 석고시비, 멀칭, 고농도 비료사용으로 염분을 제거함

정답 : ⑤

104 전정에 관한 설명으로 옳지 않은 것은?

① 죽은 가지는 지륭을 손상시키지 않고 바짝 자른다.
② 3개의 동일세력줄기가 발생한 낙엽활엽교목은 그중 1개를 억제한다.
③ 이듬해 꽃을 감상하고자 하는 백목련, 등, 치자나무는 당년에 꽃이 지자마자 전정한다.
④ 토피어리(topiary) 수목의 형태를 유지하기 위해서는 생육기간 중에 2회 이상 전정한다.
⑤ 송전선 주변의 수목은 필요한 만큼만 전정하고, 가지가 전선을 피해 자랄 수 있도록 유도한다.

> **해설** 수목의 주지는 하나로 자라게 한다(줄기를 반드시 하나만 키우라는 의미가 아니라 같은 높이와 굵기를 가진 주지를 나란히 2개 자라게 하지 말라는 의미).
>
> 정답 : ②

105 ( ) 안에 들어갈 최솟값으로 적합한 것은? (단, 「ANSI A300」을 준용한다.)

> 그림과 같이 수간에 공동이 있는 수목은 외곽의 조직이 정상이어도 도복의 위험성이 있다. 그러나 건전한 목부의 두께(A)가 전체 직경(B)의 ( ) 이상이면 안전한 것으로 판단할 수 있다.

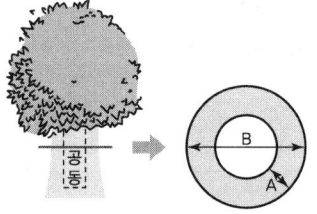

① 1/2
② 1/3
③ 1/4
④ 1/5
⑤ 1/6

> **해설** 이 문제는 저자에 판단에는 정답 오류로 보인다. 이규화(저), 수목관리학(주)바이오사이언스 출판과 이경준 외(저) 조경수식재관리기술 서울대학교 출판문화원 출판을 보면 '건전부가 1/3 정도 남아있으면 안전하다고 본다.'라고 기술되어 있고, 저자가 ANSI300을 찾아본 결과도 아래와 같다. 따라서, ③이 아닌 ⑤가 정답으로 보인다.
> ① 현장 조사를 통해 확인되고 각종 지표를 통해 평가된 개별 결함 및 환경 요인들은 '수목 위험 평가표'를 이용하여 수목 결함으로 인한 파손 가능성을 종합적으로 평가해야 한다.
> ② 부위별·결함유형별로 위험수준에 따라 평가점수를 부여하고 점수에 따라 관망(2점 이하), 예방조치(3~4점), 보호조치(4~5점 이상) 등 해당 수준에 상응하는 대응 조치를 취해야 한다. '부후로 인한 목재 강도 손실 계산 공식에 맞춰 예를 들어보면 건전부가 1/6이 남는 직경 60cm, 부후직경이 5/6에 해당하는 50cm일 경우 $(50^3 \div 60^3) \times 100 = 57.87\%$로 4점을 넘어가므로 위험하다. 건전부가 1/3이 남는 경우 나무직경 60cm, 부후직경 40cm를 계산해보면 $(40^3) \div (60^3) \times 100 = 29.62\%$로 30% 이하이므로 3점에 해당하여 아직은 안전하다고 볼 수 있다.
> ③ 평가기준은 위의 수목 결함의 위험 수준을 뜻하는 것으로 점수가 높을수록 파손 우려가 높다.

수목 위험별 평가방법

위험수준	낮음	가능	예상	임박
평가기준(점수)	1점	2점	3점	4점

※ 미국 국가표준(TCIA)의 수목파손 한곗값(tree failure threshold) 0.3을 기준으로 목재 강도 손실이 10% 이하는 1점, 10~20% 2점, 20~30% 3점, 30% 초과는 4점으로 평가한다. 수목파손 한곗값이 0.3이라는 것은 수간의 강도가 30% 이상 손실되면 파손되기 쉽다는 것을 의미하며 원통 배관을 기준으로 수간 목재 중 70% 정도가 부후로 상실되었을 때 해당한다.

※ 부후로 인한 목재 강도 손실 계산 공식(Harris 등, 2004)
- 개구(開口, opening)가 없는 내부 공동 : $(d^3/D^3) \times 100$
- 개구를 통해 노출된 공동 : $d^3 + r(d^3 - D^3) \times 100/D^3$
  (단, d : 부후 기둥의 직경, D : 수피 내부 평균 줄기 직경, r : 공동 개구 폭÷줄기 둘레)

정답 : ⑤

106 물리적 충격에 의해 손상된 수피의 치료 방법으로 옳은 것은?

① 구획화된 상처조직에 건전한 수피를 이식한다.
② 치료가 끝난 상처는 즉시 햇빛에 노출시킨다.
③ 들뜬 수피는 즉시 제자리에 밀착시키고 작은 못이나 테이프로 고정한다.
④ 상처 부위를 깨끗하게 손질한 다음 상처도포제를 여러 번 두껍게 바른다.
⑤ 상처 가장자리는 건전조직을 일부 제거하더라도 보기 좋은 모양으로 다듬어 준다.

해설 구획화된 상처조직은 이미 방어벽을 형성한 것이다.

들뜬 수피의 고정방법
- 상처를 받은 지 오래되지 않았다면 즉시 조치하여 형성층을 살릴 수 있다.
- 목질부와 수피 사이에 부서진 조각이나 이물질을 제거한다.
- 들뜬 수피를 제자리에 밀착하고 못을 박거나 테이프로 고정한다.
- 상처 부위에 젖은 천, 송이타올 혹은 보습제 패드를 만들어 덮어 습도를 유지한다.
- 비닐로 패드를 덮어 단단히 고정한다(상처에 햇빛을 차단).
- 2주 후 유상조직이 자라는지 확인한다.

정답 : ③

107 가지 기부에서 선단부까지의 길이가 6.0m와 9.0m인 두 개의 골격지를 줄당김으로 보강하고자 한다. 이때 기부로부터 각 고정장치의 설치 위치가 옳은 것은? (단, 위치 결정은 「ANSI A300」을 준용한다.)

	6.0m 골격지	9.0m 골격지
①	1.0m	2.5m
②	2.0m	3.0m
③	3.0m	4.5m
④	4.0m	6.0m
⑤	5.0m	7.5m

해설 주지의 길이의 2/3 지점에 설치하므로 6.0×2/3=4m, 9×2/3=6m이다.

쇠조임 설치 기본사항
- 건전 목재 비율 : 건전한 목재가 수간이나 가지 직경의 40% 미만인 부후된 부위에서는 관통하는 고정 장치(anchor)를 설치해서는 안 되며, 동적 줄당김의 설치도 삼가야 한다.
- 케이블 설치 위치 : 케이블은 지지될 가지나 주지의 길이(높이)의 2/3 지점에 설치하되, 수목의 구조와 형태, 설치 지점의 강도, 주변 환경 등을 고려하여 조절할 수 있다. 길이(높이)는 지지될 분기로부터 측정된다. 케이블을 가지 연결지점에서 멀리 설치할수록 효과적이지만 멀어질수록 가늘어져 부하를 감당하기 어렵게 된다. 설치 위치가 안쪽으로 이동할수록 케이블의 강도를 높여준다.
- 케이블 각도 : 케이블 설치 각도는 케이블이 설치될 두 수목 조직이 이루는 각도를 양분하는 가상선에 대해 수직이 되게 한다.

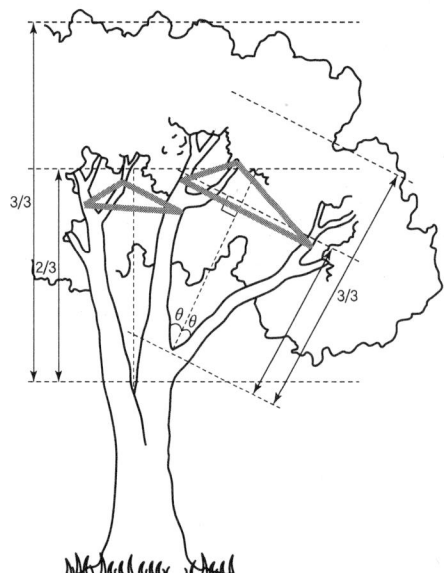

정답 : ④

108 수목의 동해에 관한 설명으로 옳은 것은?

① 사시나무, 자작나무, 오리나무는 동해를 자주 받는다.
② 생육기간 중에 낮은 기온으로 나타나는 저온 피해를 의미한다.
③ 고위도 생육 수종은 저위도 생육 수종보다 내한성이 약하다.
④ 피해를 받은 낙엽 활엽수의 어린 가지를 이른 봄에 제거한다.
⑤ 봄에 개화하고 열매가 다음 해에 익는 수종은 열매가 월동 중에 피해를 받을 수 있다.

해설 ① 사시나무, 자작나무 오리나무는 내한성이 강한 수종이다.
② 겨울 중에 낮은 기온으로 나타나는 저온 피해를 의미한다.
③ 고위도 생육 수종은 저위도 생육 수종보다 내한성이 더 강하다.
④ 피해를 받은 낙엽 활엽수의 어린 가지는 봄에 회복되는 것을 보고 천천히 제거한다.

정답 : ⑤

109 수목의 침수 후 나타나는 변화에 관한 설명으로 옳은 것은?

① 줄기의 신장이 촉진된다.
② 뿌리에서 다량의 옥신이 생성된다.
③ 잎이 안으로 말리고 오래 붙어있다.
④ 주목은 잎 아랫면에 과습돌기(edema, 수종 물혹)가 형성된다.
⑤ 벚나무, 층층나무는 침수 후 과습 토양에서 큰 피해가 없다.

해설 ① 줄기의 신장이 ABA, 에틸렌의 영향으로 생장이 정지된다.

과습피해

원인	토양 중에 수분이 너무 많으면 과습해지고, 배수불량한 토양이 되며, 산소부족으로 인해 뿌리가 제 기능을 하지 못함
병징	• 초기증상은 엽병이 누렇게 변하면서 아래로 처지는 현상(에틸렌) • 더 진행되면 잎이 작아지고 황화현상을 보이고 가지생장이 둔화 • 더 진전되면 잎이 마르고 어린 가지가 고사하며 동해에도 약함 • 주목에는 검은색 수종(edima)이 발생(사마귀 모양). 뿌리썩음병, 부정근 발생, 뿌리가 검은색으로 변색되고 벗겨짐 • 가장 확실한 후기 병징은 수관 꼭대기부터 가지가 밑으로 죽어 내려오면서 수관이 축소 • 과습에 높은 저항성 : 낙우송, 물푸레나무, 버짐나무류, 오리나무류, 포플러류, 버드나무류 • 과습에 낮은 저항성 : 가문비나무, 서양측백나무, 소나무, 전나무, 벚나무류, 아까시나무, 자작나무류, 층층나무
방제	• 침수된 물을 5일 이내에 배수하지 않으면 치명적 피해 • 배수불량한 토양 : 비가 많이 온 후 웅덩이(깊이 1m)의 물이 5일이 경과한 후에도 남은 경우 • 토양에 모래를 섞어 토양을 개량 • 명거배수 혹은 암거배수 시설을 통해 과습상태를 개선 • 과습 토양에서 잘 견디는 수종을 식재 • 활엽수가 침엽수에 비해 습해에 견디는 힘이 큼

정답 : ④

110 수목의 볕뎀(볕데기) 피해 및 관리에 관한 설명으로 옳은 것은?

① 어두운 색깔의 수피를 가진 나무는 피해가 적다.
② 햇볕에 노출된 토양의 온도가 상승하면 피해가 심해진다.
③ 햇볕에 노출된 줄기를 검은색 끈끈이롤트랩으로 감싼다.
④ 줄기의 상단부에서 피해가 심하여 이 부분을 마대로 감싼다.
⑤ 장마 후 고온 건조하면 묵은 잎보다 새잎에서 탈수 현상이 심하다.

해설 볕뎀(볕데기, 피소)

원인	• 도로포장으로 인한 지열 반사, 건물에서 열 반사, 지구온난화, 벽면의 유리의 햇빛 반사 등 • 수간의 남서쪽 수피가 오후 햇빛에 직접 노출되어 수피의 온도가 상승 • 이때 수분부족이 함께 오면 온도를 낮추는 증산작용을 못해 형성층까지 파괴
병징	• 남서쪽에 노출된 지표면에 가까운 수피가 여름철 햇빛과 열에 의해 형성층 파괴로 벗겨짐 • 대개 수직방향으로 불규칙하게 수피가 갈라지면서 괴사하여 수피가 지저분함 • 밀식 재배하던 수목, 그늘속에 있던 수피, 수피가 얇은 수종 • 죽은 수피는 매우 불규칙하게 벗겨지고 죽은 조직의 가장자리가 지저분하여 새로운 유상조직이 자라지 못함(부후균 침입의 원인) • 벚나무, 단풍나무, 목련, 매화나무, 물푸레나무, 배롱나무 등
방제	• 지상 2m 이내에서 피해가 생기므로 이 부분을 마대로 감싸줌 • 어린 나무는 흰색 도포제(석회황합제), 수성페인트 또는 종이테이프로 감싸줌 • 노출된 검은 토양을 유기물로 멀칭 • 상처가 발생한 경우 상처를 도려내고 상처도포제를 발라 새로운 유상조직의 형성을 유도함 • 관수를 실시하여 증산작용을 촉진하여 냉각효과를 발생시킴

정답 : ②

111 복토 또는 심식 피해에 관한 설명으로 옳지 않은 것은?

① 활엽수는 잎이 작아지고 황화된다.
② 수목의 지제부에 병목현상이 있고 뿌리가 썩는다.
③ 굵은 뿌리의 노출된 부분이 거의 없고, 잎이 일찍 떨어진다.
④ 활엽수에서는 수관의 아래에서 위로 가지 고사가 진행된다.
⑤ 침엽수 수관 전체의 잎이 퇴색하여 마르면 수세를 회복하기 힘들다.

해설 복토나 심식 시 나타나는 증상
• 초기증상은 잎에 황화증상이 나타남
• 잎이 작아지고 새 가지의 길이가 짧아지는 생장감소현상(영양결핍과 비슷)이 발생함
• 더 진전되면 수관의 맨 꼭대기에 있는 가지부터 잎이 탈락하면서 서서히 죽기 시작하여 밑으로 확산하며 여기저기 맹아가 발생함
• 수관이 축소되고 나무의 건강이 극도로 악화됨
• 뿌리를 파보면 잔뿌리의 발달이 없고, 뿌리껍질이 힘없이 벗겨짐

정답 : ④

112 백로류의 집단 서식으로 수목이 피해를 받았을 때 토양에 처리할 것으로 옳은 것은?

① 황, 석고
② 생석회, 소석회
③ 황산철, 킬레이트철
④ 붕사, 킬레이트아연
⑤ 황산구리, 황산망간

> **해설** 백로의 배설물에는 요산이 있는데, 이 배설물 때문에 토양이 산성화되어 수목이 고사하게 된다. 그러므로 산을 중화시킬 수 있는 석회를 살포하면 된다.

정답 : ②

113 ( ) 안에 들어갈 원소로 옳은 것은?

(㉠)의 결핍증은 어린잎에서 먼저 나타나고, (㉡)의 결핍증은 성숙잎에서 먼저 나타난다.

	㉠	㉡
①	인	철
②	붕소	칼슘
③	질소	칼슘
④	칼슘	칼륨
⑤	질소	마그네슘

> **해설** 무기영양소의 이동성
> - 이동이 용이한 원소 : N, P, K, Mg. 결핍증세는 성숙잎부터
> - 이동이 어려운 원소 : Ca, Fe, B. 결핍증세는 어린잎부터
> - 이동이 중간인 원소 : S, Zn, Cu, Mo

정답 : ④

114 디캄바에 관한 설명으로 옳지 않은 것은?

① 뿌리와 잎을 통해 흡수된다.
② 광엽 잡초에 살초 효과가 있다.
③ 이동성이 우수하여 인접지에 약해가 발생할 수 있다.
④ 소나무 잎이 뒤틀리고 가지가 비대해지는 약해가 발생한다.
⑤ 약해가 발생하면 뿌리에서 지상부로 이동하는 옥신이 과다해진다.

> **해설** dicamba-H04
> - 옥신 활성을 보이나 약하고, 식물체 내 또는 토양 중에서의 안정성이 더 높고 살포범위가 넓다.
> - 광엽잡초, 화본과 잡초를 방제한다.

- 물에 잘 녹고 토양 중에서 쉽게 이동한다.
- 활엽수의 잎은 기형으로 자라면서 비대생장을 한다.
- 소나무의 경우 새 가지 끝이 굵어지면서 꼬부라지고, 잎이 붙어있는 가지 끝이 비대성장한다.
- 은행나무는 잎끝이 말려들어 가고, 주목은 황화현상을 일으킨다.

정답 : ⑤

115 나비목 유충의 중장에 작용하여 탁월한 살충효과를 나타내므로 살충제로 개발된 미생물은?

① Bacillus thuringiensis
② Streptomyces avermitilis
③ Pseudomonas fluorescence
④ Saccharopolyspora spinosa
⑤ Lumbriconereis heteropoda

해설 해충의 중장 파괴(작용기작 11)
- Basillus thuringiensis, israelensis, aizawai, kurstaki, tenebrionis 등 미생물 기원 살충제로 실용화되었다.
- Bt의 살충성분은 포자나 배양액 중의 δ-endotoxin이라 불리는 단백질 독소이다.

정답 : ①

116 아세타미프리드에 관한 설명으로 옳지 않은 것은?

① 작용기작 분류기호는 4a이다.
② 침투이행성 살충성분으로 토양처리가 가능하다.
③ 인축과 꿀벌에 독성이 낮아 IPM에 활용된다.
④ 솔잎혹파리나 왕벚나무혹진딧물 방제에 사용된다.
⑤ 신경전달물질 수용체를 차단하여 살충작용을 나타낸다.

해설 니코틴계(4a, 4b)
- 신경전달물질 수용체를 차단한다.
- 단점을 보완한 네오니코틴계 개발이 활발하다.
- 니코틴은 독성이 강하고 빛에 잘 분해 되어 잔효성이 짧다.
- 흡즙성 해충에 대해 살충력이 우수하다.

이미다클로프리드	• 해충의 중추신경의 시냅스 후막의 아세틸콜린수용체(AChR)에 작용하여 자극전달을 과다하게 하여 흥분, 마비를 통하여 살충한다. • 선충이나 응애에는 효과가 없다.
디노테퓨란	잎 뒷면에 처리하여도 잎 전체에 골고루 퍼져 안정적 효과를 보인다.
클로티아니딘	• 다양한 종류의 흡즙해충 방제에 효과적이다. • 신속한 살충효과와 잔효성이 긴 약제이다.
아세타미프리드	꿀벌에 대한 독성이 높다.
기타	티아메톡삼, 티아클로프리 등

정답 : ③

117 포유동물과 해충 간 선택성이 높은 IGR(Insect Growth Regulator)계 성분으로 키틴 합성효소를 저해하여 성충보다 유충방제에 효과적인 것은?

① 카탑
② 노발루론
③ 아바멕틴
④ 인독사카브
⑤ 테부페노자이드

해설 노발루론
- 벤조일유레아(Benzoylurea)계 살충제 : 키틴생합성 저해, 작용기작 15
- 곤충생장조절(IGR)계 : 곤충과 포유동물 사이에 높은 선택성
- 노발루론, 디플루벤주론, 루페뉴론, 비스트리플루론, 클로르플루아주론, 테플루벤주론, 트리플루뮤론

유약호르몬 활성물질-7	methoprene, fenoxycarb, pyriproxyfen
탈피호르몬 활성물질-18	tebufenozide, chromafenozide, halofenozide 등
키틴생합성 저해-15	bistrifluron, chlorfluazuron, novaluron, triflumurone
키틴생합성 저해-16	buprofezin

정답 : ②

118 아미노산 생합성 억제작용기작을 갖는 비선택성 제초제로서, 경엽처리에는 사용되지만 토양에서 쉽게 흡착되거나 분해되어 토양처리제로 사용되지 않는 성분만을 나열한 것은?

① 플라자설퓨론, 벤타존
② 플라자설퓨론, 비페녹스
③ 글루포시네이트, 시메트린
④ 티아페나실, 글리포세이트
⑤ 글루포시네이트, 글리포세이트

해설 제초제

작용기작 구분	기호	세부 작용기작 및 계통(성분)
지질(지방산) 생합성 저해	H01	• 아세틸CoA 카르복실화 효소 저해 • 플루아지포프-p-뷰틸, 펜옥사프로프-p-에틸, 세톡시딤, 클레토딤, 프로프옥시딤
아미노산 생합성 저해	H02	분지 아미노산 생합성 저해(ALS 저해)
	H09	• 방향족 아미노산 생합성 저해(EPSP 저해) • 글리포세이트, 글리포세이트암모늄, 글리포세이트이소프로필아민, 글리포세이트포타슘
	H10	• 글루타민 합성효소 저해 • 글루포시네이트암모늄, 글루포시네이트-피

정답 : ⑤

119 병원균의 호흡작용을 저해하는 살균제가 아닌 것은?

① 베노밀
② 카복신
③ 보스칼리드
④ 크레속심 – 메틸
⑤ 피라클로스트로빈

해설 살균제 중에 가장 많이 출제되는 작용기작 중 하나이고 다른 하나는 사1. 스테롤의 합성을 저해하는 약제인 트레아졸계(테부코나졸, 마크로부타닐, 비테르타놀, 멧코나졸, 디페노코나졸, 트리아디메폰, 시프로코나졸, 이프코나졸) 등이 있다. 베노밀은 세포분열의 저해(나1)인 벤지미다졸계에 속한다.

벤지미다졸계(Benzimidazole계)
- 나1. 세포분열 저해
- 고활성이며 광범위한 병해에 효과
- 대부분 물관으로 이동하여 과실보다 잎과 생장점으로 이행 효과
- 저항성을 유발하므로 교호 사용

베노밀(Benomyl)	식물의 경엽에 발생하는 병해, 저장병해, 종자전염성 병해 및 토양병해 등 광범위한 병해에 효과, 연용 피해야 한다.
카벤다짐(Carbendazim = MBC)	베노밀, 티오파네이트 메틸의 생체 내 대사 활성물질로서 보호 및 치료 효과를 겸비한 침투이행성 살균제
티오파네이트 메틸(Tiophanatemethyl)	베노밀, 티오파네이트 메틸의 생체 내 대사 활성물질로서 보호 및 치료 효과를 겸비한 침투이행성 살균제

정답 : ①

120 약제 저항성 발달을 억제하기 위한 방안이 아닌 것은?

① 동일 품목 약제를 반복 사용한다.
② 경종적 방법이나 기계적 방법을 병행하여 방제한다.
③ 병해충의 발달 상황을 고려하여 농약 살포적기를 준수한다.
④ 경제적 피해허용수준을 준수하여 농약의 불필요한 사용을 억제한다.
⑤ 약제의 권장사용량 미만 사용이 양적저항성을 유발하므로 권장사용량을 준수한다.

해설 **약제 저항성 대책**
- 약제의 교호 사용
- 종합적방제
- 경종적 방제법
- 생물학적 방제수단 투입

정답 : ①

121 버즘나무방패벌레를 8% 클로티아니딘 입상수용제로 방제하려 한다. 2,000배 희석 살포액을 100L 조제하여 수관살포할 때, 필요한 약량과 적절한 사용법을 옳게 연결한 것은?

① 50g – 입제살포법
② 50g – 분무법
③ 50mL – 관주법
④ 20mL – 연무법
⑤ 20g – 미스트법

해설
- 고체상태의 약제는 g으로 측정하고, 액체상태의 약제는 부피인 mL로 측정한다.
- 희석살포약제는 배액법으로 조제하는 데 값을 구하는 방법은
  필요약량=살포량/희석배수, 필요약량=(100L×1,000mL)/2,000배=50g이다.
- 살포방법은 물에 희석하여 살포하므로 분무법을 사용한다.

정답 : ②

122 농약 안전사용기준을 설정하는 데 고려하는 내용이 아닌 것은?

① 사용 횟수
② 적용대상 농작물
③ 어독성과 방제효과
④ 사용제형과 사용시기
⑤ 약제의 잔류허용기준

해설 **농약허용물질목록화(PLS ; Positive List System)**
- 등록된 농약 이외에는 잔류농약 허용기준을 일률기준(0.01mg/kg=0.01ppm)으로 관리
- 2019년 1월 1일 시행
- 해당 작물에 등록되지 않은 농약 판매 및 사용 금지
- 안전사용 기준
  - 등록된 농약만 사용
  - 희석 배수와 살포 횟수 준수
  - 출하 전 마지막 살포일 준수
  - 포장지 표기사항을 반드시 확인하고 사용

정답 : ③

123 「소나무재선충병 방제 지침」에 따른 소나무재선충병 집단발생지에 관한 설명으로 옳지 않은 것은?

① 1개 표준지 크기는 0.04ha(20m×20m)이다.
② 1개 표준지 내 소나무류 비율이 25% 이상이다.
③ 1개 표준지 내 소나무류 중 이상 20% 고사한 경우이다.
④ 피해가 집단으로 발생한 경북 경주·안동·고령·성주·대구 달성 등 7개 지역을 특별방제구역으로 지정하였다.
⑤ 피해고사목과 기타고사목이 집단적으로 발생한 표준지가 1년 동안 25개 이상 예찰·조사된 읍·면·동을 말한다.

> **해설** 집단발생지
> 피해고사목과 기타고사목이 집단적으로 발생한 표준지가 1년 동안 25개 이상 예찰·조사된 읍·면·동을 말한다. 단, 1개 표준지의 크기는 0.04ha(20m×20m)로 하며, 표준지 안에 소나무류 비율이 25% 이상이고 소나무류가 10% 이상 고사한 경우로 한정한다.
> ※ 특별방제구역 : 경북 경주·포항·안동·고령·성주, 대구 달성, 경남 밀양 등 7개 시·군 지정
> (산림청, 2024-11-01. [현장앨범] 경북 경주 특별방제구역 소나무재선충병 방제 수종전환 확대)
>
> 정답 : ③

124 「2025년도 산림병해충 예찰·방제계획」에 따른 소나무재선충병 확산 저지를 위한 기본방향 및 세부추진 계획에 관한 설명 중 옳지 않은 것은?

① 피해지역 추가 확산을 막기 위한 전략방제 추진력을 확보한다.
② 매개충 혼생 권역(충남·경북)은 9월부터 이듬해 4월까지 방제한다.
③ 북방수염하늘소 권역(경기·강원·충북)은 9월부터 이듬해 4월까지 방제한다.
④ 대규모 반복·집단적 피해 발생지에 대한 수종전환 방제 적극 도입한다.
⑤ 솔수염하늘소 권역(전북·전남·경남·제주)은 9월부터 이듬해 5월까지 방제한다.

> **해설** (방제기간) 방제 대상목 급증에 따른 고사목 제거 기간 최대 확보
> - (기존) 매개충 우화기를 반영한 방제기간(10월~이듬해 3월, 제주 4월)
> - (개선) 매개충 분포지역을 추가로 고려, 전국을 3개 권역으로 구분하여 확대
>   - 북방수염하늘소 권역(경기·강원·충북) : 8월~이듬해 4월
>   - 혼생 권역(충남·경북) : 9월~이듬해 4월
>   - 솔수염하늘소 권역(전북·전남·경남·제주) : 9월~이듬해 5월
> ※ 특광역시 : 경기(서울·인천), 충남(대전·세종), 전남(광주), 경북(대구), 경남(울산·부산)
>
> 정답 : ③

125 「산림보호법 시행령」 제12조의7에 따른 '나무의사 등의 자격취소 및 행정처분의 세부기준'에 관한 설명 중 옳지 않은 것은?

① 나무의사 등의 자격증을 빌려준 경우 1차 위반 시 자격정지 2년에 처한다.
② 위반행위가 둘 이상일 경우 각각의 처분기준이 다를 때 그중 무거운 처분기준을 따른다.
③ 거짓이나 부정한 방법으로 나무의사 등의 자격을 취득한 경우 1차 위반 시 자격이 취소된다.
④ 둘 이상의 처분기준이 같은 자격정지인 경우에 각 처분 기준일을 합산한 기간 동안을 자격 정지하되 5년을 초과할 수 없다.
⑤ 위반행위의 횟수에 따른 행정처분 기준은 최근 3년 동안 같은 위반행위로 행정처분을 받은 경우에 적용받는다.

해설 나무의사 등의 자격취소 및 정지처분의 세부기준(제12조의7 관련)
1. 일반기준
   가. 위반행위의 횟수에 따른 행정처분기준은 최근 3년 동안 같은 위반행위로 행정처분을 받은 경우에 적용한다. 이 경우 기간의 계산은 위반행위에 대하여 행정처분을 받은 날과 그 처분 후 다시 같은 위반행위를 하여 적발된 날을 기준으로 한다.
   나. 가목에 따라 가중된 행정처분을 하는 경우 가중처분의 적용 차수는 그 위반행위 전 부과처분 차수(가목에 따른 기간 내에 행정처분이 둘 이상 있었던 경우에는 높은 차수를 말한다)의 다음 차수로 한다.
   다. 위반행위가 둘 이상인 경우로서 그에 해당하는 각각의 처분기준이 다른 경우에는 그 중 무거운 처분기준에 따르고, 둘 이상의 처분기준이 같은 자격정지인 경우에는 각 처분기준을 합산한 기간 동안 자격을 정지하되 3년을 초과할 수 없다.

정답 : ④

10회 기출문제 (※ 자료 : 한국임업진흥원)

PART 01 | 수목병리학

001 전염원이 바람에 의해 직접적으로 전반되는 수목병으로 옳지 않은 것은?

① 잣나무 털녹병
② 동백나무 탄저병
③ 은행나무 잎마름병
④ 사철나무 흰가루병
⑤ 사과나무 불마름병

해설 사과나무 불마름병(*Erwinia amylovora*)
- 병원균(세균)은 병든 가지의 궤양주변에서 휴면상태로 월동, 이듬해 봄에 비가 내릴 때 활동을 1차 전염원으로 시작하여 곤충·빗물 등에 의해 전파된다.
- 세균이 자라면서 가지에 흘러나온 세균점액은 파리, 개미, 진딧물, 벌, 딱정벌레 등 많은 곤충들을 유인하며 옮겨진 세균은 상처 또는 꽃이나 잎의 자연개구를 통해 식물체 내부로 침입한다.
① 잣나무 털녹병 : 중간기주의 잎에서 겨울포자가 발아하여 형성된 담자포자가 바람에 날려 잣나무 잎의 기공을 통해 침입하여 황색의 작은 반점을 형성한다.
② 동백나무 탄저병 : 병반표면에 흑색의 분생자반을 형성하고, 병든낙엽에서 월동한 병원균은 이른 봄에 분생포자를 형성하고 바람에 의해 1차 전염원이 된다.
③ 은행나무 잎마름병 : 주로 어린나무 또는 묘포에서 발생하며, 여름철 고온 건조한 날씨가 계속되거나 강풍이나 해충의 식해 등으로 상처 부위에 감염된다.
④ 사철나무 흰가루병 : 기주표면의 균사에서는 분생포자경위에 분생포자를형성하여 바람에 의해 2차 전염원으로 새로운 잎을 계속 침해한다.

정답 : ⑤

002 **봄에 향나무 잎과 줄기에 형성된 노란색 또는 오렌지색 구조체에 생성되는 것은?**

① 녹포자
② 유주포자
③ 겨울포자
④ 여름포자
⑤ 녹병정자

해설 **유주포자(=유주자)**
- 난균류에서 유성생식으로는 난포자, 무성생식으로는 유주포자를 만드는데 2개의 편모를 갖고 있으며 털꼬리형, 민꼬리형 등이 있다.
- 병꼴균류, 난균류, 일부 세균들에서 볼 수 있는 것이 특징이다.
- 물속에서 헤엄치기 편하게 되어있는 포자로 1~2개의 편모로 아메바 운동을 한다.

구분	특징	기주
겨울포자	• 돌기, 혹, 빗자루 증상, 가지 및 줄기고사 • 4~5월에 비가 오면 겨울포자퇴가 혓바닥 모양의 담갈색 돌기가 부풀어 오름	향나무, 노간주나무
담자포자	겨울포자에서 담자포자 형성	
녹병정자기	6~7월, 잎과 열매 등에 노란색의 작은 반점이 많이 나타나고 가운데 녹병정자기형성	배나무(앞면)
녹포자	잎의 뒷면에 회색 내지 담갈색의 긴 털 모양의 녹포자퇴	배나무(뒷면), 장미과 식물
여름포자	향나무녹병은 여름포자 없음	

정답 : ③

003 **병원균의 분류군(속)이 나머지와 다른 것은?**

① 소나무 잎마름병
② 회양목 잎마름병
③ 명자나무점무늬병
④ 느티나무 갈색무늬병
⑤ 배롱나무 갈색점무늬병

해설 회양목 잎마름병(*Hyponectria buxi*, 검은 돌기, 분생포자각)은 관리부실로 발생하고, 비배관리 철저, *Macrophoma candollei*이다.
① 소나무 잎마름병(*Pseudocercosporapini – densiflorae*, 불완전균아문 – 총생균강 – *Cercospora*)
③ 명자나무 점무늬병(=명자꽃점무늬병, *Pseudocercospora cydoniae*, 불완전균아문 – 총생균강 – *Cercospora*)
④ 느티나무 갈색무늬병(*Pseudocercospora zelkovae* 불완전균아문 – 총생균강 – *Cercospora*)
⑤ 배롱나무갈색점무늬병(*Pseudocercospora lythracearum* 불완전균아문 – 총생균강 – *Cercospora*)

정답 : ②

004 표징을 관찰할 수 없는 것은?

① 회화나무 녹병 ② 뽕나무 오갈병
③ 벚나무 빗자루병 ④ 배나무 붉은별무늬병
⑤ 단풍나무 타르점무늬병

해설
- 뽕나무 오갈병 : 파이토플라스마, 표징은 없다.
- 표징(標徵, sign) : 전염성 병의 경우, 육안 또는 돋보기로 관찰 가능한 병원체의 모습. 곰팡이가 원인이 될 경우엔 대체로 표징의 식별이 가능하지만, 세균 또는 바이러스의 경우에는 병원체의 크기가 미세하기에 광학 현미경 또는 전자현미경을 통해서 병원체를 확인할 수 있으므로 표징이라 하지 않고 병원체라고 부른다.
① 회화나무 녹병 : 7월에 황갈색의 여름포자퇴
③ 벚나무 빗자루병 : 잎 뒷면에 나출자낭포자
④ 배나무 붉은별무늬병 : 잎 뒷면에 녹포자퇴형성
⑤ 단풍나무 타르점무늬병 : 가을철 표피 밑에 자좌(자낭반)형성

정답 : ②

005 무성생식으로 생성되는 포자를 모두 고른 것은?

ㄱ. 자낭포자	ㄴ. 담자포자
ㄷ. 난포자	ㄹ. 분생포자
ㅁ. 유주포자	ㅂ. 후벽포자

① ㄱ, ㅁ ② ㄱ, ㅂ
③ ㄴ, ㅂ ④ ㄷ, ㄹ
⑤ ㄹ, ㅁ

해설 **무성포자(asexual spore, 무성생식 세대)**
- 핵의 융합이나 감수분열 과정을 거치지 않고 세포분열로 생산하는 번식체이다.
- 무성포자는 균류의 생장 중에 반복해서 형성되며 단시간 내 분포 확대된다.
- 무성포자의 종류
  - 유주포자 : 포자낭포자의 한 종류로 균사의 일부에서 유주자포자를 형성한다(난균류).
  - 분생포자 : 균사 또는 특수한 균사세포로부터 직접 발달한다(자낭균류, 일부 담자균류).
  - 후벽포자 : 영양스트레스 조건에서 형성, 균사의 일부가 세포벽이 두꺼워져 세포벽의 대부분이 이중화되고 내구성을 가진 무성포자가 된다.

구분	분류	세포벽	격막	유성포자
유사균류	난균강	글루칸	–	난포자
진정균류	유주포자아문	키틴	–	접합자
	접합균아문	키틴	–	접합포자
	자낭균문	키틴	simple pore	자낭포자(8)
	담자균문	키틴	doli pore	담자포자(4)
	불완전균문	키틴	+	미발견

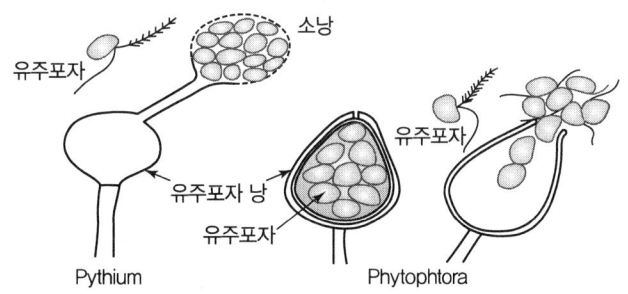

정답 : ⑤

006 수목병과 병원균이 형성하는 유성세대 구조체의 연결로 옳지 않은 것은?

① 밤나무 잉크병 – 자낭자좌
② 밤나무 줄기마름병 – 자낭각
③ 벚나무 빗자루병 – 나출자낭
④ 단풍나무 흰가루병 – 자낭구
⑤ 소나무 피목가지마름병 – 자낭반

해설 밤나무 잉크병(*phytophthora katsrae*, 난균강)
• 기주 : (저항성) 일본밤나무, 중국밤나무, (감수성) 유럽, 미국 밤나무
• 피해 : 유럽밤나무에 큰 피해, 어린나무에 발생이 심하다.
• 발생특징 : 어린나무에서 발생 심함. 습하고 배수불량 임지에서 발생힌다.
• 병징 : 잎의 수 및 크기 감소(밤송이 미성숙) 수피 아래조직 갈변, 괴사 검은색 액체누출(잉크모양), 알콜냄새, 역한 냄새 수관 쇠락이 나타나고 병이 진전되면 고사된다.
• 방제 : 배수관리 철저, 저항성 품종식재

정답 : ①

007 수목 병원성 곰팡이에 관한 설명으로 옳지 않은 것은?

① 빗자루병을 일으킬 수 있다.
② Biolog 검정법을 통해 동정할 수 있다.
③ 기공과 피목을 통해 식물체 내부로 침입할 수 있다.
④ 휴면, 월동 구조체인 균핵과 후벽포자는 전염원이 될 수 있다.
⑤ 탄저병을 일으키는 *Colletotrichum*속은 강모(setae)를 형성하기도 한다.

해설 **Biolog 검정법**
- 탄소원 이용 여부를 이용한 검정법은 세균병의 진단 시 사용한다.
- 세균은 환원성무기물(수소, 황화수소, 암모니아, 일산화탄소)을 이산화할 때 발생되는 전자를 환원력으로 이용한다.
- 이산화탄소를 탄소원으로 이용한다.

정답 : ②

008 병의 진단에 사용하는 코흐(Koch)의 원칙에 관한 설명으로 옳지 않은 것은?

① 병원체는 반드시 병든 부위에 존재해야 한다.
② 재분리한 병원체의 유성생식이 확인되어야 한다.
③ 병반에서 분리한 병원체는 순수배양이 가능해야 한다.
④ 순수 분리된 병원체를 동종 수목에 접종했을 때 동일한 병징이 재현되어야 한다.
⑤ 병징이 재현된 감염 조직에서 접종했던 병원체와 동일한 것이 재분리되어야 한다.

해설 **병원성 검정(코흐의 법칙)**
- 병든 식물의 병징 부위에서 '병원체'를 찾을 수 있어야 한다.
- 병원체는 반드시 '분리'되고, 영양배지에서 '순수배양'되어 특성을 알아낼 수 있어야 한다.
- 순수배양된 병원체는 병이 나타난 식물과 같은 종 또는 품종의 건전한 식물에 접종 시 똑같은 증상이 나타나야 한다.
- 병원체는 '재분리배양'할 수 있어야 한다(절대기생체는 적용하기 어려움).

정답 : ②

009 병원체와 제시된 병명의 연결이 모두 옳은 것은?

ㄱ. 벚나무 빗자루병 ㄴ. 뽕나무 자주날개무늬병
ㄷ. 감귤 궤양병 ㄹ. 소나무 혹병
ㅁ. 호두나무 근두암종병 ㅂ. 배나무 붉은별무늬병
ㅅ. 쥐똥나무 빗자루병 ㅇ. 소나무재선충병

① 선충 – ㅁ, ㅇ
② 세균 – ㄷ, ㄹ
③ 곰팡이 – ㄴ, ㄹ
④ 바이러스 – ㄴ, ㅂ
⑤ 파이토플라스마 – ㄱ, ㅅ

해설
ㄱ. 벚나무 빗자루병(곰팡이 – 자낭균)
ㄴ. 뽕나무 자주날개무늬병(곰팡이 – 담자균)
ㄷ. 감귤 궤양병(세균 – *Xanthomonas*)
ㄹ. 소나무 혹병(곰팡이 – 담자균)
ㅁ. 호두나무 근두암종병(세균 – *Agrobacterium*)
ㅂ. 배나무 붉은별무늬병(곰팡이 – 담자균 – 녹병)
ㅅ. 쥐똥나무 빗자루병(파이토플라스마)
ㅇ. 소나무재선충병(선충)

정답 : ③

010 포플러 잎녹병에 관한 설명으로 옳지 않은 것은?

① 중간기주로 일본잎갈나무(낙엽송) 등이 알려져 있다.
② 한국에서는 대부분 *Melampsora larici – populina*에 의해 발생한다.
③ 한국에서도 포플러 잎녹병에 대한 저항성 클론이 개발 보급되었다.
④ 월동한 겨울포자가 발아하여 생성된 담자포자가 포플러 잎을 감염한다.
⑤ 여름포자는 핵상이 n+n이며, 기주를 반복 감염하여 피해를 증가시킨다.

해설 겨울포자가 발아하여 형성된 담자포자가 중간기주 일본잎갈나무, 현호색을 침해한다.

포플러 잎녹병(*Melampsora* spp.)
• 발생특징 : 여름~가을에 걸쳐 병원균 침입을 받으면 정상잎보다 1~2개월 조기낙엽이 되고 생장 감소한다.
• 병든 나무가 급속히 말라 죽지는 않는다.
• *Melampsora larici – populina*의 기주 : 포플러류, 사시나무류, 중간기주 : 일본잎갈나무, 댓잎현호색
• *M. magnusiana*의 기주 : 포플러류, 사시나무류, 중간기주 : 일본잎갈나무, 현호색
• 포플러 잎녹병 병원체의 잠복기 : 4~6일

정답 : ④

011 병원체에 관한 설명으로 옳은 것은?

① 곰팡이는 자연개구로 침입할 수 없다.
② 식물기생선충은 구침을 가지고 있지 않다.
③ 바이러스는 식물체에 직접침입할 수 있다.
④ 세균은 수목의 상처를 통해서만 침입할 수 있다.
⑤ 파이토플라스마는 새삼이나 접목을 통해 전반될 수 있다.

해설 파이토플라스마는 새삼이나 접목을 통해 전반될 수 있으며, 영양번식체, 매개충, 뿌리접목 등으로 전반 가능하다.
① 곰팡이는 자연개구(기공, 피목, 수공, 밀선), 직접침입, 상처를 통한 침입을 한다.
② 식물기생선충은 구강형, 식도형 구침을 가지고 있다.
③ 바이러스는 접목 및 영양번식에 의해 전염이 되고, 매개생물(곤충, 응애, 선충, 곰팡이, 진딧물, 매미충, 멸구, 가루이, 나무이, 깍지벌레)이나 종자 및 꽃가루 등에 의해 전염이 된다.
④ 세균은 상처, 기공, 피목, 밀선 등의 자연개구부의 침입 가능하며 수목에 생긴 상처는 주요 감염 부위가 된다.

정답 : ⑤

012 바이러스에 관한 설명으로 옳지 않은 것은?

① 세포 체제를 가지고 있지 않다.
② 절대기생성이며 기주특이성이 없다.
③ 복제 시 핵산에 돌연변이가 발생할 수 있다.
④ 식물체 내 원거리 이동 통로는 주로 체관이다.
⑤ 유전자 발현은 기주의 단백질 합성기구에 의존한다.

해설 바이러스의 특징
- 절대기생성(순활물기생체)이며 기주특이성을 가지고 있다.
- 기본구조는 바이러스 게놈핵산과 이를 보호하는 단백질외피로 구성된 뉴클레오캡시드(핵단백질 구조물)이다.
- 바이러스는 번식할 때 자신의 DNA나 RNA를 그대로 복제해 다음 세대에 전달해야 하는데 복제하는 과정에서 실수가 일어나 구조가 달라지면 돌연변이가 나오고, 이 돌연변이가 변이 바이러스가 된다.
- 식물체 내 원거리 이동통로는 주로 체관이다.
- 감염 후, 세포의 단백질 합성기구들을 이용하여 자신의 유전물질을 복제한다.

정답 : ②

013 파이토플라스마에 관한 설명으로 옳지 않은 것은?

① 세포벽을 통해 양분흡수와 소화효소 분비를 조절한다.
② 매개충을 통해 전반되며 수목에 전신감염을 일으킨다.
③ 16S rRNA 유전자 염기서열 분석으로 동정할 수 있다.
④ 오동나무 빗자루병, 붉나무빗자루병등의 병원체이다.
⑤ 병든 나무는 벌채 후 소각하거나 옥시테트라사이클린 나무주사로 치료한다.

해설
- 파이토플라스마는 세포벽을 갖지 않으며 대신 일종의 원형질막으로만 둘러싸인 세포질이 있고 리보솜과 핵물질 가닥이 존재한다.
- 세포벽이 없으므로 세포벽 합성을 저해하는 페니실린 등의 항생제에는 저항성으로 효과가 없다. toluidine blue의 조직염색 confocal laser microscopy 등으로 검정하고 DAPI 등의 형광염색소를 사용하며, 형광현미경기법을 사용한다.

정답 : ①

014 수목병의 표징에 관한 설명으로 옳지 않은 것은?

① 호두나무 탄저병 : 병반위에 분생포자덩이를 형성한다.
② 회화나무 녹병 : 줄기와 가지에 길쭉한 혹이 만들어진다.
③ 삼나무 잎마름병 : 분생포자덩이가 분출되어 마르면 뿔 모양이 된다.
④ 아밀라리아뿌리썩음병 : 주요 표징 중 하나는 뿌리꼴균사다발이다.
⑤ 호두나무 검은(돌기) 가지마름병: 분생포자덩이가 빗물에 씻겨 수피로 흘러 내리면 잉크를 뿌린 듯이 보인다.

해설 **회화나무 녹병**
- 7월 초순부터 잎 뒷면에 표피를 뚫고 황갈색 가루덩이(여름포자)들이 나타난다.
- 8월 중순쯤부터는 황갈색 여름포자덩이는 사라지고, 흑갈색 가루덩이(겨울포자)가 나타나기 시작한다.
- 줄기와 가지에는 껍질이 갈라져 방추형의 혹이 생기며(병징), 가을에는 혹의 갈라진 껍질 밑에 흑갈색의 가루덩이(겨울포자)가 무더기로 나타난다(표징).

정답 : ②

015 수목병진단기법에 관한 설명으로 옳은 것은?

① 바이러스 봉입체는 전자현미경으로만 관찰된다.
② 그람염색법으로 소나무혹병의 병원균을 동정한다.
③ 사철나무대화병은 병환부를 습실처리하여 표징 발생을 유도한다.
④ 오동나무 빗자루병은 Toluidine blue를 이용한 면역학적 기법으로 진단한다.
⑤ 향나무 녹병진단을 위해 병원균 DNA ITS PCR의 부위를 증폭하여 염기서열을 분석한다.

해설 중합효소 연쇄 반응(PCR ; Polymerase Chain Reaction)은 DNA의 원하는 부분을 복제·증폭시키는 분자생물학적인 기술이다.
① 바이러스 봉입체는 내부병징인 봉입체의 진단은 광학현미경으로도 가능하다.
② 그람염색법은 세균 진단기법, 소나무 혹병은 담자균(곰팡이)에 의한 녹병의 병징은 표징(병원체)이 관찰되지 않으면 일반적인 잎과 줄기의 병해와 유사하다.
③ 사철나무대화병은 나무의 선단부줄기가 부채모양으로 변한다하여 불려진 이름으로 학계에서도 아직 병의 원인이 무엇인지 밝혀지지 않았다.
④ 파이토플라스마 진단은 전자현미경으로 진단, Toluidine blue 조직염색에 의한 광학현미경 진단과 DAPI 형광색소를 이용한 진단, aniline blue 염색 등이 있다.

정답 : ⑤

016 수목병을 관리하는 방법에 관한 설명으로 옳지 않은 것은?

① 배롱나무 흰가루병 일조와 통기 환경을 개선한다.
② 소나무 잎녹병 중간기주인 뱀고사리를 제거한다.
③ 소나무 가지끝마름병 수관 하부를 가지치기한다.
④ 대추나무 빗자루병 옥시테트라사이클린을 나무주사한다.
⑤ 벚나무 갈색무늬구멍병 병든 잎을 모아 태우거나 땅속에 묻는다.

해설
• 소나무 잎녹병의 중간기주 : 참취, 쑥부쟁이, 황벽나무
• 전나무 잎녹병의 중간기주 : 뱀고사리

정답 : ②

017 비기생성원인에 의한 수목병의 일반적인 특성으로 옳은 것은?

① 기주특이성이 높다.
② 병원체가 병환부에 존재하고 전염성이 있다.
③ 수목의 모든 생육단계에서 발생할 수 있다.
④ 환경조건이 개선되어도 병이 계속 진전된다.
⑤ 미기상변화에 직접적인(microclimate) 영향을 받지 않는다.

해설

특징	기생성병(전염성병)	비기생성병(비전염성병)
발병부위	식물체일부	식물체 전체
발병면적	제한적	넓음
병진전도	다양함	비슷함
종특이성	높음	매우 낮음
병원체존재	병환부에 있음	없음

정답 : ③

018 제시된 특징을 모두 갖는 병원균에 의한 수목병은?

- 분생포자를 생성한다.
- 세포벽에 키틴을 함유한다.
- 균사 격벽에 단순격벽공이 있다.

① 철쭉 떡병
② 동백나무 흰말병
③ 오리나무 잎녹병
④ 사과나무 흰날개무늬병
⑤ 느티나무 줄기밑둥썩음병

해설
- 철쭉 떡병 : 담자균, 유연공격벽
- 동백나무 흰말병 : 조류는 무성세대를 이루는 분생포자와 유주포자, 유성세대를 이루는 난포자를 만든다.
- 자낭균류는 균사 격벽이 단순격벽공, 담자균류는 균사 격벽이 유연공격벽이다.
- 난균강의 세포벽은 글루칸, 유주포자아문/접합균아문/자낭균문/담자균문/불완전균문의 세포벽은 키틴을 함유한다.
- 자낭균류는 무성세대를 이루는 분생포자, 유성세대를 이루는 자낭포자를 형성한다.

정답 : ④

019 *Ophiostoma*속 곰팡이에 관한 설명으로 옳지 않은 것은?

① 토양 속에 균핵을 형성한다.
② 천공성해충의 몸에 붙어 전반된다.
③ 느릅나무 시들음병의 병원균이 속한다.
④ 멜라닌 색소를 합성하여 목재 변색을 일으킨다.
⑤ 변재부의 방사유조직에서 생장하여 감염 부위가 나타난다.

> **해설** *Ophiostoma*속 곰팡이, 자낭균류
> - 느릅나무 시들음병의 병원균(*Ophiostomanovo-ulmi*), 대부분의 목재변색은 *Ophiostoma*속 곰팡이에 의해 일어나며, *Ceratocystis*, *Ophiostoma*, *Graphium* 등이 있다.
> - 멜라닌 색소 함유한 균사가 방사유조직에서 생장하여 변색된다.

정답 : ①

020 수목 뿌리에 발생하는 병에 관한 설명으로 옳은 것은?

① 파이토프토라 뿌리썩음병균은 유주포자낭을 형성한다.
② 안노섬 뿌리썩음병균은 아까시흰구멍버섯을 형성한다.
③ 리지나 뿌리썩음병균은 자낭반 형태의 뽕나무버섯을 형성한다.
④ 모잘록병은 기주우점병이며 주요 병원균으로는 *Pythium*속과 *Rhizoctoniasolani* 등이 있다.
⑤ 뿌리혹선충은 뿌리 내부에 침입하여 세포와 세포 사이를 이동하는 이주성내부 기생선충이다.

> **해설** ② 아까시흰구멍버섯을 형성하는 것은 줄기밑동썩음병(백색부후균)이다.
> ③ 리지나 뿌리썩음병균은 자낭반 형태의 파상땅해파리버섯을 형성하고 뽕나무버섯을 형성하는 것은 아밀라리아 뿌리썩음병이다.
> ④ 모잘록병은 병원성 우점병이며 주요 병원균으로는 *Pythium*속과 *Rhizoctonia* 조직연화성병해가 있다.
> ⑤ 뿌리썩이선충이 이주성내부선충이고, 뿌리혹선충은 고착성내부기생선충이다.

정답 : ①

021 소나무 가지끝마름병에 관한 설명으로 옳지 않은 것은?

① 피해입은 새 가지와 침엽은 수지에 젖어 있다.
② 감염된 어린 가지는 말라 죽으며 아래로 구부러진 증상을 보인다.
③ 침엽 및 어린 가지의 병든 부위에는 구형 또는 편구형 분생포자각이 형성된다.
④ 가뭄, 답압, 과도한 피음등으로 수세가 약해진 나무에서는 굵은 가지에도 발생한다.
⑤ 병원균은 *Guignardia*속에 속하며 병든 낙엽 가지 또는 나무 아래의 지피물에서 월동한다.

해설 소나무 가지끝마름병의 병원균은 *Shpaeropsis sapinea*(=*Diplodia pinea*)속으로 병든 낙엽, 가지 또는 나무 아래의 지피물에서 월동한다.

정답 : ⑤

022 한국에서 발생하는 참나무 시들음병에 관한 설명으로 옳지 않은 것은?

① 주요 피해 수종은 신갈나무이다.
② 감염된 나무는 변재부가 변색된다.
③ 병원균은 유성세대가 알려지지 않은 불완전균류이다.
④ 물관부의 수분 흐름이 감소되어 나무 전체가 시든다.
⑤ 병원균은 기주수목의 방어반응을 이겨내기 위해 체관 내에 전충체를(tylose) 형성한다.

해설 병원균이 전충체를 형성하는 것이 아닌, 활엽수 중에 환공재 수종에서 오래된 도관을 전충체로 채워 폐쇄시켜 목재부후균의 이동을 막는다.

전충체(tylose, 塡充體, 타일러스)
- 나무의 목재 중 오래된 부분의 도관 또는 가도관 내부에 2차적으로 발생한 세포분을 말한다.
- 스트레스를 받거나 병원체에 의해서 침입받는 동안 물관 속에서 형성되는데 수(pith)를 통해 물관 속으로 돌출된 인접한 살아 있는 유세포의 원형질체가 비정상적으로 자란 것이다.

정답 : ⑤

023 수목에 기생하는 겨우살이에 관한 설명으로 옳지 않은 것은?

① 진정겨우살이는 침엽수에 피해를 준다.
② 기주식물에 흡기를 만들어 양분과 수분을 흡수한다.
③ 수간이나 가지의 감염 부위는 부풀고 강풍에 쉽게 부러질 수 있다.
④ 방제를 위해 감염된 가지를 전정한 후 상처도포제를 처리하는 것이 좋다.
⑤ 진정겨우살이는 광합성을 할 수 있으나 수분과 무기양분은 기주식물에 의존한다.

해설 소나무과, 측백나무과 등에 피해를 주는 겨우살이는 난쟁이겨우살이이다. 그 외의 겨우살이는 활엽수에 피해를 준다.

정답 : ①

024 벚나무 번개무늬병에 관한 설명으로 옳지 않은 것은?

① 접목에 의한 전염이 가능하다.
② 병원체는 *American plum line pattern virus* 등이 있다.
③ 봄에 나온 잎의 주맥과 측맥을 따라 황백색줄무늬가 나타난다.
④ 병징은 매년 되풀이되어 나타나며 심할 경우 나무는 고사한다.
⑤ 감염된 잎의 즙액을 지표식물에 접종하면 국부병반이 나타나고 ELISA로 진단할 수 있다.

해설 바이러스병 중 한 번 감염되면 매년 병징이 되풀이되고, 생장에 문제가 생기어 심한 경우 말라 죽는 종류의 바이러스 병들이 있지만, 벚나무 번개무늬병의 경우에는 매년 병징이 나타날 뿐 수세에는 크게 지장이 없다.

벚나무 번개무늬병
- 왕벚나무 등 여러 종류의 벚나무에서 자주 발생한다.
- 병원체는 *American plum line pattern virus*(APLPV)이다.
- 매화나무, 자두나무, 복숭아나무, 살구나무 등에서도 유발된다.
- 5월경부터 잎의 중앙맥과 굵은 지맥을 따라 번개무늬 모양의 선명한 황백색 줄무늬 병반이 나타난다.
- 봄에 자라나온 잎에서만 병징이 나타나며, 그 후에 자라나 온 잎에서는 나타나지 않고, 주로 일부 잎에서만 나타난다.
- ELISA 진단키트로 진단한다.

정답 : ④

025 버즘나무 탄저병에 관한 설명으로 옳지 않은 것은?

① 병원균의 유성세대는 *Apiognomonia*속에 속한다.
② 병원균은 무성세대 포자형성 기관인 분생포자각을 형성한다.
③ 감염된 낙엽과 가지를 제거하면, 추가 감염을 예방하는 효과가 있다.
④ 봄에 잎이 나온 후 비가 자주 내릴 때 많이 발생하며, 어린잎과 가지가 말라 죽는다.
⑤ 잎이 전개된 이후에 감염되면, 엽맥을 따라 번개 모양의 갈색 병반을 보이며 조기낙엽을 일으킨다.

해설 버즘나무 탄저병
초봄에 발생하면 어린싹이 까맣게 말라 죽고, 잎이 전개된 이후에 발생하면 잎맥을 중심으로 번개 모양의 갈색반점이 형성되며 잎맥과 주변에는 분생포자반이 무수히 나타난다. 우리나라에서는 유성세대가 발견되지 않았으며 병든 낙엽이나 가지에서 균사 또는 분생포자반으로 월동한다.

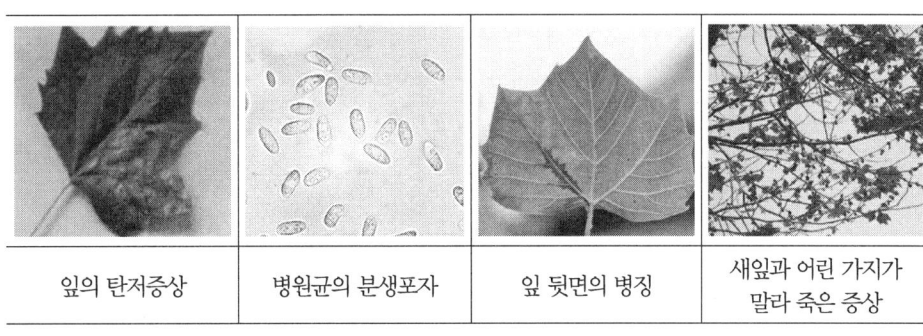

| 잎의 탄저증상 | 병원균의 분생포자 | 잎 뒷면의 병징 | 새잎과 어린 가지가 말라 죽은 증상 |

정답 : ②

PART 02 | 수목해충학

026 곤충이 번성한 이유에 관한 설명으로 옳지 않은 것은?

① 외골격은 가볍고 질기며 수분 투과를 막는다.
② 식물과 공진화하여 먹이 자원에 대한 종 특이성이 발달하였다.
③ 크기가 작아 소량의 먹이로도 살아갈 수 있고 공간요구도가 낮다.
④ 이동분산능력을 증대시키는 날개가 있어 탐색활동이나 교미활동에 유리하다.
⑤ 세대 간 간격이 짧아 도태나 돌연변이가 일어나지 않아 종 다양성이 증가하였다.

해설 곤충의 높은 유전적 변이성(이차적인 DNA 해체되고 재구성)을 가지고 있어 급격한 환경변화에 적응할 수 있는 빠른 종 분화가 이루어지고 다산력이 뛰어나 도태 받을 기회와 돌연변이 기회가 주어진다.

정답 : ⑤

027 곤충의 기원과 진화에 관한 설명으로 옳은 것은?

① 데본기에 날개가 있는 곤충이 출현하였다.
② 무시류곤충은 캄브리아기에 출현하였다.
③ 근대 곤충 목(目, order)은 대부분 삼첩기에 출현하였다.
④ 다리가 6개인 절지동물류는 모두 곤충강으로 분류한다.
⑤ 곤충강에 속하는 분류군은 입틀이 머리덮개 안으로 함몰되어 있다.

해설 곤충의 진화는 데본기 무렵(무시충)부터 진행하여 석탄기 때 날개 있는 곤충이 출현했다. 근대곤충 목(目, order)은 대부분 삼첩기에 다양한 곤충이 대거 출현하였다.
톡토기강인 속입틀류는 낫발이목, 좀붙이목, 톡토기목과 곤충강은 육각아문에 속한다.

구분	시기	생물
신생대	제3기	근대 곤충류 번성
중생대	백악기	근대 곤충류 출현
	쥐라기	
	삼첩기	
고생대	이첩기	다양한 곤충 출현 및 소멸
	석탄기	유시곤충류 출현
	데본기	무시곤충류 출현
	실루리아기	육지동물
	오르도비스키	오르도비스키
	캄브리아기	절지동물(삼엽충, 갑각류)

육각아문의 주요 목 분류표

절지동물문	육각아문		톡톡이강		
		곤충강	무시아강		
			유시아강	외시류	
				내시류	

※ 절지동물문에는 거미강, 새우강, 노래기강, 지네강, 곤충강이 있다.

정답 : ③

028 곤충 성충의 외부형태적 특징에 관한 설명으로 옳지 않은 것은?

① 홑눈은 낱눈 여러 개로 채워져 있다.
② 날개는 체벽이 신장되어 생겨난 것이다.
③ 더듬이의 마디는 밑마디, 흔들마디, 채찍마디로 되어 있다.
④ 입틀은 큰턱과 작은턱이 각각 1쌍이고 윗입술 아랫입술 혀로 구성되어 있다.
⑤ 다리의 마디는 밑마디, 도래마디, 넓적마디, 종아리마디, 발목마디로 되어 있다.

해설
- 낱눈이 모여서 1쌍의 겹눈(복안)이 된다.
- 홑눈은 절지동물 곤충류의 단일성 눈으로 퇴화 되어가는 눈으로 명암만 구분할 수 있음, 자외선을 포함한 청색이나 자색 등의 짧은 파장(300~600nm)의 빛에는 반응하기 쉽다.
- 앞홑눈은 모든 성충과 불완전변태류 약충에 있고 옆홑눈은 완전변태 유충에 있다.

정답 : ①

029 곤충의 특징에 관한 설명으로 옳은 것은?

① 외표피는 키틴을 다량 함유한다.
② 메뚜기류의 고막은 앞다리 넓적마디에 있다.
③ 중추신경계는 뇌와 앞가슴샘이 신경색으로 연결되어 있다.
④ 순환계는 소화관의 아래쪽에 위치하며, 대동맥과 심장으로 되어 있다.
⑤ 기관계에서 바깥쪽 공기는 기문을 통해 곤충 몸 안으로 들어가고 기관지와 기관, 소지를 통해 세포까지 공급된다.

해설
- 외표피은 곤충의 가장 바깥쪽 위치하며, 시멘트층은 표피 가장 바깥쪽에 있으며 피부샘에서 분비하는 단백질과 지질로 구성된다.
- 내부 외표피층은 외표피을 대부분 차지하며 지질단백질이 주요성분이다.
- 왁스층은 외표피은 바로 위쪽에 있으며 탄화수소, 지방산 및 에스터화합물이 주요성분으로 수분증산을 억제하여 곤충 체내의 수분유지를 해준다.
- 메뚜기, 나방류 : 복부(배)에서 소리 감지
  - 귀뚜라미, 여치 : 앞다리 종아리마디
  - 모기류 : 더듬이에 털이 소리 감지
  - 개미, 꿀벌, 흰개미 : 다리의 기계감각기로 진동 감지
  - 중추신경계는 소화관을 지배하는 내장신경계를 제외한 나머지들이 모여 중추신경계를 만들며 뇌, 식도하신경절, 복면신경색으로 구성된다. 순환계는 소화관의 등 쪽에 위치하며, 대동맥과 심장으로 되어 있다.

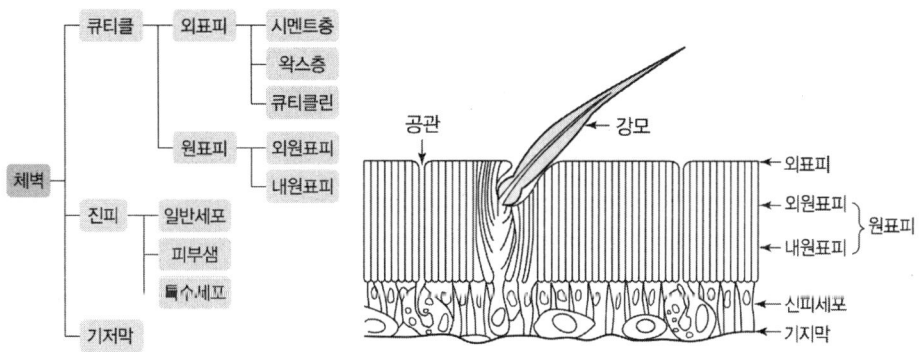

정답 : ⑤

030 곤충분류학 용어에 관한 설명으로 옳지 않은 것은?

① 속명과 종명은 라틴어로 표기한다.
② 계-문-강-목-과-속-종의 체계로 이루어져 있다.
③ 명명법은 「국제동물명명규약」에 규정되어 있다.
④ 신종 기재 시에는 1개체만 완모식표본으로 1설정한다.
⑤ 종결어미는 과명에서 '-inae'이고 아과명에서는 '-idea'이다.

해설 상과명의 어미는 '-oidea', 과명은 '-idea', 아과명은 '-inae', 종명은 '-ini'로 끝난다.
③ 국제동물명명규약(ICZN ; International Code of Zoological Nomenclature)에 의하면 완모식표본은 해당 이름을 가진 여러 종류의 명명된 표본들 중 한 가지로 이는 학명의 안전을 꾀하기 위한 표본이다.
  • 동모식표본(isotype)은 완모식표본의 복제품이다.
  • 완모식이외의 모든 표본을 부모식표본이라고 한다.
④ 모식표본은 신종 기재 시 학명을 적용할 때 기준표본이며 완모식표본은 신종을 기재할 때 사용한다.
  • 정기준 표본 또는 완모식표본(holotype)이란 한 유기체의 물리적인 표본(혹은 그림)으로 해당 종(혹은 그보다 하위의 분류군)이 공식적으로 기재되었을 당시에 사용되었다고 알려진 표본이다.
  • 종의 물리적인 표본(혹은 그림)이 한 개체일 수도 있고, 혹은 여러 개의 표본 중 하나일 수도 있으나 명시적으로 완모식표본이라고 지정되어야 한다.

정답 : ⑤

031 제시된 특징의 곤충 분류군 목(order)은?

- 잎을 가해하고 간혹 대발생한다.
- 주로 단위생식을 하며 독립생활을 한다.
- 수관부를 섭식하며, 알을 한 개씩 지면으로 떨어뜨린다.
- 앞가슴마디가 짧고 가운데가슴마디와 뒷가슴마디가 길다.

① 벌목(Hymenoptera) ② 대벌레목(Phasmida)
③ 나비목(Lepidoptera) ④ 메뚜기목(Orthoptera)
⑤ 딱정벌레목(Coleoptera)

해설 **대벌레목(Phasmida)**
- 시간에 따라 몸의 색이 바뀌는 종도 있으며, 주로 야행성이다.
- 포식자에게 잡힐 때에 다리의 도래마디와 넓적다리마디 사이를 끊고 도망가며 끊어진 다리는 탈피 시 재생한다.
- 크기는 7(중형)~10(대형)cm, 막대기나 잎 모양의 형태를 띤다.
- 머리는 작고 전구식, 겹눈은 작고 홑눈은 2~3개다.
- 앞가슴은 작고 3쌍의 다리는 가늘고 길다.
- 식성은 식식성이며, 열대와 아열대 지역에 많이 서식한다.

- 체색은 녹색을 띠나, 서식처에 따라 담갈색, 흑갈색, 황녹색을 띠는 것도 있다.
- 산림이나 과수 해충으로 때때로 대발생하며 피해받은 나무는 고사하지는 않으나 미관상 보기는 흉하다.
- 연 1회 발생하며 알은 1개씩 땅에 떨어뜨리며 낳고 알로 월동(3월 하순~4월에 부화)한다. 주로 단위생식을 한다.

정답 : ②

032 해충 개체군의 특징에 관한 설명으로 옳은 것은?

① 어린 유충기의 집단생활은 생존율을 낮춘다.
② 어린 유충기에 집단생활을 하는 종으로 솔잎벌이 있다.
③ 환경저항이 없는 서식처에서 로지스틱(logistic) 성장을 한다.
④ 생존곡선에서 제3형은 어린 유충기에서 죽는 비율이 높다.
⑤ 서열(경합)경쟁은 종간경쟁의 한 종류이며, 생태적 지위가 유사한 종간에 발생한다.

해설 생존곡선에서 제3형(C)은 어린 유충기에서 죽는 비율이 높다.
- 제1형 : 볼록형(사람, 대형포유류, 초기 사망률 낮고, 후기 사망률이 높음)
- 제2형 : 사선형(조류, 사망률이 일정함)
- 제3형 : 오목형(곤충, 어류, 초기 사망률이 높고, 후기 사망률은 낮은 상태 유지)

① 어린 유충기의 집단생활(군서생활)은 생존율을 높여준다.
② 어린 유충기에 솔잎벌은 한 침엽에 1마리씩 서식한다.
③ 로지스틱(logistic) 성장을 한다는 것은 특정한 환경에서 개체 수의 변화를 말한다.
  - 환경저항이 있는 서식처에서 로지스틱(logistic) 성장을 한다.
  - 환경저항이 없으면 기하급수적인 증가를 나타낸다.

※ 로지스틱 함수(logistic function) : 개체군의 성장 등을 나타내는 함수이다. 로지스트형 개체군 성장 모델(logistic model of population growth)은 개체군 생태학에서 개체군의 증가율을 설명하는 모델로 1838년 Verhulst가 고안해 냈다.

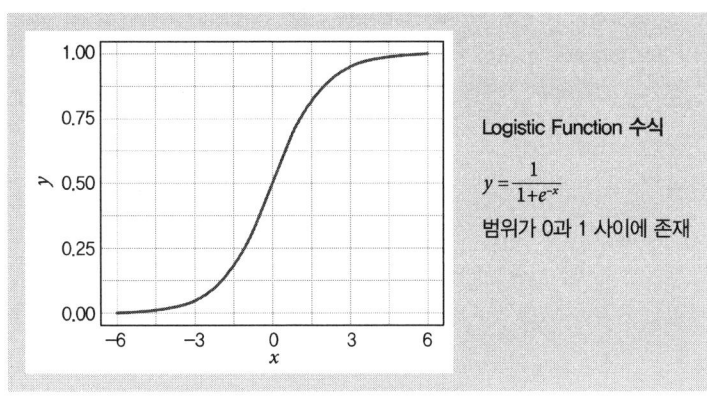

Logistic Function 수식
$y = \dfrac{1}{1+e^{-x}}$
범위가 0과 1 사이에 존재

⑤ 서열(경합)경쟁은 종내경쟁의 한 종류이다.
- 종내경쟁에는 무서열경쟁과 서열경쟁이 있으며, 서열경쟁은 어떤 종이 임계밀도를 넘었을 경우, 자원을 일부 개체들만 독점하여 경쟁 후에도 일정밀도가 유지가 되는 경쟁이다.
- 개체군의 크기가 커짐에 따라 감소하는데, 그 주요 원인은 먹이와 서식지에 대한 경쟁, 천적의 수와 공격능력의 증가 등을 들 수 있다.

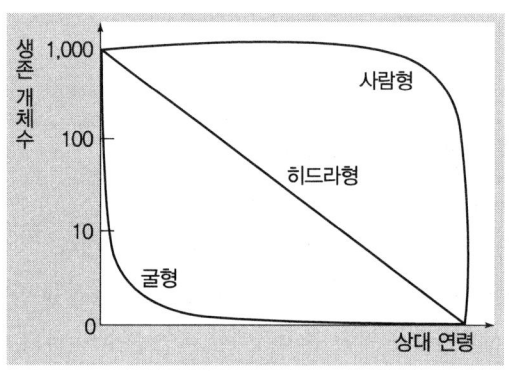

정답 : ④

033 곤충의 신경계에 관한 설명으로 옳지 않은 것은?

① 신경계에서 호르몬이 분비된다.
② 뇌에 신경절 2쌍이 연합되어 있다.
③ 말초신경계는 운동신경과 체벽에 분포한 감각신경을 포함한다.
④ 신경계는 감각기를 통해 환경자극을 전기에너지로 전환한다.
⑤ 내장신경계는 내분비기관, 생식기관, 호흡기관 등을 조절한다.

해설 뇌는 3개 신경절인 전대뇌, 중대뇌, 후대뇌로 되어 있다.
- 곤충의 신경계는 크게 중앙신경계, 내장신경계, 그리고 주변신경계로 구분된다. 척추동물과는 반대로 중추신경이 배에 있는 것이 특징이며, 뇌는 머리에 있고 척추동물로 치면 등의 척수 포지션의 중추신경이 곤충에게는 배쪽에 있다.
- 중추신경계는 일련의 신경절로 구성되어 있다.

정답 : ②

034 곤충의 내분비계에 관한 설명으로 옳지 않은 것은?

① 알라타체는 유약호르몬을 분비한다.
② 탈피호르몬은 뇌호르몬의 자극을 받아 분비된다.
③ 앞가슴샘은 유충과 성충에서 탈피호르몬을 분비하는 내분비기관이다.
④ 내분비계에는 앞가슴샘카디아카체, 알라타체, 신경분비세포가 있다.
⑤ 카디아카체는 뇌의 신경분비세포에서 신호를 받은 후에 저장된 앞가슴샘자극호르몬을 방출한다.

해설
- 앞가슴샘은 유충에서 탈피호르몬을 분비하는 내분비기관이다. 앞가슴샘은 머리 뒤쪽이나 앞가슴에 발달하는 한 쌍의 외배엽성분비기관으로 일정한 구조가 없이 산만한 모습을 보인다.
- 곤충의 탈피와 변태를 일으키는 탈피호르몬을 분비하기 때문에 성충으로 우화하면 이 샘도 퇴화되어 없어진다.

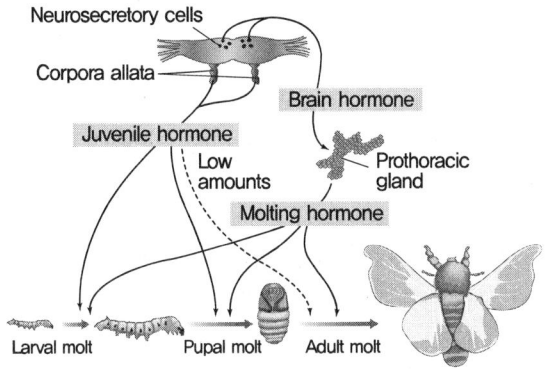

정답 : ③

---

035 곤충과 온도의 관계에 관한 설명으로 옳은 것은?

① 온대지역에서 고온치사 임계온도는 35℃이다.
② 적산온도법칙은 고온임계온도를 초과한 높은 온도에도 적용한다.
③ 발육속도는 해당 온도구간에서 발육기간(일)의 역수로 계산한다.
④ 유효적산온도는 [(평균온도−발육영점)÷발육기간(일)]로 계산한다.
⑤ 발육영점온도는 실험온도와 발육속도의 직선회귀식으로 얻은 기울기를 절편 Y값으로 나눈 것이다.

해설
① 고온치사온도는 38~50℃, 곤충의 생존범위는 −15~50℃, 활동정지 온도는 −15~7℃, 38~50℃이다.
② 적산온도법칙은 발육영점이상의 온도에서 적용해야 한다.
④ 유효적산온도=(발육기간 중 평균온도−발육영점온도)×경과일수
⑤ 발육영점온도는 실험온도와 발육속도의 직선회귀식으로 얻은 기울기를 나눈 것이다.

온도(x)와 발육율(y)의 관계
- 발육율공식 : y=ax+b(y는 발육율, x는 온도, a는 회귀계수, b는 회귀상수)
- 발육영점온도 : -b/a, 유효적산온도 : 1/a

정답 : ③

036 딱정벌레목과 벌목의 특징에 관한 설명으로 옳지 않은 것은?

① 바구미과는 나무좀아과와 긴나무좀아과를 포함한다.
② 딱정벌레목의 다식아목에는 하늘소과, 풍뎅이과 딱정벌레과가 포함된다.
③ 비단벌레과는 금속광택이 특징이며 유충기에 수목의 목질부를 가해한다.
④ 잎벌아목 성충의 산란관은 톱니 모양으로 발달하여 잎이나 줄기를 절개하고 산란한다.
⑤ 벌목의 잎벌아목과 벌아목은 뒷가슴과 제1배마디가 연합된 자루마디의 유무로 구분된다.

해설 딱정벌레과는 딱정벌레목의 식육아목에 포함되어 있다.
① 바구미과는 나무좀아과와 긴나무좀아과를 포함한다.
  - 나무좀아과 – 소나무좀속 등
  - 긴나무좀아과 – 긴나무좀속 등
③ 비단벌레과는 금속광택이 특징이며 유충기에 수목의 목질부를 가해한다. 딱정벌레목 비단벌레과의 비단벌레는 유충기에 나무속을 파먹고 자라는 해충이다.
④ 잎벌아목 성충의 산란관은 톱니 모양으로 발달하여 잎이나 줄기에 상처를 내고 산란한다.
⑤ 벌목의 잎벌아목과 벌아목은 뒷가슴과 제1배마디가 연합된 자루마디의 유무로 구분된다.
  - 잎벌아목은 식식성(해충), 벌아목은 대부분 식충성 많다.
  - 벌아목 개미허리처럼 자루마디(petiole)로 되어있고, 잎벌아목은 없다.

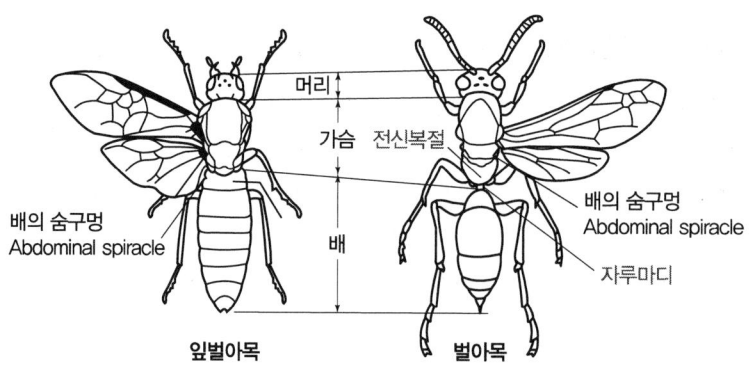

정답 : ②

037 곤충의 주성에 관한 설명으로 옳지 않은 것은?

① 양성주광성은 빛이 있는 방향으로 이동하려는 특성이다.
② 양성주풍성은 바람이 불어오는 방향으로 이동하려는 특성이다.
③ 양성주지성은 중력에 반응하여 식물체 위로 기어 올라가는 특성이다.
④ 양성주화성은 특정 화합물이 있는 방향으로 이동하려는 특성이다.
⑤ 주촉성은 자신의 몸을 주변 물체에 최대한 많이 접촉하려는 특성이다.

해설 중력에 반응하여 식물체 위로 기어 올라가는 특성으로 중력에 반응하여 식물체 위로 기어 올라가는 것은 곤충의 '음성주지성'이다.

정답 : ③

038 곤충의 적응과 휴면(diapause)에 관한 설명으로 옳지 않은 것은?

① 암컷 성충만 월동하는 곤충도 있다.
② 적산온도법칙은 휴면기간 중에도 적용한다.
③ 휴면 유도는 이전 발육단계에서 결정되는 경우가 많다.
④ 휴면이 일어나는 발육단계는 유전적으로 정해져 있다.
⑤ 휴면을 결정하는 여러 요인 중에서 광주기가 중요한 역할을 한다.

해설 적산온도법칙은 '일정한 발육을 하려면 일정량의 발육영점온도 이상의 온열을 접수해야 된다'는 법칙으로, 휴면기간에는 적산온도법칙 적용 불가하다.
① 암컷 성충만 월동하는 곤충에는 깍지벌레류(뽕나무깍지벌레) 중에 일부 혹은 모기 등이 있다.
③ 휴면 유도는 이전 발육단계에서 결정되는 경우가 많다.
④ 휴면이 일어나는 발육단계는 유전적 또는 환경적 또는 요인으로 결정된다.
⑤ 휴면을 결정하는 여러 요인 중에서 광주기가 중요한 역할을 한다(광, 온도, 습도, 먹이 등에 따라 휴면을 결정하는 요인이 되며, 환경 또는 광주기에 의해 휴면에서 재개할지 여부가 조절됨).

정답 : ②

039 곤충의 성페로몬과 이용에 관한 설명으로 옳지 않은 것은?

① 단일 혹은 2개 이상의 화합물로 구성된다.
② 신경혈액기관에서 생성되어 체외로 방출된다.
③ 개체군 조사 대량유살 교미교란에 이용된다.
④ 유인력결정에는 화합물의 구성비가 중요하다.
⑤ 한쪽 성에서 생산되어 반대쪽 성을 유인한다.

해설 페로몬은 외분비샘에서 생성된다(암컷 성충의 복부에서 생성되어 방출).

정답 : ②

040 천공성해충과 충영형성해충을 옳게 나열한 것은?

	천공성해충	충영형성해충
①	박쥐나방, 알락하늘소	돈나무이, 외발톱면충
②	개오동명나방, 광릉긴나무좀	외줄면충, 자귀나무이
③	복숭아유리나방, 벚나무사향하늘소	외발톱면충, 큰팽나무이
④	솔수염하늘소, 큰솔알락명나방	벚나무응애, 때죽납작진딧물
⑤	소나무좀, 목화명나방	콩깍지벌레, 복숭아가루진딧물

- 돈나무이, 자귀나무이, 벚나무응애, 콩깍지벌레, 복숭아가루진딧물 : 흡즙성
- 외발톱면충 : 충영성, 개오동명나방 : 천공성, 목화명나방 : 식엽성

천공성해충
- 딱정벌레목, 나비목이 주로 천공을 한다.
- 나무좀류(소나무좀, 노랑소나무좀, 오리나무좀, 광릉긴나무좀, 앞털뭉뚝나무좀 등), 하늘소류(버들하늘소, 향나무하늘소, 솔수염하늘소, 북방수염하늘소, 알락하늘소, 미끈이하늘소, 벚나무사향하늘소 등)
- 바구미류(노랑무늬솔바구미, 흰점박이바구미 등)
- 비단벌레류(비단벌레)
- 나방류(박쥐나방, 복숭아유리나방, 솔애기잎말이나방, 소나무순나방, 큰솔알락명나방)

충영형성해충
- 혹파리류(솔잎혹파리, 사철나무혹파리, 아까시잎혹파리)
- 혹진딧물류(때죽나무납작진딧물, 사사키잎혹진딧물, 느티나무외줄진딧물)
- 혹응애류(회양목혹응애, 붉나무혹응애)
- 혹벌류(밤나무혹벌, 신갈마디혹벌, 참나무순혹벌, 갈참나무혹벌)
- 면충류(외줄면충)
- 나무이류(큰팽나무이, 오갈피나무이)

충영형성 부위에 따른 종류
- 동아에 혹을 형성 : 밤나무혹벌
- 잎의 기부에 혹 형성 : 솔잎혹파리
- 잎에 혹을 형성 : 느티나무외줄진딧물, 사사키잎혹진딧물, 신갈마디혹벌, 회양목혹응애
- 줄기에 혹을 형성 : 혹벌류, 참나무순혹벌, 갈참나무혹벌, 오갈피나무이

정답 : ③

041 제시된 생태적 특징을 지닌 해충으로 옳은 것은?

- 장미과 수목의 잎을 가해한다.
- 연 1회 발생하며 유충으로 월동한다.
- 유충의 몸에는 검고 가는 털이 있다.
- 유충의 몸은 연노란색이고 검은 세로줄이 여러 개 있다.

① 노랑쐐기나방 ② 복숭아명나방
③ 황다리독나방 ④ 노랑털알락나방
⑤ 벚나무모시나방

해설 ① 노랑쐐기나방 : 유충은 잎 뒷면을 식해, 연 1회 발생, 유충월동, 몸색은 황색, 몸 표면에 자모가 있다. 외연에 흑갈색 사선이 존재한다(주로 단풍나무, 밤나무, 버드나무, 포플러, 유자나무, 장미, 찔레, 해당화, 벚나무, 매실나무, 복사나무, 사과나무, 배나무, 차나무, 배롱나무, 석류, 감나무 등을 식해).
② 복숭아명나방 : 소나무류 중 잣나무 구과 피해, 연 2~3회 발생, 중령유충으로 월동, 유충의 머리는 흑갈색 몸은 도색바탕에 갈색점이 있다. 성충은 등황색, 주로 밤나무와 그 외 과실에 피해를 끼친다.
③ 황다리독나방 : 층층나무 피해, 연1회 발생하며 난괴형태로 월동, 1령유충은 짙은 갈색, 2령유충은 담갈색, 4~5령유충은 흑색, 성충은 기부가 백색털로 덮여 있다.
④ 노랑털알락나방 : 사철나무에서 피해 심하다. 연 1회 발생하며 가지 위에서 난으로 월동, 노숙 유충의 몸색은 담황색이며 여러 개의 흑갈색 종선이 있음, 미세한 털이 존재한다.

정답 : ⑤

042 해충의 외래종 여부 및 원산지의 연결이 옳은 것은?

	해충명	외래종 여부(○, ×)	원산지
①	매미나방	×	한국, 일본, 중국, 유럽
②	솔잎혹파리	×	한국, 일본
③	밤나무혹벌	○	유럽
④	별박이자나방	○	일본
⑤	갈색날개매미충	○	미국

해설 ② 솔잎혹파리 : ○, 1929년, 일본
③ 밤나무혹벌 : ○, 1958년, 일본
④ 별박이자나방 : ×, 한국, 일본, 중국, 러시아
⑤ 갈색날개매미충 : ○, 2010년, 중국

정답 : ①

043 벚나무류 해충의 가해 및 피해 특징에 관한 설명으로 옳지 않은 것은?

① 사사키잎혹진딧물 : 잎이 뒷면으로 말리고 붉게 변한다.
② 뽕나무깍지벌레 : 가지, 줄기에 집단으로 모여 흡즙한다.
③ 갈색날개매미충 : 1년생 가지에 산란하면서 상처를 유발한다.
④ 남방차주머니나방 : 유충이 잎맥 사이를 가해하여 구멍을 뚫는다.
⑤ 복숭아유리나방 : 유충이 수피를 뚫고 들어가 형성층 부위를 가해한다.

> 해설 사사키잎혹진딧물은 잎 표면에 잎맥을 따라 주머니 모양의 벌레혹 형성하며, 벌레혹은 황백색이 성숙하면서 황녹색~홍색이 된다.

정답 : ①

044 해충별 과명 가해 부위 및 연 발생, 세대 수의 연결이 옳지 않은 것은?

① 외줄면충 : 진딧물과 – 잎 – 수회
② 솔잎혹파리 : 혹파리과 – 잎 – 1회
③ 소나무왕진딧물 : 진딧물과 – 가지 – 1회
④ 루비깍지벌레 : 깍지벌레과 – 줄기 – 가지 – 잎 – 1회
⑤ 뿔밀깍지벌레 : 밀깍지벌레과 – 가지 – 잎 – 1회

> 해설 루비깍지벌레 : 밀깍지벌레과 – 줄기 – 가지 – 잎 – 1회(새 가지에 기생하여 흡즙가해)

정답 : ④

045 제시된 해충의 생태에 관한 설명으로 옳지 않은 것은?

- 소나무류를 가해한다.
- 학명은 *Tomicus piniperda* 이다.

① 성충으로 지제부 부근에서 월동한다.
② 연 1회 발생하며 월동한 성충이 봄에 산란한다.
③ 신성충은 여름에 새 가지에 구멍을 뚫고 들어가 가해한다.
④ 쇠약한 나무에서 내는 물질이 카이로몬 역할을 하여 월동한 성충이 유인된다.
⑤ 봄에 수컷 성충이 먼저 줄기에 구멍을 뚫고 들어가면 암컷이 따라 들어가 교미한다.

> 해설 암컷 성충이 수피를 뚫고 들어가면 수컷이 따라 들어가 교미한다.

정답 : ⑤

046 해충의 가해 및 월동 생태에 관한 설명으로 옳은 것은?

① 뽕나무이 : 성충으로 월동하며 열매에 알을 낳는다.
② 벚나무응애 : 잎 뒷면에서 흡즙하고 가지 속에서 알로 월동한다.
③ 사철나무혹파리 : 유충은 1년생 가지에 파고 들어가 충영을 만든다.
④ 아까시잎혹파리 : 땅속에서 번데기로 월동 후 우화하여 잎 앞면 가장자리에 알을 낳는다.
⑤ 식나무깍지벌레 : 잎 뒷면에 집단으로 모여 가해하며, 암컷이 약충 또는 성충으로 가지에서 월동한다.

해설 식나무깍지벌레는 잎 뒷면에 집단으로 모여 가해하며, 암컷이 약충 또는 성충으로 가지에서 월동한다.
① 뽕나무이 : 연 1회 발생, 성충으로 월동, 새잎이 나오기 시작하는 5~6월에 새눈에 산란한다.
② 벚나무응애 : 잎 뒷면에서 흡즙하고 가지 속에서 연 5~6회 발생, 잎 뒷면에 기생하며 흡즙, 나무 껍질 틈에서 성충으로 월동한다.
③ 사철나무혹파리 : 유충은 1년생 잎 표면을 파고 들어가 충영을 만든다(연 1회 발생, 벌레혹 속에서 3령유충으로 월동, 부화한 유충은 잎 표면을 파고 들어가 벌레혹을 만듦).
④ 아까시잎혹파리 : 땅속에서 번데기로 월동 후 우화한다(연 2~3회 발생, 9월 하순경에 토양에서 번데기로 월동, 잎 뒷면 가장자리에 산란하고, 말린 잎 속에서 유충은 흡즙).

정답 : ⑤

047 종합적 해충방제 이론에서 약제방제를 해야 하는 시기로 옳은 것은?

① 일반 평형밀도에 도달 전
② 일반 평형밀도에 도달 후
③ 경제적 가해 수준에 도달 후
④ 경제적 피해 허용수준에 도달 전
⑤ 경제적 피해 허용수준에 도달 후

해설 **경제적 피해 허용수준에 도달 후 경제적 피해 수준**
- 의미 : 인간에게 경제적 손실을 초래하는 해충의 활동을 억제하는 것으로 해충의 밀도를 일정한 수준 이하로 조절하는 것이다(유해한 생물이 존재하더라도 그 밀도가 인간에게 심각한 피해를 초래할 정도가 아니면 굳이 시간과 경비를 투자하여 방제작업을 할 필요가 없음).
- 해충의 밀도가 높아져 이들의 피해를 방치했을 시 예상되는 손실액이 방제에 소요될 제반 비용보다 높을 경우는 방제수단을 적용해야 할 것이며, 이러한 해충에 의한 손실액과 방제 비용이 같을 때의 해충의 밀도를 '경제적 피해 수준(Economic Injury Level)'이라고 한다.

경제적 피해 수준
- 경제적 손실이 나타나는 해충의 최저밀도이다.
- 해충에 의하여 피해액과 방제비가 같은 수준의 밀도이다.
- 농업생산물의 경제성, 지역, 사회적 여건에 따라서 달라진다.

경제적 피해 허용수준
- 해충의 밀도가 경제적 피해 수준에 도달하는 것을 억제하기 위해서이다.
- 방제수단을 써야 하는 밀도수준이다.
- 경제적 피해가 나타나기 전에 방제를 할 수 있는 시간적 여유가 있어야 해서 경제적 피해 수준이 낮다.

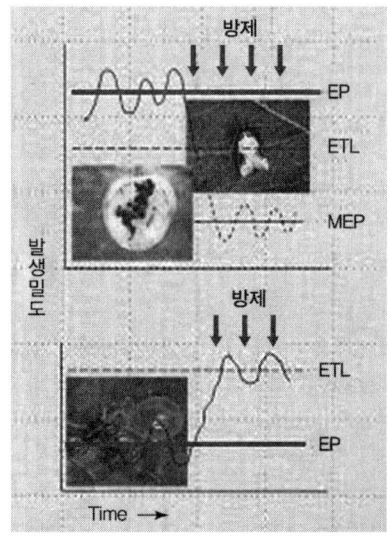

정답 : ⑤

048 곤충의 밀도조사법에 관한 설명으로 옳지 않은 것은?

① 함정트랩 : 지표면을 배회하는 곤충을 포획한다.
② 황색수반트랩 : 꽃으로 오인하게 하여 유인한 후 끈끈이에 포획한다.
③ 털어잡기 : 지면에 천을 놓고 수목을 쳐서 아래로 떨어지는 곤충을 포획한다.
④ 우화상 : 목재나 토양에서 월동하는 곤충류가 우화 탈출할 때 포획한다.
⑤ 깔때기트랩 : 수관부에 설치하고 비행성곤충이 깔때기 아래 수집통으로 들어가게 하여 포획한다.

해설 황색수반트랩 : 황색빛깔에 유인되는 진딧물 조사에 사용이 된다.

정답 : ②

049 해충과 천적의 연결이 옳지 않은 것은?

① 솔잎혹파리 – 솔잎혹파리먹좀벌
② 복숭아유리나방 – 남색긴꼬리좀벌
③ 붉은매미나방 – 독나방살이고치벌
④ 황다리독나방 – 나방살이납작맵시벌
⑤ 낙엽송잎벌 – 낙엽송잎벌살이뾰족맵시벌

해설
- 복숭아유리나방 천적 : 조류, 유충에 기생파리류, 좀벌류 등이 있으나 효과는 미미하다.
- 밤나무혹벌의 천적 : 남색긴꼬리좀벌, 노란꼬리좀벌, 노란다리남색좀벌, 노란꼬리벼룩좀벌, 큰다리남색좀벌, 배잘록꼬리좀벌, 상수리좀벌, 기생파리류

정답 : ②

050 해충의 예찰과 방제에 관한 설명으로 옳은 것은?

① 솔잎혹파리는 집합페로몬트랩으로 예찰하여 방제시기를 결정한다.
② 광릉긴나무좀 성충의 침입을 차단하기 위해 끈끈이롤트랩을 줄기 하부에서 상부 방향으로 감는다.
③ 미국흰불나방 유충 발생 초기에 곤충생장조절제인 람다사이할로트린수화제를 5월 말에 경엽처리한다.
④ 「농촌진흥청 농약안전정보시스템」에 따르면 솔껍질깍지벌레는 정착약충기에 약제로 방제하는 것이 효과적이다.
⑤ 「농촌진흥청 농약안전정보시스템」에 따르면 양버즘나무에 발생하는 버즘나무방패벌레는 겨울에 아세타미프리드액제를 나무주사하여 방제한다.

해설
① 솔잎혹파리는 성충 우화 최성기 조사 및 예측 정보 활용하여 방제시기를 결정한다.
② 광릉긴나무좀 성충의 침입을 차단하기 위해 끈끈이롤트랩을 줄기 하부에서 상부 방향으로 감는다.
③ 미국흰불나방 유충 발생 초기에 클로르플루아주론 유제 2,000배액 경엽처리 또는 아바멕틴유제 원액 0.5ml/흉고직경cm 나무주사를 실시한다.
④ 솔껍질깍지벌레는 후약충 발생초기에 이미다클로프리드 분상성액제 0.6ml/흉고직경cm 나무주사하는 것이 효과적이다.
⑤ 「농촌진흥청 농약안전정보시스템」에 따르면 양버즘나무에 발생하는 버즘나무방패벌레는 6월 중순경에 직경 6mm의 드릴날을 이용, 이미다클로프리드 분상성액제 원액 0.3ml/흉고직경cm 나무주사하여 방제한다.

구분	예찰	시기 및 방법	방제
솔잎혹파리	우화상황	4월 10일까지 설치, 7월까지 실시	• 솎아베기, 토양건조 • 비닐피복으로 월동철 이동방지 • 이미다클로프리드 등 나무주사
	충영형성률	9~10월 전국고정조사지, 임의5본, 4방위, 중간부위 가지의 신초 2개씩	• 5월 하순~6월 하순 및 토양처리(11~12월, 4월 하순~5월 하순) • 솔잎혹파리먹좀벌, 혹파리살이먹좀벌, 혹파리등뿔먹좀벌, 혹파리반뿔먹좀벌
솔껍질깍지벌레	알덩어리 발생 여부	• 4월경에 선단지 해당 도산림연구소(충남, 전북, 경북) • 선단지와 확산거리를 예찰	• 포식성 천적인 무당벌레류, 풀잠자리류, 거미류 등을 보호 • 천적에 의한 밀도 감소 효과는 약 11%로 비교적 낮은 편 • 4~5월 중 피해 식별이 쉬운 때에 예정지를 선정하고 7~8월에 열세목을 제거한 후 실시하여야 좋은 방제효과를 볼 수 있음

정답 : ②

PART 03 | 수목생리학

051 줄기 정단분열조직에 의해서 만들어진 1차 분열조직으로 옳은 것만을 나열한 것은?

① 수, 피층, 전형성층
② 주피, 내초, 원표피
③ 엽육, 원표피, 1차물관부
④ 원표피, 전형성층, 기본분열조직
⑤ 피층, 유관속형성층, 기본분열조직

해설 1차 성장(정단분열조직)은 길이 생장에 관여하며, 원표피, 전형성층, 기본분열조직에 의해 분화된 조직이다.
- 원조직(원표피) : 분열조직에서 가장 바깥쪽에 있는 조직으로 새로운 표피를 생성한다.
- 기본분열조직 : 식물의 대부분인 피층. 수를 구성, 유세포, 후각세포, 후벽세포로 구성된다.
- 전형성층 : 줄기와 뿌리 정단 부위에 있는 분열조직은 새로운 xylem(물관)과 phloem(체관)을 생성하며 전형성층은 길이생장(1기 생장)을 주도한다.
- 2차 성장(측방분열조직) : 형성층, 부름켜 등으로 정의하며 xylem과 phloem을 추가로 생성하여 줄기의 직경이 넓어져 식물은 부피 성장을 하게 된다.
- 일련의 과정을 통해서 식물의 줄기는 우리가 흔히 생각하는 나무의 줄기처럼 튼튼하고 두껍게 되며, 코르크 형성층은 바깥 부분에서 뿌리와 줄기의 표피를 나무껍질로 만드는 목질화를 진행한다.

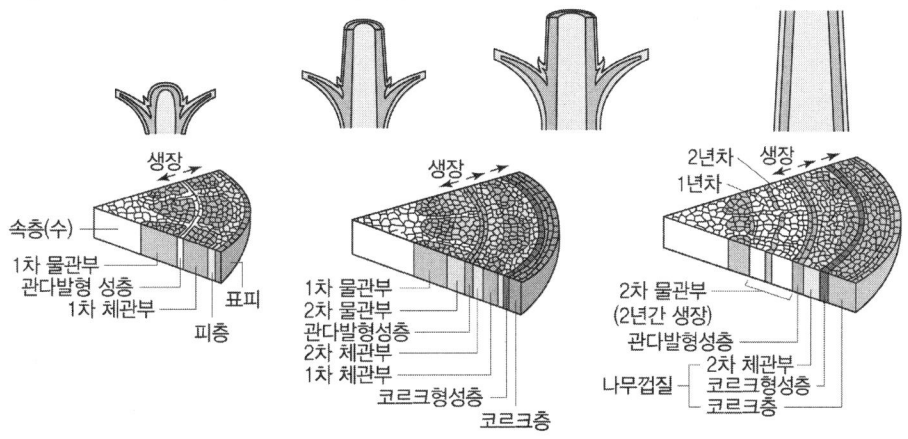

- 1차 생장 및 2차 생장비교

1차 생장	2차 생장
초본	목본
줄기세포가 식물의 배아 단계에서 형성	줄기세포인 형성층은 후기 배아 단계에서 형성
뿌리와 싹 끝에 분열조직에 의해서 길이 성장	줄기와 뿌리의 직경을 증가시키며 코르크 형성층으로 인해서 표피를 나무껍질같이 딱딱하게 만듦
원표피, 전형성층, 기본분열조직	피층, 유관속형성층

정답 : ④

052 수목의 수피에 관한 설명으로 옳지 않은 것은?

① 주피는 코르크형성층에서 만들어진다.
② 수피는 유관속형성층 바깥에 있는 조직이다.
③ 코르크형성층은 원표피의 유세포로부터 분화된다.
④ **코르크** 세포이 2차벽에 수베린(εuberin)이 친차된다.
⑤ 성숙한 외수피는 죽은 조직이지만 내수피는 살아 있는 조직이다.

해설 코르크형성층은 코르크만을 전문으로 생산하는 조직으로 뿌리는 내초세포로부터, 줄기는 피층세포로부터 생성된다.
① 주피는 코르크형성층에서 만들어지며 코르크 조직을 말하며, 안쪽부터 코르크 피층－코르크 형성층－코르크층으로 구분된다.
② 수피는 형성층 바깥쪽의 모든 조직을 의미함, 내수피(코르크층＋체관부)와 외수피로 구분된다.
④ 코르크 세포의 2차벽에 수베린(suberin)이 침착된다.
⑤ 성숙한 외수피는 죽은 조직이지만 내수피는 형성층에 인접한 살아 있는 조직으로 2차 사부와 코르크조직으로 구성된다.

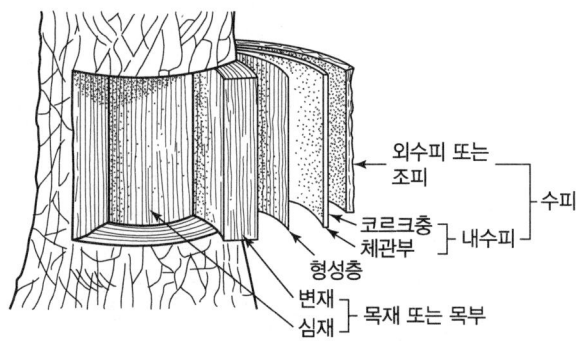

정답 : ③

053 C3 식물의 광호흡이 일어나는 세포소기관으로 옳은 것만을 나열한 것은?

① 엽록체, 소포체, 퍼옥시솜
② 액포, 리소좀, 미토콘드리아
③ 소포체, 리보솜, 미토콘드리아
④ 리보솜, 엽록체, 미토콘드리아
⑤ 엽록체, 퍼옥시솜, 미토콘드리아

해설 광합성의 탄소 고정 반응(암반응) 도중 C3 식물에서 일어나는 현상으로, 엽록체, 미토콘드리아, 퍼옥시솜을 거쳐 기온이 높고 대기 중 이산화탄소 농도가 낮을 경우, 루비스코가 이산화탄소 대신 산소를 RuBP에 결합시킨다.

RuBP(ribulose – 1,5 – bisphosphate)
- 카르복시화를 촉진시킨다.
- 지구상에서 가장 풍부한 효소로 엽록체 기질(stroma)에 존재한다.
- 광합성 중 암반응에서 RuBP에 작용하여 탄소(CO_2)를 고정한다.

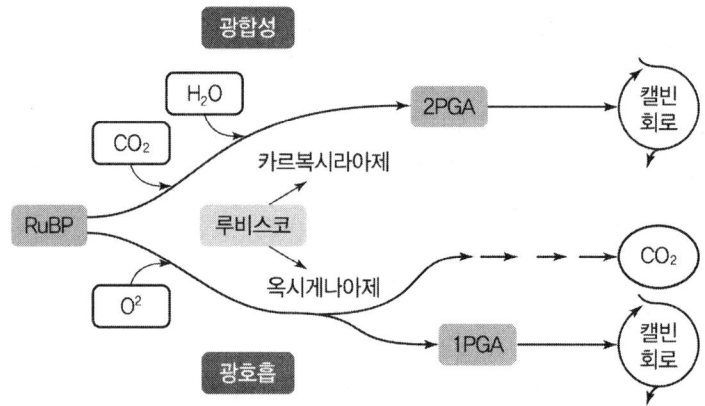

광호흡
- C3 식물에서 일어나는 반응으로 광합성과 반대로 이산화탄소를 흡수하지 않고 산소를 흡수해서 이산화탄소를 방출한다.
- 주간에 산소를 소모하면서 이산화탄소를 밖으로 내보내는 작용을 한다.

- 탄수화물의 일부가 분해된다(에너지 손실).
- 미토콘드리아에서 산소를 소모하고 CO_2 방출한다.
- 퍼옥시솜(Peroxins) : 베타산화작용(beta-oxidation)을 통해 지방산의 분해하고 과산화수소 등 활성산소를 환원한다.

정답 : ⑤

054 수목의 뿌리생장에 관한 설명으로 옳지 않은 것은?

① 세근은 주로 표토층에 분포하며 수분과 양분을 흡수한다.
② 내생균근을 형성한 뿌리에는 뿌리털이 발달하지 않는다.
③ 근계는 점토질토양보다 사질토양에서 더 깊게 발달한다.
④ 측근은 주근의 내피 안쪽에 있는 내초세포가 분열하여 만들어진다.
⑤ 온대지방에서 뿌리의 생장은 줄기보다 먼저 시작하고, 줄기보다 늦게까지 지속된다.

해설 외생균근을 형성한 뿌리에는 뿌리털이 발달하지 않는다.

외생균근
- 균사가 세포밖에 머물러 있으며 하티그망과 균투를 형성한다.
- 기주 : 소나무과, 참나무과, 버드나무과, 자작나무과
- 기주 선택성이 강하다.
- 곰팡이 종류 : 자낭균과 담자균
- 외생균이 있는 뿌리에는 뿌리털이 발달하지 않는다.

내생균근
- 균사가 세포 내부(피층의 각 세포 안)로 들어가서 가지모양의 균사를 만든다.
- 기주 : 초본류, 작물, 과수, 대부분의 산림수목
- 곰팡이 종류 : 접합자균
- 수목의 근계는 종자 내 배의 유근이 발달하여 직근이 되면서 발달하기 시작하여 측근이 생기고 다시 갈라지면서 세근이 형성된다.
- 근계는 주근이 갈라져서 측근을 만들고 재차 갈라지면서 엄청난 수의 가는 뿌리를 만들어 낸다.
- 심장근 시스템 : 보다 치밀한 뿌리 전개 구조를 유발하는 경사근과 측근에 더하여 중앙의 복잡한 수직근을 펼치는 것으로, 자작나무류, 낙엽송류, 참나무류, 피나무류에서 발견된다.

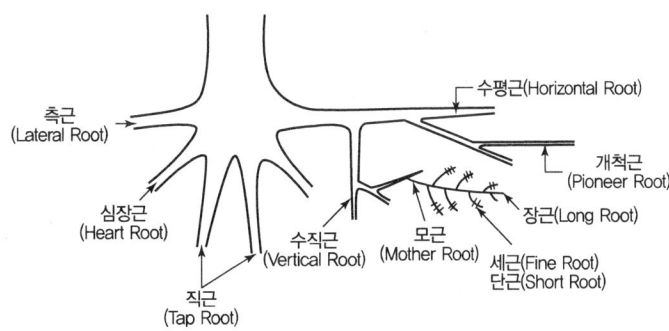

정답 : ②

055 줄기의 2차생장에 관한 설명으로 옳지 않은 것은?

① 생장에 불리한 환경에서는 목부생산량이 감소한다.
② 만재는 조재보다 치밀하고 단단하며 비중이 높다.
③ 정단부에서 시작되고, 수간 밑동 부근에서부터 멈추기 시작한다.
④ 고정생장 수종은 수고생장이 멈추기 전에 직경생장이 정지한다.
⑤ 일반적으로 수종이나 생육환경에 상관없이 사부보다 목부를 더 많이 생산한다.

해설 고정생장의 경우 수고의 생장의 경우는 봄에만 이루어지며, 직경의 생장은 수고의 생장이 멈추더라도 지속된다.

고정생장
- 동아 속에 이듬해 1년간 자랄 원기가 모두 들어 있는 경우로 봄에만 키가 크며, 봄 잎만 생산하며 키가 천천히 자란다(생장이 느림).
- 소나무, 잣나무, 전나무, 목련, 동백나무, 참나무류, 가문비나무, 솔송나무

정답 : ④

056 명반응과 암반응이 함께 일어나야 광합성이 지속될 수 있는 이유로 옳은 것은?

① 명반응 산물인 O_2가 암반응에 반드시 필요하기 때문이다.
② 명반응에서 만들어진 물이 포도당 합성에 이용되기 때문이다.
③ 명반응 산물인 ATP와 NADPH가 암반응에 이용되기 때문이다.
④ 암반응 산물인 포도당이 명반응에서 ATP 생산에 이용되기 때문이다.
⑤ 명반응이 일어나지 않으면 그라나에서 CO_2를 흡수할 수 없기 때문이다.

해설 ① 명반응 산물인 O_2가 암반응에 필요치 않으며 암반응에서 필요로 하는 것은 CO_2이다.
② 명반응에서 만들어진 ATP와 NADPH가 암반응에 이용된다.
④ 명반응은 엽록소의 그라나에서 빛에너지와 물과 반응하여 ATP를 생산한다.
⑤ 그라나에서는 빛에너지(+물)를 엽록소가 흡수하는 과정이지 CO_2를 흡수하지 않는다.

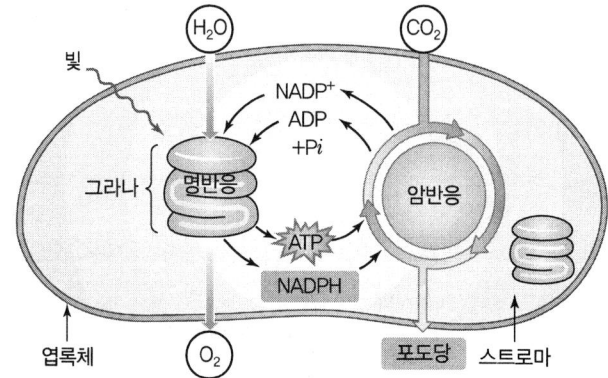

정답 : ③

057 수목의 줄기생장에 관한 설명으로 옳지 않은 것은?

① 정아를 제거하면 측아 생장이 촉진된다.
② 연간 생장한 마디의 길이는 1차생장으로 결정된다.
③ 고정생장수종은 정아가 있던 위치에 연간 생장 마디가 남는다.
④ 자유생장수종은 겨울눈이 봄에 성장한 직후 다시 겨울눈을 형성한다.
⑤ 고정생장수종의 봄에 자란 줄기와 잎의 원기는 겨울눈에 들어 있던 것이다.

해설 자유생장수종은 전년도 겨울눈 속에서 봄에서 자랄 새 가지의 원기가 만들어져 있다가, 봄에 겨울눈이 트면서 새 가지가 나와서 봄잎(춘엽)을 만들고, 곧 이어서 새로운 원기를 만들어 여름 내내 여름잎(하엽)을 만들면서 가을까지 계속 새 가지가 자라 올라온다.

정답 : ④

058 수목의 내음성에 관한 설명으로 옳지 않은 것은?

① 양수가 그늘에서 자라면 뿌리 발달이 줄기 발달보다 더 저조해진다.
② 내음성은 낮은 광도조건에서 장기간 생육을 유지할 수 있는 능력이다.
③ 음수는 낮은 광도에서 광합성 효율이 높아 그늘에서 양수보다 경쟁력이 크다.
④ 음수는 성숙 후에 내음성 특성이 나타나 나이가 들수록 양지에서 생장이 둔해진다.
⑤ 음수는 양수보다 광반에 빠르게 반응하여 짧은 시간 내에 광합성을 하는 능력이 있다.

해설 음수는 어릴 때에만 그늘을 선호하며, 유묘시기를 지나면 햇빛에서 더 잘 자란다.

정답 : ④

059 수목의 호흡작용에 관한 설명으로 옳은 것만을 모두 고른 것은?

> ㄱ. O_2는 환원되어 물 분자로 변한다.
> ㄴ. 해당작용은 산화적 인산화를 통해 ATP를 생산한다.
> ㄷ. 기질이 환원되어 CO_2분자로 분해 된다.
> ㄹ. TCA 회로에서는 아세틸CoA가 C_4 화합물과 반응하여 피루빈산이 생산된다.
> ㅁ. TCA 회로는 미토콘드리아에서 일어난다.

① ㄱ, ㄹ   ② ㄱ, ㅁ
③ ㄴ, ㄷ   ④ ㄷ, ㄹ
⑤ ㄹ, ㅁ

해설 ㄱ. $C_6H_{12}O_6 + 6O_2 \rightarrow 6CO_2 + 6H_2O$
ㄴ. 해당작용은 분자를 저분자 단위로 쪼개서 흡수 및 이용 가능한 형태로 만드는 과정으로 산소를 요구하지 않는 단계이며, 약간의 ATP와 NADH가 형성되지만 산화적 인산화 과정은 아니다. 산화적 인산화 과정은 말단전자경로를 지칭한다.
ㄷ. 기질($C_6H_{12}O_6$)은 산화대상물질로 산화되어 6개의 CO_2로 분해가 된다.
ㄹ. TCA 회로에서 C_2 화합물인 아세틸CoA가 C_4 화합물과 반응하면서 시트르산을 만든다.

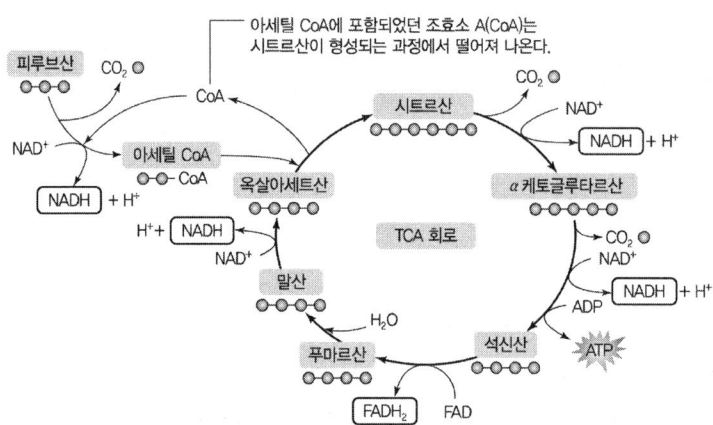

정답 : ②

060 수목 내의 탄수화물에 관한 설명으로 옳지 않은 것은?

① 포도당은 물에 잘 녹고 이동이 용이한 환원당이다.
② 세포벽에서 섬유소가 차지하는 비율은 1차벽보다 2차벽에서 크다.
③ 전분은 불용성 탄수화물이지만 효소에 의해 쉽게 포도당으로 분해된다.
④ 잎에서 자당(sucrose)은 엽록체 내에서 합성되고, 전분은 세포질에 축적된다.
⑤ 펙틴은 세포벽의 구성성분이며, 구성비율은 2차벽보다 1차벽에서 더 크다.

해설 잎에서 자당(sucrose=설탕)은 세포질 내에서 합성되고, 전분은 낮 동안에 엽록체 스트로마에 커다란 과립의 형태로 축적된다.

정답 : ④

061 수목 내 질소의 계절적 변화에 관한 설명으로 옳은 것은?

① 가을철 잎의 질소는 목부를 통하여 회수된다.
② 질소의 계절적 변화량은 사부보다 목부에서 크다.
③ 잎에서 회수된 질소는 목부와 사부의 방사유조직에 저장된다.
④ 봄에 저장단백질이 분해되어 암모늄태질소로 사부를 통해 이동한다.
⑤ 저장조직의 연중 질소함량은 봄철 줄기 생장이 왕성하게 이루어질 때 가장 높다.

해설 잎에서 회수된 질소는 줄기와 뿌리의 목부와 사부의 방사유조직에 저장되며 사부를 통해 이루어진다. 특히, 단풍나무, 버드나무, 포플러 등의 종류에서는 내수피의 유세포에 단백질체가 가을과 겨울에 축적되고 봄에는 분해되며, 아미노산, 아미드류, 우레이드류 등의 형태로 목부를 통해 새로운 잎으로 이동한다.

수목의 질소대사, 질산환원
- 질소의 이동은 사부를 통해 이루어지며, 회수된 질소는 줄기와 뿌리의 목부와 사부의 방사유조직에 저장된다.
- 사부를 통해 질소의 이동 및 저장이 발생하므로 목부보다는 사부에서 변화량이 크다.
- 봄에 저장단백질이 분해되어 아미노산, 아미드류, 우레이드류 등의 형태로 사부를 통해 잎으로 이동한다.
- 저장조직의 연중 질소함량은 낙엽 전 질소를 회수하는 시점이 가을이므로 가을과 겨울에 연중 질소함량이 높다.

정답 : ③

062 페놀화합물에 관한 설명으로 옳지 않은 것은?

① 수용성 플라보노이드는 주로 액포에 존재한다.
② 이소플라본은 병원균의 공격을 받은 식물의 감염 부위 확대를 억제한다.
③ 리그닌은 주로 목부조직에서 발견되며, 초식동물로부터 보호하는 역할을 한다.
④ 타닌(tannin)은 목부의 지지능력을 향상해 수분이동에 따른 장력에 견딜 수 있도록 한다.
⑤ 초본식물보다 목본식물에 함량이 많으며, 리그닌과 타닌은 미생물에 의한 분해가 잘 안 된다.

해설 타닌은 곰팡이나 박테리아의 침입을 막고 타감물질역할을 한다.
- 페놀화합물 : 페닐계(C_6H_5-)+수산기($-OH$), 방향족 고리 화합물, 약간의 수용성, 리그닌, 타닌, 플라보노이드그룹이다.
  - 목본식물의 페놀함량이 초본식물보다 많다.
  - 테다소나무 어린 가지 : 건중량의 43%가 페놀(리그닌 포함)
  - 미생물에 의해 분해가 잘 안되기 때문에 타감작용을 한다.
- 플라보노이드(탄소수 15개, 저분자화합물인 파이토알렉신)
  - 수용성으로 세포내의 액포에 존재한다.
  - 꽃잎의 화려한 붉은색, 보라색, 청색깔을 만든다(예 안토시아닌).
  - 플라보노이드 중에서 이소플라본은 식물이 병원균의 공격을 받을 때 감염 부위가 확대되는 것을 억제하기 위해서 합성하는 저분자화합물인 파이토알렉신역할을 한다.
- 리그닌 : 목부조직에서 발견되며, 초식동물로부터 보호 역할을 하고 소화를 못 시킨다(기피물질).
  - 방향족 알코올의 중합체, 대부분의 용매에 불용성이다.
  - 목본식물건중량의 15~20% 점유한다.
  - 세포벽(중엽층, 1차벽, 2차벽)의 구성성분, 섬유소의 압축강도를 높인다.
  - 목부의 지지능력을 향상해 수분이동에 따른 장력에 견딜 수 있도록 한다.

- 타닌(tannin) : 복합페놀(폴리페놀)의 중합체
  - 미생물(곰팡이, 박테리아)의 침입을 억제한다.
  - 떫은 맛으로 초식동물이 기피한다.
  - 감의 탈삽 : 수용성 타닌을 불용성 타닌으로 만드는 과정이다.
  - 타감물질 : 낙엽이 썩은 후에 토양에 남아 오래된 숲에서 종자발아를 억제한다.
- 초본식물보다 목본식물에 함량이 많으며, 리그닌과 타닌은 미생물에 의한 분해가 잘 안 된다.

정답 : ④

063 수목의 지질대사에 관한 설명으로 옳지 않은 것은?

① 종자에 있는 지질은 세포 내 올레오솜에 저장된다.
② 지방은 분해된 후 글리옥시솜에서 자당으로 합성된다.
③ 지질은 탄수화물에 비해 단위 무게당 에너지 생산량이 많다.
④ 가을이 되면 내수피의 인지질 함량이 증가하여 내한성이 높아진다.
⑤ 지방 분해는 O_2를 소모하고 에너지를 생산하는 호흡작용에 해당한다.

해설 지방 분해는 O_2를 소모하고 에너지를 생산하는 호흡작용으로써, 수용성이 아닌 지방을 이동시킬 때에는 일단 분해부터 시켜야 하는데, 글리옥시솜이라는 세포소기관에서 분해를 시킨다. 분해된 지방은 세포기질에서 설탕으로 합성된다.

정답 : ②

064 수목의 질소화합물에 관한 설명으로 옳지 않은 것은?

① 엽록소, 피토크롬, 레그헤모글로빈은 질소를 함유한 물질이다.
② 효소는 단백질이며 예로 탄소 대사에 관여하는 루비스코가 있다.
③ 원형질막에 존재하는 단백질은 세포의 선택적 흡수 기능에 기여한다.
④ 핵산은 유전정보를 가지고 있는 화합물이며 예로 DNA와 RNA가 있다.
⑤ 알칼로이드 화합물은 주로 나자식물에서 발견되며, 예로 소나무의 타감물질이 있다.

해설 알칼로이드 화합물은 질소대사 2차산물로 쌍자엽초본식물 주로 발견되며, 목본식물이다. 나자식물(소나무)에는 일부 발견된다.

정답 : ⑤

065 수목의 호흡에 관한 설명으로 옳지 않은 것은?

① 형성층 조직에서는 혐기성 호흡이 일어날 수 있다.
② Q_{10}은 온도가 10℃ 상승함에 따라 나타나는 호흡량 증가율이다.
③ 균근이 형성된 뿌리는 균근이 미형성된 뿌리보다 호흡량이 증가한다.
④ 종자를 낮은 온도에서 보관하는 것은 호흡을 줄이는 효과가 있다.
⑤ 눈비늘(아린)은 산소를 차단하여 호흡을 억제하므로 눈의 호흡은 계절적 변동이 없다.

해설 아린(비늘잎 눈껍질)은 눈의 연약한 조직과 잎의 원기를 보호하는 작은 비늘형잎으로, 눈의 호흡은 휴면기간 동안 최저 수준을 유지하다가 봄철 개엽시기에 호흡량이 증가한다.
① 형성층 조직에서는 혐기성 호흡이 일어난다.
② Q_{10}은 온도가 10℃ 상승함에 따라 나타나는 호흡작용이 2배 가량 증가한다.
③ 균근이 형성된 뿌리는 균근이 미형성된 뿌리보다 호흡량이 증가한다.
④ 종자를 낮은 온도에서 보관하는 것은 호흡을 줄이는 효과가 있다.

정답 : ⑤

066 다음은 나자식물의 질산환원과정이다. (㉠), (㉡), (㉢)에 들어갈 내용을 순서대로 옳게 나열한 것은?

$$NO_3^- \xrightarrow[(㉠)]{\text{질산 환원효소}} (㉡) \xrightarrow[(㉢)]{\text{아질산 환원효소}} NH_4^+$$

	㉠	㉡	㉢
①	엽록체	NO_2	액포
②	색소체	NO^-	세포질
③	액포	NO_2^-	색소체
④	세포질	NO_2^-	색소체
⑤	액포	NO^-	엽록체

해설 **질산환원과정 두 단계**
- 질산태 NO_3^- → 아질산태 NO_2^- : 질산환원효소(nitrate reductase)에 의해 이루어짐(세포질 내)
- 아질산태 NO_2^- → 암모늄태 NH_4^+ : 아질산환원효소(nitrite reductase)에 의해 이루어짐[엽록체 또는 plastid(색소체)]

정답 : ④

067 무기양분에 관한 설명으로 옳은 것은?

① 철은 산성토양에서 결핍되기 쉽다.
② 대량원소에는 철, 염소, 구리, 니켈 등이 포함된다.
③ 질소와 인의 결핍증상은 어린잎에서 먼저 나타난다.
④ 식물 건중량의 1% 이상인 대량원소와 그 미만인 미량원소로 나눈다.
⑤ 칼륨은 광합성과 호흡작용에 관여하는 다양한 효소의 활성제 역할을 한다.

> **해설** 칼륨은 조직의 구성성분이 아니나, 광합성과 호흡작용에 관여하는 효소의 활성제, 전분과 단백질 합성효소의 활성화, 세포의 삼투압 향상, 기공의 개폐에 관여한다.
> ① 철은 산성토양에서 산성토양에서는 Fe, Cu, Mn, Zn 유효도가 증가한다.
> ② 대량원소 : C, H, O, N, S, P, K, Mg, Ca, 미량원소 : Fe, Mn, Zn, Cu, Cl, B, Mo, Ni
> ③ 인(P), 질소(N), 칼륨(K), 마그네슘(Mg)의 결핍증상은 성숙잎부터 나타난다.
> ④ 식물 건중량의 미량원소는 체내 0.1% 이하 함유하며 ppm으로 표시, 이상은 대량원소

정답 : ⑤

068 수목의 균근 또는 균근균에 관한 설명으로 옳지 않은 것은?

① 균근형성률은 토양의 비옥도가 낮을 때 높다.
② 균근은 토양에 있는 암모늄태질소의 흡수를 촉진한다.
③ 내생균근은 세포의 내부에 하티그망(Hartignet)을 형성한다.
④ 외생균근을 형성하는 곰팡이는 담자균과 자낭균에 속하는 균류이다.
⑤ 외생균근은 균사체가 뿌리의 외부를 둘러싸서 균투를 형성(fungal mantle)한다.

> **해설**
> • 외생균근 : 세포의 내부에 하티그망(Hartignet)을 형성한다.
> • 내생균근 : 낭상체(vesicular)−수지상체(arbuscular) mycorrhizae(VAM), 진달래형, 난초형

정답 : ③

069 수액 상승에 관한 설명으로 옳은 것은?

① 교목은 목부의 수액 상승에 많은 에너지를 소비한다.
② 목부의 수액 상승은 압력유동설로 설명한다.
③ 수액의 상승 속도는 대체로 환공재나 산공재가 도관재보다 빠르다.
④ 산공재는 환공재에 비해 기포에 의한 도관폐쇄 위험성이 상대적으로 더 크다.
⑤ 수액이 나선 방향으로 돌면서 올라가는 경향은 가도관재보다 환공재에서 더 뚜렷하다.

> **해설** 수액의 상승 속도는 대체로 환공재나 산공재가 가도관재보다 빠르다.
> • 쌍자엽식물 : 1시간당 40~70cm
> • 소나무류 : 1시간당 18~20cm

① 수액의 상승은 부착력, 응집력에 의해 에너지의 소비가 없이 상승한다.
　• 탄수화물의 운반 : 압류설(압력유동설)로 설명
④ 환공재 : 산공재에 비해 기포에 의한 도관폐쇄 위험성이 상대적으로 더 크며 참나무류, 음나무, 느티나무, 밤나무 등이 있다.
　• 산공재 : 직경이 작아서 환공재처럼 문제가 심각하지 않다.
　• 침엽수 가도관 : 막공폐쇄 현상이 일어나 5년 경과하면 물이 제대로 이동하지 못한다.
⑤ 수액이 나선 방향으로 돌면서 올라가는 경향은 환공재보다 가도관에서 더 뚜렷하다.
　• 활엽수 : 수직으로 곧게 올라가는 경향이 있다.
　• 침엽수 : 돌면서 올라간다. 소나무는 4m 올라가면 한 바퀴 돈다.

정답 : ③

070 생식과 번식에 관한 설명으로 옳지 않은 것은?

① 수령이 증가할수록 삽목이 잘 된다.
② 수목은 유생기(유형기)에는 영양생장만 한다.
③ 화분 생산량은 일반적으로 풍매화가 충매화보다 많다.
④ 봄에 일찍 개화하는 장미과 수종의 꽃눈원기는 전년도에 생성된다.
⑤ 수목의 품종 특성을 그대로 유지하기 위해서는 무성번식으로 증식한다.

해설　수령이 증가할수록 삽목이 잘 안 된다.
　• 유생기간 : 삽목의 용이성
　• 잎의 모양 : 서양담쟁이 열편 혹은 결각, 뾰족하다.
　• 가시의 발달 : 귤나무, 아까시나무는 어릴 때 가시가 발달된다.
　• 엽서 : 유칼리잎의 배열 각도가 변한다.
　• 곧추선 가지 : 잎갈나무의 경우 직립성을 보인다.
　• 낙엽의 지연성 : 참나무류, 너도밤나무류 가을 낙엽이 지연된다.
　• 수간의 해부학적 특성 : 환공재 특성이 늦게 나타나며 춘재에서 추재로의 '전이'가 점진적으로 나타난다.
　• 매끈한 수피와 덩굴성 특징과 포복성

정답 : ①

071 꽃눈원기형성부터 종자가 성숙할 때까지 3년이 걸리는 수종은?

① 소나무
② 배롱나무
③ 신갈나무
④ 가문비나무
⑤ 개잎갈나무

해설
- 개화 당년에 결실하는 수종 : 이깔나무, 전나무, 편백, 가문비나무, 삼나무
- 개화 다음해에 결실하는 수종 : 소나무, 잣나무, 섬잣나무, 상수리

분류	종자 성숙 특성	수종
갈참나무류	개화 당년에 익음	갈참, 졸참, 신갈, 떡갈, 종가시, 가시, 개가시
상수리나무류	개화 이듬해에 익음	상수리, 굴참, 정릉참, 붉가시, 참가시

- 소나무 속의 수종들은 '개화-수정 소요시간 13개월 + 개화-종자 소요시간이 약 17개월' → 약 30개월 정도 소요
- 종자 성숙시기라는 것은 개화~수정 소요시간을 제외한 순수하게 개화-종자 성숙 소요시간을 의미한다.

정답 : ①

072 수목의 수분퍼텐셜에 관한 설명으로 옳은 것은?

① 수분퍼텐셜은 항상 양수이다.
② 삼투퍼텐셜은 항상 0 이하이다.
③ 삼투퍼텐셜은 삼투압에 비례하여 높아진다.
④ 살아 있는 세포의 압력퍼텐셜은 항상 0 이하이다.
⑤ 물은 수분퍼텐셜이 낮은 곳에서 높은 곳으로 흐른다.

해설 삼투퍼텐셜은 항상 음수(-)이다.
① 수분퍼텐셜은 항상 0보다 작은 음수이다.
③ 삼투퍼텐셜은 삼투압에 반비례하여 높아진다.
④ 살아 있는 세포의 압력퍼텐셜은 +, 0, -이다.
⑤ 수분퍼텐셜이 높은 곳에서 수분퍼텐셜이 낮은 곳으로 이동한다.
- 삼투퍼텐셜(=용질퍼텐셜)
  - 용질이 나타내는 삼투압에 의한 것으로 값은 항상 0보다 작은 음수(-)이다.
  - 순수한 물은 '0'의 값을 가진다.
  - 삼투퍼텐셜은 값이 작을수록 물을 가지고 싶어 하는 힘이 존재하며 삼투압은 값이 클수록 물을 가지고 싶어 하는 힘이 존재한다(서로 반비례 관계임).
- 압력퍼텐셜
  - 살아있는 세포의 압력퍼텐셜은 세포가 수분을 흡수함으로써 원형질막이 세포벽을 향해 밀어내서 나타내는 압력(팽압)을 의미한다.
  - +, 0, - 모두 가능하다.

정답 : ②

073 식물호르몬에 관한 설명으로 옳은것은?

① 옥신 : 탄소 2개가 이중결합으로 연결된 기체이며 과실 성숙을 촉진한다.
② 에틸렌 : 최초로 발견된 호르몬으로 세포신장 정아 우세에 관여한다.
③ 아브시스산 : 세스퀴테르펜의 일종으로 외부 환경 스트레스에 대한 반응을 조절한다.
④ 시토키닌 : 벼의 키다리병을 일으킨 곰팡이에서 발견되었으며 줄기생장을 촉진한다.
⑤ 지베렐린 : 담배의 유상조직 배양연구에서 밝혀졌으며 세포분열을 촉진하고 잎의 노쇠를 지연시킨다.

해설 아브시스산
- sesqui-terpene의 일종이다.
- 잎, 열매, 뿌리, 종자 등에서 생성된다.
- 운반은 목부와 사부를 이용하고 유관속 조직 밖의 유세포도 이용한다.
- 생리적 효과로 생장 억제, 휴면 유도, 탈리현상, 스트레스 감지, 모체 내 종자 발아 억제가 있다.

① 옥신
- 최초로 발견된 호르몬으로 세포신장, 정아우세에 관여한다.
  - 줄기의 굴광성 : 빛의 반대쪽에서 농도가 높아져 세포의 신장을 촉진한다.
  - 뿌리의 굴지성 : 햇빛 반대 방향에서 높아져 신장한다.
  - 뿌리의 생장 : 낮은 농도에서 생장 및 발근 촉진, 높은 농도에서 생장을 억제한다.
- 정아 우세 현상 : 정아가 옥신을 생산하여 측아의 발달을 억제함, 침엽수 원추형 수관 유지한다.
- 제초제 효과 : 합성 옥신(2-4-D)을 고농도로 사용한다.
  - 천연옥신 : IAA, IBA, PAA
  - 인공옥신 : 2-4-D, 2-4-5-T, NAA, MCPA

② 에틸렌
- C_2H_4의 구조이다.
- 살아 있는 모든 조직에서 생산되며, 옥신을 대량으로 처리하면 발생한다.
- 기체이므로 세포간극이나 빈 공간을 통하여 온몸으로 퍼진다.
- 과실의 성숙 촉진, 상편 생장 유도, 줄기와 뿌리의 생장 억제, 개화를 촉진한다.

④ 시토키닌
- 담배 유상조직배양에서 발견된다.
- 어린 기관(종자, 열매, 잎)과 뿌리 끝에서 생합성한다.
- 생장 촉진, 세포분열과 기관 형성 촉진, 노쇠방지, 정아우세를 억제하면서 측아와 측지의 발달을 촉진한다.

⑤ 지베렐린
- diterpene의 일종이다.
- 종자와 어린잎, 뿌리에서 합성되며 목부와 사부를 통해서 운반되며 양방향 이동한다.
- 줄기의 신장, 개화 및 결실, 휴면타파한다.

정답 : ③

074 종자에 관한 설명으로 옳은 것을 모두 고른 것은?

> ㄱ. 배는 자엽, 유아, 하배축, 유근으로 구성되어 있다.
> ㄴ. 두릅나무와 솔송나무는 배유종자를 생산한다.
> ㄷ. 배휴면은 배 혹은 배 주변의 조직이 생장억제제를 분비하여 발아를 억제하는 것이다.
> ㄹ. 콩과식물의 휴면타파를 위한 열탕처리는 낮은 온도에서 점진적으로 온도를 높이면서 진행한다.

① ㄱ, ㄴ　　　　　　　　　　② ㄱ, ㄹ
③ ㄴ, ㄷ　　　　　　　　　　④ ㄴ, ㄹ
⑤ ㄷ, ㄹ

해설
ㄱ. 배 : 식물의 축소형에 해당한다(자엽, 유아, 하배축, 유근).
ㄴ. 배유종자 : 에너지를 배유에 저장한 종자(두릅나무, 소나무, 솔송나무), 무배유종자 : 에너지를 자엽(떡잎)에 저장한 종자(콩과식물, 참나무류)
ㄷ. 배휴면 : 종자 채취 시 미성숙배를 가지는 경우, 후숙으로 극복 가능하다(은행나무, 물푸레나무).
  • 생리적 휴면 : 종자에 생장억제물질인 에브시스산이 축적된다(단풍나무, 물푸레나무, 사과나무, 소나무류).
  • 종피휴면 : 종피가 딱딱하거나 지방질을 가진다(호두나무, 잣나무, 아까시나무).
  • 종자에 생장촉진물질 부족 : 지베렐린(개암나무), 사이토키닌(단풍나무)
  • 중복휴면 : 위의 세 가지 중 2개 이상 있는 경우(향나무, 주목, 피나무, 층층나무, 소나무류)
  • 2차 휴면 : 종자 저장을 잘못하여 마르면서 생긴 휴면
ㄹ. 콩과식물의 휴면타파를 위한 열탕처리는 끓는 물에 담근다.

종자의 휴면타파
• 후숙 : 시간이 경과하면 익는다(배휴면, 종피휴면이 경미할 경우).
• 저온처리 : 1~5도에서 1~6개월 저장(배휴면, 종피휴면, 생리적 휴면)
  - 노천매장 : 야외 땅속에 매장하여 월동시킴
  - 층적 : 용기 속에 종자와 습사(습한 모래)를 교대로 쌓음
• 열탕 처리 : 끓는 물에 잠깐 담근다(아까시나무 : 3초간)(종피휴면).
• 약품 처리 : 지베렐린 혹은 과산화수소 용액(배휴면 경미할 경우)
• 상처 유도 : 진한 황산, 줄칼, 사포, 콘크리트 믹서
• 추파법 : 가을에 파종함, 잣나무(얼었다 녹았다 하면서 종피휴면을 없앰)

정답 : ①

075 제시된 설명의 특성을 모두 가진 식물호르몬은?

- 사이클로펜타논(cyclopentanone)구조를 가진 화합물로, 불포화지방산의 일종인 리놀렌산에서 생합성된다.
- 잎의 노쇠와 엽록소 파괴를 촉진하고, 루비스코효소 억제를 통한 광합성 감소를 유발한다.
- 환경 스트레스, 곤충과 병원균에 대한 저항성을 높인다.

① 폴리아민(polyamine)
② 살리실산(salicylic acid)
③ 자스몬산(jasmonicacid)
④ 스트리고락톤(strigolactone)
⑤ 브라시노스테로이드(brassinosteroid)

해설 자스몬산
- 리놀렌산으로부터 유래하는 식물 신호전달분자이다.
- 곤충, 균류 병원체에 대한 식물 방어를 활성화한다.
- 꽃밥과 꽃가루의 발달을 포함하는 식물생장을 조절(억제)한다.
- ABA와 비슷한 기능으로 광합성 억제, 뿌리생장 억제, 낙엽 촉진, 노화와 종자휴면을 촉진한다.
- 막지질에 존재하는 리놀렌산으로부터 유래되어, ABA와 비슷한 기능을 한다. 광합성 억제, 뿌리생장 억제, 낙엽 촉진, 노화와 종자휴면 촉진, 곤충과 병원균 저항성
- 단백질 분해효소 저해제와 같은 여러 생물적, 비생물적 스트레스에 따른 유전자의 발현을 활성화한다.
- 합성장소 : 줄기와 뿌리의 정단부, 어린잎, 미성숙 열매

① 폴리아민
- 세포의 분열과 화경의 신장 촉진, 괴근의 형성, 뿌리의 분화 유도, 배의 발생, 과실의 숙성 등 다양한 생리적 작용에서 활성등 생리적 촉진기능을 한다.
- DNA, RNA, 단백질 합성 촉진, 잎의 노화 방지, 막의 안정성 유지, 열매 성숙 촉진, 스트레스 내성 증진, 다른 호르몬보다 높은 농도에서 반응을 일으킨다.

② 살리실산
- 병원균에 대한 방어기작을 담당하는 주요 식물호르몬으로서 NPR1 및 PR 유전자의 발현을 조절하여 병원균을 시멸하는 역할을 한다.
- 생물학적 및 비생물학적 스트레스에 대한 다중 반응의 활성화 및 조절에 필수적인 역할을 한다.
- 병원균이 식물을 침입하면 식물은 살리실산 생합성이 촉진되고 살리실산(SA) 신호전달과정에 의해 병원균에 의해 공격받은 부위에 초과민반응(HR반응)을 유도시켜 병균이 식물 전체로 이동하지 못하게 감염 세포조직의 자살을 유도하고 감염되지 않은 부위는 저항성이 지속되어 1차 감염 이후 2차 감염이 발생하더라도 병원균에 의한 피해가 적게 나타나게 한다.

④ 스트리고락톤
- 곁눈 성장, 줄기 높이, 잎 모양, 노화, 종자발아, 곁뿌리 등 발육 과정을 제어한다.
- 내생균근을 형성하는 기주 뿌리가 스트리고락톤을 분비하면 내생균근곰팡이가 기주를 인식하는 신호로 작용하여 포자 발아를 촉진

⑤ 브라시노스테로이드
- GA와 비슷한 기능, 줄기와 뿌리의 세포분화 촉진, 생식기관 발달 촉진, 낙화와 낙과 억제, 스트레스 저항성 증진
- 합성장소 : 종자, 열매, 잎, 순, 꽃눈
- 생리적 기능 : 촉진기능

정답 : ③

PART 04 | 산림토양학

076 제시된 특성을 모두 가지는 점토광물로 옳은 것은?

- 비팽창성 광물이다.
- 층 사이에 brucite라는 팔면체층이 있다.
- 기저면 간격(interlayer spacing)은 약 1.4nm이다.

① 일라이트(illite)
② 클로라이트(chlorite)
③ 헤마타이트(hematite)
④ 카올리나이트(kaolinite)
⑤ 버미큘라이트(vermiculite)

해설 chlorite
- 2:1:1의 혼층형 비팽창형광물이다.
- 운모와 유사한 구조로 2:1층들 사이의 공간에 자리 잡고 있는 K^+ 대신 brucite[$Mg(OH)_2$] 팔면체층을 가진다.

비팽창형	1 : 1형 광물	kaolinite, halloysite
	2 : 1형 광물	illite, 혼층형(chlorite)
팽창형	2 : 1형 광물	vermiculite, montmorillonite, beidellite, saporonite, nontronite

정답 : ②

077 산림토양과 농경지토양의 차이점을 비교한 내용으로 옳은 것만을 고른 것은?

비교사항	산림토양	농경지토양
ㄱ. 토양 온도의 변화	크다	작다
ㄴ. 낙엽 공급량	적다	많다
ㄷ. 토양 동물의 종류	많다	적다
ㄹ. 미기상의 변동	작다	크다

① ㄱ, ㄴ
② ㄱ, ㄷ
③ ㄴ, ㄷ
④ ㄴ, ㄹ
⑤ ㄷ, ㄹ

해설

구분	산림토양	경작토양
유기물 함량	많음	적음
C/N율	높음(섬유소의 계속적 공급)	낮음(시비효과)
타감물질	축적됨(페놀, 타닌)	거의 없음
pH	낮음(humicacid 생산으로 강산성)	중성부근
양이온치환능력	낮음	높음(점토함량 높음)
비옥도	낮음	높음(시비효과)
무기태질소형태	주로 암모늄(NH_4^+)	주로 질소(NO_3^-)
토양미생물	곰팡이	박테리아, 곰팡이
질산화작용	억제됨(낮은 pH)	왕성함(중성 pH)

정답 : ⑤

078 USDA의 토양분류체계에 따른 12개 토양목 중 제시된 토양목을 풍화정도(약 → 강)에 따라 옳게 나열한 것은?

- Alfisols(알피졸)
- Entisols(엔티졸)
- Oxisols(옥시졸)
- Ultisols(울티졸)

① Alfisols → Entisols → Ultisols → Oxisols
② Entisols → Alfisols → Oxisols → Ultisols
③ Entisols → Alfisols → Ultisols → Oxisols
④ Oxisols → Entisols → Alfisols → Ultisols
⑤ Oxisols → Ultisols → Alfisols → Entisols

해설
- 엔티졸(Entisol, 미숙토) : 미숙 또는 발달되지 않은 토양으로 ochric 표층보다 발달이 안 됨. 낙동통, 관악통
- 인셉티졸(Inceptisol, 반숙토) : 발달 시작한 젊은 토양, 온대, 열대습윤, 삼각통, 지산통, 백산통
- 알피졸(Alfisol, 성숙토) : 습윤 온대 또는 아열대, B층 집적토, 염기포화도 35% 이상의 성숙토, 평창통, 덕평통
- 울티졸(Ultisol, 과숙토) : 온난 습윤 또는 열대, 아열대에서 생성, 염기포화도 35% 이하의 산성토, 봉계통, 천곡통
- 옥시졸(Oxisol) : 풍화가 가장 많이 진행된 토양, Al과 Fe 산화물이 풍부한 산화층(습윤열대)

정답 : ③

079 면적 1ha 깊이 10cm인 토양의 탄소 저장량(Mg=ton)은? (단, 이 토양의 용적밀도, 탄소농도, 석력함량은 각각 $1.0g/cm^3$, 3%, 0%로 한다.)

① 0.3
② 3
③ 30
④ 300
⑤ 3,000

해설 용적밀도=토양의 무게/전체용적(부피)
- 면적 1ha 깊이 10cm에 대한 부피를 계산 : $10,000m^2 \times 0.1m = 1,000m^3$
- 부피에 해당하는 탄소의 농도를 계산 : $1,000m^3 \times 0.03 = 30$톤

정답 : ③

080 토양의 수분 침투율에 관한 설명으로 옳지 않은 것은?

① 다져진 토양은 침투율이 낮다.
② 동결된 토양에서는 침투현상이 거의 일어나지 않는다.
③ 입자가 큰 토양은 입자가 작은 토양보다 침투율이 높다.
④ 식물체가 자라지 않던 토양에 식생이 형성되면 침투율이 감소한다.
⑤ 침투율은 강우 개시 후 평형에 도달할 때까지 시간이 지남에 따라 감소한다.

해설 식물은 빗방울의 직접적인 타격으로부터 토양의 입단을 보호하여 침식을 막는다. 뿌리는 입단구조를 발달시키며 피복에 의한 유속의 감소나 토양 건조방지효과 등 토양의 보수능력을 증가시킨다.

토양의 수분 침투율
- 토성과 구조 : 자갈, 모래 많은 토양이 높다.
- 식생 : 지표면을 덮고 있는 식생의 특성에 따라 강수량이 지표면에 도달하는 양이 다르다.
- 표면봉합과 덮개 : 빗방울이 토양표면에 도달하면 토양입단의 파괴가 시작됨. 분산된 토양입자들이 공극을 막는 표면봉합은 침투율을 감소시키는 반면, 유거와 침식을 증가시킨다.

- 토양의 소수성 : 유기물을 많이 포함하고 있는 토양에서는 토양입자들의 물에 대한 친화력이 낮아 토양 내로 물이 쉽게 침투하지 못 한다(토양이 건조할 때 잘 나타남).
- 토양이 동결 : 지표면에 도달한 수분은 토양공극 내에서 결빙되므로 더 이상 수분의 이동통로로 작용하지 못 한다.

정답 : ④

081 입단 형성에 관한 설명으로 옳지 않은 것은?

① 응집현상을 유발하는 대표적인 양이온은 Na^+이다.
② 균근균은 균사뿐 아니라 글로멀린을 생성하여 입단 형성에 기여한다.
③ 토양이 동결-해동을 반복하면 팽창수축이 반복되어 입단 형성이 촉진된다.
④ 유기물이 많은 토양에서 식물이 가뭄에 잘 견딜 수 있는 것은 입단의 보수력이 크기 때문이다.
⑤ 토양수분 공급과 식물의 수분흡수에 따라 토양의 젖음-마름 상태가 반복되면 입단 형성이 촉진된다.

해설 Na은 수화반지름이 커서 부착 및 응집, 입단화를 분산시킨다.

정답 : ①

082 토성이 식토, 식양토, 사양토, 사토 순으로 점점 거칠어질 때 토양특성의 변화가 옳게 연결된 것은?

	보수력	비표면적	용적밀도	통기성
①	감소	감소	감소	감소
②	감소	감소	증가	증가
③	감소	감소	감소	증가
④	증가	증가	증가	변화 없음
⑤	증가	감소	감소	변화 없음

해설 토성이 거칠어질수록 보수력, 비표면적은 감소하며 용적밀도, 통기성은 증가한다.

입자의 크기가 토양의 성질에 미치는 요인들

구분	모래	미사	점토
수분보유능력	낮음	중간	높음
통기성	좋음	중간	나쁨
배수속도	빠름	느림-중간	매우 느림
유기물분해	빠름	중간	느림
풍식감수성	중간	높음	낮음

구분	모래	미사	점토
수식감수성	낮음	높음	낮음
양분저장능력	나쁨	중간	높음
pH완충능력	낮음	중간	높음

정답 : ②

083 5개 공원 토양의 수분보유곡선이 그림과 같을 때 유효수분함량이 가장 많은 곳은?

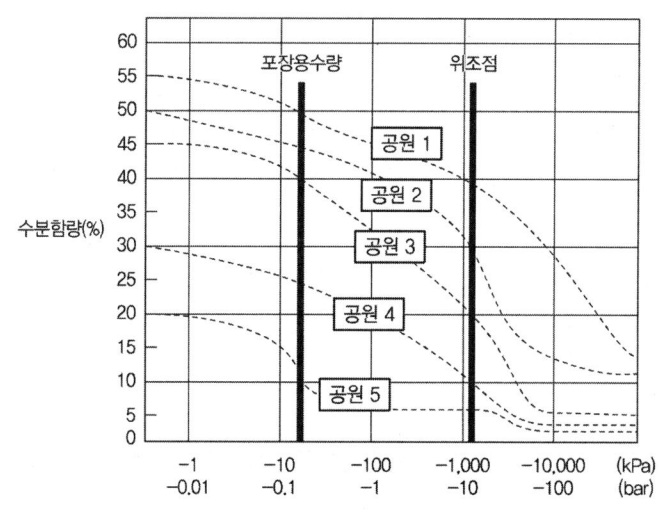

① 공원 1 ② 공원 2
③ 공원 3 ④ 공원 4
⑤ 공원 5

해설
- 공원 1(50−40=10), 공원 2(45−30=15), 공원 3(40−20=20), 공원 4(25−10=15), 공원 5(10−5=5)
- 유효수분 : 포장용 수량과 위조점 사이의 수분으로 식물이 흡수 및 이용할 수 있는 수분을 의미한다.

정답 : ②

084 토양의 화학적 특성에 관한 설명으로 옳지 않은 것은?

① Fe^{3+}는 산화되면 Fe^{2+}로 된다.
② 풍화가 진행될수록 pH가 낮아진다.
③ 점토는 모래보다 양이온교환용량이 크다.
④ 산이나 염기에 의한 pH 변화에 대한 완충능력을 갖는다.
⑤ 산성 토양에 비해 알칼리성 토양에서 염기포화도가 높다.

해설 Fe^{3+}는 환원되면 Fe^{2+}로 된다($Fe^{2+} \to Fe^{3+}$산화).
- 산화 : 물질이 전자를 잃은 상태로 산화수의 증가($Fe^{2+} \to Fe^{3+} + e^-$)
- 환원 : 물질이 전자를 얻은 상태로 산화수의 감소[$Fe^{3+} + e^-$(전자)$\to Fe^{2+}$]

정답 : ①

085 '농촌진흥청고시' 2023-24 제5조(비료의 성분)에 따른 비료(20-10-10) 100kg 중 K의 무게(kg)는? (단, K, O의 분자량은 각각 39g/mol, 16g/mol이다. 소수점은 둘째 자리에서 반올림하여 소수점 첫째 자리까지 구한다.)

① 4.4
② 5.0
③ 8.3
④ 10.0
⑤ 20.0

해설
- K_2O의 총 mol = (39×2)+(16×1) = 94g/mol = K_2의 mol/K_2O의 mol
  = 10kg×(78/94) = 10kg×0.83 = 8.3
- 20질소-10인-10칼리 = 100kg×(10/100) = 10kg = 10kg×0.83 = 8.3kg

정답 : ③

086 산림토양 산성화의 원인으로 옳은 것을 모두 고른 것은?

ㄱ. 황화철 산화
ㄴ. 질산화작용
ㄷ. 토양유기물 분해로 인한 유기산 생성
ㄹ. 토양호흡으로 생성되는 CO_2의 용해
ㅁ. 식물 뿌리의 양이온 흡수로 인한 H^+ 방출

① ㄱ
② ㄱ, ㄴ
③ ㄱ, ㄴ, ㄷ
④ ㄱ, ㄴ, ㄷ, ㄹ
⑤ ㄱ, ㄴ, ㄷ, ㄹ, ㅁ

해설 **토양산성화의 원인**
- 토양의 산성화 : H^+의 증가, 염기의 용탈, 교환성양이온 중에서 수소이온과 여러 형태의 Al-hydroxyl이온이 차지하는 비율이 증가함
- 모암 : 산성암인 화강암과 화강편마암
- 기후 : 강우에 의한 염기의 용탈
- 점토에 흡착된 H^+의 해리[$Al^{3+} + H_2O \Leftrightarrow Al(OH)^{2+} + H^+$]
- 부식에 의한 산성화 : $-COOH$와 $-OH$에서 H^+의 해리
- CO_2에 의한 산성화 : $CO_2 + H_2O \Leftrightarrow H_2CO_3 \Leftrightarrow H^+ + HCO_3^- \Leftrightarrow H^+ + CO_3^{2-}$

- 유기산에 의한 산성화 : 미생물에 의해 유기물이 분해될 때 유기산이 생성됨
- 무기산에 의한 산성화 : 산성비
- 비료에 의한 산성화 : $NH_4^+ + 2O_2 \rightarrow NO_3^- + H_2O + H^+$

정답 : ⑤

087 제시된 설명과 1차 광물의 연결로 옳은 것은?

> ㄱ. 가장 간단한 구조의 규산염광물이며, 결정구조가 단순하기 때문에 풍화되기 쉽다.
> ㄴ. 전기적으로 안정하고 표면의 노출이 적어 풍화가 매우 느리며, 토양 중 모래 입자의 주성분이다.

	ㄱ	ㄴ
①	각섬석	휘석
②	감람석	석영
③	휘석	장석
④	감람석	휘석
⑤	각섬석	석영

해설 1차 광물 풍화의 내성이 강한 것부터 약한 순서
석영 → 백운모 → 미사장석 → 정장석 → 흑운모 → 조장석 → 각섬석 → 휘석 → 회장석 → 감람석

정답 : ②

088 화산회로부터 유래한 토양에 많이 함유되어 있으며 인산의 고정력이 강한 점토광물은?

① 알로판(allophane)　　② 돌로마이트(dolomite)
③ 스멕타이트(smectite)　　④ 벤토나이트(bentonite)
⑤ 할로이사이트(halloysite)

해설 **알로판(allophane)**
- 화산재로부터 유래한 토양의 주성분으로 비결정형 점토광물로 결정을 이루지 못하는 비정질 또는 무정질이라고 한다.
- pH 의존적인 음전하, 풍화과정에서 생성되는 중간산물이다.
- 제주도의 화산회토양으로 양이온교환능이 크다.

정답 : ①

089 화학적 반응이 중성인 비료는?
① 요소
② 생석회
③ 용성인비
④ 석회질소
⑤ 황산암모늄

해설		
	화학적 산성비료	과인산석회, 중과인산석회, 황산암모늄(유안)
	화학적 중성비료	요소, 염화가리, 콩깻묵
	화학적 알칼리성비료	재, 석회질소, 생석회, 용성인비

정답 : ①

090 토양유기물분해에 영향을 미치는 설명으로 옳은 것을 모두 고른 것은?

ㄱ. 유기물 분해속도는 토양 pH와 관계없이 일정하다.
ㄴ. 페놀화합물이 유기물 건물량의 3~4% 포함되어 있으면 분해속도가 빨라진다.
ㄷ. 탄질비가 200을 초과하는 유기물도 외부로부터 질소를 공급하면 분해속도가 빨라진다.
ㄹ. 리그닌 함량이 높은 유기물은 리그닌 함량이 낮은 유기물보다 분해가 느리다.

① ㄱ, ㄴ
② ㄱ, ㄷ
③ ㄴ, ㄷ
④ ㄴ, ㄹ
⑤ ㄷ, ㄹ

해설   ㄷ. C/N율이 높은 유기물이 가해지면 질소부족현상이 발생하게 되는데 질소를 공급해 준다면 분해속도는 빨라진다.
ㄹ. 페놀화합물(리그닌, 타닌, 플라보노이드)은 미생물이 분해를 잘하지 못해서 가장 마지막까지 토양에 남아 있게 된다.
ㄱ. 유기물의 분해는 중성에서 활성이 높고 가장 빨리 일어나며 산성이나 알칼리가 되면 분해속도는 감소한다.
ㄴ. 페놀화합물이 유기물 건물량의 3~4% 포함되어 있으면 분해속도가 느려진다.

정답 : ⑤

091 A, B 두 토양의 소성지수(plastic index)가 15%로 같다. 두 토양의 액성한계(liquid limit)에서의 수분함량이 각각 40%, 35%라면 두 토양의 소성한계(plastic limit)에서의 수분함량(%)은?

	A	B
①	15	15
②	25	20
③	40	35
④	50	55
⑤	55	50

해설 소성지수(PI) = LL(액성한계) − PL(소성한계)
- A : 15% = 40% − 소성한계 → 25%
- B : 15% = 35% − 소성한계 → 20%

토양물리성
- 소성(plasticity) : 모양만 변하고, 힘을 제거하면 원래 상태로 돌아가지 않는 성질
- 수분상태에 따라 부스러짐 → 소성을 가짐 → 유동상태
- 소성을 가지는 수분함량
  - 최소수분함량(소성하한, 소성한계, PL ; Plastic Limit)
  - 최대수분함량(소성상한, 액성한계, LL ; Liquid Limit)
- 소성지수(PI) = LL(액성한계) − PL(소성한계)

정답 : ②

092 균근에 관한 설명으로 옳지 않은 것은?

① 토양 중 인의 흡수를 촉진한다.
② 상수리나무에서 수지상체를 형성한다.
③ 병원균이나 선충으로부터 식물을 보호한다.
④ 강산성과 독성 물질에 의한 식물 피해를 경감한다.
⑤ 균사가 뿌리세포에 침투하는 양상에 따라 분류한다.

해설
- 외생균근 : 소나무과, 참나무과, 버드나무과, 자작나무과에서는 균사가 세포 밖에 머물러 형성된다.
- 내생균근 : 균사가 피층의 세포벽을 뚫고 들어가 세포 안에서 나뭇가지 모양의 수지상체를 형성한다.

정답 : ②

093 유기물질을 퇴비로 만들 때 유익한 점만을 모두 고른 것은?

> ㄱ. 퇴비화 과정 중 발생하는 높은 열로 병원성 미생물이 사멸된다.
> ㄴ. 유기물이 분해되는 동안 CO_2가 방출됨으로써 부피가 감소되어 취급이 편하다.
> ㄷ. 질소 외 양분의 용탈 없이 유기물을 좁은 공간에서 안전하게 보관할 수 있다.
> ㄹ. 퇴비화 과정에서 방출된 CO_2 때문에 탄질비가 높아져 토양에서 질소기아가 일어나지 않는다.

① ㄱ, ㄴ
② ㄱ, ㄷ
③ ㄱ, ㄹ
④ ㄴ, ㄷ
⑤ ㄴ, ㄹ

해설
- 퇴비는 계속해서 발효의 과정을 거치고 있으므로 양분의 용탈이 많아 적당한 장소와 용기에 보관을 잘해야 한다.
- 퇴비를 제조할 때 탄질비가 높은 볏짚이나 톱밥을 넣지만, 퇴비화 과정을 거치면서 탄질비가 낮아진다.
- 부숙되지 않은 퇴비를 많은 양 시비하게 되면 질소기아가 발생한다.

정답 : ①

094 필수양분과 주요 기능의 연결로 옳지 않은 것은?

① Mg : 엽록소 구성 원소
② Mo : 기공의 개폐 조절
③ P : 에너지 저장과 공급
④ Zn : 단백질 합성과 효소 활성
⑤ Mn : 과산화물제거효소의 구성성분

해설 K는 기공의 개폐를 조절한다.

정답 : ②

095 제시된 설명에 모두 해당하는 오염토양 복원 방법은?

> - 비용이 많이 소요된다.
> - 현장 및 현장 외에 모두 적용할 수 있다.
> - 전기적으로 용융하여 오염물질 용출이 최소화된다.
> - 유기물, 무기물, 방사성 폐기물 등에 모두 적용할 수 있다.

① 소각(incineration)
② 퇴비화(composting)
③ 유리화(vitrification)
④ 토양경작(land farming)
⑤ 식물복원(phytoremediation)

| 해설 | **유리화**
- 안정화/고형화 처리기술에 포함되며 전기적으로 오염된 토양 및 슬러지를 용융시킴으로써 용출 특성이 매우 작은 결정구조로 만드는 방법이다.
- 가열/용융공정에서 토양에 들어있는 대부분의 오염물질이 열분해되거나 표면으로 이동하여 연소, 산화되고 방출가스는 방출가스처리장치로 보내진다.
- 휘발성 유기물질, 준휘발성 유기물질, 다이옥신, PCBs 등의 처리에 적용된다.
- 대상물질을 유리화시킴으로 유기성 물질을 파괴하고 중금속물질은 고정시키는 확실한 처리기술이지만, 비용이 많이 소요되므로 넓은 면적의 오염 부지에서는 적용하기가 어렵다.

정답 : ③

096 간척지 염류토양 개량방법으로 옳은 것을 모두 고른 것은?

> ㄱ. 내염성 식물을 재배한다.
> ㄴ. 유기물을 시용한다.
> ㄷ. 양질의 관개수를 이용하여 과잉염을 제거한다.
> ㄹ. 효과적인 토양배수체계를 갖춘다.
> ㅁ. 석고를 시용한다.

① ㄱ
② ㄱ, ㄴ
③ ㄱ, ㄴ, ㄷ
④ ㄱ, ㄴ, ㄷ, ㄹ
⑤ ㄱ, ㄴ, ㄷ, ㄹ, ㅁ

| 해설 | **염류토양의 개량**
- 배수의 상태와 관개수의 질을 개선한다. (ㄷ)
- 배수체계를 확립해야 한다. (ㄹ)
- 화학성개량보다 물리성개량이 더 필요하다. (ㅁ)
- 가용성염류를 효과적으로 용탈시켜야 한다.
- 유기물로 분해시키는 방법이다. (ㄴ)
- 내염성작물을 이용하는 방법이다. (ㄱ)
- 다른 흙을 섞는 방법이다(객토).
- 땅을 깊게 파헤지는 방법이다(심경).

정답 : ⑤

097 산불발생지 토양에서 일어나는 변화로 옳지 않은 것은?

① 토색이 달라진다.
② 침식량이 증가한다.
③ 수분 증발량이 증가한다.
④ 수분 침투율이 증가한다.
⑤ 토양층에 유입되는 유기물의 양이 감소한다.

해설
- 지표면에 식생이 불에 모두 타면 노출된 표토의 공극을 산불로 인한 '재'가 토양공극이 막히고, 불투수층의 형성으로 침투율은 감소, 재는 햇빛을 효율적으로 흡수하기 때문에 토양의 온도가 상승한다.
- 낙엽과 생물량의 연소과정에서 방출되는 양이온 때문에 산불 직후 토양의 pH 증가, 칼륨, 칼슘, 마그네슘의 증가
- 암모니아태질소 함량이 증가하며, 유효인 함량이 증가한다.

정답 : ④

098 제시된 식물 생육 반응곡선을 따르지 않는 것은?

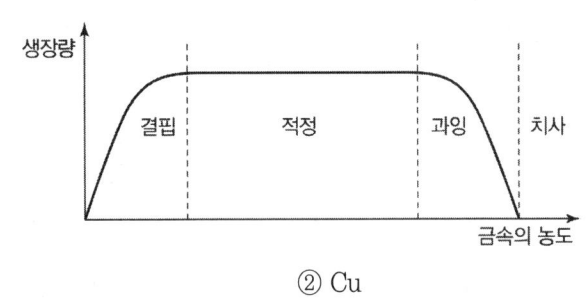

① Cd
② Cu
③ Fe
④ Mo
⑤ Zn

해설 Cd의 경우에는 필수원소가 아니어서 과잉(독성단계 혹은 상위한계농도)에서만 존재한다.
- 필수 중금속 : Cu, Fe, Zn, Mn, Mo
- 중금속은 한계농도가 두 종류 존재하며, 하위한계농도(LCC)와 상위한계농도(UCC)로 구성된다.

정답 : ①

099 「토양환경보전법 시행규칙」 제1조의2(토양오염물질)에 규정된 토양오염물질로만 나열되지 않은 것은?

① 구리, 에틸벤젠
② 카드뮴, 톨루엔
③ 철, 벤조(a)피렌
④ 아연, 석유계 총탄화수소
⑤ 납, 테트라클로로에틸렌

해설 철은 해당되지 않는다.

토양오염물질로 규정된 물질
카드뮴, 2-디클로로에탄, 비소, 수은, 납, 불소, 구리, 아연, 니켈, 유기인화합물, 다이옥신 벤젠, 벤조피렌, 에틸벤젠, 크실렌, 6가크롬, 폴리클로리네이티드비페닐. 페놀, 톨루엔

항목		우려기준			대책기준		
		1지역	2지역	3지역	1지역	2지역	3지역
카드뮴		4	10	60	12	30	180
구리		150	500	2,000	450	1,500	6,000
비소		25	50	200	75	150	600
수은		4	10	20	12	30	60
납		200	400	700	600	1,200	2,100
6가크롬		5	15	40	15	45	120
아연		300	600	2,000	900	1,800	5,000
니켈		100	200	500	300	600	1,500
불소		400	400	800	800	800	2,000
유기인화합물		10	10	30	—	—	—
PCBs		1	4	12	3	12	36
시안		2	2	120	5	5	300
페놀류	페놀	4	4	20	10	10	50
	펜타클로로페놀						
벤젠		1	1	3	3	3	9
톨루엔		20	20	60	60	60	180
에틸벤젠		50	50	340	150	150	1,020
크실렌		15	15	45	45	40	135
TPH		500	800	2,000	2,000	2,400	6,000
트리클로로에틸렌		8	8	40	24	24	120
테트라클로로에틸렌		4	4	25	12	12	75
벤조(a)피렌		0.7	2	7	2	6	21

정답 : ③

100 현장에서 임지생산능력을 판정하기 위한 간이산림토양 조사 항목이 아닌 것은?

① 방위
② 지형
③ 토성
④ 견밀도
⑤ 경사도

해설 방위는 간이산림토양 조사 항목과 무관하다.
- 임지생산능력(=지위지수) : 토양, 지형, 입지, 환경인자 등에 의해 결정됨
- 간이산림토양 조사항목 : 토심, 지형, 건습도, 경사, 퇴적양식, 침식, 견밀도, 토성
- 1급 : 55점 이상, 2급 : 54~45점, 3급 : 44~35점, 4급 : 34~25점, 5급 : 24~8점

토양인자별 점수기준표

인자	구분	점수	구분	점수	구분	점수	구분	점수	구분	점수	구분	점수
토심	90cm 이상	12	90~60cm	9	60~30cm	5	30cm	1				
지형	평탄지	11	산록	8	완구릉지	6	산복	4	산정	1		
건습도	적윤	11	습윤	8	건조	6	과습	3	과건	1		
경사도	5° 이상	9	5~15°	8	15~20°	7	20~30°	5	30~45°	3	45°<	1
퇴적양식	붕적토	9	포행토	5	잔적토	1						
침식	없다	9	있다	6	심	3	매우심	1				
견밀도	송	9	연	7	견	4	강견	1				
토성	사양	6	식양토	4	사양	3	사토	2	미숙토	1		

정답 : ①

PART 05 | 수목관리학

101 수목의 상처 치유 및 치료에 관한 설명으로 옳은 것은?

① 내수피가 보존되어 있어야 유합조직이 형성될 수 있다.
② 긴 상처에 부착할 수피 조각은 못으로 고정하고 건조시킨다.
③ 오염을 방지하기 위해 상처 면적의 두 배 이상 수피를 제거한다.
④ 들뜬 수피는 제자리에 고정하고 햇빛이 비치게 투명 테이프로 감싼다.
⑤ 새순이 붙어 있는 건강한 가지를 이용하여 넓게 격리된 수피를 연결한다.

해설 내수피(코르크조직+사부조직)+외수피=수피
② 상처가 수평방향으로 길게 이어져 있을 경우에는 이식하려는 수피를 약 5cm 길이로 잘라서 연속적으로 밀착하여 부착시킨 후 작은 못으로 고정해야 한다.
③ 상처 부위를 깨끗하게 청소한 다음 상처의 위 아래에서 높이 2cm가량의 살아 있는 수피를 수평방향으로 벗겨내고 격리된 상하 상처 부위에 다른 곳에서 벗겨 온 비슷한 두께의 신선한 수피를 이식하여 덮어야 한다.
④ 수피 이식이 끝나면 젖은 천으로 패드를 만들어 덮은 다음 비닐로 덮어서 건조하지 않게 하고 그늘을 만들어 주는 것이 좋다. 수피 이식은 형성층의 세포분열이 왕성한 봄에 실시할 경우 가장 성공률이 높다.
⑤ 새순이 붙어있지 않은 건강한 나무에서 벗겨 온 수피가 필요하다.
※ 주피(周皮, periderm)는 코르크조직으로서 조피 바로 아래에 위치하며, 유관속형성층보다 바깥쪽에 위치한다.

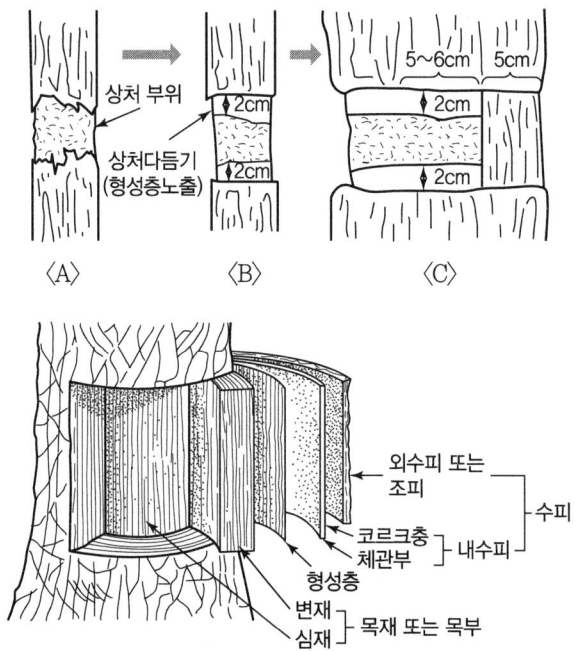

정답 : ①

102 토목공사장에서 수목을 보전하는 방법에 관한 설명으로 옳지 않은 것은?

① 바람 피해가 예상되면 수관을 축소한다.
② 햇볕 피해를 예방하기 위해 그늘에 있던 줄기는 마대로 감싼다.
③ 부득이하게 중장비가 이동하는 곳에서는 지표면에 설치한 유공철판을 제거한다.
④ 차량이 수관폭 내부로 접근하지 못하도록 보전할 수목의 주변에 울타리를 설치한다.
⑤ 보전할 수목에 도움이 안 되는 주변의 수목은 밑동까지 바짝 자르거나 뿌리까지 제거한다.

해설 공사용 유공철판을 깔아 답압 등을 방지한다
※ 유공철판은 공사할 때 쓰는 구멍이 있는 철판을 말한다.

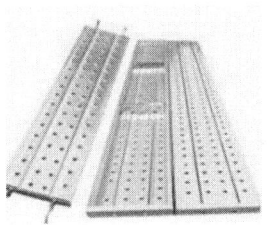

정답 : ③

103 수목의 상태에 따른 피해 발생에 관한 설명으로 옳은 것은?

① 밑동을 휘감는 뿌리가 있으면 바람 피해의 가능성이 적다.
② 줄기의 한 곳에 가지가 밀생하면 가지 수피가 함몰될 가능성이 크다.
③ 가지가 줄기에서 둔각으로 자라면 겨울에 찢어질 가능성이 크다.
④ 수간에 큰 공동이 있으면 수간 하중 감소로 바람 피해의 가능성이 적다.
⑤ 음파로 줄기를 조사하여 음파가 목재를 빠르게 통과하는 부위가 많으면 부러질 가능성이 크다.

해설 줄기의 한 곳에 가지가 밀생하면 여러 가지가 수피를 뚫고 함몰될 가능성이 크며 휘감은 뿌리가 있는 밑동부분이 잘록해지며 지탱할 중심주와 측근, 심장근이 없어 바람피해의 가능성이 크다.
③ 가지를 만드는 각도는 예각, 평각, 둔각 3가지로 어린나무 가지가 기부(마디)에서 위로 향하도록 하는 예각, 성목이 되어 수평으로 자라는 모습을 평각, 아래로 처진 모습을 둔각으로 표현한다. 예각으로 자라면 설해 등으로 찢어지는 일이 발생할 수 있다.

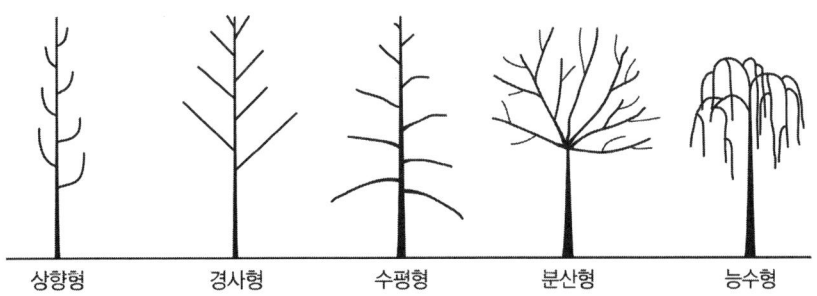

④ 수간에 큰 공동이 있으면 수간 하중 감소로 바람 피해의 가능성이 가능성이 높아진다.
⑤ 음파가 목재를 빠르게 통과한다는 것은 목재 내부에 병, 손상, 균열, 공동, 부후 등이 없어서 저항이 없다는 뜻이다.
- 음파가 느리게 진행되거나 우회하는 것은 목재의 조직이 성기거나 빈부분이 있다는 것이다.
- 음파 단층사진(Sonic Tomograph)을 이용하여 수목 내부의 부패(decay), 공동(cavity) 여부를 측정하고 영상화할 수 있다.
- 수목 내부의 음파속도
  - 탄성률과 밀도와 관계있으며 비파괴적이다.
  - 파란색과 분홍색은 부후정도를 나타내며, 녹색은 부후가 진행되고 있는 단계를 나타내고, 갈색과 검은색은 목재의 건강 부위를 나타낸다.

정답 : ②

104 제시된 수종 중 양수 2종을 고른 것은?

> ㄱ. 낙우송　　　　　ㄴ. 녹나무
> ㄷ. 회양목　　　　　ㄹ. 느티나무
> ㅁ. 비자나무　　　　ㅂ. 사철나무

① ㄱ, ㄹ　　　　② ㄴ, ㄷ
③ ㄷ, ㅁ　　　　④ ㄹ, ㅁ
⑤ ㅁ, ㅂ

해설
- 극음수 : ㄷ. 회양목, , ㅂ. 사철나무
- 음수 : ㄴ. 녹나무, ㅁ. 비자나무
- 양수 : ㄱ. 낙우송, ㄹ. 느티나무

분류	기준	침엽수	활엽수
극음수	전광의 1~3%에서 생존 가능	개비자나무, 금송, 나한백, 주목	회양목, 사철나무, 호랑가시나무, 굴거리나무, 백량금, 식나무, 황칠나무
음수	전광의 3~10%에서 생존 가능	가문비나무, 비자나무, 솔송나무, 전나무류	화살나무, 너도밤나무, 녹나무, 단풍나무류, 서어나무류, 송악, 칠엽수, 함박꽃나무, 개쉬땅나무, 생강나무, 매자나무
중용수	전광의 10~30%에서 생존 가능	잣나무류, 편백, 화백	철쭉류, 진달래, 개나리, 회화나무, 때죽나무, 동백나무, 산사나무, 산팔나무, 생강나무, 수국, 은단풍, 목련류, 수수꽃다리, 좀작살나무, 백당나무, 병꽃나무, 꽃댕강나무, 덜꿩나무

분류	기준	침엽수	활엽수
양수	전광의 30~60%에서 생존 가능	소나무류, 은행나무, 측백나무, 향나무류, 히말라야시다, 낙우송, 메타세콰이아, 삼나무	느티나무, 수수꽃다리, 모감주나무, 무궁화, 밤나무, 배롱나무, 벚나무류, 플라타너스, 쥐똥나무, 튤립나무, 자귀나무, 이팝나무, 산수유, 오동나무, 오리나무, 등나무, 위성류, 층층나무, 주엽나무, 박태기나무, 싸리나무, 해당화, 장미, 옥매화, 나무수국, 꽃말발도리, 모란, 산철쭉, 히어리
극양수	전광의 60% 이상에서 생존 가능	대왕송, 방크스소나무, 낙엽송, 연필향나무	버드나무, 자작나무, 붉나무, 포플러류, 두릅나무, 예덕나무

정답 : ①

105 느티나무 가지를 길게 남겨 전정하였는데 남은 가지에서 시작되어 원줄기까지 부후되고 있다. 이 현상의 원인에 관한 설명으로 옳은 것은?

① 전정 상처가 유합되지 않았기 때문이다.
② 남겨진 가지에 지의류가 발생하였기 때문이다.
③ 전정 시 가지밑살(지륭)이 제거되었기 때문이다.
④ 원줄기의 지피융기선이 부후균에 감염되었기 때문이다.
⑤ 수목의 과민성반응에 의하여 가지와 원줄기의 세포들이 사멸했기 때문이다.

해설 전정 상처가 유합되지 않아서 길게 남은 가지터기로 인해 부후균의 침입을 받아 원줄기까지 피해 발생한다.
② 지의류(두 개의 식물, 즉 조류와 균류, 곰팡이 사이의 공생자)는 부후의 원인은 아니다.
③ 전정 시 가지밑살(지륭)이 남아 있으나 위 부분부터 썩어 들어간다.
④ 가지를 길게 남겨 전정한 것은 원줄기의 부후와는 상관없다.
⑤ 과민성 반응은 미생물이 감염한 자리의 주변세포가 죽어 양분을 박탈하여 병원체의 확산을 방지한다. 과민반응 동안 생산되는 화학물질은 살리실산으로 부후와는 상관없다.

정답 : ①

106 수목의 다듬기 전정 시기에 관한 설명으로 옳지 않은 것은?

① 향나무는 어린 가지를 여름에 전정해도 된다.
② 무궁화는 4월에 전정하여도 당년에 꽃을 볼 수 있다.
③ 측백나무는 당년지를 늦봄에 잘라서 크기를 조절한다.
④ 백목련은 등나무 개화기 전에 전정하면 다음 해에 꽃을 볼 수 없다.
⑤ 중부지방에서는 소나무의 적심을 잎이 나오기 전인 5월 중하순경에 실시한다.

해설 봄꽃류(진달래, 철쭉류, 목련 등)는 꽃이 진 후~7월 이전까지 전정하는 것이 좋다. 목련 꽃눈 분화시기는 5월 상순에서 중순이며, 꽃은 그다음 해 3~4월에 핀다. 등나무는 5~6월에 개화 후 바로 꽃눈이 생긴다. 꽃이 진 이후에 전정하면 다음 해 꽃을 볼 수 있다.

전정시기	수종	비고
춘기전정 (4~6월)	상록활엽수(감탕나무, 녹나무 등)	4월 잎이 떨어지고 새잎이 날 때
	침엽수(소나무, 반송, 섬잣나무 등)	순지르기(5월)
	봄꽃류(진달래, 철쭉류, 목련 등)	꽃이 진 후~7월 이전까지
	여름꽃류(무궁화, 배롱나무, 장미류)	이른 봄(눈이 발아하기 전)
	산울타리(쥐똥나무, 화양목, 사철나무 등)	5월 말
	유실수(복숭아, 사과, 포도 등)	이른 봄
하기전정 (7~8월)	낙엽활엽수(단풍나무류, 자작나무 등)	강전정은 피함
	일반수목	도장지, 포복지, 맹아지 등
추기전정	낙엽활엽수 일부	강전정은 동해의 위험
	상록활엽수 일부	남부지방에서만 전정
	침엽수 일부	묶은 잎 따내기
	산울타리	전체 2회 정도 실시
동기전정 (12~3월)	일반 교목류 전체	수형을 잡기 위한 굵은 가지 전정
	가로수 전정(내한성 수종)	강전정, 두목작업포함

정답 : ④

107 제시된 내용 중 수목의 이식성공률을 높이는 방법을 모두 고른 것은?

ㄱ. 어린나무를 이식한다.
ㄴ. 지주목을 5년 이상 유지한다.
ㄷ. 생장이 활발한 시기에 이식한다.
ㄹ. 용기묘는 휘감는 뿌리를 절단한다.
ㅁ. 굴취 전에 수간을 보호재로 피복한다.

① ㄱ, ㄴ, ㄷ
② ㄱ, ㄴ, ㄹ
③ ㄱ, ㄹ, ㅁ
④ ㄴ, ㄷ, ㅁ
⑤ ㄷ, ㄹ, ㅁ

해설 ㄱ. 휴면기, 봄철 새로운 뿌리의 발생이 생기기 직전, 낙엽 전후 이식한다.
ㄴ. 지주목은 2년이 되면 제거하거나 존치가 필요한 경우 재결속한다.
ㄷ. 지주대를 제거하지 않고 장기간 사용하면 초살도가 작아져서 바람 저항성이 약해진다.
ㄹ. 휘감는 뿌리는 생육을 저해할 수 있다.

ㅁ. 수간의 상처 보호와 수분증발, 일소현상, 병충해의 침해를 방지하기 위하여 새끼, 마대 등으로 수간을 피복한다.

이식 시기
• 뿌리가 휴면상태에 놓여 있을 때 옮기는 것이 가장 바람직하다.
• 봄철 이식은 땅이 녹고 뿌리가 아직 휴면상태에 있을 때 하는 것이 좋으며 온대지방의 수종들은 겨울눈이 트기 2~3주 전에 새 뿌리를 만들기 시작하기 때문이다.
• 겨울철 휴면상태에 있는 수목의 뿌리는 토양 온도가 5° 이상 상승할 때 비로소 자라기 시작한다. 토양의 온도는 측정을 할 수 있지만 번거로운 수단을 동원해야 하고, 실제로 뿌리가 새로 자라 나오는가를 알 수 없다. 그래서 지상부의 겨울눈을 관찰하여 가늠할 수 있다.

정답 : ③

108 과습에 대한 저항성이 큰 수종으로만 나열한 것은?

① 낙우송, 벚나무, 사시나무
② 전나무, 오리나무, 버드나무
③ 곰솔, 아까시나무, 층층나무
④ 낙우송, 물푸레나무, 오리나무
⑤ 가문비나무, 버드나무, 양버즘나무

해설

호습성수종	내습성	내건성
낙우송, 메타세쿼이아, 귀룽나무, 느티나무, 물푸레나무, 용버들, 물푸레, 오리나무, 버드나무류, 포플러류, 단풍나무류, 버즘나무	리기다소나무, 메타쉐콰이어, 사철, 팔손이, 목련, 칠엽수, 홍단풍, 자귀나무, 보리수, 아그배나무, 등나무	리기다소나무, 방크스소나무, 소나무, 편백, 곰솔, 향나무, 화백, 눈향나무, 둥근측백, 가시나무, 감탕나무, 동백나무, 붉가시나무, 떡갈나무, 상수리나무

정답 : ③

109 수목에 필요한 무기양분 중 철에 관한 설명으로 옳지 않은 것은?

① 엽록소 생성과 호흡과정에 관여한다.
② 토양에 과잉되면 수목에 인산이 결핍될 수 있다.
③ 결핍 현상은 알칼리성 토양에서 자라는 수목에서 흔히 나타난다.
④ 결핍되면 침엽수와 활엽수 모두 잎에 황화현상이 나타난다.
⑤ 체내 이동성이 낮아 성숙한 잎에서 먼저 결핍 증상이 나타난다.

해설 체내 이동성이 낮아(Fe, Ca) 어린잎에서 먼저 결핍 증상이 나타난다.

정답 : ⑤

110 대기오염물질인 오존(O_3)과 PAN에 관한 설명으로 옳은 것은?

① 오존과 PAN은 황산화물과 탄화수소의 광화학 반응으로 발생한다.
② 오존은 해면조직에 PAN은 책상조직에 가시적인 피해를 일으킨다.
③ 오존은 성숙한 잎보다 어린잎이, PAN은 어린잎보다 성숙한 잎이 감수성이 크다.
④ 느티나무와 왕벚나무는 오존 감수성 수종이며, 은행나무와 삼나무는 오존 내성 수종이다.
⑤ 오존의 피해 증상은 엽록체가 파괴되어 백색 반점이 나타나면서 괴사되나 황화현상은 나타나지 않는다.

> **해설** 느티나무와 왕벚나무는 오존 감수성 수종이며, 은행나무와 삼나무는 오존 내성 수종이다. 오존은 질소산화물이 자외선에 의해 산화 시 발생하며, PAN은 질소산화물과 탄화수소가 자외선에 의해 광화학 산화반응으로 발생(NOx-질소산화물)한다.
> ② 오존은 책상조직에, PAN은 해면조직에 가시적인 피해를 일으킨다.
> ③ 오존은 어린잎이 황산화 물질을 만들어 저항하므로 성숙잎 피해증상이 먼저 발생한다. PAN은 미성숙잎의 피해가 먼저 발생한다.
> ⑤ 오존의 피해 증상은 활엽수에서는 황백화현상, 적색화현상, 윗잎 표면의 표백화가 일어나고, 침엽수에서는 괴사, 황화현상의 반점, 왜성 황화된 잎이 된다.

오존에 대한 감수성 및 저항성

감수성 수종	저항성수종
생장이 빠른 수종	생장이 느린 수종
느릅나무, 포플러, 당단풍나무, 왕벚나무, 능수버들, 목련, 느티나무, 자귀나무, 개나리 등	소나무, 곰솔, 전나무, 은행나무, 삼나무, 화백, 낙엽송, 녹나무, 소귀나무, 가시나무, 가문비나무

정답 : ④

111 제설염 피해에 관한 설명으로 옳지 않은 것은?

① 상록수는 수관 전체 잎의 90% 이상 피해를 받으면 고사할 수 있다.
② 낙엽활엽수에서 잎 피해는 새싹이 자라면서 봄 이후에 증상이 나타난다.
③ 제설염을 뿌리기 전에 수목 주변의 토양표면을 비닐로 멀칭해 주면 예방효과가 있다.
④ 상록수는 겨울철에 증산억제제를 평소보다 적게 뿌려 줌으로써 피해를 줄일 수 있다.
⑤ 수액이 위로 곧게 상승하는 수종은 흡수한 뿌리와 같은 방향에서 피해증상이 나타난다.

> **해설** 평소보다 증산억제제를 많이 뿌려 줌으로써 제설염 피해를 감소시킬 수 있다.
> • 제설제 피해 : 엽육조직에 염이 축적되어 잎이 괴사하거나 탈수현상이 초래된다.
> • 염류집적에 의한 토양용액의 수분퍼텐셜 감소로 뿌리 수분 흡수 억제 및 탈수현상이 초래되며 뿌리의 수분흡수장애와 건기 동안의 증발산량 증가로 잎의 수분스트레스가 초래된다.
> • 엽으로부터 증산작용을 줄이기 위한 기공 폐쇄로 광합성과 물질대사가 저하되어 생장 둔화 및 수세 쇠약이 초래된다.
> • 토양이 알칼리화 됨으로써(pH 7.0 이상) 필수 영양원소인 철(Fe)의 결핍이 초래된다.
> • 가시적 피해 증상 : 수세 쇠약, 소엽화, 잎의 가장자리가 탈들어감(괴사), 잎의 황화현상

가로수의 염화칼슘피해 방지책
- 토양산도교정 : 유안비료 등을 이용하여 토양 pH를 적정수준으로 교정해 준다.
- 환토와 객토 : 염류가 집적된 토양을 제거한 후 신선한 토양(산흙)으로 바꾸어 주거나, 새 흙과 기존 흙을 혼합해 준다.
- 유기물 자재 이용 : 목탄, 부엽토 등을 기존 토양과 혼합해 토양의 통기성과 배수성을 개선시킨다.

정답 : ④

112 산불에 관한 설명으로 옳은 것은?

① 산불의 3요소는 연료, 공기, 바람이다
② 산불 확산 속도는 평지가 계곡부보다 훨씬 빠르다.
③ 내화수림대 조성에 적합한 수종은 황벽나무, 굴참나무, 가시나무, 동백나무 등이다.
④ 산불은 지표화, 수간화, 수관화, 지중화로 구분되며, 한국에서 피해가 가장 큰 것은 수간화이다.
⑤ 산불로 인한 재는 질소 성분이 많고, 인산석회와 칼륨 등이 있어 토양척박화를 막아 준다.

해설
① 산불의 3요소는 연료, 열, 공기이고 산불에 영향을 주는 3요소는 연료, 지형, 기상이다.
② 지형은 산불의 진행 방향과 불의 확산 속도에 중요한 영향을 끼치며, 지표면의 물리적 특징(고도, 방향, 경사, 형태, 장애물)도 확산 속도에 영향을 끼친다. 30° 정도의 급경사지에서는 평지보다 최대 3배 빠르게 산불이 확산된다.
④ 산불은 지표화, 수간화, 수관화, 지중화로 구분되며, 한국에서 피해가 가장 큰 것은 수관화이다.
⑤ 산불로 발생하는 재는 질소, 인, 칼륨, 황과 같은 영양소와 미량금속(Fe, Mn, Zn, Ba, Cu 등)을 함유하고 있으나 토양의 물리적 성질이 약해져 빗물이 흙 속으로 스며들지 못하고 지표면으로 빠르게 흘러 많은 양의 흙을 쓸고 내려가게 되어 토양유실로 척박하게 만든다.

내화수림대 조성에 적합한 수종
- 수피가 두껍게 발달한 수종
- 잎의 수분함량이 높아 수관에 의한 열 차단 효과가 큰 수종
- 산불피해 후 맹아발생이 잘 되는 수종

구분	층위	내화성 수종
온대	교목성	은행나무, 굴참나무, 상수리나무, 떡갈나무, 느티나무, 물푸레나무, 황철나무, 황벽나무, 백합나무, 아까시나무, 낙엽송
	아교목성	소태나무, 쇠물푸레, 마가목
	관목성	누리장나무, 닥나무, 사철나무, 탱자나무
난대	교목성	가시나무류, 녹나무, 먼나무, 생달나무, 후박나무, 참식나무, 육박나무, 소귀나무, 조록나무, 먼나무
	아교목성	아왜나무, 굴거리나무, 동백나무류, 붓순나무, 비쭈기나무, 후피향나무, 까마귀쪽나무
	관목성	사스레피나무, 식나무, 팔손이, 꽝꽝나무, 협죽도

정답 : ③

113 토양경화(답압)에 의해 발생하는 현상이 아닌 것은?

① 용적밀도 감소
② 가스 교환 방해
③ 뿌리 생장 감소
④ 토양공극률 감소
⑤ 수분침투율 감소

해설 용적밀도는 증가한다(=토양의 무게/부피). 답압이 발생하면 토양의 대공극비율이 감소하여 밀도와 기계적인 저항이 증가하기 때문에 토양 내 공기와 수분의 유통이 불량하게 되며, 이로 인해 약화된 토양 내 미생물 활동과 뿌리생장은 수목의 활력과 생장의 위축으로 이어진다.

정답 : ①

114 수목 생장에 필수인 미량원소만 나열한 것은?

① 아연, 구리, 망간
② 카드뮴, 납, 구리
③ 구리, 수은, 비소
④ 납, 아연, 알루미늄
⑤ 알루미늄, 카드뮴, 망간

해설
- 대량원소 : C, H, O, N, S, P, K, Mg, Ca
- 미량원소 : Fe, Cl, Mn, B, Zn, Cu, Mo, Ni

정답 : ①

115 다음 (   ) 안에 들어갈 명칭이 옳게 연결된 것은?

구조식	(구조식 이미지)
(ㄱ)	1-(4-chlorophenyl)-3-(2,6-difluorobenzoyl)urea
(ㄴ)	디플루벤주론 수화제
(ㄷ)	diflubenzuron
(ㄹ)	디밀린

	ㄱ	ㄴ	ㄷ	ㄹ
①	상표명	화학명	일반명	품목명
②	일반명	품목명	상표명	화학명
③	품목명	일반명	화학명	상표명
④	화학명	상표명	품목명	일반명
⑤	화학명	품목명	일반명	상표명

- 화학명 : 화합물이 가지는 공통 구조에서 유래되었다.
- 일반명 : ISO, BSI, ANSI에서 승인, 채용되어 국제적 통용되며, 모핵화합물의 기본구조를 암시, 단순화시킨 것(mancozeb)이다.
- 품목명 : 농림수산부(KMAF)에서 농약의 제제화와 관련하여 붙여진 이름으로 영문의 일반명을 한글로 표시하고 뒤에 제형을 붙였다(만코제브유제, 수화제).
- 상품명 : 농약제조회사에서 붙인 이름으로 제조회사에 따라 조제처방이 다르다. 일반적으로 여러 가지 상품명으로 판매된다.
- 시험명 : 농약개발회사의 약자, 또는 약종의 상징문자에다 선택번호를 부여하여 농약개발기간 동안 사용한다.

정답 : ⑤

116 농약 사용 방법에 관한 설명으로 옳지 않은 것은?

① 농약 살포 방법은 분무법, 미스트법, 미량살포법 등 다양하다.
② 농약의 작물부착량은 제형, 살포액의 농도, 작물의 종류에 따라서 달라진다.
③ 농약의 효과는 살포량에 비례하기 때문에 많은 양을 살포할수록 효과는 계속 증가한다.
④ 무인 멀티콥터로 농약을 살포할 때 기류의 영향을 크게 받기 때문에 주변으로 비산되는 것을 주의해야 한다.
⑤ 희석살포용 농약의 경우 정해진 희석배율로 조제하여 살포하지 않으면 약효가 저하되거나 약해가 유발될 수 있다.

해설 농약의 효과는 특정 한계점 이하에서는 비례하나, 한계점 이후로는 살포량을 증가할수록 효과가 점차 떨어진다.

구분	특징	살포입자 크기
분무법	• 일반적인 희석용농약의 다량 살포에 적합 • 분무액의 입자를 작게 하여야 함	$100 \sim 200 \mu m$
미스트법	• 입자를 비입화하여 실포의 균일싱을 향상 • 고속으로 회전하는 송풍기의 풍압으로 약액분출방식 • 과수 전용 고속분무기, 분무법 대비 살포액의 농도 3~5배, 살포액량 1/3~1/5배 • 살포시간, 노역, 자재 절감	$35 \sim 100 \mu m$
미량살포	• 농약원액 또는 고농도의 미량살포방법, 주로 항공살포에 많이 이용 • 식물, 곤충표면에 부착성이 우수함 ※ 미세한 살포입자에 정전기를 유도하여 부착성을 향상	

정답 : ③

117 제제의 형태가 액상이 아닌 것은?

① 액제
② 유제
③ 미탁제
④ 수용제
⑤ 액상수화제

해설

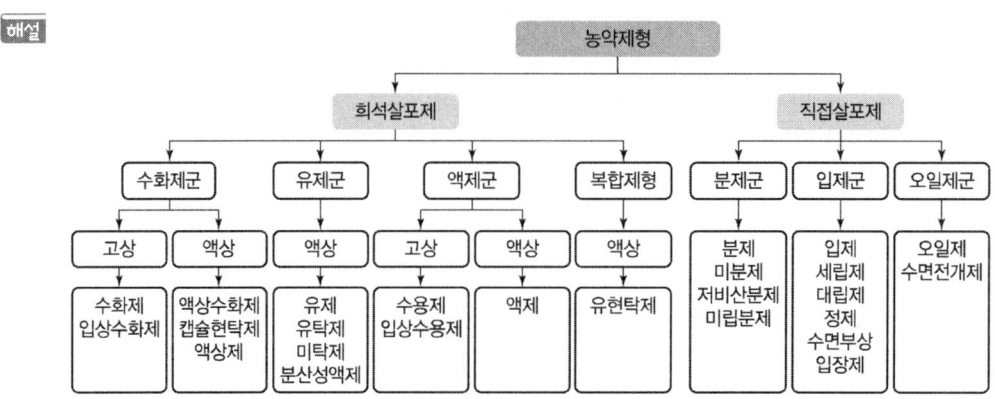

정답 : ④

118 농약 안전사용기준 설정 과정의 모식도이다. ( ) 안에 들어갈 용어로 옳게 연결된 것은? (단, ADI : 1일 섭취허용량, MRL : 농약잔류 허용기준, NOEL : 최대무독성용량이다.)

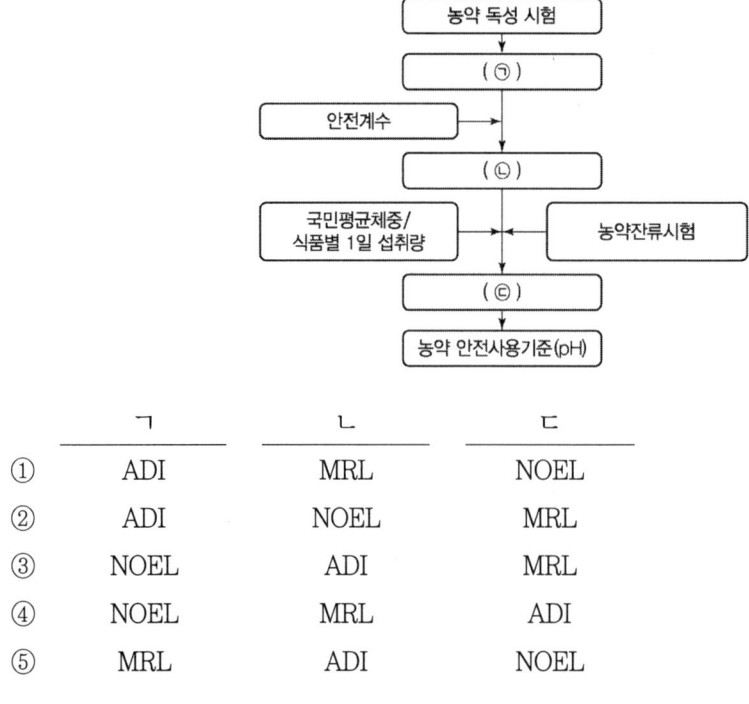

	ㄱ	ㄴ	ㄷ
①	ADI	MRL	NOEL
②	ADI	NOEL	MRL
③	NOEL	ADI	MRL
④	NOEL	MRL	ADI
⑤	MRL	ADI	NOEL

해설 **농약잔류와 안전사용**
- 인체 1일 섭취허용량(ADI)
  - 실험동물에 매일 일정량의 농약을 장시간(약 2년) 투여하여 2세대 이상에 걸쳐서 자손에 미치는 영향을 조사한다.
  - 전혀 건강에 영향이 없는 양(부작용량, NOEL ; No Observed Effect Level)을 구한 후 100배의 안전계수(적어도 0.01배)를 곱하여 산출한 값이다.
  - 사람이 어떤 약물을 평생동안 걸쳐서 섭취해도 현재의 독물학적 지식으로는 전혀 장해를 받지 않는 1일당 최대량을 의미한다.
- 잔류허용한계(잔류한계농도, MRL ; Maximum Residue Limit)
- 허용한계(ppm) = $\dfrac{\text{ADI(mg/kg/일)} \times \text{체중(kg)}}{\text{적용농산물섭취량(kg/일)}}$

정답 : ③

119 에르고스테롤 생합성 저해 작용기작을 지닌 살균제가 아닌 것은?

① 메트코나졸(metconazole)
② 테부코나졸(tebuconazole)
③ 펜피라자민(fenpyrazamine)
④ 마이클로뷰타닐(myclobutanil)
⑤ 피라클로스트로빈(pyraclostrobin)

해설
- 피라클로스트로빈(pyraclostrobin) : 다3, 호흡 저해(에너지 생성저해복합체3, 퀴논 외측에서 시토크롬 bc1 기능저해)
- 에르고스테롤 : 자외선에 의하여 비타민 D_2로 전환될 수 있는 식물성 스테롤로 때로는 비타민 D_2 전구체라고 불린다.

작용기구	작용기작	계통	성분명
사1	막에서 생합성 스테롤 저해	이미다졸계	트리플루미졸, 프로클로라즈
		트리아졸계	디니코나졸, 마이클로뷰타닐, 메트코나졸, 비터타놀, 사이프로코나졸, 시메코나졸, 에폭시코나졸, 이미벤코나졸, 이프코나졸, 테부코나졸, 테트라코나졸, 트리아디메놀, 트리아디메폰, 트리티코나졸, 펜뷰코나졸, 프로피코나졸, 플루실라졸, 플루퀸코나졸, 헥사코나졸
		피리미딘계	페나리몰, 뉴아리몰

정답 : ⑤

120 살충제 설폭사플로르(sulfoxaflor)의 작용기작은?

① 키틴합성 저해(15)
② 라이아노딘 수용체 변조(28)
③ 신경전달물질 수용체 변조(4c)
④ 현음기관 통로 변조 TRPV(9b)
⑤ 아세틸콜린에스테라제 저해(1a)

해설
- 4c(설폭시민계) : 설폭사플로르는 솔나방 방제용, 곤충신경계 작용, 신경전달물질 수용체를 차단
- 15 : 키틴 합성 저해, 곤충·응애 생장 조절, IGR, 벤자마이드계, 벤조닐우레아계
- 28 : 곤충신경계 라이아노딘수용체 조절, 디아마이드계, 메타디아마이드계

정답 : ③

121 글루포시네이트암모늄 + 티아페나실 액상수화제의 유효성분별 작용기작을 옳게 나열한 것은?

① 엽록소 생합성 저해(H14) + 광계 II 저해(H05)
② 글루타민 합성효소 저해(H10) + 광계 II 저해(H05)
③ 글루타민 합성효소 저해(H10) + 엽록소 생합성 저해(H14)
④ 아세틸 CoA 카르복실화 효소 저해(H01) + 글루타민 합성효소 저해(H10)
⑤ 엽록소 생합성 저해(H14) + 아세틸CoA 카르복실화 효소 저해(H01)

해설 글루타민 합성효소 저해(H10) + 엽록소 생합성 저해(H14)
- 글루포시네이트암모늄 : 아미노산 생합성 저해, 접촉형 제초 성분
- 티아페나실
  - 밭작물 휴간, 과원 등에 적용 가능한 신물질 비선택성제초제
  - 광합성 저해효과를 가지고 있어 맑은 날 효과가 더 빨리 나타남. 글리포세이트저항성제초제

정답 : ③

122 농약의 대사과정 중 복합기능 산화효소(mixed function oxidase)가 관여하는 반응이 아닌 것은?

① 에폭시화
② O-탈알킬화
③ 방향족 수산화
④ 니트로기의 아민 변환
⑤ 산소 원자의 황 원자 치환

해설
니트로기의 아민 변환은 니트로기(NO_2)의 산소를 환원하여 아민(NH)으로 변환하는 환원작용이다.
- 인정된 협력제의 작용기작은 다른 살충제처럼 직접 효소나 생리작용을 저해하는 것이 아니라 살충제와 함께 사용되면 살충제보다 더 쉽게 산화효소계(mixed function oxidase)에 의해 산화되기 때문에 살충제의 산화대사/무독화 작용이 지연되어 살충제 단독으로 사용할 때 보다 그 약효가 상승된다고 알려져 있다.

- 복합기능 산화효소 : 다양한 종류의 화합물을 산화하는데 사용되는 효소의 그룹으로 이러한 효소들은 여러 가지 화합물을 동시에 처리할 수 있는 능력을 가지고 있는 효소
  - 농약이나 다른 화학물질을 인간이나 동물의 체내에서 비활성화하거나 더 쉽게 배출되도록 변환
  - 농약에 대한 생체 대사 및 생리적 작용, 해독 과정에서 핵심적인 역할
  - 에폭시화 : 에폭시 이중 결합을 가진 화합물의 탄소 원자 중 하나가 산소 원자와 결합하여 고리 형태의 구조를 형성하는 산화효소의 반응 메커니즘
  - O-탈알킬화 : 물질이 산화효소에 의해 촉매되는 반응
  - 방향족 수산화 : 방향족 화합물에서 수산기(-OH)가 도입되는 화학반응으로 산화되는 반응
  - 산소 원자의 황 원자 치환 : 산소원자의 황 원자 치환은 화학적으로 산화 반응에 해당함

정답 : ④

123 '소나무재선충병 방제지침' 소나무류 보존 가치가 큰 산림 중 '소나무 보호 육성'을 위한 법적 관리지역에 포함되지 않는 것은?

① 국립공원 내 소나무림
② 소나무 문화재용 목재생산림
③ 소나무종자공급원(채종원, 채종림)
④ 산림유전자원보호구역 내 소나무림
⑤ 금강소나무림 등 특별수종육성권역

해설 국립공원은 '소나무재선충병 방제지침' 중 '소나무 보호 및 육성 관리지역'에 포함되어 있지 않다.

소나무류 보존가치가 큰 산림지역

구분	대상
소나무 보호, 육성을 위한 법적 관리지역	보호수
	천연기념물(시, 도, 기념물)
	산림유전자원보호구역 내 소나무림
	소나무 종자공급원(채종원, 채종림)
	소나무 문화재용 목재생산림(특수용도목재생산구역)
	금강소나무림 등 특별수종 육성권역

정답 : ①

124 「산림보호법 시행령」제12조의10에 따른 나무병원 등록의 취소 또는 영업정지의 세부기준에 관한 설명으로 옳지 않은 것은?

① 부정한 방법으로 나무병원 등록을 변경한 경우 등록이 취소된다.
② 나무병원등록 기준에 미치지 못하는 경우 3차 위반 시 등록이 취소된다.
③ 나무병원의 등록증을 다른 자에게 빌려준 경우 1차 위반 시 영업정지 6개월, 2차 위반 시 등록이 취소된다.

④ 위반행위의 횟수에 따른 행정처분 기준은 최근 5년 동안 같은 위반행위로 행정처분을 받은 경우에 적용한다.
⑤ 위반행위가 고의나 중대한 과실이 아닌 사소한 부주의나 오류로 인한 것으로 인정되는 영업정지인 경우 그 처분의 2분의 1 범위에서 감경할 수 있다.

> **해설** 나무병원의 등록증을 다른 자에게 빌려준 경우 1차 위반 시 영업정지 12개월, 2차 위반 시 등록이 취소된다.

나무병원의 등록 및 영업 정지 기준

위반행위	근거법조문	행정처분 1차	2차	3차	4차	벌금	과태료 1차	2차	3차
거짓이나 부정한 방법으로 등록	제21조의10 제1호	취소				1년 또는 1천만원			
등록 기준 미달	제21조의10 제2호	6개월	12개월	취소					
위반하여 변경등록하지 않은 경우	제21조의10 제3호	3개월	6개월	12개월	취소				
부정한 방법으로 변경등록	제21조의10 제3호	취소							
등록증 대여	제21조의10 제4호	12개월	취소			500만원			
자료 제출/조사, 검사 거부	제21조의10 제4호	1개월	3개월	6개월	12개월				
5년간 3회 이상 영업 정지 된 경우	제21조의10 제5호	취소							
폐업	제21조의10 제6호	취소							
등록 없이 진료한 자						500만원			
처방전 없이 농약을 사용하거나 처방전과 다르게 농약을 사용한 경우							150	300	500
진료부 없거나 진료사항 기록하지 않거나 거짓 진료 기록							50	70	100
직접 진료 없이 처방전 발급							50	70	100
처방전 발급 거부자							50	70	100
보수 교육을 받지 않은 자							50	70	100

※ 일반 기준 : 위반 행위가 둘 이상인 경우, 무거운 처분에 따르며, 처분 기준이 같은 영업정지인 경우 처분 기준 합산한 기간 동안 영업을 정지하되 1년을 초과할 수 없다.

정답 : ③

125 「산림보호법 시행규칙」 제19조의9(진료부, 처방전등의 서식 등)에 따라 나무의사가 작성하는 진료부에 명시되지 않은 항목은?

① 생육환경
② 진단결과
③ 수목의 표시
④ 수목의 상태
⑤ 처방 처치 등 치료방법

해설 「산림보호법 시행규칙」 제19조의9
1) 진료 일자
2) 수목의 소유자 또는 관리자의 성명·전화번호
3) 수목의 소재지, 수목의 종류, 본수(本數) 또는 식재면적, 식재연도 또는 수목의 나이 등 수목의 표시에 관한 사항
4) 수목의 상태 및 진단
5) 처방·처치 등 치료방법
  ② 나무의사는 진료부에 다음 각 호의 사항을 기재해야 한다. 이 경우 진료부를 진료일부터 5년간 보관해야 한다.
    1. 진료 일자
    2. 수목의 소유자 또는 관리자의 성명·전화번호
    3. 수목의 소재지, 수목의 종류, 본수(本數) 또는 식재면적, 식재연도 또는 수목의 나이 등 수목의 표시에 관한 사항
    4. 수목의 상태 및 진단
    5. 처방·처치 등 치료방법(농약을 사용하거나 처방한 경우에는 농약의 명칭·용법·용량 및 처방일수를 포함한다)
  ③ 나무의사는 처방전 등을 수목 개체별로 발급해야 한다. 다만, 집단으로 서식하고 있는 수목이 다음 각 호의 요건을 모두 갖춘 경우에는 하나의 처방전 등으로 일괄하여 발급할 수 있다.
    1. 병해충 피해의 확산을 막거나 예방하기 위해 필요한 경우일 것
    2. 처방 대상 수목의 종류가 같을 것. 다만, 건해·습해 등 비생물적 요인으로 인해 수목에 피해가 발생한 경우는 제외한다.
    3. 수목의 상태 또는 처방·처치 등 치료방법이 같을 것
  ④ 나무의사는 처방전을 발급하는 때에는 다음 각 호의 사항을 기재한 후 서명하거나 도장을 찍어야 한다. 이 경우 처방전 부본(副本)을 처방전 발급일부터 5년간 보관해야 한다.
    1. 진료 일자, 발급 일자, 처방전의 유효기간(30일을 초과할 수 없다)
    2. 수목의 소유자 또는 관리자의 성명·전화번호
    3. 수목의 소재지, 수목의 종류, 본수 또는 식재면적, 식재연도 또는 수목의 나이, 수목의 높이, 흉고직경 등 수목의 표시에 관한 사항
    4. 햇빛 조건, 토양 견밀도(堅蜜度), 토양 산도(酸度), 토양 습도(濕度), 관리사항 등 생육환경에 관한 사항
    5. 수목의 상태 및 진단
    6. 농약의 명칭·용법·용량 및 처방일수(30일을 초과할 수 없다) 등 처방에 관한 사항
    7. 나무병원의 명칭, 등록번호, 주소, 전화번호
    8. 처방전을 작성하는 나무의사의 성명 및 자격번호

⑤ 제4항 제1호 및 제6호에도 불구하고 나무의사는 병해충 예방을 위해 같은 농약을 반복 투약해야 하는 경우에는 산림청장이 정하여 고시하는 기간을 넘지 않는 범위에서 처방전의 유효기간 및 처방일수를 달리 정할 수 있다.

정답 : ①

9회 기출문제 (※ 자료 : 한국임업진흥원)

PART 01 | 수목병리학

001 수목병원체 관찰 및 진단법으로 옳지 않은 것은?

① 세균 – 그람염색법을 이용한 광학현미경으로 관찰
② 곰팡이 – 포자와 균사를 광학현미경으로 관찰
③ 바이러스 – 음성염색법을 이용한 광학현미경으로 관찰
④ 파이토플라스마 – DAPT 염색법을 이용한 형광현미경으로 관찰
⑤ 선충 – 베르만(Baermann) 깔때기법을 이용한 광학현미경으로 관찰

해설 파이토플라스마나 바이러스의 형태적 특성은 투과전자현미경으로 관찰할 수 있으며 식물바이러스의 관찰에는 일반적으로 Direct Negative 염색법(DN법)이 많이 사용되고, 바이러스 감염 여부 및 형태와 크기 등으로 바이러스 그룹을 어느 정도 추정이 가능하다. 그람 염색 결과 자주색으로 염색되는 세균은 그람 양성이며, 분홍색으로 염색되는 세균은 그람 음성이다. 식물병원세균은 *Clavibacter*를 비롯한 *Corynebacterium*계열의 5개 속만이 그람 양성균이고, 나머지는 모두 그람 음성균이다. 베르만(Baermann) 깔때기법은 선충이 시료 속에서 물로 이동하여 깔때기 아랫부분에 모이는 원리를 이용한 선충분리방법이다. 작업이 간단하고 짧은 시간에 선충분리가 가능하나 이동성이 없는 선충은 분리되지 않고 사용할 수 있는 시료의 양이 적다는 단점이 있다. 소나무재선충의 크기는 약 0.8mm이고 폭은 22μm이다.

정답 : ③

002 수목 병원균류의 영양기관은?

① 버섯   ② 균사체
③ 자낭구   ④ 분생포자좌
⑤ 분생포자층

해설 병원균의 영양기관에는 균사체, 균사속, 균사막, 근상균사속, 균핵, 자좌 등이 있으며 포자, 분생자병, 자실체, 버섯 등은 번식(생식)기관이다.

정답 : ②

003 포플러류 모자이크병의 병징으로 옳지 않은 것은?

① 잎의 황화
② 잎의 뒤틀림
③ 잎자루와 주맥에 괴사반점
④ 기형이 되는 잎들은 조기 낙엽
⑤ 잎에 불규칙한 모양의 퇴록반점

> **해설** 퇴록은 엽록체의 녹색이 퇴색하여 연하게 되는 것으로 늦은 봄부터 활짝 다 핀 잎에 불규칙한 모양의 퇴록반점이 다수 나타나면서 차츰 모자이크 증상을 띤다. 포플러의 품종에 따라서는 모자이크 증상과 함께 엽맥이 붉게 변하거나 엽맥에 괴저반점이 나타나기도 한다. 병징이 진전되면서 잎자루와 중륵에 괴사반점이 생기면 잎은 뒤틀리면서 모양이 일그러지며 일찍 떨어진다. 병징이 심한 잎은 조직이 굳어져서 손으로 쥐게 되면 잘 부서지기도 한다. 잎의 모자이크 증상은 기온이 높은 여름철에는 일시적으로 소실되었다가 초가을부터 다시 나타난다.
>
> 정답 : ①

004 백색부후에 관한 설명으로 옳지 않은 것은?

① 대부분의 백색부후균은 담자균문에 속한다.
② 주로 활엽수에 나타나지만, 침엽수에서도 나타난다.
③ 조개껍질버섯, 치마버섯, 간버섯 등은 백색부후균이다.
④ 목재 성분인 셀룰로스, 헤미셀룰로스, 리그닌이 모두 분해되고 이용된다.
⑤ 부후된 목재는 암황색으로 네모난 형태의 금이 생기고 쉽게 부러진다.

> **해설** 백색부후균은 목재부후균으로 나무의 구성성분 중에서 나무를 단단하게 유지시키는 복잡한 구조의 리그닌을 분해하여 나무가 썩으면서 하얗게 변화되기 때문에 백색부후균이라 칭한다. 뽕나무버섯, 느타리, 잔나비불로초, 구름송편버섯, 말굽버섯 등도 백색부후균에 속한다.
>
> 정답 : ⑤

005 수목병의 병징에서 병든 부분과 건전한 부분의 경계가 뚜렷하지 않은 것은?

① 붉나무 모무늬병
② 포플러 잎마름병
③ 회양목 잎마름병
④ 쥐똥나무 둥근무늬병
⑤ 참나무 갈색둥근무늬병

> **해설** 회양목 잎마름병은 병든 잎은 잎 전체가 마르면서 일찍 떨어져 수관의 일부가 손실되므로 조경용 수목으로서의 가치가 떨어진다.
> ① 붉나무 모무늬병 : 병반은 잎에 1~3mm 정도의 갈색의 모난 반점이 흩어지거나 또는 모여서 나타나고 얼마 후 회백색으로 되며 건전부와 병반의 경계는 적갈색~농갈색으로 되어 뚜렷하게 구분된다.

② 포플러 잎마름병 : 이른 봄 어린잎에 형성된 갈색의 작은 반점이 급속히 확대되어 중앙부는 회색, 주변은 옅은 갈색으로 띠므로 건전부와 뚜렷한 경계를 이룬다.
④ 쥐똥나무 둥근무늬병 : 처음에는 지름 1~5mm의 퇴색 부위가 생기고 차츰 암갈색의 전형적인 둥근무늬를 나타낸다. 병든 잎은 전체적으로 퇴색되므로 병든 나무는 건전한 나무에 비해 전체적으로 색택이 옅어 보인다.
⑤ 참나무 갈색둥근무늬병 : 잎에 둥글고 작은 회갈색 점무늬가 많이 나타나며 때로는 합쳐져서 불규칙한 모양이 된다. 잎의 앞면에는 건전한 부분과 병든 부분의 경계가 뚜렷한 적갈색이 되고 뒷면에는 흔히 병반 위에 분생포자가 밀생하여 담갈색으로 보인다.

정답 : ③

006 수목의 내부 부후진단 시 상처를 최소화한 기기 또는 방법은?

① 생장추
② 저항기록드릴
③ 현미경 조직 검경
④ 분자생물학적 탐색
⑤ 음파 단층 이미지분석

해설 음파 단층 이미지분석은 나무를 절단하지 않고 수목부후를 진단할 수 있는 음파 단층 촬영기, 비파괴 측정 장비(Arbortom)이다.
① 생장추 : 살아 있는 수목에 상대적으로 적은 손상을 입혀 목질화된 줄기의 일부를 채취하는 도구로 나이테 측정이 가능하다.
② 저항기록드릴 : 수목 부패 여부를 진단하는 장비로서 이는 목재 내부의 열화 탐지, 부후 및 질병 진행 상황 등을 사전에 진단 또는 예찰하는 용도이다. 신속하고 정확하게 또는 현장에서 쉽게 측정을 실행할 수 있는 휴대용 장비이다.

정답 : ⑤

007 분생포자가 1차 전염원이 아닌 수목병은?

① 사철나무 탄저병
② 포플러 갈색무늬병
③ 느티나무 갈색무늬병
④ 쥐똥나무 둥근무늬병
⑤ 소나무류 갈색무늬병(갈색무늬잎마름병)

해설 포플러 갈색무늬병의 병원균은 병든 낙엽에서 월동한 후 자낭각을 형성하고 자낭포자를 비산하여 1차 전염원이 된다.
① 사철나무 탄저병 : 분생포자반
③ 느티나무 갈색무늬병 : 분생포자경, 분생포자
④ 쥐똥나무 둥근무늬병 : 분생포자
⑤ 소나무류 갈색무늬병(갈색무늬잎마름병) : 분생포자층(분생포자)

정답 : ②

008 사과나무 불마름병(화상병)의 방제법으로 옳지 않은 것은?

① 매개충 방제
② 테부코나졸 약제살포
③ 병든 가지는 매몰 또는 소각
④ 도구는 사용할 때마다 차아염소산나트륨으로 소독
⑤ 감염된 가지는 감염 부위로부터 최소 30cm 아래에서 제거

> **해설** 테부코나졸은 트리아졸계이며 작용기작(사1)은 세포막 구성 성분인 에르고스테롤 생성을 방해하여 곰팡이 세포막 기능을 교란시켜 방제 효과를 나타나는 살균제이다.
>
> **사과나무 불마름병(화상병)의 방제법**
> - 청결한 관리 : 오염원의 유입을 차단하기 위해 과원 출입 시 손과 발, 장갑, 모자, 작업복 등을 철저히 소독하고, 사용하는 모든 작업도구를 70% 에탄올 또는 락스 4배 희석액에 5분 이상 담가 깨끗이 소독
> - 건전한 묘목과 접수 사용, 파리 등 곤충 관리, 방제약제 적기 살포, 농가 준수 사항, 접수 · 묘목 관리 철저, 발생지 잔재물 이동 금지, 매몰지에 대한 사후관리를 철저
> - 스트렙토마이신, 옥시테트라사이클린, 코퍼옥시클로라이드, 가스가마이신
>
> 정답 : ②

009 수목병원균의 월동장소로 옳지 않은 것은?

① 대추나무 빗자루병 – 고사된 가지
② 삼나무 붉은마름병 – 병환부의 조직 내부
③ 명자나무불마름병(화상병) – 병든 가지의 궤양 주변부
④ 단풍나무 역병(파이토프토라뿌리썩음병) – 감염 뿌리 조직
⑤ 소나무 가지끝마름병(디플로디아순마름병) – 병든 낙엽 또는 가지

> **해설** 대추나무 빗자루병은 모무늬매미충이 전염시키는 세균의 일종인 파이토플라스마(*Phytoplasma*)에 의해 발생한다. 전년도에 감염된 나무의 양분 이동통로에서 월동하다가 이듬해 나무 생육이 시작되며 병징이 발현되어 주로 6~9월에 발생한다.
>
> 정답 : ①

010 수목에 발생하는 병에 관한 설명으로 옳지 않은 것은?

① 배롱나무 흰가루병의 피해는 7~9월 개화기에 심하다.
② 미국밤나무는 일반적으로 밤나무줄기마름병에 감수성이 크다.
③ 포플러류 점무늬잎떨림병은 주로 수관 하부의 잎에서 시작된다.
④ 느티나무 흰별무늬병에서 흔하게 나타나는 증상은 조기낙엽이다.
⑤ 소나무 재선충병 매개충은 우화, 탈출 시기 살충제를 살포하여 방제한다.

해설 느티나무 흰별무늬병은 주로 묘목에서 발생하고 큰 나무에서는 땅가부근의 맹아지에서 발생한다. 이 병으로 인해 조기낙엽은 되지는 않으나 심하게 병이 발생한 묘목은 성장이 크게 떨어진다.

정답 : ④

011 *Marssonina*속에 의한 병 발생 및 병원균의 특성에 관한 설명으로 옳은 것은?

① 분생포자각을 형성한다.
② 분생포자는 막대형이며 여러 개의 세포로 나뉘어 있다.
③ 은백양은 포플러류 점무늬잎떨병에 감수성이 있다.
④ 증상이 심한 병반에는 털이 밀생한 것처럼 보인다.
⑤ 장미 검은무늬병은 봄비가 잦은 해에는 5~6월에도 심하게 발생한다.

해설 ① 불완전균아문 유각균강으로 분생포자반균을 형성한다.
② 분생포자는 무색의 두 포자이다.
③ 은백양은 일본사시나무에 저항성이 있다.
④ *Collectotrichum*속은 분생포자반에 강모한다.

*Marssonina*에 의한 병

병명	병원균	특징
포플러 점무늬잎떨림병	*M. brunnea*	이태리계 개량포플러 감수성, 6월 장마철 분생포자가 1차 전염원, 저항성수종은 배양, 사시나무류
참나무 갈색둥근무늬병	*M. martinii*	둥글고 작은 회갈색 점무늬, 뒷면 분생포자 형성
장미 검은무늬병	*M. rosae*	작은 암갈색, 흑갈색원형, 흰 점질물의 포자덩이

정답 : ⑤

012 다음에 설명된 수목 병원체에 관한 내용으로 옳은 것은?

> • 원핵생물계에 속하며 일정한 모양이 없는 다형성미생물이다.
> • 세포벽이 없고 원형질막으로 둘러싸여 있다.

① 병원체는 감염된 수목의 체관부에 기생한다.
② 주로 즙액, 영양번식체, 매개충에 의해 전반된다.
③ 매미충류, 나무이, 꿀벌 등이 매개충으로 알려져 있다.
④ 옥시테트라사이클린과 페니실린계 항생제에 감수성이 있다.
⑤ 병원체의 크기는 바이러스보다 크고 세균과 유사하다.

해설 파이토플라즈마
- 바이러스와 세균의 중간영역에 위치하는 미생물로 지름은 0.3~1.0μm 정도이다.
- 세포벽이 없고 구형, 난형, 불규칙한 타원형과 같은 일종의 원형질막으로 둘러싸여 있다.
- 세균은 막대모양으로 길이가 1~3μm, 폭이 1μm이다.
- 체관부에 기생하며 주로 흡즙성곤충(매미충류)의 매개전염이 이루어진다
- 옥시테트라사이클린에는 감수성, 페니실린계 항생제에는 저항성을 나타낸다.
- 병원체의 크기는 바이러스보다 크고 세균보다는 작다(바이러스<파이토플라즈마<세균).

정답 : ①

013 한국에 적용 살균제가 등록되어 있는 수목병은?

① 사철나무 탄저병
② 명자나무 점무늬병
③ 칠엽수 잎마름병(얼룩무늬병)
④ 멀구슬나무 점무늬병(갈색무늬병)
⑤ 동백나무 갈색잎마름병(겹둥근무늬병)

해설 ②, ③, ④, ⑤ 현재 등록약제 없다.

살균제 등록내역(사철나무 탄저병)

품목	주성분 함량	상표명	작물보호제 지침서	인축독성	어독성	희석배수
크레속심메틸입상수화제	50%	미소팜	작물보호제 지침서	IV급 (저독성)	II급	2,000배
트리플록시스트로빈 입상수화제	50%	에이플	작물보호제 지침서	IV급 (저독성)	I급	4,000배
크레속심메틸입상수화제	50%	해비치	작물보호제 지침서	IV급 (저독성)	II급	2,000배
아족시스트로빈, 프로피코나졸유제	15.2 (5.7+9.5)%	헤드웨이	작물보호제 지침서	IV급 (저독성)	II급	1,000배

정답 : ①

014 수목병관리법으로 옳지 않은 것은?

① 쥐똥나무 빗자루병 – 매개충방제
② 밤나무 가지마름병 – 주변 오리나무 제거
③ 밤나무 잉크병 – 물이 고이지 않게 배수 관리
④ 전나무 잎녹병 – 발생지 부근의 뱀고사리 제거
⑤ 소나무 리지나뿌리썩음병 – 주변에서 취사행위금지

해설 밤나무 가지마름병은 아까시나무의 주요 전염원이 되므로 밤나무, 호두나무, 사과나무 재배지 주변의 아까시는 제거한다.

정답 : ②

015 수목병의 병징 및 표징에 관한 설명으로 옳지 않은 것은?

① 철쭉류 떡병 – 잎이 국부적으로 비대
② 밤나무 갈색점무늬병 – 건전부와의 경계에 황색 띠 형성
③ 버즘나무 탄저병 – 주로 엽육조직에 적갈색 반점 다수 형성
④ 은행나무 잎마름병 – 분생포자반에서 분생포자가 포자덩이뿔로 분출
⑤ 호두나무 탄저병 – 잎자루와 잎맥에 흑갈색 병반이 형성되면서 잎은 기형이 됨

해설 버즘나무 탄저병은 잎맥을 중심으로 번개모양으로 갈색반점이 형성되며 조기낙엽된다.

정답 : ③

016 회색고약병에 관한 설명으로 옳지 않은 것은?

① 병원균은 깍지벌레 분비물을 영양원으로 이용한다.
② 두꺼운 회색 균사층이 가지와 줄기 표면을 덮는다.
③ 병원균은 외부기생으로 수피에서 영양분을 취하지 않는다.
④ 병원균은 *Septobasidium spp.*로 담자포자를 형성한다.
⑤ 줄기 또는 가지 표면의 균사층을 들어내면 깍지벌레가 자주 발견된다.

해설 고약병은 깍지벌레와 공생하며, 초기에는 깍지벌레의 분비로부터 영양 섭취하여 번식한다. 깍지벌레는 두꺼운 균사층에 의해 외부로부터 보호를 받으며 균사층 표면의 담자포자는 바람에 의해 깍지벌레 분비물로 날아가서 생장하여 고약병을 일으킨다. 회색고약병은 기주범위가 넓어 다른 기주로 병이 확산되기도 한다.

정답 : ③

017 편백, 화백 가지마름병에 관한 설명으로 옳지 않은 것은?

① 병반조직 수피 아래에 분생포자층을 형성한다.
② 감염된 가지와 줄기의 수피가 세로로 갈라진다.
③ 분생포자는 방추형이면 세포 6개로 나뉘어 있다.
④ 감염 부위에서 누출된 수지가 굳어 적색으로 변한다.
⑤ 병원균은 *Seiridium unicorne*(=*Monochaetiau nicornis*)이다.

해설 수피가 점차 찢어져 수지가 흘러내리고 수지가 굳어져 흰색으로 되는데 감염 부위가 가지를 한 바퀴 돌게 되면 피해가 나면 적갈색으로 말라 죽는다.

정답 : ④

018 회화나무 녹병에 관한 설명으로 옳지 않은 것은?

① 병원균은 *Uromyces truncicola*이다.
② 줄기와 가지에 방추형 혹이 생기고 수피가 갈라진다.
③ 병든 낙엽과 가지 또는 줄기의 혹에서 겨울포자로 월동한다.
④ 잎 아랫면에 황갈색 가루덩이가 생긴 후 흑갈색으로 변한다.
⑤ 늦은 봄 수피의 갈라진 틈에 흑갈색 가루덩이(포자퇴)가 나타난다.

해설 가을에 접어들면 여름포자는 사라지고 겨울포자로 겨울을 난다. 줄기와 가지에는 껍질이 갈라져 방추형 혹이 생기며 가을에는 혹의 갈라진 껍질 및 에흑갈색의 가루덩이가(겨울포자) 무더기로 나타난다.

정답 : ⑤

019 뿌리혹병(근두암종병)에 관한 설명으로 옳지 않은 것은?

① 목본과 초본식물에 발생한다.
② 토양에서 부생적으로 오랫동안 생존할 수 있다.
③ 한국에서는 1973년 밤나무 묘목에 크게 발생하였다.
④ 병원균은 그람음성세균이며 짧은 막대모양의 단세포이다.
⑤ 주요 병원균으로는 *Agrobacterium tumefaciens*, *A, radiobacter* K84 등이 있다.

해설 *Agrobacterium, radiobacter* K84는 장미 뿌리혹병의 생물적 방제이고, K84 균주 처리에 의한 지상부혹의 생물적 방제이다.

정답 : ⑤

020 느릅나무 시들음병에 관한 설명으로 옳지 않은 것은?

① 세계 3대 수목병 중 하나이다.
② 매개충은 나무좀으로 알려져 있다.
③ 병원균은 뿌리접목으로 전반되지 않는다.
④ 방제법으로는 매개충방제, 감염목제거 등이 있다.
⑤ 병원균은 자낭균문에 속하며, 학명은 *Ophiostoma(novo-)ulmi*이다.

해설 느릅나무 시들음병의 매개충은 유럽느릅나무좀으로 기주 수목의 잔가지를 가해하여 상처를 낼 때 감염된다. 물관을 가해할 때 유입되며, 병원균은 수목의 아래 방향으로 증식 이동하여 뿌리 부위에도 존재하다가 뿌리접목을 통하여 인접한 나무의 물관으로 이동하기도 한다.

정답 : ③

021 병원균의 속(genus)이 동일한 병만 고른 것은?

ㄱ. 밤나무 잉크병	ㄴ. 참나무 급사병
ㄷ. 삼나무 잎마름병	ㄹ. 철쭉류 잎마름병
ㅁ. 포플러 잎마름병	ㅂ. 동백나무 겹둥근무늬병

① ㄱ, ㄴ, ㄹ
② ㄱ, ㄴ, ㅁ
③ ㄷ, ㄹ, ㅁ
④ ㄷ, ㄹ, ㅂ
⑤ ㄷ, ㅁ, ㅂ

해설 ㄱ. 밤나무 잉크병(*Phytophthora katsurae*) : 기주는 밤나무며 병든 뿌리와 수간의 하부에서 잉크처럼 검은 액체가 스며 나오는 것에서 보인다.
ㄴ. 참나무 급사병(*Phytophthora ramorum*) : 캘리포니아의 해안가 및 남부 오레곤에서 발생하며, 참나무에 수피궤양을 일으키고 참나무가 갑자기 고사한다.
ㄷ. 삼나무 잎마름병(*Pestalotiopsis gladicola*) : 피해는 잎과 작은 가지뿐만 아니라 녹색줄기에도 암갈색의 괴사병반을 형성한다. 병반이 확대되어 줄기 전체에 나타나면 그 윗부분은 말라 죽게 된다. 병든 조직에서 월동 후 새롭게 나온 병원균의 포자가 비와 바람에 의하여 전파되며, 장마철이나 태풍 시기에 많은 포자가 이동하여 전염된다.
ㄹ. 철쭉류 잎마름병(*Pestalotiopsis spp*) : 진달래, 참꽃나무, 철쭉류(철쭉, 산철쭉 등) 등 각종 식물에서 흔히 발생하고, 다습한 환경에서 많이 발생하며 장마철부터는 대부분의 개체에서 발병한다.
ㅁ. 포플러 잎마름병(*Septotis populiperda*) : 봄부터 장마철까지 조기낙엽의 주원인이다. 어린잎에 갈색의 작은 점무늬로 시작하여 겹둥근 무늬를 형성하면서 급격히 진전되며, 분생포자퇴 형성한다. 병든 부분과 건전부의 경계가 뚜렷하다.
ㅂ. 동백나무 겹둥근무늬병(*Pestalotiopsis guepini*) : 기주는 동백나무이며, 오래된 잎과 어린 열매에 흔히 발생하고 잎과 열매가 일찍 떨어진다. 병든 부위는 마른 상태로 썩으며, 겹무늬가 생기고 후에 분생포자가 형성되어 검은 색을 띠게 된다. 줄기의 감염 부위 위쪽으로는 시들고 말라 죽는다. 병든 과실은 검게 썩어 상품가치를 잃게 된다.

정답 : ④

022 흰날개무늬병의 특징만 고른 것은?

ㄱ. 감염목의 뿌리표면에 균핵이 형성된다.
ㄴ. 감염된 나무뿌리는 흰색 균사막으로 싸여 있다.
ㄷ. 뿌리꼴균사다발이나 뽕나무버섯이 중요한 표징이다.
ㄹ. 병원균은 리지나뿌리썩음병과 동일한문(phylum)에 속한다.

① ㄱ, ㄴ
② ㄱ, ㄷ
③ ㄴ, ㄷ
④ ㄴ, ㄹ
⑤ ㄷ, ㄹ

해설 흰날개무늬병
- 자낭균의 일종으로 자낭세대와 불완전세대가 알려져 있다.
- 배수가 잘 되고 수분이 충분한 토양에서 잘 발생하며 유기물을 많이 사용하면 유기물에서 병원균이 증식되어 밀도가 높아진다.
- 토양병해로서 항상 토양 속에 존재하며 나무가 쇠약해지면 침입한다.
- 강전정, 과다한 결실, 과도한 건조를 피해야 한다.
- 피해나무의 뿌리에 백색의 흰균사가 얽히고 수피 속의 형성층에도 얇은 균사층이 형성된다.
- 병든 나무는 쇠약해져 잎이 누렇게 변하고 낙엽된다.
- 굵은 뿌리의 표피를 제거하면 목질부에 백색 부채모양의 균사막과 실모양의 균사 속을 확인할 수 있고 시간이 경과하면 흰색의 균사는 회색 혹은 흑색으로 변한다.

정답 : ①, ④

023 아래 수목병 증상을 나타내는 병원균은?

- 봄에 새순과 어린잎이 회갈색으로 변하면서 급격히 말라 죽는다.
- 여름부터 초가을까지 말라 죽은 침엽 기부의 표피를 뚫고 검은색 작은 분생포자각이 나타난다.

① *Marssonina rosae*
② *Lecanosticta acicola*
③ *Sphaeropsis sapinea*
④ *Entomosporium mespili*
⑤ *Drepanopeziza brunnea*

해설 *Diplodia pinea*(= *Sphaeropsis sapinea*)
- 봄에 자라 나오는 새순과 어린 침엽이 회갈색으로 변하면서 급격히 말라 죽으며, 늦게 감염된 다 자란 침엽은 누렇게 시들면서 밑으로 '축' 쳐진다.
- 병징은 보통 새순과 당년생 잎에만 나타나며 묵은 잎은 병에 걸리지 않는다.
- 말라 죽은 새순과 어린 가지에서는 송진이 흘러나와 잎과 뒤엉키며, 송진이 굳으면 가지는 쉽게 부러진다.

- 늦은 여름부터 초가을에 걸쳐 누렇게 말라 죽은 잎의 아래쪽에 표피를 뚫고 검은색의 바늘머리만 한 자실체가 다수 나타난다. 이것은 병원균의 병자각으로서 디플로디아마름병을 진단하는 데 중요한 표징이 된다.
- 감염된 2년생 솔방울의 인편 위에도 수많은 병자각이 나타나며, 이들 병자각 안에는 흑갈색의 분생포자가 많이 들어있다.

① 장미검은무늬병 : *Marssonina rosae*
② 소나무류 갈색무늬잎마름병(갈반병) : *Lecanosticta acicola*
④ 홍가시나무 점무늬병(반점병) : *Entomosporium mespili*
⑤ 포플러류 점무늬잎떨림병 : *Drepanopeziza brunnea*

정답 : ③

024 침엽수와 활엽수를 모두 가해하는 뿌리썩음병만 고른 것은?

ㄱ. 흰날개무늬병	ㄴ. 자주날개무늬병
ㄷ. 리지나뿌리썩음병	ㄹ. 안노섬뿌리썩음병
ㅁ. 아밀라리아뿌리썩음병	ㅂ. 파이토프토라뿌리썩음병

① ㄱ, ㄴ, ㄹ
② ㄱ, ㄴ, ㅁ
③ ㄱ, ㄷ, ㄹ
④ ㄴ, ㄷ, ㅂ
⑤ ㄴ, ㅁ, ㅂ

해설 침엽수와 활엽수를 모두 가해하는 뿌리썩음병은 ㄴ. 자주날개무늬병, ㅁ. 아밀라리아뿌리썩음병, ㅂ. 파이토프토라뿌리썩음병이다.

ㄱ. 흰날개무늬병 : 10년 이상 된 사과과수원에서 주로 발생
ㄴ. 자주날개무늬병 : 주로 활엽수와 침엽수에 모두 발생하는 다범성 병해
ㄷ. 리지나뿌리썩음병 : 소나무류, 전나무류, 가문비나무류, 낙엽송류, 솔송나무 등 침엽수에 발생
ㄹ. 안노섬뿌리썩음병 : 적송과 가문비나무기 감수성 수종으로 주로 침엽수에서 피해를 입힘
ㅁ. 아밀라리아뿌리썩음병 : 온대, 열대 지방이 자연림과 조림지에서 자라는 침엽수와 활엽수에 모두 가장 피해를 주는 산림병해
ㅂ. 파이토프토라뿌리썩음병 : 침엽수, 활엽수 기주범위가 넓으며 조직 비특이적 병해

정답 : ⑤

025 수목의 줄기 부위를 부후하는 균만 고른 것은?

> ㄱ. 말굽버섯(Fomes fomentarius)
> ㄴ. 느타리버섯(Pleurotus ostreatus)
> ㄷ. 왕잎새버섯(Meripilus giganteus)
> ㄹ. 해면버섯(Phaeolus schweinitzii)
> ㅁ. 덕다리버섯(Laetiporus sulphureus)
> ㅂ. 소나무잔나비버섯(Fomitopsis pinicola)

① ㄱ, ㄴ, ㄷ
② ㄱ, ㄷ, ㅂ
③ ㄴ, ㄹ, ㅁ
④ ㄴ, ㅁ, ㅂ
⑤ ㄷ, ㄹ, ㅁ

해설
ㄱ. 말굽버섯 : 담자균류, 백색부후균, 심재부후에서 생기는 균사의 자실체이다. 형태적으로 말굽처럼 생겼다 하여 이름 붙여진 다년생의 구멍장이버섯이며, 균모는 말굽모양이나 종형 또는 둥근산 모양이다.
ㄴ. 느타리버섯 : 주름버섯목 느타리과에 굴(oyster) 모양으로 생긴 넓은 5~25cm의 갓을 가졌다. 흰색부터 회색까지, 또는 짙은 갈색의 색상이다. 참나무나 너도밤나무 같은 활엽수의 고목, 그루터기에 군생하며, 봄에서 가을까지 자란다.
ㄷ. 왕잎새버섯 : 그 돋는 모양새가 활엽수(특히 참나무류, 너도밤나무) 그루터기 주변에 뺑 둘러 크게 돋아 잎새버섯과 혼동하기 아주 쉽다.
ㄹ. 해면버섯 : 전나무, 가문비나무, 전나무, 소나무 및 낙엽송과 같은 침엽수의 그루터기 뿌리에 부패를 일으키는 진균 식물 병원체이다.
ㅁ. 덕다리버섯 : 나무에 부패를 일으키는 목재부후균으로 갈색부후를 일으켜 유기물인 나무를 무기물로 분해하는 작용을 한다.
ㅂ. 소나무잔나비버섯 : 구멍장이버섯과 잔나비버섯속에 속하는 다년생버섯으로 주로 침엽수의 생·고목이나 넘어진 나무에 자라며 갈색부후를 일으킨다.

정답 : ④

PART 02 | 수목해충학

026 노린재목에 관한 설명으로 옳지 않은 것은?

① 노린재아목, 매미아목, 진딧물아목 등으로 나뉜다.
② 진딧물은 찔러서 빨아 먹은 전구식 입틀을 갖고 있다.
③ 식물을 가해하면서 병원균을 매개하는 종도 있다.
④ 노린재아목의 일부 종은 수서 또는 반수서생활을 한다.
⑤ 진딧물아목의 미성숙충은 성충과 모양이 비슷하지만 기능적인 날개가 없다.

해설 곤충의 입의 위치는 하구식(나비목), 전구식(딱정벌레), 후구식(매미목, 노린재류)이 있다.

정답 : ②

027 매미나방의 분류 체계를 나타낸 것이다. (   ) 안에 들어갈 명칭을 순서대로 나열한 것은?

- 강 Class : Insecta
- 목 Order : Lepidoptera
- 과 Family : (ㄱ)
- 속 Genus : (ㄴ)
- 종 Species : (ㄷ)

① Erebidae, Lymantria, dispar
② Erebidae, Lymantria, auripes
③ Notodontidae, Lvela, dispar
④ Notodontidae, Lvela, ausripes
⑤ Notodontidae, Lymantria, dispar

해설
- 계 : 동물계(Animalia)
- 문 : 절지동물문(Arthropoda)
- 강 : 곤충강(Insecta)
- 목 : 나비목(Lepidoptera)
- 과 : 태극나방과(Erebidae)
- 속 : Lymantria
- 종 : 매미나방(L. dispar)

정답 : ①

028 유충(약충)과 성충의 입틀이 서로 다른 곤충목을 나열한 것은?

① 나비목, 벼룩목
② 나비목, 총채벌레목
③ 딱정벌레목, 벼룩목
④ 딱정벌레목, 파리목
⑤ 총채벌레목, 파리목

해설 나비목은 성충의 입틀은 대롱형, 유충의 입틀은 저작형이다. 벼룩목 성충은 날개가 없고 둥글넙적하며 날카로운 흡수형구기로 포유류나 조류에 기생하여 피를 빨아먹으며, 유충은 희고 길며 저작형구기를 가지고 부식물 섭취한다.
- 총채벌레목 : 줄쓸어빠는 입틀
- 딱정벌레목 : 유충(저작형)
- 파리목 : 성충(흡취형), 구더기(파먹는 형)

정답 : ①

029 벚나무류를 가해하는 해충을 모두 고른 것은?

> ㄱ. 벚나무깍지벌레   ㄴ. 미국선녀벌레
> ㄷ. 회양목명나방   ㄹ. 복숭아유리나방

① ㄱ
② ㄴ, ㄷ
③ ㄱ, ㄴ, ㄹ
④ ㄴ, ㄷ, ㄹ
⑤ ㄱ, ㄴ, ㄷ, ㄹ

해설 회양목명나방은 단식성, 회양목만 가해한다.

정답 : ③

030 곤충 생식기관 부속샘의 분비물에 관한 설명으로 옳지 않은 것은?

① 정자를 보관한다.
② 알의 보호막 역할을 한다.
③ 암컷의 행동을 변화시킨다.
④ 정자가 이동하기 쉽게 한다.
⑤ 산란 시 점착제 역할을 한다.

해설 수컷은 저정낭에 정자를 보관하고 암컷의 저정낭(수정낭) 보다 훨씬 더 오래 저장한다. 부속샘은 수컷 정액의 구성성분이 되는 여러 단백질들을 합성 분비하고, 짝짓기할 때 정자와 함께 암컷에 전달되어 여러가지 생리적, 행동적 변화를 유발하는 역할을 한다. 정액과 정협을 만들어 정자의 이동이 쉽게 도와주며, 암컷의 경우 알의 보호막이나 점착액을 분비하여 알을 싸준다.

정답 : ①

031 곤충과 날개의 변형이 옳지 않은 것은?

① 대벌레 – 연모(fringe)
② 오리나무좀 – 초시(elytra)
③ 갈색여치 – 가죽날개(tegmina)
④ 아까시잎혹파리 – 평균곤(haltere)
⑤ 갈색날개노린재 – 반초시(hemelytra)

해설 연모는 앞, 뒷날개의 뒷가장자리에 있는 털을 말하며, 총채벌레의 날개가 연모이다.

정답 : ①

032 성충의 외부 구조에 관한 설명으로 옳은 것은?

① 백송애기잎말이나방은 머리에 옆홑눈이 있다.
② 네문가지나방의 기문은 머리와 배 부위에 분포한다.
③ 갈색날개매미충의 다리는 3쌍이며 배 부위에 있다.
④ 알락하늘소의 더듬이는 머리에 있으며 세 부분으로 구성된다.
⑤ 진달래방패벌레의 날개는 앞가슴과 가운데가슴에 각각 1쌍씩 있다.

해설 ① Stemmata(낱눈, 옆홑눈)는 완전변태류 유충의 눈에 해당한다.
② 곤충의 호흡은 주로 기문으로 이루어진다. 가슴에 각 1쌍, 복부에 8쌍이 기본이다.
③ 앞가슴, 가운데가슴, 뒷가슴의 세 부분으로 되어 있으며 배쪽에서 각각 한 쌍의 다리가 나 있다.
⑤ 가운데가슴에 1쌍의 앞날개와 뒷가슴에 1쌍의 뒷날개가 있다.

정답 : ④

033 곤충의 말피기관에 관한 설명으로 옳은 것은?

① 맹관으로 체강에 고정된 상태이다.
② 중장 부위에 붙어 있으며 개수는 종에 따라 다르다.
③ 분비작용과정에서 많은 칼륨이온이 관외로 배출된다.
④ 육상곤충의 단백질 분해 산물은 암모니아 형태로 배설된다.
⑤ 대사산물과 이온 등 배설물을 혈림프에서 말피기관 내강으로 분비한다.

해설 ① 맹관으로 체강에 자유롭게 떠 있는(다른 조직과 연결되지 않은) 상태이다.
② 후장 시작 부위에 붙어 있으며 개수는 종에 따라 다르다.
③ 분비작용과정에서 많은 칼륨이온이 조직 내로 흡수하여 삼투압을 높인다.
④ 육상곤충의 질소대사산물을 암모니아 형태로 배설된다.

정답 : ⑤

034 곤충의 내분비계에 관한 설명으로 옳은 것은?

① 알라타체는 탈피호르몬을 분비한다.
② 카디아카체는 유약호르몬을 분비한다.
③ 내분비샘에서 성페로몬과 집합페로몬을 분비한다.
④ 신경분비세포에서 분비되는 호르몬은 엑디스테로이드이다.
⑤ 성충의 유약호르몬은 알에서의 난황 축적과 페로몬 생성에 관여한다.

해설 전대뇌에서 신경분비세포가 호르몬을 분비 → 카디아카체가 이를 다시 전흉선자극호르몬으로 바꿔 전흉선을 자극 → 거기서 엑디손 등의 탈피스테로이드류를 분비
② 카디아카체 : 심장박동 조절에 관여
④ 신경내분비세포 : 신경계에서 변형된 Neuron이며 뇌에서 주로 존재 대부분의 곤충 호르몬 생산하나 유충호르몬은 예외, 이들 호르몬의 합성과 방출은 신경내분비세포로부터 신경호르몬에 의해 지배

구분	역할
전흉선	머리 뒤쪽 가슴부위에 위치, Ecdysone(용화/탈피 호르몬)을 분비하여 표피의 탈피 과정을 촉진
엑디스테로이드	탈피를 촉진하는 작용을 가진 스테로이드, 암컷 성충의 난소에도 생산되어 난성숙에 관여
알라타체	유약호르몬(juvenile hormone)을 분비하여 변태와 생식에서 조절 역할
유약호르몬	• 가장 보편적 JH III • 주요 작용은 유충기에는 유충 형질 유지, 성충기에는 난소 성숙 등 생식기능의 발달 • 유충호르몬이 분비된 후에 전흉선호르몬이 분비되면서 유충 탈피를 일으킴

정답 : ⑤

035 각 해충의 연간 발생횟수, 월동장소, 월동태를 옳게 나열한 것은?

① 몸큰가지나방 - 3회, 흙 속, 알
② 독나방 - 3~4회, 낙엽 사이, 알
③ 갈색날개매미충 - 1회, 가지 속, 알
④ 극동등에잎벌 - 1회, 낙엽 및 흙 속, 번데기
⑤ 이세리아깍지벌레 - 1회, 가지 속, 번데기

해설 ① 몸큰가지나방 : 연 2회, 지표면의 낙엽 밑, 흙 속에서 번데기로 월동한다. 유충은 층층나무, 상수리나무, 진달래나무, 벚나무, 칡, 녹나무 등의 잎을 먹는다.
② 독나방 : 연 1회, 유충으로 나무껍질사이, 지피물 밑 군서로 월동한다. 유충이 많은 수종의 잎을 식해하지만 수목에 커다란 피해를 유발하지는 않는다. 하지만 각 충태에 독이 있는 털과 인분이 있어 인체의 피부에 닿으면 심한 염증을 일으킨다.
④ 극동등에잎벌 : 연 3~4회, 고치를 짓고 그 안에서 유충으로 월동한다.
⑤ 이세리아깍지벌레 : 연 2~3회, 3령 약충 또는 성충으로 월동한다.

정답 : ③

036 두 해충의 온도(x)와 발육률(y)의 관계에 관한 설명으로 옳은 것은?

> • 해충 A : y=0.01x−0.1
> • 해충 B : y=0.02x−0.2

① 두 해충의 발육영점온도는 같다.
② 두 해충의 유효적산온도는 같다.
③ 해충 A의 발육영점온도는 12℃이다.
④ 해충 A의 유효적산온도는 50온일도(degree day)이다.
⑤ 같은 환경 조건에서 해충 A의 발육이 해충 B보다 빠르다.

해설 y=aX−b에서 발육영점온도와 유효적산온도는 다음과 같다.
• 발육영점온도 T=−b/a(단위 : ℃)
 −해충 A : −0.1/0.01=10
 −해충 B : 0.2/0.02=10
• 유효적산온도 K=1/a(단위 : DD ; Degree−Days)
 −해충 A : 1/0.01=100
 −해충 B : 1/0.02=50

정답 : ①

037 겨울철에 약제 처리가 적합한 해충을 나열한 것은?

① 꽃매미, 소나무재선충
② 오리나무잎벌레, 꽃매미
③ 소나무재선충, 솔껍질깍지벌레
④ 갈색날개매미충, 솔껍질깍지벌레
⑤ 갈색날개매미충, 오리나무잎벌레

해설 수간 천공 시 송지유출 여부로 나무주사 시기는 동기(1~2월)이다. 솔껍질깍지벌레는 5~6월 부화약충시기에 약제살포를 하거나 11~3월 후약충시기에 나무주사를 해 사전 방제가 가능하다.

정답 : ③

038 단식성해충으로 나열한 것은?

① 박쥐나방, 큰팽나무이
② 박쥐나방, 붉나무혹응애
③ 큰팽나무이, 붉나무혹응애
④ 노랑쐐기나방, 큰팽나무이
⑤ 노랑쐐기나방, 붉나무혹응애

해설 단식성해충은 한 종의 수목만 가해하거나 같은 속의 일부 종만 기주로 하는 해충을 말한다.
- 회화나무 : 줄마디가지나방, 회양목 : 회양목명나방, 개나리 : 개나리잎벌
- 자귀나무 : 자귀뭉뚝날개나방
※ 단식성충영해충 : 밤나무혹벌, 구기자혹응애, 붉나무혹응애, 회양목혹응애, 큰팽나무이

정답 : ③

039 소나무재선충와 솔수염하늘소의 특성에 관한 설명으로 옳지 않은 것은?

① 소나무재선충은 소나무, 곰솔, 잣나무에 기생하여 피해를 입힌다.
② 솔수염하늘소는 제주도를 제외한 전국에 분포하며 1년에 2회 발생한다.
③ 솔수염하늘소 부화유충은 목설을 배출하고 2령기 후반부터는 목질부도 가해한다.
④ 소나무 침입한 재선충분산기 4기 유충은 바로 탈피하여 성충이 되고 교미하여 증식한다.
⑤ 솔수염하늘소 성충은 우화하여 어린가지의 수피를 먹고 몸에 지니고 있는 소나무재선충을 옮긴다.

해설 솔수염하늘소는 연 1회 발생한다.

정답 : ②

040 해충과 방제 방법의 연결이 옳지 않은 것은?

① 솔나방 – 기생성천적을 보호
② 말매미 – 산란한 가지를 잘라서 소각
③ 매미나방 – 성충 우화시기에 유아등으로 포획
④ 이세리아깍지벌레 – 가지나 줄기에 붙어있는 알덩이를 제거
⑤ 솔잎혹파리 – 지표면에 비닐을 피복하여 성충이 월동처로 이동하는 것은 차단

해설 유충이 월동처의 이동을 차단한다. 11월 하순~12월 상순경 토양에서 월동 중인 애벌레를 구제할 목적이 있다.

정답 : ⑤

041 **수목해충의 약제 처리에 관한 설명으로 옳지 않은 것은?**

① 꽃매미는 어린 약충기에 수관살포한다.
② 갈색날개매미충은 어린 약충기인 4월 하순부터 수관살포한다.
③ 미국선녀벌레는 어린 약충기에 수관 살포한다.
④ 밤바구미는 성충 우화기인 6월 초순경에 수관살포한다.
⑤ 솔나방은 월동한 유충의 활동기인 4월 중순과 하순경에 경엽살포한다.

해설 밤바구미는 약제살포로는 방제가 어렵고 수확한 밤을 훈증시키는 방법이 효과적이다. 수확 당시에는 아주 어린 애벌레 상태이기 때문에 수확 직후 곧바로 훈증하여야 하는데 시기를 놓치지 않는 게 중요하며 훈증시기가 늦으면 애벌레가 자라게 되므로 시기를 놓치지 않고 훈증을 하면 방제효과가 높다.

정답 : ④

042 **수목해충의 천적에 관한 설명으로 옳은 것은?**

① 꽃등에의 유충과 성충 모두 응애류를 포식한다.
② 개미침벌은 솔수염하늘소 번데기에 내부기생한다.
③ 중국긴꼬리좀벌은 밤나무혹벌유충에 외부기생한다.
④ 혹파리살이먹좀벌은 솔잎혹파리유충에 내부기생한다.
⑤ 홍가슴애기무당벌레는 진딧물류의 체액을 빨아 먹는 포식성이다.

해설 ① 꽃등에의 구더기들은 진딧물이나 깍지벌레 해충들을 잡아먹는다.
② 개미침벌은 솔수염하늘소 번데기에 외부기생한다.
③ 중국긴꼬리좀벌은 전년에 형성된 벌레혹 내부에서 월동하며, 겨울에 전정한 가지는 밤나무의 뿌리 근처에 모아서 기생봉이 우화하는 시기까지 방치 제거하면 기생봉의 밀도를 더욱 높일 수가 있다.
⑤ 홍가슴애기무당벌레는 진딧물류를 잡아먹는 먹는 포식성이다.

정답 : ④

043 제시된 수목해충의 방제법으로 옳지 않은 것은?

- 곰팡이를 지니고 다니면서 옮긴다.
- 연간 1회 발생하며, 주로 노숙 유충으로 월동한다.
- 유충과 성충이 신갈나무 목질부를 가해하여 외부로 목설을 배출한다.

① 나무를 흔들어 낙하한 유충을 죽인다.
② 우화 최성기 이전까지 끈끈이롤트랩을 설치한다.
③ 고사목과 피해목의 줄기와 가지를 잘라서 훈증한다.
④ 6월 중순을 전후하여 페니트로티온 유제를 수간살포한다.
⑤ 4월 하순부터 5월 하순까지 ha당 10개소 내외로 유인목을 설치한다.

해설 털어잡기는 활동성이 비교적 약한 수관부 서식해충으로 버들꼬마잎벌레 등에 이용한다. 광릉긴나무좀(*Platypus koryoensis*)은 딱정벌레목(Coleoptera), 긴나무좀과(Platypodidae), 긴나무좀아과(Platypodinae)이다. 암브로시아(Ambrosia) 나무좀류인 광릉긴나무좀은 참나무시들음병(oak wilt)을 유발하는 것으로 추정되는 병원균(*Raffaelea quercus-mongolicae*)을 참나무류에 매개하는 역할이다. 국내 분포하는 참나무 가장 큰 수종은 신갈나무(*Quercus mongolica*)로 알려져 있으며, 이 밖에도 다른 참나무류, 서어나무 등이 있다. 2004년 국내에서는 처음으로 경기도 성남시에서 참나무류 집단 고사 현상이 발견되었고 현재는 전국으로 확산되어 있는 실정이다.

정답 : ①

044 해충에 의한 피해 또는 흔적의 연결로 옳지 않은 것은?

① 때죽납작진딧물 – 잎에 혹 형성
② 물푸레면충 – 줄기나 새순에 구멍이 뚫림
③ 전나무잎응애 – 잎의 변색 또는 반점 형성
④ 천막벌레나방 – 거미물과 유사한 실이 있음
⑤ 매실애기잎말이나방 – 잎을 묶거나 맒

해설 군집을 형성한 후에는 기주식물의 잎이 뒤틀려 말려지며, 대량의 밀랍을 분비한다.

정답 : ②

045 격발현상에 관한 설명이다. 2차 해충에게 이러한 현상이 일어나는 이유를 옳게 나열한 것은?

> 살충제 처리가 2차 해충에 유리하게 작용하여 개체군의 증가 속도가 빨라지거나 그 밀도가 종전보다 높아지는 현상이다.

① 항생성, 생태형
② 생태형, 천적 제거
③ 천적제거, 항생성
④ 경쟁자 제거, 항생성
⑤ 천적제거, 경쟁자 제거

해설 격발 현상은 자연 상태에서는 해충과 천적 간에 어느 정도 생태적인 균형이 유지되고 있는데 특정 해충을 대상으로 약제를 계속 사용하면, 보다 감수성인 천적의 밀도가 감소하고 천적에 의해 억제되던 다른 해충이 급격히 증가하는 현상이다.

정답 : ⑤

046 해충과 밀도 조사방법의 연결이 옳지 않은 것은?

① 소나무좀 – 유인목트랩
② 벚나무응애 – 황색수반트랩
③ 복숭아명나방 – 유아등트랩
④ 잣나무별납작잎벌 – 우화상
⑤ 솔껍질깍지벌레 – 성페로몬트랩

해설 진딧물의 예찰은 황색수반(노란색 바탕의 물그릇)이나 끈끈이트랩을 이용한다. 응애류 예찰요령은 최초 주당 4엽씩 엽을 채취, 총 5주에서 20엽을 조사하여 응애(약·충 포함)가 서식하고 있는 엽수를 기록한다.

정답 : ②

047 버즘나무방패벌레와 진달래방패벌레에 관한 공통적인 설명으로 옳은 것은?

① 성충이 잎 앞면의 조직에 1개씩 산란한다.
② 성충의 날개에 X자 무늬가 뚜렷이 보인다.
③ 낙엽 사이나 지피물 밑에서 약충으로 월동한다.
④ 약충이 잎 앞면과 뒷면을 가리지 않고 가해한다.
⑤ 잎응애 피해 증상과 비슷하지만 탈피각이 붙어 있어 구별된다.

해설 응애 피해와 비슷하지만 피해 부위에 검은색의 벌레 똥과 탈피각이 붙어 있으므로 성충과 약충이 서식하지 않아도 응애 피해와 구별된다.
 • 진달래방패벌레
  – 등면에 X자 모양의 흑갈색 무늬가 있지만, 버즘나무방패벌레는 등면에 뚜렷한 2개의 검은 반점이 있는 것으로 구분한다.
  – 철쭉류의 잎 뒷면에 모여 살면서 흡즙가해하며 잎 표면은 황백색으로 변화시킨다.

- 성충으로 월동하며, 월동성충은 봄에 잎의 조직 내에 1개씩 산란한다.
- 유충은 5월경부터 나타나 가을까지 4~5회 발생하며, 낙엽에서 월동한다.
• 버즘나무방패벌레
  - 성충태로 수피 틈에서 월동하며, 이른 봄 월동한 성충은 잎 뒷면 엽맥 사이에 무더기로 산란하고 2~3일이 지나면 부화한다.
  - 부화한 약충은 30~40일 정도 흡즙가해하며, 북미지방에서는 연 2세대 경과하는데 남부에서는 그 이상인 것으로 알려져 있다.

정답 : ⑤

048 각 수목해충의 기주와 가해 부위를 옳게 나열한 것은?

① 식나무깍지벌레 성충 – 사철나무, 잎
② 벚나무모시나방 유충 – 벚나무, 가지
③ 황다리독나방 유충 – 층층나무, 가지
④ 주둥무늬차색풍뎅이 유충 – 벚나무, 잎
⑤ 느티나무벼룩바구미 성충 – 느티나무, 가지

해설
② 벚나무모시나방 유충 : 벚나무, 잎
③ 황다리독나방 유충 : 층층나무, 잎
④ 주둥무늬차색풍뎅이 성충 : 벚나무 등(광식성), 잎, 유충(뿌리)
⑤ 느티나무벼룩바구미 성충, 유충 : 느티나무, 잎

정답 : ①

049 흡즙성, 천공성, 종실 해충 순으로 옳게 나열한 것은?

① 박쥐나방, 자귀나무이, 밤바구미
② 자귀나무이, 박쥐나방, 솔알락명나방
③ 복숭아명나방, 돈나무이, 솔알락명나방
④ 자귀나무이, 도토리거위벌레, 복숭아 유리나방
⑤ 백송애기잎말이나방, 솔알락명나방, 복숭아유리나방

해설
• 흡즙성 : 진딧물류, 깍지벌레류, 방패벌레류, 나무이류, 선녀벌레, 매미충류등 노린재목과 응애류
• 천공성 : 솔수염하늘소, 북방수염하늘소, 광릉긴나무좀, 나무좀, 하늘소류, 바구미류, 비단벌레류, 유리나방류, 박쥐나방류와 일부 명나방류
• 종실해충, 구과해충 : 밤바구미, 복숭아명나방, 백송애기잎말이나방, 솔알락명나방

정답 : ②

050 수목해충의 물리적 또는 기계적 방제법에 해당하는 설명을 모두 고른 것은?

> ㄱ. 수확한 밤을 30℃ 온탕에 7시간 침지처리한다.
> ㄴ. 간단한 도구를 사용하여 매미나방알을 직접 제거한다.
> ㄷ. 해충 자체나 해충이 들어가 있는 수목조직을 소각한다.
> ㄹ. 석회와 접착제를 섞어 수피에 발라 복숭아유리나방의 산란을 방지한다.

① ㄱ
② ㄱ, ㄴ
③ ㄱ, ㄴ, ㄷ
④ ㄱ, ㄴ, ㄹ
⑤ ㄱ, ㄴ, ㄷ, ㄹ

해설
- 물리적 방제 : 온도, 습도, 색깔의 이용, 이온화에너지
- 기계적 방제 : 포살법, 유살법, 소각법, 매몰법, 박피법, 파쇄, 제재법, 진동법, 차단법

정답 : ⑤

PART 03 | 수목생리학

051 환공재, 산공재, 반환공재로 구분할 때 나머지와 다른 수종은?

① 벚나무
② 느티나무
③ 단풍나무
④ 자작나무
⑤ 양버즘나무

해설
- 환공재 : 참나무, 물푸레나무, 느티나무, 느릅나무, 팽나무, 회화나무, 아까시나무, 이팝나무, 밤나무, 음나무
- 산공재 : 단풍나무, 벚나무, 양버즘나무, 자작나무, 포플러, 칠엽수, 목련, 피나무
- 반환공재 : 호두나무, 가래나무, 중국굴피나무

정답 : ②

052 수목의 뿌리에서 코르크형성층과 측근을 만드는 조직은?

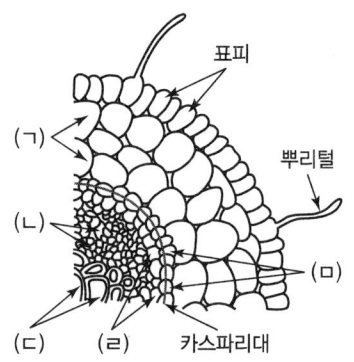

① ㄱ
② ㄴ
③ ㄷ
④ ㄹ
⑤ ㅁ

해설 ㄱ : 피층, ㄴ : 사부, ㄷ : 목부, ㄹ : 내초, ㅁ : 내피이다. 내초세포 외에도 주위의 유세포, 심지어 내피도 왕성하게 분열에 가담하여 측근이 발생하고, 내초의 세포가 분열하여 코르크형성층으로 된다.

정답 : ④

053 잎에 유관속이 두 개 존재하고 엽육조직이 책상조직과 해면조직으로 분화되지 않은 수종은?

① 주목
② 소나무
③ 잣나무
④ 전나무
⑤ 은행나무

해설

분류	엽속 내 숫자	유관속	아린	목재 성질	수종
소나무	2개, 3개	2개	잎이 질 때까지	비중 높고 굳으며 춘재에서 추재의 전이가 급함	소나무, 곰솔, 리기다, 테다, 방크스소나무
잣나무	3개, 5개	1개	첫 해 탈락	비중 낮아 연하고 춘재에서 추재의 전이 점진적임	잣나무, 섬잣나무, 스트로브잣나무, 백송

정답 : ②

054 수목의 꽃에 관한 설명으로 옳지 않은 것은?

① 버드나무는 2가화이다.
② 자귀나무는 불완전화이다.
③ 벚나무는 암술과 수술이 한 꽃에 있다.
④ 상수리나무는 암꽃과 수꽃이 한 그루에 달린다.
⑤ 단풍나무는 양성화와 단성화가 한 그루에 달린다.

해설 자귀나무는 완전화이며 양성화이고, 하나의 화서 안에 수꽃과 양성화가 함께 있는 방식이다.

명칭	뜻	예
완전화	꽃받침, 꽃잎, 수술, 암술을 모두 갖춘 꽃	벚나무, 자귀나무
불완전화	위의 네 가지 중 한 가지 이상 결여한 꽃	버드나무류, 자작나무류
양성화	암술과 수술을 한 꽃에 가짐	벚나무, 자귀나무
단성화	암술과 수술 중 한 가지만 가짐	버드나무류, 자작나무류
잡성화	양성화와 단성화가 한 그루에 달림	물푸레나무, 단풍나무
1가화	암꽃과 수꽃이 한 그루에 달림	참나무류, 오리나무류
2가화	암꽃과 수꽃이 각각 다른 그루에 달림	버드나무류, 포플러류, 소철류, 은행나무

정답 : ②

055 온대지방 수목에서 지하부의 계절적 생장에 관한 설명으로 옳은 것은?

① 잎이 난 후에 생장이 시작된다.
② 생장이 가장 활발한 시기는 한 여름이다.
③ 지상부의 생장이 정지되기 전에 뿌리의 생장이 정지된다.
④ 수목을 이식하려면 봄철 뿌리 발달이 시작한 후에 하는 것이 좋다.
⑤ 지상부와 지하부생장 기간 차이는 자유생장보다 고정생장 수종에서 더 크다.

해설 • 고정생장 : 수고생장은 이른 여름(8월) 정지하지만 뿌리 생장은 가을까지(11월까지)
• 자유생장 : 수고생장 9월, 뿌리생장은 10월(잎갈나무), 12월(자작)
① 뿌리의 신장은 이른 봄에 줄기의 신장보다 먼저 시작하고 가을에 줄기보다 더 늦게까지 생장한다.
② 봄에 줄기생장이 시작되기 전에 자라기 시작하고 왕성하게 자라다가 여름에 다소 감소하다가 가을에 다시 생장이 왕성해진다.
③ 지하부의 생장은 지상부에 있는 줄기의 생장과 무관하게 시작되고 정지한다고 할 수 있다.
④ 수목을 이식하려면 봄철 뿌리 발달이 시작한 전에 이식하는 것이 이상적이다.

정답 : ⑤

056 수목의 직경생장에 관한 설명으로 옳지 않은 것은?

① 유관속형성층이 생산하는 목부는 사부보다 많다.
② 유관속형성층의 병층분열은 목부와 사부를 생산한다.
③ 유관속형성층의 수층분열은 형성층의 세포수를 증가시킨다.
④ 유관속형성층이 봄에 활동을 시작할 때 목부가 사부보다 먼저 만들어진다.
⑤ 유관속형성층이 안쪽으로 생산한 2차 목부조직에 의해 주로 이루어진다.

해설 온대지방에서는 봄에 형성층이 세포분열을 제개할 때 사부조직이 목부조직보다 먼저 만들어진다.

정답 : ④

057 온대지방 낙엽활엽수의 무기영양에 관한 설명으로 옳은 것은?

① 가을이 되면 잎이 Ca 함량은 감소한다.
② 가을이 되면 잎의 P · K 함량은 증가한다.
③ Fe, Mn, Zn, Cu는 필수미량원소에 해당한다.
④ 양분요구도가 낮은 수목은 척박지에서 더 잘 자란다.
⑤ 무기양분 요구량은 농작물보다 많고 침엽수보다 적다.

해설 ① 낙엽 전 Ca 함량은 급격히 증가한다.
② 가을이 되면 잎의 P · K 함량은 급격히 감소한다.
④ 양분요구도가 낮은 수목은 척박지에서도 견딜 수 있다.
⑤ 무기양분 요구량은 농작물보다 적고 침엽수보다 많다(농작물 > 활엽수 > 침엽수 > 소나무류).

정답 : ③

058 수목 뿌리에서 무기이온의 흡수와 이동에 관한 설명으로 옳은 것은?

① 뿌리의 호흡이 중단되더라도 무기이온의 흡수는 계속된다.
② 세포질 이동은 내피 직전까지 자유공간을 이동하는 것이다.
③ 자유공간을 통해 무기이온이 이동할 때는 에너지를 소모하지 않는다.
④ 내초에는 수베린이 축척된 카스파리대가 있어 무기이온 이동을 제한한다.
⑤ 원형질막을 통한 무기이온의 능동적 흡수과정은 비선택적이고 가역적이다.

해설 ① 뿌리의 호흡이 중단되면 무기이온의 흡수는 중단된다.
② 세포벽이동(apoplastic)은 내피 직전까지 자유공간을 이동하는 것이다.
④ 내피에는 수베린이 축전된 카스파리대가 있어 무기이온 이동을 제한한다.
⑤ 원형질막을 통한 무기이온의 능동적 흡수과정은 선택적이고 가역적이다. 막 단백질을 통해 수용성(친수성, 포도당, 아미노산 등), 극성 물질, 전하를 띤 이온 등은 촉진 확산, 능동 수송의 방법으로 막을 통과한다.

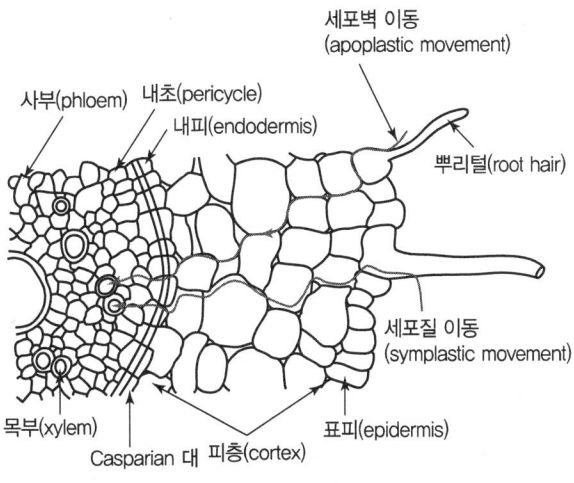

정답 : ③

059 햇빛이 있을 때 기공이 열리는 기작으로 옳지 않은 것은?

① K^+이 공변세포 내로 유입된다.
② 공변세포 내 음전하를 띤 malate가 축전된다.
③ 이른 아침에 적색광보다 청색광에 민감하게 반응한다.
④ H^+-ATPase가 활성화되어 공변세포 안으로 H^+가 유입된다.
⑤ 공변세포의 기공 쪽 세포벽보다 반대쪽 세포벽이 더 늘어나 기공이 열린다.

해설 H^+-ATPase가 활성화되면 ATP를 사용하여 H^+를 공변세포 밖으로 방출하여 공변세포와 주변세포 간의 양성자 기울기를 형성한다.

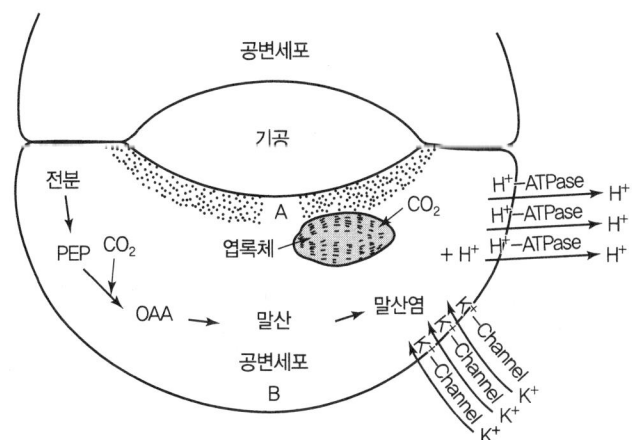

- 기공이 열릴 때의 공변세포의 생화학적 변화
- 전분이 분해되어 음전기를 띤 유기산으로 되고, 이를 중화시키기키 위해 양전기를 띤 칼륨이온이 주변에서 모여들어 삼투압이 증가하면서 수분을 흡수하여 기공이 열림

정답 : ④

060 수목의 수분흡수와 이동에 관한 설명으로 옳은 것은?

① 액포막에 있는 아쿠아포린은 세포의 삼투조절에 관여한다.
② 토양용액의 무기이온농도와 뿌리의 수분흡수속도는 비례한다.
③ 능동흡수는 증산작용에 의해 수분이 집단유동하는 것을 의미한다.
④ 이른 봄 고로쇠나무에서 수액을 채취할 수 있는 것은 근압 때문이다.
⑤ 일액현상은 온대지방에서 초본식물보다 목본식물에서 흔하게 관찰된다.

해설 아쿠아포린(aquaporin)은 세포막에서 물의 촉진 확산을 담당하는 막 단백질로 물은 세포막 안과 밖의 삼투압(Osmotic pressure) 차이에 의해서 움직인다.
② 수분이동이 빠르고 양분농도가 높을 때는 집단류가 큰 역할을 하지만, 토양용액의 양분농도가 낮을 때는 확산이 중요한 역할을 한다.
③ 수동흡수는 식물이 증산작용을 왕성하게 하고 있을 때, 잎에서 증산작용으로 생기는 끌어올리는 힘에 의해서 나무뿌리가 수동적으로 수분을 흡수하는 경우로, 대부분의 수분흡수는 이 방법에 의하여 일어난다.
④ 이른 봄 고로쇠나무에서 수액을 채취할 수 있는 것은 수간압 때문이다. 이때 수간압은 줄기와 가지의 물관부 세포의 수축과 팽창에 의해 생기는 압력으로 두 지점의 압력차에 의해 압력이 높은 곳에서 낮은 곳으로 수액이 이동한다. 낮에 기온이 올라 이산화탄소가 수간의 세포 간격에 축적되어 압력이 증가하면 상처를 통해 수액이 밖으로 흘러 나오고 밤에 이산화탄소가 흡수되어 압력이 감소하면 뿌리에서 수분을 흡수하여 다시 압력이 생긴다.
⑤ 일액현상은 온대지방에서 목본식물보다 초본식물에서 흔하게 관찰된다.

정답 : ①

061 햇빛을 감지하여 광형태형성을 조절하는 광수용체를 고른 것은?

| ㄱ. 엽록소 a | ㄴ. 엽록소 b | ㄷ. 피토크롬 |
| ㄹ. 카로티노이드 | ㅁ. 크립토크롬 | ㅂ. 포토트로핀 |

① ㄱ, ㄴ, ㄷ
② ㄱ, ㄹ, ㅂ
③ ㄴ, ㄹ, ㅁ
④ ㄷ, ㄹ, ㅁ
⑤ ㄷ, ㅁ, ㅂ

해설 ㄱ. 엽록소 a : 광합성에 필요한 빛에너지를 흡수하는 녹색을 띠는 주색소(청록색의 빛을 반사)이다. 모든 식물과 조류에서 반응 중심 엽록소 역할을 하여 주변에서 모인 빛에너지로 들뜬 전자를 최초 전자 수용체에 전달하는 역할이다.
ㄴ. 엽록소 b : 안테나 색소 역할을 하는 보조색소로 육상식물과 녹조류 등에 존재하며 이를 통해 육상식물이 녹조류에서 진화한다. 엽록소 a와 b는 약 3:1의 비율로 존재한다.
ㄷ. 피토크롬 : 광질에 반응하는 광수용체 중의 하나로 종자의 발아에서 개화까지 식물생장의 전과정에 관여한다. 적색광과 원적생광에 반응을 보이고 비교적 낮은 광도에서도 예민하게 반응하며 두 가지 다른 형태로 존재한다. 적색광(파장 660nm)을 비추면 Pr 형태에서 Pfr 형태로 바뀌고, 원적색광(파장 730nm)을 비추면 다시 Pr 형태로 바뀐다.

ㄹ. 카로티노이드(테트라테르페노이드) : 광합성을 돕고 자외선의 유해 작용을 막는 일종의 식물 색소이다. 카로티노이드는 빛 에너지를 흡수해 가장 중요한 광합성 색소인 엽록소에 전달함으로써, 광합성에서 부수적 역할을 수행하며 빨간색, 주황색 또는 노란색 계열의 색소군으로 구성된다.

ㅁ. 크립토크롬[플라빈(flavin)계 색소] : 식물의 빛 형태 형성에 중요한 역할을 하는 색소 단백질이자 파이토케미컬, 청색광효과라고 부르는 불가역적 반응이다. 적색광과 근적외선과 반응하는 피토크롬계색소와 함께 형태형성에 관여하며, 활성화되면 줄기의 성장을 억제한다. 안토시아닌의 합성을 촉진해 단파장 빛 스트레스에 대응하고 식물의 생체 주기를 재설정한다.

ㅂ. 포토트로핀(Phototropin) : 식물의 청색광수용체 플라빈계색소 단백질의 일종으로 굴광성(줄기 따위가 빛의 방향으로 굽는 현상)이다. 엽록체 이동, 잎의 전개, 기공의 개폐 등 광합성에 영향을 주는 움직임을 조절하는 식물 특이 청색광수용체이다.

정답 : ⑤

062 스트레스에 대한 수목의 반응으로 옳은 것은?

① 바람에 자주 노출된 수목은 뿌리 생장이 감소한다.
② 가뭄스트레스를 받으면 춘재 구성세포의 직경이 커진다.
③ 대기오염물질에 피해를 받으면 균근형성이 촉진된다.
④ 상륜은 발달 중인 미성숙 목부세포가 서리 피해를 입어 생긴다.
⑤ 동일 수종일지라도 북부산지 품종은 남부산지보다 동아 형성이 늦다.

해설
① 수목은 바람에 노출됨으로써 바람에 대한 저항성이 증가한다.
② 가뭄스트레스를 받으면 춘재 구성세포의 직경이 작아진다.
③ 대기오염물질에 피해를 받으면 균근형성이 억제된다.
⑤ 북부산지 품종은 남부산지보다 동아 형성이 빠르다.

정답 : ④

063 수목의 호흡에 관한 설명으로 옳은 것은?

① 뿌리에 균근이 형성되면 호흡이 감소한다.
② 형성층에서는 호기성 호흡만 일어난다.
③ 그늘에 적응한 수목은 호흡을 높게 유지한다.
④ 잎의 호흡량은 잎이 완전히 자란 직후 최대가 된다.
⑤ 유령림은 성숙림보다 단위 건중량당 호흡량이 적다.

해설 ① 뿌리에 균근이 형성되면 호흡이 증가한다.
② 형성층은 외부와 직접 접촉하지 않기 때문에 산소공급이 부족하여 혐기성 호흡이 일어나는 경향이 있다.
③ 그늘에 적응한 수목은 호흡을 낮게 유지한다.
⑤ 유령림은 성숙림보다 단위 건중량당 호흡량이 크다.

답 : ④

064 줄기의 수액에 관한 설명으로 옳지 않은 것은?

① 사부수액은 목부수액보다 pH가 낮다.
② 수액상승속도는 침엽수가 활엽수보다 느리다.
③ 수액상승속도는 증산작용이 활발한 주간이 야간보다 빠르다.
④ 목부수액에는 질소화합물, 탄수화물, 식물호르몬 등이 용해되어 있다.
⑤ 환공재는 산공재보다 기포에 의한 공동화현상(cavitation)에 취약하다.

해설 목부수액의 pH는 산성(pH 4.5~5.0)이며 사부수액은 알칼리성(pH 7.5)이다. 목부수액(*xylem sap*)은 토양으로부터 증산류를 타고 상승하는 도관(혹은 가도관) 내의 수액을 말하며, 사부수액(*phloem sap*)은 사부를 통한 탄수화물의 이동액을 말한다.

정답 : ①

065 유성생식에 관한 설명으로 옳지 않은 것은?

① 화분 입자가 작을수록 비산거리가 늘어난다.
② 온도가 높고 건조한 낮에 화분이 더 많이 비산된다.
③ 잣나무의 암꽃은 수관 상부에 수꽃은 수관 하부에 달린다.
④ 피자식물은 감수기간에 배주 입구에 있는 주공에서 수분액을 분비한다.
⑤ 소나무는 탄수화물 공급이 적은 상태에서 수꽃이 더 많이 만드는 경향이 있다.

해설 나주식물은 감수기간에 노출된 배주의 입구에 있는 주공에서 수분액을 분비한다.

정답 : ④

066 **수목의 호흡과정에 관한 설명으로 옳지 않은 것은?**

① 해당 작용은 세포질에서 일어난다.
② 기질이 산화되어 에너지가 발생한다.
③ 크렙스회로는 미토콘드리아에서 일어난다.
④ 말단전자전달경로의 에너지 생산효율이 크렙스회로보다 높다.
⑤ 말단전자전달경로에서 전자는 최종적으로 피루브산에 전달된다.

해설
- NADH로 전달된 전자와 수소가 최종적으로 산소(O_2)에 전달되어 물(H_2O)로 환원되면서 추가로 효율적으로 ATP를 생산하는 과정이다.
- 호흡은 세포질과 미토콘드리아에서 일어나며 해당작용은 포도당을 두 분자의 피루브산으로 나눈다.
- 피루브산은 CO_2와 조효소 A가 결합한 아세틸로 분리된다.
- 크렙스회로에서 아세틸기는 두 분자의 이산화탄소로 파괴된다.
- 전자전달 연쇄는 미토콘드리아 내막을 경계로 양성자 기울기가 일어난다.
- 화학삼투와 산화적 인산화는 미토콘드리아에서 ATP를 생성한다.

정답 : ⑤

067 **수목에서 탄수화물에 관한 설명으로 옳지 않은 것은?**

① 공생하는 균근균에 제공된다.
② 단백질을 합성하는데 이용된다.
③ 호흡과정에서 에너지 생산에 이용된다.
④ 겨울에 빙점을 낮춰 세포가 어는 것을 방지한다.
⑤ 잣나무 종자의 저장물질 중 가장 높은 비율을 차지한다.

해설 지질은 종자나 과일의 중요한 저장물질이며 농축된 에너지에 해당한다.

정답 : ⑤

068 **다당류에 관한 설명으로 옳지 않은 것은?**

① 전분은 주로 유세포에 전분립으로 축적된다.
② 셀룰로스는 포도당 분자들이 선형으로 연결되어 있다.
③ 펙틴은 중엽층에서 세포들을 결합시키는 접착제 역할을 한다.
④ 세포의 2차벽에는 헤미셀룰로스가 셀룰로스보다 더 많이 들어 있다.
⑤ 잔뿌리 끝에서 분비되는 점액질은 토양을 뚫고 들어갈 때 윤활제 역할을 한다.

해설 2차 세포벽에는 셀룰로스 다음으로 헤미셀룰로스(30%)가 있다.

정답 : ④

069 수목의 사부수액에 관한 설명으로 옳은 것은?

① 흔하게 발견되는 당류는 환원당이다.
② 탄수화물은 약 2% 미만으로 함유되어 있다.
③ 탄수화물과 무기이온이 주성분이며 아미노산은 발견되지 않는다.
④ 참나무과수목에는 자당(sucrose)보다 라피노스(raffinose) 함량이 더 많다.
⑤ 장미과 마가목속 수목은 자당(sucrose)과 함께 소르비톨(sorbitol)도 다량 포함하고 있다.

해설
① 흔하게 발견되는 당류는 비환원당이다.
② 사부수액에는 당류가 보통 20% 가량 함유되어 있다.
③ 탄수화물 이외에도 아미노산, K, Mg, Ca, Fe이 포함되어 있다.
④ 참나무과 수목에는 자당(sucrose)은 다량 들어 있으나 소르비톨(sorbitol)도 포함되어 있지 않다.

정답 : ⑤

070 수목의 호르몬에 관한 설명으로 옳은 것은?

① 옥신은 줄기에서 곁가지 발생을 촉진한다.
② 뿌리가 침수되면 에틸렌 생장이 억제된다.
③ 아브시스산은 겨울눈의 휴면타파를 유도한다.
④ 일장이 짧아지면 브라시노스테로이드가 잎에 형성되어 낙엽을 유도한다.
⑤ 암 상태에서 발아한 유식물에 시토키닌을 처리하면 엽록체가 발달한다.

해설
① 옥신은 발근(뿌리 생장) 촉진, 굴광성, 굴지성, 잎의 탈락 억제(낙엽 방지), 곁눈생장 억제(정단우성, 정아우성), 제초제 역할을 한다.
② 침수식물에서 에틸렌이 조직 내에 축적되기 때문에 생장이 촉진된다.
③ 아브시스산(ABA)은 식물의 생장 조절 물질 중 하나로 휴면 유도, 기공 개폐, 생장 억제, 노화 및 낙엽 촉진 등의 효과가 있다.
④ 브라시노스테로이드는 옥신과 다른 작용기작으로 분열조직의 세포신장을 촉진한다.

정답 : ⑤

071 수목의 질산환원에 관한 설명으로 옳지 않은 것은?

① 흡수된 NO_3^-는 아미노산 합성 전에 NH_4^+로 환원된다.
② 잎에서 질산환원은 광합성속도와 부(−)의 상관관계를 갖는다.
③ 산성토양에서 자라는 진달래류는 질산환원이 뿌리에서 일어난다.
④ 산성토양에서 자라는 소나무의 목부수액에는 NO_3^-가 거의 없다.
⑤ 질산환원효소(nitrate reductase)에 의한 환원은 세포질에서 일어난다.

해설 탄수화물 공급이 느려지면 질산환원도 둔화된다. 즉 광합성 속도와 보조를 맞춘다는 뜻이다.
① 토양에서 뿌리로 흡수된 NO_3^- 형태의 질소는 아미노산 합성에 이용되기 전, 먼저 NH_4^+ 형태로 바뀌어야 한다.
③ 산성토양에서 잘 견디는 소나무류와 진달래류는 NO_3^-가 적은 토양에서 자라면서 질산환원이 뿌리에서 이루어진다.
⑤ 질산환원효소에 의한 질산태질소(NO_3^-)의 환원과정은 세포질 내에서 일어난다.

정답 : ②

072 목본식물의 질소함량변화에 관한 설명으로 옳지 않은 것은?

① 낙엽수나 상록수 모두 계절적 변화가 관찰된다.
② 오래된 가지, 수피, 목부의 질소함량비는 나이가 들수록 감소한다.
③ 줄기 내 질소함량의 계절적 변화는 사부보다 목부에서 더 크다.
④ 질소함량은 낙엽 직전에 잎에서는 감소하고 가지에서는 증가한다.
⑤ 봄철 줄기 생장이 개시되면 목부내부 질소함량이 감소하기 시작한다.

해설 목부보다는 사부의 변화가 더 심하며 주로 살아있는 내부피와 줄기와 뿌리의 사부조직에 질소를 저장한다.

정답 : ③

073 수목의 지방 대상에 관한 설명으로 옳지 않은 것은?

① 지방은 에너지 저장수단이다.
② 지방의 해당작용은 엽록체에서 일어난다.
③ 지방분해과정의 첫 번째 효소는 라파아제(lipase)이다.
④ 지방의 분해는 O_2를 소모하고 ATP를 생산하는 호흡작용이다.
⑤ 지방은 글리세롤과 지방산으로 분해된 후 자당(sucrose)으로 합성된다.

해설 지방의 분해에는 3개의 세포소기관, 올레오솜, 글리옥시솜, 미트콘드리아가 관련된다.

정답 : ②

074 수목의 페놀화합물에 관한 설명으로 옳지 않은 것은?

① 감나무 열매의 떫은맛은 타닌 때문이다.
② 플라보노이드는 주로 액포에 존재한다.
③ 페놀화합물은 토양에서 타감작용을 한다.
④ 이소플라본은 파이토알렉신기능을 한다.
⑤ 나무좀의 공격을 받으면 리그닌 생산이 촉진된다.

해설 침엽수가 나무좀의 공격을 받으면 목부의 유세포가 추가로 수지도를 만들어 수지의 분비를 촉진하여 나무좀의 피해를 적게 해 준다.

페놀화합물
- 리그닌, 타닌, 플라보노이드가 중요한 그룹으로 폴리페놀은 심재에서 많이 추출되며 목본식물은 초본식물보다 훨씬 많음
- 리그닌 : 건중량의 15~25% 차지, 셀룰로스 다음으로 지구상에 많은 유기화합물, 세포벽 구성성분
- 타닌 : 떫은맛으로 초식동물이 싫어하도록 유도, 타감물질(식물의 생장 억제) 역할
- 플라보노이드 : 식물이 병원균의 공격을 받으면 감염 부위 확대 억제 물질 파이토알렉신 역할

정답 : ⑤

075 광합성에 영향을 주는 요인으로 옳은 설명을 고른 것은?

> ㄱ. 침수는 뿌리호흡을 방해하여 광합성량을 감소시킨다.
> ㄴ. 성숙잎이 어린잎보다 단위면적당 광합성량이 적다.
> ㄷ. 수목은 광도가 광보상점 이상이어야 살아갈 수 있다.
> ㄹ. 그늘에 적응한 나무는 광반(sunfleck)에 신속하게 반응한다.
> ㅁ. 수목은 이른 아침에 수분부족으로 인한 일중침체 현상을 겪는다.
> ㅂ. 상록수의 광합성량은 낙엽수보다 완만한 계절적 변화를 보인다.

① ㄱ, ㄴ, ㄷ ② ㄱ, ㄷ, ㄹ, ㅁ
③ ㄱ, ㄷ, ㄹ ④ ㄴ, ㄷ, ㄹ, ㅁ
⑤ ㄴ, ㄹ, ㅁ

해설 ㄴ. 어린 숲일 때 엽량이 많고 생조직이 많아 호흡량이 성숙림보다 높다. 어린 숲일 때 광합성량이 적다.
ㅁ. 일중침체는 여름철 낮에 자주 나타난다.

정답 : ③

PART 04 | 산림토양학

076 SiO₂ 함량이 66% 이상인 산성암은?

① 반려암
② 섬록암
③ 안산암
④ 현무암
⑤ 석영반암

해설

냉각장소 \ SiO₂ 함량	산성암 (SiO₂ > 66%)	중성암 (SiO₂ 66~52%)	염기성암 (SiO₂ < 52%)
심성암	화강암	섬록암	반려암
반심성암	석영반암	섬록반암	휘록암
화산암(분출암)	유문암	안산암	현무암

정답 : ⑤

077 배수와 통기성이 양호하며 뿌리의 발달이 원활한 심층토에서 주로 발달하는 토양구조는?

① 괴상구조
② 단립구조
③ 입상구조
④ 판상구조
⑤ 견과상구조

해설

구조	입단의 상태	층위
입상(구상)	작은 구상, 입단사이간격, 유기물 많은 표토층, 입단 결합 약함	A층위
판상	습윤지토양, 배수불량, 용적밀도 큼	논토양, 경반층
괴상	• 블록다면체, 입단사이 간격 좁음 • 배수와 통기성 양호, 뿌리의 발달	Bt층위, 심토층
각주상	• 세로배열(수직형태), 건조·반건조 • 배수불량, 팽창점토에서 발달	Bt층위, 심토층
원주상	수평면이 둥글게 발달, Na, B층	논토양, 심토층

정답 : ①

078 모래, 미사, 점토 함량(%)이 각각 40, 40, 20인 토양의 토성은?

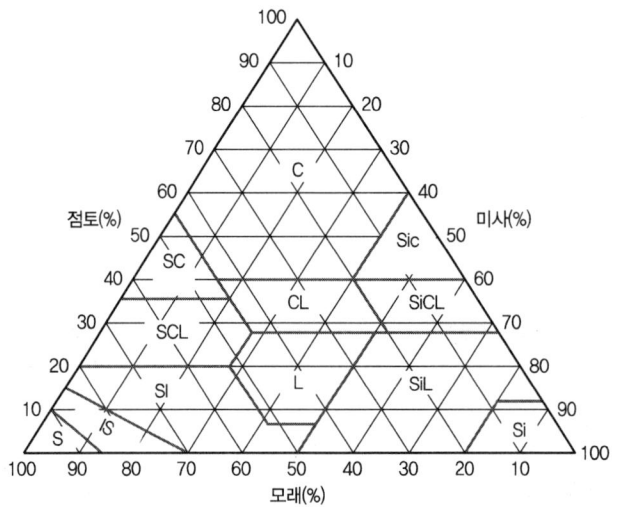

① L(양토)
② SL(사양토)
③ CL(식양토)
④ SiL(미사질양토)
⑤ SCL(사질식양토)

해설 L(Loam : 양토), C(Clay : 점토), Si(Silt : 미사), S(Sand : 모래)

정답 : ①

079 점토광물 중 양이온교환용량(CEC)이 가장 높은 것은?

① 일라이트(illite)
② 클로라이트(chlorite)
③ 카올리나이트(kaolinite)
④ 할로이사이트(halloysite)
⑤ 버미큘라이트(vermiculite)

해설 점토광물 CEC 순서는 알로폰(allophane) > 버미큘라이트(vermiculite) > 몽모리오라이트(montmorillonite) > 할로이사이트(halloysite) > 일라이트(illite) > 클로라이트(chlorite) > 카올리나이트(kaolinite) 이다.

정답 : ⑤

080 한국의 산림토양특성에 관한 설명으로 옳지 않은 것은?

① 토양형으로 생산력을 예측할 수 있다.
② 가장 널리 분포하는 토양은 암적색산림토양이다.
③ 토양의 분류 체계는 토양군, 토양아군, 토양형 순이다.
④ 주로 모래 함량이 많은 사양토이며 산성토양이다.
⑤ 수분 상태는 건조, 약건, 적윤, 약습, 습으로 구분한다.

해설 산림토양 가운데 갈색산림토가 가장 많고 우리나라 산림 전체 면적의 77.1%를 차지한다. 또한 사양토가 26.1%를 차지하며, 양토(45.4%) 다음으로 많다.

- 갈색산림토양군(B ; Brown forest soils) : 전국 산지에 대부분 출현하는 토양
- 토양군 : 용이하게 식별이 가능한 토색을 주된 기준
- 토양아군 : 전형적인 토양아군과 다른 토양군으로 이행적인 토양아군의 특징을 포함할 수 있도록 명명
- 토양형 : 수분조건, 토양단면의 형태의 차이 및 토양성숙도의 차이에 의해 명명

토양군	기호	토양아군	기호	토양형	기호
갈색산림토양 (Brown forest soils)	B	갈색산림토양	B	갈색의 건조한 산림토양 갈색의 약건한 산림토양 갈색의 적윤한 산림토양 갈색의 약습한 산림토양	B_1 B_2 B_3 B_4
		적갈계갈색산림토양	rB	적색계갈색건조산림토양 적색계갈색약건산림토양	rB_1 rB_2
적황색산림토양 (Red & Yellow forest soils)	R·Y	적색산림토양	R	적색건조산림토양 적색약건산림토양	$R·Y-R_1$ $R·Y-R_2$
		황색산림토양	Y	황색의 건조한 산림토양	$R·Y-Y$
암적색산림토양 (Dark Red forest soils)	DR	암적색산림토양	DR	암적색의 건조한 산림토양 암적색의 약건한 산림토양 암적색의 적윤한 산림토양	DR_1 DR_2 DR_3
		암적갈색산림토양	DRb	암적갈색건조산림토양 암적갈색약건산림토양	DRb_1 DRb_2
회갈색산림토양 (Gray Brown forest soils)	GrB	회갈색산림토양	GrB	회갈색건조산림토양 회갈색약건산림토양	GrB_1 GrB_2
화산회산림토양 (Volcamic ash forest soils)	Va	화산회산림토양	Va	화산회건조산림토양 화산회약건산림토양 화산회적윤산림토양 화산회습윤산림토양 화산회자갈많은산림토양 화산회성적색건조산림토양 화산회성적색약건산림토양	Va_1 Va_2 Va_3 Va_4 $Va-gr$ $Va-R_1$ $Va-R_2$
침식토양 (Eroded soils)	Er	침식토양	Er	약침식토양 강침식토양 사방지토양	Er_1 Er_2 $Er-c$

토양군	기호	토양아군	기호	토양형	기호
미숙토양 (Immature soils)	Im	미숙토양	Im	미숙토양	Im
암쇄토양 (Lithosols)	Li	암쇄토양	Li	암쇄토양	Li
8개 토양군		11개 토양아군		28개 토양형	

정답 : ②

081 온대 또는 열대의 습윤한 기후에서 발달하며 cambic, umbric 표층을 가지는 토양목은?

① 알피졸(Alfisol)
② 울티졸(Ultisol)
③ 엔티졸(Entisol)
④ 앤디졸(Andisol)
⑤ 인셉티졸(Inceptisol)

해설 인셉티졸(Inceptisol)은 토층분화가 중간 정도인 토양으로, cambic(변화 발달 초기 약한 토양), umbric(염기 결핍 BS<50%, 암색표층) 표층을 갖고 있다.

정답 : ⑤

082 광물의 풍화 내성이 강한 것부터 약한 순서로 나열한 것은?

① 미사장석 > 백운모 > 흑운모 > 감람석 > 석영
② 감람석 > 석영 > 미사장석 > 백운모 > 흑운모
③ 백운모 > 흑운모 > 석영 > 미사장석 > 감람석
④ 석영 > 백운모 > 미사장석 > 흑운모 > 감람석
⑤ 흑운모 > 백운모 > 감람석 > 석영 > 미사장석

해설 1차 광물 내성
석영 > 백운모 > 미사장석 > 정장석 > 흑운모 > 조장석 > 각섬석 > 휘석 > 회장석 > 감람석

정답 : ④

083 칼륨과 길항관계이며 엽록소의 구성성분인 식물 필수 원소는?

① 인 ② 철
③ 망간 ④ 질소
⑤ 마그네슘

해설 마그네슘
- 엽록소의 성분으로서 엽록소의 생성에 밀접한 관계가 있으며 단백질의 생성 이전에도 관여함
- 식물체 내에서 인산의 이동과 지방의 생성에도 필요함
- 염화가리, 유안, 유석회 등의 과잉 사용은 마그네슘을 방출하게 되고, 그 결핍을 일으키게 됨
- 결핍은 성잎부터 먼저 나타나고 어린잎으로 나타나며, 잎맥 사이가 황변하고 황백화 현상이 있음

정답 : ⑤

084 물에 의한 토양침식에 관한 설명으로 옳지 않은 것은?

① 유기물 함량이 많으면 토양유실이 줄어든다.
② 토양에 대한 빗방울의 타격은 토양입자를 비산시킨다.
③ 분산 이동한 토양입자들은 공극을 막아 수분의 토양침투를 어렵게 한다.
④ 강우강도는 강우량보다 토양침식에 더 많은 영향을 미치는 인자이다.
⑤ 토양유실은 면상침식이나 세류침식보다 계곡침식에서 대부분 발생한다.

해설 토양유실은 대부분 가시적으로 확실히 구별되는 협곡침식(계곡침식)보다 면상침식이나 세류침식에 의하여 일어나는 것이다.

정답 : ⑤

085 토양의 질산화작용 중 각 단계에 관여하는 미생물의 속명이 옳게 연결된 것은?

1단계	2단계
$NH_4^+ \rightarrow NO_2^-$	$NO_2^- \rightarrow NO_3^-$

① *Nitrocystis*, *Rhizobium*
② *Nitrosomonas*, *Frankia*
③ *Nitrosospira*, *Nitrobacter*
④ *Rhizobium*, *Nitrosococcus*
⑤ *Pseudomonas*, *Nitrosomonas*

해설 암모니아 산화균, 아질산 산화균이다.

$$NH_4^+ \xrightarrow{O_2} NO_2^- \xrightarrow{O_2} NO_3^-$$

Nitrosomonas
Nitrosococcus   *Nitrobacter*
Nitrosospira

정답 : ③

086 토양포화침출액의 전기전도도(EC)가 4dS/m 이상이고, 교환성나트륨퍼센트(ESP)가 15% 이하이며, 나트륨흡착비(SAR)는 13 이하인 토양은?

① 염류토양
② 석회질토양
③ 알칼리토양
④ 나트륨성토양
⑤ 염류나트륨성토양

> **해설** 염류집적토양의 분류
>
> | 구분 | EC(전기전도도) | ESP(교환성나트륨) | SAR(나트륨흡착비) | pH |
> |---|---|---|---|---|
> | 정상토양 | <4.0 | <15 | <13 | <8.5 |
> | 염류토양 | >4.0 | <15 | <13 | <8.5 |
> | 나트륨성토양 | <4.0 | >15 | >13 | >8.5 |
> | 염류나트륨성토양 | >4.0 | >15 | >13 | <8.5 |
>
> 정답 : ①

087 균근에 관한 설명으로 옳지 않은 것은?

① 균근은 균과 식물뿌리의 공생체이다.
② 인산을 제외한 양분 흡수를 도와준다.
③ 굴참나무는 외생균근, 단풍나무는 내생균근을 형성한다.
④ 균사는 토양을 입단화하여 통기성과 투수성을 증가시킨다.
⑤ 식물은 토양으로 뻗어나온 균사가 흡수한 물과 양분을 얻는다.

> **해설** 균류는 식물이 토양에서 인, 질소 등과 같은 무기 양분의 흡수를 도와준다.
>
> 정답 : ②

088 토양의 완충용량에 관한 설명으로 옳지 않은 것은?

① 식물양분의 유효도와 밀접한 관계가 있다.
② 완충용량이 클수록 토양의 pH 변화가 적다.
③ 모래함량이 많은 토양일수록 완충용량은 커진다.
④ 부식의 함량이 많을수록 완충용량은 커진다.
⑤ 양이온교환용량이 클수록 완충용량은 커진다.

> **해설** 토양 pH의 완충용량은 외부에서 토양에 산 또는 알칼리성 물질을 가할 때 pH의 변화를 억제하는 능력이다. 토양의 양이온치환용량이 클수록 완충용량이 커지며, 점토나 부식물이 많은 토양일수록 pH 완충용량이 커서 pH값을 변화시키는 데에는 더 많은 석회를 시용해야 한다.
>
> 정답 : ③

089 산불이 산림토양에 미치는 영향으로 옳은 설명만 고른 것은?

> ㄱ. 교환성양이온(Ca^{2+}, Mg^{2+}, K^+)은 일시적으로 증가한다.
> ㄴ. 입단구조붕괴, 재에 의한 공극폐쇄, 점토입자분산 등으로 토양용적밀도가 감소한다.
> ㄷ. 지표면에 불투수층이 형성되어 침투능이 감소하고 유거수와 침식이 증가한다.
> ㄹ. 양이온교환능력은 유기물 손실양에 비례하여 증가한다.

① ㄱ, ㄴ
② ㄱ, ㄷ
③ ㄱ, ㄹ
④ ㄴ, ㄷ
⑤ ㄴ, ㄹ

해설
ㄴ. 산불로 인하여 표층 토양의 용적밀도(g/cm^3)는 1~15% 증가한다.
ㄹ. 양이온교환능력은 유기물 손실양에 비례하여 감소한다.

정답 : ②

090 콩과식물의 레그헤모글로빈 합성에 필요한 원소는?

① 규소
② 나트륨
③ 셀레늄
④ 코발트
⑤ 알루미늄

해설 콩과식물은 인간의 헤모글로빈과 비슷한 레그헤모글로빈이라는 물질을 갖고 있다. 이는 근류에서 발견되는 산소친화성이 강한 미오글로빈형 단위체로 산소와의 결합력이 인간의 헤모글로빈보다 10배 정도 높다. 그래서 질소고정효소가 잘 작동하도록 산소를 낮추는 역할과 호흡이 필요한 부위에 산소를 제공하는 2가지 역할을 동시에 수행하기에 적합하다. 코발트는 뿌리혹박테리아의 활동 또는 레그헤모그로빈의 형성에 관여하는데 비타민 B12를 구성하는 중심원소이며, 비타민 B12는 오로지 미생물에서만 생합성한다.

정답 : ④

091 토양유기물 분해에 관한 설명으로 옳지 않은 것은?

① 토양이 산성화 또는 알칼리화되면 유기물 분해속도는 느려진다.
② 페놀화합물 함량이 유기물 건물 중량의 3~4%가 되면 분해속도는 빨라진다.
③ 발효형 미생물은 리그닌의 분해를 촉진시키는 기폭효과를 가지고 있다.
④ 탄질비가 300인 유기물도 외부로부터 질소가 공급되면 분해속도가 빨라진다.
⑤ 리그닌과 같은 난분해성 물질은 유기물분해의 제한요인으로 작용할 수 있다.

해설 페놀화합물 함량이 유기물 건물 중량의 3~4%가 되면 분해속도는 매우 느려진다.
- 대부분의 미생물이 중성에서 활성이 높음
- 기폭효과 : 발효형 미생물이 분해 저항성이 큰 부식이나 리그닌의 분해를 촉진시키는 효과

정답 : ②

092 식물영양소의 공급기작에 관한 설명으로 옳은 것은?

① 인산이 칼륨보다 큰 확산계수를 가진다.
② 칼슘과 마그네슘은 주로 확산에 의해 공급된다.
③ 식물이 필요로 하는 영양소의 대부분은 집단류에 의해 공급된다.
④ 집단류에 의한 영양소 공급기작은 접촉교환학설이 뒷받침한다.
⑤ 뿌리차단(root interception)에 의한 영양소 흡수량은 뿌리가 발달할수록 적어진다.

해설 ① 칼륨이 인산보다 큰 확산계수를 가진다.
② 인산과 칼륨은 주로 확산에 의해 공급된다.
④ 뿌리차단에 의한 공급기작은 접촉교환학설이 뒷받침한다.
⑤ 뿌리차단(root interception)에 의한 영양소 흡수량은 뿌리가 발달할수록 더 많이 공급받을 수 있다.

정답 : ③

093 식물체 내에서 영양소와 생리적 기능의 연결로 옳지 않은 것은?

① 칼륨 – 이온 균형 유지
② 붕소 – 산화환원반응 조절
③ 칼슘 – 세포벽 구조 안정화
④ 인 – 핵산과 인지질의 구성원소
⑤ 니켈 – 요소분해효소의 보조인자

해설 식물체 내의 호흡(광합성) 또는 산화환원반응, 효소성분생산은 구리의 기능이다. 붕소는 핵산합성과 광합성 및 뿌리 끝 생장에 관여하며, 세포의 발달과 생장에 필수적이다.

정답 : ②

094 석회질비료에 관한 설명으로 옳지 않은 것은?

① 토양 개량으로 양분 유효도 개선을 기대할 수 있다.
② 석회석의 토양 산성 중화력은 생석회보다 더 높은 편이다.
③ 석회고토는 백운석($CaCO_3$, $MgCO_3$)을 분쇄하여 분말로 제조한 것이다.
④ 소석회는 알칼리성이 강하므로 수용성 인산을 함유한 비료와 배합해서는 안 된다.
⑤ 부식과 점토함량이 낮은 토양의 산도 교정에는 생석회를 많이 사용하지 않아도 된다.

[해설]

구분	주성분화합물	함유석회량(CaO)%
소석회	$Ca(OH)_2$	60
석회석	$CaCO_3$	45
석회고토	$CaCO_3$, $MgCO_3$	53
생석회	CaO	80

정답 : ②

095 답압이 토양에 미치는 영향으로 옳은 것은?

① 입자밀도가 높아진다.
② 수분 침투율이 증가한다.
③ 표토층입단이 파괴된다.
④ 토양 공기의 확산이 증가한다.
⑤ 토양 3상 중 고상의 비율이 감소한다.

[해설]
① 용적밀도가 높아진다.
② 수분 침투율이 낮아진다.
④ 토양 공기의 확산이 감소한다. 공기 사이에 가스의 확산에 의한 이동 때문이다. 토양산소의 결핍은 답압의 피해가 주된 원인이다.
⑤ 토양 3상 중 기상의 비율이 감소한다.

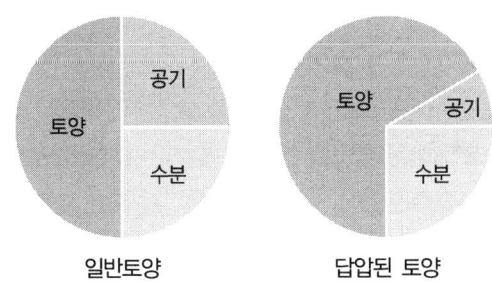

일반토양   답압된 토양

정답 : ③

096 토양콜로이드 입자의 표면에 흡착된 양이온 중 토양을 산성화시키는 원소만 모두 고른 것은?

> ㄱ. 수소   ㄴ. 칼륨   ㄷ. 칼슘
> ㄹ. 나트륨   ㅁ. 마그네슘   ㅂ. 알루미늄

① ㄱ, ㄹ
② ㄱ, ㅂ
③ ㄱ, ㅁ, ㅂ
④ ㄴ, ㄷ, ㄹ, ㅁ
⑤ ㄱ, ㄴ, ㄷ, ㄹ, ㅁ

해설 토양산성화의 원인
- 토양의 산성화 : H^+의 증가, 염기의 용탈
- 교환성양이온 중에서 수소이온과 여러 형태의 Al-hydroxyl이온이 차지하는 비율 증가
- 모암 : 산성암인 화강암과 화강편마암
- 기후 : 강우에 의한 염기의 용탈
- 점토에 흡착된 H^+의 해리[$Al^{3+}+H_2O \Leftrightarrow Al(OH)^{2+}+H^+$]
- 부식에 의한 산성화 : $-COOH$와 $-OH$에서 H^+의 해리
- CO_2에 의한 산성화 : $CO_2+H_2O \Leftrightarrow H_2CO_3 \Leftrightarrow H^+ + HCO_3^- \Leftrightarrow H^+ + CO_3^{2-}$
- 유기산에 의한 산성화 : 미생물에 의해 유기물이 분해될 때 유기산이 생성됨
- 무기산에 의한 산성화 : 산성비
- 비료에 의한 산성화 : $NH_4^+ + 2O_2 \rightarrow NO_3^- + H_2O + H^+$

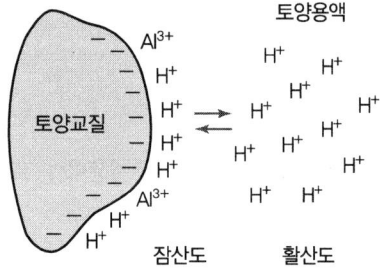

정답 : ②

097 토양코어(부피 100cm³)를 사용하여 채취한 토양의 건조 후 무게는 150g이었다. 중량수분함량이 20%일 때 토양의 공극률(%)과 용적수분함량(%)은? (단, 입자밀도는 3.0g/cm³, 물의 밀도는 1.0g/cm³이다.)

① 30, 20
② 40, 20
③ 40, 30
④ 50, 30
⑤ 60, 30

해설
- 중량수분함량＝수분의 무게/건조토의 무게
- 수분의 무게＝중량수분함량×건조토의 무게＝0.2×150＝30g
- 용적밀도＝건조토의 무게/전체 부피＝150/100＝1.5g/cm³
- 용적수분함량＝중량수분함량×용적밀도＝20×1.5＝30%
- 공극률＝1－(1.5/3.0)＝0.5＝50%

정답 : ④

098 토양수분 특성에 관한 설명으로 옳지 않은 것은?

① 위조점은 식물이 시들게 되는 토양수분상태이다.
② 포장용수량은 모든 공극이 물로 채워진 토양수분 상태이다.
③ 흡습수와 비모세관수는 식물이 이용하지 못하는 수분이다.
④ 물은 토양수분퍼텐셜이 높은 곳에서 낮은 곳으로 이동한다.
⑤ 포장용수량에 해당하는 수분함량은 점토의 함량이 높을수록 많아진다.

해설 포장용수량은 충분한 공극이 공기로 있어 식물·미생물 생육에 좋은 통기성을 제공하고, 수분이 포화된 상태의 토양에서 증발을 방지하면서 중력수를 완전히 배제하고 남은 수분 상태이다.

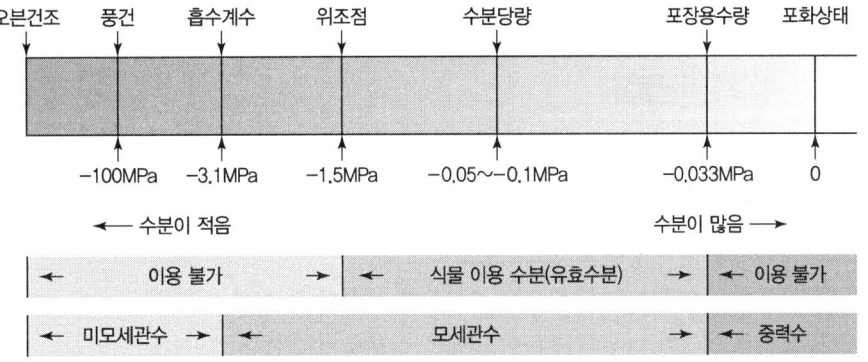

정답 : ②

099 토양의 용적밀도에 관한 설명으로 옳지 않은 것은?

① 답압이 발생하면 높아진다.
② 공극량이 많을 때 높아진다.
③ 유기물 함량이 많으면 낮아진다.
④ 토양 내 뿌리 자람에 영향을 미친다.
⑤ 공극을 포함한 단위용적에 함유된 고상의 중량이다.

해설 공극량(액상＋기상)이 많을 때 용적밀도는 낮아지며 용적밀도는 공극량에 반비례한다.

답 : ②

100 질소 저장량을 추정하고자 조사한 내용이 아래와 같을 때, 이 토양 A층의 1ha 중 질소 저장량(ton)은?

- A층 토심 : 10cm
- 용적밀도 : 1.0g/cm³
- 질소농도 : 0.2%
- 석력 함량 : 0%

① 0.02
② 0.2
③ 2
④ 20
⑤ 200

해설
- 1ha=10,000m²
- 용적밀도=건조토 무게/전체 부피
- 토양무게=용적밀도×전체 부피=1.0×1,000×0.1×10,000=1,000,000kg=1,000톤
따라서, 질소 저장량=1,000톤×0.002=2톤이다.

정답 : ③

PART 05 | 수목관리학

101 수목 이식에 관한 설명으로 옳지 않은 것은?

① 나무의 크기가 클수록 이식성공률이 낮다.
② 낙엽수는 상록수보다, 관목은 교목보다 이식이 잘 된다.
③ 교목은 인접한 나무와 수관이 맞닿을 정도로 식재한다.
④ 수피 상처와 피소를 예방하고자 수간을 피복한다.
⑤ 대경목의 뿌리돌림은 이식 2년 전부터 2회 걸쳐 실시하는 것이 바람직하다.

해설 교목의 식재는 성목이 되었을 때의 인접 수목 간의 상호간섭을 줄이기 위하여 적정 수관폭을 확보한다. 맞닿을 경우 작은 나무가 피압을 당하게 되고 수광량이 줄어들어 직경생장에 지장을 받게 되어 정상적인 생장이 어렵게 된다.

정답 : ③

102 가로수에 관한 설명으로 옳지 않은 것은?

① 내병충성과 강한 구획화 능력이 요구된다.
② 보행자 통행에 지장이 없는 나무로 선정한다.
③ 보도 포장의 융기와 훼손을 예방하려고 천근성수종을 선정한다.
④ 식재지역의 역사와 문화를 적합하고 향토성을 지닌 나무를 선정한다.
⑤ 난대지역에 적합한 수종으로는 구실잣밤나무, 녹나무, 먼나무, 후박나무 등이 있다.

해설 **가로수**
- 직립성이며 지하고가 높고 대기오염에 강한 수종
- 가능한 한 띠녹지를 조성하며, 보도 폭의 유효폭원과 포장재의 투수성을 확보하고 가로수 생육환경 요소로 배수함
- 통기성을 고려한 토양구조를 만들어야 함

가로수 수종의 선정 및 구비조건
- 수형이 정돈되어 있을 것
- 발육이 양호할 것
- 가지와 잎이 치밀하게 발달하였을 것
- 병충의 피해가 없을 것
- 재배수인 경우 활착이 용이하도록 미리 이식하였거나 완전한 뿌리끊기 및 뿌리돌림을 실시하여 세근이 잘 발달하였을 것
- 기후와 토양에 적합한 수종
- 역사와 문화에 적합하고 향토성을 지닌 수종
- 주변 경관과 어울리는 수종
- 국민의 보건에 나쁜 영향을 끼치지 아니하는 수종
- 환경오염 저감, 기후 조절 등에 적합한 수종
- 그 밖의 특정 목적에 적합한 수종

정답 : ③

103 다음 설명에 해당하는 전정 유형은?

- 한 번에 총엽량의 1/4 이상을 제거해서는 안 된다.
- 성숙한 나무가 필요 이상으로 자라 크기를 줄일 때 적용하는 방법이다.
- 줄당김, 수간외과수술 등과 연계하여 나무의 파손 가능성을 줄일 목적으로 적용한다.

① 수관 솎기
② 수관 청소
③ 수관 축소
④ 수관 회복
⑤ 수관 높이기

해설		
	수관축소	• 성숙목이 처음 식재 당시의 목적에 맞지 않게 필요 이상 크게 자라면 크기를 줄여 주어야 한다. • 두목작업을 실시하면 수형도 기형적으로 되고 맹아지가 대량으로 발생하여 수형을 망친다.
	수관솎기	• 가지가 빽빽하게 모여 있는 곳에서 직경 5cm 미만의 가지를 제거하고 수관 안쪽에 공기가 잘 통과할 수 있도록 전체 수관밀도의 1/3가량을 제거하는 것으로(침엽수의 경우 1/3 이하) 수관 꼭대기부터 시작하여 밑으로 내려오면서 실시한다. • 수관을 솎아 베면 나머지 가지에 더 많은 햇빛과 공간을 주기 때문에 옆 가지의 발생이 촉진되고 가지의 초살도(가지 밑부분이 윗부분보다 굵어지는 정도)가 증가하고 하중이 감소해 바람에 잘 견딜 수 있게 된다.
	수관청소	• 고사했거나 부러진 가지, 병들어 약하게 붙은 가지, 서로 교차하고 활력이 낮은 가지, 맹아지 등을 제거하는 비교적 간단한 작업이다. • 작업 후에는 햇빛이 잘 들어 병충해가 줄고 수목이 건강해진다. • 가지가 너무 많이 발달한 나무는 각 가지가 가늘고 길게 자라면서 바람에 부러지기 쉽고 수관 안쪽에 가지가 많아서 수관 안으로 햇빛이 적게 들어온다. 이럴 때 수관청소를 우선 실시한다.

답 : ③

104 다음 설명에 해당하는 수종은?

- 층층나무과의 낙엽활엽교목이다.
- 가지 끝에 달리는 산방꽃차례에 흰색 꽃이 5월에 핀다.
- 잎은 어긋나고 측맥은 6~9쌍이며 뒷면에 흰 털이 발달한다.
- 열매는 핵과이고 둥글며 검은색으로 익는다.

① *Cornus kousa*
② *C. walterri*
③ *C. officinalis*
④ *C. controversa*
⑤ *C. macrophylla*

해설 *Cornus controversa*(층층나무)의 잎은 어긋나기, 꽃은 산방꽃차례이며 흰색이다. 열매는 핵과이고 검은색이다.
① *Cornu skousa*(산딸나무) : 꽃잎, 수술은 각각 4개, 잎은 마주나기, 열매는 취과, 붉은색
② *Cornus walteri*(말채나무) : 잎은 마주나기, 꽃은 취산꽃차례이며 흰색, 열매는 핵과, 검은색
③ *Cornus officinalis*(산수유) : 잎은 마주나기, 꽃은 노란색의 산형꽃차례, 열매는 장과이며 긴 장타원형
⑤ *Cornus macrophylla*(곰의말채나무) : 잎은 마주나기, 꽃은 취산꽃차례, 열매는 핵과이며 둥글고 검은색

정답 : ④

105 수목관리방법이 옳은 것은?

① 공사현장이 수목보호구역은 수목의 형상비를 기준으로 설정한다.
② 고층건물의 옥상 녹지에 목련, 소나무, 느릅나무 등 경관수목을 식재한다.
③ 토양유실로 노출된 뿌리에서 경화가 확인되면 원지반 높이까지만 흙을 채운다.
④ 산림에 인접한 주택은 건물 외벽으로부터 폭 10m 이내에 교목과 아교목을 혼식하여 방화수림대를 조성한다.
⑤ 내한성이 약한 식수대(planter) 생육수목을 야외에서 월동시킬 경우, 노출된 식수대 외벽에 단열재를 설치한다.

[해설] ① 수목을 보호하기 위해서는 낙수선 안쪽을 수목보호구역으로 설정하여 보호한다.
② 옥상녹화 목적은 에너지절약, 환경개선 등을 위한 수목을 식재한다. 교목을 피하고 관목과 아교목 위주로 식재한다.
③ 토양유실로 노출된 뿌리는 복토하면 안 된다.
④ 내화수림대의 폭은 30m 내외로 한다. 조림작업을 할 경우에는 마을, 도로, 농경지의 인접 산림에 참나무류 등 활엽수종을 중심으로 내화수림대를 조성한다. 토양 답압이나 뿌리피해를 초래하는 공사 활동이 수목보호구역 내에서 일어나는 것을 방지하기 위해 부지 정지, 굴착 등의 작업을 시작하기 전에 견고한 보호 울타리를 설치하고 울타리 안쪽은 보존될 수목을 위해 작업 활동이 금지된 구역임을 나타내는 표지(sign)를 부착해야 하며 이는 공사가 완료될 때까지 유지되어야 한다.
⑤ 내한성이 약한 식수대(planter) 생육수목을 야외에서 월동시킬 경우, 노출된 식수대 외벽에 단열재를 설치한다.

정답 : 모두 정답

106 수목지지시스템의 적용방법이 옳지 않은 것은?

① 부러질 우려가 있는 처진 가지에 지지대를 설치한다.
② 할렬로 파손 가능성이 있는 줄기를 쇠조임한다.
③ 기울어진 나무는 다시 곧게 세우고 당김줄을 설치한다.
④ 쇠조임을 위한 줄기 관통구멍의 크기는 삽입할 쇠막대 지름의 2배로 한다.
⑤ 결합이 약한 동일세력줄기의 분기 지점으로부터 분기 줄기의 2/3가 되는 지점을 줄당김으로 연결한다.

[해설] 쇠조임방법은 관통 쇠조임과 데드엔드쇠조임이 있다. 관통형쇠조임을 위한 구멍은 조임 강봉직경과 같거나 크게 뚫는다. 구멍을 뚫을 때 구멍이 너무 크면 빗물이 스며들기 때문에 쇠막대기가 꼭 맞을 만큼의 구멍만 있어야 한다. 너트로 한쪽 끝을 고정할 때 워셔(washer)를 이중으로 쓴다.

정답 : ④

107 녹지의 잡초에 관한 설명으로 옳지 않은 것은?

① 잡초종자는 수명이 길고 휴면성이 좋다.
② 방제법으로 경종적, 물리적, 화학적 방법 등이 있다.
③ 대부분의 잡초 종자는 광조건과 무관하게 발아한다.
④ 다년생 잡초에는 쑥, 쇠뜨기, 질경이, 띠, 소리쟁이, 개밀 등이 있다.
⑤ 병해충의 서식지, 월동장소 등을 제공하여 병해충 발생을 조장하는 잡초종도 있다.

해설 잡초의 발아는 수분, 산소, 온도 및 광조건을 필요로 한다.
- 광발아종자 : 바랭이, 쇠비름, 개비름, 향부자, 강피, 참방동사니
- 암발아종자 : 별꽃, 냉이, 광대나물, 독말풀
- 광무관계 종자 : 화곡류, 옥수수
- 종자의 발아습성 : 발아의 주기성, 계절성, 준동시성 및 연속성

정답 : ③

108 두절에 대한 가로수의 반응으로 옳지 않은 것은?

① 뿌리 생장이 위축된다.
② 맹아지가 과도하게 발생한다.
③ 절단면에 부후가 발생하기 쉽다.
④ 저장된 에너지가 과다하게 소모된다.
⑤ 지제부의 직경생장이 급격하게 증가한다.

해설 두절은 수목을 작게 유지하는 축소절단으로 주지가 제거되므로 직경생장이 줄어든다. 당년지나 1년생 가지를 어떤 눈에서 절단하는 것으로 축소절단에 해당한다. 두목전정은 나무의 주간과 골격지 등을 짧게 남기고 전봇대 모양으로 잘라 맹아지만 나오게 하는 전정이다.

정답 : ⑤

109 우박 및 우박 피해에 관련된 내용으로 옳지 않은 것은?

① 상층 수관에 피해를 일으키는 경우가 많다.
② 우박 피해는 줄기마름병 피해와 증상이 흡사하다.
③ 지름 1~2cm인 우박은 14~20m/s 속도로 낙하한다.
④ 가지에 난 우박 상처가 오래되면 궤양 같은 흔적을 남긴다.
⑤ 우박은 불안정한 대기에서 만들어지며 상승기류가 발생하는 지역에 자주 내린다.

해설 조경수의 경우에는 우박때문에 잎이 찢어지고 잔가지 부러지고 수피에 상처를 만드는 가벼운 피해를 입는다. 우박은 위에서 떨어지면서 잔가지 수피의 위쪽에만 상처를 만들어 가지 전체에 퍼지는 줄기마름병과 구별된다.

정답 : ②

110 수목의 낙뢰 피해에 관한 설명으로 옳지 않은 것은?

① 방사조직이 파괴되어 영양분을 상실한다.
② 대부분의 경우 나무 전체에 피해가 나타난다.
③ 피해 즉시보다 일정기간 생존 후 고사하는 사례가 많다.
④ 수간 아래로 내려오면서 피해 부위가 넓어지는 것이 특징이다.
⑤ 느릅나무, 칠엽수 등 지질이 많은 수종에서 피해가 심하다.

해설 ② 전기가 수피를 타고 땅속으로 가면서 수피가 깊게 파이거나 갈라진다.
⑤ 느릅나무는 피해가 심하나 침엽수는 피해가 적다

수종별 낙뢰 감수성

낙뢰 위험도	수종
높음	느릅나무, 단풍나무, 물푸레나무, 솔송나무, 아까시나무, 야자수, 참나무류, 백합나무, 포플러
보통	가문비나무, 개오동, 버즘나무, 소나무류, 자작나무
낮음	너도밤나무, 가시칠엽수, 호랑가시나무

정답 : ②, ⑤

111 수목의 기생성병과 비기생성병의 특징에 관한 설명으로 옳은 것은?

① 기생성병은 기주 특이성이 높지만, 비기생성병은 낮다.
② 기생성병과 비기생성병 모두 표징이 존재하는 경우도 있다.
③ 기생성병은 수목 조직에 대한 선호도가 없지만, 비기생성병은 있다.
④ 기생성병은 병의 진전도가 비슷하게 나타나지만, 비기생성병은 다양하게 나타난다.
⑤ 기생성병은 수목 전체에 같은 증상이 나타나나, 비기생성병은 증상이 임의로 나타난다.

해설 ② 기생성병은 표징이 존재하지만, 비기생성병은 표징이 존재하지 않는다.
③ 기생성병은 수목 조직에 대한 선호성이 있다(조직 특이적병해).
④ 비기생성병은 병의 진전이 비슷하게 나타나지만, 기생성병은 같은 수목에서도 다르게 나타날 수 있다.
⑤ 비기생성병은 수목 전체에 같은 증상이 나타나고, 기생성병은 증상이 임의적으로 나타난다.

비전염성병 피해의 특징
• 수종에 구분 없이 피해 장소에서 자라는 거의 모든 나무에서 동일한 병징이 나타난다.
• 여러 가지 다른 수종에서도 비슷한 증상을 보인다.
• 주변 환경에 따른 피해
 - 집단적인 피해 : 특수한 방위, 지형, 경사, 주변 건물, 인접도로, 특수 시설과의 거리 등 특별한 위치에서 발병하는 경우가 많다.
 - 일부 수목의 피해 : 수관의 방위, 위치, 수고에 따라서 피해유형이 다르게 나타날 수 있다.
• 병징이 나타나는 속도 : 급성 병징, 만성 병징

정답 : ①

112
1991년에 만들어진 도시공원의 토양조사결과 pH 8.5이며, EC는 4.5ds/m이다. 이 토양에서 일어나기 쉬운 수목 피해에 관한 설명으로 옳은 것은?

① 균근 형성률이 증가한다.
② 잎의 가장자리가 타들어간다.
③ 잎 뒷면이 청동색으로 변한다.
④ 소나무 줄기에서 수지가 흘러내린다.
⑤ 엽육조직이 두꺼운 수종에서는 과습돌기가 만들어진다.

해설 조경수에 적합한 토양은 pH 5.5~6.6으로 pH 8.5는 알칼리토양이다. 전기전도도(EC)는 0.5dS/m 미만이 되어야 하나 4.5dS/m로 지나치게 높아 염류가 집적된 토양으로 활엽수는 토양용액의 삼투압이 더 높아 수분을 흡수하기 어려워 잎의 가장자리가 타들어가며, 소나무는 잎 끝부터 갈변하며 심하면 신초까지 말라버려 가지 전체가 고사할 수 있다
① 알칼리성 토양에서는 균근 형성률이 떨어진다.
③ 잎의 뒷면이 청동색으로 변하는 것은 PAN의 피해 현상이다.
④ 푸사리움가지마름병, 가지끝마름병(디프로디아잎마름병)과 조류 등에 의해 피해가 발생한다.
⑤ 과습돌기(edema)는 토양이 과습할때 나타나는 현상이다. 주목에는 검은색 수종(edema)이 발생 (다른 수종에도 나타남)한다.

조경수 생육에 필요한 원소의 기준

구분	함량
토성	사질양토-양토
산도	pH 5.5~6.5
전기전도도	0.5dS/m 미만
유기물	2.0% 이상
양이온치환용량(CEC)	10~20cmolc/kg 이상
염분농도	0.05% 미만

정답 : ②

113 햇볕에 의한 고온 피해로 옳지 않은 것은?

① 목련, 배롱나무는 피소에 민감하다.
② 성숙잎보다 어린잎에서 심하게 나타난다.
③ 양엽에서는 햇볕에 의한 고온 피해가 일어나지 않는다.
④ 엽육조직이 손상되어 피해 조직에서는 광합성을 하지 못한다.
⑤ 피소되어 형성층이 파괴되면 양분과 수분 이동이 저해된다.

해설 양엽은 음엽보다 건조에 견디는 힘이 크지만, 여름철 고온이 지속되면서 일사량이 높을 경우 과다한 증산작용으로 탈수상태에서 피해가 나타난다. 고온 피해는 포막의 손상에서 비롯되는데 세포막에 있는 지방질의 액화와 단백질의 변성으로 세포막이 제 구실을 못해 새나온다. 특히 잎의 경우에는 엽록체를 구성하는 막이 기능을 상실하여 광합성을 수행하지 못한다.

정답 : ②, ③

114 도시공원의 토양 분석표이다. 조경수 생육에 부족한 원소는?

구분	함량
총 질소	0.13%
유효인산	20mg/kg
교환성칼륨	1cmolc/kg
교환성칼슘	5cmolc/kg
교환성마그네슘	2cmolc/kg

① 인   ② 질소
③ 칼륨   ④ 칼슘
⑤ 마그네슘

해설 도시공원의 토양 분석표에서 부족한 원소는 인이다.

조경수 생육에 필요한 원소
- 질소 : 0.12% 이상
- 인 : 100~200mg/kg
- 칼륨 : 0.25~0.5cmolc/kg
- 칼슘 : 0.25~0.5cmolc/kg
- 마그네슘 : 0.15 이상

정답 : ①

115 농약 명명법에서 제품의 형태를 표기하는 것은?

① 상표명
② 일반명
③ 코드명
④ 품목명
⑤ 화학명

해설 농약의 유효성분에 적절한 보조제를 첨가하여 실용상 적합한 형태 즉, 제형(formulation)으로 가공한다.

화학명	• 농약의 유효 성분의 화학구조에 따라 붙여지는 전문적 과학적인 명칭 • IUPAC(국제순수 및 응용화학연합) 정함 • 2,2-dichlorvinyl dimethyl phosphate
일반명	• 농약을 구성하는 화합물의 이름을 암시하면서 단순화시킨 것으로 국제적으로 통용됨 • dichlorvos, imidacloprid
품목명	• 농약의 제제화와 관련된 이름으로 영문의 일반명을 한글로 표시하고 뒤에 제형을 붙임 • 이미다클로프리드 미탁제, 베노밀 수화제
상표명 (상품명)	• 농약을 제품화할 때 농약회사에서 붙인 고유의 이름으로 같은 농약이라도 생산회사에 따라 이름이 다름 • 코니도, 크로스, 어드마이어, 노다지

답 : ④

116 다음 내용에 해당하는 농약의 제형은?

> • 유탁제의 기능을 개선한 것
> • 유기용제를 소량 사용하여 조제한 것
> • 살포액을 조제하였을 때 외관상 투명한 것
> • 최근 나무 주사액으로 많이 사용하는 것

① 미탁제
② 분산성액제
③ 액상수화제
④ 입상수용제
⑤ 캡슐현탁제

해설 미탁제는 액상 또는 점질액상으로서 물에 희석하였을 때 미세하게 유화된다.

유탁제 (EW)	• 유제에 사용되는 유기용제를 줄이기 위한 방안으로 개발된 제형 • 소량의 소수성 용매에 원제를 용해하고, 유화제를 사용하여 물에 유화시켜 제제 • 유화성이 우수한 유화제 선발이 가장 중요
미탁제 (ME)	• 유탁제의 기능을 더욱 개선, 살포액은 투명한 상태 • 유제나 유탁제에 비해 약효가 우수

제제형태	분류기준
유제(EC)	액상으로서 물에 희석하였을 때 유화됨
액제(SL)	액상으로서 물에 희석였을 때 용해됨
액상수화제(SC)	액상 또는 점질액상으로서 물에 희석하였을 때 수화됨
수화제(WP)	분상으로서 물에 희석하였을 때 수화됨
입제(GR)	입상으로서 원상태로 사용됨
입상수화제(WG)	과립상으로서 물에 희석하여 사용됨
분산성액제(DC)	교질상태의 제형으로서 물에 분산됨
미탁제(ME)	액상 또는 점질액상으로서 물에 희석하였을 때 미세하게 유화됨
수용제(SP)	분상 또는 정제로서 물에 희석하였을 때 용해됨
훈증제(GA)	가스가 발생되어 살충, 살균을 함
훈연제(FU)	가열에 의해 연기상태로 사용됨
캡슐제(CG)	캡슐상으로서 원상태로 사용됨
캡슐현탁제(CS)	미세캡슐 제형으로서 물에 희석하였을 때 수화됨
유탁제(EW)	액상 또는 점질액상으로서 물에 희석하였을 때 유화됨
유현탁제(SE)	액상 또는 점질액상으로서 물에 희석하였을 때 수화 및 유화됨

정답 : ①

117 유기분사방식으로 분무 입자를 작게 만들어 고속으로 회전하는 송풍기를 통해 풍압으로 살포하는 방법은?

① 분무법　　　　　　　　　② 살분법
③ 연무법　　　　　　　　　④ 훈증법
⑤ 미스트법

해설 **미스트법**
- 분무법을 개선하여 살포액의 입자크기를 더 작게 함으로써 노동력을 절감하고, 살포의 균일성을 향상시킨 방법
- 살포액 분사노즐에 압축공기를 같이 주입하는 유기분사방식이며, 살포액 입자를 더 작게 만들어 분출한 후 고속으로 회전하는 송풍기를 통해 풍압으로 살포액을 분출시켜 더 멀리 살포
- 살포액량을 1/3~1/5로 줄여 살포 가능

정답 : ⑤

118 농약의 독성평가에서 특수 독성 시험은?

① 최기형성시험
② 염색체이상시험
③ 피부자극성시험
④ 급성경구독성 시험
⑤ 지발성신경독성 시험

해설 최기형성시험은 임신된 태아 동물의 기관 형성기에 농약을 경구 투여하여 임신 말기에 배자의 사망, 배자의 발육 지연 및 기형 등을 알아보는 시험 특수 독성 시험이다.

정답 : ①

119 미국흰불나방 방제에 사용되는 디아마이드(diamide)계 살충제의 작용기작은?

① 키틴합성 저해
② 나트륨이온통로 변조
③ 라이아노딘수용체 변조
④ 아세틸콜리에스테라제 저해
⑤ 니코틴 친화성 아세틸콜린수용체의 경쟁적 변조

해설 **디아마이드계(28)**
- 라이아노딘수용체(근육세포 내 칼슘채널 저해)와 결합하여 근육을 마비시키는 약제
- 유효성분 : Flubendiamide
- Cyantrannililprole, Cylaniliprole, tetranniliprole, Flubendiamide(사이안트라닐리프롤, 클로란트라닐리프롤, 테트라닐리프롤, 플루벤디아마이드)

키틴합성 저해(15)
- 곤충의 표피를 형성하는 데 필요한 키틴생합성을 저해하여 탈피 및 용화가 불가능하게 하는 지효성 약제
- 종 특이성이 높아 적용 해충의 범위가 좁음
- 곤충의 발육단계의 한정된 기간에만 효력을 나타냄
- 인축에 대한 독성이 낮음
- 비표적곤충(꿀벌, 천적 등)에 부작용이 적음
- 환경위해성이 낮음
- 노발루론, 노비플루무론, 디플루벤주론, 테플루벤주론

곤충신경계작용, Na통로 조절(3a)
- 포유동물에 대한 독성이 매우 낮으며, 수분과 광에 의하여 쉽게 분해되는 문제점이 있음
- 접촉독 및 식독작용에 의한 살충효과
- 합성피레스로이드계 : 인축에 저독성이고 살충력은 높으나 빛에 약하고 빨리 분해되며, 해충과 저곡해충 방제용으로 고온보다 저온에서 약효가 발현됨
- 비펜트린, 사이할로트린, 펜프로파트린, 델타메트린

정답 : ③

120 플루오피람 액상수화제(유효성분 함량 40%)를 4,000배 희석하여 500L를 조제할 때 소요되는 약량과 살포액의 유효성분 농도는? (단, 희석수의 비중은 1이다.)

	약량(ml)	농도(ppm)
①	125	50
②	125	100
③	125	200
④	250	100
⑤	250	200

해설
- 소요약량 = (500 × 1,000ml)/4,000 = 125ml, 1ppm = 1L/1,000,000이고, 1ml = 1L/1,000이고, 1% = 10,000ppm이다.
- 그러면 유효성분의 약량은 125 × 0.4 = 50ml, 살액(500L)의 유효성분 농도 = (50ml/500L) × 100 = 0.01%이다.
- 'ppm은 L당 얼마 정도의 양이 들어있는가?'이므로 0.01% = 100ppm이다.

정답 : ②

---

121 아바멕틴미탁제에 관한 설명으로 옳지 않은 것은?

① 접촉독 및 소화중독에 의하여 살충효과를 나타낸다.
② 꿀벌에 대한 독성이 강하여 사용에 주의하여야 한다.
③ 소나무에 나무주사 시 흉고직경 cm당 원액 1ml로 사용하여야 한다.
④ 작용기작은 글루탐산 의존성 염소이온 통로 다른 자리 입체성 변조이다.
⑤ 미생물 유래 천연성분 유도체이므로 계속 사용하여도 저항성이 생기지 않는다.

해설 저항성의 발생원인은 한 가지 작용기작의 약제를 연용하므로써 발생한다.

농약의 저항성
- 약제저항성 : 한 가지 약제를 연속하여 사용했을 때 방제 대상이 약제에 대한 저항성이 강한 개체가 살아남는다.
- 교차저항성 : 한 가지 약제에 대하여 저항성이 발달한 병원균, 해충, 잡초가 이전에 한 번도 사용한 적이 없는 약제에 대해 저항성을 보인다.
- 복합저항성 : 작용기작이 서로 다른 2종 이상의 약제에 대해 저항성을 나타낸다.

정답 : ⑤

122 테부코나졸 유탁제에 관한 설명으로 옳지 않은 것은?

① 스트로빌루린계 살균제이다.
② 작용기작은 사1로 표기한다.
③ 세포막 스테롤 생합성 저해제이다.
④ 침투이행성이 뛰어나 치료 효과가 우수하다.
⑤ 리기다소나무 푸사리움 가지마름병 방제에 사용한다.

> **해설** 테부코나졸
> - 막에서 스테롤 생합성 저해(사1), 트레아졸계(사1)
> - 식물의 생장점으로 흡수, 침투이행성, 보호 및 치료 효과
> - 약해 없고 Ergosterol의 생합성 저해
> - 디니코나졸, 디페노코나졸, 맷코나졸, 비테르타놀, 헥사코사졸
>
> 스트로빌루린계(다3)
> - 호흡 저해(에너지 생성 저해)
> - 미토콘드리아의 전자전달계를 저해
> - 살포된 유효성분이 침투성과 침달효과가 있어 우수한 방제효과
> - 2차 감염을 막아 치료효과 우수
> - 아족시스트로빈(Azoxystrobin), 오리사스트로빈(Orysastrobin), 트리플록시스트로빈(Trifloxy-strobin), 피라클로스트로빈(Pyraclostrobin), 피콕시스트로빈(Picoxystrobin)
>
> 정답 : ①

123 「농약관리법 시행규칙」상 잔류성에 의한 농약 등의 구분에 의하면 '토양잔류성농약 등은 토양 중 농약 등의 반감기간이 (   )일 이상인 농약 등으로서 사용결과 농약 등을 사용하는 토양(경지를 말한다)에 그 성분이 잔류되어 후작물에 잔류되는 농약 등'이라고 정의하고 있다. (   ) 안에 들어갈 일수는?

① 60
② 90
③ 120
④ 180
⑤ 65

> **해설** 토양잔류성농약은 농약의 반감기간이 180일 이상인 농약으로서 병해충방제를 위하여 사용한 성분이 토양에 남아 후작물에 잔류되는 것을 말한다.
> ※ 우리나라에서 사용 중인 농약의 대부분은 반감기가 120일 미만으로 토양 중 농약잔류의 우려가 없는 편이다.
>
> 정답 : ④

124 「소나무재선충병 방제특별법 시행령」상 반출금지구역에서 소나무를 이동하였을 때 위반 차수별 과태료 금액이 옳은 것은? (단위 : 만원)

	1차	2차	3차
①	30	50	150
②	50	100	150
③	50	100	200
④	100	150	200
⑤	100	150	300

해설 위반 차루별 과태료 금액은 1차는 100만 원, 2차는 150만 원, 3차는 200만 원이다.

「소나무재선충병 방제특별법」 제10조(소나무류의 이동제한 등)
① 반출금지구역에서는 소나무류의 이동을 금지한다.

「소나무재선충병 방제특별법 시행령」 제6조(과태료의 부가기준)

위반행위	과태료 (금액 단위 : 만원)		
	1차 위반	2차 위반	3차 위반
해당 산림의 연접 토지소유자는 재선충병 피해방제를 위한 산림소유자 등의 토지 출입에 응하여야 한다.	30	50	100
산림소유자 등은 제4조의 규정에 의하여 국가 및 지방자치단체가 재선충병 방제를 위해 필요한 조치를 할 경우 협조하여야 한다.	30	50	100
산림소유자는 모두베기 방법에 의한 감염목 등의 벌채작업을 한 경우에는 사전 전용허가를 받은 경우를 제외하고는 농림축산식품부령이 정하는 바에 따라 그 벌채지에 조림을 하여야 한다.	해당 조림 비용 전액		
소나무류를 취급하는 업체에 대하여 관련 자료를 제출하게 할 수 있으며, 소속 공무원에게 사업장 또는 사무소 등에 출입하여 장부·서류 등을 조사·검사하게 하거나 재선충병 감염 여부 확인에 필요한 최소량의 시료를 무상으로 수거하게 할 수 있다.	50	100	150
소나무류를 취급하는 업체는 소나무류의 생산·유통에 대한 자료를 작성·비치하여야 한다.	50	100	200
누구든지 제10조(반출금지구역에서는 소나무류의 이동을 금지한다), 제10조의2(반출금지구역이 아닌 지역에서 생산된 소나무류를 이동하고자 하는 자는 농림축산식품부령이 정하는 바에 따라 산림청장 또는 시장·군수·구청장으로부터 생산확인표를 발급받아야 한다.)에 따라 위반한 소나무류를 취급하여서는 아니 된다.	100	150	200
다음 명령 위반 시 1. 감염목 등의 소유자 또는 대리인에 대한 해당 임목의 벌채명령 2. 감염목 등의 소유자 또는 대리인에 대한 해당 임목의 훈증, 소각, 파쇄 등의 조치명령 3. 감염목 등의 소유자 또는 대리인에 대한 해당 임목 등의 양도·이동의 제한 또는 금지명령 4. 발생지역의 운반용구, 작업도구 등 물품이나 작업장 등 시설의 소유자 또는 대리인에 대한 해당 물품 또는 시설의 소독 등의 조치명령	50	100	150

정답 : ④

125 2023년도 산림병해충 예찰, 방제계획에 제시된 주요 산림병해충에 관한 기본방향으로 옳지 않은 것은?

① 솔껍질깍지벌레 : 해안가 우량 곰솔림에 대한 종합방제사업 지속 발굴, 추진
② 소나무재선충병 : 드론예찰을 통한 예찰체계 강화로 사각지대 방제 및 누락 방지
③ 참나무시들음병 : 매개충의 생활사 및 현지 여건을 고려한 복합방제로 피해 확산 저지
④ 솔잎혹파리 : 피해도 '심' 이상 지역, 중점관리지역 등은 임업적 방제 후 적기에 나무주사 시행
⑤ 외래, 돌발, 혐오 병해충 : 대발생이 우려되는 외래, 돌발 병해충에 사전 적극 대응해 국민생활 안전 보장

해설 솔잎혹파리는 피해도 '중' 이상 지역, 중점관리지역, 주요 지역 등은 임업적 방제 후 적기에 나무주사를 시행한다.

답 : ④

8회 기출문제 (※ 자료 : 한국임업진흥원)

PART 01 | 수목병리학

001 20세기 초 대규모로 발생하여 수목병리학의 발전을 촉진시키는 계기가 된 병을 나열한 것은?

① 밤나무 줄기마름병, 느릅나무 시들음병, 잣나무 털녹병
② 참나무 시들음병, 느릅나무 시들음병, 배나무 불마름병(화상병)
③ 대추나무 빗자루병, 포플러 녹병, 소나무 시들음병(소나무재선충병)
④ 향나무 녹병, 밤나무 줄기마름병, 소나무 시들음병(소나무재선충병)
⑤ 소나무 시들음병(소나무재선충병), 잣나무털녹병, 소나무류(푸자리움)가지마름병

해설 20세기 세계 3대 수목병은 밤나무 줄기마름병, 느릅나무 시들음병, 잣나무 털녹병 등이다.

정답 : ①

002 생물적·비생물적 원인에 대한 수목의 반응으로 나타나는 것이 아닌 것은?

① 궤양
② 암종
③ 위축
④ 자좌
⑤ 더뎅이

해설 자좌(stoma)는 병든 부분에 밀착해 형성되는 균사덩이(표징)이다.

정답 : ④

003 수목병과 생물적 방제에 사용되는 미생물의 연결이 옳지 않은 것은?

① 모잘록병 – *Trichoderma spp*
② 잣나무 털녹병 – *Tuberculina maxima*
③ 안노섬뿌리썩음병 – *Peniophora gigantea*
④ 참나무 시들음병 – *Ophiostoma piliferum*
⑤ 밤나무 줄기마름병 – dsRNA 바이러스에 감염된 *Cryphonectria parasitica*

해설 *Ophiostoma piliferum*는 청변균 방제 미생물이다.

정답 : ④

004 수목에 나타나는 빗자루 증상의 원인이 아닌 것은?

① 곰팡이　　　　　　② 제설제
③ 제초제　　　　　　④ 흡즙성 해충
⑤ 파이토플라스마

해설 빗자루 증상은 (병해)곰팡이, 파이토플라스마, (장해)제초체, (충해)흡즙성 해충 등이 있다.

정답 : ②

005 수목병과 진단에 사용할 수 있는 방법의 연결이 옳지 않은 것은?

① 근두암종 – ELISA 검정
② 뽕나무 오갈병 – DAPI 형광염색병
③ 흰가루병 – 자낭구의 광학현미경 검경
④ 벚나무 번개무늬병 – 병원체 ITS 부위의 염기서열 분석
⑤ 소나무 시들음병(소나무재선충병) – Baermann 깔대기법으로 분리 후, 현미경 검경

해설 벚나무 번개무늬병은 바이러스에 의한 병으로 진단에는 면역학적 진단인 효소결합항체법(ELASA)과 중합효소연쇄반응법(PCR)을 많이 사용한다.
- 세균 동정 : 16S rRNA 유전자를 사용
- 진균 동정 : Internal Transcribed Spacer(ITS) 또는 28S rRNA 유전자의 D1/D2 부위를 이용한 염기서열분석법을 가장 많이 이용

정답 : ④

006 *Pestalotiopsis sp.*에 의해 발생하는 수목병은?

① 사철나무 탄저병
② 철쭉류 잎마름병
③ 회양목 잎마름병
④ 참나무 뿌리별무늬병
⑤ 홍가시나무 점무늬병

해설 *Pestalotiopsis sp.*에 의한 수목병

병명	병원균	병징 및 병환
은행나무 잎마름병	*P. ginkgo*	고온건조, 강풍, 해충, 부채꼴 모양으로 안쪽 진행, 분생포자반
삼나무 잎마름병	*P. gladicola*	• 잎, 줄기 : 갈색~적갈색 → 회갈색 • 습할 때 분생포자 뿔 모양
철쭉류 잎마름병	*Pestalotiopsis sp.*	작은 점무늬 → 큰병반, 분생포자반 동심원상 형성
동백나무 겹무늬병	*P. guepini*	회색의 띠 모양, 검은 돌기(분생포자반)

정답 : ②

007 병원균의 세포벽에 펩티도글리칸(peptidoglycan)이 포함된 수목병은?

① 감귤 궤양병
② 포플러 잎녹병
③ 참나무 시들음병
④ 드릅나무 더뎅이병
⑤ 느티나무 흰별무늬병

해설 펩티도글리칸(peptidoglycan)은 원핵생물 세포벽의 주성분으로서 다당류의 짧은 펩티드 고리가 결합한 화합물이다. 세균이 환경의 강한 삼투압을 견디고 독특한 형태를 유지할 수 있는 것은 펩티도글리칸층이 세포를 둘러싸고 있기 때문이다. 세균에 의한 병으로는 혹병, 불마름병, 잎가마름병, 세균성구멍병, 감귤 궤양병(모든 종류의 감귤에 발생) 등이 있다.

정답 : ①

008 소나무의 외생균근(ectomycorrhizae)에 관한 설명으로 옳지 않은 것은?

① 균근균은 대부분 담자균문에 속한다.
② 뿌리와 균류가 공생관계를 형성한다.
③ 뿌리병원균의 침입으로부터 뿌리를 방어한다.
④ 뿌리표면적이 넓어지는 효과로 인(P) 등의 양분 흡수를 용이하게 한다.
⑤ 베시클(vesicle)과 나뭇가지 모양의 아뷰스큘(arbuscule)을 형성한다.

해설 내생균근은 식물의 뿌리에 감염되어 토양 내 무기양분과 수분을 식물에 공급하고, 식물로부터는 탄수화물과 아미노산을 공급받는다. 소낭(vesicle)과 나뭇가지 형태의 수지상체 등을 형성한다.

정답 : ⑤

009 곤충이 병원체의 기주 수목 침입에 관여하지 않는 병은?

① 참나무 시들음병
② 대추나무 빗자루병
③ 사철나무 그을음병
④ 사과나무 불마름병(화상병)
⑤ 소나무 푸른무늬병(청변병)

해설
① 참나무 시들음병 : 광릉긴나무좀
② 대추나무 빗자루병 : 마름무늬 매미충
④ 사과나무 불마름병(화상병) : 파리, 개미, 진딧물, 벌, 딱정벌레
⑤ 소나무 푸른무늬병(청변병) : 소나무좀, 소나무줄나무좀

정답 : ③

010 수목병을 일으키는 유성포자가 아닌 것으로 나열된 것은?

| ㄱ. 난포자 | ㄴ. 담자포자 | ㄷ. 분생포자 |
| ㄹ. 유주포자 | ㅁ. 자낭포자 | ㅂ. 후벽포자 |

① ㄱ, ㄴ, ㄷ
② ㄴ, ㄷ, ㅂ
③ ㄷ, ㄹ, ㅁ
④ ㄷ, ㄹ, ㅂ
⑤ ㄹ, ㅁ, ㅂ

해설
• 유성세대
  - 원형질 융합, 핵융합
  - 감수분열을 통한 유전자 재조합, 월동, 휴면 시
  - 난포자, 접합포자, 자낭포자, 담자포자
• 무성세대
  - 무성포자로 식물을 가해하는 시기
  - 분생포자, 유주포자, 분열포자, 후막포자(=후벽포자)

정답 : ④

011 배수가 불량한 곳에서 피해가 특히 심한 수목병을 나열한 것은?

① 밤나무 잉크병, 장미 검은무늬병
② 라일락 흰가루병, 회양목 잎마름병
③ 향나무 녹병, 단풍나무 타르점무늬병
④ 소나무류(푸자리움) 가지마름병, 철쭉류 떡병
⑤ 밤나무 파이토프토라뿌리썩음병, 전나무 모잘록병

해설 밤나무 파이토프토라뿌리썩음병과 전나무 모잘록병은 *Phytophthora* 병원균으로 습한 토양에서 운동성 있는 포자가 형성된다.

정답 : ⑤

012 병든 낙엽 제거로 예방 효과를 거둘 수 있는 수목병을 나열한 것은?

① 모과나무 점무늬병, 참나무 시들음병
② 칠엽수 얼룩무늬병, 소나무류 잎떨림병
③ 버즘나무 탄저병, 소나무류 피목가지마름병
④ 소나무류(푸지리움) 가지마름병, 사철나무 탄저병
⑤ 소나무 시들음병(소나무재선충병), 단풍나무 타르점무늬병

해설 칠엽수 얼룩무늬병, 소나무류 잎떨림병 등은 병든 낙엽을 제거함으로써 예방할 수 있다.

정답 : ②

013 수목 뿌리에 발생하는 병에 관한 설명으로 옳지 않은 것은?

① 모잘록병은 병원균 우점병이다.
② 리지나 뿌리썩음병균은 파상땅해파리버섯을 형성한다.
③ 파이도프도라뿌리씩음병균은 미끼법과 신댁배지법으로 분리힐 수 있다.
④ 아까시 흰구멍버섯에 의한 줄기밑둥썩음병은 변재가 먼저 썩고 심재가 나중에 썩는다.
⑤ 아밀라리아 뿌리썩음병은 기주 우점병으로 토양 내에서 뿌리꼴균사다발이 건전한 뿌리 쪽으로 자란다.

해설 줄기밑둥썩음병은 심재가 먼저 썩고 나중에 변재도 썩는다.

정답 : ④

014 환경 개선에 의한 수목병 예방 및 방제법의 연결이 옳지 않은 것은?

① 철쭉류 떡병 – 통풍이 잘 되게 해 준다.
② 리지나 뿌리썩음병 – 산성토양일 때에는 석회를 시비한다.
③ 자주날개무늬병 – 석회를 살포하여 토양산도를 조절한다.
④ 소나무류 잎떨림병 – 임지 내 풀 깎기 및 가지치기를 한다.
⑤ *Fusarium sp.*에 의한 모잘록병 – 토양을 과습하지 않게 유지한다.

> 해설 *Fusarium*균에 의한 모잘록병은 비교적 건조한 토양에서 잘 발생하므로 해가림, 관수 등을 통해 묘상 토양의 습도를 인위적으로 조정해야 한다.

정답 : ⑤

015 병원체가 같은 분류군(문)인 수목병으로 나열된 것은?

> ㄱ. 소나무 혹병　　　ㄴ. 철쭉류 떡병　　　ㄷ. 뽕나무 오갈병
> ㄹ. 벚나무 빗자루병　ㅁ. 밤나무 가지마름병　ㅂ. 대추나무 빗자루병
> ㅅ. 호두나무 근두암종병　ㅇ. 사과나무 자주날개무늬병

① ㄱ, ㄴ, ㄷ　　　　　　　　② ㄱ, ㄴ, ㅇ
③ ㄴ, ㄷ, ㅅ　　　　　　　　④ ㄷ, ㄹ, ㅇ
⑤ ㄹ, ㅂ, ㅅ

> 해설
> • 담자균 : ㄱ. 소나무 혹병(녹병), ㄴ. 철쭉류 떡병, ㅇ. 사과나무 자주날개무늬병
> • 파이토플라스마 : ㄷ. 뽕나무 오갈병, ㅂ. 대추나무 빗자루병
> • 자낭균 : ㄹ. 벚나무 빗자루병, ㅁ. 밤나무 가지마름병
> • 세균 : ㅅ. 호두나무 근두암종병

정답 : ②

016 *corynespore cassiicola*에 의한 무궁화점무늬병에 관한 설명으로 옳은 것은?

① 이른 봄철부터 발생한다.
② 건조한 지역에서 흔히 발생한다.
③ 어린잎의 엽병 및 어린줄기에서도 나타난다.
④ 수관 위쪽 잎부터 발병하기 시작하여 아래쪽 잎으로 진전한다.
⑤ 초기에는 작고 검은 점무늬가 나타나고 차츰 겹둥근무늬가 연하게 나타난다.

> 해설
> ① 장마철 이후 발생한다.
> ② 그늘지고 습한 곳에서 흔하다.
> ③ 잎에 나타나며 어린줄기도 침해한다.
> ④ 수관의 아랫잎부터 시작하여 위쪽으로 진전한다.

정답 : ⑤

017 밤나무 잉크병의 병원체에 관한 설명으로 옳지 않은 것은?

① 격벽이 없는 다핵균사를 형성한다.
② 세포벽의 주성분은 글루칸과 섬유소이다.
③ 장정기(antheridium)의 표면이 울퉁불퉁하다.
④ 무성생식으로 편모를 가진 유주포자를 형성한다.
⑤ 참나무 급사병 병원체와 동일한 속(genus)이다.

해설   장란기에 대한 설명으로 밤나무 잉크병의 병원체는 *Phytophthora katsurae*로 난균강에 속한다.
⑤ 참나무 급사병은 *Phytophthora ramorum*에 의한 급사병이다.

정답 : ③

018 다음 증상을 나타내는 수목병은?

- 죽은 가지는 세로로 주름이 잡히고 성숙하면 수피 내 분생포자반에서 포자가 다량 유출된다.
- 포자가 빗물에 씻겨 수피로 흘러내리면 마치 잉크를 뿌린 듯이 잘 보인다.

① 밤나무 잉크병
② Nectria 궤양병
③ Hypoxylon 궤양병
④ 밤나무 줄기마름병
⑤ 호두나무 검은(돌기)가지마름병

해설   호두나무 검은(돌기)가지마름병(*Melanconis juglandis*)은 호두나무, 가래나무 등에서 발생하며, 10년생 이상의 나무 중 통풍과 채광이 부족한 수관 내부의 2~3년생 가지나 웃자란 가지에서 잘 발생한다.

정답 : ⑤

019 〈보기〉 중 병원균이 자낭반을 형성하는 수목병을 나열한 것은?

〈보기〉
ㄱ. 버즘나무 탄저병   ㄴ. 밤나무 줄기마름병
ㄷ. 낙엽송 가지끝마름병   ㄹ. 단풍나무 타르점무늬병
ㅁ. 소나무류 피목가지마름병 ㅂ. 소나무류 리지나뿌리썩음병

① ㄱ, ㄴ, ㄷ
② ㄴ, ㄷ, ㄹ
③ ㄴ, ㅁ, ㅂ
④ ㄷ, ㄹ, ㅁ
⑤ ㄹ, ㅁ, ㅂ

해설 ㄱ. 버즘나무 탄저병 : *Apiognomonia veneta*라는 병원곰팡이에 의하여 발생하고 가지의 병든 부위와 병든 낙엽에서 균사 외 미성숙 포장덩이로 월동하여 이듬해에 감염원이 된다.
ㄴ. 밤나무 줄기마름병 : 병든 부위에서 형성된 자낭각 및 병자각의 형태로 겨울을 지낸 후 자낭포자 및 병포자가 비산되어 전염원이 된다.
ㄷ. 낙엽송 가지끝마름병(*Guignardia laricina*) : 수피 아래에 구형의 자낭각이 단독 또는 집단으로 형성한다.

정답 : ⑤

020 녹병균의 핵상이 2n인 포자가 형성되는 기주와 병원균의 연결이 옳지 않은 것은?

① 향나무 – 향나무 녹병균
② 신갈나무 – 소나무 혹병균
③ 산철쭉 – 산철쭉 잎녹병균
④ 전나무 – 전나무 잎녹병균
⑤ 황벽나무 – 소나무 잎녹병균

녹병균	병명	녹병정자, 녹포자세대	여름포자, 겨울포자
Cronartium ribicola	잣나무 털녹병	잣나무	송이풀, 까치밥나무
C. quercuum	소나무 혹병	소나무, 곰솔	졸참, 신갈나무
C. flaccidum	소나무 줄기녹병	소나무	모란, 작약, 송이풀
Gymnosporangium asiaticum	향나무 녹병	배나무	향나무
Melampsor elarici–populina	포플러 잎녹병	낙엽송	포플러류
Uredinopsis komagatakensis	전나무 잎녹병	전나무	뱀고사리
Chrysomyxa rhododendri	철쭉 잎녹병	가문비나무	산철쭉

정답 : ④

021 수목병과 증상의 연결이 옳지 않은 것은?

① 소나무 잎마름병 – 봄에 침엽의 윗부분(선단부)에 누런 띠 모양이 생긴다.
② 소나무류(푸자리움) 가지마름병 – 신초와 줄기에서 수지가 흘러내려 흰색으로 굳어 있다.
③ 회양목 잎마름병 – 병반 주위에 짙은 갈색 띠가 형성되며, 건전 부위와의 경계가 뚜렷하다.
④ 버즘나무 탄저병 – 잎이 전개된 이후에 발생하면 잎맥을 중심으로 번개 모양의 갈색 병반이 형성된다.
⑤ 참나무 갈색둥근무늬병 – 잎의 앞면에 건전한 부분과 병든 부분의 경계가 뚜렷하게 적갈색으로 나타난다.

해설 회양목 잎마름병은 처음에 잎 뒷면에 작은 회갈색 반점이 나타나고 병이 진전됨에 따라 주맥을 경계로 장타원형으로 커진다. 병반 주위는 농갈색 띠에 의해 뚜렷히 구분되나 건전부와의 경계는 명확하지 않다.

정답 : ③

022 다음 중 병원균의 유성생식 자실체 크기가 가장 작은 수목병은?

① 자주날개무늬병
② 안노섬 뿌리썩음병
③ 배롱나무 흰가루병
④ 아밀라리아 뿌리썩음병
⑤ 소나무류 피목가지마름병

해설 배롱나무 흰가루병의 유성생식 자실체 크기는 30×10μm이다.
① 자주날개무늬병 : 자실체가 일반 버섯과는 달리 헝겊처럼 땅에 깔린다.
② 안노섬 뿌리썩음병 : 담자균문 민주름버섯목, 구멍장이버섯과, 말굽버섯과 등
④ 아밀라리아 뿌리썩음병 : 뽕나무버섯 자실체의 길이는 5~20cm이며 갓은 원형이고 너비는 4~15cm이다.
⑤ 소나무류 피목가지마름병 : 자낭반은 접시 모양으로 직경 2~5mm이다.

정답 : ③

023 한국에서 선발 육종하여 내병성 품종 실용화에 성공한 사례는?

① 포플러 잎녹병
② 벚나무 빗자루병
③ 장미 모자이크병
④ 대추나무 빗자루병
⑤ 밤나무 줄기마름병

해설 포플러 잎녹병(Dorskamp)의 경우 봉화 1, 현사시 3이 한국에서 만연하고 있는 *Melampsora* 잎녹병균에 저항성이 높은 클론으로 선발되었다.

정답 : ①

024 벚나무 빗자루병에 관한 설명으로 옳지 않은 것은?

① 병원균은 *Taphrina wiesneri*이다.
② 유성포자인 자닝포자는 자닝 내에 8개가 형성된다.
③ 벚나무류 중에서 왕벚나무에 피해가 가장 심하게 나타난다.
④ 감염된 가지에는 꽃이 피지 않고 작은 잎들이 빽빽하게 자라 나오며 몇 년 후에 고사한다.
⑤ 병원균의 균사는 감염 가지와 눈의 조직 내에서 월동하므로 감염 가지는 제거하여 태우고 잘라낸 부위에 상처 도포제를 바른다.

해설 유성포자는 나출된 자낭(반자낭균강) 내에 8개의 자낭포자가 형성된다.

정답 : ②

025 소나무 푸른무늬병(청변병)에 관한 설명으로 옳은 것은?

① 목재 구성성분인 셀룰로스, 헤미셀룰로스, 리그닌이 분해된다.
② 상처의 송진 분비량이 감소하고 침엽이 갈변하며 나무 전체가 시들기 시작한다.
③ 멜라닌 색소를 함유한 균사가 변재 부위의 방사유조직을 침입하고 생장하여 변색시킨다.
④ 감염목의 변재 부위는 병원균의 증식으로 갈변되고 물관부가 막혀서 수분 이동 장애가 발생한다.
⑤ 습하고 배수가 불량한 지역에서 뿌리가 감염되고 수피 제거 시 적갈색의 변색 부위를 관찰할 수 있다.

해설 ① 목재의 질을 저하시킬 뿐, 목재부후균과는 달리 목재의 강도에는 영향을 미치지 않는다.
② 소나무 시들음병(소나무 재선충)에 대한 설명이다.
④ 참나무 시들음병에 대한 설명이다.
⑤ 밤나무 잉크병에 대한 설명이다.

정답 : ③

PART 02 | 수목해충학

026 곤충의 일반적인 특성에 관한 설명으로 옳지 않은 것은?

① 변태를 하여 변화하는 환경에 적응하기가 용이하다.
② 몸집이 작아 최소한의 자원으로 생존과 생식이 가능하다.
③ 지구상에서 가장 높은 종 다양성을 나타내고 있는 동물군이다.
④ 내골격을 가지고 있어 몸을 지탱하고 외부의 공격으로부터 방어할 수 있다.
⑤ 날개가 있어 적으로부터 도망가거나 새로운 서식처로 빠르게 이동할 수 있다.

해설 곤충은 몸이 외골격(exoskeleton)으로 이루어져 외부의 악환경이나 외상, 각종 질병균의 침입으로부터 몸을 보호하고 체내 수분 증발을 방지하며 골격 내 근육을 부착하는 등의 장점을 가진다.

정답 : ④

027 곤충 분류체계에서 고시군(류) – 외시류 – 내시류에 해당하는 목(order)을 순서대로 나열한 것은?

① 좀목 – 잠자리목 – 메뚜기목
② 하루살이목 – 노린재목 – 벌목
③ 돌좀목 – 하루살이목 – 잠자리목
④ 잠자리목 – 딱정벌레목 – 파리목
⑤ 하루살이목 – 사마귀목 – 노린재목

해설
- 고시류 : 잠자리목, 하루살이목
- 외시류(불완전변태) : 강도래목, 집게벌레목, 민벌레목, 사마귀목, 바퀴목, 흰개미목, 흰개미붙이목, 대벌레목, 메뚜기목, 다듬이벌레목, 이목, 총채벌레목, 노린재목
- 내시류(완전변태) : 벌목, 딱정벌레목, 부채벌레목, 뱀잠자리목, 풀잠자리목, 약대벌레목, 밑들이목, 벼룩목, 파리목, 날도래목, 나비목

정답 : ②

028 곤충 체벽에 관한 설명으로 옳은 것은?

① 표면에 있는 긴털은 주로 후각을 담당한다.
② 원표피에는 왁스층이 있어 탈수를 방지한다.
③ 원표피의 주요 화학적 구성성분은 키토산이다.
④ 허물벗기를 할 때는 유약호르몬의 분비량이 많아진다.
⑤ 단단한 부분과 부드러운 부분을 모두 가지고 있어 유연한 움직임이 가능하다.

해설
① 센틸(강모) 등을 통해 외부로부터 자극을 내부로 전달해 주는 역할을 한다.
② 상표피(외표피)의 가장 바깥쪽에 시멘트층-왁스층이 존재하며, 소수성을 지녀 탈수를 방지하고 빛의 반사 정도나 각도에 따라 체색이 달라진다.
③ 체벽의 주요 구성요소는 큐티클(cuticle)이다.

정답 : ④, ⑤

029 딱정벌레목에 관한 설명으로 옳은 것은?

① 부식아목에는 길앞잡이, 물방개 등이 있다.
② 다리가 있는 유충은 대개 4쌍의 다리를 가지고 있다.
③ 대부분 초식성과 육식성이지만, 부식성과 균식성도 있다.
④ 딱지날개는 단단하여 앞날개를 보호하는 덮개 역할을 한다.
⑤ 대부분의 유충과 성충은 강한 입틀을 가지고 있고 후구식이다.

해설
① 길앞잡이, 물방개 등은 육식성이다.
② 딱정벌레 유충은 머리 근처에 6개(3쌍)의 다리가 있다.
④ 딱정벌레류의 겉날개는 단단하여 속날개와 배를 보호한다.
⑤ 딱정벌레의 유충, 성충의 입틀은 전구식이다.

정답 : ③

030 곤충의 눈(광감각기)에 관한 설명으로 옳지 않은 것은?

① 적외선을 식별할 수 있다.
② 겹눈은 낱눈이 모여 이루어진 것이다.
③ 완전변태를 하는 유충은 옆홑눈이 있다.
④ 낱눈에서 빛을 감지하는 부분을 감간체라 한다.
⑤ 대부분 편광을 구별하여 구름 낀 날에도 태양의 위치를 알 수 있다.

해설 곤충들은 사람의 눈에 보이는 가시광선보다 짧은 파장의 빛(자외선)을 감지할 수 있다.

정답 : ①

031 곤충 배설계에 관한 설명으로 옳지 않은 것은?

① 말피기관은 후장의 연동활동을 촉진한다.
② 배설과 삼투압은 주로 말피기관이 조절한다.
③ 육상곤충은 일반적으로 질소를 요산 형태로 배설한다.
④ 수서 곤충은 일반적으로 질소를 암모니아 형태로 배설한다.
⑤ 진딧물의 말피기관은 물을 재흡수하며 소관 수는 종에 따라 다르다.

해설 진딧물에는 아예 말피기관이 없는 반면 메뚜기는 200개 이상을 가지고 있다.

정답 : ⑤

032 곤충 내분비계 호르몬의 기능에 관한 설명으로 옳은 것은?

① 유시류는 성충에서도 탈피호르몬을 지속적으로 분비한다.
② 앞가슴샘은 탈피호르몬을 분비하여 유충의 특징을 유지한다.
③ 알라타체는 내배엽성 내분비기관으로 유약호르몬을 분비한다.
④ 탈피호르몬 유사체인 메토프렌(Methoprene)은 해충방제제로 개발되었다.
⑤ 신경호르몬은 곤충의 성장, 항상성 유지, 대사, 생식 등을 조절한다.

해설 ① 유시류는 성충이 되면 탈피호르몬을 분비하지 않는다.
② 유약호르몬(JH ; Juvenile Hormone)은 곤충의 알라타체에서 분비되는 호르몬이며 애벌레에서는 유충의 형질을 보존하고 성충에서는 생식샘의 성숙에 관여한다.
③ 뇌에 있는 한 쌍의 분비선인 알라타체는 외배엽성이다.
④ 메토프렌(Methoprene)은 유약호르몬 Met(Methoprene-tolerant) 수용체를 조절할 수 있는 화합물을 포함하는 해충방제제이다.

정답 : ⑤

033 곤충의 의사소통에 관한 설명으로 옳지 않은 것은?

① 꿀벌의 원형춤은 밀원식물의 위치를 알려준다.
② 애반딧불이는 루시페인으로 빛을 내어 암·수가 만난다.
③ 일부 곤충에 존재하는 존스턴기관은 더듬이의 채찍마디(편절)에 있는 청각기관이다.
④ 복숭아혹진딧물은 공격을 받을 때 뿔관에서 경보페로몬을 분비하여 위험을 알려준다.
⑤ 매미는 복부 첫마디에 있는 얇은 진동막을 빠르게 흔들어 내는 소리로 의사소통한다.

해설 존스턴기관은 더듬이의 팔굽마디(흔들마디)에 있는 청각기관이다.

정답 : ③

034 곤충 카이로몬의 작용과 관계가 없는 것은?

① 누에나방은 뽕나무가 생산하는 휘발성 물질에 유인된다.
② 복숭아유리나방 수컷은 암컷이 발산하는 물질에 유인된다.
③ 포식성 딱정벌레는 나무좀의 집합페로몬에 유인된다.
④ 소나무좀은 소나무가 생산하는 테르펜(terpene)에 유인된다.
⑤ 꿀벌응애는 꿀벌 유충에 존재하는 지방산에스테르화합물에 유인된다.

해설
- 타감물질 : 다른 종에게 보내는 신호물질 예 카이로몬, 알로몬, 시노몬 등
- 페로몬 : 종 내 신호를 보내는 물질로 복숭아유리나방의 성페로몬은 행동 유기페로몬 예 성페로몬, 집합페로몬, 경보페로몬, 길잡이페로몬, 분산페로몬 등

정답 : ②

035 월동태가 알, 번데기, 성충인 곤충을 순서대로 나열한 것은?

① 황다리독나방, 솔잎혹파리, 목화진딧물
② 외줄면충, 느티나무벼룩바구미, 호두나무잎벌레
③ 백송애기잎말이나방, 솔알락명나방, 복숭아명나방
④ 미국선녀벌레, 버즘나무방패벌레, 오리나무잎벌레
⑤ 소나무왕진딧물, 미국흰불나방, 버즘나무방패벌레

해설
- 알로 월동 : 황다리독나방, 목화진딧물, 외줄면충, 미국선녀벌레, 소나무왕진딧물
- 유충으로 월동 : 솔잎혹파리, 솔알락명나방, 복숭아명나방
- 번데기로 월동 : 백송애기잎말이나방, 미국흰불나방
- 성충으로 월동 : 느티나무벼룩바구미, 호두나무잎벌레, 버즘나무방패벌레, 오리나무잎벌레

정답 : ⑤

036 곤충의 형태에 관한 설명으로 옳지 않은 것은?

① 매미나방 유충은 씹는 입틀을 갖는다.
② 줄마디가지나방 유충은 배다리가 없다.
③ 아까시잎혹파리 성충은 날개가 1쌍이다.
④ 미국선녀벌레 성충은 찔러 빠는 입틀을 갖는다.
⑤ 뽕나무이 약충은 배 끝에서 밀랍을 분비한다.

해설 줄마디가지나방은 가지나방아과로서 대표적인 식엽성 해충(회화나무 가해)이다. 유충이 복부 여덟 번째 마디에 있는 한 쌍의 다리를 사용하여 나뭇가지에 붙어서 의태 행동을 보이는 것으로 널리 알려져 있다.

정답 : ②

037 풀잠자리목과 총채벌레목에 관한 설명으로 옳지 않은 것은?

① 총채벌레는 식물바이러스를 매개하기도 한다.
② 총채벌레는 줄쓸어빠는 비대칭 입틀을 가지고 있다.
③ 볼록총채벌레는 복부에 미모가 있고 완전변태를 한다.
④ 명주잠자리는 풀잠자리목에 속하며 유충은 개미귀신이라 한다.
⑤ 풀잠자리목 중에 진딧물, 가루이, 깍지벌레 등을 포식하는 종은 생물적 방제에 활용되고 있다.

해설 볼록총채벌레는 총채벌레목으로 복부에 미모가 있고 불완전변태를 한다.

정답 : ③

038 곤충 신경계에 관한 설명으로 옳지 않은 것은?

① 신경계를 구성하는 기본 단위는 뉴런이다.
② 신경절은 뉴런들이 모여 서로 연결되는 장소를 일컫는다.
③ 뉴런이 만나는 부분을 신경연접이라 하며, 전기적 신경연접과 화학적 신경연접이 있다.
④ 신경전달물질에는 아세틸콜린과 GABA(Gamma-AminoButyric Acid) 등이 있다.
⑤ 뉴런은 색이 있는 세포 몸을 중심으로 정보를 받아들이는 축삭돌기와 내보내는 수상돌기로 구성되어 있다.

해설
- 수상돌기(가지돌기) : 중심으로부터 뻗어 나오는 수지(줄기에서 뻗어 나온 나뭇가지) 형태로서, 다른 신경세포들로부터 정보를 수용하는 구조물이다.
- 축삭돌기(신경돌기, 축색) : 다른 신경세포들에 정보를 전달하는 구조물로 통상 1개이며, 매우 길고 정보를 내보내는 역할을 한다. 세포 본체(세포체)에서 길게 뻗어진 전선 같은 모양이며, 수상돌기보다 길이가 매우 긴 편이다.

정답 : ⑤

039 트랩을 이용한 해충 밀도 조사 방법과 대상 해충의 연결이 옳지 않은 것은?

① 유아등 – 매미나방
② 유인목 – 소나무좀
③ 황색수반 – 진딧물류
④ 말레이즈 – 벚나무응애
⑤ 성페로몬 – 복숭아명나방

해설 말레이즈 트랩(Malaise trap)은 곤충이 벽면을 만나면 위로 올라가는 습성을 이용한 곤충채집기구로서 얇은 그물망으로 된 벽과 지붕으로 구성되며, 파리목, 벌목, 나비목 등의 밀도 조사에 주로 이용된다. 응애류는 끈끈이트랩 등을 사용한다.

정답 : ④

040 해충의 발생 예찰을 위한 고려사항이 아닌 것은?

① 발생량
② 발생 시기
③ 약제 종류
④ 해충 종류
⑤ 경제적 피해

해설 약제의 종류는 발생 예찰이 끝난 후의 고려사항이다.

정답 : ③

041 종합적 해충 관리에 관한 설명으로 옳지 않은 것은?

① 자연 사망요인을 최대한 이용한다.
② 잠재 해충은 미리 방제하면 손해다.
③ 일반평형밀도를 해충은 낮추고 천적은 높이는 것이 해충 밀도 억제에 효과적이다.
④ 경제적 피해 허용 수준에 도달하는 것을 막기 위하여 경제적 피해(가해) 수준에서 방제한다.
⑤ 여러 가지 방제 수단을 조화롭게 병용함으로써 피해를 경제적 피해 허용 수준 이하에서 유지하는 것이다.

해설 경제적 피해가 나타나기 전에 방제 수단을 사용할 수 있는 시간적 여유가 있어야 하기 때문에 경제적 피해 수준보다는 낮은 특징이 있다.

정답 : ④

042 벚나무 해충 방제에 관한 설명으로 옳지 않은 것은?

① 벚나무모시나방은 집단 월동 유충을 포살한다.
② 벚나무응애는 월동 시기에 기계유제로 방제한다.
③ 벚나무사향하늘소 유충은 성페로몬트랩으로 유인·포살한다.
④ 복숭아혹진딧물은 7월 이후에는 월동 기주에서 방제하지 않는다.
⑤ 벚나무깍지벌레는 발생 전에 이미다클로프리드 분산성 액제를 나무주사하여 방제한다.

해설 벚나무사향하늘소 유충 방제를 위해서 나무의 줄기에 약제를 살포한 후 비닐 등으로 감싸 훈증 효과를 주는 방제법을 주로 사용한다. 성페로몬트랩으로는 성충을 유인·포살한다.

정답 : ③

043 해충과 천적의 연결로 옳은 것은?

① 밤나무혹벌 – 남색긴꼬리좀벌
② 미국흰불나방 – 주둥이노린재
③ 복숭아명나방 – 긴등기생파리
④ 솔잎혹파리 – 독나방살이고치벌
⑤ 오리나무잎벌레 – 혹파리살이먹좀벌

해설
- 미국흰불나방 – 긴등기생파리
- 복숭아순나방 – 명충알벌
- 솔잎혹파리 – 솔잎혹파리먹좀벌과 혹파리살이먹좀벌
- 오리나무잎벌레 – 거북무당벌레
- 매미나방 – 주둥이노린재
- 짚시나방(텐트나방) – 독나방살이고치벌

정답 : ①

044 A 곤충의 온도(X)와 발육률(Y)의 회귀식이 Y=0.05X−0.5이다. 1년 중 7, 8월에는 일일 평균 온도가 12℃이고, 그 외의 달은 10℃ 이하로 가정하면, A 곤충의 연간 발생세대수는? (단, 소수점 이하는 버린다.)

① 1회
② 2회
③ 4회
④ 6회
⑤ 8회

해설
- 발육영점온도 : y=0, y=ax+b, ax=−b, x=−b/a=−(−0.5/0.05)=10℃
- 7, 8월 두 달은 발육영점온도 이상(=62일)이고 나머지 달은 무효이므로 62×2=124일
- 유효적산온도(DD) : 기울기의 역수 1/a=1/0.05=20
따라서, 연간 발생세대수=124/20=6.2=6회

정답 : ④

045 해충의 기계적 방제에 대한 설명으로 옳지 않은 것은?

① 일부 깍지벌레류는 솔로 문질러 제거한다.
② 해충이 들어 있는 가지를 땅속에 묻어 죽인다.
③ 소나무재선충병 피해목은 두께 1.5cm 이하로 파쇄한다.
④ 광릉긴나무좀 성충과 유충은 전기 충격으로 제거한다.
⑤ 주홍날개꽃매미나 매미나방은 알 덩어리를 찾아 문질러 제거한다.

해설 전기를 이용한 방제법은 물리적 방제법에 해당되며, 온도, 습도, 색깔을 이용하거나 이온화 에너지, 음파 등을 이용한 방제법도 물리적 방제법이다. 기계적 방제에는 포살법, 유살법, 소각법, 매몰법, 박피법, 파쇄, 제재, 진동, 차단법 등이 있다.

정답 : ④

046 병원균 매개충과 충영을 형성하는 해충의 연결이 옳은 것은?

① 광릉긴나무좀 – 외줄면충
② 솔수염하늘소 – 목화진딧물
③ 장미등에잎벌 – 큰팽나무이
④ 알락하늘소 – 때죽납작진딧물
⑤ 벚나무사향하늘소 – 조팝나무진딧물

해설
• 광릉긴나무좀[*Platypus koryoensis*(*Murayama*)] : 참나무시들음 병원균인 *Raffaelea sp.*를 매개함
• 솔수염하늘소 : 소나무재선충병의 매개충
• 충영을 형성하는 것 : 외줄면충, 큰팽나무이, 때죽납작진딧물
• 목화진딧물, 조팝진딧물 : 충영 만들지 않음
• 장미등에잎벌, 알락하늘소, 벚나무사향하늘소 : 매개충 아님

정답 : ①

047 다음 중 종실을 가해하는 해충은?

① 도토리거위벌레, 전나무잎응애
② 복숭아명나방, 오리나무잎벌레
③ 솔알락명나방, 호두나무잎벌레
④ 대추애기잎말이나방, 버들바구미
⑤ 백송애기잎말이나방, 도토리거위벌레

해설
• 전나무잎응애 : 잎에서 양분 흡수
• 복숭아명나방 : 유충이 사과, 복숭아, 밤, 자두, 살구 등의 과실을 가해
• 오리나무, 호두나무잎벌레 : 유충과 성충이 잎을 가해
• 솔알락명나방 : 구과(잣송이)를 가해하여 잣 수확을 감소시키는 해충
• 대추애기잎말이나방 : 유충은 대추 잎이 전개되는 봄부터 1개의 잎 또는 주위의 여러 개의 잎을 함께 묶어 갉아먹고 가해하며, 과일이 커지면 구멍을 뚫고 들어가 가해
• 버들바구미 : 천공성 해충의 하나로 묘목과 어린 나무에 주로 피해를 줌

정답 : ⑤

048 곤충의 과명 – 목명의 연결이 옳은 것은?

① 솔잎혹파리 – Cecidomyiidae – Diptera
② 솔나방 – Lasiocampidae – Hymenoptera
③ 오리나무잎벌레 – Diaspididae – Coleoptera
④ 갈색날개매미충 – Ricaniidae – Lepidoptera
⑤ 벚나무깍지벌레 – Chrysomelidae – Hemiptera

> 해설 ② 솔나방 – Lasiocampidae – Lepidoptera
> ③ 오리나무잎벌레 – Chrysomelidae – Coleoptera
> ④ 갈색날개매미충 – Ricaniidae – Hemiptera
> ⑤ 벚나무깍지벌레 – Pseudaulacaspis – Hemiptera

정답 : ①

049 갈색날개매미충과 미국선녀벌레에 관한 설명 중 옳지 않은 것은?

① 미국선녀벌레 약충은 흰색 밀랍이 몸을 덮고 있다.
② 갈색날개매미충의 1년에 1회 발생하며, 알로 월동한다.
③ 갈색날개매미충은 잎과 어린 가지 등에서 수액을 빨아먹는다.
④ 갈색날개미미충의 수컷은 복부 선단부가 뾰족하고, 암컷은 둥글다.
⑤ 미국선녀벌레는 1년생 가지 표면을 파내고 2열로 알을 낳는다.

> 해설 미국선녀벌레는 기주식물의 수피 아래 갈라진 틈 사이에 날개로 산란한다.

정답 : ⑤

050 다음 〈보기〉의 설명에 해당하는 해충을 순서대로 나열한 것은?

〈보기〉
ㄱ. 수피와 목질부 표면을 환상으로 가해한다.
ㄴ. 기주전환을 하며 쑥으로 이동하여 여름을 난다.
ㄷ. 유충이 겨울눈 조직 속에서 충방을 형성하여 겨울을 난다.
ㄹ. 바나나 송이 모양의 황록색 벌레 혹을 만들고 그 속에서 가해한다.

	ㄱ	ㄴ	ㄷ	ㄹ
①	박쥐나방	복숭아혹진딧물	붉나무혹응애	밤나무혹벌
②	박쥐나방	사사키잎혹진딧물	밤나무혹벌	때죽납작진딧물
③	알락하늘소	목화진딧물	때죽납작진딧물	사철나무혹파리

| ④ | 복숭아유리나방 | 사사키잎혹진딧물 | 큰팽나무이 | 솔잎혹파리 |
| ⑤ | 복숭아유리나방 | 조팝나무진딧물 | 사사키잎혹진딧물 | 큰팽나무이 |

해설
ㄱ. 박쥐나방 : 토양에서 월동한 난은 봄에 부화하여 초기에는 쑥 등 잡초 줄기 속에서 살다가 6월경에 포도나무 등 과수나무로 이동하여 가해
ㄴ. 사사키잎혹진딧물 : 벚나무 잎에 기생하는 산림해충으로, 벚나무 잎 표면의 엽맥을 따라 땅콩 모양의 충영을 형성
ㄷ. 밤나무혹벌 : 밤나무의 눈에 기생하여 충영을 만들고, 연 1회 발생하여 눈(芽)의 조직 내에서 유충으로 월동
ㄹ. 때죽납작진딧물 : 때죽나무에 피해를 많이 주며 어린 가지 끝에 황녹색인 방추형의 벌레혹을 만들고 진딧물이 탈출한 후 벌레혹이 황색으로 변하여 미관상 좋지 않음

정답 : ②

PART 03 | 수목생리학

051 개화한 다음 해에 종자가 성숙하는 수종은?

① 소나무, 신갈나무
② 소나무, 졸참나무
③ 잣나무, 굴참나무
④ 잣나무, 떡갈나무
⑤ 가문비나무, 갈참나무

해설
• 참나무속 분류와 아속의 특징

갈참나무류(white oak)	상수리나무류(red oak)
• 종자는 개화 당년에 익음	• 종자는 개화 이듬해에 익음
• 낙엽성 : 갈참나무, 졸참나무, 신갈나무, 떡갈나무	• 낙엽성 : 상수리나무, 굴참나무, 정릉참나무
• 상록성 : 종가시나무, 가시나무, 개가시나무	• 상록성 : 붉가시나무, 참가시나무

• 소나무속 : 2년에 걸쳐 종자가 성숙
 − 소나무류 : 소나무, 리기다소나무, 곰솔 등
 − 잣나무류 : 잣나무, 섬잣나무, 눈잣나무 등
• 소나무과 그 밖의 속 : 당년에 성숙(전나무류, 가문비나무류, 낙엽송류)

정답 : ③

052 잎의 구조와 기능에 관한 설명으로 옳지 않은 것은?

① 소나무 잎의 유관속 개수는 잣나무보다 많다.
② 1차 목부는 하표피 쪽에, 1차 사부는 상표피 쪽에 있다.
③ 대부분 피자식물은 기공의 수가 앞면보다 뒷면에 많다.
④ 나자식물에서는 내피와 이입조직이 유관속을 싸고 있다.
⑤ 소나무류는 왁스층이 기공의 입구를 싸고 있어 증산작용을 효율적으로 억제한다.

해설 1차 목부는 상표피에 존재, 2차 목부는 하표피에 존재한다.

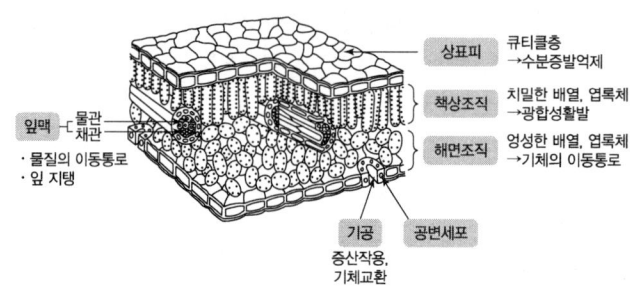

정답 : ②

053 수목이 능동적으로 에너지를 사용하는 활동을 〈보기〉에서 모두 고른 것은?

〈보기〉
ㄱ. 잎의 기공 개폐
ㄴ. 수분의 세포벽 이동
ㄷ. 목부를 통한 수액 상승
ㄹ. 세포의 분열, 신장, 분화
ㅁ. 원형질막을 통한 무기영양소 흡수

① ㄱ, ㄹ, ㅁ
② ㄴ, ㄷ, ㄹ
③ ㄷ, ㄹ, ㅁ
④ ㄱ, ㄴ, ㄹ, ㅁ
⑤ ㄱ, ㄷ, ㄹ, ㅁ

해설
- 자유공간을 이용한 무기염의 이동은 비선택적, 가역적, 에너지 소모가 없다(수동운반).
  ㄴ. 수분의 세포벽 이동(자유공간 이동, 아포플라스트)
  ㄷ. 목부를 통한 수액 상승(증산작용으로 수동적 수분이동)
- 식물이 무기염을 흡수하는 과정은 선택적, 비가역적, 에너지를 소모한다(능동운반).
  ㅁ. 원형질막을 통한 무기영양소 흡수
- 세포분열 및 기공의 개폐에는 에너지가 소모된다(능동적).
  ㄱ. 잎의 기공 개폐
  ㄹ. 세포의 분열, 신장, 분화

정답 : ①

054 수목의 뿌리생장에 관련된 설명으로 옳은 것은?

① 주근에서는 측근이 내피에서 발생한다.
② 외생균근이 형성된 수목들은 뿌리털의 발달이 왕성하다.
③ 온대지방에서 뿌리의 신장은 이른 봄에 줄기의 신장보다 늦게 시작한다.
④ 수목은 봄철 뿌리의 발달이 시작되기 전에 이식하는 것이 바람직하다.
⑤ 주근은 뿌리의 표면적을 확대시켜 무기염과 수분의 흡수에 크게 기여한다.

해설 이식
- 이식시기
  - 봄철, 겨울눈이 트기 2~3주 전에 이식하는 것이 가장 좋은 방법
  - 수목은 봄철에 겨울눈이 트기 2~3주 전부터 새 뿌리를 만들기 시작함
- 가을 이식을 불리하게 하는 것 : 지구 온난화
- 이식하기에 가장 부적절한 시기 : 5월 중순(나무 뿌리가 가장 왕성하게 자라는 때)

측근형성
- 내초의 병층분열 → 수층분열 → 측근
- 이 과정에서 상처가 생겨 병원균, 박테리아가 침입하기도 함

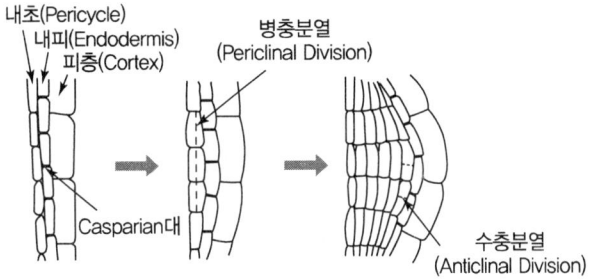

정답 : ④

055 온대지방 수목의 수고생장에 관한 설명으로 옳은 것은?

① 느티나무와 단풍나무는 고정생장을 한다.
② 도장지는 침엽수보다 활엽수에 더 많이 나타난다.
③ 액아가 측지의 생장을 조절하는 것을 유한생장이라 한다.
④ 임분 내에서는 우세목이 피압목보다 도장지를 더 많이 만든다.
⑤ 정아우세 현상은 지베렐린이 측아의 생장을 억제하기 때문이다.

해설
- 유한생장 : 소나무, 가문비, 참나무, 주목
- 무한생장 : 느릅나무, 버드나무, 버즘나무, 아까시나무, 자작나무
- 고정생장 : 소나무, 잣나무, 전나무, 가문비나무, 솔송나무, 참나무류, 목련, 동백나무
- 자유생장 : 회양목, 사철나무, 영산홍, 등나무, 주목, 은행나무, 일본잎갈나무(낙엽송), 단풍나무, 철쭉, 버드나무, 개나리, 쥐똥나무, 대왕송, 테다소나무

눈
- 아직 자리지 않은 어린 가지(정단분열조직 가짐)
- 위치 : 정아, 측아, 액아(주로 새잎을 만듦)
- 함유조직 : 엽아, 화아, 혼합아
- 활동상태
  - 잠아 : 주맹아(지상부 그루터기), 피자식물의 도장지, 나자식물의 맹아지
  - 부정아 : 근맹아(지하부 뿌리)

정답 : ②

056 수목의 광합성에 관한 설명으로 옳은 것은?

① 회양목은 아까시나무보다 광보상점이 낮다.
② 포플러와 자작나무는 서어나무보다 광포화점이 낮다.
③ 광도가 낮은 환경에서는 주목이 포플러보다 광합성 효율이 좋다.
④ 광합성은 물의 산화과정이며, 호흡작용은 탄수화물의 환원과정이다.
⑤ 단풍나무류는 버드나무류보다 높은 광도에서 광보상점에 도달한다.

해설 음수는 광보상점, 광포화점 둘 다 낮다. 양수는 광보상점, 광포화점 둘 다 높다.
- 광보상점 : 호흡으로 방출되는 CO_2양=광합성으로 흡수하는 CO_2양
- 광포화점 : 광도가 증가해도 더 이상 광합성이 증가하지 않는 포화상태의 광도

내음성	수목의 종류
극음수	주목, 개비자나무, 나한백, 사철나무, 회양목, 굴거리나무
음수	전나무, 가문비나무, 솔송나무, 너도밤나무, 서어나무, 함박꽃나무, 칠엽수, 녹나무, 단풍나무류
중용수	잣나무, 편백, 느릅나무류, 참나무류, 은단풍, 목련, 동백나무, 물푸레나무, 산초나무, 층층나무, 철쭉류, 피나무, 팽나무, 굴피나무, 벚나무류
양수	은행나무, 소나무류, 측백나무, 향나무, 낙우송, 밤나무, 오리나무, 버짐나무, 오동나무, 사시나무, 일본잎갈나무, 느티나무, 아까시나무
극양수	방크스소나무, 왕솔나무, 잎갈나무, 연필향나무, 버드나무, 자작나무, 포플러

정답 : ①

057 질소고정 미생물의 종류, 생활 형태와 기주식물을 바르게 나열한 것은?

① Cyanobacteria – 내생공생 – 소철
② Frankia – 내생공생 – 오리나무류
③ Rhizobium – 외생공생 – 콩과식물
④ Azotobacter – 외생공생 – 나자식물
⑤ Clostridium – 외생공생 – 나자식물

해설 질소고정 미생물의 종류와 기주 및 질소고정량

구분	미생물 종류	생활 형태	기주	질소고정량
단독	Azotobacter	호기성		0.2~1.0
	Clostridium	혐기성		15~44
공생	Cyanobacteria	외생공생	지의류, 소철	3~4
	Rhizobium	내생공생	콩과식물	100~200
	Bradyrhizobium	내생공생	콩과식물	
	Frankia(방선균)	내생공생	오리나무류, 보리수나무류	12~300

정답 : ②

058 광색소와 광합성색소에 관한 설명으로 옳지 않은 것은?

① Pfa는 피토크롬의 생리적 활성형이다.
② 크립토크롬은 일주기현상에 관여한다.
③ 적색광이 원적색광보다 많을 때 줄기생장이 억제된다.
④ 카로티노이드는 광산화에 의한 엽록소 파괴를 방지한다.
⑤ 엽록소 외에도 녹색광을 흡수하며 광합성에 기여하는 색소가 존재한다.

해설 적색광은 잎이 햇빛을 직접 받는 상태이고, 원적색광은 그늘진 상태이다.

피토크롬
• 적색광(파장 660nm) 비추면 Pr 형태 → Pfr 형태
• 원적색광(파장 730nm) 비추면 Pfr 형태 → Pr 형태(환원되는 양은 정확하게 시간에 비례)

크립토크롬(cryptochrome) 주요 기능
• 자귀나무와 같이 24시간 주기로 야간에 잎이 접히는 일주기 현상
• 생체리듬을 조절하고 종자와 유묘의 생장을 조절
• 철새의 경우 자기장을 감지하여 이동 경로를 찾음

카로테노이드
• 식물에 노란색, 오렌지색, 적색 등을 나타냄
• 엽록소를 보조하여 햇빛을 흡수하는 보조색소 역할(500~600nm)
• 광도가 높을 경우 광산화작용에 의한 엽록소 파괴 방지

정답 : ③

059 수목의 형성층 활동에 대한 설명으로 옳지 않은 것은?

① 옥신에 의해 조절된다.
② 정단부의 줄기부터 형성층 세포분열이 시작된다.
③ 상록활엽수가 낙엽활엽수보다 더 늦은 계절까지 지속한다.
④ 임분 내에서 우세목이 피압목보다 더 늦게까지 지속된다.
⑤ 고정생장 수종은 수고생장과 함께 형성층 활동도 정지된다.

해설 고정생장은 당년에 자랄 원기가 전년도에 형성된 동아 속에 형성되는 것을 말한다. 즉 동아의 성장이 끝난 후에도 직경생장(형성층의 활동)은 계속할 수 있다.

정답 : ⑤

060 괄호 안에 들어갈 내용으로 바르게 나열된 것은?

- 밀식된 숲은 밀도가 낮은 숲보다 호흡량이 (ㄱ).
- 기온이나 토양 온도가 상승하면 호흡량이 (ㄴ)한다.
- 노령이 될수록 총 광합성량에 대한 호흡량의 비율이 (ㄷ)한다.
- 잎 주위의 이산화탄소 농도가 높아지면 기공이 닫혀 호흡량이 (ㄹ)한다.

	ㄱ	ㄴ	ㄷ	ㄹ
①	많다	증가	증가	감소
②	많다	증가	증가	증가
③	많다	증가	감소	증가
④	적다	감소	감소	감소
⑤	적다	감소	증가	감소

해설 **임분의 밀도와 그늘**
- 밀식된 임분은 광합성량은 적고, 호흡량은 그대로이다.
- 형성층의 표면적이 더 많아 호흡량이 증가한다.

산림의 종류
- 전체 호흡량은 숲의 성숙 정도와 위도에 따라 다르다.
- 단위 건중량당 호흡량 : 어린 숲 > 성숙한 숲
- 총 광합성량 대비 호흡량 비율 : 어린 숲 < 성숙한 숲

온도와 호흡
- Q_{10} : 10℃ 상승 시 호흡량의 증가율
- 대부분의 식물은 5~25℃에서 Q_{10}의 값이 2.0~2.5이다.
- 야간의 온도가 주간보다 낮아야(5~10℃ 정도) 수목이 정상적으로(광합성 고정탄수화물 > 호흡소모량) 성장한다.

정답 : ①

061 탄수화물의 합성과 전환에 관한 설명으로 옳은 것은?

① 줄기와 가지에는 수와 심재부에 전분 형태로 축적된다.
② 전분은 잎에서는 엽록체, 저장조직에서는 전분체에 축적된다.
③ 잎에서 합성된 전분은 단당류로 전환되어 사부에 적재된다.
④ 엽육세포 원형질에는 포도당이 가장 높은 농도로 존재한다.
⑤ 열매 속에 발달 중인 종자 내에서는 전분이 설탕으로 전환된다.

해설 **탄수화물의 합성과 전환**
- 탄수화물의 합성은 광합성의 암반응으로부터 시작
- 엽록체 속에서 캘빈회로을 통하여 단당류 합성, 전환
- 광합성을 하는 잎의 세포 내에는 단당류인 포도당, 과당의 농도보다 2당류인 설탕의 농도가 높음
- 설탕의 합성은 세포질에서 이루어짐
- 설탕으로의 전환에는 조효소인 UTP가 에너지를 공급
- 전분은 가장 주요한 저장 탄수화물로 잎 – 엽록체, 저장조직 – 전분체(색소체)에 축적
- 탄수화물은 다른 형태로, 특히 지방이나 단백질을 합성하기 위한 예비 화합물로 쉽게 전환됨
- 자라고 있는 종자 : 설탕 → 전분, 성숙해 가는 종자 : 전분 → 설탕
- 셀룰로스, 펙틴과 같이 세포벽에 부착된 탄수화물은 전환되지 않음

정답 : ②

062 수목 내 탄수화물 함량의 계절적 변화에 관한 설명으로 옳지 않은 것은?

① 겨울에 줄기의 전분 함량은 증가하고 환원당의 함량은 감소한다.
② 낙엽수는 계절에 따른 탄수화물 함량 변화폭이 상록수보다 크다.
③ 가을에 낙엽이 질 때 줄기의 탄수화물 농도가 최고치에 달한다.
④ 초여름에 밑동을 제거하면, 탄수화물 저장량이 적어 맹아지 발생을 줄일 수 있다.
⑤ 상록수는 새순이 나올 때 줄기의 탄수화물 농도는 감소하고 새 줄기의 탄수화물 농도는 증가한다.

해설 **탄수화물의 계절적 변화**
- 탄수화물 최고치 : 낙엽수 – 낙엽 질 때, 늦가을
- 탄수화물 최저치 : 늦은 봄
- 겨울철 전분의 함량은 감소하고 환원당의 함량은 증가함(전분 → 설탕, 환원당, 내한성 증가)

정답 : ①

063 식물에서 질소를 포함하지 않는 물질은?

① DNA, RNA
② 니코틴, 카페인
③ ABA, 지베렐린
④ 엽록소, 루비스코
⑤ 아미노산, 폴리펩타드

해설 주요 질소화합물과 기능
- 아미노산, 단백질 그룹
- 핵산 관련 그룹
  - 핵산은 피리미딘(pyrimidine), 푸린(purine), 5탄당, 인산으로 구성 **예** DNA, RNA
  - 핵산은 세포의 핵에 존재, 유정정보를 가진 염색체의 중요한 화합물
  - Nucleotide : 핵산의 기본단위[purine+단당류(5탄당)+인산]로 조효소의 역할도 함
  - 조효소 : 효소의 활동을 도움 **예** AMP, ADP, ATP, NAD, NADP, Coenzyme A
  - 티아민(thiamine), 시토키닌(cytokinins, 식물호르몬)
- 대사중개물질 그룹
  - 질소를 함유한 대사에 관여하는 물질 중 가장 흔한 것은 피롤(pyrrole)
  - 4개의 pyrrole이 모여 포르피린(porphyrin)을 형성
  - porphyrin 화합물 : 엽록소(chloropyll), phytochrome, hemoglobin
  - IAA(옥신의 일종)도 질소를 가지고 있음
- 대사의 2차 산물 그룹
  - 알칼로이드(alkaloids) : 질소를 함유한 환상화합물로, 쌍자엽식물에 나타나고 나자식물에는 별로 없음 **예** 초본식물 : morphine, atropine, ephedrine, quinine 등, 목본식물 : 차나무 (caffeine)
  - 알칼로이드는 잎, 수피 또는 뿌리에 주로 축적됨
  - ABA(아브시스산, C15H20O4) : 식물 성장 억제, 스트레스 반응 유도, 종자 숙성
  - 지베렐린(C19H22O6) : 식물 성장 촉진, 종자 발아 유도, 엽면 발육 촉진

정답 : ③

064 수목의 질소대사에 관한 설명으로 옳은 것은?

① 탄수화물 공급이 느려지면 질소환원도 둔화된다.
② 소나무류는 주로 잎에서 질산태 질소가 암모늄태로 환원된다.
③ 산성토양에서는 질산태 질소가 축적되고, 이를 균근이 흡수한다.
④ 흡수한 암모늄 이온은 고농도로 축적되며, 아미노산 생산에 이용된다.
⑤ 뿌리에 흡수된 질산은 질산염 산화효소에 의해 아질산태로 산화된다.

해설 질소환원장소

질소환원
↓
토양에서 뿌리로 NO_3^- 흡수 → NH_4^+ 형태로 전환돼야 함

- Lupine형 뿌리에서 $NO_3^- \rightarrow NH_4^+$ 예 나자식물, 진달래류, 프로테아과
- 도꼬마리형 잎에서 $NO_3^- \rightarrow NH_4^+$ 예 나머지 식물
- 탄수화물 공급이 느려지면 질산환원도 둔화됨

뿌리에서 흡수되는 형태
- 대부분 질산태(NO_3^-) 형태로 흡수
- 경작토양에서 NH_4^+ 비료는 질산화박테리아에 의해 NO_3^-로 토양용액에 녹음
- 산성토양은 질산화박테리아를 억제하여 NH_4^+(암모늄태질소)를 축적(균근의 도움을 받아 흡수)

정답 : ①

065 낙엽이 지는 과정에 관한 설명으로 옳지 않은 것은?

① 분리층의 세포는 작고 세포벽이 얇다.
② 신갈나무는 이층 발달이 저조한 수종이다.
③ 옥신은 탈리를 지연시키고, 에틸렌은 촉진한다.
④ 탈리가 일어나기 전 목전질이 축적되며 보호층이 형성된다.
⑤ 겨울철 잎의 색소변화와 함께 엽병 밑부분에 이층 형성이 시작된다.

해설 낙엽 전의 질소이동
- 수목은 낙엽에 대비해 어린잎에서부터 엽병 밑부분에 이층을 사전에 형성
- 이층의 세포는 다른 부위에 비해서 세포가 작고 얇음
- 낙엽이 지면 분리층에 suberin, gum 등을 분비하여 보호층 형성(탈리현상)
- N, P, K는 감소하고, Ca, Mg은 증가함
- 이때 회수된 질소는 사부의 방사선 유조직에 저장하고 이때 질소의 이동은 사부를 통해 이루어짐
- 봄철 저장단백질은 분해되어 목부를 통해 새로운 잎으로 이동함

정답 : ⑤

066 〈보기〉의 수목에 함유된 성분 중 페놀화합물로 나열된 것은?

〈보기〉
ㄱ. 고무   ㄴ. 큐틴   ㄷ. 타닌
ㄹ. 리그닌   ㅁ. 스테롤   ㅂ. 플라보노이드

① ㄱ, ㄴ, ㄹ   ② ㄱ, ㄷ, ㅂ
③ ㄴ, ㄷ, ㅂ   ④ ㄷ, ㄹ, ㅁ
⑤ ㄷ, ㄹ, ㅂ

해설	종류	예
	지방산 및 지방산 유도체	파미트산, 단순지질(지방, 기름), 복합지질(인지질, 당지질), 납(wax), 큐틴, 수베린
	이소프레노이드 화합물	정유, 테르펜, 카로티노이드, 고무, 수지, 스테롤
	페놀화합물	리그닌, 타닌, 플라보노이드

정답 : ⑤

067 수목의 물질대사에 관한 설명으로 옳은 것은?

① 광주기를 감지하는 피토크롬은 마그네슘을 함유한다.
② 세포벽의 섬유소는 초식동물이 소화할 수 없는 화합물이다.
③ 지방은 설탕(자당)으로 재합성된 후 에너지가 필요한 곳으로 이동한다.
④ 겨울철 자작나무 수피의 지질함량은 낮아지고 설탕(함량)은 증가한다.
⑤ 콩꼬투리와 느릅나무 내수피 주변에서 분비되는 검과 점액질은 지질의 일종이다.

해설
- 지방의 분해와 전환
  - 지방은 에너지 저장 수단으로, 분해는 O_2를 소모하고 ATP를 생산하는 호흡작용
  - 지방 분해 : oleosome에 있는 리파아제 효소에 의해 지방이 glycerol과 지방산으로 분해하고 지방의 분해는 3개 소기관[glyoxysome(단막), oleosome(불완전한 반막), mitochondria(이중막)]이 관련됨. 지방은 분해된 후 말산염 형태로 세포질로 이동되어 역해당작용에 의해 설탕으로 합성된 후 다른 곳으로 이동
- 피롤 4개와 Mg 하나가 결합한 것은 엽록소
- 검과 점액질(mucilage)
  - 갈락투론산의 중합체로 단백질을 함유(다당류의 일종)
  - 검은 수피와 종자껍질에 주로 존재
  - 벚나무속에 병원균과 곤충의 피해를 입을 때 분비(검)
  - 점액질 : 콩과식물의 콩꼬투리, 느릅나무 내수피와 잔뿌리 끝으로 잔뿌리의 윤활제 역할
- cellulose(섬유소)가 가장 흔함 : 세포벽의 구성, 초식동물의 먹이, 1차벽(9~25%), 2차벽(41~45%), 목부 경우 섬유 사이를 리그닌이 채워 세포벽을 구성
- 수목의 내한성은 탄수화물의 함량과 인지질의 함량과 관계가 있음. 전분이 설탕으로 바뀌어 축적하며, 인지질과 당단백질의 함량이 증가함

정답 : ③

068 잎과 줄기의 발생과 초기 발달에 관한 설명으로 옳지 않은 것은?

① 잎차례는 눈이 싹트면서 결정된다.
② 눈 속에 잎과 가지의 원기가 있다.
③ 전형성층은 정단분열조직에서 발생한다.
④ 잎이 직접 달린 가지는 잎과 나이가 같다.
⑤ 소나무 당년지 줄기는 목질화되면 길이 생장이 정지된다.

해설 잎차례는 수목의 성숙 정도에 따른 특징이다.

유시성(유형)의 특징
- 잎의 모양
- 가시의 발달
- 엽서(잎차례) : 잎이 배열하는 순서와 각도가 성숙하면서 변화 예 유칼리나무
- 삽목의 용이성
- 곧추선 가지
- 낙엽의 지연성
- 수간의 해부학적 특성
- 그 밖에 유형기에 밋밋한 수피와 덩굴성 특징을 가지기도 함

정답 : ①

---

069 방사(수선)조직에 관한 설명으로 옳지 않은 것은?

① 전분을 저장한다.
② 2차생장 조직이다.
③ 중심의 수에서 사부까지 연결된다.
④ 방추형 시원세포의 수층분열로 발생한다.
⑤ 침엽수 방사조직을 구성하는 세포에는 가도관세포가 포함된다.

해설 수선조직은 수간의 횡단면에서 방사방향으로 중앙부를 향해 뻗어 있으며, 살아있는 유세포이다. 방추형 시원세포의 병층분열로 발생한다.

형성층의 세포분열

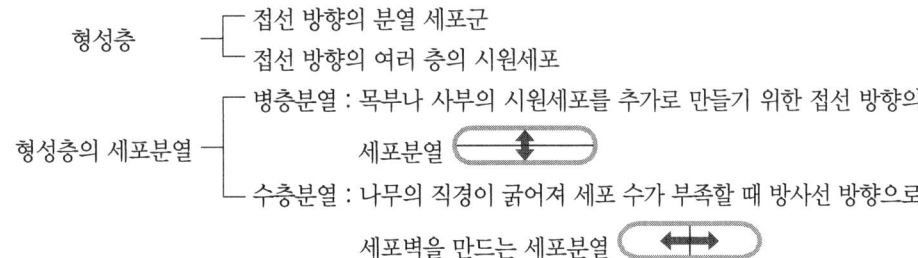

정답 : ④

070 무기영양소인 칼슘에 관한 설명으로 옳지 않은 것은?

① 산성 토양에서 쉽게 결핍된다.
② 심하게 결핍되면 어린 순이 고사한다.
③ 펙틴과 결합하여 세포 사이의 중엽층을 구성한다.
④ 세포 외부와의 상호작용에서 신호전달에 필수적이다.
⑤ 칼로스(callose)를 형성하여 손상된 도관 폐쇄에 이용된다.

> **해설** 칼로스(callose)는 유합조직을 말한다. 침엽수는 송진을 축적하고, 활엽수는 검이나 전충체로 도관을 차단한다.
>
> **칼슘**
> - 칼슘은 세포벽에서 중엽층 구성, 세포막의 정상적 기능에 기여
> - amylase 효소 등의 활성제 역할
> - 결핍 시 뿌리 끝, 줄기 끝, 어린잎에서 결핍현상이 나타내고 분열조직이 기형으로 죽음
>
> **토양산도에 따른 무기영양소의 유용성 변화**
> - 산성 토양에서 결핍 현상 : P, Ca, Mg, B 등
> - 알칼리성 토양에서 결핍 현상 : Fe, Cu, Zn 등

정답 : ⑤

071 도관이 공기로 공동화되어 통수 기능이 손실되는 현상과 양(+)의 상관관계가 아닌 것은?

① 근압의 증가　　　　　　　② 벽공의 손상
③ 가뭄으로 인한 토양의 건조　　④ 도관의 길이와 직경의 증가
⑤ 목부의 반복되는 동결과 해동

> **해설** 근압은 능동적 흡수에 의해 생기는 뿌리 내의 압력을 말한다(삼투압에 의해 발생).
>
> **일액현상**
> - 배수조직을 통해 수분이 밖으로 나와서 물방울이 맺히는 것
> - 초본식물은 야간에 기온이 온화하고 토양의 통기성이 좋으며 토양수분이 충분할 때 나타남
> - 대표수종 : 자작나무, 포도나무(나자식물은 발견되지 않음)

정답 : ①

072 버섯을 만드는 외생균근을 형성하는 수종으로 나열된 것은?

① 상수리나무, 자작나무, 잣나무
② 다릅나무, 사철나무, 자귀나무
③ 대추나무, 이팝나무, 회화나무
④ 왕벚나무, 백합나무, 사과나무
⑤ 구상나무, 아까시나무, 쥐똥나무

해설 **외생균근(주로 목본식물)**
- 곰팡이의 균사가 세포 안으로 들어가지 않고 기주세포 밖에만 머묾
- 균사는 뿌리 표면을 두껍게 싸서 균투를 형성
- 뿌리 속 피층까지 침투하여 세포 간극에 하티그망을 형성
- 피층보다 더 안쪽으로 들어가지 않음
- 효율적으로 무기염 흡수
- 담자균과 자낭균
- 숲의 나이 15~80년의 가장 생활력이 왕성할 때, 기주선택성 강함
- 기주식물의 범위

소나무과	소나무, 전나무, 가문비나무, 일본잎갈나무, 솔송나무류
참나무과	참나무, 밤나무류, 너도밤나무류
버드나무과	버드나무, 포플러류
자작나무과	자작나무류, 오리나무류, 서어나무류, 개암나무류
피나무과	피나무, 염주나무

정답 : ①

073 토양의 건조에 관한 수목의 적응반응이 아닌 것은?

① 기공을 닫아 증산을 줄인다.
② 잎의 삼투퍼텐셜을 감소시킨다.
③ 조기낙엽으로 수분 손실을 줄인다.
④ 휴면을 앞당겨 생장기간을 줄인다.
⑤ 수평근을 발달시켜 흡수표면적을 증가시킨다.

해설 수평근보다 수직근을 발달시킨다(심근성).

내건성의 근원
- 심근성
  - 심근성 수목 : 테다소나무, 루브라참나무
  - 천근성 수목 : 피나무, 낙우송, 자작나무
- 건조저항성
- 건조인내성
- 건조회피성(건조도피성)

정답 : ⑤

074 수분 함량이 감소함에 따라 발생하는 잎의 시듦(위조)에 관한 설명으로 옳은 것은?

① 위조점에서 엽육세포의 팽압은 0이다.
② 위조점에서 엽육세포의 삼투압은 음(-)의 값이다.
③ 엽육세포의 팽압은 수분함량에 반비례하여 증가한다.
④ 위조점에서 엽육조직의 수분퍼텐셜은 삼투퍼텐셜보다 작다.
⑤ 영구적인 위조점에서 엽육세포의 수분퍼텐셜은 -1.5MPa이다.

해설 위조점이란 뿌리 내의 수분퍼텐셜과 토양 용액의 수분퍼텐셜이 같은 상태이다.

삼투퍼텐셜
- 주로 액포 속에 용해되어 있는 나타내는 삼투압을 표시한 것이다.
- 값은 항상 0보다 작은 음수(-)이다.
- 삼투퍼텐셜=삼투압(물을 흡수하려는 힘을 압력으로 표시함)을 수치로 표시한 것으로 삼투퍼텐셜이 저하되면 삼투압은 상승하고, 삼투압의 값은 항상 음수(-)이다.

압력퍼텐셜(φp)
- 세포가 수분을 흡수함으로써 원형질막이 세포벽을 향해 밀어내서 나타내는 압력(팽압)
- 값은 +, -, 0을 가짐
  - 수분을 충분히 흡수한 경우 : +
  - 수분을 잃어 원형질 분리가 일어난 경우 : 0
  - 증산작용으로 인해 도관세포 내에서 장력하에 있는 경우 : -
- ※ 삼투퍼텐셜 ↔ 압력퍼텐셜(서로 반대 방향으로 작용)

정답 : ①

075 지베렐린 생합성 저해물질인 파클로부트라졸을 처리했을 때 수목에 미치는 영향으로 옳은 것은?

① 조기낙엽을 유도한다.
② 줄기조직이 연해진다.
③ 신초의 길이 생장이 감소한다.
④ 잎의 엽록소 함량이 감소한다.
⑤ 꽃에 처리하면 단위결과가 유도된다.

해설 **지베렐린의 상업적 이용**
- 감귤, 월귤(vaccinium) : 착과 촉진
- 포도나무와 사과나무 : 과실의 크기, 품질 향상
- 바나나, 귤 : 노쇠와 과실 성숙 지연
- 생장억제제 : GA의 생합성을 방해하여 줄기의 생장 억제 예 포스폰-D(Phosphon-D), Amo-1618, CCC(Cycocel), 파크로부트라졸(pacrobutrazol)

정답 : ③

PART 04 | 산림토양학

076 토양 입단화에 대한 설명으로 옳지 않은 것은?

① 유기물은 토양입단 형성 및 안정화에 중요한 역할을 한다.
② 나트륨이온은 점토입자들을 응집시켜 입단화를 촉진시킨다.
③ 다가 양이온은 점토입자 사이에서 다리 역할을 하여 입단 형성에 도움을 준다.
④ 뿌리의 수분흡수로 토양의 젖음-마름 상태가 반복되어 입단 형성이 가속화된다.
⑤ 사상균의 균사는 점토입자들 사이에 들어가 토양입자와 서로 엉키며 입단을 형성한다.

해설 나트륨이온은 가수 이온의 반경이 커 토양입자를 분산시키며 토양의 입단화를 방해한다.

정답 : ②

077 도시숲 토양에서 답압 피해를 관리하는 방법으로 옳지 않은 것은?

① 수목 하부의 낙엽과 낙지를 제거한다.
② 토양 표면에 수피, 우드칩, 매트 등을 멀칭한다.
③ 토양 내에 유기질 재료를 처리하여 입단을 개선한다.
④ 토양에 구멍을 뚫고 모래, 펄라이트, 버미큘라이트 등을 넣는다.
⑤ 나지 상태가 되지 않도록 초본, 관목 등으로 토양 표면을 피복한다.

해설 수목 하부의 낙엽과 낙지 제거는 답압 피해를 가중시킨다.

정답 : ①

078 토양 수분퍼텐셜에 대한 설명으로 옳지 않은 것은?

① 매트릭(기질)퍼텐셜은 항상 음(-)의 값을 갖는다.
② 토양수는 퍼텐셜이 높은 곳에서 낮은 곳으로 이동한다.
③ 수분 불포화 상태에서 토양수의 이동은 압력퍼텐셜의 영향을 받지 않는다.
④ 중력퍼텐셜은 임의로 설정된 기준점보다 상대적 위치가 낮을수록 커진다.
⑤ 불포화 상태에서 토양수의 이동은 주로 매트릭(기질)퍼텐셜에 의하여 발생한다.

해설 중력퍼텐셜은 임의로 설정된 기준점보다 상대적 위치가 높으면 커지고 낮을수록 작아진다.

정답 : ④

079 〈보기〉 중 부식에 대한 설명으로 옳은 것을 모두 고르면?

〈보기〉
ㄱ. 토양 입단화를 증진시킨다.
ㄴ. 양이온 교환 용량을 증가시킨다.
ㄷ. pH의 급격한 변화를 촉진한다.
ㄹ. 모래보다 g당 표면적이 작다.
ㅁ. 미량원소와 킬레이트 화합물을 형성한다.

① ㄱ, ㄴ
② ㄱ, ㄴ, ㄹ
③ ㄱ, ㄴ, ㅁ
④ ㄱ, ㄴ, ㄹ, ㅁ
⑤ ㄴ, ㄷ, ㄹ, ㅁ

해설 부식은 완충 능력이 있어 pH의 급격한 변화를 막아주며, 모래보다 g당 표면적(비표면적)이 크다.

정답 : ③

080 산림토양 내 미생물에 관한 설명 중 옳지 않은 것은?

① 공생질소고정균은 뿌리혹을 형성하여 공중질소를 기주식물에게 공급한다.
② 사상균은 종속영양생물이기 때문에 유기물이 풍부한 곳에서 활성이 높다.
③ 한국 산림토양에서 방선균은 유기물 분해와 양분 무기화에 중요한 역할을 한다.
④ 조류(algae)는 독립영양생물로 광합성을 할 수 있기 때문에 임상에서 풍부하게 존재한다.
⑤ 세균 중 종속영양세균은 가장 수가 많으며 호기성, 혐기성 또는 양쪽 모두를 포함하기도 한다.

해설 산림토양에서 곰팡이는 유기물과 낙엽을 분해하는 과정에서 핵심 역할을 한다. 낙엽이 썩을 때 분해되지 않는 섬유소를 분해시키며 균근은 목본식물의 수분과 양분 흡수, 양분 순환에서 매우 중요한 역할을 한다.

방선균(Actinomycetes)
- 세균과 곰팡이의 중간적 성질을 가지는 것으로, 사상세균 또는 방선균이라고도 한다.
- 습도가 높고 유통이 좋은 곳에서 생육이 활발하며, 생육 적정 pH가 6.0~7.5로서 산성에 매우 약하므로 산림토양에는 거의 존재하지 않는다.
- 리그닌(lignin), 케라틴(keratin)과 같은 저항성 유기물을 분해하여 암모니아태 질소로 변화시킨다.

정답 : ③

081 토양 산성화의 원인으로 옳지 않은 것은?

① 염기포화도 증가
② 유기물 분해 시 유기산 생성
③ 식물 뿌리와 토양 미생물의 호흡
④ 질소질 비료의 질산화작용에 의한 수소 이온 생성
⑤ 지속적인 강우에 의한 토양 내 교환성 염기 용탈

해설 염기포화도 증가는 염류화(=알칼리화)를 말하며, 산성화와는 반대 개념이다.

정답 : ①

082 토양 공기 중 뿌리와 생물의 에너지를 생성하는 과정에서 발생하며, 대기와 조성비율 차이가 큰 기체는?

① 질소
② 아르곤
③ 아산화황
④ 이산화탄소
⑤ 일산화탄소

해설

구분	대기(%)	심토층(%)
질소(N_2)	79	75~80
산소(O_2)	20.9	3~10
이산화탄소(CO_2)	0.035	7~18
수증기	20~90	98~100

정답 : ④

083 토양의 교환성 양이온이 다음과 같은 경우 염기성포화도는? (단, 양이온 교환 용량은 16cmolc/kg이다.)

- H^+ = 3cmolc/kg
- K^+ = 3cmolc/kg
- Na^+ = 3cmolc/kg
- Ca^{2+} = 3cmolc/kg
- Mg^{2+} = 3cmolc/kg
- Al^{3+} = 1cmolc/kg

① 19%
② 25%
③ 50%
④ 75%
⑤ 100%

해설 염기포화도(%) = [교환성 염기의 총량(cmolc/kg) ÷ 양이온 교환 용량(cmolc/kg)] × 100
= [{3(K^+) + 3(Na^+) + 3(Ca^{2+}) + 3(Mg^{2+})} ÷ 16] × 100 = 75

정답 : ④

084 온대 습윤 지방에서 주요 1차 광물의 풍화 내성이 강한 순으로 배열된 것은?

① 휘석 > 백운모 > 흑운모 > 석영 > 회장석
② 흑운모 > 백운모 > 석영 > 휘석 > 각섬석
③ 백운모 > 정장석 > 흑운모 > 감람석 > 휘석
④ 석영 > 백운모 > 흑운모 > 조장석 > 각섬석
⑤ 석영 > 백운모 > 흑운모 > 정장석 > 감람석

해설 1차 광물 풍화 내성 정도
석영 > 백운모(K) > 미사장석(K) > 정장석(K) > 흑운모(K) > 조장석(Na) > 각섬석(Ca, Mg, Fe) > 휘석(Ca, Mg, Fe) > 회장석(Ca) > 감람석(Mg, Fe)

정답 : ④

085 농경지토양과 비교하여 산림토양의 특성으로 볼 수 없는 것은?

① 미세기후의 변화는 농경지토양보다 적다.
② 낙엽과 고사근에 의해 유기물이 토양으로 환원된다.
③ 산림토양의 양분 순환은 농경지토양에 비해 빠르다.
④ 산림토양의 수분 침투능력은 농경지토양보다 낮다.
⑤ 낙엽층은 산림토양의 수분과 온도의 급격한 변화를 완충시킨다.

해설 산림토양의 수분 침투능력은 농경지토양보다 높다.

정답 : ④

086 토양조사를 위한 토양단면 작성 방법 중 옳지 않은 것은?

① 토양단면은 사면 방향과 직각이 되도록 판다.
② 깊이 1m 이내에 기암이 노출된 경우에는 기암까지만 판다.
③ 토양단면 내에 보이는 식물 뿌리는 원상태로 남겨둔다.
④ 낙엽층은 전정가위로 단면 예정선을 따라 수직으로 자른다.
⑤ 임상이나 지표면의 상태가 정상적인 곳을 조사지점으로 정한다.

해설 토양단면 내에 보이는 식물 뿌리는 종류, 양과 크기 등 순으로 기재하고 잘라낸다.

정답 : ③

087 토양생성 작용에 의하여 발달한 토양층 중 진토층은?

① A층+B층
② A층+B층+C층
③ O층+A층+B층
④ O층+A층+B층+C층
⑤ O층+A층+B층+C층+R층

해설
• 진토층 : A층, E층, B층
• 전토층 : A층, E층, B층, C층

정답 : ①

088 온난 습윤한 열대 또는 아열대 지역에서 풍화 및 용탈 작용이 일어나는 조건에서 발달하여, 염기 포화도 35% 이하인 토양목은?

① Oxisol
② Ultisol
③ Entisol
④ Histosol
⑤ Inceptisol

해설 울티졸(Ultisol)은 점토집적층이 있으며, 염기포화도가 35% 이하인 산성토양이다.
① 옥시졸(Oxisols) : Al과 Fe의 산화물이 풍부한 적색의 열대 토양으로, 풍화가 가장 많이 진척된 토양
③ 엔티졸(Entisols) : 토양 생성 발달이 미약하여 층위의 분화가 없는 새로운 토양
④ 히스토졸(Histosols) : 물이 포화된 지역이나 늪지대에 분포하는 유기질 토양
⑤ 인셉티졸(Inceptisol) : 토양의 층위가 발달하기 시작한 젊은 토양

정답 : ②

089 기후 및 식생대의 영향을 받아 생성된 성대성 토양은?

① 소택토양
② 암쇄토양
③ 염류토양
④ 충적토양
⑤ 툰드라토양

해설
• 성대성 토양 : 라테라이트, 적색토, 사막토, 체르노젬, 밤색토, 갈색토, 포드졸, 툰드라
• 해안소택토양 : 해안 지대의 진펄에서 이루어진 간대성 토양으로, 물기가 많고 이탄층과 갈매층이 발달함

정답 : ⑤

090 한국 산림토양의 특성이 아닌 것은?

① 산림토양형은 8개이다.
② 토성은 주로 사양토와 양토이다.
③ 산림토양의 분류체계는 토양군, 토양아군, 토양형 순이다.
④ 토양단면의 발달이 미약하고 유기물 함량이 적은 편이다.
⑤ 화강암과 화강편마암으로부터 생성된 산성토양이 주로 분포한다.

해설 국내 산림토양 분류 방식은 '토양군(8) – 토양아군(11) – 토양형(28)'이다.

정답 : ①

091 수목이 쉽게 이용할 수 있는 인의 형태는?

① 무기인산 이온
② 철인산 화합물
③ 칼슘인산 화합물
④ 불용성 유기태 인
⑤ 인회석(apatite) 광물

해설 수목이 잘 흡수되는 인산은 무기태로 정인산(H_2PO_4)의 형태이며 유기물에 있는 유기태 인산도 무기태 인산으로 분해되는 인산이라 할 수 있다.

정답 : ①

092 코어(200cm³)에 있는 300g의 토양시료를 건조하였더니 건조된 시료의 무게가 260g이었다. 이 토양의 액상, 기상의 비율은 얼마인가? (단, 토양의 입자 밀도는 2.6g/cm³, 물의 비중은 1.0g/cm³로 가정한다.)

① 20%, 20%
② 20%, 25%
③ 20%, 30%
④ 30%, 20%
⑤ 30%, 30%

해설
- 용적밀도 = 260/200 = 1.3g/cm³
- 중량수분함량 = 40/260 ≒ 15.4%
- 용적수분함량 = 15.4 × 1.3 = 20.02%
따라서, 액상은 20%, 기상은 30%이다.

정답 : ③

093 토양 입자 크기에 따라 달라지는 토양의 성질이 아닌 것은?

① 교질물 구조
② 수분보유력
③ 양분 저장성
④ 유기물 분해
⑤ 풍식 감수성

해설 입자의 크기가 영향을 미치는 토양의 성질에는 수분보유력, 통기성, 배수 속도, 유기물 함량 수준, 유기물 분해, 온도 변화, 압밀성, 풍식 감수성, 수식 감수성, 팽창 수축력, 차수 능력, 오염물질 용탈 능력, 양분 저장 능력, pH 완충 능력 등이 있다.

정답 : ①

094 토양 산도(acidity)에 대한 설명으로 옳지 않은 것은?

① 토양산도는 활산도, 교환성 산도 및 잔류 산도 등 세 가지로 구분한다.
② 산림에서 낙엽의 분해로 발생하는 유기산은 토양의 산도를 감소시킨다.
③ 산림토양에서 pH값은 가을에 가장 높고 활엽수림이 침엽수림보다 높다.
④ 산림에 있는 유기물층과 A층은 주로 산성을 띠고, 아래로 갈수록 산도가 감소한다.
⑤ 한국 산림토양은 모암의 영향도 있지만, 주로 강우 현상에 의한 염기용탈로 산성을 띤다.

해설 산림에서 낙엽의 분해로 발생하는 유기산은 토양의 산도를 증가시킨다.

정답 : ②

095 토양 질소 순환 과정에서 대기와 관련된 것을 〈보기〉 중 고르면?

〈보기〉
ㄱ. 질산염 용탈 작용
ㄴ. 질산염 탈질 작용
ㄷ. 암모니아 휘산 작용
ㄹ. 미생물에 의한 부동화 작용
ㅁ. 콩과식물의 질소 고정 작용

① ㄱ, ㄴ, ㄷ
② ㄱ, ㄴ, ㄹ
③ ㄱ, ㄷ, ㅁ
④ ㄴ, ㄷ, ㅁ
⑤ ㄴ, ㄹ, ㅁ

해설 질소 순환은 질소고정 → 암모니아화 반응 → 질산화 반응 → 탈질산화의 반복을 말한다.

정답 : ④

096 균근에 대한 설명으로 옳지 않은 것은?

① 근권 내 병원균 억제
② 식물생장호르몬 생성
③ 토양 입자의 입단화 촉진
④ 난용성 인산의 흡수 촉진
⑤ 수목의 한발 저항성 억제

해설 균근은 수목의 한발 저항성을 증대시켜 준다.

정답 : ⑤

097 괄호 안에 들어갈 용어를 순서대로 나열한 것은?

> 요소(urea) 비료는 생리적 (ㄱ) 비료이며, 화학적 (ㄴ) 비료이고, 효과 측면에서는 (ㄷ) 비료이다.

	ㄱ	ㄴ	ㄷ
①	산성	중성	속효성
②	중성	산성	완효성
③	중성	중성	속효성
④	산성	염기성	완효성
⑤	중성	염기성	완효성

해설 요소 비료는 생리적 중성 비료이며, 화학적 중성 비료이고, 효과 측면에서는 속효성 비료이다.

생리적 반응
시비 후 토양 중에서 식물 뿌리의 흡수 작용이나 미생물의 작용을 받은 뒤에 나타나는 반응

생리적 산성 비료	황산암모늄(유안), 염화암모늄, 황산칼륨, 염화칼륨 등
생리적 중성 비료	질산암모늄, 요소, 과인산석회, 중과인산석회, 석회질소 등
생리적 염기성 비료	석회질소, 용성인비, 나뭇재, 칠레초석, 토마스인비, 퇴비, 구비 등

화학적 반응
수용액의 직접적인 반응

화학적 산성 비료	과인산석회, 중과인산석회
화학적 중성 비료	황산암모늄(유안), 염화암모늄, 요소, 질산암모늄(초안), 황산칼륨, 콩깨묵, 어박 등
화학적 염기성 비료	석회질소, 용성인비, 나뭇재, 토마스인비 등

정답 : ③

098 특이산성토양의 특성에 대한 설명으로 옳지 않은 것은?

① 토양의 pH가 3.5 이하인 산성토층을 가진다.
② 황화수소(H_2S)의 발생으로 수목의 피해가 발생한다.
③ 한국에서는 김해평야와 평택평야 등지에서 발견된다.
④ 담수 상태에서 환원 상태인 황화합물에 의해 산성을 나타낸다.
⑤ 개량 방법은 석회를 사용하는 것이나 경제성이 낮아 적용하기가 어렵다.

해설 지하 수위가 낮아지거나 인위적인 배수 체계를 통하여 통기성이 좋아지면 황철석의 산화 과정을 통하여 pH가 4.0 이하인 강한 산성을 띤다.

정답 : ④

099 토양의 특성 중 산불 발생으로 인해 상대적으로 변화가 적은 것은?

① pH
② 토성
③ 유기물
④ 용적밀도
⑤ 교환성 양이온

해설 토성은 산불로 인한 변화가 없다.

정답 : ②

100 산림토양에서 미생물에 의한 낙엽 분해에 관한 설명으로 옳지 않은 것은?

① 낙엽에 의한 유기물축적은 열대림보다 온대림에서 많다.
② 낙엽의 분해율은 분해 초기에는 진행이 빠르지만 점차 느려진다.
③ 주로 탄질비(C/N)가 높은 낙엽이 분해 속도와 양분 방출 속도가 빠르다.
④ 양분 이온들은 미생물의 에너지 획득 과정의 부산물로서 토양수로 들어간다.
⑤ 낙엽의 양분 함량이 많고 적음에 따라 미생물에 의한 양분 방출 속도가 다르다.

해설 질소 비율(탄질비)이 높을수록 무기(분해)화가 천천히 진행되고 양분의 방출 속도가 느리다.

정답 : ③

PART 05 | 수목관리학

101 미상화서(꼬리꽃차례)인 수종은?

① 목련, 동백나무
② 벚나무, 조팝나무
③ 등나무, 때죽나무
④ 작살나무, 덜꿩나무
⑤ 버드나무, 굴참나무

해설 미상화서
- 꽃잎이 없는 것 : 포플러류, 가래나무류 등
- 꽃잎, 꽃받침이 없는 것 : 버드나무류
- 수꽃의 꽃대가 연하여 밑으로 쳐지는 화서이며, 대부분은 포로 싸인 단성화
- 버드나무과, 참나무과, 자작나무과, 가래나무과, 포플러류

정답 : ⑤

102 도시숲의 편익에 대한 설명으로 옳지 않은 것은?

① 유거수와 토양침식을 감소시킨다.
② 잎은 미세먼지 흡착 기여도가 가장 큰 기관이다.
③ 건물의 냉·난방에 소요되는 에너지 비용을 절감한다.
④ 휘발성 유기화합물(VOC)을 발산하여 O_3 생성을 억제한다.
⑤ SO_2, NOx, O_3 등 대기오염물질을 흡수 또는 흡착하여 대기의 질을 개선한다.

해설 휘발성 유기화합물(VOCs)은 대기 중으로 휘발되어 악취를 유발하고, 광화학반응을 일으켜 O_3를 발생시키게 되며 2차 미세먼지의 원인물질이 되는 탄화수소화합물을 일컫는다. 벤젠이나 포름알데히드, 톨루엔, 자일렌, 에틸렌, 스틸렌, 아세트알데히드 등을 통칭하기도 한다.

도시숲의 편익
- 나무와 숲은 미세먼지를 흡착하거나 정화하는 기능을 갖고 있다.
- 수목은 잎과 수피의 표면이 불규칙하고 거칠기 때문에 미세먼지를 흡착할 수 있다.
- 큐티클층에 부착된 미세먼지는 그 속으로 함몰되거나 광합성을 하면서 흡수되어 정화되기도 한다.
- 미세먼지를 흡착하는 능력은 잎과 수피의 구조와 숲의 형태에 따라 차이가 난다.
- 상록성이며, 잎이 작고, 엽량이 많으며, 털이 많고, 표면이 거칠고, 가장자리에 굴곡이 많으면 흡착 능력이 더 크다.
- 흡착 능력이 큰 침엽수 : 주목, 측백나무, 낙우송, 엽초(잎의 기부)가 있는 소나무류 등
- 흡착 능력이 큰 활엽수 : 처진자작나무, 느릅나무, 팥배나무류 등
- 잎의 미세먼지 흡착 능력이 큰 수종일수록 광합성이 더 감소한다.

정답 : ④

103 식물건강관리(PHC) 프로그램에 관한 설명으로 옳지 않은 것은?

① 인공 지반 위에 식재한 경우 균근을 활용한다.
② 환경과 유전 특성을 반영하여 수목을 선정하고 식재한다.
③ 병해충 모니터링과 수목 피해의 사전 방지가 강조된다.
④ PHC의 기본은 수목 식별과 해당 수목의 생리에 대한 지식이다.
⑤ 교목 아래에 지피식물을 식재하는 것이 유기물로 멀칭하는 것보다 더 바람직하다.

해설 식물건강관리 프로그램(PHC ; Plant Health Care): 종합적병해충관리(IPM) 개념을 조경수 관리에 응용하기 위해 개발한 프로그램으로 수종 선정(각 수종의 고유특성을 기초로 하여 수종을 선택), 햇빛 관리, 수형의 조절, 토양 관리, 하층식생 관리, 균근의 활용 등이 포함되어 있다.

멀칭
- 수목을 이식한 후 볏짚, 솔잎, 나무껍질, 우드 칩 등으로 멀칭
- 토양의 수분 증발을 억제하여 활착에 도움
- 피복하는 면적은 근분직경의 3배가량 되게 원형으로 실시, 5~10cm로 깖
- 이식목의 지표면과 그 주변에 잔디, 초화류, 화관목을 심는 것은 부적당함
- 잔디나 화관목이 수분과 양료를 빼앗아 감

정답 : ⑤

104 수목 이식에 관한 설명 중 옳지 않은 것은?

① 일반적으로 7월과 8월은 적기가 아니다.
② 가시나무와 층층나무는 이식 성공률이 낮은 편이다.
③ 대형수목 이식 시 근분의 높이는 줄기의 직경에 따라 결정한다.
④ 근원직경 5cm 미만의 활엽수는 가을이나 봄에 나근 상태로 이식할 수 있다.
⑤ 교목은 한 개의 수간에 골격지가 적절한 간격으로 균형 있게 발달한 것을 선정한다.

해설 대형 수목 이식 시 근분의 높이(=뿌리 부분의 높이)는 일반적으로 수목의 뿌리가 분포하는 토양 표면으로부터 75cm까지이니, 최고 100cm 정도면 충분하나. 근원직경의 3~5배 정도의 뿌리분 크기가 적절하며, 대형 수목의 경우 접시형으로 근원직경의 5배 정도로 하는 것이 좋다. 근분의 크기는 근원직경이 30cm 이상인 경우 수간직경의 6~8배 정도이다.

이식적기
- 온대지방에서 수목을 이식하기에 적절한 시기는 수목이 휴면 상태에 있는 기간(늦가을~이른 봄)
- 가을 이식의 경우 낙엽이 진 후 아직 토양이 얼기 전에 가능(이상난동과 겨울 가뭄으로 상록수 고사 가능성 높음)
- 봄철 새로운 뿌리의 발생은 잎이 트는 시기보다 2주 이상 앞섬
- 낙엽활엽수는 봄 이식이 적당하며, 침엽수는 이식 시기가 좀 더 긺
- 상록활엽수는 봄 이식이 유리함
- 수목 이식에 부적당한 시기는 7월과 8월로, 높은 증산작용과 뿌리의 발생이 가장 저조함

정답 : ③

105 전정에 관한 설명으로 옳지 않은 것은?

① 자작나무, 단풍나무는 이른 봄이 적기이다.
② 구조전정, 수관솎기, 수관축소는 모두 바람의 피해를 줄인다.
③ 구획화(CODIT)의 두 번째 벽(Well 2)은 종축유세포에 의해 형성된다.
④ 침엽수 생울타리는 밑부분의 폭을 윗부분보다 넓게 유지하는 것이 좋다.
⑤ 주간이 뚜렷하고 원추형 수형을 갖는 나무는 전정을 거의 하지 않아도 안정된 구조를 형성한다.

해설 성숙한 자작나무, 단풍나무는 이른 봄보다 늦가을, 겨울 초기, 아니면 잎이 완전히 나온 후 전정을 하여 수액이 나오는 시기를 피한다.

전정(가지치기)
- 이론적으로 가장 적절한 가지치기 시기는 수목의 휴면 상태인 이른 봄
- 한국 중부지방의 경우 입춘이 지나고 2월 중순부터 실시
- 활엽수는 가을에 낙엽이 진 후 봄에 생장을 개시하기 전 휴면 기간 중 아무 때나 가지치기
- 침엽수는 이른 봄에 새 가지가 나오기 전에 실시
※ 수종에 따라 이른 봄에 가지를 치면 수액이 흘러 상처 치유를 지연시킴

정답 : ①

106 수목의 위험성을 저감하기 위한 처리 방법으로 옳지 않은 것은?

① 죽었거나 매달려 있는 가지 : 수관을 청소하는 전정을 실시한다.
② 매몰된 수피로 인한 약한 가지 부착 : 줄당김이나 쇠조임을 실시한다.
③ 부후된 가지 : 보통 이하의 부후는 길이를 축소하고, 심하면 쇠조임을 실시한다.
④ 부후된 수간 : 부후가 경미하면 수관을 축소 전정하고, 심하면 해당 수목을 제거한다.
⑤ 초살도가 낮고 끝이 무거운 수평 가지 : 가지의 무게와 길이를 줄이고 지지대를 설치한다.

해설 쇠조임은 부후된 가지에 강한 지지력을 제공할 수 있지만, 부후가 쇠조임 주변으로 확산될 수 있기 때문에 주의해야 하며 심하면 실시하지 않는다. 건전한 목재가 수간이나 가지 직경의 40% 미만인 부후된 부분에는 관통하는 지지 시스템이 더 적합할 수 있다.

수관회복
- 태풍, 병충해, 뿌리 고사, 사고, 지나친 두목작업, 이식, 노쇠목으로 수형이 많이 훼손된 나무 등의 경우 수형을 바로잡고 건강을 회복시키기 위하여 실시
- 수간이 건전하고 골격지가 살아 있는 경우 과감한 전정을 통해 구제
- 죽은 가지 및 피해 가지는 제거
- 수관 회복과 외과수술을 병행하여 수간을 복구

정답 : ③

107 수목관리자의 조치로 옳지 않은 것은?

① 토양경도가 3.6kg/cm²인 식재부지를 심경하였다.
② 배수관로가 매설된 지역에 참느릅나무를 식재하였다.
③ 제초제 피해를 입은 수목의 토양에 활성탄을 혼화처리하였다.
④ 해안매립지에 염분차단층을 설치하고, 성토한 다음 모감주나무를 식재하였다.
⑤ 복토가 불가피하여 나무 주변에 마른 우물을 만들고, 우물 밖에 유공관을 설치한 다음 복토하였다.

해설 배수관로 지역에 참느릅나무를 식재할 경우 뿌리가 관로를 막아 침수의 피해를 일으킬 수 있다.
※ 참느릅나무는 습기가 많고 비옥한 계곡이나 하천변에서 잘 자라지만 건조와 수분스트레스도 잘 견딘다.

염해에 강한 수종

분류	수목의 종류
교목류	동백나무, 곰솔, 섬잣나무, 산벚나무, 때죽나무, 모감주나무, 수양버들, 아까시나무, 이팝나무, 위성류, 팽나무 등
관목류	산철쭉, 화살나무, 무화과나무, 댕강나무, 해당화, 순비기나무, 탱자나무, 천선과나무, 좀작살나무, 개나리 등

정답 : ②

108 조상(첫서리) 피해에 관한 설명으로 옳지 않은 것은?

① 벌채 시기에 따라 활엽수의 맹아지가 종종 피해를 입는다.
② 생장휴지기에 들어가기 전 내리는 서리에 의한 피해이다.
③ 남부지방 원산의 수종을 북쪽으로 옮겼을 경우 피해를 입기 쉽다.
④ 찬 공기가 지상 1~3m 높이에서 정체되는 분지에서 가끔 피해가 나타난다.
⑤ 잠아로부터 곧 새순이 나오기 때문에 수목에 치명적인 피해는 주지 않는다.

해설 **조상(첫서리)**
• 원인 : 늦가을에 나무가 생장하고 있어 내한성이 없는 상태에서 별안간 온도가 0℃ 이하로 내려가거나 잎 등에 피해를 주는 것
• 병징
 – 새순과 잎에서 나타나는데 소나무의 경우 잎의 기부가 피해를 입어 잎이 밑으로 처짐
 – 모든 새순을 죽여 그 후유증이 1~2년간 지속되어 만상보다 더 나무의 모양을 훼손
 – 나무가 왜성 혹은 관목형으로 변하기도 함
• 방제
 – 늦여름 시비를 자제하여 가을에 생장을 일찍 정지시킴
 – 일기예보에 따라 서리가 오기 전에 스프링클러로 안개비를 만들거나 연기를 발생시키거나 송풍기로 바람을 만들어 피해를 줄임

정답 : ⑤

109 한해(건조 피해)에 관한 설명으로 옳지 않은 것은?

① 토양에서 수분 결핍이 시작되면 뿌리부터 마르기 시작한다.
② 인공림과 천연림 모두 수령이 적을수록 피해를 입기 쉽다.
③ 포플러류, 오리나무, 들메나무와 같은 습생식물은 한해에 취약하다.
④ 조림지의 경우에 수목을 깊게 심는 것도 한해를 예방하는 방법이다.
⑤ 침엽수의 경우 건조 피해가 초기에 잘 나타나지 않기 때문에 주의가 필요하다.

해설 **수분스트레스**
- 잎과 줄기에서 수분퍼텐셜이 낮아지면 수분 부족 현상은 뿌리까지 전달되지만 뿌리에서는 시간적으로 늦게 나타난다. 또한 수분을 공급하는 토양에 존재하여 제일 먼저 회복한다.
- 낮의 증산작용으로 수분을 과다하게 잃고 수분의 부족으로 나타남
- 천근성 수종과 토심이 낮은 곳에서 자라는 수목이 더 피해가 큼
- 내건성 높은 수종 : 소나무, 곰솔, 향나무, 가죽나무, 회화나무, 사철나무, 사시나무, 아까시나무 등
- 내건성 약한 수종 : 낙우송, 삼나무, 느릅나무, 칠엽수, 물푸레나무, 단풍나무, 층층나무, 버드나무, 포플러, 들메나무 등

정답 : ①

110 바람 피해에 관한 설명으로 옳은 것은?

① 천근성 수종인 가문비나무와 소나무가 바람에 약하다.
② 수목의 초살도가 높을수록 바람에 대한 저항성이 낮다.
③ 폭풍에 의한 수목의 도복은 사질토양보다 점질토양에서 발생하기 쉽다.
④ 주풍에 의한 침엽수의 편심생장은 바람이 부는 반대 방향으로 발달한다.
⑤ 방풍림의 효과를 충분히 발휘시키기 위해서는 주풍 방향에 직각으로 배치해야 한다.

해설 **방풍식재용 수목**
- 심근성이면서 가지가 강한 수종
- 지엽이 치밀한 수종
- 낙엽수보다는 상록수가 바람직
- 파종하여 자란 자생수종으로 직근을 가진 수종
- 소나무, 곰솔, 향나무, 가시나무, 아왜나무, 동백나무 등

방풍림 혹은 방풍벽 설치
- 상록수로 된 방풍림이나 인공방풍벽을 북서향에 조성하여 한랭한 바람 차단
- 대개 풍상측은 수고의 5배, 풍하측은 10~25배의 거리까지 효과
- 일반적으로 수고를 높게, 임분대의 폭을 넓게, 차폐를 어느 정도 높게 하면 감소효과가 증가
- 풍속이 감소하면 증산이 억제되고 지온이나 기온이 상승함
- 방풍림 효과를 충분히 발휘하려면 주풍 방향에 직각으로 배치
  - 주로 겨울 계절풍의 영향을 크게 받으므로 북서 방향에 대해 직각으로 조성

- 해풍이나 염풍은 해안선에 직각 방향으로 조성
- 폭풍은 대개 남서~남동에 면하는 쪽에 임분대를 설치
- 임분대의 폭은 대개 100~150m가 적당함

정답 : ⑤

111 제설염 피해에 관한 설명으로 옳지 않은 것은?

① 침엽수는 잎 끝부터 황화현상이 발생하고 심하면 낙엽이 진다.
② 일반적으로 수목 식재를 위한 토양 내 염분한계농도는 0.05% 정도이다.
③ 상대적으로 낙엽수보다 겨울에도 잎이 붙어 있는 상록수에서 피해가 더 크다.
④ 토양 수분퍼텐셜이 높아져서 식물이 물과 영양소를 흡수하기가 어려워진다.
⑤ 피해를 줄이기 위해 토양 배수를 개선하고, 석고를 사용하여 나트륨을 치환해준다.

해설 제설염으로 인해 토양 수분퍼텐셜이 낮아져서 식물이 물과 영양소를 흡수하기가 어려워진다.
※ 수분은 수분퍼텐셜이 높은 곳에서 낮은 곳으로 이동한다.

정답 : ④

112 수종별 내화성에 관한 설명으로 옳지 않은 것은?

① 소나무는 줄기와 잎에 수지가 많아 연소의 위험이 높다.
② 가문비나무는 음수로 임내에 습기가 많아 산불 위험도가 낮다.
③ 녹나무는 불에 강하며, 생엽이 결코 불꽃을 피우며 타지 않는다.
④ 은행나무는 생가지가 수분을 많이 함유하고 있어 잘 타지 않는다.
⑤ 리기다소나무는 맹아력이 강하여 산불 발생 후 소생하는 경우가 많다.

해설

구분	내화력이 강한 수종	내화력이 약한 수종
침엽수	은행나무, 잎갈나무, 분비나무, 가문비나무, 개비자나무, 대왕송 등	소나무, 곰솔, 삼나무, 편백 등
상록활엽수	아왜나무, 굴거리나무, 후피향나무, 붓순, 합죽도, 황벽나무, 동백나무, 비쭈기나무, 사철나무, 가시나무, 회양목 등	녹나무, 구실잣밤나무 등
낙엽활엽수	피나무, 고로쇠나무, 마가목, 고광나무, 가중나무, 네군도단풍나무, 난티나무, 참나무, 사시나무, 음나무, 수수꽃다리 등	아까시나무, 벚나무, 능수버들, 벽오동, 참죽나무, 조릿대 등

정답 : ③

113 괄호 안에 들어갈 내용을 바르게 나열한 것은?

> PAN의 피해는 주로 (ㄱ)에 나타나고, O_3에 의한 가시적 장해의 조직학적 특징은 (ㄴ)이 선택적으로 파괴되는 경우가 많으며, 느티나무는 O_3에 대한 감수성이 (ㄷ).

	ㄱ	ㄴ	ㄷ
①	어린잎	책상조직	작다
②	어린잎	책상조직	크다
③	어린잎	해면조직	작다
④	성숙잎	해면조직	작다
⑤	성숙잎	책상조직	크다

해설 PAN
- 활엽수 : 잎의 뒷면에 광택이 나면서 후에 청동색으로 변함
- 고농도에서 잎 표면도 피해(엽육조직 피해)
- 아황산가스와 오존은 성숙엽에 피해가 생기고, PAN은 어린잎에 피해가 발생함

오존(O_3)
- 활엽수 : 잎 표면에 주근깨 같은 반점 형성, 책상조직이 먼저 붕괴되며 반점이 합쳐져 표면이 백색화
- 침엽수 : 잎끝의 괴사, 황화현상의 반점, 왜성 황화된 잎
- 오존에 강한 수종
  - 활엽수 : 삼나무, 곰솔, 편백, 화백, 서양측백나무, 은행나무 등
  - 침엽수 : 버즘나무, 굴참나무, 졸참나무, 개나리, 금목서, 녹나무, 광나무, 돈나무, 태산목 등

정답 : ②

114 산성비의 생성 및 영향에 관한 설명으로 옳지 않은 것은?

① 활엽수림보다 침엽수림이 산 중화 능력이 더 크다.
② 황산화물과 질소산화물이 산성비 원인 물질이다.
③ 활성 알루미늄으로 인해 인산 결핍을 초래한다.
④ 토양 산성화로 미생물, 특히 세균의 활동이 억제된다.
⑤ 잎 표면의 왁스층을 심하게 부식시켜 내수성을 상실한다.

해설 활엽수림의 산 중화 능력이 더 크다. 활엽수가 침엽수보다 산성비에 대한 완충효과가 큰 것은 활엽수에 양이온 성분이 많아 산성비의 수소이온농도를 치환시켜 화학적 특성이 변하게 하기 때문이다

산성비
- 정의 : pH 5.6 이하의 강우를 뜻함
- 아황산가스와 질소산화물이 햇빛에 의해 산화되어 각각 황산과 질산으로 변한 후 빗물에 녹아 산성비가 됨
- 토양이 산성화되어 토양 내 알루미늄의 독성이 나타나고 칼슘과 마그네슘의 흡수가 방해되어 결핍 증상을 유발
- 큐티클층을 용해하여 얇게 만들고, 이로 인해 칼륨 같은 무기물이 용탈됨
- 엽록소를 감소시켜 광합성을 저해하고, 생장장애를 초래하여 발아나 개화가 지연됨
- 산성비의 피해

pH 3.0 이하	수목의 가시적 피해 : 잎의 황색 반점 및 조직의 파괴
pH 3.1~4.5	수목의 간접적 피해 : 엽록소 파괴, 잎의 양료 용탈
pH 4.6~5.5	수목 간접적 피해 : 엽록소 감소, 광합성 저해, 종자 발아 및 개화 지연

- 산성비에 저항성 수목

침엽수	곰솔, 소나무, 리기다소나무, 전나무, 편백, 삼나무, 일본잎갈나무 등
활엽수	자작나무, 참나무, 느티나무, 포플러, 밤나무, 양버즘나무, 은행나무 등

정답 : ①

115 침투성 살충제에 관한 설명으로 옳지 않은 것은?

① 흡즙성 해충에 약효가 우수하다.
② 유효성분 원제의 물에 대한 용해도가 수 mg/L 이상이어야 한다.
③ 네오니코티노이드계 농약인 아세타미프리드, 티아메톡삼이 있다.
④ 보통 경엽처리제로 제형화하며, 토양에 처리하는 입제로는 적합하지 않다.
⑤ 흡수된 농약이 이동 중 분해되지 않도록 화학적, 생화학적 안정성이 요구된다.

해설 **침투성 살충제**
- 약제가 식물 체내로 흡수, 이행되어 식물체 각 부위로 이동 분포되는 특징
- 접촉독제는 살포 부위에만 부착되지만, 침투성 살충제는 흡즙성 해충에 대한 약효가 우수함
- 약제가 침투성을 나타내기 위해서는 물에 대한 용해도가 수 mg/L 이상이어야 하며, 이동 중 분해되지 않도록 화학적·생화학적 안정성이 요구됨
- 침투성 살충제 구분

반침투성	약제가 부착된 잎 표면의 왁스질 큐티클에서 확산에 의해 잎의 밑면으로 이동하지만 작물체 전체로는 이동하지 못함
침투이행성	토양에 살포하여도 작물 전체로 이행됨

- 토양에 살포하는 입제 제형이 가능함

정답 : ④

116 천연식물보호제가 아닌 것은?

① 비펜트린 ② 지베렐린
③ 석회보르도액 ④ 비티쿠르스타키
⑤ 코퍼하이드록사이드

해설
- 구리제

무기구리제	• 보르도액 : 황산구리와 생석회가 주성분 • copper hydroxide, copper sulfate, copper oxychloride
유기구리제	• 구리 이온의 침투가 무기구리제보다 월등, 1/10로 같은 효과 • oxine copper, DBRDC

- BT쿠르스타키균(Bacillus Thuringiensis var. kurustaki)＝BT균제
- 피레스로이드계 – 3a, Na 통로 조절
  - 제충국의 분말인 pyrethrin은 천연살충제
  - 작용기작은 신경축색에서의 신경자극전달을 저해, 반복흥분 등을 유발하여 살충(이른바 녹다운 효과)
  - 포유동물에 대한 독성이 매우 낮음. 수분 및 광에 의해 쉽게 분해
  - 어독성이 높아 수도용으로 사용 금지였으나 최근 안전한 약제 개발
- 비펜트린 : 3a 합성피레스로이드계(Na 통로 조절)
- pyrethrin : 제충국의 분말로 천연피레스로이드계
- 펜발레레이트(Fenvalerate)·델타메트린·사이퍼메트린(cypermethrin)
- 기타 : Fluvalinate, flucythrinate, fenpropathrin, cyfluthrin, cyhalothrin, 비펜트린(bifenthrin), acrinathrin, etofenprox 등

정답 : ①

117 보호살균제에 관한 설명으로 옳지 않은 것은?

① 정확한 발병 시점을 예측하기 어려우므로 약효 지속기간이 길어야 한다.
② 병 발생 전에 식물에 처리하여 병의 발생을 예방하기 위한 약제이다.
③ 식물의 표피조직과 결합하여, 발아한 포자의 식물체 침입을 막아준다.
④ 발달 중의 균사 등에 대한 살균력이 낮아, 일단 발병하면 약효가 떨어진다.
⑤ 석회보르도액과 각종 수목의 탄저병 등 방제에 쓰이는 만코제브는 이에 해당한다.

해설

보호살균제 (protectant)	• 약제가 식물체 내로 침투하는 능력 낮음 • 병 발생 전에 살포하여야 효과적임
직접살균제 (eradicant)	• 병원균의 발아, 침입 방지뿐만 아니라 침입한 병원균을 살멸시킬 수 있으므로 발병 후에도 사용이 가능한 식물 체내로의 침투력이 있는 것 • 많은 유기합성 살균제 및 항생물질이 해당함 • 주로 병원균 포자의 발아억제 또는 살멸로 병원균이 식물체 내에 침입하는 것을 방지함

정답 : ③

118 반감기가 긴 난분해성 농약을 사용하였을 때 발생할 수 있는 문제점으로 옳지 않은 것은?

① 토양의 알칼리화
② 토양 중 농약 잔류
③ 후작들의 생육 장해
④ 잔류농약에 의한 만성독성
⑤ 생물농축에 의한 생태계 파괴

해설
- 토양 조건에 따른 잔류 : 일반적으로 토양의 pH가 높을수록 농약의 분해가 촉진됨
- 토양잔류성 농약 : 농약의 반감기간이 180일 이상인 농약으로서 병해충방제를 위하여 사용한 성분이 토양에 남아 후작물에 잔류되는 것
※ 우리나라에서 사용 중인 농약의 대부분은 반감기 120일 미만으로 토양 중 농약잔류의 우려가 없는 편이다.

정답 : ①

119 농약의 제형 중 액제(SL)에 관한 설명으로 옳지 않은 것은?

① 원제가 극성을 띠는 경우에 적합한 제형이다.
② 원제가 수용성이며 가수분해의 우려가 없는 것이어야 한다.
③ 원제를 물이나 메탄올에 녹이고, 계면활성제를 첨가하여 제제한다.
④ 저장 중에 동결에 의해 용기가 파손될 우려가 있으므로 동결방지제를 첨가한다.
⑤ 살포액을 조제하면 계면활성제에 의해 유화성이 증가되어 우윳빛으로 변한다.

해설 액제(SL)
- 원제가 수용성이며 가수분해의 우려가 없는 경우에 물 또는 메탄올에 녹이고, 계면활성제나 동결방지제를 첨가하여 제제한 액상제형
- 살포액은 투명함
- 겨울철에 저장할 때에는 주의 필요
- 극성을 띰(물에 잘 녹음)

정답 : ⑤

120 잔디용 제초제 벤타존이 벼과와 사초과 식물 사이에 보이는 선택성은 어떠한 차이에 의한 것인가?

① 약제와의 접촉
② 체내로의 흡수
③ 작용점으로의 이행
④ 대사에 의한 무독화
⑤ 작용점에서의 감수성

해설 제초제의 선택성 요인

- 생리·생태적 선택성

형태학적 선택성	쌍자엽식물(근엽생 중심부에 생장점), 단자엽식물(수직성 잎)
처리시기 선택성	천근성인 잡초는 빨리 자라므로 발아전 제초제 살포(파라콰트, 글리포세이트)
처리위치 선택성	토양처리형 제초제를 뿌리면 얕은 표층에 자라는 잡초 제거
배치 선택성	나무에 잎이 없을 때 비선택성 제초제를 살포
제초제의 토양흡착성	제초제가 수용성이면 깊이 침투하여 심근성 식물에 작용하고 제초제가 흡착성이 강하면 표층의 천근성 식물에 작용함
식물체 내 이행성	• 2,4-D는 화본과 식물과 광엽잡초 사이에 선택성을 보임 • 콩과와 화본과 중 콩과가 감수성

- 생화학적 선택성

활성화 기작	모화합물 자체는 제초활성이 없으나 식물체 내에서 활성화되어 살초함(2,4-DB, MCPB 등)
불활성 기작	• 분해에 의한 불활성화 : 제초제 활성 전에 효소와 작용하여 분해 • 콘쥬게이트 형성에 의한 불활성화 : 식물체의 구성성분과 결합하여 불활성화(2, 4-D, 벤타존 등) • 벤타존은 벼에는 영향이 없고, 금방동사니(사초과)에는 살초 효과

정답 : ④

121 신경 및 근육에서의 자극 전달 작용을 저해하는 살충제에 해당하지 않는 것은?

① 비펜트린(3a)
② 아바멕틴(6)
③ 디플루벤주론(15)
④ 페니트로티온(1b)
⑤ 아세타미프리드(4a)

해설
- 마크로라이드계-6, 염소통로 활성화
  - 아바멕틴은 방선균에서 분리
  - 살선충, 살응애
  - 약제 : abamectin, emamectin, benzoate, milbemectin 등
- 네오니코틴노이드계-4a, 신경전달물질 수용체 차단
  - 독성이 강하고 빛에 잘 분해되어 잔효성 짧음
  - 흡즙성 해충에 살충효과가 우수
  - 약제 : imidacloprid, acetamiprid, clothianidin, dinotefuran, nitenpyram, thiacloprid, thiamethoxam 등
- diamid계-28, 라이아노딘 수용체 조절
  - 2010년 이후 개발 약제, 근육 수축 시 근육을 과도하게 수축시킴
  - 약제 : chloranraniliprole, cyantraniliprole, cyclaniliprole, Flubendiamide

- 벤조닐우레아계 – 15, 키틴생합성 저해
  - IGR(곤충생장조절제), 인축독성이 낮고, 환경오염 적고, 곤충과 동물 간에 선택독성이 높음
  - 약제 : bistrifluron, chlorfluazuron, novaluron, lufeluron, triflumuron
- bufrofezin – 16, 키틴생합성 저해
  - IGR(곤충생장조절제)
- 벤조일하이드라진(benzoylhydrazine)계 – 18, 탈피호르몬수용체 기능 향상
  - IGR(곤충생장조절제)
  - 테부페노자이드(tebufenozide), 메톡시페노자이드(methoxyfenozide)

정답 : ③

122 여러 가지 수목병에 사용되는 살균제인 마이클로뷰타닐과 테부코나졸의 작용기작은?

① 스테롤합성 저해, 스테롤합성 저해
② 단백질합성 저해, 단백질합성 저해
③ 지방산합성 저해, 지방산합성 저해
④ 스테롤합성 저해, 단백질합성 저해
⑤ 지방산합성 저해, 스테롤합성 저해

해설 마이클로뷰타닐 : 트레아졸계 살균제 – 살균제 주요 작용기작
- 세포분열 저해
  - 저항성 유발
  - 경엽살포용, 포자발아, 발아관 신장, 부착기 형성, 균사 생장 저해
  - 벤지미다졸계(나1) : 베노밀, 티오파네이트메틸, 카벤다짐
- 호흡 저해(에너지 생성 저해) : 스트로빌루린계 – 아족시스트로빈, 멘데스트로빈, 오리사스트로빈, 트리플옥시스트로빈
- 막에서 스테롤 생합성 저해
  - 트레아졸계 : 식물의 생장점으로 흡수, 침투이행성, 보호 및 치료 효과
  - 약해 없음. Ergosterol의 생합성 저해(사1)
  - 디니코나졸, 디페노코나졸, 맷코나졸, 비테르타놀, 헥사코사졸
- 세포벽 생합성 저해
  - 난균문 방제 살균제 : 유사균류는 에르고스테롤이 존재하지 않음
  - CAA살균제(카르복실 acid amide) : 미메토모르프, 벤티아빌리카브, 발리페날레이트
- 다점 접촉 : 보르도액, 만코제브(디티오카바메이트계=유기황계)

정답 : ①

123 「소나무재선충병 방제지침」에 따른 소나무재선충병 예방사업 중 나무주사 대상지 및 대상목에 관한 설명으로 옳지 않은 것은?

① 집단발생지 및 재선충병 확산이 우려되는 지역
② 발생지역 중 잔존 소나무류에 대한 예방조치가 필요한 지역
③ 발생지역 중 피해 외곽지역 단본 형태로 감염목이 발생하는 지역
④ 국가 주요시설, 생활권 주변의 도시공원, 수목원, 자연휴양림 등 소나무류 관리가 필요한 지역
⑤ 나무주사 우선순위 이외 지역의 소나무류에 대해서는 피해 고사목 주변 20m 내외 안쪽에 한해 예방 나무주사 실시

> **해설** 매개충 나무주사 대상지는 다음의 우선순위에 따른다.
> - 선단지 및 재선충병 확산이 우려되는 지역, 다만, 송이, 식용 잣 채취지역 등 약제 피해가 우려되는 지역은 제외
> - 발생지역 중 피해 외곽지역 단본 형태로 감염목이 발생하는 지역
>
> **대상목 선정**
> - 예방 및 합제 나무주사 우선순위 이외 지역의 소나무류에 대하여는 피해고사목 주변 20m 내외 안쪽에 한해 예방나무주사 실시
> - 재선충병에 감염되지 않은 우량한 소나무류를 선정하고, 형질이 불량하거나 쇠약한 나무, 가슴높이 지름이 10cm 미만인 나무 등은 제외
> - 전수조사 방법으로 조사하되, 나무주사 구역이 넓은 경우 등은 표준지조사를 실시하고 필요한 경우 대상목 선목 실시
> - 단목벌채, 소구역모두베기, 모두베기 등의 방제 효과를 높이기 위하여 잔존 소나무에 대하여는 벌채방법에 따른 나무주사를 시행
>
> 정답 : ①

124 「산림병해충 방제규정」에 따른 방제용 약종의 선정기준이 아닌 것은?

① 경제성이 높을 것
② 사용이 간편할 것
③ 대량구입이 가능할 것
④ 항공방제의 경우 전착제가 포함되지 않을 것
⑤ 약효시험 결과 50% 이상 방제효과가 인정될 것

> **해설** 「산림병해충 방제규정」 제53조(약제선정 기준)
> ① 방제용 약종은 「농약관리법」에 따라 등록된 약제 또는 「농림축산식품부 소관 친환경농어업 육성 및 유기식품 등의 관리·지원에 관한 법률 시행규칙」에 따라 유기농업자재로 공시·품질 인증된 제품 중에서 다음의 기준에 따라 선정한다.
> 1. 예방 및 살충·살균 등 방제효과가 뛰어날 것
> 2. 입목에 대한 약해가 적을 것

3. 사람 또는 동물 등에 독성이 적을 것
4. 경제성이 높을 것
5. 사용이 간편할 것
6. 대량구입이 가능할 것
7. 항공방제의 경우 전착제가 포함되지 않을 것

정답 : ⑤

125 「산림보호법」에 따른 과태료 부과기준의 개별 기준 중 다음의 과태료 금액에 해당하지 않는 위반행위는?

- 1차 위반 : 50만원
- 2차 위반 : 70만원
- 3차 위반 : 100만원

① 나무의사가 보수교육을 받지 않은 경우
② 나무의사가 진료부를 갖추어 두지 않은 경우
③ 나무병원이 나무의사의 처방전 없이 농약을 사용한 경우
④ 나무의사가 정당한 사유 없이 처방전 등 발급을 거부한 경우
⑤ 나무의사가 진료사항을 기록하지 않거나 또는 거짓으로 기록한 경우

해설 처방전 없이 농약을 사용하거나 처방전과 다르게 농약을 사용한 경우 1차 위반 시 150만원, 2차 위반 시 300만원, 3차 위반 시 500만원의 과태료에 처한다.

나무의사 자격 등록 및 취소 조건

위반 행위	근거 법조문	행정 처분 1차	2차	3차	4차	벌금	과태료 1차	2차	3차
거짓이나 부정한 방법으로 자격 취득	제21조6항의 1호	취소				1년 또는 1천만원			
동시에 두 개 이상의 병원 취업	제21조6항의 2호	2년 정지	취소			500만원			
결격사유에 해당된 경우	제21조6항의 3호	취소							
자격증 대여	제21조6항의 4호	2년 정지	취소			1년 또는 1천만원			
정지 기간에 수목 진료	제21조6항의 5호	취소				500만원			
고의로 수목진료를 사실과 다르게 행한 행위	제21조6항의 6호	취소							
과실로 수목진료를 사실과 다르게 행한 행위	제21조6항의 7호	2개월	6개월	12개월	취소				

위반 행위	근거 법조문	행정 처분				벌금	과태료		
		1차	2차	3차	4차		1차	2차	3차
거짓이나 부정한 방법으로 처방전 발급	제21조6항의 8호	2개월	6개월	12개월	취소				
자격 취득 없이 수목 진료한 자									
나무의사 등의 명칭을 사용한 자						500만원			
진료부 없거나 진료사항 기록하지 않거나 거짓 진료 기록							50	70	100
직접 진료 없이 처방전 발급							50	70	100
처방전 발급 거부한 자							50	70	100
보수교육을 받지 않은 자							50	70	100

※ 일반 기준 : 위반 행위가 둘 이상인 경우, 무거운 처분에 따르며, 처분 기준이 같은 영업정지인 경우 처분 기준 합산한 기간 동안 영업을 정지하되 1년을 초과할 수 없다.

나무병원의 등록 및 영업 정지 기준

위반 행위	근거 법조문	행정 처분				벌금	과태료		
		1차	2차	3차	4차		1차	2차	3차
거짓이나 부정한 방법으로 등록	제21조의10 제1호	취소				1년 또는 1천만원			
등록기준 미달	제21조의10 제2호	6개월	12개월	취소					
위반하여 변경등록하지 않은 경우	제21조의10 제3호	3개월	6개월	12개월	취소				
부정한 방법으로 변경 등록	제21조의10 제3호	취소							
등록증 대여	제21조의10 제4호	12개월	취소			500만원			
자료 제출/조사·검사 거부	제21조의10 제4호	1개월	3개월	6개월	12개월				
5년간 3회 이상 영업 정지된 경우	제21조의10 제5호	취소							
폐업	제21조의10 제6호	취소							
등록 없이 진료한 자						500만원			
처방전 없이 농약을 사용하거나 처방전과 다르게 농약을 사용한 경우							150	300	500

※ 일반 기준 : 위반 행위가 둘 이상인 경우, 무거운 처분에 따르며, 처분 기준이 같은 영업정지인 경우 처분 기준 합산한 기간 동안 영업을 정지하되 1년을 초과할 수 없다.

정답 : ③

PART

01

수목병리학

Tree
Doctor

01 PART 기출예상문제

001 수목에 병을 일으키는 다음 곰팡이의 포자 및 균사체 중에서 생존기간이 가장 긴 것은?

① 아밀라리아뿌리썩음병 균사체(수목뿌리나 토양)
② 잣나무털녹병 담자포자(상온)
③ 안노섬뿌리썩음병 균사체(낙엽송 그루터기)
④ 밤나무 줄기마름병 자낭포자(수피에서 건조)
⑤ 파이토프토라뿌리썩음병 후벽포자(토양)

해설 안노섬뿌리썩음병 균사체(낙엽송 그루터기)의 생존기간은 63년으로 가장 길다.
① 아밀라리아뿌리썩음병 균사체(수목뿌리나토양) : 6~14년
② 잣나무털녹병 담자포자(상온) : 10분
④ 밤나무 줄기마름병 자낭포자(수피에서 건조) : 0.5~1년
⑤ 파이토프토라뿌리썩음병 후벽포자(토양) : 0.8~1년

002 줄기에 발생하는 궤양 중 윤문형 궤양에 대한 설명으로 틀린 것은?

① 궤양 표면과 가장자리에 유합조직이 많다.
② 둥근 모양의 궤양이 나타난다.
③ 궤양 내에서는 병원균의 이동이 확산형 궤양에 비해 상대적으로 빠르다.
④ 대부분의 경우 수목의 수피생장 증가와 궤양의 생장이 비슷하다.
⑤ 병원균은 상처를 통하여 들어가고 휴면기 동안 수피를 침입하여 죽인다.

해설 궤양 내에서는 병원균의 이동이 확산형 궤양에 비해 상대적으로 느리다.

정답 001 ③ 002 ③

003 뿌리혹선충에 대한 설명으로 틀린 것은?

① *Meloidogyne*속에 속하는 선충으로 이동성 내부기생성 선충이다.
② 주로 암컷에 의해 피해가 나타난다.
③ 2령 유충은 4차 탈피를 하여 성충이 된다.
④ 감염된 세포는 이상비대를 하여 거대세포로 변한다.
⑤ 거대세포의 형성은 식물체의 상태와 토양환경의 영향을 받는다.

해설 뿌리혹선충은 고착성 내부기생성 선충이다.

004 조류에 대한 설명으로 틀린 것은?

① 미생물로 취급하지만 육상식물과 마찬가지로 수서생태계에서 광합성을 한다.
② 습한 환경을 선호하고 질소원을 이용하여 급속하게 생장하고 증식한다.
③ 녹조류 *cephaleuros*는 세포가 배열된 엽상체로 구성되면 기주식물의 큐티클과 표피세포 사이에서 생장하고 담자포자낭을 만든다.
④ 조류의 의한 피해를 방지하기 위해서는 과습을 피하고 사용 가능한 질소원을 줄인다.
⑤ 균류와 공생하여 지의류를 형성한다.

해설 담자포자낭이 아닌 유주포자낭을 만든다.

005 다음 중 식물에 기생하는 병원체가 아닌 것은?

① 곰팡이   ② 세균
③ 바이러스   ④ 새삼
⑤ 지의류

해설 지의류는 균류와 하능광합성 생물(조류)과의 공생체이다. 이는 수많은 공생균류의 사상체 안에 살고 있는 조류나 시아노박테리아로부터 출현하였다. 수목의 껍질, 잎, 이끼, 다른 지의류의 위에서 풍부하게 자라고 있으며 이들은 대기 중의 질소를 고정하여 녹조류의 활동을 보완한다. 또한, 공기 중의 이산화탄소를 유기 탄소당으로 환원시켜 공생생물에 양식을 공급한다.

정답 003 ①   004 ③   005 ⑤

※ 참고
- 균류의 특징
  - 균사 : 가늘고 실처럼 생긴 단위체(영양생식)
  - 균사체 : 균사가 길게 분지되어 서로 엮여져 있는 균류를 일컬음
  - 많은 균류 : pH 5~6 사이의 산성조건에서 성장
  - 무성생식과 유성생식 양쪽의 방법으로 번식
  - 담자포자 : 담자균류, 균사가 발전되어 나온 담자기에서 만들어진 외생포자, 담자기의 끝에 각각 4개의 담자포자를 착생
- 세균(bacterium)
  - 단세포 원핵생물, 막대기 모양, 편모가 있는 경우 편모로 운동
  - chromosome&plasmid, 이분법 binary fission으로 증식
  - 기생 유형은 주로 세포간극과 유관속
  - 종류 : *Agrobacterium, Pseudomonas, Erwinia, Ralstonia, Xnathomonas, Clavibacter, Streptomyces, Xylella*
- 몰리큐트(mollicute)
  - cell wall-less prokaryote, 부정형, 분열법 fission으로 증식
  - tetracycline계 항생제에 감수성
  - 종류 : 파이토플라스마, 스피로플라스마(spiroplasma)
  - 기생유형 : 반드시 체관에만 기생(파이토플라스마)
- 바이러스
  - 가장 작은 병원체, 미생물(대사계 없음), 핵산과 단백질로 구성
  - nucleoprotein, 핵산 복제와 단백질 합성으로 증식
  - 전파유형 : 종자, 접촉, 매개충, 접목 등

006 수목바이러스의 전염과 감염에 대한 설명 중 틀린 것은?

① 바이러스입자가 하나의 세포 내로 감염되면 캡시드로부터 핵산이 분리된다.
② 분리된 RNA는 기주세포의 리보솜에 의존하여 자신의 RNA 복제 효소를 합성한다.
③ 일시적으로 RNA는 이중가닥 RNA(ds RNA)의 형태(복제형, replicative form)를 만든다.
④ 복제된 RNA를 주형으로 하여 캡시드단백질/바이러스의 증식에 필요한 각종 단백질을 합성하고, 바이러스입자를 형성한다.
⑤ 식물바이러스의 세포 간 이동통로는 원형질연락사이며 조직과 조직 간의 원거리 이동통로는 물관을 이용한다.

해설 식물바이러스의 세포 간 이동통로는 원형질연락사이며 조직과 조직 간의 원거리 이동 시에는 도관으로 이동한다.

정답 006 ⑤

007 다음 중 수목병의 병환과 감염환의 진전 단계가 바르게 나열된 것은?

① 월동 – 접종 – 접촉 – 침입 – 기주인식 – 감염 – 침투
② 월동 – 접촉 – 접종 – 감염 – 침입 – 기주인식 – 침투
③ 월동 – 접종 – 접촉 – 기주인식 – 침입 – 감염 – 침투
④ 월동 – 접종 – 기주인식 – 접촉 – 침입 – 감염 – 침투
⑤ 월동 – 기주인식 – 접종 – 접촉 – 침입 – 감염 – 침투

해설 병환과 감염환의 진전 단계
접종 – 접촉 – 침입 – 기주인식 – 감염 – 침투 – 정착 – 생장, 증식 – 병징 발현 – 휴면기

008 *Septoria* 병원균에 의해 발생하는 병이 아닌 것은?

① 자작나무 갈색무늬병
② 오리나무 갈색무늬병
③ 느티나무 흰별무늬병
④ 밤나무 갈색점무늬병
⑤ 포플러 갈색무늬병

해설 *Septoria*에 의한 병
불완전아균문 유각균강 분생포자균목/자낭균아문소방자낭균강

병명	병원균	병징 및 병환
자작나무 갈색무늬병	*Septoria betulae*	적갈색 점무늬, 분생포자각
오리나무 갈색무늬병	*Septoria alni*	다각형 내지 부정형병반
느티나무 흰별무늬병	*Septoria beliceae*	다각형 내지 부정형병반
밤나무 갈색점무늬병	*Septoria quercus*	경계 황색의 띠
가중나무 갈색무늬병	*Septoria sp.*	겹둥근무늬, 흰색 포장덩이

정답 007 ① 008 ⑤

009 코흐의 법칙에 대한 설명 중 틀린 것은?

① 미생물이 특정 질병을 일으키는 원인임을 증명하는 방법이다.
② 병원체는 병환부 이외의 부분에도 존재할 수 있다.
③ 병원체는 배지 상태에서 순수 배양되어야 한다.
④ 접종된 식물로부터 같은 병원체를 다시 분리할 수 있어야 한다.
⑤ 코흐의 원칙 예외사항 병균은 녹병균, 흰가루병균, 노균병균과 같은 절대기생체이다.

해설 병원체는 반드시 병환부에 존재해야 한다.

병원체의 동정에 관한 KOCH의 법칙
- 병원체는 배지 상태에서 순수 배양되어야 한다.
- 병원체를 순수 배양하여 접종하면 같은 병을 일으킨다.
- 병원체는 반드시 병환부에 존재한다.
- 접종한 식물로부터 같은 병원체를 다시 분리할 수 있다.
※ 동정(identification) : 병원체를 분리배양하고 접종하여 종명을 결정하는 것

010 우리나라에 수목병이 들어온 순서가 바르게 나열된 것은?

① 배나무 붉은별무늬병 – 잣나무털녹병 – 소나무재선충병 – 참나무시들음병
② 배나무 붉은별무늬병 – 잣나무털녹병 – 참나무시들음병 – 소나무재선충병
③ 잣나무털녹병 – 참나무시들음병 – 소나무재선충병 – 대추나무빗자루병
④ 잣나무털녹병 – 소나무송진가지마름병 – 소나무재선충병 – 대추나무빗자루병
⑤ 대추나무빗자루병 – 참나무시들음병 – 소나무재선충병 – 소나무송진가지마름병

해설 배나무붉은별무늬병(1800년대) → 잣나무털녹병(1936년) → 포플러녹병(1956년) → 소나무재선충병(1988년) → 소나무송진가지마름병(1996년) → 참나무시들음병(2004년)
※ 대추나무빗자루병 : 광복 이전부터 발생한 병으로 1973년 파이토플라스마로 확인됨

정답 009 ② 010 ①

011 다음 중 살아 있는 수목에서 발생하는 버섯속이 아닌 것은?

① 진흙버섯속
② 뽕나무버섯속
③ 구멍장이버섯속
④ 장수버섯속
⑤ 해면버섯속

해설 구멍장이버섯은 수목의 죽은 부분과 목재에서 발생하는 변색부후균이다.

부후균의 분류

분류	부후균병	발생부위	종류
기생 부위	심재부후	살아 있는 수목의 줄기	진흙, 말굽, 해면, 덕다리, 꽃구름, 장수 버섯
	근계부후	살아 있는 수목의 뿌리	뽕나무, 시루뻔, 해면, 복령속, 땅해파리, 송편 버섯
	변색부후	수목의 죽은 부분과 목재	구름, 말굽, 잔나비, 조개, 옷솔, 구멍장이, 치마, 꽃구름
분해 성분	백색부후	cellulose, hemicellulose, lignin을 분해	진흙, 구름, 말굽, 시루뻔, 장수, 치마, 영지, 표고, 느타리
	갈색부후	cellulose, hemicellulose를 분해	잔나비, 덕다리, 해면, 복령속, 잣버섯, 개떡버섯

012 생물학적 방제에 이용하는 것으로 가장 옳은 것은?

① 절대기생균
② 활물기생균
③ 이종기생균
④ 동종기생균
⑤ 중복기생균

해설 중복기생은 크게 두 가지 방식으로 일어나는데, 하나는 사물기생방식이고 다른 하나는 활물기생방식이다. 사물기생은 숙주(병원균)의 세포를 죽여 그곳에서 유출되는 양분을 이용하는 방식으로 기생하고, 활물기생은 숙주(병원균)를 당장 죽이지는 않으면서 병원균에서 양분을 빨아먹는 방식으로 기생한다.

- 중복기생균(hyperparasite) : 병원성 곰팡이가 기주에 기생하고 있는 때에 그 병원성 곰팡이에 어떤 다른 곰팡이(여기서는 트리코데르마, 하르지아눔균)가 기생하고 있는 현상
- 전기생균, 순활물기생균 : 오직 살아 있는 조직에서만 영양을 취하고 그 조직이 죽으면 영양을 취할 수 없는 것(예 녹병균, 흰가루병, 노균병 등)
- 임의부생균(반활물기생균) : 기생을 원칙으로 하나 죽은 유기물에서도 영양을 취함(예 깜부기병, 감자역병, 배나무흑성병)
- 절대부생균 : 죽은 유기물에서만 영양을 취함(예 심재썩음병)

정답 011 ③ 012 ⑤

013 뿌리혹병에 관한 설명 중 틀린 것은?

① 많은 종류의 목본식물과 초본식물에서 발생한다.
② 접목묘의 접목부위에는 발생하지 않는다.
③ 어린 나무에 큰 혹이 생기면 생육이 나빠지고, 가뭄이나 동해를 받기 쉬우며, 혹이 생긴 묘목은 대개 말라 죽는다.
④ *Agrobacterium tumefaciens*라고 하는 일종의 세균에 의해 발생하는 그람음성균이다.
⑤ 묘목의 뿌리를 아그리마이신과 같은 농용항생제 용액에 20분 정도 침지했다가 심는다.

해설 뿌리혹병
- 접목묘에서는 주로 접목부위에 혹을 형성하는 경우가 많다.
- 땅가(지제부)의 뿌리 부분에 혹을 만드는 것이 특징이며, 때로는 지상부의 줄기와 가지에도 혹이 나타난다.
- 농작물인 포도의 뿌리혹병(crown gell)과 유사하며, 주로 뿌리에 혹이 발생. 수세약화를 유발하며 간혹 줄기에도 발생해 미관을 해친다.

014 다음 보기 중 생물계가 다른 병원균에 의한 수목병은 무엇인가?

① 목련 흰가루병
② 전나무 잎녹병
③ 밤나무 잉크병
④ 포도나무 피어스병
⑤ 곰솔 리지나뿌리썩음병

해설 밤나무 잉크병은 난균강에 의해, 포도나무 피어스병은 세균에 의해 발생한다.
① 목련 흰가루병 : 자낭균
② 전나무 잎녹병 : 담자균
⑤ 곰솔 리지나뿌리썩음병 : 자낭균

세균에 의한 병

병원균	수목병	형태	형태
Agrobacterium Tumefaciens	혹병(근두암종)	그람음성, 비항산성, 호기성	짧은 막대(간모), 1~수개의 단극편모(단극모)
Erwinia amylovora	불마름병(화상병)	그람음성	짧은 막대(간모), 4~6개의 주생편모(주모)
Xylella fastidiosa	잎마름병	물관부국재성세균	막대 모양
Xanthomonas campestris	세균성구멍병	그람음성, 호기성, 노란색	막대 모양, 1개의 단극모
Xanthomonas axonopodis	감귤궤양병	그람음성	막대 모양, 1개의 단극모

정답 013 ② 014 ③, ④

균류의 분류

구분	분류	세포벽	격벽(막)	유성포자	주요병
유사균류	난균강	글루칸	-	난포자	역병, 뿌리썩음병, 노균병
진정균류	접합균아문	키틴	-	접합포자	
	자낭균문	키틴	simple pore	자낭포자8	리지나뿌리썩음병, 흰가루병 등 대부분의 수목병 차지
	담자균문	키틴	Doli pore	담자포자4	녹병균, 깜부기병균, 목재부후균, 떡병
	불완전균문	키틴	+	미발견	탄저병, 잎마름병

015 다음 중 감염 단계의 순서가 바르게 연결된 것은?

① 접종 – 침입 – 감염 – 정착 – 전파
② 접종 – 감염 – 침입 – 정착 – 전파
③ 침입 – 접종 – 정착 – 감염 – 전파
④ 침입 – 접종 – 감염 – 정착 – 전파
⑤ 정착 – 침입 – 접종 – 감염 – 전파

해설 **병환의 주요 단계**
접종 – 접촉 – 침입 – 기주인식 – 감염 – 침투 – 정착 – 병원체의 생장 · 증식 – 병징 발현 – 전파 – 월동

016 세균의 자연개구를 통한 침입에 해당되지 않는 것은?

① 피목
② 밀선
③ 수공
④ 각피
⑤ 기공

해설 균류의 경우 표피를 통한 직접침입, 즉 각피침입이 가능하나 세균은 불가능하다.

침입
- 기주식물체 표면에 부착되어 병원체가 조건이 갖추어지면 실시
- 표피를 통한 직접침입(각피침입) : 균류는 가능, 세균은 불가능 → 식물체의 잎이나 줄기 또는 뿌리의 표피를 균류가 자기 힘으로 침입하는 것(포자 발아 – 발아관 – 부착기 형성)
- 자연개구 : 균류, 세균 가능(예 기공, 수공, 피목, 밀선, 화기 등)
- 상처를 통한 침입 : 균류, 세균, 바이러스
- 세균 : 세포 외 다당이 부착을 도움
- 바이러스, 파이토플라스마 : 매개충에 의하여 기주 세포 내 주입

정답 015 ① 016 ④

017 세포벽을 갖지 않는 수목병으로만 이루어진 것은?

| 가. 자낭균 | 나. 담자균 | 다. 세균 |
| 라. 파이토플라스마 | 마. 바이러스 | |

① 가, 나
② 나, 다
③ 라, 마
④ 다, 라
⑤ 다, 라, 마

해설
- 세포벽을 갖는 병원체 : 곰팡이, 세균, 난균류 등
- 세포벽을 갖지 않는 병원체 : 파이토플라스마, 바이러스, 바이로이드 등

018 다음 중 균근에 대한 설명으로 틀린 것은?

① 뿌리로부터 직접 영양분을 흡수한다.
② 양분의 흡수를 돕는다.
③ 저항성을 증진시킨다.
④ 기주로부터 탄수화물을 얻는다.
⑤ 흙냄새가 나는 원인이다.

해설 흙냄새의 원인은 흙에 사는 방선균인 스트렙토미세스속의 세균들이 방출하는 지오스민(geosmin)이라는 유기화합물 때문이다.

공생성곰팡이(균근)
- 2차 생장을 하지 않고, 근관(뿌리털)은 형성하지 않으며, 흡수면적을 증가시켜서 수분 및 양분 흡수를 도우며 특히 인의 순환에 중요한 역할을 한다.
- 내생균근 : 피층, 접합균문, 후벽포자
  - 격벽이 없는 균사 : VA균근(온열대수목, 단풍나무, 히말라야삼목, 삼나무)
  - 격벽이 있는 균사 : 난초형, 철쭉형
- 외생균근 : 담자균문, 자낭균문
  - 외생균근을 형성하는 수목 : 소나무과, 참나무과, 자작나무과, 피나무과, 버드나무과 등
  - 내·외생균근을 형성하는 수목 : 오리나무, 버드나무, 유칼리나무

정답 017 ③　018 ⑤

019 뿌리혹 선충병의 형태가 아닌 것은?

① *Meloidogyne*속의 선충이며 고착성 외부기생선충이다.
② 유충으로 땅속에서 월동하거나 성충 또는 알로도 기주식물의 뿌리에서 월동한다.
③ 기주범위가 매우 넓으며 곰팡이, 박테리아, 바이러스 등과 밀접한 관계를 갖고 있다.
④ 방제로는 저항성 품종을 재배하며, 비기주식물로 돌려짓기(윤작)를 한다.
⑤ 침엽수, 활엽수를 모두 가해하며 활엽수에서 심하다.

해설 *Meloidogyne*속에 속하는 선충은 고착성 내부기생선충이다.

선충의 특징
- 선충문 무척추 하등동물, 절대활물기생체(뿌리기생)
- 식물성 기생선충은 대부분 토양선충(부생선충)
- 구침에 따라 구강형, 식도형(이동성 외부기생선충)으로 나뉨
- 형태 : 1mm 내외로 육안식별이 어려워 현미경 관찰 필요, 자웅이형, 큐티클각피, 수컷(교접낭), 암컷(음문)
- 생활사 : 알→유충→성충(2주~2달). 1령유충 4회 탈피, 양성생식, 무성생식(단위생식, 처녀생식)
- 기생형태 : 외부, 내부, 반내부기생선충, 이주성, 고착성
- 발병과 병징 : 지상에서는 성장저해, 위축, 황화, 시들음, 쇠락증상 등, 뿌리에서는 괴저병반, 뿌리혹, 토막뿌리

020 벚나무 갈색무늬구멍병의 특징으로 올바른 것은?

① 처음에는 작은 흰 반점이 생긴다.
② 수관 하부에서부터 발생해 점차 위쪽으로 번지는 경향이 있다.
③ 병반은 구멍모양으로 떨어져 나가지는 않는다.
④ 여러 개의 반점이 뭉치는 경우에는 규칙적인 모양으로 구멍이 뚫린다.
⑤ 갈색 반점은 건전부와 이병부와의 경계가 뚜렷하지 않다.

해설 ① 처음에는 작은 자갈색 반점이 생긴다.
③ 병반이 떨어져 나가면 구멍이 생긴다.
④ 불규칙한 모양으로 구멍이 뚫린다.
⑤ 경계는 뚜렷하다.

벚나무 갈색무늬구멍병(병원균 : *Mycosphaerellacerasella*, 영명 : hot Hole Desease of Flowering Cherry)
- 마치 벌레가 파먹은 듯 구멍이 생김
- 전국 벚나무 식재지에서 많이 발생하는 병
- 병징은 5~6월경부터 나타나기 시작하여, 8월경에 피해가 급격히 심해짐

정답 019 ① 020 ②

- 갈색반점은 건전부와 이병부와의 경계가 뚜렷하게 나타나고, 점차 병반부위가 떨어져 원형의 구멍이 생겨 구멍병이라고 명명됨
- 수관 하부에서부터 발생해 점차 위쪽으로 번지는 경향이 있으며 처음에는 작은 자갈색 반점이 생기며 점차 커지면서 1~5mm 정도 되는 둥근 갈색 반점으로 진전됨

021 목재부후균에 대한 설명으로 바른 것은?

① 갈색부후의 경우 리그닌은 분해되지 않기 때문에 밝은색을 띤다.
② 갈색부후균은 주로 활엽수에서 발생한다.
③ 갈색부후와 백색부후를 유발하는 균류는 대부분 자낭균이다.
④ 연부후는 자낭균문에 속한다.
⑤ 백색부후균에는 실버섯류, 구멍버섯류, 조개버섯류 등이 있다.

해설 ① 갈색부후균의 피해 목재는 겉모습이 암갈색 또는 적갈색을 띤다.
② 갈색부후균은 주로 침엽수에서 발생한다.
③ 갈색부후와 백색부후를 유발하는 균류는 대부분 담자균이다.
⑤ 실버섯류, 구멍버섯류, 조개버섯류 등은 갈색부후균이며 백색부후균에는 말굽버섯, 잎새버섯, 조개껍질 버섯 등이 있다.

022 수목변색균에 관한 설명으로 틀린 것은?

① 페니실리움은 녹색 또는 누런색의 변색을 일으킨다.
② 수목의 변색은 목재의 강도에 영향을 미치지 않는다.
③ 변색의 주요 원인은 변색곰팡이, 목재부후균, 건조과정에서의 화학적 반응이다.
④ 목재변색의 곰팡이는 *Ophiostoma, Ceratocystis*속의 곰팡이에 속한다.
⑤ 청변곰팡이는 벌채된 소나무류의 심재부위에 가장 먼저 침입하여 빠르게 생장한다.

해설 청변곰팡이는 벌채된 소나무류의 변재부위에 침입한다.

정답 021 ④ 022 ⑤

023 수목병의 발생 원인의 연결이 잘못된 것은?

① 소나무피목가지마름병 – 가을, 겨울의 이상건조, 겨울의 낮은 온도가 겹치는 해에 발생
② 소나무가지끝마름병 – 가뭄, 토양답압, 토양의 영양결핍 등에 의해 수세가 약해진 나무에서 발생
③ 리지나뿌리썩음병 – 휴양지나 대형산불이 발생한 지역에서 발생
④ 잣나무털녹병 – 중간 기주의 밀도의 영향이 가장 크며, 한랭하고 습기가 많은 해발 700m 이상의 임지에서 발생
⑤ 흰말병 – 건조 조건과 질소원이 풍부한 지역에서 발생

해설 흰말병은 습한 조건과 질소원이 풍부한 지역에서 발생한다.

소나무피목가지마름병
- 햇볕이 잘 들지 않아 수세가 쇠약하거나 뿌리발육이 부진한 장소에서 일부 가지가 죽는 피해를 줌. 그러나 때때로 이상적인 가뭄이나 동해 등 환경적 요인에 의해 수세가 약해진 나무의 가지 및 줄기로 병원균이 이동해 집단 발생
- 원인 : 지속적으로 병이 발생하는 것이 아님. 가을철의 이상건조와 겨울철의 이상고온이 겹치는 해에 발생하는 것으로 이듬해 피해는 급격히 감소하는 경향이 나타남
- 방제 방법 : 고사한 나무와 병든 가지를 잘라 태움
- 예방 방법 : 배수 및 비배관리를 철저히 실시해 나무의 세력을 강건하게 유지. 또한 최근 가을, 겨울에 가뭄이 심하고 봄철에 고온현상이 발생하므로 가을철에도 소나무를 관수해 동절기 전에 수분을 보충
- 화학적 방제 : 일반적으로 장마 전후에 2차례 광범위 살균제 등을 살포. 수고가 높아 스프레이를 할 수 없을 시에는 5~6월 사이에 나무주사용 살균제인 테부코나졸유탁제 5ml를 흉고직경 10cm당 1개를 주입해 예방

024 은행나무 잎마름병에 대해 틀린 것은?

① 잎이 데인 경우 발생한다.
② 다습할 때 포자가 분출한다.
③ 강풍이나 해충의 식해로 발생한다.
④ 고온건조할 때 발생한다.
⑤ 성목에서 많이 발생한다.

해설 성목에서는 거의 발생하지 않고 묘목이나 어린나무에서 발생한다. 병반은 잎의 가장자리부터 갈색 내지 회갈색의 불규칙한 고사부가 생기며 부채꼴 모양으로 진전되는데, 경계부는 황록색으로 변색된다.

은행나무 잎마름병(*Pestalotiaginkgo*, 엽고병, Leaf blight of ginkgo)
- 여름철에 고온건조한 날씨가 오래 지속되거나 또는 태풍이 지나간 뒤에 많이 발생
- 어린나무에서 많이 발생
- 나무를 건전하게 길러서 풍해, 한해, 일소현상 등에 대한 저항력을 갖게 하는 것이 중요하며, 잎에는 상처가 나지 않도록 주의
- 병든 잎은 모아서 태우며, 강풍이나 태풍이 지난 후 보르도액이나 동수화제 400배액 또는 티오파네이트메틸수화제를 살포

정답 023 ⑤ 024 ⑤

025 푸사리움가지마름병에 대한 설명으로 틀린 것은?

① 강한 병원균에 의해 발병한다.
② 1월 평균기온이 약 0℃ 이하인 중부이북지역에서 주로 발생하는 병이다.
③ 우리나라의 경우 1996년 경기 지역에 처음 출현하였고, 경기·충청권을 비롯한 전국의 리기다소나무 조림지에서 지속적으로 피해가 나타나고 있다.
④ 병원균은 *Fusarium circinatum*이고, 바람, 매개충의 식해 등에 인한 상처로 감염되며 포자로 전파된다.

해설 푸사리움가지마름병은 1월 평균기온이 약 0℃ 이상인 아열대성 기후 지역에서 주로 발생하는 병이다.

소나무류 푸사리움가지마름병(*Fusarium circinatum*)
- 밀식 조림지에 피해가 심함
- 병원균의 병원성은 대단히 높으며, 피해가 심한 임지에서는 많은 나무가 일시에 고사함
- 병원균은 강한 바람, 우박과 같은 기후적인 원인에 의한 상처, 나무좀류·바구미류 등 해충에 의한 상처 또는 기계적인 상처 등을 통하여 침입
- 간벌목의 줄기는 이용 가능하나 병든 가지는 가능한 임외반출 후 소각 또는 파쇄
- 양묘장에서는 베노밀·티람 수화제 등으로 종자소독을 한 후 파종하며, 공원 등의 조경목은 3월에 테부코나졸유탁제를 나무주사

026 흰가루병에 설명으로 틀린 것은?

① 기주특이적이며 *Erysiphe, Podosphaera, Sphaerotheca*균 등이 있다.
② 흰가루에 덮인 부위는 곧 뒤틀리면서 시들고 마른다.
③ 자낭구의 상태로 겨울을 나고, 봄에 자낭구 안에 들어 있는 자낭포자를 방출한다.
④ 건조하고 따뜻한 낮 기온과 서늘하고 습기가 많은 밤 환경이 교차·반복되면 발생이 많아진다.
⑤ 잎의 발육이 저하돼 정상 크기의 1/3까지 줄어들고, 잎이 비정상적으로 얇아진다.

해설 잎은 비정상적으로 두꺼워진다.

흰가루병
- 기주특이적
- 병원균 : *Microsphaera, Phyllactinia, Uncinula, Erysiphe, Sphaerotheca, Podosphaere*

구분	수목명
Erysiphe	사철나무, 목련, 쥐똥나무류, 인동, 꽃댕강나무, 양버즘나무, 단풍나무류, 배롱나무, 꽃개오동
Sawadaea	모감주
Podosphaera	장미, 조팝나무
Pseudoidium	수국

정답 025 ② 026 ⑤

027 코흐의 법칙 적용 설명 중 틀린 것은?

① 중복감염된 병에서는 적용할 수 없다.
② 병원균이 순수배양되어야 한다.
③ 병원균은 질병에 걸린 숙주(host)로부터 분리되어 배지 위에서 순수배양되어야 한다.
④ 질병에 걸린 모든 숙주에서 병원균이 존재한다.
⑤ 배양한 병원균을 건강한 기주에 접종하면 반드시 동일한 병이 발생되어야 한다.

해설 중복감염된 병에서도 적용할 수 있다.

028 다음 중 균류의 침입과 중합체 분해에 대한 설명으로 틀린 것은?

① 부착기 내의 팽압은 부착기 내에 글리세롤을 축적하여 삼투압을 유인하여 발생한다.
② 흡수된 영양물질을 모두 균사 내에서 수송한다.
③ 균류에서 저장되는 물질은 포도당의 알파-결합 중합체인 글리코겐이나 균당이다.
④ 수송되는 물질은 균당과 만니톨 또는 아리비톨 등 당알코올류이다.
⑤ 세포 밖의 중합체기질을 직접 획득한다.

해설 균류는 세포벽이 존재하기 때문에 세포 밖의 중합체기질을 직접 획득하지 못한다.

029 병원체의 침입에 대한 설명으로 틀린 것은?

① 곰팡이는 직접 각피침입이 가능하다.
② 선충은 stylet(구침)으로 구멍을 뚫고 침입한다.
③ 기생식물은 접촉 부위에 흡기를 사용하여 침투한다.
④ 직접침입은 세균과 곰팡이의 일반적인 침입 방법이다.
⑤ 상처 침입은 모든 세균, 대부분의 곰팡이, 일부 바이러스에서 볼 수 있다.

해설 진균, 세균, 선충, 조균류(난균류) 등은 식물에 직접 침입이 가능한 대표적인 병원체이다. 바이러스, 파이토플라스마 등은 직접 침입이 불가하며, 매개체나 상처를 통해 침입한다.

정답 027 ① 028 ⑤ 029 ⑤

030 **뿌리혹병과 관련된 호르몬 두 개는?**

① 옥신 – 지베렐린
② 옥신 – 사이토키닌
③ 사이토키닌 – 지베렐린
④ 옥신 – ABA
⑤ 옥신 – 에틸렌

해설 뿌리혹병에 관여하는 호르몬은 옥신(auxin), 사이토키닌(cytokinin), 스트리고락톤(strigolactone)이다. 옥신은 뿌리 생장과 발달에 관여하고, 사이토키닌, 스트리고락톤은 뿌리혹 형성에 관여한다.

031 **다음 뿌리썩음병에 대한 기술 중 잘못된 것은?**

① 아까시재목버섯은 대가 없다.
② 아까시재목버섯이 많이 발생해 있으면 밑동은 이미 썩었다는 것이다.
③ 영지버섯속에 의한 뿌리썩음병은 뿌리와 하부 줄기에 감염된다.
④ 영지버섯속에 의한 뿌리썩음병은 소나무, 느티나무가 특히 감수성이다.
⑤ 버섯에서 방출된 담자포자는 여름철 습할 때 비산되어 감수성 수목의 뿌리나 줄기 하부에 생긴 상처를 통해 침입한다.

해설 단풍나무, 참나무가 감수성이다.

032 **침·활엽수 근주심재부후병에 대한 설명 중 틀린 것은?**

① 아까시재목버섯 및 장수버섯도 한 유형이다.
② 활엽수의 노목에서만 발생한다.
③ 특히 아까시나무와 회화나무 등 콩과수목에 많이 발생한다.
④ 침해를 받은 나무는 줄기 밑동이 썩어 강풍 등에 의해 잘 넘어지기 때문에 위험하다.
⑤ 목부후균의 하나로 병원성이 아주 강해 밑동 썩음을 일으킬 뿐만 아니라 때때로 나무를 고사시킨다.

해설 주로 활엽수의 성목과 노목에 발생하는데, 드물게 침엽수에도 발생한다.

정답 030 ② 031 ④ 032 ②

033 **아까시흰구멍버섯에 대한 설명으로 틀린 것은?**

① 구멍장이버섯과에 속하는 담자균류의 일종으로 백색부후균이다.
② 자실체의 대는 길고 굵으며, 갓의 기부가 수피에 넓고 두껍게 부착되어 있다.
③ 갓의 표면은 각피화되어 있고, 처음에는 난황색이다가 나중에는 난황색의 둘레만 빼고는 적갈색에서 흑갈색이 된다.
④ 예방하는 것이 가장 중요하며, 줄기 밑동이나 뿌리에 상처가 나지 않도록 관리한다.
⑤ 병원균의 담자포자는 바람에 의해 전파되어 줄기 밑동, 뿌리 등의 상처를 통해 침입해서 나무를 썩게 한다.

해설 자실체에는 대가 없다.

034 **침·활엽수 줄기심재썩음병에 대한 설명 중 틀린 것은?**

① 병원균은 갈색부후균이므로 부후가 지속되면 목재의 강도가 저하되어 줄기에 수평 방향으로 균열이 생긴다.
② 활엽수에 주로 감염되지만 침엽수도 간혹 감염이 된다.
③ 다년생으로 5~6년 정도 생육하며, 자실체의 관공 안에서 갈색의 담자포자가 한 해 동안 형성된다.
④ 병원균의 침입을 방지하기 위하여 줄기나 가지에 상처가 나지 않도록 주의하며, 상처 또는 절단 부위는 살균 도포제를 발라 보호한다.
⑤ 잔나비버섯이 여기에 속한다.

해설 병원균은 백색부후균이다.

035 **침·활엽수 변재부후병에 대한 설명으로 틀린 것은?**

① 침엽수, 활엽수에 모두 발생한다.
② 벌목된 목재를 비롯하여 이미 죽은 나무에 흔히 발생한다.
③ 백색부후를 일으키기 때문에 부후 말기에 목질부는 밝은 색을 띠면서 얼룩덜룩해진다.
④ 감염된 줄기 및 가지에 회색 또는 적갈색의 반원형 버섯이 군생한다.
⑤ 참나무 줄기에 발생하는 구름버섯종류가 해당한다.

해설 줄기에 생긴 상처를 통하여 살아 있는 나무에 침입하여 목질부의 부후를 일으키기도 한다.

정답 033 ② 034 ① 035 ②

036 **다음에 해당하는 소나무 병해는?**

> 소나무류에 심한 낙엽을 일으켜 생장을 저해한다. 주로 묘포나 가로수 혹은 정원수에서 발생하며, 병이 발생한 나무는 일부의 침엽이 일찍 떨어지지만 고사하지는 않는다. 우리나라에서는 곰솔의 묘목과 어린 나무에서 피해가 크며, 때로는 곰솔 분재에서 심한 낙엽을 일으켜 관상 가치를 떨어뜨린다. 세계적으로도 구주적송 등에 심한 낙엽을 일으키는 중요한 소나무류 잎병 중의 하나이다.

① 소나무류 갈색무늬병
② 소나무류 그을음잎마름병
③ 소나무류 잎녹병
④ 소나무류 잎떨림병
⑤ 소나무류 가지끝마름병

해설 소나무류 갈색무늬병에 대한 설명이다.

037 **소나무류 가지끝마름병(디플로디아순마름병)에 대한 설명으로 틀린 것은?**

① 병명은 *Diplodia*(*Sphaeropsis*)이다.
② 주로 낮은 지대의 조림지와 골프장, 공원, 정원 등에 조경용으로 심은 10~30년생의 나무에서 많이 발생한다.
③ 봄에 나오는 새순과 어린 침엽이 회갈색으로 변하면서 급격히 말라 죽으며 새순의 끝이 심하게 구부러진다.
④ 새순과 당년생 잎에는 발생하지 않고 묵은 잎에만 병징이 나타난다.
⑤ 어린 가지에서는 송진이 흘러나와 잎과 뒤엉키며, 송진이 굳으면 가지는 쉽게 부러진다.

해설 병징은 보통 새순과 당년생 잎에만 나타나며 묵은 잎은 병에 걸리지 않는다.

038 **소나무 페스탈로치아 잎마름병에 대한 설명으로 틀린 것은?**

① 초기에는 하부 가지의 침엽이 적갈색으로 변하기 시작하여 차츰 위쪽으로 확대된다.
② 장마나 태풍이 지나간 후 수세 쇠약목에 분생자좌가 형성된다.
③ 건조, 장마 등의 요인에 의해 뿌리가 약해지거나 태풍, 이식 등에 따른 생리적 불량 등에 유인되어 발생한다.
④ 분생자좌는 습기가 많을 때에는 갈라진 부위로 흑색의 접시 모양을 한 포자반이 분출한다.
⑤ 통풍이 불량하거나 습기가 많을 경우에 *Cercospora*, *Phoma*와 복합하여 자주 발생한다.

해설 흑색의 삼각뿔 모양을 한 포자각(spore horn)이 분출한다.

정답 036 ① 037 ④ 038 ④

039 소나무류 잎떨림병에 대한 설명으로 틀린 것은?

① 추우면서 습기가 많은 곳에서 피해가 심하다.
② 주로 15년생 이하 소나무류(잣나무, 곰솔 등)의 수관 하부에서 발생이 심하다.
③ 강우가 많거나 가을에서 겨울 사이의 기온이 따뜻하면 이듬해엔 피해가 심하다.
④ 4~5월에 2년생 이상의 침엽이 낙엽 또는 갈색으로 변하면서 대량으로 떨어진다.
⑤ 표징은 자낭각이다.

해설 자낭각이 아닌 자낭반이다.

040 소나무류 송진궤양병(푸사리움가지마름병)에 대한 설명으로 틀린 것은?

① 우리나라 향토수종인 잣나무와 소나무는 저항성이다.
② 2~3년생의 어린 나무에서부터 직경 30cm 이상의 큰 나무까지 말라 죽게 한다.
③ 병원균의 병원성은 약한 편이며, 피해가 심한 임지에서는 많은 나무가 서서히 죽어간다.
④ 가지, 줄기, 구과의 감염 부위로부터 송진이 흘러 하얗게 굳어져 있는 것이 전형적인 특징이다.
⑤ 방제의 경우 공원 등의 조경목은 테부코나졸 유탁제를 3월에 나무주사한다.

해설 병원균의 병원성은 대단히 높으며, 피해가 심한 임지에서는 많은 나무가 일시에 고사한다.

041 소나무류 가지끝마름병(디플로디아순마름병) 병원균의 표징은?

① 자낭반
② 자낭각
③ 분생포자각
④ 분생포자반
⑤ 나출자낭

해설 소나무류 디플로디아순마름병의 병원균은 분생포자각으로, 이 병을 진단하는 데 중요한 단서가 된다.

042 녹병균과 여름포자세대 중간 기주와 연결이 잘못된 것은?

① 잣나무 털녹병 – 송이풀, 까치밥나무
② 소나무혹병 – 졸참나무, 신갈나무
③ 소나무 잎녹병 – 황벽나무
④ 소나무 줄기녹병 – 모란, 작약
⑤ 향나무 녹병 – 배나무

해설 향나무 녹병은 여름포자세대가 없다.

정답 039 ⑤ 040 ③ 041 ③ 042 ⑤

043 소나무류 피목가지마름병에 대한 설명으로 틀린 것은?

① 일반적으로 햇빛이 잘 들지 않아 수세가 쇠약하거나 뿌리 발육이 부진한 장소에서 일부 가지가 죽는 피해를 주는 병이다.
② 예년과 다른 이상 가뭄이나 동해 등 환경요인으로 의하여 수세가 약해진 나무의 가지 및 줄기로 병원균이 이동하여 집단 발생하기도 한다.
③ 병리학적 관점에서 보면 병원균은 건강한 나무에는 침입할 수 없을 정도로 병원성이 약한 2차 병원균이라 할 수 있다.
④ 초봄부터 가지의 분지점을 경계로 일부 가지가 적갈색으로 변하면서 죽고 경계 부위에는 송진이 약간 흐른다.
⑤ 자낭각과 분생포자가 표징이다.

해설 자낭반과 분생포자가 표징이다.

044 소나무류 시들음병(소나무재선충병)에 대한 설명으로 틀린 것은?

① 소나무재선충은 매개충에 의해 나무 조직 내로 들어가 곰팡이 등을 먹이로 삼으며, 줄기, 가지, 뿌리 속을 상하좌우로 자유롭게 이동이 가능하다.
② 병에 걸리면 잎이 우산살 모양으로 아래로 처지며 빠르면 1개월 만에 잎 전체가 적갈색으로 변하면서 말라 죽는다.
③ 감염되면 3~5개월 내에 고사한다.
④ 피해 초기에는 구엽이 시들고 처지며 말기에는 신엽도 시들면서 고사한다.
⑤ 외견상의 변화가 보이기 시작한 후에 나타나는 증상은 수지 유출의 이상이다.

해설 외견상의 변화가 보이기 전에 나타나는 증상이 수지 유출의 이상이다.

045 소나무류 리지나뿌리썩음병에 대한 설명으로 틀린 것은?

① 병원체는 *Rhizina undulata* Fr. 파상땅해파리버섯이다.
② 병원균은 40℃ 이상의 온도가 3~5시간 이상 지속되면 포자가 발아하여 뿌리를 감염시킨다.
③ 병원균은 토양 내 다른 미생물과의 경쟁에 매우 약하기 때문에 불이 발생하여 토양미생물이 단순화된 상태에서 우점균으로서 발생한다.
④ 토양미생물이 풍부한 산악지 산림에서도 잘 발생한다.
⑤ 산성토양에서 잘 발생하는 것으로 알려져 있다.

해설 이 병은 토양미생물이 풍부한 산악지 산림에서는 큰 문제가 되지 않는다.

정답 043 ⑤ 044 ⑤ 045 ④

046 잣나무 털녹병에 대한 설명으로 틀린 것은?

① 중간기주는 송이풀류, 까치밥나무류이다.
② 섬잣나무와 눈잣나무도 감수성이므로 피해가 발생한다.
③ 병든 가지 또는 줄기의 수피는 노란색~갈색으로 변하면서 방추형으로 부풀고 수피가 거칠어지며 수지(resin)가 흘러 병든 부위는 지저분하게 보인다.
④ 여름포자는 비산하여 송이풀의 잎과 잎으로 반복전염을 하므로, 털녹병의 확산에 큰 역할을 한다.
⑤ 중간기주의 잎이 낙엽되기 전까지 담자포자를 형성하여 잣나무잎으로 침입한다.

해설 섬잣나무와 눈잣나무는 저항성이므로 피해는 거의 없다. 5엽송류 중 잣나무와 스트로브잣나무가 감수성이다.

047 편백·화백 가지마름병의 설명 중 틀린 것은?

① 병원체는 *Seiridium* spp.이다.
② 가지와 줄기의 수피가 세로로 찢어지면서 송진이 많이 흘러내린다.
③ 경계 부위의 병든 조직은 약간 부풀어 오르며 송진이 흐르는 것이 가장 뚜렷한 진단 특성이다.
④ 분생포자는 방추형으로 5세포이며 격막 부위에서 약간 오목하다.
⑤ 노간주나무가 전염원이 되기도 한다.

해설 분생포자는 방추형으로 6세포이며 격막 부위에서 약간 오목하다.

048 향나무 녹병에 대한 설명 중 틀린 것은?

① 병원체는 *Gymnosporangium* spp.이다.
② 중간기주인 장미과 수목에서 겨울포자 및 담자포자 세대를 갖는다.
③ 잎 아랫면에는 회색에서 엷은 갈색의 털 같은 돌기(녹포자퇴)가 형성되는데 이 안에서 녹포자가 형성된다.
④ 향나무 잎에 있는 겨울포자퇴의 겨울포자는 4월 중순부터 하순쯤 비가 내리면 발아하여 담자포자를 만든다.
⑤ 물리적 방제로는 2km 이내에 있는 장미과 식물이나 향나무 중 하나를 제거한다.

해설 중간기주인 장미과 수목에서 녹병정자 및 녹포자 세대를 갖는다.

정답 046 ② 047 ④ 048 ②

049 은행나무 잎마름병에 대한 설명으로 틀린 것은?

① 병원체는 *Pestalotia ginkgo Hori*이다.
② 피해는 여름철 고온건조한 날씨가 계속되거나 태풍이 오고 난 후에 잘 발생한다.
③ 묘목보다 큰 나무에서 피해가 크다.
④ 병반에는 검은색의 작은 점(분생포자퇴)이 겹둥근무늬로 나타나고 습기가 많을 때는 삼각뿔 모양으로 포자덩이뿔이 솟아난다.
⑤ 분생포자는 방추형으로 5세포이며, 양쪽 끝의 세포는 무색이고 가운데의 3세포는 담갈색이다.

해설 큰 나무보다 묘목에 피해가 크다.

050 (회색)고약병/갈색고약병에 대한 설명으로 틀린 것은?

① 6~7월에 균사층의 표면에 자낭포자가 발생하여 흰 가루 모양으로 덮인다.
② 가지가 너무 밀생하거나 그늘지고 통풍이 불량한 곳에 주로 발생한다.
③ 고약병균은 깍지벌레와 공생하며, 발생 초기에는 깍지벌레의 분비물에 의존하여 번식한다.
④ 겨울철 신초가 나오기 전까지 석회유황합제나 기계유 유제를 살포하여 깍지벌레를 방제한다.
⑤ 건조하고 그늘진 곳에 발생하기 쉬우므로 적절히 가지치기를 실시하여 통풍 및 채광을 좋게 한다.

해설 자낭포자가 아니라 담자포자가 발생한다.

051 느티나무 흰별무늬병과 가중나무 갈색무늬병의 병원체는?

① *Septoria*
② *Phomatospora* sp.
③ *Cephaleuros*
④ *Septobasidium*
⑤ *Rhytisma*

해설
② *Phomatospora* sp. : 가시나무류 갈색무늬병
③ *Cephaleuros virescens* : 흰말병
④ *Septobasidium bogoriense* : 고약병
⑤ *Rhytisma* : 타르병무늬병

정답 049 ③ 050 ① 051 ①

052 참나무 시들음병에 대한 설명으로 틀린 것은?

① 병원성 곰팡이가 참나무류의 변재부에 증식하면서 도관을 막아 수분 이동이 저지되어 나무가 급속하게 시들어 죽는 병이다.
② 광릉긴나무좀 성충은 5월 초순부터 참나무 줄기를 침입하며, 처음에는 가루의 배출목분이 침입공 밖으로 배출한다.
③ 변색부에서는 병원균 특유의 알코올 냄새가 난다.
④ 변재부에 매개충이 침입한 갱도를 따라 불규칙한 암갈색의 변색부가 형성된다.
⑤ 끈끈이롤트랩 설치는 매개충의 우화 최성기인 6월 중 설치하고 설치 후 40~50일 후 회수한다.

해설 처음에는 실 모양의 배출목분(성충 프라스)이 침입공 밖으로 배출되다가 이후에 가루 모양의 배출물(유충 프라스)이 침입공 주변 및 나무줄기에 쌓인다.

053 식물병원세균이 생산하는 생리활성물질에 대한 설명으로 틀린 것은?

① 다당류 : 기주세포에 흡착과 누출 촉진, 수침상 병반 형성
② 효소 : 펙티나아제, 셀룰라아제는 병원성으로 작용
③ 식물독소 : 아미노산 대사나 당 대사에 관계하는 효소를 저해
④ 식물호르몬 : 혹을 형성하는 인돌초산, 사이토키닌 등의 분비
⑤ 플라스미드 : 다른 세균에 대하여 살균 작용

해설
- 플라스미드(Plasmid) : 세균의 세포 내에 복제되어 독자적으로 증식할 수 있는 염색체 이외의 DNA 분자 총칭
- 박테리오신(bacteriocin) : 다른 세균에 대하여 살균 작용

054 세균에 의한 병원균과 수목병의 연결이 틀린 것은?

① *Agrobacterium Tumefaciens* : 혹병(근두암종)
② *Erwinia amylovora* : 불마름병(화상병)
③ *Clavibacter* : 잎마름병(라일락)
④ *Xanthomonas campestris* : 세균성구멍병
⑤ *Xanthomonas axonopodis* : 감귤궤양병

해설
- *Clavibacter* : 감자둘레썩음병, 토마토궤양 및 시들음, 과일점무늬, 접합대생
- *Pseudomonas* : 점무늬, 바나나나무시들음, 잎마름병(라일락), 궤양 및 눈마름

정답 052 ② 053 ⑤ 054 ③

055 다음에 해당하는 세균과 관련된 용어는?

> • 세균에 기생하여 증식하는 바이러스
> • 세균의 동정, 식물 병원 세균의 생태 연구 및 세균병방제 등에 이용

① 박테리오파지 ② 박테리오신(bacteriocin)
③ 플라스미드 ④ 아포(spore)
⑤ 다당류

해설 ② 박테리오신(bacteriocin) : 다른 세균에 대하여 살균작용을 나타내는 단백질 물질
③ 플라스미드 : 세균의 세포 내에 복제되어 독자적으로 증식할 수 있는 염색체 이외의 DNA 분자를 총칭하는 것
④ 아포 : 환경 조건이 불리할 때 일부 그람양성세균에 의하여 세포 내에 형성되는 포자
⑤ 다당류 : 식물 병원세균의 세포벽 외막을 구성하는 균체 외의 다당류

056 *Cercospore*로 인해 잎에 발생하는 병이 아닌 것은?

① 소나무잎마름병 ② 삼나무붉은마름병
③ 포플러갈색무늬병 ④ 느티나무 갈색무늬병
⑤ 가중나무 갈색무늬병

해설 가중나무 갈색무늬병은 *septoria*에 의한 병이다.

057 벚나무 갈색무늬구멍병에 대한 설명으로 틀린 것은?

① 병원체는 *Mycosphaerella cerasella*이다.
② 5~6월부터 발생하기 시작해서 7~9월에 피해가 급격히 심해진다.
③ 피해는 수관의 상부층 잎에서 발생되어 점차 아래로 퍼진다.
④ 병반은 더 확대되지 않으며 나중에 병반과 건전부의 경계에 엷은 갈색의 이층이 생기면서 병반이 떨어져 나가고 잎에는 작은 둥근 구멍이 뚫린다.
⑤ 병원균은 분생포자와 자낭포자를 형성하며 자낭각의 형태로 병든 잎에서 월동하여 이듬해에 1차 전염원이 된다.

해설 피해는 수관의 아래 잎에서 발생되어 점차 상층부로 퍼진다.

정답 055 ① 056 ⑤ 057 ③

058 다음 중 벚나무 빗자루병과 같은 병원균에 해당하는 병해는?

① 복숭아 잎오갈병
② 철쭉류(아잘레아) 빗자루병
③ 붉나무 빗자루병
④ 뽕나무 오갈병
⑤ 오동나무 빗자루병

해설 복숭아 잎오갈병은 자낭균에 속하는 *Taphrina deformans*에 의한 병으로 자낭포자를 형성하고, 2차 감염은 일으키지 않는다.
②, ③, ④, ⑤ 벚나무 빗자루병과 마찬가지로 *phytoplasma*에 의한 병이다.

059 다음 중 벚나무 갈색무늬구멍병에 대한 설명으로 틀린 것은?

① 잎의 갈색 병반 부위에 분생포자각이 생기지 않는다.
② 자낭각의 형태로 병든 잎에서 월동하여 이듬해에 1차 전염원이 된다.
③ 병든 부분에 분생포자와 자낭포자를 형성한다.
④ 발병 초기에는 주로 수관하부의 잎에서 발생하나 점차 수관 상부로 진전된다.
⑤ 식물세포에서 빛이 있을 때만 세포를 죽이기 때문에 직사광선이나 그늘이 없으면 더 심하게 발병한다.

해설 벚나무 세균성구멍병에 대한 설명이다.

060 녹병의 생활환 중 기주교대가 가능한 세대로 묶여 있는 것은?

① 녹병정자 - 녹포자
② 녹포자 - 여름포자
③ 여름포자 - 겨울포자
④ 녹포자 - 담자포자
⑤ 겨울포자 - 담자포자

해설 기주교대가 일어나는 세대는 녹포자와 담자포자이다.

061 목재변색균에 대한 설명으로 틀린 것은?

① 목재의 강도에는 영향을 미치지 않는다.
② *Fusarium*은 붉은색 색소를 함유한 균사이다.
③ 목재 변색의 주된 원인은 변색곰팡이, 목재부후균, 건조 과정에서의 화학적 반응에 의한 것이다.
④ 목재청변곰팡이의 매개충에는 나무좀과 소나무줄나무좀이 있다.
⑤ 주된 병원균은 *Alternaria*, *Diplodia*가 있다.

해설 주된 병원균은 *Ophiostoma*와 *Ceratocystis*이다. *Alternaria*, *Diplodia*는 연부후균 병원균이다.

정답 058 ① 059 ① 060 ④ 061 ⑤

062 목재조직의 열화 및 구성에 대한 설명으로 틀린 것은?

① 열화는 목재부후균이 대표적인 원인이다.
② 살아 있는 나무에서는 주로 변재가 피해를 받는다.
③ 균류 억제물질은 페놀화합물이 있다.
④ 세포와 세포 사이, 즉 세포간엽에의 주요 물질은 펙틴이다.
⑤ 2차 세포벽은 리그닌, 셀룰로스, 헤미셀룰로스로 구성되어 있다.

해설 살아 있는 나무에서는 주로 심재가 피해를 받는다.

063 뿌리혹, 가지혹, 줄기혹, 털뿌리 등의 병징이 나타나는 세균은?

① *Agrobacterium*
② *Clavibacter*
③ *Erwinia*
④ *Pseudomonas*
⑤ *Xanthomonas*

해설 세균 종류에 따른 병징

Agrobacterium	뿌리혹, 가지혹, 줄기혹, 털뿌리
Clavibacter	감자둘레썩음병, 토마토궤양 및 시들음, 과일점무늬, 접합대생
Erwinia	마름, 시들음, 무름
Pseudomonas	점무늬, 바나나무시들음, 마름(라일락), 궤양 및 눈마름
Xanthomonas	점무늬, 썩음, 흑색잎맥, 인경썩음, 굴나무궤양, 호두나무마름
Streptomyces	감자더뎅이, 고구마 썩음

064 바이러스의 구조와 병징에 대한 설명으로 틀린 것은?

① 기본구조는 게놈핵산과 단백질외피로 구성된 뉴클레오캡시드이다.
② 막대 모양의 담배모자이크바이러스는 외가닥 RNA를 가지고 있다.
③ 병징은 외부 병징과 내부 병징을 나타낸다.
④ 검정식물에 의한 특정 바이러스 접종 시 전신감염을 일으킨다.
⑤ 병징은 단독감염과 복수의 감염에 의한 중복감염으로 나타날 수 있다.

해설 전신감염이 아닌 국부감염을 일으킨다.

정답 062 ② 063 ① 064 ④

065 식물 병원성 세균으로 옳은 것은?

① 세포생물이며 핵과 DNA가 막으로 둘러싸여 있지 않은 원핵생물이다.
② 식물세균병으로 최초 발견된 병은 핵과류 세균성구멍병이다.
③ 식물체의 체관부에 존재하면서 통도조직의 기능에 이상을 일으킨다.
④ 뿌리혹병 *Agrobacterium*은 그람양성균으로 Ti-plasmia를 가지고 있다.
⑤ 플라스미드는 세균과 세균 사이의 이동이 가능하다.

해설 ① 핵이 없다.
② 사과나무불마름병이다.
③ 물관부에 존재한다.
④ 그람음성균이다.

066 *Pestalotiopsis*속에 대한 설명으로 옳지 않은 것은?

① 불완전아균문 분생포자반균목에 속한다.
② 은행나무 잎마름병도 여기에 속한다.
③ 분생포자각의 짧은 분생포자경에 분생포자가 형성된다.
④ 병반 위에 육안으로 판단되는 검은 포자가 형성된다.
⑤ 분생포자는 부속사를 가지고 있는 대부분의 가운데 세 세포가 착색되어 있다.

해설 분생포자반의 짧은 분생포자경에 분생포자가 형성된다.
※ 완전세대는 자낭균아문각균강이다.

067 구멍장이버섯속에 의한 뿌리썩음병에 대한 설명으로 옳지 않은 것은?

① 구멍장이버섯속에 속하는 여러 종은 담자균으로 알려져 있다.
② 수령이 오래된 나무에서 많이 발생하며, 목재부후균으로 알려져 있다.
③ 자실체의 갓은 원형 혹은 깔때기형이고, 갓의 이면은 관공으로 되어 있다.
④ 감염된 뿌리는 백색으로 부후되며, 심재보다 변재가 먼저 썩게 된다.
⑤ 아까시재목버섯에 의한 줄기밑둥썩음병은 아까시, 벚나무 등 활엽수에서 주로 발생한다.

해설 심재부터 썩게 된다.

정답 065 ⑤ 066 ③ 067 ④

068 기생성 병의 특징으로 틀린 것은?

① 발병 부위는 식물체의 일부분이다.
② 발병 면적은 제한적으로 나타난다.
③ 종특이성이 매우 낮다.
④ 병원체가 병환부에 있다.
⑤ 병의 진전도가 다양하다.

해설 종특이성이 높다.

069 다음에서 설명하는 유전적 특성은?

> 유전적으로 감수성인 식물체라고 할지라도 그 밖의 발병조건이 갖추어지지 않았을 때에 저항성을 나타내는 것

① 수직저항성
② 수평저항성
③ 병회피
④ 내병성
⑤ 정적 저항성

해설 적극적 또는 소극적으로 식물 병원체의 활동기를 피하여 병에 걸리지 않는 성질을 병회피라고 한다.

070 곰팡이의 특징이 아닌 것은?

① 핵, 미토콘드리아 등 미소기관이 원형질막과 세포벽으로 감싸고 있다.
② 진핵생물이다.
③ 종속영양체이다.
④ 흡기가 있어 양분을 흡수할 수 있다.
⑤ 광합성이 가능한 종류도 있다.

해설 곰팡이의 경우 광합성은 불가하다.

071 다음 중 균류의 무성세대가 아닌 것은?

① 접합포자
② 분생포자
③ 유주포자
④ 분열포자
⑤ 후막포자

해설 접합포자는 접합균의 유성세대포자이다.

정답 068 ③ 069 ③ 070 ⑤ 071 ①

072 다음에 해당하는 뿌리병에 속하는 것은?

> • 조직비특이적 병해　　　　　　　• 연화성 병해
> • 병원균 우점형

① 모잘록병　　　　　　　　　　② 파이토프토라뿌리썩음병
③ 리지나뿌리썩음병　　　　　　　④ 아밀라리아뿌리썩음병
⑤ 자줏빛날개무늬병

해설　파이토프토라뿌리썩음병은 병원균 우점형, 조직비특이적 병해이며 연화성 병해이다.

073 줄기에 발생한 병해의 특징이 아닌 것은?

① 주로 수피와 형성층 조직상에 병반을 형성한다.
② 궤양을 유발하는 병원곰팡이는 임의기생체이다.
③ 상처의 발생이 궤양 발생의 주원인이다.
④ 누출포자와 공기전염성포자가 2차 전염원이다.
⑤ 최근에 죽은 수피상에 자실체는 형성되지 않는다.

해설　최근에 죽은 수피상에 자실체를 형성한다.

074 다음 잎에 발생하는 병원균 중 분류상으로 다른 하나는?

① *Cercospora*　　　　　　　　　② *Marssonina*
③ *Entomosporium*　　　　　　　④ *Pestalotiopsis*
⑤ *Elsinoe*

해설　*Elsinoe*속의 곰팡이는 자낭균아문이고, 나머지는 불완전아균문이다.

정답　072 ②　073 ⑤　074 ⑤

075 다음에서 설명하는 병은?

> • 조경수에서 경관을 나쁘게 한다.
> • 아황산가스에 민감하기 때문에 공장지대에서는 거의 발생하지 않는다.
> • 병원균은 *Rhytisma acerinum*이다.

① 철쭉류 떡병
② 타르점무늬병
③ 두릅나무 더뎅이병
④ 탄저병
⑤ 디플로디아순마름병

해설 타르점무늬병에 대한 설명이다. 나무에 큰 피해를 주지는 않지만 조경수에서는 경관을 나쁘게 한다. 특히 단풍나무에서는 가을에 검은색의 자좌 부위가 녹색으로 남아 있어 지저분한 느낌을 준다.

076 수목의 병해 저항성 중 과민감 반응에 속하는 것은?

① 표면의 wax, cuticle 털 등
② 다당체 등 항균물질
③ 감염특이적 단백질
④ 탈락으로 병원체 확산 저지
⑤ 기공 위치·모양 및 수공 수

해설 과민감 반응(hypersensitive reaction)이란 저항성 식물에 병원체가 침입하면 세포질 유동 속도가 감소하여 정지하고, 원형질막의 투과성 기능을 상실하여 급속히 갈변하여 죽는 현상을 말한다. 이 반응에서는 세포막의 투과성 상실, 호흡 증가, 페놀화합물의 축적과 산화, 파이토아렉신 생산 등이 이루어지며 결국은 감염세포와 주위 세포가 죽게 된다. 이때, 과민감세포의 죽음은 침입한 균을 봉쇄하기 위한 일종의 방위 반응이다.

077 조류에 대한 설명으로 틀린 것은?

① 수서생태계에서 광합성 산물의 주요 생산자이다.
② 습한 환경을 좋아한다.
③ 질소원을 이용하여 급속하게 생장하고 증식한다.
④ 녹조류의 엽상체는 유주포자낭을 형성한다.
⑤ *Prototheca*는 식물의 잎과 줄기에 점무늬병을 일으킨다.

해설 식물의 잎과 줄기에 점무늬병을 일으키는 것은 *Cephaleuros virescens*이다. *Prototheca*속의 무색 녹조류는 인간의 피부병을 일으키며 일부 녹조류는 식물에 기생하기도 한다.

정답 075 ② 076 ④ 077 ⑤

078 아밀라리아뿌리썩음병에 대한 설명으로 올바른 것은?

① 뽕나무 버섯은 매년 발생한다.
② 갈색부후 곰팡이이다.
③ *Armillaria mellea*는 천마와 공생하여 외생균근을 형성한다.
④ 침엽수에만 피해를 준다.
⑤ *A. solidipes*와 *A. mellea*가 주된 병원균이다.

해설 ① 뽕나무 버섯은 매년 발생하지 않는다.
② 백색부후 곰팡이이다.
③ *Armillaria mellea*는 천마와 공생하여 내생균근을 형성한다.
④ 침엽수, 활엽수뿐만 아니라 초본에도 병을 발생한다.

079 습한 토양에서 운동성이 있는 유주포자가 대량으로 형성하는 뿌리썩음병은?

① 파이토프토라뿌리썩음병
② 리지나뿌리썩음병
③ 아밀라리아뿌리썩음병
④ 안노섬뿌리썩음병
⑤ 자줏빛날개무늬병

해설 파이토프토라뿌리썩음병은 난균강에 속하는 병으로 무성세대인 유주포자를 만들어 낸다.

080 다음에 해당하는 분생포자를 갖는 줄기에 발생하는 병은?

> 분생포자는 방추형으로 6개의 세포로 나누어져 있으며 양 끝의 세포는 무색으로 각각 부속사를 가지고 중앙의 4개는 암갈색을 띠고 있다.

① 낙엽송 가지끝마름병
② 소나무 가지끝마름병
③ 소나무류 피목가지마름병
④ 편백, 화백 가지마름병
⑤ 회색·갈색고약병

해설 편백, 화백 가지마름병은 불완전균류에 속하며 *Seiridium*의 분생포자는 방추형으로 6개의 세포로 나누어져 있다.

정답 078 ⑤ 079 ① 080 ④

081 *Marssonina*속에 의해 발생하는 잎병의 분생포자 형태는?

① 분생포자반
② 분생포자각
③ 유주포자
④ 후벽포자
⑤ 분절포자

해설 *Marssonina*속의 곰팡이는 분생포자반균목에 속한다. 모두 잎에 점무늬병을 일으키며 분생포자반을 형성한다.

082 다음 ( )에 들어갈 용어가 바르게 연결된 것은?

> 외생균근이 형성된 소나무 뿌리는 ( )(으)로 분지되며 세포 사이에 존재하는 균사에 의해 형성되는 그물망 모양을 ( )(이)라고 한다.

① 베시클(vesicle) – 아뷰스큘(arbuscule)
② Y자형 – Hartig net
③ 베시클(vesicle) – Hartig net
④ Y자형 – 아뷰스큘(arbuscule)
⑤ 베시클(vesicle) – 난초형

해설 외생균근이 형성된 소나무 뿌리는 Y자형으로 분지되며 세포 사이에 존재하는 균사에 의해 형성되는 그물망 모양을 Hartig net이라고 한다.
※ 내생균근은 뿌리 피층세포 내에 형성되는 구조체인 베시클(vesicle)과 분지된 나뭇가지 모양의 구조체인 아뷰스큘(arbuscule)을 형성한다.

083 칠엽수 잎마름병에 대한 설명으로 틀린 것은?

① 병원체는 *Guignardia aesculi*이다.
② 병반에는 작은 점(분생포자각)이 나타난다.
③ 잎 가장자리에 크고 작은 반점이 생기며 병반이 확대되면서 붉은 갈색으로 변하고 잎 가장자리가 황색이 된다.
④ 병든 부분과 건전부와의 경계가 뚜렷하지 않다.
⑤ 1차 감염에 의해 생긴 병반 위에는 분생포자각들이 나타난다.

해설 병든 부분과 건전부와의 경계가 뚜렷하게 나타난다.

정답 081 ① 082 ② 083 ④

084 호두나무갈색썩음병에 대한 설명으로 틀린 것은?

① 균류에 의한 병으로 학명은 *Xanthomonas arboricola pv. juglandis*이다.
② 1996년 하반기 수입식물 관리병으로 지정되었다.
③ 병원체는 가지 및 잔가지의 궤양 부위에서 월동한다.
④ 봄에 바람에 몰아치는 빗방울, 화분 및 곤충에 의하여 건전한 감수성 나무로 전파된다.
⑤ 피해 부위는 과실, 생장점, 꽃, 잎, 종자, 줄기 등이다.

해설 균류가 아니라 세균에 의한 병이다.

085 바이러스에 대한 설명으로 틀린 것은?

① 세포 없이 단백질과 핵산으로 구성되어 있는 분자상의 물질이다.
② 절대기생체이며 비기주특이성이 있다.
③ 기주 단백질합성 기구에 의존하여 복제되며, 이때 핵산과 단백질은 각각 다른 시기와 장소에서 합성된 후 바이러스입자로 조립된다.
④ 전신감염의 특성을 지니고 있다.
⑤ 바이러스 종류에 따라 진딧물, 응애, 총채벌레, 가루이, 매미충, 멸구 등의 다양한 곤충들에 의하여 매개된다.

해설 기주특이성을 지닌다.

086 수목바이러스병의 진단 및 방제에 대한 설명으로 틀린 것은?

① 감염식물체 내에서의 바이러스는 광학현미경에 의하여 관찰이 가능하다.
② dip method, 면역전자현미경법, 초박절편법으로 검경이 가능하다.
③ 한천젤이중확산법 및 효소결합항체법(ELISA)을 응용한 진단법이 활용된다.
④ 검정식물로는 담배, 명아주, 콩 등이 있다.
⑤ 저항성 품종의 육성이 가장 바람직한 방제 방법이다.

해설 광학현미경이 아닌 전자현미경으로 관찰 가능하다.

정답 084 ① 085 ② 086 ①

087 다음 설명 중 틀린 것은?

① 후박나무 녹병은 *Monosporodium machili*라고 하는 담자균류에 속하는 곰팡이의 일종에 의해 일어난다.
② 후박나무 녹병균은 중간기주가 참나무류로 정자와 겨울포자만을 형성해서 생활환을 이어가는 이종기생균이다.
③ 분생포자반에 강모가 있으면 *Collectotrichum*이고, 없으면 *Gloeosporium*이다.
④ 갈색부후는 셀룰로스, 헤미셀룰로스 등은 분해되지만 리그닌은 분해되지 않고 남아있다.
⑤ 백색부후는 셀룰로스와 헤미셀룰로스뿐만 아니라 리그닌도 분해된다.

해설 후박나무 녹병균은 중간기주 없이 후박나무에서 녹병정자와 겨울포자만을 형성해서 생활환을 이어가는 동종기생균이다.

088 포자에 대한 설명으로 틀린 것은?

① 모든 균류는 종의 번식을 위해 무성생식 포자(무성포자, 불완전세대)와 유성생식 포자(유성포자, 완전세대) 두 종류의 포자를 만든다.
② 무성포자는 핵의 융합이나 감수분열 과정을 거치지 않고 세포분열로 생산하는 번식체로 영양체인 균사체와 같으며 보통 균사의 선단에 형성한다.
③ 무성포자에는 분생포자, 유주포자, 후벽포자 등이 있고 후벽포자는 내환경성포자이다.
④ 유성포자는 대부분 일 년에 여러 번 형성되고, 유전적으로 다양한 것이 만들어지며 불리한 환경에도 생존할 기회가 많다.
⑤ 유성포자의 종류에는 난포자(oospore), 접합포자(zygospore), 자낭포자(ascospore), 담자포자(basidiopsore)가 있다.

해설 일 년에 한 번 형성된다.

089 다음 중 담자균의 특징이 아닌 것은?

① 담자균은 진균에서 진화도가 높은 고등균류이다.
② 녹병균, 깜부기병균, 송이버섯 같은 균모 뒷면을 현미경으로 관찰하면 곤봉형으로 보이는 담자기가 다수 모여서 줄지어 있는 것을 볼 수가 있다.
③ 담자기의 정단 부분에는 보통 4개(간혹 1~2개)의 소병이 있어 그 위에 담자포자가 형성된다.
④ 소생자가 4개 형성된다.
⑤ 단순격벽이 있다.

해설 단순격벽이 아니라 유연격벽균을 생성한다.

정답 087 ② 088 ④ 089 ⑤

090 자낭균에 대한 설명 중 틀린 것은?

① 보통 균사는 격막에 의하여 다수의 세포로 나누어지며 효모균에는 균사가 없고, 출아균사를 형성하는 것도 있다.
② 포자낭 속에서 자웅의 양핵이 융합하여 3회 분열하여 8개의 핵이 되며, 이 핵의 1개의 포자낭 속에는 8개의 내생포자가 형성된다.
③ 나출자낭에는 *Taphrina*가 있다.
④ 부정자낭균강에는 *Lophodermiun*, *Rhytisma*가 있다.
⑤ 각균강에는 탄저병, 일부 그을음병이 있다.

해설 부정자낭균강이 아니라 반균강에 대한 설명이다.

091 다음 설명으로 틀린 것은?

① 표징은 병원균의 영양기관으로는 균사, 균사속, 균사막, 근상균사속, 균핵, 자좌 등이 있다.
② 표징은 병원균의 번식기관으로는 포자, 자실체, 작은돌기, 그을음, 가루, 주머니 등이 있다.
③ 접합균류의 균사는 세포를 구분하고 있는 격벽(septa)이 없는 것이 특징이며 다핵균사이다.
④ 바이러스나 파이토플라스마와 같은 병원체는 외부표징이다.
⑤ 선충의 표징은 난괴와 선충 그 자체가 표징이다.

해설 식물세포의 외부에만 존재하는 뚜렷한 표징은 없다.

092 소나무 재선충에 관한 설명으로 틀린 것은?

① 학명은 *Bursaphelenchus xylophilus*이다.
② 북유럽(포르투갈 등)에서는 *B. xylophilus*뿐만 아니라 *B. mucronatus*, *B. sexdentati* 등도 소나무 재선충 못지않게 병원성을 가지고 있어 수나무류에 피해를 준다고 알려져 있다.
③ 고사목 목편으로부터 선충을 분리하여 광학현미경을 통해 형태적 특징을 관찰하고 특이적인 유전자 영역을 PCR을 통해 증폭한다.
④ 증폭된 영역을 제한효소로 처리하여 유전자 조각들의 크기를 비교·분석한다.
⑤ *Bursaphelenchus xylophilus* 암컷의 꼬리는 원형, 원추형으로 되어 있고 mucro가 있다.

해설 *Bursaphelenchus xylophilus* 암컷의 꼬리는 원형, 원추형으로 되어 있고 mucro가 없다.

정답 090 ④ 091 ④ 092 ⑤

093 다음 중 세균의 특징으로 틀린 것은?

① 세포벽은 펩티도글리칸 구조이며 세포벽의 형태에 따라 그람양성세균과 그람음성세균으로 구분한다.
② 세균의 양성에는 *Bacillus*, *Clavibacter*, *Clostridium*, *Streptomyces* 등이 있다.
③ 핵막과 미토콘드리아, 엽록체 같은 세포 기관을 가지고 있다.
④ 보라색으로 염색되는 그람양성균(+)과 분홍색으로 염색되는 그람음성균(-)이 있다.
⑤ 세균세포는 원형질막으로 감싸져 있다.

해설 진핵 생물과 반대로 핵막과 미토콘드리아, 엽록체 같은 세포 기관도 갖지 않는다.

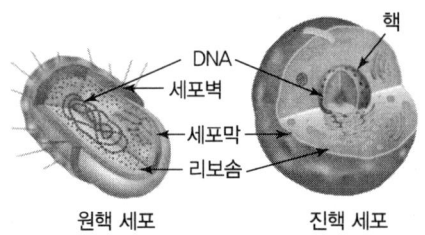

094 무성생식과 유성생식에 관한 설명으로 틀린 것은?

① 무성생식은 배우자의 합체가 이루어지지 않고 새로운 개체를 번식하는 방법으로 포자 형성, 출아, 분열 등이 있다.
② 유성생식은 먼저 2개의 세포가 합쳐지는 세포질융합이 일어나며 그 후 핵융합이 이루어진다.
③ 유성생식은 감수분열에 의하여 배수체 2n의 포자를 형성한다.
④ 유성생식 시 핵상은 원형질융합 N+N(2핵체), 핵융합 2N(배수체), 감수분열 N(반수체)의 과정을 거친다.
⑤ 불완전균류는 무성생식으로만 번식한다.

해설 반수체 n의 포자를 형성한다.

정답 093 ③ 094 ③

095 과수화상병에 관한 설명으로 틀린 것은?

① 사과, 배 등 장미과 식물의 잎·꽃·가지·줄기는 물론 열매까지 마치 화상을 입은 것처럼 검게 마르며 죽는 병으로 마치 불에 탄 것처럼 보여서 불마름병이라 불리기도 한다.
② 현재는 치료나 예방법이 없어 200m 이내의 모든 기주식물을 폐기하는 매몰법만이 가장 효과적인 방제법으로 알려져 있다.
③ 폐기대상 나무는 뿌리째 뽑아 조각낸 후에 땅에 묻는데, 이러한 방제 형태가 마치 구제역과 유사해 과수구제역이라고 한다.
④ 우리나라에서는 2015년에 처음 발생했으며 2017년까지 전국의 과수농가 중 115가구(피해면적 약 115ha)의 문을 닫게 했다.
⑤ 과수화상병은 에르위니아 아밀로보라(*Erwinia amylovara*)라는 세균에 감염되어 발생한다.

해설 폐기 범위는 100m이다.

096 수목에 병을 일으키는 진균에 대한 다음 설명 중 틀린 것은?

① 유성세대가 밝혀지지 않은 것도 있다.
② 핵산과 단백질만으로 된 입자이다.
③ 이곳에 속하는 버섯도 있다.
④ 식물병의 원인미생물 중 크기가 가장 크다.
⑤ 세포 내의 핵 안에 유전자 정보가 모여 있다.

해설 진균이 아닌 바이러스에 대한 설명이다.

097 다음 설명 중 틀린 것은?

① 식물바이러스가 처음으로 밝혀진 것은 담배 모자이크 바이러스이다.
② 식물에 병을 유발하는 세균은 단세포로 된 미생물이며 편모를 가지고 있어서 운동성이 있는 것도 있다.
③ 파이토플라스마는 인공배지에서 배양할 수 있다.
④ 식물에 기생하는 선충은 입에 구침을 가지고 있으며 양성생식, 무성생식을 한다.
⑤ 바이로이드는 현재까지 알려진 식물병원체 중에서 가장 작은 것으로서 핵산만으로 되어 있다.

해설 파이토플라스마는 인공배지에서 배양할 수 없다.

정답 095 ② 096 ② 097 ③

098 다음 중 절대기생체가 아닌 것은?

① 포도 노균병
② 장미 흰가루병균
③ 복숭아 세균성구멍병균
④ 포플러 모자이크바이러스
⑤ 대추나무 빗자루병균

해설 복숭아 세균성구멍병균은 기생체가 아니라 세균이다.

099 다음 설명 중 틀린 것은?

① 이종기생균(heteroecious fungi)은 자신의 생활사를 완성하기 위하여 2종의 서로 다른 식물을 기주로 삼는 곰팡이들이다.
② 과민성(hypersensitivity) 반응이란 병원체가 침입하였을 때 식물체가 급격하게 반응하여 병원체가 제대로 살 수 없게 하는 것이다.
③ 표징에는 흰가루병이 나타난 잎 표면의 흰가루, 향나무 녹병에 감염된 향나무에서 보이는 겨울포자퇴 등이 있다.
④ 잠복기간(latent period)은 병원균이 월동하는 기간을 말한다.
⑤ 다년성 병원체는 병환 완성에 1년 이상 걸리는 병원체이다.

해설 잠복기간은 병원체가 침입한 당시부터 병징이 나타날 때까지의 기간이다.

100 다음 설명 중 틀린 것은?

① PCR법은 항체에 효소를 결합하여 특정 병원체의 존재 여부를 알아내는 방법이다.
② 세균병을 방제하기 위하여 항생제를 사용할 때는 항생제에 내성을 보이는 새로운 균주의 출현 가능성이 높기 때문에 사용설명서에 따라 병의 방제 여부에 관계없이 2~3회까지만 처리하여야 한다.
③ 파이토플라스마는 마름무늬매미충이 옮기기도 한다.
④ 곰팡이의 흡기는 기주 양분을 뺏어 먹기 위해 만드는 것이다
⑤ 곰팡이 학명 표시 중 f.sp는 *forma specialis*를 뜻한다.

해설 PCR법이 아닌 ELISA 검사에 대한 설명이다.

정답 098 ③ 099 ④ 100 ①

101 소나무류 푸사리움가지마름병에 대한 설명이 아닌 것은?

① 병원균은 바람, 우박과 같은 기후적인 원인에 의한 상처, 나무좀류 등의 해충에 의한 상처 또는 기계적인 상처 등을 통하여 침입한다.
② 병원균의 병원성은 대단히 높다.
③ 2~3년생의 어린 나무에서부터 직경 30cm 이상의 큰 나무까지 말라 죽게 한다.
④ 우리나라 소나무와 잣나무는 비저항성인 것으로 밝혀져 있다.
⑤ 위생간벌, 살균제 처리를 실시하여 방제한다.

해설 재래종 소나무는 병이 발생하지 않는다.

102 소나무류 피목가지마름병에 대한 설명으로 틀린 것은?

① 학명은 *Cenangium ferruginosum Fries*이다.
② 병든 부위의 피목에는 짙은 갈색의 균체가 솟아 나오고 습기가 많을 때에는 부풀어 올라서 황갈색의 접시 모양으로 퍼진다.
③ 병원균의 병원성은 강하다.
④ 건강한 나무 또는 임지에서의 피해는 경미하나 해충 피해, 이상 건조 등으로 수세가 쇠약할 때는 넓은 면적에 발생하기도 한다.
⑤ 4~5월경부터 가지의 분지점을 경계로 가지가 적갈색으로 변하면서 고사하고 어린나무는 줄기가 침해받아 나무 전체가 죽는다.

해설 병원균의 병원성이 약하다.

103 소나무류 가지끝마름병에 대한 설명으로 틀린 것은?

① 학명은 *Sphaeropsis sapinea Saccardo*이다.
② 건강한 나무에서는 묵은 가지가 말라 죽으나 수세가 쇠약한 나무는 굵은 가지에도 발생한다.
③ 6월부터 잎의 생장이 중지되면서 갈색에서 회갈색으로 어린가지가 말라 아래로 처진다.
④ 피해를 받은 가지는 수지에 젖어 있고 수지가 마르면 쉽게 부러진다.
⑤ 병든 낙엽을 모아 태우고 베노밀 수화제나 만코지 수화제 등을 살포한다.

해설 건강한 나무에서는 당년생 가지가 말라 죽는다.

정답 101 ④ 102 ③ 103 ②

104 다음 그림에 대한 설명으로 옳지 않은 것은?

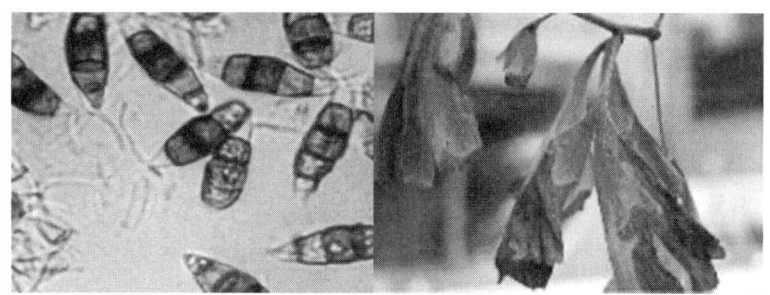

① 병원체는 *Pestalotiopsis*이다.
② 기주는 삼나무, 소나무, 은행나무, 차나무, 노송나무, 삼목나무이다.
③ 건조, 장마 등의 요인에 의해 뿌리가 약해지거나 태풍, 이식 등에 따른 생리적 불량 등에 유인되어 발생한다.
④ 처음에는 잎과 가지가 갈색~회갈색으로 변하나 점차 회백색을 띠면서 고사되고 병든 부분의 중앙부에는 세로로 갈라진 흑색의 작은 반점(분생자좌)이 형성된다.
⑤ 분생자좌가 형성되어 습기가 많을 때에는 갈라진 부위로 흑색의 둥근 모양을 한 포자를 분출한다.

해설   갈라진 부위로 흑색의 삼각뿔 모양을 한 포자각(spore horn)이 분출된다.

105 *Pestalotiopsis*에 의한 병에 관한 설명 중 틀린 것은?

① 대부분 잎을 침해한다.
② 분생포자는 중앙 세포는 착색되어 있고 양쪽 세포는 무색이며 부속사를 가진다.
③ 은행나무 잎마름병이 있으며 여름철 고온 건조한 날씨에서 많이 발생한다.
④ 분생포자반에서 분생포자가 포자덩이뿔로 분출한다.
⑤ 삼나무 잎마름병과 철쭉류 잎마름병은 건조한 환경에서 잘 발생한다.

해설   다습한 환경에서 잘 발생한다.

정답 104 ⑤   105 ⑤

PART

02

수목해충학

Tree
Doctor

02 PART 기출예상문제

001 다음 설명에 해당되는 해충은?

- 사철나무에서 피해가 심하게 나타난다.
- 대발생하여 가지만을 남기고 잎 전체를 식해하므로 수벽으로 조성된 사철나무 수관이 엉성해진다.
- 매년 같은 장소에서 상시적으로 발생하는 경향이 있다.
- 연 1회 발생하며 가는 가지 위에서 알로 월동한다.

① 제주집명나방
② 차독나방
③ 노랑털알락나방
④ 황다리독나방
⑤ 선녀벌레

해설 **노랑털알락나방**
- 성충의 날개를 편 길이는 31~35mm 내외이고 전체적으로 흑갈색이며 배에 등황색의 긴 털이 밀생되어 있고 날개는 반투명이다.
- 노숙 유충의 몸길이는 약 20mm이고 전체가 담황색으로 여러 개의 흑갈색 종선이 있으며 미세한 털이 있다.
- 특히 사철나무에서 피해가 심하게 나타난다.
- 대발생하여 가지만을 남기고 잎 전체를 식해하므로 수벽으로 조성된 사철나무 수관이 엉성해진다.
- 매년 같은 장소에서 상시적으로 발생하는 경향이 있다.
- 연 1회 발생하며 가는 가지 위에서 알로 월동한다.
- 봄에 부화한 어린 유충은 새 가지 끝에 군서하면서 새잎을 식해한다.
- 잎 뒷면에 모여 탈피하므로 잎 뒷면에 탈피각이 남아 있다.
- 성장하면 분산하여 가해한다.
- 5월 중순경에 잎을 철하여 고치를 짓고 번데기가 되며 10~11월에 우화하여 산란한다.

정답 001 ③

002 유충이 거미줄을 토하여 잎을 묶고 그 속에서 잎을 식해하는 해충은?

① 회양목명나방
② 버즘나무방패벌레
③ 아까시잎혹파리
④ 쐐기나방
⑤ 오리나무잎벌레

해설 **회양목명나방(Glyphodesperspectalis)**
- 연 1~2회 발생하며, 유충으로 월동하고 유충은 6령기를 거침
- 유충이 거미줄을 토하여 잎을 묶고 그 속에서 잎을 식해하거나 대발생하여 잎을 모조리 식해
- 유충 시기인 4월과 8월에 페니트로티온유제(50%)
- 곤충병원성 미생물인 Bt균, 다각체바이러스를 살포
- 포식성천적 무당벌레류, 풀잠자리류, 거미류 등을 보호
- 유충을 쪼아 먹는 조류와 기생성천적인 좀벌류, 맵시벌류, 알좀벌류, 기생파리류 등을 보호
- 피해가 심한 가지는 제거하여 소각, 벌레의 밀도가 낮을 때는 손으로 잡아 제거
- ※ 미국흰불나방 : 부화한 유충은 마치 거미줄과 같은 실을 토하여 잎 사이에 집을 짓고, 그 속에서 다 같이 가해
- ※ 주둥무늬차색풍뎅이 : 수목에서 부화한 유충은 실을 토해 잔디밭으로 낙하하여 잔디 잎의 선단부를 식해

003 밤나무혹벌에 대한 설명으로 틀린 것은?

① 성충의 몸길이는 3mm 내외로 광택이 있는 흑갈색이며 더듬이는 검은색이다.
② 충영은 성충 탈출 후인 7월 하순부터 말라 죽으며 신초가 자라지 못하고 개화, 결실이 되지 않는다.
③ 연 1회 발생하며 눈의 조직 내에서 유충으로 월동한다.
④ 월동유충은 동아 내에 충방을 형성하며 맹아기(4월)에도 육안으로 피해를 식별할 수 있다.
⑤ 성충의 수명은 4일 내외이고 산란수는 200개 내외이다.

해설 월동유충은 동아 내에 충방을 형성하지만 맹아기(4월) 이전에는 육안으로 피해를 식별할 수 없다.

밤나무혹벌의 특징
- 유충은 유백색, 몸길이는 2.5mm이고 노숙 유충은 반투명이며 회백색
- 밤나무 눈에 기생하여 직경 10~15mm의 충영을 만듦
- 피해목은 고사하는 경우가 많음
- 동아 속의 유충은 3월 하순~5월 상순에 급속히 자라며 충영은 4월 하순~5월 상순에 팽대해져서 가지의 생장이 정지함
- 노숙한 유충은 6월 상순~7월 상순에 충영 내 충방에서 번데기로 되며 7~9일간의 번데기 기간을 거쳐 우화
- 성충은 약 1주일간 충영 내에 머물러 있다가 구멍을 뚫고 6월 하순~7월 하순에 외부로 탈출하며 새눈에 3~5개씩 산란
- 성충의 수명은 4일 내외이고 산란수는 200개 내외

정답 002 ① 003 ④

밤나무혹벌의 방제
- 화학적 방제 : 성충 발생 최성기인 7월 초순에 페니트로티온유제(50%), 수화제(40%) 또는 치아클로프리드액상수화제(10%), 1,000배액을 10일 간격으로 2~3회 살포
- 생물적 방제
  - 천적으로는 중국긴꼬리좀벌을 4월 하순~5월 초순에 ha당 5,000마리씩 방사
  - 남색긴꼬리좀벌, 노란꼬리좀벌, 큰다리남색좀벌, 배잘록꼬리좀벌, 상수리좀벌과 기생파리류 등 천적을 보호
- 경종적 방제 : 내충성 품종인 산목율, 순역, 옥광율, 상림 등 같은 토착종이나 유마, 이취, 삼조생, 이평 등 같은 도입종 저항성 품종으로 갱신하는 것이 가장 효과적
- 물리적 방제 : 피해가 심하지 않은 밤나무는 봄에 가지에 붙은 충영을 채취하여 소각

004 솔껍질깍지벌레 성충에 대한 설명 중 틀린 것은?

① 암컷 성충의 몸길이는 2~5mm이고 날개가 없으며 장타원형으로 황갈색을 띤다.
② 암컷 성충의 더듬이는 몸과 같은 색으로 육질이며 9절로 되어 있고, 다리는 발달되어 있으며 구기는 없다.
③ 수컷 성충은 몸길이가 1.5~2.0mm로 두 쌍의 날개가 있어 작은 파리와 비슷한 형태이며 긴 흰꼬리를 달고 있다.
④ 부화약충은 0.4~0.5mm 정도로 타원형이며 연한 황갈색으로 더듬이는 6절로 되어 있다.
⑤ 후약충은 암컷이 0.5~3.0mm, 수컷은 0.5~1.0mm로 둥근형이며 표피는 경화되어 있고, 다갈색이며 다리 및 더듬이는 완전히 퇴화되었다.

해설 솔껍질깍지벌레 수컷 성충은 몸길이가 1.5~2.0mm로 한 쌍의 날개가 있어 작은 파리와 비슷한 형태이며 긴 흰꼬리를 달고 있다.

솔껍질깍지벌레
- 암컷 성충(2월 하순~5월 초순)
  - 암컷 성충의 몸길이는 2.0~5.0mm이고 날개가 없으며, 장타원형으로 황갈색을 띤다.
  - 더듬이는 몸과 같은 색으로 육질이며 9절로 되어 있다.
  - 다리는 발달되어 있으며 구기는 없다.
- 수컷 성충(2월 하순~5월 초순) : 수컷 성충은 몸길이가 1.5~2.3mm로 한 쌍의 날개가 있어 작은 파리와 비슷한 형태이며, 긴 흰꼬리를 달고 있다.
- 알(3월 초순~5월 중순)
  - 알은 0.5mm정도 크기로 보통 150~450개(평균 280개)씩 산란한다.
  - 나무껍질 틈이나 솔방울, 가지 사이에 작은 흰 솜덩어리 모양의 알주머니 안에 모여 있다.
- 부화약충(4월 초순~5월 하순) : 부화약충은 0.4~0.5mm 정도로 타원형이며 담황갈색이고, 더듬이는 6절로 되어 있다.

정답 004 ③

- 정착약충(4월 중순~9월 중순)
  - 정착약충은 약 0.4~0.8mm 정도의 크기로 인편 밑 또는 수피 틈에 정착한다.
  - 다갈색 몸 주위에 흰 왁스물질을 분비하며 인피부에 실과 같은 입을 꽂고 즙액을 흡수한다.
- 후약충(9월 중순~익년 3월 중순) : 후약충은 0.8~2.3mm로 둥근형이며, 체피는 경화되어 있고 다갈색이며, 다리 및 더듬이는 완전히 퇴화되었다.
- 수컷 전성충(2월 중순~3월 하순) : 수컷 전성충은 다리가 발달되어 있고, 장타원형이며 황갈색으로 암컷 성충과 비슷한 모양을 나타내나 크기가 1.5~2.5mm로 약간 작은 것이 특징이다.
- 수컷 고치(2월 중순~4월 하순) : 수컷만이 번데기 기간을 갖는데 타원형의 고치를 짓고 그 속에서 번데기가 되며, 장타원형으로 크기가 2.0~2.5mm 정도이다.

005 천적 연결이 잘못된 것은?

① 오리나무잎벌레 – 무늬수중다리좀벌
② 아까시잎혹파리 – 아까시민날개납작먹좀벌
③ 밤나무혹벌 – 남색긴꼬리좀벌
④ 매미나방 – 풀색딱정벌레
⑤ 미국흰불나방 – 꽃노린재류

해설 오리나무잎벌레의 천적은 무당벌레류, 포식성노린재류, 거미류, 조류 등이다.
② 아까시잎혹파리 – 아까시날개납작맵시벌, 무당벌레류, 풀잠자리류
③ 밤나무혹벌 – 남색긴꼬리좀벌, 노란꼬리좀벌, 큰다리남색좀벌, 배잘록꼬리좀벌, 상수리좀벌과 기생파리류
④ 매미나방 – 풀색딱정벌레, 검정명주딱정벌레, 청노린재, 무늬수중다리좀벌, 긴등기생파리, 나방살이납작맵시벌, 송충알벌
⑤ 미국흰불나방 – 꽃노린재류, 검정명주딱정벌레, 흑선두리먼지벌레, 납작선두리먼지벌레, 무늬수중다리좀벌, 긴등기생파리, 나방살이납작맵시벌, 송충알벌

정답 005 ①

006 수컷 단위생식이 아닌 것은?

① 개미류　　　　　　　　　② 총채벌레류
③ 깍지벌레류　　　　　　　④ 말벌류
⑤ 진딧물류

해설　진딧물류는 암컷 단위생식이다.
- 암컷 단위생식 : 진딧물류, 깍지벌레류, 일부 바퀴류, 대벌류, 몇몇 바구미류의 암컷은 짝짓기를 하지 않고 계속 암컷을 낳는다.
- 수컷 단위생식 : 벌목(개미류, 꿀벌류, 말벌류)의 모든 종과 총채벌레류 및 깍지벌레류의 몇몇 종에서 나타난다.
※ 단성생식·단위발생·단성발생 : 성숙한 배우자가 수정을 하지 않고 그대로 발생하여 새로운 개체가 되는 것이다.
※ 단위생식 : 감수분열을 거치는 것과 거치지 않는 것이 있으며 개미·벌 등에서는 반수의 염색체(n)를 가진 난자가, 선충·진딧물·깍지벌레·물벼룩 등에서는 배수의 염색체(2n)를 가진 난자가 단위생식으로 발생한다.

007 다음 중 더듬이의 기능에 대한 설명으로 틀린 것은?

① 촉각을 감지한다.
② 습도센서 역할을 한다.
③ 소리감지(존스턴기관)는 밑마디(기절)에서 한다.
④ 냄새감지는 채찍마디(편절)에서 한다.
⑤ 고유의 페로몬까지 구별한다.

해설　소리감지는 흔들마디(병절, 팔굽마디)에서 한다.

더듬이의 기능
- 촉각, 후각, 청각, 미각, 고유의 페로몬까지 구별함
- 곤충에게 더듬이는 없어서는 안 되는 감각기관으로 코와 혀가 없는 곤충에게는 더듬이에 있는 미세한 털들이 맛을 느끼고 냄새를 맡고 다른 생물의 움직임을 감지하는 등 중요한 역할을 함
- 더듬이에 감각신경이 존재하며 더듬이의 감각신경에는 신호분자를 수용하는 수용체나 진동을 감지하는 신경들도 존재함

정답　006 ⑤　007 ③

008 더듬이의 모양과 곤충의 연결이 잘못된 것은?

① 실모양(사상) – 딱정벌레, 하늘소
② 염주모양(구슬) – 흰개미
③ 톱니모양 – 방아벌레류
④ 곤봉모양(방망이) – 무당벌레
⑤ 무릎모양 – 풍뎅이

해설
- 실모양(사상) – 딱정벌레, 귀뚜라미, 바퀴류, 하늘소
- 짧은 털 – 잠자리류, 매미류
- 염주모양(구슬) – 흰개미
- 톱니모양 – 방아벌레류
- 가시털(자모상) – 집파리
- 곤봉모양(방망이) – 송장, 무당벌레
- 빗살모양(즐치상) – 홍날개, 잎벌, 뱀잠자리
- 깃털모양(우모상) – 수컷의 나방, 모기의 수컷
- 무릎모양(팔굽, 슬상) – 개미, 바구미
- 잎 모양 – 풍뎅이

009 신경계에 대한 연결이 잘못된 것은?

① 전대뇌 – 복안과 단안
② 중대뇌 – 더듬이
③ 후대뇌 – 윗입술과 전위
④ 식도하신경절 – 장, 내분비기관
⑤ 전장신경계 – 호흡계

해설 신경계
- 신경세포(뉴런), 감각뉴런(신경절 내에서 정보전달), 운동뉴런(반응정보를 근육·조직으로 전달)
- 중앙신경계(중추신경계) : 신경절(뇌, 식도하신경절), 신경선
  - 뇌(3쌍의 신경절) : 전대뇌(복안과 단안), 중대뇌(더듬이), 후대뇌(윗입술과 전위), 식도하신경절(윗입술을 제외한 입)
- 전장신경계(내장신경계, 교감신경계) : 장, 내분비기관, 생식기관, 호흡계 등 담당
- 말초신경계(주변신경계) : 운동신경, 감각신경

정답 008 ⑤ 009 ④

010 곤충이 번성한 이유에 대한 설명 중 틀린 것은?

① 키틴질의 외골격으로 구성된 외부
② 항온성동물
③ 변태
④ 우수한 생식력
⑤ 날개

해설 곤충은 항온성동물이 아닌 변온성동물이다.

곤충의 번성 이유
- 작은 크기 : 몸의 구조는 대형에서 점차 소형, 적은 먹이로도 몸을 지탱할 수 있고 적으로부터 숨어 살기에 적합함
- 날개 : 무시곤충에서 유시곤충으로 분산능력을 최대한 확대하며, 어디로든지 이주와 이입이 가능함. 교미와 생식력을 높일 수 있으며, 먹이를 얻는 범위도 크게 넓힐 수 있음
- 키틴질의 외골격으로 구성된 외부 : 수분의 과다 증발을 막을 수 있고, 몸 안의 기관을 더욱 잘 보호함. 좁은 공간에 끼어들기가 편리
- 몸구조의 적응성 : 날개는 대부분 얇은 막질로 되어 있어 나는데 공기의 저항을 적게 받고 몸의 무게에 비해 날개가 크고 잘 움직일 수 있게 되어 있음. 또한 힘을 적게 들이고도 빠르고 민첩하게 날 수 있음. 특히 수중 유영생활을 하는 물방개는 기관이 변형된 기관아가미로 되어 수중호흡이 가능함
- 우수한 생식력 : 암컷의 산란력은 보통 1회에 수십~수백 개의 알을 낳으며, 세대(한살이)기간이 짧음. 수컷 없이 암컷만으로 생식하는 단위생식으로 단기간에 기하급수적으로 증가함
- 변태 : 알, 유충(또는 약충), 성충의 시기를 거치는 불완전변태를 하는 원시형에서 유충 다음에 번데기라는 하나의 단계를 더 거치는 완전변태를 행하는 고등형으로 진화함. 알과 번데기는 곤충의 생활사 중 신진대사를 최대한 정지시키는 시기로서 기후변화, 기타 물리 화학적인 불리한 환경을 극복하는 데 유리함. 생물적 환경인 외부의 공격으로부터 은신, 스스로를 숨기는 데 적합하도록 여러 가지 색깔과 형태로 변형되어 최대한의 종족 보전과 개체군을 형성함
- 변온성동물 : 혹한 속에서도 그들의 세포 안에 동결방지물질을 생산해 얼지 않고 살아남음
- DDT해독 효소 : 농약에 대한 해독효소의 활성 등으로 저항성이 증가함

정답 010 ②

011 다음 중 완전변태류가 아닌 것은?

① 벌목
② 딱정벌레목
③ 부채벌레목
④ 뱀잠자리
⑤ 총채벌레목

해설 총채벌레목은 불완전변태류이다.

완전변태류
- 벌목 : 벌, 말벌 개미, 잎벌
- 부채벌레목 : 부채벌레
- 풀잠자리목 : 풀잠자리, 개미귀신
- 밑들이목 : 밑들이
- 파리목 : 모기, 파리, 각다귀, 등애
- 나비목 : 나비, 나방
- 딱정벌레목 : 딱정벌레, 바구미
- 뱀잠자리목 : 뱀잠자리
- 약대벌레목 : 약대벌레
- 벼룩목 : 벼룩
- 날도래목 : 날도래

012 성충이 되어서도 보행하는 이동성이 있는 깍지벌레는?

① 왕공깍지벌레과
② 어리공깍지벌레과
③ 깍지벌레과
④ 테두리깍지벌레과
⑤ 주머니깍지벌레과

해설 도롱이깍지벌레과, 짚신깍지벌레과, 가루깍지벌레과, 밀깍지벌레과, 주머니깍지벌레과 등은 성충이 되어서도 움직임이 가능하다.

※ **가루깍지벌레류**
- 다른 깍지벌레와는 달리 깍지가 없고 부화약충기 이후에도 자유로이 운동할 수 있음
- 성충은 길이가 3~4.5mm이고 타원형이며 황갈색으로서 백색 가루로 덮여 있음
- 몸 둘레에는 백납의 돌기가 17쌍이 있으며, 배끝의 1쌍이 특히 길어 다른 가루깍지벌레와 구별됨
- 수컷에는 1쌍의 투명한 날개가 있으며 날개를 편 길이가 2~3mm, 알은 길이가 0.4mm 정도이고, 황색이며 넓은 타원형임

※ **이세리아깍지벌레**
- 성충은 타원형으로 체장이 4~6mm이고 흉부 배면이 현저하게 융기함
- 연 2~3회 발생하며 성충으로 월동함
- 부화유충은 신초와 엽뒷면의 엽맥에 기생하지만 2령 이후는 신초, 줄기 등의 목질부에 이동하여 기생, 가해함
- 2령 이후 이동성은 크지 않고 난 형성 후에 보행·이동할 수 있음
- 다수가 집합하는 경향이 있으며 이럴 경우 그을음병을 유발하여 피해를 주는 경우가 있음
- 몸 전체에 암등적색인 흑색반점이 있고, 배면은 황색의 밀납물질로 장식되어 있고 몸 가장자리에 분비물은 방추형으로 분비함
- 성숙하면 배면에 다수의 큰 알주머니를 형성하고 알주머니를 가진 성충은 꼬리가 특이한 형상을 지님

정답 011 ⑤ 012 ⑤

013 다음 중 외래해충의 유입국가가 잘못된 것은?

① 이세리아깍지벌레 – 대만
② 밤나무혹벌 – 중국
③ 솔잎혹파리 – 일본
④ 버즘나무방패벌레 – 미국
⑤ 갈색날개매미충 – 중국

해설 밤나무혹벌은 일본에서 유입되었다.

외래해충과 유입국가
- 이세리아깍지벌레 – 대만, 미국(1910)
- 미국흰불나방 – 미국, 일본(1958)
- 솔껍질깍지벌레 – 불명(1963)
- 버즘나무방패벌레 – 미국(1995)
- 꽃매미 – 주홍날개꽃매미(2006)
- 갈색날개매미충 – 중국(2010)
- 솔잎혹파리 – 일본(1929)
- 밤나무혹벌 – 일본(1958)
- 소나무재선충 – 일본(1988)
- 까시잎혹파리 – 미국 추정(2002)
- 미국선녀벌레 – 미국, 유럽(2009)

014 다음 중 생식기의 외부에서 난자가 생기고 안쪽에서 정자가 생기는 자웅동체 해충은?

① 진딧물류
② 이세리아깍지벌레류
③ 고치벌류
④ 혹파리류
⑤ 밤나무순혹벌

양성생식	암수가 교미하는 것으로 대부분의 곤충이 해당
단위생식 (=단성생식)	수정되지 않은 난자가 발육하여 성체가 되는 것으로 암컷만으로 생식하며 처녀생식 → 밤나무순혹벌, 민다듬이벌레, 벼물바구미, 수벌, 무화과깍지벌레, 여름철의 진딧물류 등
다배생식	1개의 알에서 두 개 이상의 곤충이 발생하는 것으로 난핵이 분열하여 다수의 개체가 됨 → 벼룩좀벌과, 고치벌과
유생생식	유충은 성숙한 난자를 갖고 있으며 난자는 단위생식에 의해 발생 → 일부 혹파리과
자웅동체	생식기의 외부에서 난자가 생기고 안쪽에서 정자가 생김 → 이세리아깍지벌레

정답 013 ② 014 ②

015 다음 중 암브로시아균을 매개하지 않는 해충은?

① 광릉긴나무좀
② 오리나무좀
③ 붉은목나무좀
④ 사과둥근나무좀
⑤ 노랑애나무좀

해설 암브로시아균을 매개하는 해충은 광릉긴나무좀, 암브로시아나무좀, 오리나무좀, 붉은목나무좀, 사과둥근나무좀 등이다.

구분	특징
바크 비틀 (Bark beetles)	수피를 뚫고 터널을 만들면서 성충과 유충 모두 수피와 목질부 사이의 인피부를 가해
암브로시아 비틀 (Ambrosia beetles)	충이 수피를 뚫고 목질부에 터널을 만들면서 암브로시아균(Ambrosia fungi)을 감염시키고 유충은 증식된 균을 먹고 자람

암브로시아(Ambrosia) 나무좀류에 속하는 광릉긴나무좀(*Platypus koryoensis*)
- 참나무시들음병(oak wilt)을 유발하는 것으로 추정되는 병원균(*Raffaelea quercus-mongolicae*)을 참나무류에 매개하는 역할을 함
- 국내 분포하는 참나무수종들 중에서 참나무시들음병 피해가 가장 큰 수종은 신갈나무(*Quercus mongolica*)로 알려져 있으며, 이 밖에도 다른 참나무류, 서어나무 등도 피해가 큼
- 2004년 국내에서는 처음으로 경기도 성남시에서 참나무류 집단 고사 현상이 발견되었고 현재는 전국으로 확산되어 있는 실정

016 버즘나무 방패벌레에 대한 설명으로 올바른 것은?

① 1995년 중국에서 들어왔다.
② 1년에 2회 발생한다.
③ 약충만 기주의 잎 뒷면을 가해한다.
④ 성충으로 땅속에서 월동한다.
⑤ 나무를 고사시킬 정도의 피해는 주지 않는다.

해설 버즘나무 방패벌레는 나무를 고사시킬 정도의 피해는 주지 않는다.
① 버즘나무 방패벌레는 미국에서 들어왔다.
② 1년에 3회 발생한다.
③ 성충, 약충 모두 가해한다.
④ 성충으로 수피틈에서 월동한다.

017 중앙신경계 중 중대뇌가 담당하는 기관은?

① 시신경 ② 더듬이
③ 윗입술 ④ 전위
⑤ 큰턱

해설
- 중앙신경계(중추신경계) : 신경절(뇌, 식도하신경절), 신경선
  - 뇌(3쌍의 신경절) : 전대뇌(복안과 단안), 중대뇌(더듬이), 후대뇌(윗입술과 전위), 식도하신경절(윗입술을 제외한 입)
- 전장신경계(내장신경계, 교감신경계) : 장, 내분비기관, 생식기관, 호흡계 등 담당
- 말초신경계(주변신경계) : 운동신경, 감각신경

018 다음 중 불완전변태하는 목은?

① 총채벌레목 ② 파리목
③ 딱정벌레목 ④ 풀잠자리목
⑤ 밑들이목

해설 **완전변태류**
- 벌목 : 벌, 말벌 개미, 잎벌
- 부채벌레목 : 부채벌레
- 풀잠자리목 : 풀잠자리, 개미귀신
- 밑들이목 : 밑들이
- 파리목 : 모기, 파리, 각다귀, 등애
- 나비목(Lepisoptera) : 나비, 나방
- 딱정벌레목 : 딱정벌레, 바구미
- 뱀잠자리목 : 뱀잠자리
- 약대벌레목 : 약대벌레
- 벼룩목 : 벼룩
- 날도래목 : 날도래

019 성충으로 월동하는 곤충들을 모두 고른 것은?

가. 참긴더듬이잎벌레	나. 주둥무늬차색풍뎅이
다. 느티나무벼룩바구미	라. 큰28점무늬무당벌레
마. 외줄면충	

① 가, 나, 다 ② 나, 다, 라
③ 가, 다, 라 ④ 가, 나, 마
⑤ 나, 다, 마

해설 참긴더듬이잎벌레와 외줄면충은 알로 월동한다.

정답 017 ② 018 ① 019 ②

020 다음 중 매미목에 속하지 않는 것은?

① 미국선녀벌레
② 꽃매미
③ 거품벌레
④ 방패벌레
⑤ 나무이

해설
- 노린재목(Hemiptera)
  - 육서군 : 노린재과, 방패벌레과, 빈대붙이과
  - 반수서군 : 소금쟁이과, 갯노린재과
  - 진수서군 : 송장헤엄치게과, 물벌레과
- 매미목(Homoptera)
  - 몸의 크기는 0.3~80mm로 다양
  - 농림, 산림해충 중 가장 많으며 전 세계 44,000여 종
  - 복문아목 : 나무이과, 가루이과, 진딧물과, 깍지벌레과
  - 경문아목 : 멸구과, 매미과, 뿔매미과, 매미충과, 거품벌레과
  - 선녀벌레과 : 미국선녀벌레
  - 좀매미충과 : 갈색날개매미충
  - 꽃매미과 : 꽃매미

021 충영 형성 해충만으로 맞게 짝지은 것은?

① 외줄면충, 검은배네줄면충
② 밤나무혹벌, 버즘나무 방패벌레
③ 검은배네줄면충, 가중나무껍질밤나방
④ 노랑털알락나방, 사철나무혹파리
⑤ 큰팽나무이, 주머니깍지벌레

해설
- 외줄면충(느티나무외줄진딧물)
  연 수회 발생하며 수피틈에서 알로 월동
  - 느티나무 잎에 표주박모양의 녹색 벌레혹 형성
- 검은배네줄면충
  - 느릅나무, 참느릅나무, 벼과식물에 기생
  - 5월경 잎의 표면에 다수의 적갈색 주머니 모양의 충영 형성

정답 020 ④ 021 ①

022 다음 중 해충의 연 발생 횟수와 월동 형태 연결이 잘못된 것은?

① 노랑털알락나방 – 1회 발생, 알
② 벚나무모시나방 – 1회 발생, 유충
③ 대나무쐐기알락나방 – 1회 발생, 번데기
④ 노랑쐐기나방 – 1회 발생, 유충
⑤ 별박이자나방 – 1회 발생, 유충

해설 　대나무쐐기알락나방은 연 2~3회 발생하며, 유충과 전용(유충과 번데기 사이의 과정을 해충에 따라 발생하는 형태) 형태로 월동한다.

023 성충과 유충이 모두 식엽성해충에 해당하는 것은?

① 느티나무벼룩바구미
② 뿔밀깍지벌레
③ 잣나무넓적잎벌
④ 박쥐나방
⑤ 버즘나무 방패벌레

해설 　성충과 유충이 모두 식엽성해충에 해당하는 것은 주로 잎벌레류로, 버들꼬마잎벌레(버들남색잎벌레), 오리나무잎벌레, 호두나무잎벌레, 느티나무벼룩바구미가 이에 속한다.
　※ 천공성해충 : 소나무좀, 바구미, 하늘소, 박쥐나방
　※ 흡즙성해충 : 응애, 진딧물, 깍지벌레, 방패벌레

024 솔잎혹파리 방제에 대한 설명으로 틀린 것은?

① 나무주사가 가능한 가슴높이 지름 10cm 이상인 임지에서 실시한다.
② 피해도 '중'(충영형성율 20% 이상) 이상인 임지에서 실시한다.
③ 저독성인 이미다클로프리드 분산성액제와 아세타미프리드 액제 등의 약제를 사용한다.
④ 격년제 실행 원칙으로 한다.
⑤ 월동한 유충을 대상으로 수관살포한다.

해설 　솔잎혹파리 방제는 월동 유충을 대상으로 토양처리제를 살포하며, 우화한 성충을 대상으로 수관살포한다.

생물적 방제
- 기생성 천적으로 솔잎혹파리먹좀벌, 혹파리살이먹좀벌, 혹파리등뿔먹좀벌, 혹파리반뿔먹좀벌이 있으므로 이들 천적이 분포하지 않는 지역이나 기생율이 낮은 지역에 이식함
- 솔잎혹파리먹좀벌 또는 혹파리살이먹좀벌을 5월 하순~6월 하순에 ha당 20,000마리를 이식함
- 포식성곤충류(11종), 포식성거미류(늑대거미를 비롯한 25종), 포식성조류(박새, 쇠박새, 곤줄박이 등 14종), 병원미생물(백강균등 10여 종 등)을 보호함

임업적 방제
- 피해 극심기 때의 피해목 고사율은 밀생임분에서 높으므로 간벌, 불량치수 피압목을 제거하고 임내를 건조시킴으로써 솔잎혹파리 번식에 불리한 환경을 조성함
- 해충이 확산되고 있는 지역에 미리 실시하면 수관이 발달하여 고사율이 낮아짐

정답　022 ③　023 ①　024 ⑤

025 곤충 휴면에 관한 설명 중 틀린 것은?

① 곤충의 기회적 휴면의 경우 휴면 진입 여부를 결정하는 가장 중요한 환경요인은 빛이다.
② 추위를 견디기 위해서는 다량의 글리세린을 비축한다.
③ 휴지는 곤충의 대사나 발육이 느린 속도로 진행되거나 일시정지하였다가 환경이 좋아지면 즉시 정상 상태로 회복되는 경우를 말한다.
④ 휴면은 추위가 올 것 같으면 미리 대비하여 내분비의 지배를 받아 발육이 정지되는 현상이다.
⑤ 휴면은 환경이 좋아지면 즉시 정상 상태로 회복된다.

해설 휴면은 환경이 좋아져도 곧바로 발육을 하지 않는 경우이다.

환경지배 요인 : 기상, 먹이, 서식장소, 곤충의 상호관계
- 휴면 : 곤충 생활하는 도중에 추운 겨울이나 건조기 등 부적한 환경에 부딪쳤을 때 이를 극복할 수 있는 방법은 환경이 좋은 곳으로 이주하거나 휴면하는 방법(발육자체를 멈추고 좋은 환경이 다시 돌아올 때를 기다림)
- 기상조건 : 해와 계절에 따라 변동되며 곤충의 생존에 큰 영향을 끼침(온도, 습도, 광 등)
- 온도 : 생존 가능 허용범위 온도는 0~50℃이고, 최적온도는 22~38℃임
- 습도 : 과건 시 체내 수분 상실로 건조사하고 과습 시 곤충병을 유발함
- 광선 : 광주기는 연시계로 활용, 곤충발생이 계절과 숙주식물에 일치되도록 함. 광선은 곤충의 생존보다는 환경변화의 지표로서의 역할을 하며, 특히 일장조건은 곤충의 휴면을 유기시키는 주요 요인으로 작용함

026 페로몬에 관련된 설명으로 틀린 것은?

① 페로몬은 많은 양으로만 물질의 작용을 한다.
② 감각모가 많은 더듬이를 가진 나방류의 경우 몇 백 개의 페로몬 분자만으로도 멀리서 수컷 나방이 이를 인지할 수가 있다.
③ 집합페로몬은 암수 특이성이 없어 짝짓기에 이롭다.
④ 집합페로몬은 적으로부터의 방어, 기주식물의 효과적 공략이나 먹이 공유, 그리고 사회성을 유지하는 데 사용된다.
⑤ 분산페로몬은 너무 많은 개체들이 모인 경우 이 페로몬을 통해 다른 개체들이 다른 곳으로 가도록 유도한다.

해설 페로몬은 극소량만으로도 신호물질의 작용을 할 수가 있다.
- 간격페로몬 : 종에 따라 산란 시 이 페로몬을 통해 다른 개체들이 가까이에 알을 낳지 않도록 한다.
- 길잡이페로몬 : 개미에게서 흔히 볼 수 있는 페로몬으로, 길을 따라 이동할 수 있도록 도움을 주며, 효과가 오랫동안 지속된다.
- 경보페로몬 : 적으로부터 피하거나 또는 함께 방어를 위해 신호를 보내는데 사용된다. 사회성 곤충이나 뿔매미, 진딧물 등에서 나타난다. 방향성 물질이라 주변으로 잘 퍼진다.

정답 025 ⑤ 026 ①

027 탈피과정이 순서대로 나열된 것은?

① 표피 분리 – 탈피액 – 소화흡수 – 기관생성
② 표피 분리 – 탈피액 – 기관생성 – 소화흡수
③ 탈피액 – 표피 분리 – 소화흡수 – 기관생성
④ 탈피액 – 소화흡수 – 표피 분리 – 기관생성
⑤ 소화흡수 – 탈피액 – 표피 분리 – 기관생성

해설 탈피과정의 순서
내원표피를 진피로부터 분리 → 진피 불활성 탈피액 채움 → 표피소층생산 → 탈피액 활성화 → 옛 내원표피의 소화 및 흡수 → 진피세표가 새로운 원표피생산

028 외래해충이 우리나라에 발생한 순서대로 나열한 것으로 옳은 것은?

① 솔잎혹파리 – 미국흰불나방 – 소나무재선충 – 주홍날개꽃매미
② 아까시잎혹파리 – 솔껍질깍지벌레 – 소나무재선충 – 버즘나무방패벌레
③ 갈색날개매미충 – 아까시잎혹파리 – 꽃매미 – 미국선녀벌레
④ 솔껍질깍지벌레 – 소나무재선충 – 버즘나무방패벌레 – 아까시잎혹파리
⑤ 꽃매미 – 소나무재선충 – 버즘나무방패벌레 – 아까시잎혹파리

해설 외래해충이 우리나라에 발생한 순서대로 나열하면 이세리아깍지벌레(1910), 솔잎혹파리(1929), 미국흰불나방 · 밤나무혹벌(1958), 솔껍질깍지벌레(1963), 소나무재선충(1988), 버즘나무방패벌레(1995), 아까시잎혹파리(2002), 꽃매미(2006), 미국선녀벌레(2009), 갈색날개매미충(2010)이다.

029 해충 포살 방법에 대한 설명으로 틀린 것은?

① 어스렝이나방, 집시나방, 미국흰불나방 등의 난괴를 채취 소각한다.
② 하늘소, 유리나방, 굴벌레나방 등은 철사를 이용하여 찔러 죽인다.
③ 바구미류, 풍뎅이류는 목재수피를 제거하여 산란을 방지하는 박피법을 실시한다.
④ 회양목명나방은 밀도가 낮을 때는 손으로 잡아 제거한다.
⑤ 솔잎혹파리의 경우 피해임지에 비닐을 피복하여 땅에서 우화하는 성충이 나무 위로 올라가는 것과 나무에서 떨어진 유충이 땅속으로 잠입하는 것을 차단하여 방제하기도 한다.

해설 바구미류, 풍뎅이류는 나무에 진동을 주어 떨어뜨려 포살한다.

정답 027 ① 028 ① 029 ③

030 뒷날개가 퇴화되어 평균곤 역할을 하며 배마디 끝에 미모가 많은 곤충목은?

① 부채벌레목 ② 총채벌레목
③ 파리목 ④ 풀잠자리목
⑤ 매미목

해설 **파리목(Diptera)**
- 유충은 구데기 모양, 번데기는 위용임
- 흡혈성인 모기 등은 학질 뇌염 이질 등을 매개하는 위생곤충으로 뒷날개는 퇴화함(평균곤)
- 다른 벌레를 잡아먹는 것(광대파리매 등), 저녁때나 밤에 활동하는 것(모기 등), 흡혈성인 것(모기 외에 소등에 · 각다귀 등), 집파리과(침파리 · 체체파리), 나방파리과(침나방파리 등)
- 해충의 천적으로 유용하고 유충의 탈피 횟수는 3~8회이며 다양한 환경에 적응함

① 부채벌레목(Strepsiptera)
- 과변태, 벌목 또는 멸구류 기타 곤충 외부에 기생함
- 1.5~4mm의 미소형으로, 검은색이나 갈색임
- 날개가 특징적이어서 가평균곤임(잎날개퇴화)
- 수컷은 한 쌍의 날개와 겹눈을 가지고, 암컷은 성충도 유충과 같은 형태를 가짐
- 수컷은 성체로는 몇 시간 밖에 살지 못하며, 부화 후의 유충은 활동성이 있고 도약이 가능함
- 숙주 내부에 침투한 후 탈피한 유충은 구데기 형태로 변해 운동성이 떨어지는 과변태(hypermetamorphosis) 단계를 거침

② 총채벌레목(Thysanoptera)
- 미소곤충(0.6~12mm)으로 매우 작으며, 몸통이 가늘고 길며 돌출된 겹눈을 가짐
- 두 쌍의 날개는 매우 좁으며 긴 털이 많아 총채처럼 보이는 것이 특징인데, 날개가 없는 종도 있음(날개맥이 퇴화)
- 꽃이나 줄기의 즙을 빨거나 균류 혹은 다른 절지동물을 잡아먹음(포식성)
- 일부 식물성 바이러스를 매개로 함
- 번데기 상태 이전의 전용 시기가 있는 것이 특징이며, 약충의 형태가 성충과 비슷함
- 작물의 즙을 빠는 해충임(줄쓸빠는 입으로 왼쪽의 큰턱만 잘 발달)

④ 풀잠자리목(Neuroptera)
- 큰턱이 매우 길게 발달했으며, 씹는 구기이고 육서종은 진딧물의 천적임
- 성충은 부드러운 몸에 시맥이 발달한 잠자리와 비슷한 날개가 두 쌍 있음
- 사마귀붙이과는 사마귀와 비슷한 앞다리를 가지며, 유충은 낫 모양의 큰턱과 흡입구를 지님
- 온대지방과 열대, 아열대 지방에 넓게 분포

⑤ 매미목(Homoptera)
- 몸의 크기는 0.3~80mm로 다양함
- 농림 · 산림해충 중 가장 많으며 전 세계 44,000여 종이 있음
- 복문아목 : 나무이과, 가루이과, 진딧물과, 깍지벌레과
- 경문아목 : 멸구과, 매미과, 뿔매미과, 매미충과, 거품벌레과

정답 030 ③

- 식물의 즙액을 빨아먹는 해충으로 종류에 따라 꽃, 종자, 잎, 줄기, 뿌리 등의 모든 부분을 해침
- 멸구류, 매미충류, 깍지벌레류는 배설물 감로로 인해 그을음병 유발함
- 대부분 양성생식, 난생을 하나 단성생식을 하는 종류 있음

031 곤충의 타감물질에 대한 설명으로 틀린 것은?

① 하나 이상의 생화학 물질을 내어 다른 종의 개체, 성장, 생존, 번식에 영향을 준다.
② 다른 종에게 보내는 신호물질로 외배엽에서 생성된 외분비계이다.
③ 카이로몬은 포식자가 먹잇감이 내는 페로몬 등의 화학성분을 타감물질로 인지하는 것으로 자신에게는 해를 준다.
④ 알로몬은 식식성곤충에 저항하기 위하여 식물이 분비하는 방어물질이다.
⑤ 시노몬은 분비자와 감지자 모두 피해가 발생할 수도 있다.

해설 시노몬은 분비자와 감지자 모두 도움이 되는 결과를 낳는다.

외분비계(외배엽에서 생성)
- 페로몬 : 종내, 종간에 신호를 보내는 신호물질
  - 성페로몬 : 이성유인, 교미페로몬, 성유인페로몬, 종 특이성
  - 집합호르몬 : 암수특이성 없음. 적방어, 기주식물공략, 사회성 유지
  - 분산페로몬 : 산란 시 간격호르몬
  - 길잡이페로몬 : 효과가 오래 지속
  - 경보페로몬 : 도피, 방어, 사회성 곤충(뿔매미, 진딧물)
- 타감물질 : 다른 종에게 보내는 신호물질[알레로파시(allelopathy)]
  - 카이로몬 : 분비자에 손해, 감지자에 이득
  - 알로몬 : 분비자에 이득, 감지자에 무익무해
  - 시노몬 : 분비자, 감지자에 모두 이익
- 기타 외분비샘 : 왁스(밀납 : 깍지벌레상과, 백납 : 쥐똥나무밀깍지), 랙샘(몸보호, 색), 머리샘(큰턱 : 여왕벌, 작은턱, 아랫입술 : 침샘), 실샘(누에나방), 방어샘(악취샘), 유인샘, 독샘(벌류)

정답 031 ⑤

032 번데기의 종류에 대한 설명으로 틀린 것은?

① 나용은 다리, 더듬이, 날개 등 부속지가 몸과 구분되어 떨어진 번데기로 다리 등이 따로 움직일 수 있는 형태이다.
② 피용은 부속지가 몸에 달라붙은 채로 번데기가 되어 있어 다리 등을 따로 움직일 수 없는 형태이다.
③ 피용은 모두 저작형이고 대부분의 나비와 나방류 번데기 등이 이에 속한다.
④ 위용은 번데기의 겉모습이 실제로 번데기가 아닌 애벌레의 껍질이기 때문이다.
⑤ 대용은 몸을 고정하고 띠실로 몸을 고정한다.

해설 피용은 모두 비저작형으로 대부분의 나비와 나방류 번데기 등이다. 집파리(위용)를 비롯한 일부 고등한 파리류의 번데기, 종령유충은 번데기가 될 때 탈피하여 번데기가 되는 것이 아니라, 종령유충의 외골격을 고치처럼 모양을 잡아 경화시킨 다음 그 안에서 번데기가 된다.

번데기의 종류
- 나용 : 부속지가 몸과 따로 움직일 수 있음(저작형과 비저작형)
- 피용 : 부속지는 몸과 한데 붙어 있음
  - 수용 : 복부 끝의 갈고리 발톱을 이용하여 머리를 아래로 하여 매달린 번데기(네발나비과)
  - 대용 : 갈고리 발톱으로 몸을 고정하고 띠실로 몸을 지탱하는 띠를 두른 번데기(호랑나비과, 흰나비과, 부전나비과)
- 위용 : 유각 안에 있는 파리의 나용
- 전용 : 다 자란 유충이 고치를 만들고 나서 유충과 번데기의 중간형태

033 절지동물문에 대한 설명으로 틀린 것은?

① 순환계는 개방혈관계이다.
② 단단한 외골격으로 이루어져 있으며 주기적인 탈피를 통해 체량을 증가시킨다.
③ 유사한 여러 대의 몸마디(절)로 이루어져 있다.
④ 몸의 좌우 대칭성을 가진다.
⑤ 체강은 환형동물과 같은 구조를 가지고 있다.

해설 환형동물문의 체강은 의체강이고, 절지동물문의 체강은 진체강으로, 서로 다른 구조를 가진다.
※ 의체강 : 난할강의 일부가 체강이 됨(선형동물)
※ 진체강 : 중배엽으로 둘러싸인 체강(연체동물 이상)

정답 032 ③　033 ⑤

034 더듬이에 대한 설명으로 틀린 것은?

① 촉각 · 후각 · 청각 · 미각 등 다양한 감각기관 역할을 한다.
② 더듬이는 크게 세 분류 밑마디(첫 번째 마디), 흔들마디(두 번째 마디), 채찍마디(세 번째 마디)로 나누어진다.
③ 나비의 더듬이 모양은 끝부분이 갑자기 부풀어 오른 곤봉 모양이다.
④ 나방의 더듬이는 실모양, 빗살모양, 톱니모양, 깃털모양 등 종류에 따라 다양하다.
⑤ 거위벌레의 더듬이는 'ㄱ'자 모양으로 약간 꺾여 있고, 바구미는 일자 모양이다.

해설 거위벌레의 더듬이는 일자 모양이고, 바구미는 'ㄱ'자 모양으로 약간 꺾여 있다.

035 다음 설명에 해당하는 목은?

> 미성충은 성충과 비슷하지만 날개가 없다. 성충은 더듬이가 가늘거나 가시털 모양을 이룬다. 입틀은 후구식이다. 모든 종은 찌르고 빠는 입틀을 가지고 있다.

① 총채벌레
② 사마귀목
③ 벼룩목
④ 나비목
⑤ 매미아목

해설 매미아목은 거의 모두 식물의 즙액을 빨아먹고 살아서 산림 해충으로 많이 작용하며 식물(특히 목본류)의 줄기 부분을 해친다. 대부분 양성생식이며, 난생을 한다. 노린재목(Hemiptera)과 매미목(Homoptera)으로 따로 분류되었지만 최근 노린재목과 매미목을 합쳐 매미아목으로 분류하고 있다.

036 다음 설명에 해당하는 목은?

> 불완전변태류인데 미성숙 단계에서 움직임이 없고 가끔 비단고치로 에워싸는 연장된 변태 과정을 겪는다. 일부 종은 포식자이며 성충은 날개가 있거나 없다.

① 총채벌레
② 사마귀목
③ 벼룩목
④ 나비목
⑤ 매미아목

해설 총채벌레는 주로 꽃봉오리와 어린잎을 가해하며, 어린잎은 총채벌레가 가해하였을 때 기형으로 되어 쭈그러진다. 잎에는 은백색 반점이 많이 생기고 심하면 회색~담갈색 얼룩이 생긴다.

정답 034 ⑤ 035 ⑤ 036 ①

037 다음 설명에 해당하는 목은?

- 학명은 *Hymenoptera*이며 날개는 막질이며 날개걸쇠방식이다. 겹눈이 잘 발달되어 있고 발목마디는 보통 5마디이다.
- 미성숙충은 씹는 형 입틀을 가지고 있으며, 곤충 대부분은 해충의 천적이거나 현화식물의 화분매개자이다.

① 총채벌레 ② 벌목
③ 벼룩목 ④ 나비목
⑤ 매미아목

해설 벌목은 대부분 막질로 된 4개의 날개를 가지고 있으며, 6개의 다리가 있다. 입틀은 물고 핥고 빨아먹는 데 적합한 구조로 되어 있다.

038 외골격의 부속기관이 아닌 것은?

① 센털 ② 가동가시
③ 체표돌기 ④ 봉합선
⑤ 기저막

해설 기저막은 표피세포의 내벽 역할을 하며 외골격과 혈체강을 구분하여 준다.

외골격의 부속기관
- 센털 : 외골격에서 접시처럼 함입된 수분
- 가동가시 : 움직일 수 있는 가시털 모양의 돌기
- 체표돌기 : 체표에 생기는 단순한 돌기
- 봉합선 : 경판을 구분지어 주는 경계구조

039 성충의 머리에 대한 입의 위치가 다른 하나는?

① 매미충 ② 진딧물
③ 깍지벌레 ④ 방패벌레
⑤ 방아벌레

해설 방아벌레류의 입틀은 전구식이고, 매미목의 입틀은 후구식이다.

정답 037 ② 038 ⑤ 039 ⑤

040 다음 중 외시류에 해당되지 않는 것은?

① 대벌레목
② 귀뚜라미붙이목
③ 집게벌레목
④ 총채벌레목
⑤ 풀잠자리류

해설 풀잠자리류는 내시류(완전변태)에 해당한다.

불완전변태류(외시류)
- 집게벌레목 : 집게벌레
- 사마귀목 : 사마귀
- 갈르와벌레목
- 흰개미붙이목
- 민벌레목
- 털이목 : 닭털이, 개털이
- 흰개미목 : 일흰개미, 병정흰개미
- 노린재목 : 육서, 반수서, 진수서군
- 기타 : 대벌레붙이목, 집게벌레목
- 바퀴목 : 바퀴(위생해충)
- 대벌레목
- 메뚜기목 : 메뚜기, 여치, 귀뚜라미
- 강도래목 : 강도래
- 다듬이벌레목
- 이목 : 몸이
- 총채벌레목
- 매미목 : 진딧물, 깍지벌레멸구, 매미충

041 내분비계의 설명으로 틀린 것은?

① 곤충이 성충이 되면 앞가슴샘은 퇴화된다.
② 카디아카체는 뇌의 신경분비세포에서 신호를 받은 후 앞가슴샘자극호르몬을 방출한다.
③ 알라타체는 성충 형질의 발육을 촉진하는 유약호르몬을 생산한다.
④ 성충에서 알라타체는 페로몬 생성에 관여한다.
⑤ 신경분비세포에는 경화호르몬, 이뇨호르몬 등이 있다.

해설 알라타체는 성충 형질의 발육을 억제하는 유약호르몬을 생산한다.

종류	내용
신경분비세포 (신경분비호르몬)	신경분비세포에서 분비하며, 곤충의 성장, 항상성, 대사, 생식 등을 총괄하는 일종의 조절지배자임
카디아카체 (전흉선자극호르몬)	심장박동 조절에 관여함
알라타체 (유약호르몬, 변태조절호르몬, JH)	성충으로의 발육을 억제하는 유충호르몬을 생성함
앞가슴선 (전흉선, 전흉샘, 엑디스테로이드)	탈피호르몬(MH), 엑디손과허물벗기호르몬(EH), 경화호르몬(bursicon) 등을 분비함
환상선	파리류의 유충에서 작은 환성의 조직이 기관으로 지지함

정답 040 ⑤ 041 ③

042 외분비계에 대한 설명이 잘못 연결된 것은?

① 성페로몬 – 종 특이성
② 집합페로몬 – 사회성 유지
③ 분산페로몬 – 산란 시 간격페로몬
④ 길잡이페로몬 – 효과가 오랫동안 지속
⑤ 경보페로몬 – 방향성 물질로 빨리 확산

해설 **페로몬**
- 종내, 종간에 신호를 보내는 신호물질
- 성페로몬 : 이성유인, 교미페로몬, 성유인페로몬, 종 특이성
- 집합호르몬 : 암수특이성 없음, 적방어, 기주식물공략, 사회성 유지
- 분산페로몬 : 과밀 현상 방지
- 길잡이페로몬 : 효과가 오래 지속
- 경보페로몬 : 도피, 방어, 사회성곤충(뿔매미, 진딧물)

043 알에 대한 설명으로 틀린 것은?

① 대부분의 곤충의 생식유형은 난생이다.
② 알은 여러 개의 모여 살아 있는 세포이다.
③ 난각은 수분손실이 거의 없고 호흡을 통한 산소와 이산화탄소의 가스교환 기공이 있다.
④ 암컷에는 정자를 보관할 수 있은 저정낭이 있다.
⑤ 수정으로 배수체 접합자를 만든다.

해설 알은 하나의 살아 있는 세포이다.

044 기생성천적에 대한 설명으로 틀린 것은?

① 해충의 밀도를 조절할 수 있다.
② 기생벌류에는 맵시벌상과, 먹좀벌상과, 좀벌상과가 있다.
③ 개미침벌과 가시고치벌은 내부기생성이다.
④ 내부기생성 천적은 대부분 긴 산란관으로 기주의 체내에 알을 낳는다.
⑤ 솔잎혹파리의 방제에 이용되는 것은 기생벌이다.

해설 개미침벌과 가시고치벌은 외부기생성 천적으로 솔수염하늘소의 천적이다.

정답 042 정답 없음   043 ②   044 ③

045 포식성 천적 중 빠는 형 입틀을 가진 해충은?

① 무당벌레
② 꽃등애잎벌
③ 사마귀
④ 풀잠자리
⑤ 말벌류

해설 무당벌레, 사마귀, 풀잠자리, 말벌류는 씹는 형 입틀을 가진 해충이다.

046 복숭아 유리나방에 대한 설명으로 틀린 것은?

① 가해부는 적갈색의 굵은 배설물과 함께 흘러나와 쉽게 눈에 띈다.
② 어린 유충은 가해 시 잎말이나방류로 오인되기 쉽다.
③ 연 1회 발생한다.
④ 어린 유충은 노숙 유충보다 방제가 쉽다.
⑤ 페로몬트랩을 이용하여 성충을 유인하고 유살한다.

해설 어린 유충은 수피 밑을 가해하므로 방제가 쉬우나 성장할수록 수피 안쪽으로 파고 들어가 방제가 어렵다.

047 다음 설명에 해당하는 해충은?

- 활엽수와 침엽수를 가해한다.
- 유충이 어릴 때는 초본류를, 성장 후에는 수목의 수피와 목질부 표면을 고리모양으로 파먹는다.
- 더듬이는 짧고 입은 퇴화되었으며 몸은 가늘고 길다.

① 박쥐나방
② 소나무좀
③ 오리나무좀
④ 앞털뭉뚝나무좀
⑤ 알락하늘소

해설 박쥐나방
- 일반적으로 활엽수를 식해한 개체는 크고 초본이나 침엽수를 식해한 개체는 작은 경향을 보임
- 어린 유충은 초본의 줄기 속을 식해하지만, 성장한 후에는 나무로 이동하여 수피와 목질부 표면을 환상으로 식해함
- 거미줄을 토하여 벌레 똥과 먹이 찌꺼기로 바깥에 철하므로 혹같이 보임
- 처음에는 줄기 바깥 부분을 고리모양으로 식해하지만, 이어 줄기의 중심부로 먹어 들어가며 위와 아래로 갱도를 뚫으면서 식해함
- 가해 부위는 바람에 부러지기 쉬우므로 피해가 가중됨

정답 045 ② 046 ④ 047 ①

048 다음 중 소나무좀에 대한 설명으로 틀린 것은?

① 새로 우화한 성충은 신초에 후식피해를 입힌다.
② 더듬이 끝은 달걀형이고 중간마디는 5마디이다.
③ 1년에 1회 발생한다.
④ 유충기간은 20일이고 2회 탈피한다.
⑤ 후식피해는 수관의 하부보다는 상부, 정아지보다는 측아지에서 피해가 높다.

해설 후식피해는 측아지보다는 정아지의 피해가 높다.

049 다음 설명에 해당하는 해충은?

- 1983년 국내 수입재 해충
- 느티나무를 가해하며 단근작업으로 옮겨 심은 이식목에 피해가 많이 발생
- 피해목은 줄기에서 5~8월에 우윳빛이나 연갈색 액체가 침입공을 통해 흘러나옴
- 유충갱도는 양쪽으로 뻗은 방사 형태로 90개 내외를 만듦

① 오리나무좀   ② 광릉긴나무좀
③ 앞털뭉뚝나무좀   ④ 소나무좀
⑤ 박쥐나방

해설 앞털뭉뚝나무좀은 느티나무의 인피부와 목질부를 섭식하며, 수고 12m 이상의 수간 상부와 직경 8mm 내외의 작은 가지까지도 침입하며 피해목 대부분을 고사시킨다. 머리 부분에 연갈색 털들이 나 있다.

050 복숭아유리나방이 벚나무사향하늘소와 다른 점을 모두 고른 것은?

가. 목설은 많은 가루를 포함한다.
나. 목설은 섬유질 형태를 띤다.
다. 우드칩모양은 짧고 넓은 특징이 있다.
라. 가해부는 굵은 배설물과 함께 수액이 흘러나온다.

① 가, 라   ② 가, 나
③ 가, 다   ④ 나, 라
⑤ 나, 다, 라

정답 048 ⑤   049 ③   050 ④

[해설]
- 복숭아유리나방
  - 유충이 수간부 조피 밑을 가해하여 껍질과 목질부 사이(형성층)를 먹고 다님
  - 가해 부위는 적갈색의 굵은 배설물과 함께 수액이 흘러나와 겉으로 쉽게 눈에 띔
  - 어린 유충이 가해할 때에는 수액분비가 적고 가는 똥이 배출되므로 나방류 피해로 오인되기 쉬움
- 벚나무사향하늘소
  - 피해는 목질부에서 유충에 의한 다량의 목설(목분)이 배출되는 모습으로 확인이 가능함
  - 배출된 목설은 줄기와 지재부에 쌓이게 되므로 수피에 소량의 목설과 수액이 붙어 있는 복숭아유리나방 피해와는 확연하게 구분됨

051 충영해충에 대한 설명으로 틀린 것은?

① 회양목혹응애 – 성충과 약충이 잎눈 속에서 가해하며 꽃봉오리 모양의 벌레혹을 형성
② 붉나무혹응애 – 성충과 약충이 잎 뒷면에 기생하여 잎 앞면에 사마귀 같은 둥근 벌레혹을 형성
③ 아까시잎혹파리 – 성충은 새잎 뒷면 가장자리에 알을 낳으며 흰가루병과 그을음병이 동시 발생
④ 솔잎혹파리 – 벌레혹은 수관의 상부에 많이 형성, 피해가 심할 때는 정단부 당년도 가지가 대부분 말라 죽음
⑤ 외줄면충 – 느티나무 잎 뒷면에서 즙액을 빨아먹으며 잎 뒷면에 표주박 모양의 담녹색 벌레혹을 만듦

[해설] 외줄면충은 느티나무 잎 앞면에서 즙액을 빨아먹으며 잎 앞면에 표주박 모양의 담녹색 벌레혹을 만든다.

052 깍지벌레 중 월동 형태가 다른 것은?

① 주머니깍지벌레
② 거북밀깍지벌레
③ 뿔밀깍지벌레
④ 루비깍지벌레
⑤ 쥐똥밀깍지벌레

[해설] 깍지벌레 월동 형태

알	약충	성충
주머니깍지벌레	솔껍질깍지벌레 소나무가루깍지벌레	벚나무깍지벌레 사철나무깍지벌레 뿔밀깍지벌레 식나무깍지벌레 거북밀깍지벌레

정답 051 ⑤ 052 ①

053 곤충의 외골격에 대한 설명으로 틀린 것은?

① 외표피의 가장 안쪽 층을 표피소층이라고도 한다.
② 원표피는 키틴과 미세섬유를 포함하고 있다.
③ 원표피는 진피층의 진피세포에서 분비되어 생성된 것으로 체벽의 대부분을 차지한다.
④ 내원표피층은 곤충의 채색을 나타내는 색소를 함유한다.
⑤ 시멘트층이 왁스층을 덮어 마모로부터 왁스층을 보호한다.

해설 외원표피층

외원표피에서 경화반응이 일어나며, 그 과정에서 멜라닌 등의 색소 침착이 동반되어 외원표피에 어두운 갈색이 나타난다.

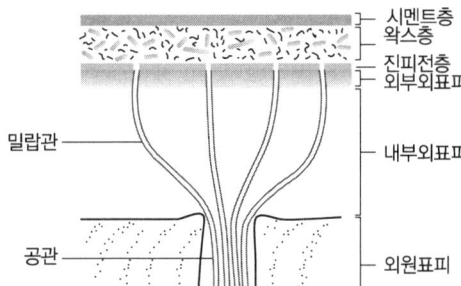

외골격(체벽)

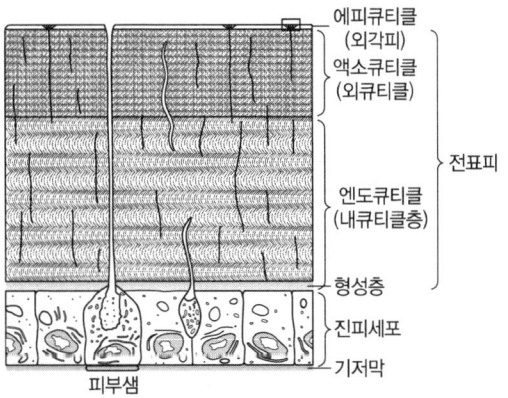

에피큐티클

- 외골격 : 외부충격 및 병원균으로부터 내부조직 보호, 탈수 방지, 외부 자극을 내부로 전달하여 견고함과 함께 유연성 제공
- 상표피(왁스층, 시멘트층) – 외원표피 – 내원표피 – 진피 – 기저막
- 키틴 : 큐티클의 주 화학성분, 절지동물의 외골격으로는 N–아세틸글루코사민이(단당류)들이 사슬처럼 연결된 일종의 다당류
- 외표피(상표피) : 표피소층(리포단백질 + 지방산) + 왁스층
- 원표피 : 외원표피 + 내원표피, 경화반응, 레실린(탄성단백질), 엘라스틴(고무와 같은 탄성)
- 진피 : 상피세포 분비 조직, 탈피액 분비 및 분해된 내원표피 물질 흡수, 상처 재생, 외분비샘으로 특화

정답 053 ④

054 곤충의 진피에 대한 설명으로 틀린 것은?

① 표피를 형성하는 단백질, 지질, 키틴화합물 등을 합성 분비하는 세포층이다.
② 상피세포의 단일층으로 형성된 분비조직이다.
③ 외골격을 이루고 있는 여러 가지 물질을 분비하는 동시에 탈피액을 분비하여 분해된 내원표피 물질을 흡수한다.
④ 표피조직이 파괴되었을 때 상처를 재생시키는 역할을 한다.
⑤ 혈구에서 분비한 점액성 다당류를 함유한다.

해설 진피가 아닌 기저막은 혈구에서 분비한 점액성 다당류를 함유한다.

055 다음 곤충의 외골격에 대한 설명으로 틀린 것은?

① 곤충의 외골격은 내골격보다 근육을 부착할 수 있는 표면적이 넓으나 몸집이 작아 척추동물보다 근육이 훨씬 적다.
② 곤충은 부속지를 움직일 때 마치 지렛대를 이용하듯 최적화된 기하학적 근육조직을 갖추고 있어 놀라운 힘을 발휘한다.
③ 외골격 색상은 보통 표피층에 위치한 색소분자 또는 빛의 산란이나 간섭, 회절을 일으키는 외골격의 물리적 특성을 나타낸다.
④ 색소로는 프테린, 멜라닌, 카로티노이드, 메소빌리버딘 등이며 색상 패턴은 시간이 지남에 따라 변화할 수 있다.
⑤ 센털과 가동가시는 막질부가 체벽과 관절을 이루어 움직인다.

해설 곤충의 외골격은 내골격보다 근육을 부착할 수 있는 표면적이 넓어 몸집이 작아도 척추동물보다 근육이 훨씬 많다.

056 곤충의 눈에 대한 설명으로 틀린 것은?

① 보통 한 쌍의 겹눈과 1~3개의 홑눈이며 곤충에 따라 홑눈이 없는 것도 있다.
② 홑눈은 수정체가 있고 구조는 원시적이며 빛과 어둠 움직임 등을 판단한다.
③ 겹눈은 렌즈와 수정체를 가진 작은 낱눈이 모여서 이루어진 복합 눈으로 자외선과 같은 색을 볼 수 있다.
④ 나비목의 유충, 바퀴 같은 곤충은 광선에 대하여 반응을 보이므로 체벽에 감광기관이 있는 것으로 생각된다.
⑤ 홑눈은 한 개의 작은 눈으로 그 수와 위치는 곤충에 따라 다르고, 겹눈은 원형 또는 타원형으로 머리의 양쪽에 있다.

해설 곤충의 홑눈은 수정체가 없다.

정답 054 ⑤ 055 ① 056 ②

057 곤충의 입틀 유형에 대한 설명으로 틀린 것은?

① 등애, 모기, 벼룩 등 각종 질병을 옮기는 위생해충들은 찔러서 빨아먹는 형이다.
② 집파리, 위생해충들은 핥아먹는 형이다.
③ 메뚜기, 풍뎅이, 나비류의 유충 등의 큰턱은 먹이를 자르거나 씹기에 편리하게 작은턱과 아랫입술은 긴 주둥이 모양으로 변형되었다.
④ 진딧물, 멸구, 매미충류, 깍지벌레류 등은 찔러서 빨아먹는 형의 구기로 윗입술, 큰턱, 작은 턱들이 하나의 바늘 모양으로 가늘고 길게 변형되었다.
⑤ 나비와 나방은 빨아먹는 구기형으로 작은턱의 외엽이 융합하여 대롱모양의 긴 주둥이로 변형되었다.

[해설] 벌목인 꿀벌, 말벌의 큰턱은 먹이를 자르거나 씹기에 편리하게 작은턱과 아랫입술은 긴 주둥이 모양으로 변형되었다. 메뚜기, 풍뎅이, 나비류의 유충 농림해충상 중요해충은 씹어 먹는 형, 큰턱으로 식물을 자르고 부수는 역할을 한다.

058 다음 중 곤충의 소화계에 대한 설명으로 틀린 것은?

① 소낭은 주로 액체 음식을 임시적으로 저장한다.
② 전위는 이빨같은 구조로 되어 있다.
③ 말피기관은 소화기관에 속하며 삼투조절을 담당한다.
④ 위심막은 얇은 단백질 피막으로 중장 내부를 보호한다.
⑤ 전장은 섭취, 저작과 먹이수송 외에도 저장의 기능을 한다.

[해설] 말피기관은 배설기관에 속한다.

곤충의 내부(소화계)

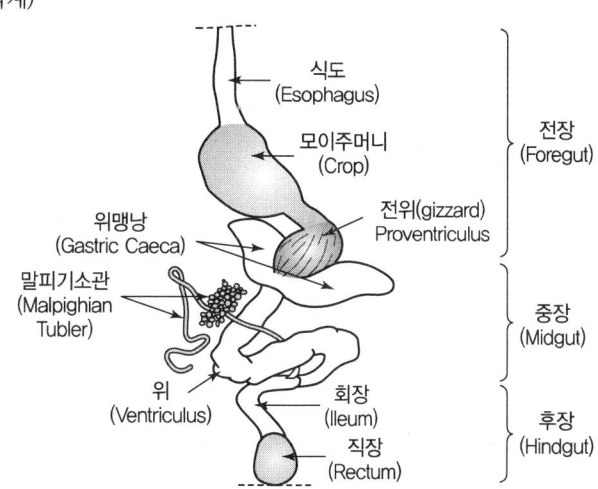

정답 057 ③ 058 ③

- 전장(인두, 식도, 모이주머니, 전위) : 음식물의 섭취, 보관, 제분, 이동
- 중장(위맹낭) : 소화, 흡수 역할
- 후장(유문, 회장, 결장, 직장) : 수분 재흡수
- 말피기소관 : 함질소 노폐물 제거, 삼투압 조절, 체강 또는 혈액으로부터 물과 함께 요산 등을 흡수하여 회장으로 보냄
- 지방체 : 사람의 간과 같은 대사, 합성 및 저장을 담당(영양세포, 요세포, 균세포)

059 곤충의 신경계에 대한 설명으로 틀린 것은?

① 전대뇌는 곤충의 운동을 촉진시키는 운동뉴런과 감각뉴런을 관장한다.
② 내장신경계가 담당하는 기관으로 장, 내분비기관, 생식기관, 호흡계 등이 있다.
③ 중대뇌는 더듬이로부터 감각 운동축색을 받으며 촉 감각을 맡는다.
④ 후대뇌는 윗입술과 전위를 담당한다.
⑤ 식도하신경절은 큰턱, 작은턱, 아랫입술을 나타내는 세 개의 융합된 신경절로 구성되어 있다.

해설 전대뇌는 곤충의 가장 복잡한 행동을 조절하는 중추신경계의 중심부로 시 감각을 맡는다.

내부기관
- 생식계
- 신경계 : 중추신경계, 내장(전장)신경계, 주변(말초)신경계
  - 중추신경계

전대뇌	중추신경계의 중심부로 시 감각을 맡음
중대뇌	더듬이로부터 감각 및 운동축색을 받으며 촉 감각을 맡음
후대뇌	이마 신경절을 통해서 뇌와 위장신경계를 연결시키며 운동에 관여

  - 전장(내장)신경계 : 교감신경계, 장, 내분비기관, 생식기관, 호흡계 등
  - 주변(말초)신경계 : 운동신경, 감각신경

060 페로몬에 대한 설명으로 틀린 것은?

① 곤충의 체내에서 소량으로 만들어져 대기 중에 냄새로 방출되는 화학물질이다.
② 같은 곤충종의 다른 성 또는 같은 종의 다른 개체에 정보전달을 목적으로 분비한다.
③ 개체 간에 특이한 반응이나 행동을 유발시키며, 자연적으로 발생하고 무독하다.
④ 환경오염이 없고 같은 종에만 미치는 종 특이적이고 유용곤충에 안전하다는 장점을 가지고 있다.
⑤ 경보페로몬이 해충의 발생 예찰과 방제에 적극적으로 이용되고 있다.

해설 성페로몬이 해충의 발생 예찰과 방제에 적극적으로 이용되고 있다.

정답 059 ① 060 ⑤

061 곤충의 내분비선에 대한 설명으로 틀린 것은?

① 카디아카체는 심장 박동의 조절에 관여한다.
② 알라타체는 미성숙 단계에서 성충형질의 발육을 억제하는 유약호르몬을 생성한다.
③ 앞가슴선은 탈피호르몬, 엑디손과 허물벗기호르몬(EH), 경화호르몬(bursicon) 등을 분비한다.
④ 알라타체는 유충단계에서 성숙을 촉진하는 화합물인 유약호르몬을 생산한다.
⑤ 신경분비세포에는 뇌호르몬, 경화호르몬, 이뇨호르몬 등이 있다.

해설 알라타체는 성숙단계에서 성숙을 억제하는 화합물인 유약호르몬을 생산한다.

062 곤충의 감각기관에 대한 설명으로 틀린 것은?

① 시각은 겹눈과 홑눈이 작용한다.
② 촉각은 몸의 각 부분에 분포하는 감각모와 감각돌기에서 작용한다.
③ 미각은 입틀의 각 부분과 더듬이, 발목마디, 생식기 등에서도 볼 수 있다.
④ 모든 감각수용체는 배자 발생상 내배엽에서 파생된다.
⑤ 청각은 더듬이, 고막기관, 존스턴기관이 작용한다.

해설 모든 감각수용체는 배자 발생상 외배엽에서 파생된다.

063 곤충의 소화계 중장에 대한 설명으로 틀린 것은?

① 내막의 큐티클층이 특별히 잘 발달되어 이빨 돌기를 이루고 근육이 잘 발달되어 있다.
② 중장의 조직은 중장상피, 기저막, 환상근, 종주근, 주위막으로 이루어져 있다.
③ 중장 상피층의 세포에는 원주세포, 재생세포, 잔모양세포 등이 있다.
④ 원주세포는 소화효소를 분비하고 소화물질을 흡수하는 세포로 장의 안쪽을 향하여 많은 융모를 내고 있다.
⑤ 중장에는 여러 개의 위맹낭이 있다.

해설 중장의 내막은 큐티클층이 없으며, 전위는 내막의 큐티클층이 특별히 잘 발달되어 있어 이빨돌기를 이루고 근육이 잘 발달되어 있다.

064 다음 곤충의 배설계에 대한 설명으로 틀린 것은?

① 지상곤충은 주로 요산의 형태로 배설한다.
② 말피기씨관 밑부와 직장은 물과 무기이온을 재흡수하여 조직 내의 삼투압을 조절한다.
③ 지방체는 활발한 활동을 할 때, 탈피할 때, 휴면기간 중에 감소한다.
④ 체내 조직의 내부환경을 비교적 균일하게 유지하는 작용을 한다.
⑤ 말피기관이 분비작용을 하는 과정에서 많은 칼슘이온이 관내로 유입된다.

해설 말피기관이 분비작용을 하는 과정에서 많은 칼륨이온이 관내로 유입되고 뒤따라 다른 염류와 수분이 이동한다.

065 곤충의 순환계에 대한 설명으로 틀린 것은?

① 개방순환계이며 혈액이 심장관과 대동맥관을 제외하고 조직 속으로 스며들었다가 심장으로 되돌아오는 순환계통이다.
② 혈장은 85%가 수분이며 약알칼리성이고 무기이온, 아미노산, 단백질 등을 함유한다.
③ 곤충의 혈액은 혈림프(혈장)와 혈구로 구성되어 있으며, 산소를 운반하지 않아 헤모글로빈이 없으므로 투명한 색을 띤다.
④ 혈림프는 투명한 점액이고 녹색, 황색, 갈색 또는 호박색의 색소를 함유하고 있다.
⑤ 곤충의 심실은 보통 9개로 각 심실 양쪽에는 1쌍의 심문이 있다.

해설 혈장은 85%가 수분이며 약산성이다.

순환계
- 개방혈관계 : 혈림프, 산소운반은 주로 기관, 중탄산염
- 혈장 : 수분의 보존, 양분의 저장, 영양물질과 호르몬의 운반(수분 85%), 약산성, 외시류(Na, Cl), 내시류(유기산)
- 혈구 : 식균작용, 상처치유, 해독작용(원시혈구, 포낭세포, 편도혈구)
- 구성 : 곤충의 심실은 보통 9개로 각 심실 양쪽에 1쌍의 심문
- 기저막 : 혈액과의 물질교환을 도움
- 혈액순환 : 머리, 더듬이, 다리, 날개, 체강 순

정답 064 ⑤   065 ②

066 곤충의 혈액의 순환에 대한 설명으로 틀린 것은?

① 혈액순환의 중심은 심장이며, 심장은 규칙적으로 수축한다.
② 심장의 박동은 심장벽에 있는 근육세포의 수축으로 생긴다.
③ 박동의 박자는 근육자체에 의한 것이나 박동수나 강약은 신경의 지배를 받는다.
④ 심장의 박동수는 온도, 활동상황, 생리적 조건 등에 크게 좌우된다.
⑤ 날개로 갈 때는 두연부를 통하고 돌아올 때는 전연부를 통한다.

해설 날개로 갈 때는 전연부를 통하고 돌아올 때는 둔연부를 통한다.

067 곤충의 신경계에 대한 설명으로 틀린 것은?

① 식도하신경절은 큰턱, 작은턱, 아랫입술을 나타내는 세 개의 융합된 신경절로 구성되어 있다.
② 신경계를 구성하는 세포인 뉴런은 수상돌기와 축삭으로 구성된다.
③ 신경분비세포는 신경호르몬을 분비하기도 하고 신경자극을 화학적 자극으로 변형시켜 준다.
④ 중앙신경계는 곤충의 교감신경계라 불리며 전장, 타액선, 대동맥, 입의 근육 등을 지배한다.
⑤ 주변(말초)신경계는 중추신경계와 전장신경계의 신경절에서 나온 신경들로 구성된다.

해설 전장신경계(내장신경계)는 곤충의 교감신경계라 불리며 전장, 타액선, 대동맥, 입의 근육 등을 지배한다.

신경계
- 신경세포(뉴런), 감각뉴런(신경절 내에서 정보전달), 운동뉴런(반응 정보를 근육·조직으로 전달)
- 중앙신경계(중추신경계) : 신경절(뇌, 식도하신경절), 신경선
  - 뇌(3쌍의 신경절) : 전대뇌(복안과 단안), 중대뇌(더듬이), 후대뇌(윗입술과 전위), 식도하신경절(윗입술을 제외한 입)
- 전장신경계(내장신경계, 교감신경계) : 장, 내분비기관, 생식기관, 호흡계 등 담당
- 말초신경계(주변신경계) : 운동신경, 감각신경

정답 066 ⑤ 067 ④

068 곤충의 성페로몬에 대한 설명으로 틀린 것은?

① 여러 성분의 복합체로 극히 미량으로 효력을 나타내고 먼 거리까지 작용, 더듬이에 분포하는 화학수용기관에서 받아들여진다.
② 주로 나비목 곤충에서 많이 알려져 있고 같은 종 곤충에만 영향이 있다.
③ 대부분 수컷이 암컷을 유인하여 교미하는 데 이용되므로 성페로몬을 활용한 암컷의 대량 방제가 가능하다.
④ 최초의 성페로몬은 1959년 누에나방의 암컷에서 분리 동정된 봄비콜(bombykol)이라는 물질이다.
⑤ 대상해충은 나방류해충이다.

해설 암컷이 수컷을 유인하여 교미하는 데 이용되므로 성페로몬을 활용한 수컷의 대량 방제가 가능하다.

외분비계(외배엽에서 생성)
- 페로몬 : 종내, 종간에 신호를 보내는 신호물질
  - 성페로몬 : 이성유인, 교미페로몬, 성유인페로몬, 종 특이성
  - 집합호르몬 : 암수특이성 없음, 적방어, 기주식물공략, 사회성 유지
  - 분산페로몬 : 산란 시 간격호르몬
  - 길잡이페로몬 : 효과가 오래 지속
  - 경보페로몬 : 도피, 방어, 사회성곤충(뿔매미, 진딧물)
- 타감물질 : 다른 종에게 보내는 신호물질
  - 카이로몬 : 분비자에 손해, 감지자에 이득
  - 알로몬 : 분비자에 이득, 감지자에 무익무해
  - 시노몬 : 분비자, 감지자에 모두 이익
  - 기타 외분비샘 : 왁스(밀납 : 깍지벌레상과, 백납 : 쥐똥나무밀깍지), 랙샘(몸보호, 색), 머리샘(큰턱 : 여왕벌, 작은턱, 아랫입술 : 침샘), 실샘(누에나방), 방어샘(악취샘), 유인샘, 독샘(벌류)

069 곤충의 중배엽에 의해 생성된 기관은?

① 표피, 외분비샘
② 뇌 및 신경계, 감각기관
③ 전장 및 후장
④ 호흡계, 외부생식기
⑤ 심장, 혈액, 순환계

해설

외배엽	표피, 외분비샘, 뇌 및 신경계, 감각기관, 전장 및 후장, 호흡계, 외부생식기
중배엽	심장, 혈액, 순환계, 근육, 내분비샘, 지방체, 생식선(난소 및 정소)
내배엽	중장

정답 068 ③ 069 ⑤

070 곤충의 번성원인에 대한 설명으로 틀린 것은?

① 알로 부화하여 높은 수정능력을 보이며 생활사가 상대적으로 짧다.
② 발육유형은 미성숙충과 성충이 서로 다른 유형으로 먹이를 섭식한다.
③ 대부분 수컷은 생식기 중 하나인 저장낭 속에 수개월 또는 수년 동안 정자를 저장할 수 있다.
④ 환경에 직면하여 빠르게 적응할 수 있는 유전자 급원을 갖추고 있다.
⑤ 광범위한 화학살충제에 대하여 저항성을 발달시킬 수 있다.

해설 대부분 암컷이 생식기 중 하나인 저장낭 속에 수개월 또는 수년 동안 정자를 저장할 수 있다.

071 곤충의 진화 및 분류에 대한 설명으로 틀린 것은?

① 지렁이 모양의 환형동물에서 진화하여 고생대 이첩기에 나타났다.
② 고생대 데본기에 최초의 무시곤충이 출현했다.
③ 분류학상 최하 단위는 종으로 계통적으로 형태가 유사한 점에 기초한다.
④ 각 계급에서 한 개의 단위를 인정함으로써 분류가 가능해 지는데, 이러한 단위를 분류단위라 한다.
⑤ 곤충을 분류하는 강 이하의 범주는 12개의 계급으로 강, 아강, 목, 아목, 상과, 과, 아과, 족, 아족, 속, 아속, 종이다.

해설 곤충을 분류하는 강 이하의 범주는 13개 계급으로 아종을 포함한다.

072 곤충강 중 무시아강에 대한 설명으로 틀린 것은?

① 무시아강에는 톡토기목, 낫발이목, 좀붙이목, 좀목 등이 있다.
② 무시아강 곤충은 날개가 전혀 없고 변태로 발육한다.
③ 좀목은 성충이 된 이후에도 주기적으로 탈피를 계속한다.
④ 좀류는 분해자 역할을 한다.
⑤ 돌좀 암컷은 저장낭이 없어 정자를 저장할 수 없으며 알을 낳을 때마다 그에 앞서 새로운 정자 주머니를 취해야만 한다.

해설 무시아강 곤충은 날개가 전혀 없고 무변태로 발육한다.

정답 070 ③ 071 ⑤ 072 ②

073 곤충의 유시아강에 대한 설명으로 틀린 것은?

① 신시류는 불완전변태류인 외시류와 완전변태류인 내시류로 구분한다.
② 하루살이는 날개가 생긴 후 다시 탈피하는 유일한 곤충이다.
③ 흰개미는 진정한 사회적 행동을 보이는 완전변태곤충이다.
④ 대벌레목은 대부분 날개가 축소되었거나 없으며, 날개로 알을 높은 곳에서 지면으로 떨어뜨린다.
⑤ 포식성 총채벌레류는 응애류 및 다른 소형 곤충류의 밀도를 조절하는 유익한 종이다.

해설 흰개미는 유일한 불완전변태곤충이다.

074 노린재목의 매미아목에 대한 설명으로 틀린 것은?

① 여과실구조는 다량의 식물체 즙액을 소화하고 처리하는 기능을 한다.
② 진딧물류와 매미충류는 식물병원을 옮기는 중요한 매개체이다.
③ 매미아목의 모든 종은 찌르고 빠는 입틀이다.
④ 관속 식물로부터 즙액을 빨아 섭취한다.
⑤ 노린재목의 매미아목은 유성생식이 일반적이며, 일부 종에서는 수컷이 없다.

해설 무성생식(단위생식)이 일반적이며, 일부 종에서는 수컷이 없다.

매미목(Homoptera)
- 몸의 크기는 0.3~80mm로 다양하고, 전 세계 44,000 여종으로 농림, 산림해충 중 가장 많음
- 복문아목 : 나무이과, 가루이과, 진딧물과, 깍지벌레과
- 경문아목 : 멸구과, 매미과, 뿔매미과, 매미충과, 거품벌레과
- 식물의 즙액을 빨아 먹는 해충으로서, 종류에 따라 꽃, 종자, 잎, 줄기, 뿌리 등의 모든 부분을 해침
- 멸구류, 매미충류, 깍지벌레류는 배설물인 감로로 인해 그을음병을 유발함
- 대부분 양성생식, 난생을 하나 단성생식을 하는 종류가 있음

정답 073 ③ 074 ⑤

075 딱정벌레목에 대한 설명으로 틀린 것은?

① 미성숙충은 홑눈이 없으며 씹는 형 입틀을 가진 머리가 잘 발달했다.
② 좀붙이형 유충은 호리호리하고 활동적으로 기어 다닌다.
③ 굼벵이형 유충은 굼벵이 모양으로 뚱뚱하고 C자 모양으로 굽어 있다.
④ 방아벌레형 유충은 기다란 원통형으로 강한 외골격과 작은 다른 다리를 지닌다.
⑤ 성충의 뒷날개는 크고 막질이며 딱지날개 밑에 접어 넣을 수 있다.

해설 미성숙충도 홑눈이 있다.

애벌레 종류
- 좀붙이형 : 기는 유충, 무당벌레, 풀잠자리류
- 딱정벌레유충형 : 딱정벌레과
- 방아벌레유충형 : 거저리, 방아벌레, 외골격 단단함
- 굼벵이형 : 풍뎅이유충, C자, 배다리 없음
- 판형 : 딱정벌레목물삿갓벌레과
- 나비유충형 : 나비목, 배다리 있음
- 구더기형 : 파리류유충, 집, 쉬파리

076 식엽성해충에 대한 설명으로 틀린 것은?

① 입틀은 씹는 형이다.
② 잎벌레류와 대벌레류는 성충과 유충 동시에 잎을 가해한다.
③ 풍뎅이류는 성충과 유충 동시에 잎을 가해한다.
④ 나비목 유충은 유충 시기에만 가해한다.
⑤ 수목해충의 50% 정도 차지할 만큼 많은 종류가 포함된다.

해설 풍뎅이류는 성충 시기에만 가해한다.

정답 075 ① 076 ③

077 흡즙성 해충에 대한 설명 중 틀린 것은?

① 진딧물류, 깍지벌레류, 방패벌레류, 나무이류 등으로 대부분 노린재목에 속한다.
② 소나무순나방도 흡즙성 해충에 속한다.
③ 응애는 생활사가 짧고, 약제에 대한 저항성이 강하므로 약제의 성분계통을 번갈아 가며 1주일 간격 교호방제를 시행한다.
④ 신초는 피해가 심하지만 경도가 높아지는 8~9월이 되면 연한 조직부위가 점차 목질화되어 피해도 줄어든다.
⑤ 흡수구를 통한 2차적인 '오갈병' 바이러스를 매개하여 전염시킨다.

해설 소나무순나방은 소나무의 햇가지를 가해한다.

078 다음 설명으로 틀린 것은?

① 천공성 해충은 수세가 쇠약한 생활권 수목을 가해하여 고사시킨다.
② 단식성 해충은 특정 기주식물만 관리하면 방제가 용이한 장점을 가지고 있다.
③ 수목의 물리적 방어기작은 항생성, 항객성, 내성이 있다.
④ 협식성 해충에는 광릉긴나무좀이 포함된다.
⑤ 벚나무깍지벌레, 쥐똥밀깍지벌레, 왕공깍지벌레는 광식성 해충에 속한다.

해설 벚나무깍지벌레, 쥐똥밀깍지벌레, 왕공깍지벌레는 협식성 해충에 속한다.

079 다음 중 가해형태에 따른 해충 연결이 잘못된 것은?

① 식엽성 해충 – 느티나무벼룩바구미, 참나무재주나방
② 흡즙성 해충 – 깍지벌레, 주홍날개꽃매미
③ 종실, 구과해충 – 백송애기잎말이나방, 큰솔알락명나방
④ 충영해충 – 응애, 진딧물
⑤ 천공성 해충 – 비단벌레, 유리나방, 박쥐나방

해설 느티나무벼룩바구미는 흡즙성 해충이다.

정답 077 ② 078 ⑤ 079 ①

080 광릉긴나무좀의 방제방법과 시기의 연결이 잘못된 것은?

① 소구역선택베기 – 11월~이듬해 3월
② 벌채훈증 – 7월~이듬해 4월
③ 끈끈이롤트랩 – 4~6월
④ 유인목설치 – 9월
⑤ 지상약제살포 – 6월

해설 유인목설치는 4월에 한다.

081 피해 흔적 중 거미줄이 있는 해충 종류가 아닌 것은?

① 미국흰불나방
② 천막벌레나방
③ 잎응애류
④ 순나방류
⑤ 잎말이나방

해설 순나방은 새순이나 줄기에 구멍을 뚫는다.

082 피해흔적으로 조직이 비틀어지거나 부풀어 오르고 혹이 발생하는 해충의 종류가 아닌 것은?

① 진딧물류
② 응애류
③ 나무이류
④ 총채벌레류
⑤ 솜벌레류

해설
- 솜벌레류 : 솜이나 밀랍형태의 물질을 흔적으로 남긴다.
- 총채벌레류 : 어린잎은 총채벌레가 가해하였을 때 기형으로 되어 쭈그러진다.

083 벚나무를 가해하는 해충이 아닌 것은?

① 먹무늬재주나방
② 벚나무사향하늘소
③ 노랑쐐기나방
④ 주홍날개꽃매미
⑤ 극동등애잎벌

해설 극동등애잎벌은 진달래류를 가해, 연 3~4회 발생하며 고치를 짓고 그 안에서 유충으로 월동한다.

벚나무사향하늘소
- 벚나무를 포함한 장미과 수목, 감나무, 참나무류, 중국굴피나무, 사시나무 등 다양한 수종을 넘나들며 피해를 줌
- 성충의 몸길이는 25~35mm정도인 대형 하늘소
- 전체적으로 광택이 있는 검은색이지만 앞가슴등판의 일부가 주황색
- 유충은 수피 아래 형성층과 목질부를 가해(다량의 목설 배출)

정답 080 ④ 081 ④ 082 ⑤ 083 ⑤

084 다음 중 해충의 연 발생 횟수와 월동 형태 연결이 잘못된 것은??

① 잣나무넓적잎벌 – 1회 발생, 유충
② 참긴더듬이잎벌레 – 1회 발생, 알
③ 아까시잎혹파리 – 1회 발생, 유충
④ 미국흰불나방 – 2회 발생, 번데기
⑤ 털두꺼비하늘소 – 1회 발생, 성충

해설 아까시잎혹파리(2002년, 미국)
- 피해
  - 아까시나무만 가해한다(단식성).
  - 잎 뒷면의 가장자리에서 흡즙하여 잎이 뒤로 말린다.
  - 흰가루병과 그을음병을 유발한다.
- 생활사
  - 연 2~3회, 번데기로 월동한다.
  - 새잎 뒷면의 가장자리에 산란, 2화기 때 피해가 심하다.

085 깍지벌레 중 성충으로 월동하지 않는 것은?

① 소나무가루깍지벌레
② 거북밀깍지벌레
③ 뿔밀깍지벌레
④ 식나무깍지벌레
⑤ 장미흰깍지벌레

해설 소나무가루깍지벌레는 약충으로 월동(공깍지, 줄솜깍지벌레)한다.

소나무가루깍지벌레
- 기주 식물의 즙액을 흡즙하여 수세를 약화시키거나 잔가지 또는 나무 전체를 고사시킴
- 과실이나 과경에 붙어 상품성을 하락시키고, 심한 배설물로 그을음병에 유발시키며, 광합성을 저해함
- 바이러스의 매개 역할로 주로 나무의 어린 가지 또는 새순에 발생하여 흡즙함

086 솔잎혹파리에 대한 설명으로 틀린 것은?

① 연 2~3회 발생하고, 지피물 밑이나 1~2cm 깊이의 흙 속에서 유충으로 월동한다.
② 유충이 솔잎 기부에 벌레혹을 형성하고 그 속에서 수액을 흡즙 가해하여 솔잎을 일찍 고사하게 하고 나무의 생장을 저해한다.
③ 6월 하순경부터 부화유충이 잎 기부에 충방을 형성하기 시작한다.
④ 벌레혹이 부풀기 시작하며 동시에 잎 생장도 정지되어 건전한 솔잎 길이보다 1/2 이하로 짧아진다.
⑤ 벌레혹은 수관 상부에 많이 형성되며 피해가 심할 때는 정단부 새 가지가 거의 전부 고사한다.

해설 솔잎혹파리는 연 1회 발생한다.

정답 084 ③ 085 ① 086 ①

087 솔잎혹파리에 대한 설명으로 틀린 것은?

① 기생성 천적으로는 솔잎혹파리먹좀벌, 혹파리살이먹좀벌, 혹파리등뽈먹좀벌, 혹파리반뽈먹좀벌 등이 있다.
② 방제법으로 솔잎혹파리먹좀벌 또는 혹파리살이먹좀벌을 7월 하순~8월 하순에 ha당 20,000마리를 이식하는 방법이 있다.
③ 유충은 9월 하순~다음 해 1월에 벌레혹에서 탈출하여 낙하하며, 특히 비오는 날에 많이 낙하하여 지피물 밑 또는 흙 속으로 들어가 월동한다.
④ 벌레가 외부로 노출되는 시기가 극히 제한적이기 때문에 침투성약제 나무주사가 가장 효율적인 방제법이다.
⑤ 방제법으로 포식성곤충류로 11종, 포식성거미류로 늑대거미를 비롯한 25종, 포식성조류로 박새, 쇠박새, 곤줄박이 등 14종, 병원미생물로 백강균 등 10여 종 등을 보호하는 방법이 있다.

해설 솔잎혹파리의 유충은 천적을 5월 하순~6월 하순에 ha당 20,000 마리를 방사한다. 9월 하순~다음 해 1월(최성기 11월 중순)에는 벌레혹에서 탈출하여 땅으로 떨어진다.

088 솔껍질깍지벌레에 대한 설명으로 틀린 것은?

① 전형적인 피해 증상은 4~5년생 수관 하부 가지의 잎부터 갈색으로 변하며 심한 경우에는 수관 전체가 갈변하여 고사한다.
② 침엽이 갈변하는 시기는 3~5월이며 여름과 가을에는 외견상 피해 진전이 없다가 이듬해 봄에 다시 갈변하기 시작한다.
③ 생활권 주변에 식재된 단목 곰솔(해송)은 해충 밀도가 높은 경우 나무가 잘 고사한다.
④ 암컷 성충은 날개가 없고 후약충에서 번데기 시기를 거치지 않고 직접 성충이 되며 페로몬을 발산하여 수컷을 유인 교미한다.
⑤ 암·수 성충이 나타나는 시기는 4월 상순~5월 중순이며 4월 중순이 최성기이다.

해설 생활권 주변에 식재된 단목 곰솔(해송)은 해충 밀도가 높더라도 나무가 잘 고사하지 않는다.

정답 087 ② 088 ③

089 솔껍질깍지벌레에 대한 설명으로 틀린 것은?

① 11월 이후 발육이 왕성해져 후약충이 되며 이 시기는 발이 보이지 않고 둥근 몸통만 있으며 가장 피해를 많이 주는 충태이다.
② 피해를 받은 자리는 바로 갈색 반점이 나타나고 이 반점이 줄기나 가지에 환상으로 연결되면 치명적인 피해를 주게 된다.
③ 5월 상순~6월 중순에 알에서 부화된 약충 수컷은 다음 해 3~4월에 전성충이 출현한다.
④ 전성충은 암컷 성충과 형태가 비슷하나 크기가 작으며 2~3일 후 타원형의 고치를 짓고 그 속에서 번데기가 된다.
⑤ 수컷은 3월 20일경이 용화 최성기이고 번데기 기간은 7~20일이다.

해설 피해를 받은 자리는 약 1년 후에 갈색 반점이 나타난다.

090 복숭아명나방에 대한 설명으로 틀린 것은?

① 소나무류 중 잣나무 구과에 특히 피해가 많다.
② 과수에서는 밤나무와 그 외 대부분의 과실에 피해를 주며, 특히 밤에 피해가 심하다.
③ 주로 조생종밤 품종에서 피해가 심하나 근래에는 만생종에서도 3화기 피해가 나타나고 있다.
④ 밤을 수확하였을 때 외관상 벌레구멍이 없다.
⑤ 유충이 신초에 거미줄로 집을 짓고 잎을 식해하며 벌레 똥을 붙여 놓는다.

해설 외관상 벌레구멍이 있는 것은 대부분 이 해충의 피해이다.

091 깍지벌레에 대한 설명 중 연결이 잘못된 것은?

① 줄솜깍지벌레 – 연 1회 발생, 3령 약충으로 월동, 성충은 4~5월에 산란하며 원형의 긴 난낭을 형성
② 공깍지벌레 – 연 1회 발생, 종령 약충으로 월동, 봄에 건조하면 국부적으로 대발생하는 경향이 있음
③ 뿔밀깍지벌레 – 연 1회 발생, 성충 월동, 암컷 성충의 깍지 크기는 6~8mm이고 원형이며 두꺼운 백색 밀납
④ 거북밀깍지벌레 – 연 1회 발생, 성충 월동, 부화약충은 편평한 원형으로 자갈색, 5~7일 후 밀랍을 분비하며 별모양의 깍지를 형성
⑤ 식나무깍지벌레 – 연 1회 발생, 깍지 속의 암컷 성충은 노란색으로 날개, 다리, 눈이 없음

해설 식나무깍지벌레는 연 2회 발생한다.

정답 089 ② 090 ④ 091 ⑤

092 소나무좀에 대한 설명으로 틀린 것은?

① 유충에 기생하는 기생벌류, 맵시벌류, 기생파리류를 보호하여 방제한다.
② 딱따구리류 및 해충을 잡아먹는 각종 조류를 보호하여 방제한다.
③ 수세 쇠약목을 주로 가해하기 때문에 수세를 강화시키는 것이 가장 좋은 예방법이다.
④ 수세가 쇠약한 나무는 미리 제거하고 원목과 침적은 5월 이전에 수피를 벗겨 번식처를 없애 방제한다.
⑤ 신성충은 6월 초부터 수피에 원형의 구멍을 뚫고 나와 가해 수종으로 이동하여 1년생 새 가지 속을 위쪽으로 가해하다가 늦가을에 땅으로 내려와 월동한다.

해설 신성충은 6월 초부터 수피에 원형의 구멍을 뚫고 나와 가해 수종으로 이동하여 1년생 새 가지 속을 위쪽으로 가해하다가 늦가을에 가해 수종의 지제부 수피 틈에서 월동한다.

093 소나무좀에 대한 설명으로 틀린 것은?

① 숲 가꾸기 지역 내 벌채목을 제거하여 6월에 신성충의 후식 피해를 막는다.
② 1~2월 중에 벌채된 소나무 원목을 1m가량 잘라 2월 말에 임내에 세워 유인, 산란시킨 후 5월 중에 껍질을 벗겨 유충을 구제한다.
③ 1~2월 중에 벌채된 소나무 원목을 1m가량 잘라 2월 말에 임내에 세워 유인, 산란시킨 후 소나무좀을 수집하여 소각한다.
④ 교미를 끝낸 암컷은 위에서 아래로 10cm가량의 갱도를 뚫는다.
⑤ 갱도 양측에 약 60개의 알을 낳으며 산란 기간은 12~20일이다.

해설 교미를 끝낸 암컷은 아래에서 위로 10cm가량의 갱도를 뚫는다.

094 북방수염하늘소에 대한 설명으로 틀린 것은?

① 수피와 목질부 사이에 길이 1cm 내외의 목설이 밀집되어 있다.
② 학명은 *Monochamus alternatus Hope*이다.
③ 날개에는 황갈색, 암갈색의 작은 점들이 날개 중앙에 넓은 띠 모양으로 분포한다.
④ 수컷의 촉각 길이는 체장의 2~2.5배 정도이며, 약 40mm 내외로 비교적 길다.
⑤ 암컷의 촉각 길이는 체장의 1~1.5배 정도이며, 약 25mm 내외이다.

해설 북방수염하늘소의 학명은 *Monochamus saltuarius Gebler*이다.

정답 092 ⑤ 093 ④ 094 ②

095 솔수염하늘소에 대한 설명으로 틀린 것은?

① 연 1회 발생하고 유충으로 월동하며 추운 지방에서는 2년에 1회 발생하는 경우도 있다.
② 목질부속의 가해 부위에서 월동한 유충은 4월경에 수피와 가까운 곳에 번데기집을 만들고 번데기가 된다.
③ 성충은 5월 하순~8월 초순경 수피에 약 6mm가량 되는 원형의 구멍을 만들고 밖으로 나와 어린 가지의 수피를 갉아 먹는데 이를 후식이라 한다.
④ 재선충을 매개할 경우는 후식 기간에 성충에서 탈출한 재선충이 후식 부위에서 상처를 통해 나무에 침입한다.
⑤ 성충 우화 탈출은 24시간 이루어지나, 하루 중 10~12시 사이에 가장 많고, 흐린 날에 많이 나온다.

해설 성충 우화 탈출은 24시간 이루어지나, 하루 중 10~12시 사이에 가장 많고, 맑고 따뜻한 날씨에 많이 나온다.

재선충병
- 학명 : *Bursaphelenchus xylophilus*
- 북미대륙 원산의 식물기생성 선충으로 가는 실과 같은 구조를 갖고 있으며, 길이는 0.6~1.0mm
- 알, 4회의 유충기, 4회의 탈피를 거쳐 암·수 성충으로 성장함
- 2기 유충에서 분산형 3기 유충으로 탈피하게 되며, 이 시기가 소나무재선충이 매개충의 체내로 침입하는 단계
- 성충은 교미 후 30일 전후하여 약 100여 개 정도의 알을 낳음
- 25℃ 조건에서 1세대 기간은 약 5일이며 1쌍의 소나무 재선충이 20일 후 20여만 마리 이상으로 증식

096 솔수염하늘소에 대한 설명으로 틀린 것은?

① 유충은 4회 탈피한 후 종령유충이 되며, 3령의 일부와 4령 유충은 10월까지 목질부에 번데기집을 만들고 그 속에서 월동한다.
② 나뭇가지 굵기가 직경 5cm 이상 되는 곳에 서식한다.
③ 유충기간은 30~45일 정도이다.
④ 목질부 속에서 휴면상태로 월동한 유충은 4~6월에 번데기가 되며 번데기 기간은 20℃에서 20일, 25℃에서 12일이다.
⑤ 산란기는 6~9월이며, 7~8월에 가장 많다.

정답 095 ⑤ 096 ②

[해설] 솔수염하늘소는 나뭇가지 굵기가 직경 2cm 이상 되는 곳에 서식한다.

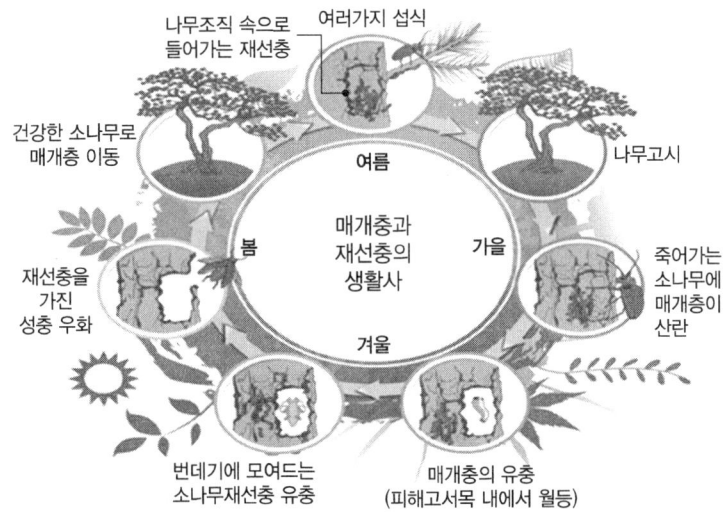

097 매미나방에 대한 설명으로 틀린 것은?

① 학명은 *Lymantria dispar*(Linnaeus)이다.
② 토착해충으로 수목(산림)·과수 등 대부분의 활엽수에 피해를 주며 벚나무에서 때때로 대발생한다.
③ 유충은 대부분 활엽수만 식해하며 침엽수는 피해가 없다.
④ 성충은 암수 크기와 체색이 다르다.
⑤ 연 1회 발생하며 알로 나무줄기에서 월동한다.

[해설] 매미나방의 유충은 활엽수와 침엽수를 식해한다.

098 매미나방의 방제방법으로 올바르지 않은 것은?

① 4월 이전에 줄기에 산란된 난괴를 채취하여 소각하거나 땅에 묻는다.
② 어린 유충기인 6월 하순~7월 상순 사이에 등록된 약제를 처리한다.
③ 포식성 천적인 풀색딱정벌레, 검정명주딱정벌레, 청노린재 등을 보호한다.
④ 기생성 천적인 무늬수중다리좀벌, 긴등기생파리, 나방살이 납작맵시벌, 송충알벌, 나방살이 납작맵시벌 등을 보호한다.
⑤ 성충시기인 7월에 유아 등이나 유살 등을 이용하여 포획한다.

[해설] 4월 하순~5월 상순 사이에 등록된 약제를 처리한다.

정답 097 ③ 098 ②

099 갈색날개매미충에 대한 설명으로 틀린 것은?

① 2010년 중국에서 침입 초본 및 과수 그리고 다양한 수목에 피해를 준다.
② 성충이 가지에 산란해 가지가 말라 죽으며, 성충, 약충이잎과 어린 가지, 과실에서 수액을 빨아먹고, 부생성 그을음병을 유발한다.
③ 약충은 항문을 중심으로 흰색 또는 노란색 밀랍물질을 부채처럼 펼친다.
④ 연 1회 발생하며, 가지 속에서 알로 월동한다.
⑤ 약충은 5월 중순~8월 중순에 나타나며, 약충태는 4령까지 발육한다.

해설 갈색날개매미충의 약충태는 5령까지 발육한다.

100 미국선녀벌레에 대한 설명으로 틀린 것은?

① 농작물 140여 종, 수목 100여 종 기주범위가 매우 광범위한 해충이다.
② 봄에 건조하고 가뭄이 심하면 더욱더 기승을 부린다.
③ 왁스물질과 감로의 분비로 인해 그을음병이 발생하여 잎이 지저분하게 되고, 미관을 해치게 된다.
④ 연 2회 발생하며, 기주식물의 목질부 조직이나 나무껍질 밑에 낳은 알로 월동한다.
⑤ 약충은 5령을 거치며, 전체 발육 기간은 평균 42일이다.

해설 미국선녀벌레는 연 1회 발생한다.

101 수목해충 꽃매미에 대한 설명으로 틀린 것은?

① 성충, 약충이 나무의 즙액을 흡즙하여 나무의 수세를 약화시킨다.
② 피해 나무를 고사시키지는 않으나, 배설물과 흡즙 부위의 수액 유출로 인해 그을음병을 유발시킨다.
③ 겨울과 봄에 기온이 높으면 대발생할 우려가 있는 아열대성 해충이다.
④ 산란은 알을 평행으로 배열하고 몇 개의 덩어리로 낳는다.
⑤ 4령 이후에는 등이 검은색을 나타내고 두 측면에는 날개 딱지가 나타난다.

해설 수목해충 꽃매미는 4령 이후에는 등이 붉은색을 나타내고 두 측면에는 날개 딱지가 나타난다.

정답 099 ⑤ 100 ④ 101 ⑤

102 수목해충 중 소나무순나방에 대한 설명으로 틀린 것은?

① 학명은 *Rhyacionia duplana*(Hubner)이다.
② 연 1회 발생하며 주로 새 가지 속에서 번데기로 월동한다.
③ 소나무류의 구가지 속을 가해하여 고사시킨다.
④ 제주도를 비롯한 남부지방에 피해가 심한 경향이다.
⑤ 포식성 천적인 무당벌레류, 풀잠자리류, 거미류 등을 보호한다.

해설 소나무순나방은 주로 새 가지만을 가해하고 2년생 이상의 가지에는 피해를 주지 않는다.

103 다음 중 해충과 학명 연결이 잘못된 것은?

① 매미나방(집시나방) – *Lymantria dispar*
② 미국흰불나방 – *Hyphantria cunea*
③ 솔잎혹파리 – *Matsucoccus matsumurae*
④ 소나무좀 – *Tomicus piniperda*
⑤ 광릉긴나무좀 – *Platypus koryoensis*

해설
• 솔잎혹파리 – *Thecodiplosis japonensis*
• 솔껍질깍지벌레 – *Matsucoccus matsumurae*

104 다음에 해당하는 나방류는?

• 연 2회 발생하며 지표면의 낙엽 밑에서 번데기로 월동한다.
• 낮에 가장 왕성하게 배회한다.
• 공중에서 정지하면서 긴 주둥이를 사용하여 꽃의 꿀을 흡수한다.
• 식물체 위에서는 보호색으로 된다.

① 재주나방과
② 박각시나방과
③ 산누에나방과
④ 솔나방과
⑤ 명나방과

해설 박각시나방과 성충의 날개는 가늘고 길며 몸은 강건하다. 이동성이 강한 종이 많다. 대부분의 유충은 8번째 복부마다 등판 중앙에 1개의 가늘고 긴 꼬리뿔이 있다.

정답 102 ③ 103 ③ 104 ②

105 다음에 해당하는 딱정벌레목은?

- 대부분의 종은 산림에 서식하며 팽나무, 참나무, 벚나무 등의 목재부를 식해한다.
- 낮의 강한 빛 속에서 활발하게 활동한다.
- 소나무류의 해충과 밤나무, 졸참나무류에 기생하므로 피해가 크다.

① 풍뎅이과 ② 비단벌레과
③ 잎벌레과 ④ 거위벌레과
⑤ 하늘소과

해설 비단벌레과는 팽나무, 벚나무 등의 산림지대에 서식하며, 나무진을 빨아 삼림에 피해를 주는 해충이다. 동아시아에서 유입된 호리비단벌레(학명 : *Agrilus planipennis*)의 피해로 미국의 물푸레나무가 몸살을 앓고 있다.

106 곤충의 방어에 연결이 잘못된 것은?

① 기피 – 노린재류 외분비샘 ② 다형현상 – 병정개미의 큰턱
③ 청소유도 – 가뢰류 칸타리딘생산 ④ 접착 – 일개미의 항문분비물
⑤ 고통이나 불쾌감 유발 – 독나방 털

해설 다형현상은 한 종의 차이점이 성별의 특성과 전혀 관련 없는 두 가지 이상의 색이나 모양, 크기를 가지는 경우로 분업과 관련이 있다.
  예 개미 : 병정개미(큰턱), 살림개미(작은턱)
    벌 : 일벌(작은턱), 여왕벌(왁스샘, 벌침), 숫벌(화분수집기 없음)
    진딧물 : 유시형, 무시형

107 다음 설명 중 틀린 것은?

① 곤충의 몸 안의 공간은 체강이라 하며, 체액으로 채워져 있다.
② 현음기관으로는 존스턴기관과 고막 등이 있다.
③ 열을 감지한다는 것은 적외선, 즉 열이 발생하는 파장을 감지할 수 있다.
④ 한 쌍의 날개는 앞날개가 가운데 가슴에, 뒷날개가 뒷가슴에 위치해 있다.
⑤ 폐름기의 곤충의 크기는 지금보다 훨씬 작았다.

해설 폐름기의 곤충이 지금보다 훨씬 클 수 있었던 것은 지금의 두 배에 이르렀던 공기 중 산소 농도 때문이라는 것을 말해 준다.

정답 105 ② 106 ② 107 ⑤

108 다음이 설명하는 기관은?

긴 중장이 고리 모양을 하면서 수분함량이 높은 먹이의 경우, 대부분의 수분을 소화액이 분비되는 중장을 거치지 않고 바로 후장으로 보내 먹이에 함유된 수분함량을 줄이고 소화액의 낭비를 막아 효율성을 높이는 기관이다.

① 상피세포
② 여과실
③ 위맹낭
④ 전위
⑤ 말피기관

해설 매미목의 곤충(흡즙성)은 대부분 물이 많이 포함된 수액을 빨아 먹는다. 충분한 영양분을 얻기 위해서는 많은 수액을 처리해야 하므로 창자 내에 있는 여과실에 여분의 물을 가두어 일부 당분 및 노폐물과 함께 감로를 배출한다.

109 곤충의 날개 중 저항을 가장 많이 받는 부분으로 가장 두껍고 견고한 날개맥은?

① 전연맥
② 아전연맥
③ 중맥
④ 주맥
⑤ 둔맥

해설 곤충의 날개는 외골격이 늘어난 것이며 시맥으로 그 모양이 유지된다. 날개는 상하 2개의 막으로 되어 있으며 굵은 시맥에는 가는 신경이 분포한다. 시맥은 부채모양으로 볼록한 것과 오목한 것이 서로 교차한다. 그중 날개의 앞가장자리를 따라 나오는 세로맥을 전연맥이라고 한다.

110 노린재는 크게 진딧물아목(=복문아목), 매미아목(=경문아목)으로 나누는데 매미아목에 속하지 않는 것은?

① 멸구과
② 뿔매미과
③ 매미충과
④ 거품벌레과
⑤ 가루이과

해설 가루이과는 진딧물아목(=복문아목)에 속한다.
• 진딧물아목(=복문아목) : 나무이과, 가루이과, 진딧물과, 깍지벌레과
• 매미아목(=경문아목) : 멸구과, 매미과, 뿔매미과, 매미충과, 거품벌레과

정답 108 ② 109 ① 110 ⑤

111 다음 설명에 해당하는 천공성 해충은?

- 아시아, 북미, 유럽 등에 분포하며 유충은 목질부를 갉아 먹고 구멍을 통해 목설을 배출하며 수액이 배출된다.
- 목설은 많은 가루를 포함하고 있고 우드칩 모양은 길이가 짧고 넓은 특징이 있다.
- 2년에 1회 발생한다.

① 벗나무사향하늘소 ② 향나무하늘소
③ 알락하늘소 ④ 앞털뭉뚝나무좀
⑤ 박쥐나방

해설 벗나무사향하늘소는 벗나무를 포함한 장미과 수목, 참나무류, 중국굴피나무, 사시나무 등 다양한 수종에 피해를 준다. 국내에서는 특히 왕벗나무에서 많은 피해가 발생하고 있다. 성충이 출현하는 7~8월에 피해가 더욱 증가할 수 있으므로, 유충의 활동기인 초기부터 조기예방을 실시해야 한다.

112 다음 설명에 해당하는 천공성 해충은?

- 느릅나무, 단풍나무, 때죽나무 등을 가해한다.
- 유충은 목질부 속으로 갉아 먹으며 밖으로 목설을 배출한다.
- 성충은 가지의 수피를 고리모양(환상)으로 갉아 먹어 가지가 고사하기도 한다.

① 벗나무사향하늘소 ② 향나무하늘소
③ 알락하늘소 ④ 앞털뭉뚝나무좀
⑤ 박쥐나방

해설 **알락하늘소**
- 연 1회 발생하며 노숙 유충으로 월동함
- 유충이 줄기의 아래쪽에서 목질부 속으로 파먹어 들어가며, 톱밥과 같은 부스러기를 밖으로 배출함
- 종령 유충 시기에 아래쪽 지제부로 이동하여 줄기의 형성층을 식해하므로 피해가 큼
- 성충의 후식 피해는 크지 않으나 잔가지의 수피를 환상으로 갉아 먹어 버리기 때문에 가지가 고사하기도 함
- 최근 조경수, 정원수에서 피해가 심하며 특히 은단풍나무에 피해가 심함

정답 111 ① 112 ③

113 다음 설명에 해당하는 천공성 해충은?

- 침엽수와 활엽수를 가해하며 성충으로 월동한다.
- 밤나무에서 대발생하는 경우가 있다.
- 성충이 목질부에 침입하여 갱도에서 암브로시아균을 배양하고 외부로 목설을 배출하기 때문에 쉽게 발견된다.

① 오리나무좀　　　　　　　　　② 앞털뭉뚝나무좀
③ 박쥐나방　　　　　　　　　　④ 소나무좀
⑤ 복숭아유리나방

해설 **오리나무좀**
- 연 2회 발생하는 것으로 추정되며 성충으로 월동함
- 4~5월에 출현하며 줄기에 구멍을 뚫고 침입함
- 건전한 나무보다는 수세가 쇠약한 나무, 벌채원목, 침적, 고사목, 표고 골목 등을 주로 가해함
- 외부로 백색의 벌레 똥을 배출하므로 발견이 용이함

114 다음 설명에 해당하는 천공성 해충은?

- 학명은 *Tomicus piniperda*이다.
- 성충과 유충이 형성층과 목질부를 갉아 먹으며 피해를 입은 부위는 수피가 잘 벗겨져 유충갱 관찰이 용이하다.
- 1년에 1회 발생하며 성충으로 지제부 부근에서 월동한다.
- 후식피해로 수관의 하부보다는 상부와 측아지보다 정아지의 피해가 높다.
- 성충의 몸길이가 3~6mm로 긴 타원형이다.
- 수세가 쇠약한 나무를 가해한다.

① 오리나무좀　　　　　　　　　② 앞털뭉뚝나무좀
③ 박쥐나방　　　　　　　　　　④ 소나무좀
⑤ 복숭아유리나방

해설 **소나무좀**
- 연 1회 발생하며 성충으로 월동함
- 봄과 여름 두 번 가해하며, 수세가 쇠약한 벌목, 고사목에 기생함
- 월동성충이 수피를 뚫고 들어가 산란한 알에서 부화한 유충이 수피 밑을 식해함
- 쇠약한 나무나 벌채한 나무에 기생하지만 대발생할 때는 건전한 나무도 가해하여 고사시키기도 함
- 신성충은 새 가지를 뚫고 들어가 새 가지가 구부러지거나 부러져 고사한 채 나무에 붙어 있는데 이를 후식 피해라 함

정답　113 ①　114 ④

115 다음 설명에 해당하는 천공성 해충은?

- 국내 수입재 해충으로 기록되어 있다.
- 느티나무를 가해하며 수세가 쇠약하거나 단근작업으로 옮겨 심은 이식목에 피해가 많이 발생한다.
- 피해목은 줄기에서 5~8월에 걸쳐 우윳빛이나 연갈색 액체가 침입공을 통해 흘러나온다.
- 유충갱도는 모갱의 양쪽으로 뻗은 방사형태로 90개 내외를 만들며 내부는 목설로 채워져 있다.

① 오리나무좀 ② 앞털뭉뚝나무좀
③ 박쥐나방 ④ 소나무좀
⑤ 복숭아유리나방

해설 앞털뭉뚝나무좀은 느티나무의 인피부와 목질부를 섭식하며, 수고 12m 이상의 수간 상부와 직경 8mm 내외의 작은 가지까지도 침입하며 피해목 대부분을 고사시킨다.

116 다음에서 천공성 해충 중 월동 형태가 다른 하나는?

① 벚나무사향하늘소 ② 향나무하늘소
③ 솔수염하늘소 ④ 복숭아유리나방
⑤ 알락하늘소

해설 향나무하늘소는 성충으로 월동하며 벚나무사향하늘소, 솔수염하늘소, 복숭아유리나방, 알락하늘소는 유충으로 월동한다.

117 곤충이 번성하게 된 이유 중 다음에 해당하는 것은?

곤충의 경우 특히 다양한 종류의 식물을 가해하는데 식물 역시 피해를 줄이는 방향으로 진화해 나가고, 이러한 식물의 진화는 같이 곤충이 진화된 식물에 맞추어 새로이 진화해 가도록 하는 원동력이 된다.

① 날개 ② 작은 크기
③ 외골격 ④ 짧은 세대
⑤ 공진화

해설 ① 날개 : 무시곤충에서 유시곤충으로 분산능력을 최대한 확대, 어디로든 이주와 이입이 가능, 교미와 생식력을 높일 수 있으며 먹이를 얻는 범위도 크게 넓힐 수 있음
② 작은 크기 : 몸의 구조는 대형에서 점차 소형, 적은 먹이로도 몸을 지탱할 수 있고 적으로부터 숨어 살기에 편한 이점이 있음

정답 115 ② 116 ② 117 ⑤

③ 외골격 : 키틴질의 외골격은 수분의 과다 증발을 막을 수 있고, 몸 안의 기관을 더욱 잘 보호할 수 있음. 좁은 공간에 끼어들기에 편리함
④ 짧은 세대 : 암컷은 보통 1회에 수십~수백 개의 알을 산란함. 세대(한살이) 기간이 짧고, 수컷 없이 암컷만으로 생식하는 단위생식으로 단기간에 기하급수적으로 증가함

118 다음 중 곤충의 번성 이유에 대한 설명 중 틀린 것은?

① 곤충과 식물의 상호 간의 진화에 의하여 곤충은 종 특이성이 유도되고 결국 종의 다양화로 이어진다.
② 곤충은 유전적으로 개체 간의 변이 정도가 작은 편이다.
③ 변태과정은 서로 다른 환경 또는 먹이를 취하면서 종 내 경쟁을 피한다.
④ 합체절(마디연합)로 기능의 집중적 배열을 통해 효율적으로 환경에 적응해 나간다.
⑤ 곤충은 무척추동물 중에서 유일하게 날개가 발달한 동물이다.

해설 곤충은 유전적으로 개체 간의 변이 정도가 큰 편이다.

119 다음 설명에 해당하는 표피는?

- 살아 있는 한 층의 단세포군이다.
- 탈피과정에서 내원표피를 소화시켜 재흡수함으로써 큐티클의 일부를 재활용할 수 있도록 해 준다.
- 깍지벌레류에서 왁스 등 분비하는 피부샘과 관련이 있다.

① 상표피
② 외원표피
③ 내원표피
④ 진피
⑤ 기저막

해설
① 상표피 : 체벽의 층들 중에서 가장 바깥쪽에 위치하는 체벽층으로, 흔히 가장 바깥쪽에 시멘트층과 왁스층이 함께 존재함
② 외원표피 : 원표피에서 형성되는 바깥쪽의 큐티클 층으로서, 내원표피보다 단단함. 또한 색소 침착이 이루어지는 체벽 층이며 진한 색을 띠게 됨
③ 내원표피 : 원표피에서 형성되는 안쪽의 큐티클 층으로서, 외원표피보다 두께가 두터움. 외원표피와 달리 무색이고 경화과정을 거치지 않기 때문에 곤충이나 다른 절지류가 탈피를 할 때 재활용이 가능함
⑤ 기저막 : 진피 아래에 놓이는 얇은 막으로, 이 막 아래에는 체강이 존재함. 기저막은 체벽 및 외골격과 체강을 구분시키는 역할을 함. 물질의 투과에는 일절 관여를 하지 않으며, 두께가 $0.5\mu m$ 이하임. 주로 결합조직에서 볼 수 있는 점액다당류와 콜라겐 등으로 구성됨

정답 118 ② 119 ④

120 다음 괄호 안에 들어가는 말로 올바른 것은?

( )은(는) 흔히 멜라닌 등의 색소침전이 동반되어 외원표피에 주로 갈색의 짙은 색을 부여한다. 단단해지면서 색깔이 짙어지는 것을 말한다.

① 변태 ② 경화
③ 탈피 ④ 전용
⑤ 배발생

해설 ① 변태 : 성장 과정 중의 탈피 중 형태적 변화가 일어나는 것
③ 탈피 : 유충기에 탈피를 되풀이함에 따라 몸을 크게 함
④ 전용 : 애벌레가 번데기가 되기 전 단계
⑤ 배발생 : 곤충의 알에서 표할이라는 방식으로 세포분열이 일어나는 것

121 다음 순환계에 대한 설명 중 틀린 것은?

① 체강 내 체액과 함께 섞여 순환되는 개방순환계를 가지고 있다.
② 곤충의 체강을 혈강이라고도 한다.
③ 기관이나 진피는 기적막으로 싸여 있으며 기저막이 혈액과의 물질교환을 돕는다.
④ 곤충의 혈관은 등혈관이라고 한다.
⑤ 부속박동기관은 혈액의 들어가고 나오는 방향을 양쪽으로 정해준다.

해설 부속박동기관은 혈액의 들어가고 나오는 방향을 한쪽으로 정해준다.

122 곤충의 혈액에 대한 설명으로 틀린 것은?

① 애벌레 때보다는 성충 때 전체 몸무게에서 차지하는 비율이 높다.
② 호르몬이나 영양분의 전달, 교환을 담당한다.
③ 노폐물을 배출한다.
④ 체온조절과 탈피 시 탈피 및 팽창을 돕는다.
⑤ 혈장을 통해서 수분 및 무기염, 지질, 당 등을 보존하는 역할을 한다.

해설 애벌레 때 혈액은 전체 몸무게의 20~40%, 성충 때 혈액은 전체 몸무게의 20% 이하를 차지한다.

정답 120 ② 121 ⑤ 122 ①

123 다음 설명에 해당하는 것은?

- 주로 탄수화물, 지질, 질소화합물의 대사에 관여한다.
- 살충제와 같은 유해화합물을 무해화합물로 변환시키거나 배설이 용이하도록 하여 제독하는 생화학적 작용을 한다.
- 사람의 간과 같은 역할을 하며 곤충에 있어서 성장, 탈피, 생식에 매우 중요하다.

① 공생미생물 ② 지방체
③ 부속샘 ④ 말피기관
⑤ 여과실

해설 ① 공생미생물 : 곤충장내미생물은 숙주 곤충의 식이습관을 유지시켜 공통 진화(co-evolution)하는 특성 때문에 곤충의 성장에 매우 중요한 역할을 수행함
③ 부속샘 : 수컷이 암컷과 교미하게 되면 이들 정자가 사정관을 통해 암컷 쪽으로 이동하게 되고 부속샘(부수샘)에서는 정액과 정협(정자주머니)을 만들어 정자가 이동하기 쉽도록 도와줌
④ 말피기관 : 가늘고 긴 맹관으로 끝은 체강 내에 유리된 상태로 있는 것이 보통이나 어떤 곤충에서는 끝이 후장에 밀착되어 있고 후장이 소화 배설물에서 수분을 재흡수할 수 있어 체내 수분 유지에 도움이 됨
⑤ 여과실 : 매미목의 곤충은 물이 많이 포함된 수액을 빨아 먹는데 충분한 영양분을 얻기 위해서는 많은 수액을 처리해야 하므로 창자 내에 여과실이 있어 여분의 물을 가두어 일부 당분 및 노폐물과 함께 감로로 배출함

124 말피기관에 대한 설명으로 틀린 것은?

① 진딧물에는 없다.
② 몸에서 발생한 함질소 노폐물 등을 체액으로부터 걸러주는 역할을 한다.
③ 아미노산과 유기배출물, 독성물질을 능동적으로 흡수한다.
④ 물이나 이온 등 몸에 필요한 성분을 수동적으로 흡수한다.
⑤ 삼투압에 의하여 당, 아미노산, 물 등이 딸려 들어온다.

해설 말피기관은 물이나 이온 등 몸에 필요한 성분을 능동적으로 흡수한다.

정답 123 ② 124 ④

125 미생물살충제의 장점이 아닌 것은?

① 해충에 대하여 기주 비특이적으로 작용한다.
② 환경변화에 대하여 비교적 안정성을 지니고 있다.
③ 침입해충에 대하여 종종 높은 독성을 지니고 있다.
④ 화학적방제 또는 천적과 함께 사용할 수 있다.
⑤ 일부 바이러스는 자연자원으로부터 수집하여 이용이 가능하다.

해설 해충에 대하여 기주 특이적으로 작용한다.

126 미생물살충제의 단점이 아닌 것은?

① 자외선, pH, 열 등과 같은 물리적 요소에 민감하게 반응한다.
② 화학적 살충제와 같이 특허를 가질 수 없다.
③ 방제제를 생산하고 적용하는 데 기술과 관리상의 문제가 있다.
④ 특정 해충을 제한하여 사용하기 때문에 방제비가 높다.
⑤ 근연종의 해충이 혼재 시 종에 대한 기주 비특이성이 크게 작용한다.

해설 근연종의 해충이 혼재 시 종에 대한 기주 특이성이 작용한다.

127 천적미생물 중 바이러스에 대한 설명으로 틀린 것은?

① 곤충바이러스의 활성은 저온에서 비교적 장기간 유지되지만, 자외선이나 60도 이상의 고온에서는 급격히 감소한다.
② 바이러스는 인공배지에서 증식시킬 수 없다.
③ 베큘로바이러스는 척추동물에 대한 감염성과 독성 또는 알레르기성이 없다.
④ 곤충병원바이러스는 유충기에 경구적으로 전염된다.
⑤ 곤충바이러스는 다른 곤충병원미생물과 비교하여 기주 범위가 넓다.

해설 곤충바이러스는 다른 곤충병원미생물과 비교하여 기주 범위가 좁다.

정답 125 ① 126 ⑤ 127 ⑤

128 대벌레에 대한 설명으로 틀린 것은?

① 대발생 시 성충과 약충이 집단으로 잎 전체를 갉아 먹는다.
② 환경 조건에 따라 단위생식을 한다.
③ 1년에 1회 발생한다.
④ 알로 월동한다.
⑤ 성충은 날아 이동할 수 있다.

해설 대벌레의 성충은 날개가 없다.

129 다음 설명 중 틀린 것은?

① 주둥무늬차색풍뎅이의 유충은 땅속에서 뿌리를 갉아먹으며 잔디에 피해를 준다.
② 곱추무당벌레의 성충과 유충이 물푸레나무, 쥐똥나무의 잎 뒷면에서 잎살만 갉아 먹어 회백색의 가해흔을 만든다.
③ 큰이십팔점박이무당벌레는 1년에 3회 발생하며 성충으로 월동한다.
④ 참긴더듬이잎벌레는 1년에 1회 발생하며 겨울눈이 가지에서 유충으로 월동한다.
⑤ 오리나무잎벌레는 수관 아래의 잎부터 가해하기 시작한다.

해설 참긴더듬이잎벌레는 1년에 1회 발생하며 겨울눈이 가지에서 알로 월동한다.

130 느티나무 벼룩바구미에 대한 설명 중 올바른 것은?

① 유충만 잎살을 가해한다.
② 1년에 2회 발생한다.
③ 유충으로 월동한다.
④ 끈끈이트랩을 이용하여 성충을 잡아 주인다.
⑤ 앞다리가 크게 발달되어 있다.

해설 ① 유충과 성충이 잎살을 가해한다.
② 1년에 1회 발생한다.
③ 성충으로 월동한다.
⑤ 뒷다리 넓적마디가 크게 발달했다.

정답 128 ⑤ 129 ④ 130 ④

131 다음 중 월동 형태가 다른 하나는?

① 잣나무넓적잎벌
② 장미등에잎벌
③ 솔잎벌
④ 개나리잎벌
⑤ 남포잎벌

해설 솔잎벌은 번데기로 월동한다.

월동충태		알	유충	번데기	성충
잎벌류		누런솔잎벌	잣나무넓적잎벌	솔잎벌	
			개나리잎벌	낙엽송잎벌	
			남포잎벌		
잎벌레류		참긴더듬이			호두나무잎벌레
					오리나무잎벌레

132 다음 중 가해 기주 연결이 잘못된 것은?

① 남포잎벌 – 신갈나무, 떡갈나무
② 좀검정잎벌 – 개나리, 광나무, 쥐똥나무
③ 황다리독나방 – 단풍나무
④ 벚나무모시나방 – 장미과식물
⑤ 네발나비애벌레 – 환삼덩굴

해설 황다리독나방의 가해 기주는 층층나무이다.

133 곤충의 변온성과 휴면에 대한 설명 중 틀린 것은?

① 곤충은 주위 온도에 따라서 체온이 달라진다.
② 휴면에 들어가기 전 미리 탄수화물, 지방, 단백질 등을 축적한다.
③ 곤충은 장일 조건인 추운 겨울 동안 휴면을 하게 된다.
④ 1년에 한 번만 휴면하는 곤충들은 환경 조건에 관계없이 특정한 발육단계가 되면 모든 개체가 휴면에 들어간다.
⑤ 1년에 2회 또는 그 이상 발생되는 곤충들은 부적합한 환경에 노출 외에는 세대의 개체에서만 휴면이 발생하게 된다.

해설 장일 조건에서는 하기휴면을 한다. 단일 조건에서는 추운 겨울 동안 휴면을 한다.

정답 131 ③ 132 ③ 133 ③

134 솔껍질깍지벌레에 대한 설명으로 틀린 것은?

① 암컷 성충의 몸길이는 2~5mm이고 날개가 없으며 장타원형으로 황갈색을 띤다.
② 수컷 성충은 몸길이가 1.5~2.0mm로 한 쌍의 날개가 있어 작은 파리와 비슷한 형태이며 긴 흰꼬리를 달고 있다.
③ 후약충은 암컷과 수컷이 둥근형이며 표피는 경화돼 있고 다갈색이며 다리 및 더듬이는 완전히 퇴화됐다.
④ 부화약충태로 여름잠을 자고, 겨울철에 피해를 준다.
⑤ 암수성충이 나타나는 시기는 5월 상순~6월 하순이며 5월 하순이 최성기이다.

해설 암수성충이 나타나는 시기는 3월 상순~4월 하순이며 3월 하순이 최성기이다.

135 솔껍질깍지벌레에 대한 설명으로 틀린 것은?

① 알에서 부화된 약충은 가지의 인편 밑 또는 수피틈에 정착해 즙액을 흡수한다.
② 11월 이후 발육이 왕성해져 후약충이 되며 이때가 가장 피해를 많이 주는 시기이다.
③ 피해증상은 4~5년생의 수관 하부 가지의 잎부터 갈색으로 변하며 심한 경우에는 수관 전체가 갈변해 고사한다.
④ 암컷 성충은 날개가 없고 후약충에서 번데기 시기를 거치지 않고 직접 성충이 된다.
⑤ 후약충의 구침의 길이는 체장보다 짧다.

해설 후약충의 구침의 길이는 체장의 약 3배이다.

136 솔잎혹파리에 대한 설명으로 틀린 것은?

① 연 1회 발생하며, 지피물 밑이나 1~2cm 깊이의 흙 속에서 유충으로 월동한다.
② 성충우화기는 5월 중순~7월 중순으로 우화최성기는 6월 상·중순이며 특히 비가 온 다음 날에 우화수가 많다.
③ 우화최성기는 지방에 따라, 임지방위, 표고에 따라서도 차이가 있으며 이는 봄철의 기온, 우화기의 강우량 등과 관계가 깊다.
④ 1일 중 우화시각은 11~18시이며 15시경에 가장 많이 우화한다.
⑤ 3월 하순 벌레혹이 형성되기 시작하면서 솔잎 생장은 중지된다.

해설 6월 하순 벌레혹이 형성되기 시작하면서 솔잎 생장은 중지된다.

137 곤충의 번성에 대한 설명 중 틀린 것은?

① 완전변태하는 해충들은 대체로 유사한 서식처에 살며 비슷한 먹이를 먹는다.
② 곤충은 생활사를 통해 변화하는 환경에 직면하여 빠르게 적응할 수 있는 유전자원을 가지고 있다.
③ 암컷의 수가 수컷의 수보다 많은 불균형적인 성비는 번식능력을 극대화하는 방법이다.
④ 작은 크기는 생존과 생식에 필요한 최소한의 자원으로 유지하기 위함이다.
⑤ 곤충은 날 수 있는 유일한 무척추동물이다.

해설 불완전변태하는 해충들이 대체로 유사한 서식처에 살며 비슷한 먹이를 먹는다.

138 다음 설명에 해당하는 곤충의 목은?

- 딱정벌레류와 많은 형질을 공유한다.
- 종의 내부 기생자로 살아간다.
- 완전변태 발육의 비정상적인 형태인 괴변태를 겪는다.

① 풀잠자리목　　　　　　　② 부채벌레목
③ 밑들이목　　　　　　　　④ 날도래목
⑤ 약대벌레목

해설 ① 풀잠자리목 : 풀잠자리, 명주잠자리 등을 통틀어 분류
③ 밑들이목 : 배 끝이 위로 들려있어서 붙여진 명칭으로 털애벌레와 비슷한 모양이며 큰턱이 잘 발달되어 있음
④ 날도래목 : 작거나 중간 크기인 곤충으로서, 생김새가 나방과 비슷함. 입은 씹는 데 적당하지만 어느 정도 퇴화되어 있음. 유충은 수중 생활을 함
⑤ 약대벌레목 : 홑눈은 없고 날개의 가장자리무늬는 날개맥으로 나누어지지 않고 암컷은 가늘고 긴 산란관이 배 끝에서 튀어 나와 있음

139 곤충의 외부구조 역할에 대한 설명 중 틀린 것은?

① 시멘트층 : 왁스층을 덮어 마모로부터 왁스층을 보호한다.
② 진피 : 일부가 외분비샘으로 특화되어 화합물을 생성한다.
③ 기적막 : 표피세포의 내벽역할을 하며 외골격과 혈체강을 구분지어 준다.
④ 외표피(상표피) : 수분손실을 줄이고 이물질의 차단하는 기능을 갖는다.
⑤ 내원표피 : 탈피 직후에 일어나는 화학적인 경화가 나타난다.

해설 탈피 직후에 일어나는 화학적인 경화가 나타나는 것은 외원표피이다.

정답　137 ①　138 ②　139 ⑤

140 날개의 형태가 틀리게 연결된 것은?

① 딱지날개(초시) – 딱정벌레 및 집게벌레목의 앞날개
② 반초시 – 노린재아목
③ 가죽날개(두텁날개) – 메뚜기목 바퀴목
④ 평균곤 – 파리목
⑤ 인편으로 덮인 날개 – 총채벌레

해설
- 인편으로 덮인 날개 – 나비목
- 술 장식을 단 날개 – 총채벌레

141 다음 설명에 해당하는 더듬이를 가진 곤충은?

두 번째 마디가 짧고 옆으로 꺾이면서 무릎이나 팔꿈치 같은 모양을 이루는 더듬이

① 잠자리 ② 흰개미류
③ 바구미 ④ 나방류
⑤ 집파리

해설
- 잠자리, 매미류 : 짧은 털모양(강모상)
- 흰개미류 : 구슬모양(염주상)
- 바구미, 개미류 : 팔굽모양(슬상)
- 나방류, 모기류 : 깃털모양(우모상)
- 집파리 : 가시털모양(자모상)

142 다음 설명에 해당하는 입틀은?

먹이를 분쇄하거나 갈기 위한 1쌍의 턱으로 아래위로 움직이지 않고 좌우로 작동한다.

① 윗입술 ② 큰턱
③ 작은턱 ④ 하인두
⑤ 아랫입술

해설
① 윗입술 : 먹이를 담을 수 있도록 앞쪽 입술 역할을 수행함
③ 작은턱 : 큰턱의 뒤쪽이나 아래쪽에 위치하며, 한 쌍의 여러 마디를 가진 구조물로 되어 있음
④ 하인두 : 큰턱과 작은턱, 아랫입술에 의해 형성된 입틀 속에서 먹이와 타액을 섞을 수 있는 혀와 같은 돌기

정답 140 ⑤ 141 ③ 142 ②

⑤ 아랫입술 : 정중앙선을 따라 서로 융합된 1쌍의 부속지에서 파생된 뒤쪽 입술로 후기절과 전지절로 되어 있음

작은턱
- 밑마디(기절) : 머리덮개와 관절을 이루는 기부 경피판
- 자루마디(접교절) : 감각수염을 지지하는 중앙 경피판
- 바깥조각 및 안조각 : 먹이를 다루기 위해 포크와 숟가락 역할을 하는 말단 경피판

143 변태에 대한 설명으로 올바르게 연결된 것은?

① 피용 – 나비류, 나방류
② 수용 – 흰나비과
③ 대용 – 호랑나비과
④ 나용 – 딱정벌레류
⑤ 위용 – 파리류

해설
- 수용 – 네발나비과
- 대용 – 호랑나비과, 흰나비과, 부전나비과

144 곤충의 타고난 행동에 속하지 않은 것은?

① 반사
② 정위행동
③ 무정위운동
④ 주성
⑤ 각인

해설 각인은 짧은 기간 동안 독특한 자극의 지울 수 없는 기억이다.

145 교미교란의 방제의 원리 중 틀린 것은?

① 수컷은 실제 암컷에서 나오는 페로몬을 감지할 수 있는 능력이 감소하게 된다.
② 실제 암컷과 합성페로몬의 방출체계가 서로 달라서 합성페로몬에 적응된 수컷은 암컷이 내는 페로몬을 탐지하지 못한다.
③ 합성페로몬을 많이 설치하여 페로몬이 사방에서 방출되면 수컷은 방향성을 상실한다.
④ 해충의 방제가 어려우며 효과는 미미하다.
⑤ 수컷 성충이 진짜 암컷을 발견하지 못하도록 교미를 저해하는 것이다.

해설 해충의 방제를 가능하게 하고 살충제의 사용량을 줄일 수 있는 방법이다.

정답 143 ② 144 ⑤ 145 ④

146 다음 괄호 안에 들어갈 단어 연결이 (가) – (나) – (다) 순서로 바르게 된 것은?

- (가) – 곤충의 정착, 섭식, 산란을 방해하는 결과를 초래한다.
- (나) – 곤충의 생존, 생식, 발육을 억제하는 화학적 또는 형태적 특성을 지니고 있다.
- (다) – 곤충에 대한 식물의 반응이며 재배환경과 관련이 많은 경우가 많다.

① 항객성 – 항생성 – 내성
② 항객성 – 내성 – 항생성
③ 내성 – 항생성 – 항객성
④ 항생성 – 내성 – 항객성
⑤ 내성 – 항객성 – 항생성

해설 (가) 비선호성(항객성) : 산란과 섭식 등 해충의 행동에 관여하는 작물의 특성, 체표의 많은 털은 산란에 방해, 해충의 구기가 유조직까지 도달하지 못함. 거친 정도, 색등 물리, 화학적인 특성이 해충에게 영향을 미침
(나) 항생성 : 해충이 기주를 가해했을 때 생리작용에 어떤 형태의 불리한 영향을 주는 것으로 유독한 물질, 영양소의 부족 또는 결핍, 해물질, 영영소 간의 불균형으로 해충이 치사하거나 발육이 저해 또는 지연되는 것으로 독이 있는 알칼로이드, 퀴논과 같은 대사물질이 존재함. 담배(니코틴), 제충국(피레트린), 데리스(로테논) 등과 같은 유독성 물질이 해당됨
(다) 내성 : 수목이 비슷한 정도의 해충의 피해를 받은 상태에서 감수성품종에 비하여 생장이나 수확에 영향을 덜 받고 피해 조직을 회복하는 능력을 지닌 품종을 말하며, 어느 정도 해충의 밀도하에서도 피해를 받지 않는 특징이 있음

147 갈색날개매미충에 대한 설명으로 틀린 것은?

① 활엽수뿐만 아니라 침엽수인 주목에서도 피해가 나타난다.
② 1년에 1회 발생한다.
③ 알로 월동을 한다.
④ 4회 탈피하여 성충이 된다.
⑤ 주로 잎과 가지에 피해를 주며 과실에는 피해를 주지 않는다.

해설 갈색날개매미충은 과실에도 피해를 주며 부생성 그을음병을 유발한다.

정답 146 ① 147 ⑤

148 주홍날개꽃매미에 대한 설명으로 틀린 것은?

① 가죽나무와 포도나무에서 피해가 심하다.
② 약충과 성충이 긴 구침을 이용하여 기주식물에서 수액을 빨아먹어 생장이 저해된다.
③ 붉은 색을 띠는 4령약충은 6월 하순~8월 중순에 나타난다.
④ 1년에 1회 발생하며 알로 월동한다.
⑤ 완전변태를 한다.

해설 주홍날개꽃매미는 불완전변태를 한다.

149 매미나방에 대한 설명 중 올바른 것은?

① 활엽수만 가해한다.
② 암컷 성충은 암갈색을 띤다.
③ 1년에 1회 발생하며 알덩이로 줄기나 가지에서 월동한다.
④ 수컷 성충의 더듬이는 '八'자 모양이다.
⑤ 활발하게 이동하는 암컷의 습성 때문에 '집시나방'이라고도 부른다.

해설 ① 활엽수, 침엽수 모두 가해한다.
② 암컷 성충은 회백색, 수컷은 암갈색을 띤다.
④ 수컷 성충 더듬이는 닭털 모양이다.
⑤ 수컷이 활발하게 활동한다.

150 미국흰불나방에 대한 설명으로 틀린 것은?

① 학명은 *Hyphantria cunea*이다.
② 1년에 보통 2~3회 발생하며 수피사이나 지피물밑 등에서 고치를 짓고 그 속에서 번데기로 월동한다.
③ 1화기보다 2화기의 피해가 심하다.
④ 산림 내에서 피해는 경미한 편이나 도시 주변의 가로수, 조경수, 정원수에 특히 피해가 심하다.
⑤ 1화기 성충은 날개에 점이 없지만 2화기 성충은 날개에 점이 있다.

해설 날개에 검은 점이 있는 것은 1화기 성충만이며 2화기 성충은 날개에 점이 없다.

정답 148 ⑤ 149 ③ 150 ⑤

151 다음 중 솔껍질깍지벌레의 방제 방법으로 옳지 않은 것은?

① 피해도 '심' 이상이고 수종갱신이 필요한 지역은 모두베기를 실시한다.
② 무당벌레류, 침노린재류, 말벌류, 거미류 등의 천적을 보호한다.
③ 6~11월에 페로몬트랩을 이용하여 수컷 성충을 유인한다.
④ 피해도 '중' 이상 지역은 나무주사를 실시하여 피해를 사전에 예방한다.
⑤ 나무주사가 불가능한 지역은 3월 약제를 줄기와 가지까지 골고루 살포한다.

해설 2~5월에 페로몬트랩을 이용하여 수컷 성충을 유인한다.

152 다음 설명에 해당하는 해충은?

- 특히 쥐똥나무에 피해가 많다.
- 불규칙적으로 발생하는 대발생 해충이다.
- 유충이 실을 토하여 잎과 가지에 거미줄을 치고 집단으로 잎을 갉아 먹는다.
- 1년에 보통 1회 발생하며 중령유충이 거미줄을 치고 월동한다.

① 별박이자나방
② 노랑쐐기나방
③ 벚나무모시나방
④ 제주집명나방
⑤ 남방차주머니나방

해설 ② 노랑쐐기나방 : 유충은 잡식성으로 여러 수종의 잎을 식해하며 체표면에 자모가 있어 피부에 접촉하면 통증을 느낌. 어린 유충은 잎 뒤에서 잎살만 먹지만 자란 후에는 잎의 주맥만을 남기고 식해함
③ 벚나무모시나방 : 어린 유충은 잎 뒷면의 잎살만을 가해하고 중령 때는 잎에 작은 구멍을 만들면서 가해하며 노숙하면 모조리 식해하며 유충이 주로 장미과 식물의 잎을 가해하며 때로는 돌발적으로 대발생하여 잎을 모조리 먹어 치우는 경우도 있음. 쉽게 발견되며, 피해를 받아도 나무가 고사하는 경우는 극히 드묾
④ 제주집명나방 : 가지 끝부분의 잎을 얽어매어 커다란 바구니 모양의 집을 만들어 그 속에 유충이 몇 마리씩 살면서 잎을 먹음. 때때로 대발생하여 나무 전체의 가지 끝부분에 많은 집이 보이고, 식해로 인하여 잎의 수가 현저히 감소됨. 피해는 8~9월에 나타남
⑤ 남방차주머니나방 : 여러 가지 수목의 잎을 가해하는 다식성해충으로 가끔 대발생하기도 함. 가지나 잎에 주머니 형태로 유충 집을 짓고 그 속에서 매달려 생활하므로 발견이 쉬움. 근래 정원수나 조경수에서 피해 발견이 많이 되고 있음. 가을에 낙엽 후에도 주머니가 가지에 달려 있어 경관을 해치기도 함

정답 151 ③ 152 ①

153 다음에 해당하는 해충은?

- 주로 사철나무에서 피해가 크게 발생한다.
- 매년 동일한 장소에서 반복적으로 발생하는 경향이 있다.
- 1년 1회 발생하며 가는 가지 위에서 알로 월동한다.
- 잎 뒷면에서 집단으로 탈피하여 탈피각이 남아 있다.

① 제주집명나방 ② 노랑털알락나방
③ 별박이자나방 ④ 노랑쐐기나방
⑤ 벚나무모시나방

해설
① 제주집명나방 : 가지 끝부분의 잎을 얽어매어 커다란 바구니 모양의 집을 만들어 그 속에 유충이 몇 마리씩 살면서 잎을 먹음. 때때로 대발생하여 나무 전체의 가지 끝부분에 많은 집이 보이고, 식해로 인하여 잎의 수가 현저히 감소됨. 피해는 8~9월에 나타남
③ 별박이자나방 : 유충이 잎과 가지에 거미줄을 치고 모여 살면서 잎을 가해하기 때문에 피해 부위는 잎이 없고 가지만 엉성하게 남게 됨. 특히 쥐똥나무에서 많이 발생함
④ 노랑쐐기나방 : 유충은 잡식성으로 여러 수종의 잎을 식해하며 체표면에 자모가 있어 피부에 접촉하면 통증을 느낌. 어린 유충은 잎 뒤에서 잎살만 먹지만 자란 후에는 잎의 주맥만을 남기고 식해함
⑤ 벚나무모시나방 : 어린 유충은 잎 뒷면의 잎살만을 가해하고 중령 때는 잎에 작은 구멍을 만들면서 가해하며 노숙하면 모조리 식해하며 유충이 주로 장미과 식물의 잎을 가해하며 때로는 돌발적으로 대발생하여 잎을 모조리 먹어 치우는 경우도 있음. 쉽게 발견되며, 피해를 받아도 나무가 고사하는 경우는 극히 드묾

154 다음 중 광식성 해충이 아닌 것은?

① 미국흰불나방 ② 매미나방
③ 애모무늬잎말이나방 ④ 붉은목나무좀
⑤ 검은배네줄면충

해설 검은배네줄면충은 단식성이다.

155 다음 중 외래침입해충이 아닌 것은?

① 유리알락하늘소 ② 밤나무혹벌
③ 솔잎혹파리 ④ 갈색날개매미충
⑤ 버즘나무방패벌레

해설 유리알락하늘소는 동북아시아 원산이다.

정답 153 ② 154 ⑤ 155 ①

156 다음 용어 설명 중 틀린 것은?

① 경제적 피해 수준 : 해충에 의한 피해액과 방제비가 같은 수준의 밀도로 경제적 손실이 나타나는 최저밀도
② 경제적 피해 허용 수준 : 해충의 밀도가 경제적 피해 수준에 도달하는 것을 억제하기 위하여 방제수단을 써야 하는 밀도 수준
③ 일반평형밀도 : 약제방제와 같은 외부간섭을 받지 않고 천적의 영향으로 장시간 걸쳐 형성된 해충군의 평균밀도
④ 2차 해충 : 문제가 되지 않던 해충이 환경 조건의 변화 등으로 인하여 해충의 밀도억제 요인들이 변화되고 대발생하여 경제적 수준을 넘은 경우
⑤ 비경제해충 : 산림생태계를 구성하는 대부분의 곤충류가 속하며 잠재해충이라고도 함

해설
- 2차 해충 : 특정 해충의 방제로 인해 곤충상이 파괴되면서 새로운 해충이 주요 해충화하는 경우
- 돌발해충 : 문제가 되지 않던 해충이 환경 조건의 변화 등으로 인하여 해충의 밀도억제 요인들이 변화되고 대발생하여 경제적 수준을 넘은 경우

157 흡즙성 해충에 대한 설명 중 틀린 것은?

① 찔러빠는 형 입틀을 가지고 있다.
② 노린재목과 벌목에 속하는 해충이 대부분이다.
③ 가해 시 감로를 발생시켜 그을음병을 유발하는 경우가 많다.
④ 충영을 형성하지 않는 흡수성 해충에 의한 피해는 외견상 영양분 결핍에 의한 생리적 피해와 매우 유사하다.
⑤ 선녀벌레, 매미충, 응애 등이 여기에 속한다.

해설 벌목의 입틀은 유충(씹는형), 성충(대부분 씹는형, 꿀벌은 예외)이다.

빠는 입 종류
- 탐침하여 올싹마시기형
- 흡수하여 핥기형
- 찔러 빨기형 등

158 다음 중 탈피 시 벗어 버리고 새로 만드는 부위가 아닌 것은?

① 체벽
② 중장내막
③ 전장내막
④ 후장내막
⑤ 큐티클층

해설 중장내막은 그대로 사용한다.

정답 156 ④ 157 ② 158 ②

159 다음 설명 중 틀린 것은?

① 씹힌 음식이 이동하여 잠시 보관하는 곳은 모이주머니이다.
② 피를 빠는 곤충이 가지고 있는 침의 성분은 응고제이다.
③ 전장과 후장의 내막은 큐티클층으로 싸여 있어 탈피 시 분해와 재형성을 거친다.
④ 말피기소관은 유해 함질소 노폐물을 걸러서 직장 쪽으로 보내는 역할을 한다.
⑤ 지방체는 사람의 간 역할을 한다.

해설 피를 빠는 곤충이 가지고 있는 침의 성분은 항응고제이다.

160 수컷의 부속샘이 하는 역할이 아닌 것은?

① 정협을 만든다.
② 정액 형성을 돕는다.
③ 정자의 증식, 생장, 성숙, 분화 단계를 거친다.
④ 정자의 이동을 돕는다.
⑤ 정자에 양분을 공급한다.

해설 정소소관은 정자의 증식, 생장, 성숙, 분화 단계를 거친다.

161 곤충의 순환계에 해당하는 용어가 아닌 것은?

① 폐쇄혈관계　　　　　　② 혈강
③ 상혈관　　　　　　　　④ 대혈관
⑤ 등혈관

해설 곤충은 개방혈관계에 속한다.

162 혈액의 이동방향을 한쪽으로 정해주는 일을 돕는 기관은?

① 상맥박기관　　　　　　② 부맥박기관
③ 익근　　　　　　　　　④ 하맥박기관
⑤ 하신경선

해설 곤충의 순환계는 개방순환계이고 등쪽 전후에 위치하여 앞쪽은 대동맥, 뒤쪽은 심장에 해당된다. 곤충에 있어 혈관은 한 개의 굵고 긴 빨대 같은 혈관이 몸 안 위쪽에 존재하는데, 이를 등 혈관 상혈관이라고 한다. 상혈관은 체강 내에서 여러 쌍의 익근(익상근)에 의해 제자리를 유지하도록 지지되고 있다. 혈액은 다리는 물론 더듬이나 날개의 시맥을 통해서도 순환이 일어나는데, 가는 부속지의 입구에는 부속박동기관(부맥박기관)이 있어서 혈액이 들어가고 나오는 방향을 한쪽으로 정해 준다.

정답 159 ② 　160 ③ 　161 ① 　162 ②

163 전흉선이 분비하는 호르몬은?

① 신경분비호르몬 ② 전흉선자극호르몬
③ 엑디손 ④ 유약호르몬
⑤ 카디아카체

해설

종류	내용
신경분비세포 (신경분비호르몬)	신경분비세포에서 분비하며, 곤충의 성장, 항상성, 대사, 생식 등을 총괄하는 일종의 조절 지배자임
카디아카체 (전흉선 자극호르몬)	심장박동조절에 관여함
알라타체 (유약호르몬, 변태조절호르몬, JH)	성충으로의 발육을 억제하는 유충호르몬을 생성함
앞가슴선 (전흉선, 전흉샘, 엑디스테로이드)	탈피호르몬(MH), 엑디손과허물벗기호르몬(EH), 경화호르몬(bursicon) 등을 분비함
환상선	파리류의 유충에서 작은 환성의 조직이 기관으로 지지함

164 다음 중 신경계의 신경절과 담당 부위가 잘못 짝지어진 것은?

① 전대뇌 – 단안 ② 중대뇌 – 복안
③ 후대뇌 – 윗입술 ④ 식도하신경절 – 큰턱
⑤ 후대뇌 – 전위

해설 전대뇌에서는 복안과 단안, 중대뇌에서는 더듬이를 담당한다.

165 곤충의 기관계에 대한 설명으로 틀린 것은?

① 기문실에서는 공기 외의 다른 외부물질을 걸러준다.
② 기문밸브는 수분증발을 막는다.
③ 곤충의 호흡은 세포 내 호흡이다.
④ 공기 중 산소를 전달한다.
⑤ 산소의 전달과 이산화탄소의 방출은 농도차에 의해 이루어진다.

해설 기관지 내에서 산소의 전달과 이산화탄소의 방출은 농도차에 이루어지는 가스교환방식이다.

정답 163 ③ 164 ② 165 ③

166 다음 설명 중 틀린 것은?

① 메뚜기가 잘 뛰는 이유는 뒷다리의 퇴절이 발달해서이다.
② 곤충의 탄력성이 가장 필요한 곳에 분포하는 단백질은 레시린이다.
③ 시맥 중 날개의 가장 앞쪽에 있는 것은 전연맥이다.
④ 중장은 위의 안쪽 상피세포가 소화효소를 분비하여 음식을 흡수한다.
⑤ 소나무가 myrcene이라는 물질을 분비하는데 알로몬에 해당된다.

해설 myrcene은 카이로몬으로 감지자에게 이득이 되어 소나무좀들이 모여든다.

167 다음 중 배에서만 발견되는 구조물이 아닌 것은?

① 각상관(뿔관) ② 미모
③ 기문 ④ 배다리
⑤ 산란기

해설 기문은 가슴에도 있다(보통 가슴 두 쌍, 배에 여덟 쌍).

168 다음 중 괄호 안에 알맞은 용어는?

> 함질소 노폐물을 ( )의 형태로 배설하는 것은 곤충에게는 상당히 중요한 의미를 가지는데 그 이유는 노폐물의 다른 형태인 요소나 암모니아는 독성이 강하고 성분 구성 시 물 분자가 많이 필요하여 몸 안의 수분을 잃는 경우가 많다.

① 요산 ② 염
③ 아미노산 ④ 지방
⑤ 단백질

해설 물이 적은 환경에서 사는 육상 동물은 암모니아를 빠르게 확산시키지 못하기 때문에 독성이 적은 요산으로 전환시켜 배설한다.

정답 166 ⑤ 167 ③ 168 ①

169 다음 설명에 해당하는 날개는?

- 막질의 날개를 보호하여 준다.
- 자외선 색을 포함한 다양한 색과 무늬를 통해 다른 곤충과의 의사소통을 한다.
- 적에게 경고색을 나타내거나 보호색을 통해 자신을 숨기기도 한다.
- 일부 곤충은 페로몬을 분비하기도 한다.

① 굳은 날개 ② 반 굳은 날개
③ 두텁날개 ④ 인편
⑤ 평균곤

해설

구분	특징	해당 곤충
초시(굳은 날개)	앞날개가 경화되어 시초를 가짐	딱정벌레목
복시	앞날개가 막질이면서 날개맥이 남아 있으나 딱딱함	메뚜기목
반초시(반굳은 날개)	날개의 반 정도는 딱딱하고 끝부분은 막질	노린재목
평균곤	뒷날개가 퇴화한 것	파리류
이평균곤	앞날개가 퇴화하여 작대기 모양을 이루는 것	부채벌레목

170 솔잎혹파리에 대한 설명으로 옳은 것은?

① 벌목에 속한다.
② 주로 1년에 1회 발생한다.
③ 소나무와 밤나무를 모두 가해한다.
④ 우리나라에서 1970년대에 처음 발견되었다.
⑤ 성충의 수명은 1개월 정도이다.

해설 ① 파리목에 해당한다.
③ 소나무만 가해한다.
④ 1929년 전남 목포에서 최초 발생하였다.
⑤ 수컷의 수명은 1~2일이다.

솔잎혹파리
- 6월 하순~10월 하순까지 유충이 솔잎 밑부분에 벌레혹을 만들고 그 속에서 즙액을 흡즙
- 피해목은 직경생장은 피해 당년에, 수고생장은 다음 해에 감소함
- 연 1회 발생, 유충의 형태로 땅속에서 월동함

정답 169 ④ 170 ②

171 솔잎혹파리의 방제방법으로 틀린 것은?

① 나무주사가 가능한 흉고직경은 10cm 이상인 임지이다.
② 나무주사는 5월 하순~6월 하순에 실시한다.
③ 나무주사는 충영형성율이 50% 이상인 임지에 실시한다.
④ 천적방제는 솔잎혹파리먹좀벌, 혹파리살이먹종을 이용한다.
⑤ 천적방제는 피해극심기를 지나고 천적기생율이 저조한 기생율 10%에서 실시한다.

해설 나무주사는 충영형성율이 20% 이상인 임지에 실시한다.

172 솔껍질깍지벌레에 피해 상황에 대한 설명으로 틀린 것은?

① 해송의 가지에 기생하여 흡즙 가해한다.
② 성충이 가는 실모양의 입을 수피에 꽂고 가해한다.
③ 피해를 받은 인피부에는 갈색반점이 생기고 해충밀도가 높은 경우 반점이 연결되어 극심한 수세약화를 일으킨다.
④ 침엽이 갈변하는 시기는 3~5월이다.
⑤ 선단지에서의 피해가 빠르기 때문에 수관형태가 그대로 유지된 체 고사하는 경우가 많다.

해설 솔껍질깍지벌레는 약충이 가는 실모양의 입을 수피에 꽂고 가해한다.

173 수목해충별 기생성천적의 연결이 잘못된 것은?

① 솔잎혹파리 – 솔잎혹파리먹좀벌, 혹파리살이먹좀벌
② 꽃매미 – 꽃매미벼룩좀벌
③ 밤나무혹벌 – 중국긴꼬리좀벌
④ 북방수염하늘소 – 개미침벌
⑤ 진딧물 – 애꽃노린재

해설 총채벌레의 천적은 애꽃노린재이고, 진딧물의 천적은 콜레마니진디벌이다.

정답 171 ③ 172 ② 173 ⑤

174 곤충의 생명표에 대한 설명 중 틀린 것은?

① 같은 시기에 출생한 집단에 대한 자료이다.
② 기간, 초기개체 수, 사망 수, 사망요인, 사망률 등의 항목으로 이루어져 있다.
③ 생명표에서 가장 주요한 것은 생존율이다.
④ 곤충은 생존곡선의 제1형에 해당한다.
⑤ 생존곡선의 유형은 고정적이지 않고 환경 조건이나 밀도의 영향을 받아 변화하기도 한다.

해설 생존곡선의 제1형은 어린개체군이 사망률이 낮은 경우, 즉 인간에 해당한다. 제3형은 어린개체에서 사망률이 높은 경우로 곤충은 제3형에 해당한다.

175 입틀의 큰턱, 작은턱, 아랫입술 등의 운동 및 감각신경과 가장 밀접한 것은?

① 전대뇌
② 중대뇌
③ 후대뇌
④ 말초신경계
⑤ 식도하신경절

해설 **식도하신경절**
- 구기, 침샘, 목 부위에 연결된 근육과 감각기관에 신경을 보냄
- 운동을 촉진·억제시키는 역할을 함

176 어떤 곤충 유충의 발육률(y)과 온도(x)와의 관계식을 $y = ax + b$와 같이 표현했을 때 곤충의 발육영점온도를 추정하는 방법은?

① $-\dfrac{b}{a}$
② $a-b$
③ $-\dfrac{1}{a}$
④ $-\dfrac{1}{b}$
⑤ $a+b$

해설 발육영점온도는 발육률이 0에 해당하는 경우이므로 $0 = ax + b \rightarrow x = -\dfrac{b}{a}$가 된다.

정답 174 ④ 175 ⑤ 176 ①

177 곤충의 배설계에 대한 설명으로 옳지 않은 것은?

① 말피기관의 끝은 막혀 있다.
② 지상곤충은 주로 질소대사산물을 암모니아 형태로 배설한다.
③ 말피기관은 중장과 후장의 접속 부분에서 후장에 연결되어 있다.
④ 말피기관 밑부와 직장은 물과 무기이온을 재흡수하여 조직 내의 삼투압을 조절한다.
⑤ 육상곤충의 경우 요산의 형태로 배출한다.

해설 곤충의 질소배설물은 물에 녹지 않는 요산·구아닌으로 배설하여 물과 함께 배설할 필요가 없어서 체내에 수분을 보존한다.

178 다음 괄호 안에 들어갈 용어로 바르게 연결된 것은?

> 가. 한 가지 방제만으로는 해충문제를 해결할 수 없으므로 여러 가지 방제수단을 적절하게 조합하는 (　　　)수단을 지향하고 있다.
> 나. (　　　)은 경제적 손실이 나타나는 해충의 최저밀도로서 해충에 의한 피해액과 방제비가 같은 수준의 해충밀도를 말한다.

	가	나
①	종합적 방제	경제적 피해수준
②	생물적 방제	경제적 피해수준
③	법적 방제	경제적 피해수준
④	재배적 방제	경제적 피해 허용수준
⑤	행동적 방제	경제적 피해 허용수준

해설
가. 종합적 방제 : 생물적, 재배적, 물리적, 화학적 방제기술의 이용을 조합하여 경제적, 환경적으로 인축에 피해를 최소화하는 방제 전략임
나. 경제적 피해수준 : 해충에 의한 손실액과 방재비용이 같을 때의 해충의 밀도로 기주의 저항성과 환경저항은 해충의 밀도를 경제적 피해수준 이하로 낮추어야 함

정답 177 ② 178 ①

179 다음 중 유전적 결함으로 인해 생식이 불가능한 경우는?

① 단위생식
② 자웅동체
③ 자웅양형
④ 처녀생식
⑤ 유성생식

해설 　자웅양형은 유전적 결함에 의해 몸의 좌우 한쪽 절반은 암컷, 나머지 한쪽은 수컷인 경우로, 불임성이다.
①, ④, ⑤ 단위생식과 처녀생식은 정자와 난자의 결합 없이 하나의 성만으로 번식하는 방법이며, 종종 수정을 통한 유성생식도 겸한다.
② 자웅동체 또는 자웅혼성은 한 몸에 암수의 성질을 모두 가지고 있어 때로는 암컷으로, 때로는 수컷으로 행동하며 번식하는 방법이다.

정답 　179 ③

PART 03

수목생리학

Tree
Doctor

PART 03 기출예상문제

001 다음 수목에 대한 설명 중 옳은 것은?

① 종자식물은 초본식물과 목본식물로 나뉘며 모두 2차생장을 하는 식물이다.
② 수목은 생식생장에 많은 에너지를 소모하지 않는다.
③ 수목은 청미래덩굴, 대나무같이 형성층에 의해 직경생장을 하는 식물을 말한다.
④ 수목의 호흡현상은 인간과 다른 생물의 호흡과는 다르다.
⑤ 나무는 잎에서 기공을 열고 증산작용을 통해 무기양분과 수분을 운반하는 데 에너지를 소모한다.

해설
① 초본식물은 2차생장을 하지 않는다.
③ 청미래덩굴, 대나무는 외떡잎식물로 직경생장을 하지 않는다.
④ 호흡현상은 생물이 가지는 공통현상이며 미토콘드리아에서 일어난다. 호흡현상은 해당작용, Krebs 회로, 말단전자전달경로로 나뉜다.
⑤ 증산작용은 수분의 수동적 흡수의 원동력이며 에너지를 소모하지 않는다.

002 다음 중 연륜에 관한 설명으로 옳지 않은 것은?

① 춘재는 세포 지름이 크고 세포벽이 얇으며, 추재는 지름이 작고 세포벽이 두껍다.
② 환공재는 춘재도관의 지름이 추재도관의 지름보다 큰 도관을 갖는 것으로 참나무, 물푸레나무 등이 있다.
③ 산공재는 춘재도관의 지름이 추재도관의 지름과 같은 도관을 갖는 것으로 단풍나무, 포플러 등이 있다.
④ 주풍에 의해 발생하는 이상연륜에는 압축이상재와 인장이상재가 있다.
⑤ 압축이상재는 바람이 불어오는 쪽에 이상연륜이 생긴다.

해설 압축이상재는 바람이 불어가는 쪽, 인장이상재는 바람이 불어오는 쪽에 이상연륜이 생긴다.

정답 001 ② 002 ⑤

003 다음 수피의 구성 중에서 내수피에 해당하지 않는 것은?

① 사부
② 코르크층
③ 목전피층
④ 코르크형성층
⑤ 조피

해설 조피는 외수피이다.

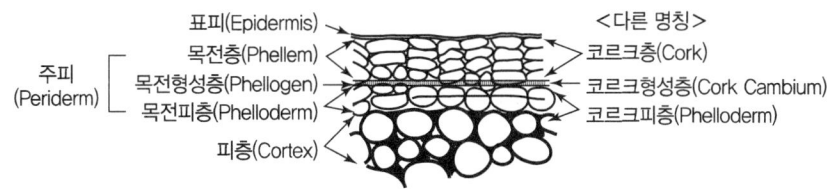

004 다음 그림과 같은 연륜을 나타내는 나무로 옳은 것은?

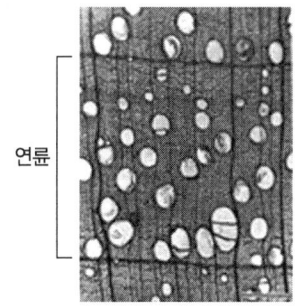

① 음나무
② 피나무
③ 단풍나무
④ 가래나무
⑤ 가문비나무

해설 환공재의 연륜을 나타내는 그림으로 호두나무, 가래나무 등이 이에 해당한다.

정답 003 ⑤   004 ④

005 다음은 뿌리의 분열조직에 대한 설명이다. 옳지 않은 것은?

① 어린뿌리의 근관은 세포분열조직을 보호한다.
② 어린뿌리의 근관은 굴지성을 유도한다.
③ 성숙뿌리의 내초에는 자유로운 수분의 이동을 효율적으로 차단하는 방사단면이 있으며 이곳의 세포벽에 카스페리안대가 존재한다.
④ 어린뿌리의 분열조직은 근관, 세포분열구역, 길이신장구역, 세포분화구역으로 나눌 수 있다.
⑤ 어린뿌리의 근관은 Mucigel을 분비하여 윤활유 역할을 한다.

해설 카스페리안대는 내피 횡단면의 세포벽에 존재하며 수베린을 함유하고 있다.

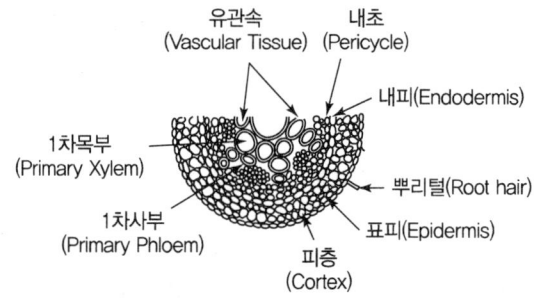

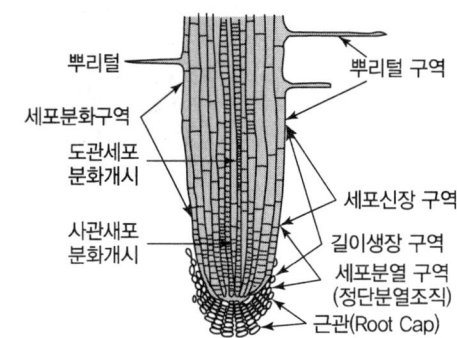

006 잎이 가지고 있는 일반적인 기능으로 옳지 않은 것은?

① 탄소 동화 작용
② 양분 흡수 기능
③ 탄산가스 교환 기능
④ 수분 배출 기능
⑤ 수목의 온도 조절 기능

해설 양분 흡수 기능은 뿌리의 기능에 해당한다.

정답 005 ③   006 ②

007 다음 뿌리의 선단부 중 근모부에 대한 설명으로 옳지 않은 것은?

① 뿌리털이 신장한다.
② 다량의 수분을 흡수한다.
③ 조직의 분화가 이루어진다.
④ 세포신장이 주로 일어난다.
⑤ 뿌리에서 각종 영구조직의 분화가 이루어지는 곳이다.

해설 뿌리털 구역(흡수대, 근모대)은 뿌리털(근모)이 발달하여 양분과 수분의 흡수가 촉진되는 부위이다. 뿌리털이 발달하면 수분 흡수에 유리하도록 뿌리의 선단부와 토양과의 접촉면을 확대시켜 준다. 분열된 세포가 신장하는 구역은 신장대이다.
- 분화구역 : 신장한 세포가 분화하는 구역
- 분열대 : 뿌리 끝 근관(뿌리골무)으로 둘러싸여 보호되는 생장점으로 세포분열이 일어남
- 근관 : 뿌리의 생장점을 보호해 주며, 점액성 물질을 분비하여 뿌리의 토중 침투를 용이하게 함

008 수목조직에 대한 설명이다. 옳지 않은 것은?

① 생장점, 형성층, 절간분열조직은 세포분열이 일어나는 대표적인 장소이다.
② 후각조직과 후막조직은 세포벽의 비후에 의해 형성된다.
③ 사부는 직경생장에 미치는 영향이 미미하다.
④ 셀룰로스와 아밀로스는 자당으로 구성되어 있다.
⑤ 공변세포와 뿌리털은 표피세포가 변형되어 형성된다.

해설 셀룰로스와 아밀로스는 포도당(glucose)이 글리코시드결합을 한 중합체이다.
※ 자당 : 설탕(sucrose)을 말하며 비환원성 2당류이다.

009 다음은 목본식물에 대한 설명이다. 옳지 않은 것은?

① 단자엽식물은 대나무류와 청미래덩굴류만이 목본이다.
② 침엽수재의 목재가 활엽수재의 목재보다 비중이 크다.
③ 나자식물에는 은행목, 주목, 구과목이 있다.
④ 상록수와 낙엽수는 낙엽성에 의한 분류이다.
⑤ 종자식물은 생식기관의 모양에 따라 나자식물과 피자식물로 분류한다.

해설 목재의 비중은 활엽수재가 침엽수보다 크다.

정답 007 ④ 008 ④ 009 ②

010 미국적송의 목부 수선조직 유세포를 구성하는 것으로 옳지 않은 것은?

① 골지체
② 엽상체
③ 미토콘드리아
④ 미소체
⑤ 소포체

해설 목부 수선조직 유세포의 구성요소는 핵, 엽록체, 미토콘드리아, 미소체, 소포체, 액포 등이 있다.

엽상체
엽상체는 전체적인 모습이 일반 식물은 줄기, 뿌리, 잎으로 이루어진 반면에 잎으로 이루어져 있다. 관다발이 존재하지 않으며 전체가 잎으로 이루어져 있기 때문에 양분은 광합성을 통해 얻는다. 엽상체인 식물에는 이끼, 우산이끼, 솔이끼, 다시마, 미역, 대금발선 등이 있다.

011 다음은 잎에 대한 설명이다. 옳지 않은 것은?

① 공변세포에 의해 만들어지는 구멍을 기공이라 한다.
② 엽록체량은 책상조직이 해면조직보다 많이 존재한다.
③ 수목 전체에서 살아 있는 유세포가 가장 많이 존재한다.
④ 기공의 크기는 기공의 분포밀도와 비례한다.
⑤ 나자식물의 경우 기공의 공변세포가 반족세포보다 깊게 위치하여 증산작용을 억제한다.

해설 기공의 크기는 기공의 분포밀도에 반비례한다.

012 대부분의 피자식물의 경우 기공은 하표피에만 분포한다. 다음 중 기공이 잎의 양면에 모두 분포하는 나무는?

① 붉가시나무
② 벚나무
③ 팽나무
④ 물푸레나무
⑤ 포플러

해설 포플러는 양면에 모두 기공이 존재하나, 뒷면에 더 많은 기공이 있다.

013 다음은 도관, 가도관에 대한 설명이다. 옳지 않은 것은?

① 도관부의 유세포는 구성요소 중 하나이다.
② 도관부의 목부섬유는 저장 역할을 한다.
③ 가도관은 양치식물과 나자식물에 있다.
④ 도관은 천공판을 가지고 있다.
⑤ 가도관은 막공을 가지고 있다.

정답 010 ② 011 ④ 012 ⑤ 013 ②

해설 도관부의 목부섬유는 지지기능을 담당한다(원형질 상실).

도관부 구성요소
- 도관(물관, vessel) : 세로로 이어진 도관세포가 격막이 소실되어 길게 연결된 관이다. 도관 위아래의 격막에는 천공이 있는데, 그 부위를 천공판이라 한다.
- 가도관(헛물관, trscheid) : 나자식물, 양치식물에서 목부의 주요소가 된다. 가도관은 도관보다 가늘고 끝이 다소 뾰족하며 속이 빈 죽은 세포이다. 격막은 있으나 천공은 없고 종류에 따라 격막이 없는 경우도 있다.
- 목부섬유 : 지지기능을 담당하며, 가늘고 길고 세로방향이며 세포벽이 두껍고 천공이 없다.
- 목부유조직 : 저장기능을 담당하며, 짧은 기둥 모양으로 원형질을 포함하는 살아 있는 세포이다.

014 사부의 구성요소 중 저장기능과 함께 동화물질을 물과 함께 측면으로 운반하는 기능을 하는 것은?

① 사관요소(체관요소)
② 반세포
③ 사부유조직(체관부유조직)
④ 체관섬유
⑤ 사판(체판)

해설 수송기능을 수행하는 것은 반세포이지만, 저장기능과 운반기능까지 동시에 수행하는 것은 사부유조직이다.

체관부 구성요소
- 체관요소(사관요소, sieve element)
  - 식물체 안에서 당과 다른 유기물질을 통도하는 체관부세포이다.
  - 하나 이상의 반세포와 짝을 이루며, 원형질연락사가 체관요소와 반세포를 관통하여 용질을 쉽게 이동시킨다.
- 반세포(companion cell)
  - 성숙한 잎의 세포에서 소엽맥의 체관요소로 광합성 산물을 수송하는 역할을 한다.
  - 사관요소에 붙어 있으며 밀도가 높은 세포질과 핵을 가지고 있다.
  - 사관의 기능이 활발하면 존재하고 사관이 노화하면서 파괴된다.
- 체관부유조직(사부유조직, phloem parenchyma)
  - 저장기능과 체내 당합성이나 전류에 작은 역할을 하며, 엽록체를 함유한다.
  - 양분은 체관요소로 반세포, 유조직세포를 통해 분열조직이나 저장 부위로 이동한다.
- 유조직세포(parenchyma cell) : 대사적인 펌프로서 작용하여 양분을 공급 부위에 있는 체관부 수용 부위에 있는 체관부, 분열조직, 저장조직으로 보낼 때 에너지를 공급한다.
- 반세포와 체관유조직세포는 세포벽이 얇고 원형질을 함유하며, 체관의 압력구배의 유지에 주요한 역할을 한다.
- 체판(사판, sieve plate) : 서로 닿은 체관부세포는 체판에 의해 연결되고, 체판은 작은 구멍(체판, 사공)이 많이 있어 동화물질의 이동을 쉽게 한다.
- 체관섬유 : 방추형의 가는 후막세포로 압력에 기계적인 지지 역할을 한다.

정답 014 ③

015 다음 수목에 관한 설명 중 옳지 않은 것은?

① 측아는 정아의 측면에 각도를 가지고 발달하며, 지베렐린의 농도에 영향을 받는다.
② 눈은 줄기의 한 구성 성분으로 정단분열조직을 가지고 있어 세포분열을 수행한다.
③ 정아는 가지 끝의 한복판에 자리 잡은 눈이며, 옥신의 농도에 영향을 받는다.
④ 액아는 대와 잎 사이의 겨드랑이에 위치한 작은 눈을 말한다.
⑤ 절간생장은 새 가지가 나오는 해에만 생장한다.

해설 정아는 옥신(auxin), 측아는 사이토키닌(cytokinin)의 농도에 영향을 받는다.

016 다음 중 잠아와 관련된 것이 아닌 것은?

① 도장지
② 주맹아
③ 맹아지
④ 근맹아
⑤ 아흔

해설 근맹아는 부정아와 관련이 있다.
  ※ 잠아 : 주맹아, 피자식물의 도장지, 나자식물의 맹아지, 아흔

017 형성층의 계절적 생장에 영향을 주는 식물호르몬으로 옳은 것은?

① 옥신
② 지베렐린
③ 에브시식산
④ 에틸렌
⑤ 사이토키닌

해설 옥신은 주광성과 굴지성, 성 결정, 낙엽 지연 등에 영향을 주며 봄에는 형성층의 세포분열을 유도한다.
  ② 지베렐린 : 줄기의 신장 생장, 개화 및 결실 촉진, 휴면 타파
  ③ 에브시식산 : 휴면 유도, 탈리현상 촉진, 스트레스 감지, 모체 내의 종자 발아 억제
  ④ 에틸렌 : 과실의 성숙 촉진, 줄기와 뿌리의 생장 억제, 개화 촉진 효과
  ⑤ 사이토키닌 : 세포분열과 기관 형성 촉진, 노쇠 지연, 측지가 발달

정답 015 ① 016 ④ 017 ①

018 다음은 줄기의 생장에 관한 설명이다. 옳은 것은?

① 정아가 주지의 한복판에 자리 잡고 줄기의 생장을 조절하는 것을 유한생장이라 하며 소나무류, 가문비나무류, 느릅나무 등이 이에 해당한다.
② 가지 끝이 죽거나 늦가을까지 자라다 끝부분이 죽으면 측아가 정아 역할을 조절하는 것을 무한생장이라 하며 자작나무, 서어나무, 피나무, 참나무류 등이 있다.
③ 당년에 자랄 원기가 전년도에 형성된 동아 속에 미리 형성되어 봄에 개엽하는 것을 고정생장이라 하며 소나무, 잣나무, 솔송나무, 참나무 등이 있다.
④ 동아 속의 원기는 봄에 자라는 춘엽이 되고 새로 만들어지는 원기가 하엽이 되어 이엽지가 되는 것을 자유생장이라 하며 포플러, 은행나무, 일본잎갈나무, 버짐나무 등이 있다.
⑤ 소나무 중에 테다소나무와 대왕송은 대표적인 고정생장을 하는 수종이다.

해설

유한생장 수종	소나무류, 가문비나무류, 참나무류 등
무한생장 수종	자작나무, 서어나무, 버드나무, 버즘나무, 아까시나무, 피나무, 느릅나무 등
고정생장 수종	소나무, 잣나무, 가문비나무, 솔송나무, 너도밤나무, 참나무 등
자유생장 수종	사과나무, 포플러, 은행나무, 일본잎갈나무(낙엽송), 자작나무, 테다소나무, 대왕송 등

019 다음 수목생장에 관한 설명 중 옳은 것은?

① 은행나무, 낙엽송, 자작나무, 단풍나무 등은 한 종류의 가지를 가진다.
② 참나무류는 도장지를 많이 만들고 물푸레나무는 적게 만든다.
③ 도장지는 활엽수보다 침엽수에서 더 많이 나타난다.
④ 숲의 가장자리에 위치한 나무에서는 많은 도장지를 보기 힘들다.
⑤ 소나무류에서 한여름에 비가 많이 올 때 가끔 측아가 자라는데, 이를 라마지라 한다.

해설 ① 은행나무, 낙엽송, 자작나무, 단풍나무 등은 두 종류(장지, 단지)의 가지를 가진다.
③ 도장지는 주로 활엽수에서 나타난다.
④ 임연부의 나무는 도장지가 많이 나타난다.
⑤ 라마지는 정아가 자란 것을 말한다.

정답 018 ③ 019 ②

020 다음은 정아우세에 관한 설명이다. 옳지 않은 것은?

① 나자식물은 정아지가 측아지보다 빨리 자란다.
② 정아우세 현상은 목본식물에서는 흔하지만 초본식물에서는 잘 관찰되지 않는다.
③ 구형의 수관형을 가진 수종도 밀식 시에는 원추형과 비슷하게 자란다.
④ 피자식물은 어릴 때에는 정아우세가 나타나 원추형의 수형을 유지한다.
⑤ 정아우세는 옥신 계통의 식물호르몬이 측아의 생장을 억제하기 때문에 발생한다.

해설 정아우세 현상은 초본식물에도 흔하게 일어난다.

021 다음은 직경생장에 관한 설명이다. 옳은 것은?

① 유관속형성층은 수관, 줄기, 뿌리 부분의 목부와 사부 사이에 위치한다.
② 수목의 직경생장은 주로 형성층의 활동에 의해 이루어지며, 코르크형성층은 기여하지 않는다.
③ 직경생장은 주로 유관속형성층이 안쪽으로 생산한 제1차 목부조직에 의해 이루어진다.
④ 유관속형성층과 코르크형성층, 조피를 합쳐서 측방분열조직이라 한다.
⑤ 형성층은 접선방향으로 배열하고 있는 여러 층의 시원세포까지 포함한다.

해설 ① 유관속형성층은 수간, 줄기, 뿌리의 목부와 사부 사이에 위치한다.
      ② 코르크형성층은 직경생장에 기여한다.
      ③ 직경생장은 제2차 목부조직에 의해 이루어진다.
      ④ 측방분열조직은 유관속형성층과 코르크형성층을 말한다.

022 다음 직경생장에 관한 설명 중 옳지 않은 것은?

① 병층분열과 수층분열은 시원세포를 추가하여 만들기 위한 분열이다.
② 수층분열과 병층분열은 세포벽을 만드는 분열이다.
③ 병층분열은 방사선 방향으로 세포벽을 만드는 세포분열이다.
④ 나무의 직경이 굵어져 형성층의 세포수를 증가시키기 위한 세포분열이다.
⑤ 병층분열에 의해 목부와 사부를 만들게 된다.

해설 병층분열은 횡단면상의 접선 방향으로 분열한다.

정답 020 ②   021 ⑤   022 ③

023 다음은 형성층의 분화에 대한 설명이다. 옳지 않은 것은?

① 생장에 불리한 환경이 되면 목부의 생산량이 줄어든다.
② 봄에 형성층이 활동을 재개할 때 사부조직이 목부조직보다 먼저 만들어진다.
③ 형성층에서 안쪽으로 추가된 세포는 도관, 섬유, 가도관, 유세포 중 하나로 분화한다.
④ 도관, 섬유, 가도관은 2차벽을 가지게 되며, 원형질을 잃어버린다.
⑤ 침엽수의 가도관은 성숙한 후에는 활엽수의 섬유보다 더 짧아진다.

해설 침엽수의 가도관은 본래 길이가 길기 때문에 성숙한 후에도 활엽수의 섬유보다 길다. 활엽수는 종축 방향으로 500%가량 확장하고 침엽수는 20%가량 확장한다.

024 다음은 형성층에 대한 설명이다. 옳지 않은 것은?

① 형성층의 활동은 상록수가 낙엽수보다 더 오래 지속된다.
② 형성층은 임분 내에서 피압목이 우세목보다 오래 활동한다.
③ 형성층의 활동은 옥신(auxin)에 의해 좌우된다.
④ 형성층의 활동은 나무 꼭대기와 눈 바로 아래의 줄기에서 제일 먼저 시작된다.
⑤ 옥신의 양이 감소하면 제일 먼저 나무 밑동 부분에서 형성층 분열이 중단된다.

해설 형성층은 임분 내에서 우세목이 피압목보다 더 오래 활동을 지속한다. 형성층의 활동은 식물호르몬인 옥신에 의해 좌우된다. 이른 봄, 눈에서 만들어진 옥신 계통의 식물호르몬이 밑으로 이동하면서 형성층을 자극하여 세포분열을 유도한다.

025 다음은 뿌리생장에 관한 설명이다. 옳지 않은 것은?

① 종자 내 배의 유근이 발아하여 직근이 된다.
② 주근이 갈라져서 측근을 만들고, 재차 갈라져서 세근이 형성된다.
③ 뿌리털은 뿌리의 표면적을 확대시켜 무기염과 수분의 흡수에 크게 기여한다.
④ 뿌리털은 표피세포가 변형되어 길게 자란 형태로 뿌리끝의 신장생장을 하는 부위 바로 앞에 위치한다.
⑤ 소나무류나 참나무류와 같이 외생균근을 형성하는 수종들은 뿌리털을 형성하지 않는다.

해설 뿌리털은 뿌리끝의 생장하는 부위 바로 뒤에 위치한다.

026 다음은 균근에 관한 설명이다. 옳지 않은 것은?

① 외생균근에는 자낭균과 담자균이 있다.
② 내생균근과 관련된 곰팡이는 접합자균이다.
③ 내생균근은 균사의 생장이 피층세포에 국한되며 내피 안쪽으로 침입하지 않는다.
④ 외생균근은 기주범위가 목본식물에 국한된다.
⑤ 내생균근은 뿌리털이 정상적으로 발달하지 않는다.

해설 내생균근은 뿌리털이 정상적으로 발달한다.

027 다음은 뿌리의 측근에 대한 설명이다. 옳은 것은?

① 측근은 주근의 내피세포가 분열하여 만들어진다.
② 내초는 수종이 달라도 한층으로 구성된 세포군이다.
③ 병층분열을 시작하면 방사 방향으로 세포벽을 추가하여 새로운 세포를 만든다.
④ 측근이 자라는 과정에 상처가 생기나 외부로부터 병원균, 박테리아가 침입하지는 못한다.
⑤ 측근은 내피와 피층을 뚫고 주근 밖으로 나와 측근이 된다.

해설 측근은 내초에서 기원하며 내초, 내피, 피층, 표피의 순으로 돌출된다.

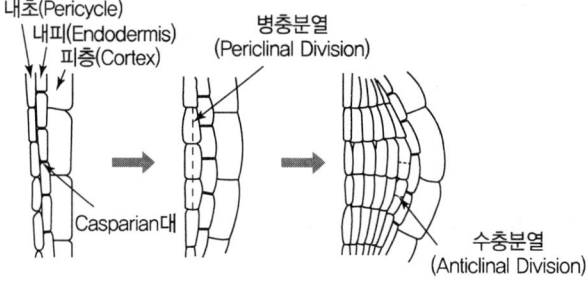

028 다음은 뿌리의 신장에 대한 설명이다. 옳지 않은 것은?

① 일반적으로 뿌리의 생장은 지상부에 있는 줄기의 생장과 밀접하게 관계되어 시작되고 정지한다.
② 온도가 내려가면 뿌리의 신장 속도는 급속히 낮아진다.
③ 독일가문비나무의 세근은 3~4년가량 살아남는다.
④ 균근을 형성한 소나무류의 뿌리에는 뿌리털이 발달하지 않는다.
⑤ 뿌리털은 뿌리끝에 있는 정단분열조직 바로 뒤쪽에서 자란다.

해설 뿌리의 생장은 지상부의 줄기의 생장과 무관하게 시작되고 정지한다. 지상부가 낮은 기온으로 생장을 정지해도, 뿌리를 따뜻하게 해 주면 가열된 뿌리가 독자적으로 자란다.

정답 026 ⑤ 027 ⑤ 028 ①

029 다음은 뿌리에 대한 설명이다. 옳지 않은 것은?

① 수목의 직근은 종자에서 제일 먼저 유래한 유근이 2차생장을 하여 굵게 자란 것이다.
② 직근은 수간 아랫부분에서 물리적인 지탱을 담당한다.
③ 측근은 옆으로 퍼져서 지지력을 향상한다.
④ 점토가 많은 토양에서는 통기성이 좋아서 근계가 더 깊게 발달한다.
⑤ 건조한 지역에서 자라는 나무는 S/R율이 작다.

해설 일반적으로 배수가 잘 되고 건조한 토양에서는 주로 직근의 발달이 깊게 이루어지고, 습기가 많거나 배수가 잘 안 되는 토양에서는 직근 대신 측근이 얕게 퍼지는 경향이 있다. 사질토는 통기성이 좋다.

030 다음은 복토와 심식에 대한 설명이다. 옳지 않은 것은?

① 복토는 나무가 자라고 있는 곳에 흙을 부어 땅의 높이가 높아진 것이다.
② 심식은 나무를 옮겨 심을 때 경관, 도관 등의 이유로 전보다 깊게 심는 것이다.
③ 복토와 심식의 증상으로는 황화현상, 조기낙엽, 가지 생장의 위축 등이 있다.
④ 수피가 땅속에 묻혀 과다한 수분으로 썩어 사부조직이 붕괴되면 수분 이동이 중단되어 뿌리가 죽는다.
⑤ 복토와 심식은 뿌리로의 산소 공급을 방해한다.

해설 사부조직은 설탕이 이동하는 통로이다.

031 다음은 햇빛에 관한 설명이다. 옳지 않은 것은?

① 녹색식물은 인간의 눈과 마찬가지로 파장 340~680nm의 가시광선 부근의 파장을 이용하여 광합성을 한다.
② 파장 660~730nm의 적색광선은 식물의 형태와 생리에 독특한 역할을 한다
③ 장일성 식물에는 장미, 무궁화, 배롱나무 등이 있다.
④ 주광성은 식물이 햇빛이 있는 방향으로 자라는 성질로 옥신의 농도가 높은 부위가 신장한다.
⑤ 굴지성은 뿌리가 땅속으로 내려가면서 자라는 성질로 옥신의 농도가 낮은 부위가 신장한다.

해설 녹색식물과 인간이 이용하는 가시광선 파장은 400~700nm 영역이다.

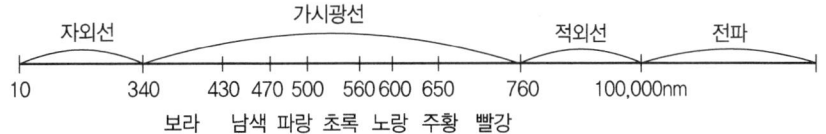

032 다음은 햇빛의 생리적 효과에 대한 설명이다. 옳지 않은 것은?

① 광질은 파장의 구성성분으로 활엽수림 밑의 임상에는 적색광선이 주종을 이룬다.
② 광도는 광합성의 속도에 큰 영향을 끼친다. 양엽과 음엽의 형태로 나타난다.
③ 광주기는 낮과 밤의 절대적인 길이의 변화로 식물의 개화에 중요한 영향을 끼친다.
④ 고에너지 광효과는 광도가 1,000lx 이상일 때 나타나 광합성을 가능하게 한다.
⑤ 저에너지 광효과는 광도가 100lx 이하일 때 생리적 효과를 나타내며, 광주기나 굴광성 등은 저에너지 광효과 때문이다.

해설 광주기는 낮과 밤의 상대적 길이를 말한다.

033 다음 설명 중 옳지 않은 것은?

① 튤립나무는 장일 조건에는 잎이 붙어 있고, 단일 조건에는 낙엽이 진다.
② 아까시나무와 자작나무는 단일 조건에서도 온도가 내려가지 않으면 잎이 붙어 있다.
③ 고위도 지역 품종을 저위도 지방에 심으면 낮의 길이가 길어 늦게까지 생장을 계속 생장한다.
④ 남쪽의 품종을 북쪽에 심으면 가을에 늦게까지 자라다 첫서리 피해를 받을 수 있다.
⑤ 뿌리는 굴지성으로 인해 옥신의 농도가 높은 방향으로 구부러진다.

해설 고위도 지역 품종을 저위도 지방에 심으면 여름에 저위도 지방의 낮의 길이가 짧아 생장이 불량해진다.

034 다음은 광색소에 관한 설명이다. 옳은 것은?

① 피토크롬(phytochrome)은 식물 체내 대부분의 기관에 존재하며 뿌리를 제외한 생장점 근처에 가장 많이 존재한다.
② 피토크롬(phytochrome)은 세포 내에서는 세포질과 핵, 그리고 원형질막에는 존재하지만 소기관(organelle)이나 액포 내에는 존재하지 않는 것 같다.
③ 피토크롬(phytochrome)은 햇빛이나 적색광을 받으면 Pr(불활성 상태)에서 Pfr(활성 상태)로 변한다.
④ 크립토크롬(crytochrome)은 파장이 320~450nm이고 가장 효과가 큰 것은 320nm 부근이다.
⑤ 피토크롬(phytochrome)이 Pr에서 Pfr로 환원되는 양은 정확한 시간에 비례한다.

해설
① 피토크롬(phytochrome)은 뿌리를 포함한 생장점 근처에 가장 많이 존재한다.
② 피토크롬(phytochrome)은 세포 내에서는 세포질과 핵 속에 존재하지만, 소기관이나 원형질막 혹은 액포에는 존재하지 않는 것 같다.
④ 크립토크롬(crytochrome)은 450nm 부근에서 가장 효과가 크다.
⑤ 피토크롬(phytochrome)이 Pfr에서 Pr로 환원되는 양은 정확한 시간에 비례한다.

정답 032 ③ 033 ③ 034 ③

035 다음은 광합성에 관한 설명이다. 옳지 않은 것은?

① 광합성의 명반응은 엽록체의 그라나(grana)에서 일어나고 암반응은 스트로마(stroma)에서 일어난다.
② 카로테노이드는 엽록소의 광산화를 방지하는 보조색소이며 잔토필, 안토시아닌, 크산토필 등이 있다.
③ 명반응은 엽록소가 햇빛을 이용해 ATP, NAPDH를 생산하는 단계이다.
④ 광합성의 과정에서 발생하는 산소는 이산화탄소에서 기인한 것이다.
⑤ 엽록체에서 틸라코이드 막을 경계로 수소이온의 농도 기울기를 형성한다.

해설 이산화탄소가 아닌 물분자에서 온 것이다.
② 카로테노이드는 엽록소를 보조하여 500~600nm의 광선을 흡수하여 광합성을 도와준다. 식물에서 노란색(잔토필), 주황색(카로틴), 빨간색(안토시아닌) 등을 나타내는 색소이다.

036 다음은 광합성에 대한 설명이다. 옳지 않은 것은?

① 엽록소는 엽록체라고 하는 작은 크기의 소기관에 있는 색소이다.
② 엽록소는 목본식물의 경우 엽록소 a(청록색)와 엽록소 b(황록색)가 주종을 이룬다.
③ 엽록소는 물에는 잘 녹지 않고, 에테르에 잘 녹는 지질(lipid)화합물이다.
④ 엽록소 a와 엽록소 b는 녹색 부근의 빛을 흡수하지 않고 반사한다.
⑤ 카로테노이드는 320~450nm에서 광합성 시 보조색소 역할을 담당한다.

해설
- 피토크롬 : 660~730nm
- 크립토크롬 : 320~450nm
- 카로테노이드 : 500~600nm

037 다음은 광합성에 대한 설명이다. 옳지 않은 것은?

① 엽록체가 햇빛에너지를 모아 탄산가스와 물을 원료로 하여 여러 효소의 작용으로 탄수화물을 만드는 것이다.
② 광반응은 태양에너지가 ATP, NADPH와 같은 조직에 저장되는 것이다.
③ 암반응은 ATP, NADPH의 에너지를 이용하여 탄수화물을 합성하는 것이다.
④ 암반응 시 Rubisco 효소의 탄산가스 흡수방식에 따라 C_3, C_4, CAM 식물로 나뉜다.
⑤ 광반응의 결과 H^+, ATP, NADPH, O_2가 생성된다.

해설 ATP, NADPH는 조효소이다.

정답 035 ④ 036 ⑤ 037 ②

038 다음의 광합성에 관한 설명 중 옳지 않은 것은?

① 녹색식물은 암반응에서 CO_2를 고정하는 양식에 따라 크게 세 가지로 나뉜다.
② C-3 식물군은 공기 중의 RuBP가 고정하고, 이때 관계하는 효소는 'rubisco' 효소이다.
③ C-4 식물군은 PEP가 CO_2를 고정하여 엽육세포에서 OAA를 만든다.
④ C-4 식물군은 유관속초 세포가 특별히 발달해 있는 특징이 있다.
⑤ C-4 식물군의 잎 내 총 단백질의 10~15%가량이 광합성 촉진효소인 malic acid이다.

해설 C-4 식물군의 잎 내 총 단백질의 10~15%가량이 광합성 촉진효소인 PEP carboxylase이다.

039 다음은 CAM 식물에 관한 설명이다. 옳지 않은 것은?

① CO_2를 고정하는 것은 C-4 식물군과 거의 동일하다.
② 밤에 기공을 열어 CO_2를 흡수하고 PEP가 CO_2를 고정하여 OAA를 만든다.
③ 낮에는 기공을 닫은 상태에서 malic acid가 OAA로 바뀌고, 분해되어 CO_2가 방출된다.
④ CAM 식물군의 선인장 종류는 건기뿐만 아니라 우기에도 밤에 기공을 열고 C-3 식물과 마찬가지로 광합성을 한다.
⑤ CAM 식물군은 주로 사막 지방에 자라는 다육식물이나, 염분 지대에서 자라는 식물이다.

해설 우기에는 낮에 기공을 열고 광합성을 한다.

야간 (기공 열림): 전분 →(해당작용)→ PEP (C_3) →(CO_2)→ OAA (C_4) → malate (C_2) → 액포에 저장

주간 (기공 닫힘): malic acid (C_2) → OAA (C_4) → PEP 혹은 pyruvate (C_3) (C_3)
CO_2 → RuBP (C_3) → 3PGA (C_3) → Calvin cycle

정답 038 ⑤   039 ④

040 다음은 광합성에 영향을 주는 요인들이다. 옳은 것은?
① 암흑 상태에서 식물은 호흡작용을 하지 않는다.
② 광도가 광보상점 이상이 되지 않아도 식물이 살아갈 수 있다.
③ 광보상점은 광합성으로 흡수하는 O_2의 양과 호흡으로 방출되는 CO_2의 양이 일치하는 점이다.
④ 음엽은 잎이 더 넓고, 엽록소의 함량이 더 많고, 광포화점이 낮다.
⑤ 모든 수목은 성목이 되어도 햇빛을 다 좋아하지는 않는다.

해설 식물은 낮과 밤에 모두 호흡을 한다. 낮에는 광합성량이 호흡량보다 많은 경우이다. 녹색식물은 광합성을 하여 에너지를 얻어야만 살아갈 수 있다. 소모량이 더 높으면 살 수 없다. 내음성은 그늘에서 견딜 수 있는 능력으로 유묘의 시기를 지나면 햇빛에서 더 잘 자란다.

광도	
광보상점과 광포화점	• 광보상점 : 호흡으로 방출되는 CO_2양=광합성으로 흡수하는 CO_2양 • 광포화점 : 광도가 증가해도 더 이상 광합성량이 증가하지 않는 포화상태의 광도
양엽과 음엽	• 양엽 : 높은 광도에서 광합성이 효율적이며, 광포화점 높고 책상조직이 빽빽하게 배열되어 있고, cuticle층과 잎의 두께가 두꺼움 • 음엽 : 낮은 광도에서 광합성이 효율적이며, 양엽보다 넓고 엽록소의 함량이 더 많음. 광포화점이 낮으며 책상조직이 엉성하고 cuticle층과 잎의 두께가 얇음
양수와 음수	그늘에서 견딜 수 있는 내음성에 따라 분류됨

041 다음 광합성에 대한 설명 중 옳지 않은 것은?
① 광반응은 온도의 영향을 적게 받고, 암반응은 온도의 영향을 더 많이 받는다.
② 온대지방에서는 광합성 적온에서 온도를 증가시키더라도 광합성량에는 큰 차이가 없다.
③ 고산지대 지역 품종이 기온이 높아질 때 광합성량이 줄어드는 이유는 광량이 증가하기 때문이다.
④ 오전 동안 수목이 수분을 어느 정도 잃어버리면 일시적인 수분 부족 현상을 겪는데, 이를 일중 침체라 한다.
⑤ 수목이 하루 중 가장 왕성한 광합성을 수행하는 시간은 오전 12시경이다.

해설 광합성 자체가 감소하면서 암흑호흡량뿐만 아니라 광호흡도 증가하기 때문이다.

정답 040 ④ 041 ③

042 다음 중 에너지가 소모되지 않는 것은?

① 세포의 분열과 신장, 분화
② 탄수화물의 이동, 저장
③ 수분의 흡수와 이동
④ 주기적 운동과 기공의 개폐
⑤ 대사물질의 합성, 분해 및 분비

해설 수분의 흡수에는 에너지를 소모하지 않는다.

043 다음은 수목의 호흡작용에 관한 설명이다. 옳은 것은?

① 호흡작용은 살아 있는 원형질을 가진 세포 중 미토콘드리아와 소포체라는 작은 소기관에서 일어난다.
② 호흡이란 에너지를 가진 물질인 기질을 환원시키면서 에너지를 발생시키는 과정이다.
③ 호흡에서 가장 효율적으로 쓰일 수 있는 기본물질은 6탄당인 ribose이다.
④ 호흡을 통하여 ATP를 생산한다.
⑤ 어린나무와 어린 숲은 호흡량이 증가하므로 전체 광합성량/호흡량 비율이 낮게 나타난다.

해설 ① 호흡작용은 원형질을 가진 세포 중 미토콘드리아에서 일어난다.
② 호흡작용은 산화작용이다.
③ 호흡에서 가장 효율적인 기본물질은 6탄당인 포도당(glucose)이다.
⑤ 어린 숲은 호흡이 증가하나 전체 광합성량/호흡량 비율은 높게 나타난다(광합성량이 증가한다).

044 다음 중 호흡작용이 일어나는 장소로 옳은 것은?

① 해당과정 – 미토콘드리아의 기질, Krebs 회로 – 세포질, 전자전달계 – 미토콘드리아의 내막
② 해당과정 – 세포질, Krebs 회로 – 미토콘드리아의 기질, 전자전달계 – 미토콘드리아의 내막
③ 해당과정 – 세포질, Krebs 회로 – 미토콘드리아의 내막, 전자전달계 – 미토콘드리아의 기질
④ 해당과정 – 미토콘드리아의 내막, Krebs 회로 – 미토콘드리아의 기질, 전자전달계 – 세포질
⑤ 해당과정 – 미토콘드리아의 기질, Krebs 회로 – 세포질, 전자전달계 – 미토콘드리아의 내막

해설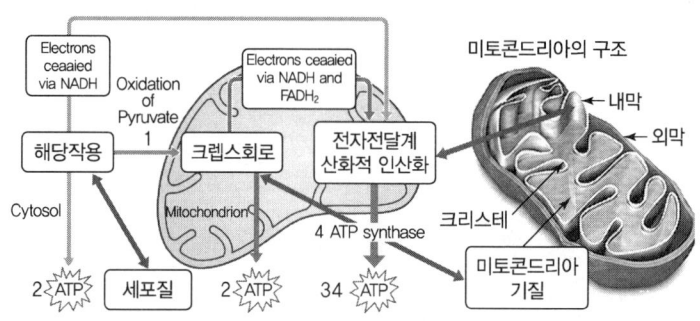

정답 042 ③   043 ④   044 ②

045 다음은 호흡작용에 대한 설명이다. 옳지 않은 것은?

① 호흡의 첫 단계는 해당작용을 통해 포도당을 분해하는 단계로 CO_2 분자 2개를 방출한다.
② 해당작용은 산소를 요구하지 않는 단계이다.
③ Krebs 회로는 4개의 CO_2를 발생시키며 NADPH를 생산한다.
④ 말단전자전달경로는 NADH로 전달된 전자와 수소가 O_2에 전달되어 물이 환원된다.
⑤ 밀식된 임분은 저조한 광합성과 많은 호흡으로 생장량이 감소한다.

해설 Krebs 회로는 4개의 CO_2를 발생시키며 NADH를 생산한다. → 미토콘드리아 기질에서 발생하고 산소를 필요로 한다.
①, ② 호흡작용의 첫 단계는 해당작용으로 산소를 요구하지 않는 단계이다.
③ 말단전자전달경로는 NADH로 전달된 전자와 수소가 최종적으로 산소에 전달되어 물(H_2O)로 환원되면서 추가로 ATP를 생산한다(물+ATP 생산). → 미토콘드리아 내막에서 발생산소를 소모하며 호기성 호흡을 한다.
④ 호흡작용에서 탄소의 재배열을 산술적으로 표시하면 다음과 같다.

$$C_6 \text{ 화합물 (glucose)} \longrightarrow 2 \times C_3 \text{ 화합물} \xrightarrow{2CO_2} 2 \times C_2 \text{ 화합물} \longrightarrow C_6 \to CO_2 \to C_5 \to C_4 \to C_4 \to CO_2$$

046 다음은 수목의 호흡에 관한 설명이다. 옳지 않은 것은?

① 호흡은 수목의 건중량을 감소시킨다.
② 수목의 호흡량을 단위건중량을 기준으로 표시하면 미생물이나 초본식물보다 적다.
③ 어린 숲일 경우 단위건중량당 호흡량이 증가하기 때문에 전체 광합성량 대비 호흡량의 비율이 낮게 나타난다.
④ 밀식된 임분의 호흡량은 밀식되지 않은 임분의 호흡량보다 많다.
⑤ 형성층의 조직은 산소의 공급이 부족하여 혐기성 호흡이 일어나는 경향이 있다.

해설 어린 숲은 호흡이 증가하나 전체 광합성량도 증가하여 전체 광합성량/호흡량의 비율이 높게 나타난다.

정답 045 ③ 046 ③

047 다음은 탄수화물에 대한 설명이다. 옳지 않은 것은?

① glucose는 단당류 중 5탄당에 속한다.
② 광합성에 의해 처음 만들어지는 물질이다.
③ 세포액의 삼투압을 증가시키는 용질이다.
④ 다당류는 잘 녹지 않기 때문에 이동이 잘 안 된다.
⑤ 4당류인 stachyose는 비환원당이다.

해설
- 5탄당 : ribose, xylose, arabinose, ribulose 등
- 6탄당 : glucose, fructose, mannose 등

048 다음은 탄수화물에 대한 설명이다. 옳지 않은 것은?

① 단당류는 조효소인 ATP, NAD 등의 구성성분이다.
② 사부를 통해 이동하는 탄수화물의 주성분은 sucrose이다.
③ 올리고당인 raffinose는 비환원당으로 수용성이기 때문에 이동이 쉽다.
④ 전분인 amylopectin은 가지를 많이 친 사슬 모양이다.
⑤ 전분은 세포에서 세포로 이동하여 세포 내에 저장된다.

해설 전분은 세포에서 세포로 이동이 안 되기 때문에 저장되는 세포 내에서 만들어진다.
④ 전분인 amylopectin은 가지를 많이 친 사슬 모양이고, amylose는 가지를 치지 않은 직선의 사슬 모양이다.

049 다음 중 전분이 가장 많이 저장되는 부위로 옳은 것은?

① 유세포
② 방사선조직
③ 종축유세포
④ 수선조직
⑤ 섬유소

해설

탄수화물의 축적과 분포	• 잎 : 광합성하는 조직에 축적 • 줄기, 가지, 뿌리 : 종축 방향 유세포, 방사조직 유세포, 수조직에 저장 • 변재 : 유세포 • 수피 : 사부조직
탄수화물의 수용강도	열매, 종자＞어린잎, 줄기끝의 눈＞성숙한 잎＞형성층＞뿌리＞저장조직

정답 047 ① 048 ⑤ 049 ①

050 다음 설명 중 옳지 않은 것은?

① Pectin은 중엽체에서 이웃세포를 서로 접합시키는 시멘트 역할을 한다.
② Pectin은 1차 벽에는 10~35%가량을 차지하지만 2차 벽에는 10~25% 존재한다.
③ Hemicellulose는 세포벽의 주성분으로 1차 벽에는 전체 구성성분의 25~50%를 차지한다.
④ Mucilage는 콩과식물의 경우 콩꼬투리에서 분비되는 물질이다.
⑤ Gum은 벚나무속이 나무기둥에 상처를 받을 때 분비되는 물질이다.

해설 Pectin은 2차 벽에는 거의 존재하지 않는다.

051 다음 중 연결이 옳지 않은 것은?

① 탄수화물 – 세포벽의 구성성분
② 지질 – 삼투압 유지
③ 탄수화물 – 광합성의 최초 산물
④ 지질 – 내충성 증진효과
⑤ 지질 – 세포막의 구성성분

해설 삼투압 유지는 탄수화물의 역할이다.

052 다음은 탄수화물의 합성과 이용에 관한 설명이다. 옳지 않은 것은?

① 탄수화물의 저장세포는 살아 있는 유세포이다.
② 설탕의 농도를 높여 세포의 동해를 방지한다.
③ 세포벽을 구성하는 탄수화물은 다른 형태로 전환되지 않는다.
④ 탄수화물의 합성은 광합성의 명반응에서 시작한다.
⑤ 과실이 성숙하여 단맛이 강해지는 것은 전분이 설탕으로 전환되기 때문이다.

해설 탄수화물의 합성은 광합성의 암반응에서 시작한다. 엽록체 속에서 calvincycle을 통해 단당류가 합성되고 전환된다.

053 다음은 탄수화물에 대한 설명이다. 옳지 않은 것은?

① 설탕의 합성은 엽록체 내에서 이루어진다.
② 전분은 잎의 경우 엽록체에 축적된다.
③ 조효소인 ATP가 포도당과 결합하여 전분을 합성한다.
④ 종자 내에서는 설탕이 주로 전분으로 전환된다.
⑤ 과실 내에서는 전분이 설탕으로 전환되어 당도를 증가시킨다.

해설 설탕의 합성은 엽록체 내에서 이루어지지 않고, 세포질에서 이루어진다.

정답 050 ② 051 ② 052 ④ 053 ①

054 다음은 탄수화물의 이동에 관한 설명이다. 옳지 않은 것은?

① 피자식물의 사관세포는 성숙하면 핵이 없어지며, 종축 방향으로 길게 자라서 사판으로 연결된다.
② 반세포는 핵을 가지고 있고 살아 있는 세포로 탄수화물 이동에 주된 역할을 한다.
③ 사부유세포는 탄수화물의 측면 이동을 도와준다.
④ 사부섬유는 물리적으로 단단하고 나자식물과 피자식물의 지지세포 역할을 한다.
⑤ 사공은 탄수화물이 효율적으로 상하 방향으로 이동할 수 있게 하는데, 피자식물에만 존재한다.

해설 반세포는 핵을 가지고 있고 살아 있는 세포로 탄수화물 이동에 보조 역할을 한다.

구분	기본세포	보조세포	유세포	지지세포	물질 이동 수단
피자식물	사관세포	반세포	사부유세포	사부섬유	사공, 사부막공
나자식물	사세포	알부민세포			사부막공

055 다음은 탄수화물의 이동에 관한 설명이다. 옳지 않은 것은?

① 온대지방의 낙엽수의 경우 가을에 callose가 사공을 막고 있다가 봄철에 다시 활성화한다.
② 수목의 사부조직을 통해 운반되는 탄수화물은 비환원당만으로 구성되어 있다.
③ 비환원당은 알데히드기(-CHO)나 케톤기(-CO)가 노출되어 있다.
④ 장미과 식물에는 sorbitol의 함량이 설탕보다 더 많다.
⑤ 이른 봄에 탄수화물의 주요 수용부는 뿌리이다.

해설 단당류는 모두 알데히드기나 케톤기가 노출되어 있어서 다른 물질을 환원시키는 환원당이다.
⑤ 동아가 개엽하기 전에는 뿌리, 동아에서 새순이 자랄 때는 줄기, 곧이어 형성층이 주요 수용부가 되고, 늦여름에 뿌리가 다시 생장하면서 형성층과 함께 주요 수용부가 된다.

056 다음은 탄수화물의 운반원리인 압력유동설에 관한 설명이다. 옳지 않은 것은?

① 삼투압 차이로 발생하는 압력에 의한 수동적 이동이다.
② 진딧물 실험으로 사부 내에 압력이 있다는 것이 증명되었다.
③ 공급원에서 수용부로 가면서 사부조직의 설탕 농도가 증가한다.
④ 탄수화물의 운반 자체는 에너지를 소모하지 않는다.
⑤ 햇빛을 받는 잎에 화학물질을 처리하면 뿌리까지 이동하지만 그늘에 있는 잎은 물질 이동이 일어나지 않는다.

해설 공급원에서 수용부로 이동하면서 사부조직의 설탕 농도가 감소한다.

057 월동 시에 탄수화물이 가장 많이 저장되는 곳은?

① 형성층
② 열매
③ 어린잎
④ 종자
⑤ 뿌리

해설 탄수화물
- 수용강도 : 열매, 종자 > 어린잎, 줄기끝의 눈 > 성숙한 잎 > 형성층 > 뿌리 > 저장조직
- 탄수화물은 월동 시 뿌리에 가장 많이 저장된다.
- 탄수화물의 총량은 지상부가 지하부보다 높지만 부위별로는 뿌리에 가장 많다.

058 다음의 설명 중 옳지 않은 것은?

① 식물은 cellulose가 건중량의 절반가량을 차지한다.
② 목본식물의 목부는 질소의 함량이 극히 낮다.
③ 아미노산은 아미노기($-NH_2$)와 카르복실기($-COOH$) 같이 탄소에 부착된 유기물을 말한다.
④ 단백질은 여러 개의 아미노산이 peptide 연결을 하고 있는 화합물이다.
⑤ peptide결합이란 두 아미노산이 만나 $-COOH$와 다른 $-NH_2$가 결합하여 O_2가 빠져나간 것이다.

해설 peptide결합이란 두 아미노산이 만나 $-COOH$와 다른 $-NH_2$가 결합하여 H_2O가 빠져나간 것이다.

059 다음의 설명 중 옳지 않은 것은?

① 핵산은 질소를 함유하고 있는 pyrimidine, purine, 5탄당과 인산으로 구성되어 있다.
② pyrimidine은 질소를 2개 가지고, purine은 질소를 4개 가진다.
③ porphyrin을 가진 화합물에는 엽록소, phytochrome, hemoglobin을 들 수 있다.
④ 차나무의 caffeine은 질소를 함유한 환상화합물인 alkaloids이다.
⑤ 옥신의 일종인 IAA는 아미노산의 하나인 porphyrin화합물이다.

해설 옥신의 일종인 IAA는 아미노산의 하나인 tryptophan에서 만들어진다. 엽록소, phytochrome, hemoglobin, IAA는 대사 중개물질이다.

정답 057 ⑤ 058 ⑤ 059 ⑤

060 식물의 질소대사 과정 중 2차산물에 해당하지 않는 것은?

① Morphine
② Atropine
③ Quinine
④ Caffeine
⑤ Thiamine

해설 Thiamine은 핵산 관련 화합물이다.

핵산 관련 화합물
- 에너지 생산에 관여하는 조효소 : AMP, ADP, ATP, NAD, NADP, Coenzyme A
- Thiamine : 동물에게는 비타민 B_1에 해당
- Cytokinins : 식물호르몬

061 다음은 질소대사에 관한 설명이다. 옳지 않은 것은?

① 식물이 아미노산을 합성하기 위해서는 토양으로부터 무기질소를 흡수해야 한다.
② 중성 경작토양에서는 질산태(NO_3^-) 형태로 질소를 흡수한다.
③ 산성 산림토양에서는 균근의 도움으로 암모늄태(NH_4^+) 형태로 질소를 흡수한다.
④ Allelopathy는 질산화박테리아의 활동을 촉진하여 토양 중에 암모늄태 질소가 축적된다.
⑤ 경작토양에서 암모늄태(NH_4^+) 비료는 질산화박테리아에 의해 질산태(NO_3^-)로 토양에 녹는다.

해설 타감작용(Allelopathy)은 질산화박테리아의 활동을 억제한다.
- 타감작용 : 한 생물이 다른 생물의 성장, 생존, 생식에 영향을 주는 하나 이상의 생화학을 만들어내는 생물학적 현상이다.
- 타감물질 : 상호대립억제물질(allelochemicals)은 긍정적 타감작용과 부정적 타감작용이 있다.

정답 060 ⑤ 061 ④

062 다음은 질산환원에 관한 설명이다. 옳은 것은?

① 토양에서 뿌리로 흡수된 NO_3^-는 아미노산 합성 전에 NH_4^+로 바뀌기도 한다. 이를 질소환원이라 한다.
② lupine형은 뿌리에서 NO_3^-에서 NH_4^+로 질소환원작용이 일어나며, 피자식물과 진달래류가 이에 해당한다.
③ 도꼬마리형(Xanthium)은 잎에서 질소환원작용이 일어나고, 대부분의 수목이 이에 해당한다.
④ 도꼬마리형에 속하는 수종의 줄기 수액을 조사해 보면 NO_3^-는 거의 없다.
⑤ 질소환원은 탄소화물의 공급이나 대사활동이 느려지며 축적되지 않는다.

해설 ① 토양에서 뿌리로 흡수된 NO_3^-는 아미노산 합성 전에 NH_4^+로 바뀌어야 한다.
② lupine형은 뿌리에서 NO_3^-에서 NH_4^+로 질소환원작용이 일어나며, 나자식물과 진달래류가 이에 해당한다.
④ lupine형에 속하는 수종의 줄기 수액을 조사해 보면 NO_3^-는 거의 없다.
⑤ 질소환원은 탄소화물의 공급이나 대사활동이 느려지며 축적되는 경우가 있다.

063 다음은 질산환원과정에 대한 설명이다. 옳지 않은 것은?

① 첫 단계는 질산환원효소에 의해 일어나며 이 반응은 세포질 내에서 일어난다.
② 질산환원효소는 철분을 함유하고, 몰리브덴을 가지고 있다.
③ 질산환원효소는 햇빛에 의해 활력이 높아진다.
④ 두 번째 단계는 아질산환원효소에 의해 일어나며 뿌리세포의 전색소체에서 일어난다.
⑤ 아질산환원효소에 의한 암모늄태로의 전환은 탄수화물의 공급이 필요한 경우도 있다.

해설 아질산환원효소에 의한 암모늄태로의 전환은 탄수화물의 공급이 있어야 한다. ferredoxin으로부터 전자와 수소이온을 전달받는다.

064 다음은 암모늄의 유기물화에 대한 설명이다. 옳지 않은 것은?

① 질산환원으로 생겨난다.
② 토양으로부터 직접 흡수한다.
③ 생물학적 질소고정작용에 의해 생겨난다.
④ 암모늄은 식물체 내에 축적되지는 않는다.
⑤ NH_4는 식물의 ATP 생산을 돕지만 유독한 물질이다.

해설 NH_4는 식물의 ATP 생산을 방해하기 때문에 유독한 물질이다.

정답 062 ③ 063 ⑤ 064 ⑤

065 다음은 질소의 이동에 대한 설명이다. 옳지 않은 것은?

① 수목은 낙엽 전에 어린잎에서부터 엽병 밑부분에 이층을 사전에 형성한다.
② 이층의 세포는 다른 부위에 비하여 세포가 작고 세포벽이 얇다.
③ 이층은 가을이 되면 분리층이 떨어져 나가고 표면에 suberin, gum 등이 분비된다.
④ 목본식물의 낙엽 직전의 잎에서는 N, P, K는 줄어들고 Ca, Mg은 증가한다.
⑤ 잎에서 회수된 질소는 목부를 통하여 이동이 이루어진다.

해설 잎에서 회수된 질소는 사부를 통하여 이루어진다.

066 다음은 질소대사에 대한 설명이다. 옳지 않은 것은?

① 잎에서 회수된 질소는 줄기와 뿌리의 목부와 사부의 방사선 유조직에 저장된다.
② 낙엽 전 이층은 분리층과 보호층, 그리고 엽병으로 구성된다.
③ 단풍나무의 경우 내수피의 유세포에 단백질체가 가을과 겨울에 축적된다.
④ 봄철에 저장단백질이 분해되어 아미노산, amides, ureides 등이 목부를 통해 이동한다.
⑤ 이층의 표면에 suberin, gum 등이 분비되어 보호층을 형성한다.

해설 낙엽 전 이층은 분리층과 보호층으로 구성된다.

067 다음은 질소고정에 대한 설명이다. 옳지 않은 것은?

① 광학적 질소고정은 N_2가 산화되어 NO, NO_2로 된 다음, NO_3^-의 형태로 빗물로 내린다.
② 생물적 질소고정은 미생물에 의해 N_2가 NH_4^+로 환원되는 과정을 말한다.
③ 산업적 질소고정은 450℃, 1,500기압의 생성조건이 필요하다.
④ 생물적 질소고정은 전핵미생물의 nitrogenase 효소만이 촉진시킨다.
⑤ 생물적 질소고정에서 콩과식물은 leghemoglobin이 산소의 공급을 조절한다.

해설 산업적 질소고정은 450℃, 1,000기압의 생성조건이 필요하다.

정답 065 ⑤ 066 ② 067 ③

068 다음은 질소고정에 관한 설명이다. 옳지 않은 것은?

① 질소를 고정하는 콩과식물로 가장 흔한 것은 싸리류와 칡이 있다.
② Frankia에 의한 질소고정 식물로 오리나무류와 보리수나무가 있다.
③ Azotobacter는 산림토양에서는 고정량이 적다.
④ 산림토양에서 박테리아에 의한 질소고정량이 적은 경우는 주로 조부식으로 된 토양이 많다.
⑤ C/N율이 높을 경우 질소고정량이 많다.

> **해설** 산림토양에서 질소고정량이 적은 이유
> - 조부식으로 된 토양 ph 3.8~4.5의 산성토양
> - 질소고정에 불리한 호기성토양
> - C/N율이 25 : 1로서 높은 경우

069 다음 중 탈질작용에 관련된 박테리아로 옳은 것은?

① Nitrosomonas
② Nitrobacter
③ Pseudomonas
④ Azotobacter
⑤ Rhizobium

> **해설** 탈질작용
> - NO_3^-가 환원조건에서 N_2 또는 NO_x 화합물로 환원되어 대기로 빠져나가는 현상
> - 산소공급이 안 되는 장기침수토양이나 답압토양에서 발생
> - 관련된 박테리아로 Pseudomonas, Bacillus 등이 있음

070 다음은 지질에 대한 설명이다. 옳지 않은 것은?

① 지질은 체내에서 극성을 갖지 않는 물질이다.
② 지질은 극성을 가진 물에 잘 녹지 않는다.
③ 유기용매인 클로로포름, 아세톤, 벤젠이나 에테르에 잘 녹는다.
④ 지질의 주성분은 탄소와 수소이며, 산소를 다수 함유하고 있다.
⑤ 지질의 종류는 Palmitic산, flavonoids 등이 있다.

> **해설** 지질은 산소 분자를 극히 적게 또는 전혀 가지고 있지 않다.

정답 068 ⑤ 069 ③ 070 ④

071 다음 중 isoprenoid 화합물로 옳은 것은?

① flavonoids
② cutin
③ suberin
④ 납
⑤ sterol

해설

종류	예
지방산 및 지방산 유도체	palmitic산, 단순지질(지방, 기름), 복합지질(인지질, 당지질), 납, cutin, suberin
isoprenoid 화합물	terpenes, carotenoids, 고무, 수지, sterol
phenol 화합물	lignin, tannin, flavonoids

072 다음은 지질에 대한 설명이다. 옳지 않은 것은?

① 추운 지방에서 자라는 식물은 따뜻한 지방의 식물보다 불포화지방산이 적다.
② 지방산은 카르복실기(-COOH)를 하나 가지고, 탄소수가 12~18개 사이인 산이다.
③ 포화지방산은 이중결합이 없는 구조로 palmitic산이 있다.
④ 지방은 주로 포화지방산으로 구성되어 있어 상온에서 고체로 존재한다.
⑤ 기름은 주로 불포화지방산으로 상온에서 액체로 된다.

해설 추운 지방에서 자라는 식물은 따뜻한 지방의 식물보다 불포화지방산이 많다.

073 다음은 지질에 관한 설명이다. 옳지 않은 것은?

① 단순지질은 세 분자의 지방산이 글리세롤과 3중으로 에스테르화하여 만들어진다.
② 인지질은 세 분자의 지방산 중 한 분자가 인산으로 대체된 것이다.
③ 인지질의 인산 분자는 비극성을 띤다.
④ 당지질은 주로 엽록체에서 발견된다.
⑤ 불포화지방산으로 linoleic산과 oleic산이 가장 흔하다.

해설 인지질의 인산분자는 극성을 띤다. 극성(인산분자)과 비극성(지방산 분자)으로 인해 막투과성을 갖는다.

정답 071 ⑤ 072 ① 073 ③

074 다음은 지질에 대한 설명이다. 옳지 않은 것은?

① 납(wax)은 산소분자를 거의 가지고 있지 않아 친수성이 매우 적다.
② 납(wax)은 이동이 잘 안 되어 축적되는 곳에 가까운 표피세포에서 합성되어 분비된다.
③ cutin은 각피층에 주로 축적되지만 세포간극에서 노출된 세포표면에도 축적된다.
④ 목전질(suberin)은 cutin과 비슷하지만 페놀화합물 함량이 적다.
⑤ 어린뿌리의 내피에는 카스페리안대가 있어 무기영양소의 자유로운 이동을 억제한다.

해설 목전질(suberin)은 cutin과 비슷한 성분으로 긴 사슬을 가진 지방산, 긴 사슬을 가진 알코올, 페놀화합물의 중합체인데 cutin보다 페놀화합물 함량이 많다.

075 다음은 정유에 대한 설명이다. 옳지 않은 것은?

① 정유는 탄소수가 10~15개가량 되는 사슬 모양 또는 고리 모양의 terpene이다.
② 정유는 온대지방보다는 더운 열대지방의 산림에서 더 많이 휘발된다.
③ 많은 양의 정유가 함유된 경우 산불이 번지는 속도를 느려지게도 한다.
④ 타감작용을 일으켜 경쟁이 되는 다른 식물의 생장을 억제한다.
⑤ 포식자의 공격을 억제하는 역할을 한다.

해설 많은 양의 정유가 함유된 경우 산불이 번지는 속도를 빨라지게도 한다.

076 다음은 isoprenoid 화합물에 대한 설명이다. 옳지 않은 것은?

① isoprenoid 화합물은 C_5H_8가 2개 이상 모여 이루어진 것이다.
② carotenoids는 isoprene 단위가 8개 모여 이루어진 화합물이다.
③ 카로테로이드는 뿌리, 줄기, 잎, 꽃, 열매 등의 색소체에 존재한다.
④ 잔토필(xanthophyll)은 산소 분자를 함유하여 노란색 내지 갈색을 띤다.
⑤ 암흑 속에서 자란 식물은 갈색을 띤다.

해설 암흑에서 자란 식물은 노란색을 띤다.

정답 074 ④ 075 ③ 076 ⑤

077 다음은 isoprenoid 화합물 중 수지에 대한 설명이다. 옳지 않은 것은?

① 수지(resin)는 수목에서 저장에너지의 역할을 한다.
② 나무좀의 공격에 대한 저항성을 만들어 준다.
③ 곰팡이의 공격을 받거나 상처를 입으면 소나무류는 다량의 수지를 분비한다.
④ 수지 중에서 상업적으로 가장 중요한 것은 소나무류에서 채취하는 oleoresins이다.
⑤ 수지는 resin acid, 지방산, wax, terpenes 등의 혼합체이다.

해설 수지(resin)는 수목에서 저장에너지의 역할을 하지 않는다.

078 다음 중 isoprenoid 화합물의 일종으로 세포막의 기능에 관여하고 곤충의 변태 시 필요한 물질로 옳은 것은?

① 스테롤
② 카로테노이드
③ 수베린
④ 수지
⑤ 리그닌

해설 스테롤(sterol)
- 동물은 먹이를 통해서 sterol을 공급해야 한다.
- 식물에서 발견되는 sterol을 식물스테롤(phytosterol)이라 한다.
- phytosterol은 동물의 먹이로 sterol을 제공한다.
- 세포막의 안정성과 곤충의 변태 시에 관여한다.

079 다음은 phenol 화합물에 대한 설명이다. 옳지 않은 것은?

① phenol 화합물은 땅속에서 분해될 때 가장 최후까지 남아 있다.
② 리그린의 가장 중요한 기능은 cellulose의 인장 강도와 사부의 물리적인 지지력을 높이는 것이다.
③ 리그린은 수분이 이동하는 데 생기는 장력을 견딜 수 있게 해 준다.
④ 리그린은 cellulse가 병원균, 곤충, 초식동물에 의하여 먹이로 사용되는 것을 방지한다.
⑤ 타닌은 식물의 생장을 억제하는 타감물질 역할을 한다.

해설 리그린의 가장 중요한 기능은 cellulose의 인장 강도와 목부의 물리적인 지지력을 높이는 것이다.

정답 077 ① 078 ① 079 ②

080 다음은 phenol 화합물에 대한 설명이다. 옳지 않은 것은?

① flavonoids는 phenol 화합물로는 드물게 수용성을 나타낸다.
② flavonoids는 주로 세포 내의 액포에 존재한다.
③ 안토시아닌은 꽃에서 붉은색, 보라색, 황색을 나타낸다.
④ 안토시아닌은 열매, 줄기, 잎, 그리고 간혹 뿌리에도 존재한다.
⑤ 나자식물은 안토시아닌을 거의 가지고 있지 않다.

해설 안토시아닌(anthocyanins)은 붉은색, 보라색, 청색을 나타낸다. 황색(노란색)을 나타내는 것은 잔토필(xanthophyll)이다.

081 다음은 산림토양에 대한 설명이다. 옳지 않은 것은?

① 산림토양의 특징은 낙엽층의 존재와 분해로 인해 생긴다.
② Oe층에는 곰팡이의 균사가 많다.
③ O층인 유기물층은 임상이라고도 한다.
④ A층은 용탈층으로 입자가 굵은 모래와 Fe과 Al이 밑으로 용탈되는 층이다.
⑤ B층은 A층에서 용탈된 물질들이 축적되는 집적층이다.

해설 A층은 용탈층으로 입자가 작은 점토와 Fe과 Al이 밑으로 용탈되는 층이다.

082 다음 중 산림토양 내 유기물의 물리적 개량 효과로 옳지 않은 것은?

① 토양의 구조를 개량한다.
② 공극과 통기성을 증가시켜 준다.
③ 토양 온도의 변화를 완화시킨다.
④ 보수력을 증가시킨다.
⑤ 무기영양소에 대한 흡착능력을 증가시킨다.

해설 유기물의 토양의 물리적 및 화학적 성질 개량

긍정적 효과	물리적 성질 개량	• 토양의 구조를 개량 • 공극과 통기성을 증가 • 토양온도의 변화를 완화 • 보수력 증가
	화학적 성질 개량	• 무기영양소의 흡착능력 증가 • 영양소 공급 • 토양미생물이 필요한 에너지 공급
부정적 효과	• 토양을 산성화시킴 – 부식(C/N율 10 : 1가량)이 부식산 생성 • 타감작용(alleopathy)	

정답 080 ③ 081 ④ 082 ⑤

083 다음 중 무기영양소의 역할에 대한 연결이 옳지 않은 것은?

① 식물조직의 구성성분 – Ca, Mn, N, S, P
② 효소의 활성제 – Mg, Mn
③ 삼투압 조절제 – K, Na
④ 완충제 – P, Ca, Mg, K
⑤ 막의 투과성 조절제 – Ca

해설 무기영양소의 역할
- 식물조직의 구성성분 : Ca(세포벽), Mg(엽록소), N과 S(단백질), P(인지질과 핵산)
- 효소의 활성제 : Mg, Mn 등 대부분 미량원소
- 삼투압 조절제 : K(특히 기공), Na(내염성 식물)
- 완충제 : P, 유기산 완충제(Ca, Mg, K)
- 막의 투과성 조절제 : Ca

084 다음은 식물체 내의 필수원소에 대한 설명이다. 옳지 않은 것은?

① 그 원소 없이는 식물이 생활사를 완성할 수 없어야 한다.
② 그 원소가 필수적인 조직의 구성성분이어야 한다.
③ 몰리브덴(Mo)은 질소고정을 하는 미생물과 식물에서 필요한 필수원소이다.
④ 실리콘(Si)은 단자엽식물에서 필수원소라고 할 수 있다.
⑤ C-4식물도 나트륨이 있어야 정상적인 생장을 한다.

해설 코발트(Co)는 질소고정을 하는 미생물과 식물에서 필요한 필수원소이다. 몰리브덴은 질산환원효소의 구성성분이며, 핵의 구성요소인 Purines계의 해체와 식물호르몬인 Abscisic산의 합성에 관여한다.

085 다음 중 무기양분의 요구도가 가장 낮은 수종은?

① 감나무
② 동백나무
③ 주목
④ 향나무
⑤ 느티나무

해설 농작물 → 활엽수 → 침엽수 → 소나무류 순으로 무기양분의 요구도가 높다.

정답 083 ① 084 ③ 085 ④

086 다음 중 체내 이동이 쉬운 무기원소로 옳지 않은 것은?

① N
② Mg
③ B
④ K
⑤ P

해설
- 이동이 쉬운 원소 : N, P, K, Mg
- 이동이 어려운 원소 : Fe, B, Ca
- 이동성 중간 : Zn, Mn, Cu, Mo

087 다음은 무기영양상태의 진단 방법이다. 옳지 않은 것은?

① 가시적 결핍증 관찰
② 시비실험
③ 토양분석
④ 엽분석
⑤ 현미경분석법

해설 무기영양상태 진단
- 가시적 결핍증 관찰
- 시비실험
- 토양분석
- 엽분석(가장 신빙성 있는 방법) : 잎의 채취 시기는 7월 말~8월 초, 채취 위치는 가지 중간

088 다음은 엽면시비에 대한 설명이다. 옳지 않은 것은?

① 이식한 나무의 건강이 급속히 나빠졌거나 확실하고 빠른 시비 효과를 얻고자 한 경우 실시한다.
② 수용성 비료인 요소, 황산철, 일인산칼륨 같은 비료를 분무기를 사용하여 살포한다.
③ 무기영양소는 잎의 큐티클층, 기공, 털, 가지의 피목을 통해 흡수된다.
④ 양전하를 가진 영양소 중에서 나트륨은 마그네슘보다 빨리 흡수된다.
⑤ 안전한 무기영양소의 농도는 2~5%이다.

해설 안전한 무기영양소의 농도는 0.2~0.5%이다.

정답 086 ③ 087 ⑤ 088 ⑤

089 다음은 물의 특성에 대한 설명이다. 옳은 것은?

① 높은 비열 : 물 10g을 1℃ 올리는 데 소요되는 열량
② 높은 기화열 : 훌륭한 용매 역할
③ 높은 융해열 : 물 1g을 고체에서 액체 상태로 바꾸는 데 소요되는 열량
④ 극성 : 훌륭한 용질의 역할
⑤ 자외선의 흡수 : 온도의 급격한 변화 방지

해설 물의 특성
- 높은 비열 : 물 1g을 1℃ 올리는 데 소요되는 열량(1cal/g)으로 온도의 급격한 변화 방지
- 높은 기화열 : 1g의 물을 액체에서 기체 상태로 변화시키는 데 소요되는 열량(586cal/g)으로 훌륭한 냉각제
- 높은 융해열 : 물 1g을 고체에서 액체로 바꾸는 데 소요되는 열량(80cal/g)으로 어는 속도를 늦춤
- 극성 : 훌륭한 용매
- 자외선 흡수 : 생물 보호
- 적외선 흡수 : 지표면의 온도 상승 완화

090 다음은 물의 기능에 대한 설명이다. 옳지 않은 것은?

① 여러 가지 생화학적 가수분해의 반응물질이다.
② 여러 물질의 용질 역할을 한다.
③ 대사물질을 다른 곳으로 운반하는 운반체이다.
④ 식물세포의 팽압을 유지하는 데 필요하다.
⑤ 팽압은 기공의 개폐에도 관여한다.

해설 물의 기능
- 원형질의 구성성분이다.
- 광합성과 여러 가지 생화학적 가수분해의 반응물질이다.
- 기체, 무기염, 기타 여러 물질의 용매 역할을 한다.
- 여러 대사물질을 다른 곳으로 운반시키는 운반체이다.
- 식물세포의 팽압을 유지하는 데 필요하다.

정답 089 ③ 090 ②

091 다음은 수분퍼텐셜에 대한 설명이다. 옳지 않은 것은?

① 순수한 증류수는 자유에너지가 0이다.
② 수분퍼텐셜은 물이 이동하는 데 사용할 수 있는 에너지량을 의미한다.
③ ψ(psi)는 수분퍼텐셜을 나타내는 표시이다.
④ 1MPa은 10bars 또는 1,013atms와 같은 수분퍼텐셜이다.
⑤ 삼투퍼텐셜은 항상 0보다 작은 음수(−)이다.

해설 1MPa = 10.13atms = 10bars = 10^7dyne/cm^2

092 다음은 수분퍼텐셜에 대한 설명이다. 옳지 않은 것은?

① 수분은 수분퍼텐셜이 높은 곳에서 낮은 곳으로 이동한다.
② 삼투퍼텐셜은 액포 속에 용해되어 있는 용질이 나타내는 삼투압에 의한 것이다.
③ 압력퍼텐셜의 값은 +, −, 0의 값을 갖는다.
④ 기질퍼텐셜은 수분을 함유하고 있는 세포에서는 0에 가까워진다.
⑤ 수목에서 가장 중요한 퍼텐셜은 기질퍼텐셜이다.

해설 기질퍼텐셜은 수분의 불포화상태의 토양에서는 매우 중요하지만 수분을 함유한 식물의 세포는 이미 수분이 포화되어 0에 가까운 값을 갖는다. 그러므로 수목에서는 삼투퍼텐셜과 압력퍼텐셜이 중요하다.

093 다음은 삼투퍼텐셜에 대한 설명이다. 옳지 않은 것은?

① 삼투퍼텐셜은 세포액의 빙점을 측정하거나, 원형질 분리 혹은 압력통을 사용하여 측정할 수 있다.
② 삼투퍼텐셜의 값은 어린잎이 성숙잎보다 더 낮다.
③ 키가 큰 나무가 키가 작은 초본식물보다 값이 더 높다.
④ 대부분의 식물의 삼투퍼텐셜은 −0.4~−2.0MPa의 값을 갖는다.
⑤ 염생식물은 염분이 많은 물에서 수분을 얻기 위해 더 낮은 값을 가진다.

해설 키가 큰 나무가 키가 작은 초본식물보다 삼투퍼텐셜의 값이 더 낮다.

정답 091 ④ 092 ⑤ 093 ③

094 다음은 압력퍼텐셜에 대한 설명이다. 옳지 않은 것은?

① 세포가 수분을 흡수해 원형질막을 밀어내는 압력이다.
② 세포가 수분을 많이 흡수할수록 압력퍼텐셜은 (+) 값이 커진다.
③ 수분이 부족하면 세포벽으로부터 원형질이 분리되어 (-) 값을 나타낸다.
④ 증산작용 시 압력퍼텐셜은 도관 내에서 (-) 값을 나타낸다.
⑤ 팽압이 커질수록 (+) 값이 커진다.

해설 수분이 부족하면 세포벽으로부터 원형질이 분리되어 (0) 값을 나타낸다.

095 다음은 수분 상태와 수분퍼텐셜의 관계에 대한 설명이다. 옳지 않은 것은?

① 삼투압과 팽압은 반대 방향으로 서로 작용한다.
② 수분을 최대한 흡수한 팽윤세포는 수분퍼텐셜이 0이다.
③ 세포의 수분이 감소할수록 삼투퍼텐셜은 높아진다.
④ 수분이 약간 빠져나가면 압력퍼텐셜은 감소한다.
⑤ 세포의 수분 감소는 세포액의 농도를 높인다.

해설 세포의 수분이 감소할수록 삼투퍼텐셜은 낮아진다.

096 다음은 수목의 수분퍼텐셜에 관한 설명이다. 옳지 않은 것은?

① 팽윤세포는 수분퍼텐셜이 0이 되어 더 이상 수분을 흡수하지 않는다.
② 증산작용을 하는 수목의 경우 압력퍼텐셜은 도관 내에서 (-) 값을 갖는다.
③ 수분을 최대한 흡수한 팽윤세포에서 삼투퍼텐셜은 최댓값을 갖는다.
④ 팽압과 마찬가지로 장력은 압력퍼텐셜을 증가시킨다.
⑤ 증산작용에 의해 도관에서는 팽압 대신 장력이 작용한다.

해설 장력에 의해 압력퍼텐셜이 (-) 값을 갖게 되고 수목의 수분퍼텐셜도 같이 낮아진다.

정답 094 ③ 095 ③ 096 ④

097 **다음은 수목의 수분 흡수에 관한 설명이다. 옳지 않은 것은?**

① 새로운 측근은 내초에서 기인하며, 자라면서 열린 공간을 통해 수분과 무기염이 자유로이 이동할 수 있다.
② 성숙한 뿌리는 수베린화되어서 더 이상 수분을 흡수하지 못한다.
③ 뿌리가 성숙하면 코르크형성층이 생기며 표피, 뿌리털, 피층이 파괴되어 소멸한다.
④ 능동흡수는 낙엽수가 겨울철 삼투압에 의하여 수분을 흡수하는 경우이다.
⑤ 근압은 뿌리의 삼투압에 의하여 능동적으로 수분을 흡수하여 나타나는 뿌리 내 압력이다.

해설 뿌리가 나이를 먹을 경우 코르크 형성층이 생기며 표피, 뿌리털, 피층이 파괴되고, 이후 내초에서 형성층이 생기면 내피도 없어진다. 대신 목부, 사부, 목전질층(수베린층)이 생긴다. 수베린화 뿌리는 친수성이 적지만 수분을 흡수하는 능력은 아직 남아있다.

098 **다음은 근압과 수간압에 대한 설명이다. 옳지 않은 것을 모두 고르시오.**

① 수간압으로 인해 주야간의 온도차가 10℃ 이상이면 수액을 채취할 수 있다.
② 근압은 삼투압에 의해 흡수된 수분이 발생시킨 뿌리 내 압력이다.
③ 일액현상은 수간압을 해소하기 위한 현상이다.
④ 고로쇠나무의 수액 채취는 근압을 이용한 것이다.
⑤ 낮에 CO_2가 세포간극에 축적되어 압력을 증가시키면 수액이 흘러나온다.

해설 일액현상은 근압을 해소하기 위한 현상이다. 고로쇠나무의 수액 채취는 수간압을 이용한 것이다.

099 **다음은 기공의 개폐에 관한 설명이다. 옳지 않은 것은?**

① 공변세포 안쪽의 세포벽은 거의 늘어나지 않고, 바깥쪽의 세포벽이 더 많이 늘어나면 복판에 구멍을 만든다.
② 기공이 열리는 것은 칼륨이 대량으로 공변세포로 모여들어서 생기는 현상이다.
③ 햇빛을 받으면 삼투퍼텐셜이 높아져 수분을 흡수할 수 있다.
④ 기공은 두 개의 공변세포에 의해 생기는 구멍이다.
⑤ 공변세포는 칼륨이온(K^+)과 유기산의 농도가 높아져 수분을 흡수할 수 있다.

해설 햇빛을 받으면 삼투퍼텐셜이 낮아져 수분을 흡수할 수 있다.

정답 097 ② 098 ③, ④ 099 ③

100 다음은 기공 개폐에 대한 설명이다. 옳지 않은 것은?

① 기공이 열리는 데 필요한 광도는 전광의 1/1,000~1/30가량이면 가능하다.
② CO_2의 농도에 따라 기공은 열리는데 이때 CO_2의 농도는 엽육조직의 세포간극에 있는 CO_2의 농도이다.
③ 수분스트레스가 커지면 기공이 닫히는데, 이는 CO_2의 농도나 햇빛과 관계가 있다.
④ 온도가 높아지면 기공이 닫히는데, 이는 잎 속의 CO_2의 농도가 증가하기 때문이다.
⑤ 수분스트레스에서 제일 먼저 회복하는 기관은 뿌리이다.

해설 수분스트레스가 커지면 기공이 닫히는데, 이는 CO_2의 농도나 햇빛과 관계가 없다.

101 다음은 수분스트레스에 대한 설명이다. 옳지 않은 것은?

① 수목이 수분스트레스에 가장 예민하게 반응을 보이는 것은 세포신장, 세포벽의 합성, 단백질 합성 등이다.
② 수목의 직경생장은 수분 부족에 극히 예민한 반응을 보인다.
③ 뿌리가 수분스트레스를 받으면 cytokinin 합성량이 감소한다.
④ Abscisic acid는 기공의 폐쇄와 줄기생장 정지에 큰 영향을 끼친다.
⑤ 수분스트레스에서 제일 먼저 회복하는 기관은 잎이다.

해설 수분스트레스를 가장 나중에 받고, 가장 먼저 회복하는 곳은 뿌리이다.

102 다음은 무기염의 흡수기작에 대한 설명이다. 옳지 않은 것은?

① 토양용액은 뿌리 표면까지 확산에 의해 쉽게 도달한다.
② 자유공간은 용질이 확산과 집단유동에 의해 자유로이 들어올 수 있는 부분을 의미한다.
③ 자유공간은 뿌리의 세포벽에 의한 공간으로 내피 직전까지 해당한다.
④ 목전질은 수분을 잘 통과시키지 않는 지질성분으로 무기염도 함께 차단시킨다.
⑤ 무기염은 원형질막상에서 인지질에 의해 선택적으로 흡수된다.

해설 무기염은 원형질막의 선택성 단백질을 통해 선택적으로 통과된다.

정답 100 ③ 101 ⑤ 102 ⑤

103 다음은 무기염의 흡수에 관한 설명이다. 옳지 않은 것은?

① Apoplast의 무기염의 흡수는 비선택적이다.
② Simplast의 무기염의 흡수는 에너지가 소모된다.
③ Apoplast의 무기염의 흡수는 비가역적이다.
④ Simplast의 운반체는 원형질막의 단백질이다.
⑤ 선택적 흡수를 설명하는 유력 학설은 운반체설이다.

해설 자유공간을 통한 무기염의 흡수는 가역적이다.

104 다음은 무기염의 능동운반에 관한 설명이다. 옳지 않은 것은?

① 원형질막의 운반체에 의하여 이동하는데 어린뿌리의 경우 도관을 포함한 모든 세포에 존재한다.
② 농도가 낮은 곳에서 높은 곳으로 농도 구배에 역행한다.
③ 대사에 에너지를 소모한다.
④ 선택적으로 이루어지는 무기염의 이동을 말한다.
⑤ 원형질막은 두 층의 인지질로 구성되어 극성의 무기염이 통과하기 어렵다.

해설 원형질막의 운반체에 의하여 이동하는데 어린뿌리의 경우 도관을 제외한 모든 세포에 존재한다.

105 다음은 균근에 대한 설명이다. 옳지 않은 것은?

① 외생균근이나 내생균근의 공통점은 뿌리 한복판의 통도조직을 침범하지 않는 것이다.
② 내생균은 균투를 형성하고, 뿌리털이 정상적으로 자란다.
③ 내생균근은 기주범위가 외생균근보다 훨씬 넓다.
④ 균근이 역할은 무기염이 흡수 촉진이다.
⑤ 균근은 건조한 토양, 독극물, 극단적인 토양 온도에 대한 저항성을 높여준다.

해설 내생균은 균투를 형성하지 않고, 뿌리털이 정상적으로 자란다.

정답 103 ③   104 ①   105 ②

106 다음은 무기염의 이동과 증산작용에 대한 설명이다. 옳지 않은 것은?

① 무기염이 도관에 도착하면 도관을 타고 수동적으로 올라가게 된다.
② 내피를 통과한 무기염은 내초를 거쳐 통도조직인 도관(가도관)에 도착한다.
③ 도관이나 가도관의 증산류를 타고 위로 올라가는 액체를 수액이라고 한다.
④ 도관 내 무기염의 이동 속도는 증산 속도에 비례한다.
⑤ 무기염의 이동에 증산작용은 필수적인 것이다.

해설 식물체 내에는 사부의 용액을 목부와 연결하여 재분배시키는 순환체계가 있기 때문에 증산작용이 무기염의 이동에 필수적인 것은 아니다.

107 다음은 수액 상승에 관한 설명이다. 옳지 않은 것은?

① 토양에서 흡수한 물이 나무의 잎까지 도달하기 위해서는 목부조직을 통과하여야 한다.
② 뿌리에서 수분 이동에 대한 저항이 가장 적은 곳은 도관(가도관)이다.
③ 나자식물은 가도관의 작은 막공을 통해 가도관으로 이동하여야 해서 저항이 있는 편이다.
④ 도관의 상하끝벽은 뚫려 있어 수분이 상승할 때 가도관보다 저항이 작다.
⑤ 환공재의 도관은 tylosis현상 때문에 효율이 좋다.

해설 환공재의 도관은 시간이 지남에 따라 기포, 전충제(tylose) 등에 의해 막히는 tylosis현상 때문에 효율이 떨어진다.

108 다음은 수액 상승에 대한 설명이다. 옳지 않은 것은?

① 수액은 증산류를 타고 상승하는 목부수액을 말한다.
② 수액은 무기염, 질소화합물, 탄수화물, 효소 식물호르몬 등이 용해되어 있는 묽은 용액이다.
③ 목부수액의 PH는 알칼리성이다.
④ 목본식물의 수액에는 NO_3^-가 발견되지 않는다.
⑤ 수액에는 질소화합물과 탄수화물 이외에 식물호르몬이 존재한다.

해설 목부수액의 PH는 산성(4.5~5.0)이고 사부수액은 알칼리성(7.5)이다.

정답 106 ⑤ 107 ⑤ 108 ③

109 다음은 수액 상승에 대한 설명이다. 옳은 것은?

① 수액의 상승 속도 추적 방법 중 가장 효과적인 방법은 열파동법이다.
② 열파동법은 수간에 고리 모양으로 열을 가하는 방법으로 열균형법보다 더 정확하게 측정할 수 있다.
③ 증산작용을 하지 않는 야간에는 수액이 상승하지 않는다.
④ 활엽수의 경우 수액의 상승은 수직 방향으로 올라간다.
⑤ 나자식물만 나선상으로 수액 상승 현상을 나타낸다.

해설 ② 열균형법은 수간에 고리 모양으로 열을 가하는 방법으로 열파동법보다 더 정확하게 측정할 수 있다.
③ 증산작용을 하지 않는 야간에는 수액이 극히 느린 속도로 이동한다.
④ 활엽수의 경우 수액의 상승은 점진적으로 나선 방향으로 돌면서 올라간다.
⑤ 침엽수에서도 나선상 목리를 가진 수종이 관찰된다.

110 다음은 수액 상승의 원리에 대한 설명이다. 옳지 않은 것은?

① 수액 상승의 원리를 설명한 이론은 응집력설이다.
② 물기둥이 끊어지지 않고 연결되는 것은 물분자 간의 응집력 때문이다.
③ 응집력은 물분자 간의 공유이온결합에 의해 생긴다.
④ 엽육세포의 삼투압과 수화작용에 의해 수분이 엽육세포로 이동해 온다.
⑤ 부착력은 서로 성분이 다른 분자 간에 잡아당기는 힘이다.

해설 응집력은 물분자 간의 수소이온결합에 의해 생긴다.

111 다음은 생식에 대한 설명이다. 옳지 않은 것은?

① 수목의 품종 특성을 그대로 유지하기 위하여 실시하는 번식을 무성생식이라 한다.
② 유성생식은 자웅 간에 유전물질을 서로 교환하여 접합자로 증식하는 것이다.
③ 목본식물의 개화와 종자생산은 초본식물에 비해 규칙적이다.
④ 목본식물은 생장 초기에 영양생장만을 하면서 개화하지 않은 유형단계를 반드시 거친다.
⑤ 유형단계에서 성숙단계로 바뀌는 과정을 단계변화라고 한다.

해설 목본식물의 개화와 종자생산은 초본식물에 비해 불규칙적이다.

정답 109 ① 110 ③ 111 ③

112 다음 중 유형기가 3번째로 긴 수종은 무엇인가?

① 가문비나무 ② 리기다소나무
③ 일본잎갈나무 ④ 전나무
⑤ 너도밤나무

해설 수목의 유형기 기간
- 방크스소나무, 리기다소나무 : 3년
- 유럽적송 : 5년 이상
- 일본잎갈나무 : 10~15년
- 가문비나무 : 20~25년
- 전나무 : 25~30년
- 너도밤나무 : 30~40년

113 다음 수목 중 완전화를 갖는 것은?

① 포플러 ② 가래나무
③ 버드나무 ④ 자작나무
⑤ 벚나무

해설 피자식물의 꽃
- 구성기관 : 꽃턱(꽃받침, 꽃잎, 수술, 암술)
- 네 가지 기관을 모두 가지고 있으면 완전화
  예 벚나무
- 네 기관 중 하나라도 없으면 불완전화
  예 포플러류, 가래나무류 : 꽃잎이 없음(미상화서)
  버드나무류 : 꽃잎과 꽃받침이 없음

114 피자식물의 완전화를 구별하는 기관이 아닌 것은?

① 꽃잎 ② 수술
③ 꽃자루 ④ 꽃받침
⑤ 암술

해설 피자식물의 완전화를 구별하는 기관은 꽃턱을 구성하는 꽃받침, 꽃잎, 수술, 암술이다.

정답 112 ① 113 ⑤ 114 ③

115 다음은 수목의 기관 중 꽃의 구조에 관한 설명이다. 옳지 않은 것은?

① 벚나무는 완전화이다.
② 참나무류는 1가화이다.
③ 버드나무는 2가화이다.
④ 단풍나무는 잡성화이다.
⑤ 낙우송은 2가화이다.

해설 피자식물이 단성화(암술과 수술 중 하나만 가진 꽃)를 가진 경우 대부분 일가화(암꽃, 수꽃 중 하나)이다. 참나무과(참나무류, 밤나무류), 가래나무과, 자작나무과(자작나무류, 오리나무류) 등이 있다.
② 버드나무나 포플러류는 2가화이다.
④ 잡성화는 양성화와 단성화가 한 그루에 달리는 경우이다. 물푸레나무나 단풍나무가 있다.
⑤ 낙우송은 1가화이며 원추꽃차례모양이다.

116 다음은 나자식물의 꽃에 대한 설명이다. 옳지 않은 것은?

① 수꽃은 여러 개가 모여서 웅화수를 이룬다.
② 수꽃은 성숙하면 노란색, 자주색 혹은 붉은색을 띤다.
③ 수꽃은 각인편의 뒷면에 2개씩의 소포자낭 혹은 화분낭이 달리고 성숙한다.
④ 암꽃은 실편의 앞면 안쪽에 2개씩의 배낭을 달고 있다.
⑤ 암꽃 배주의 중앙축 근처에는 화분이 들어갈 수 있는 주공이 있다.

해설 암꽃은 실편의 앞면 안쪽에 2개씩의 배주를 달고 있다.

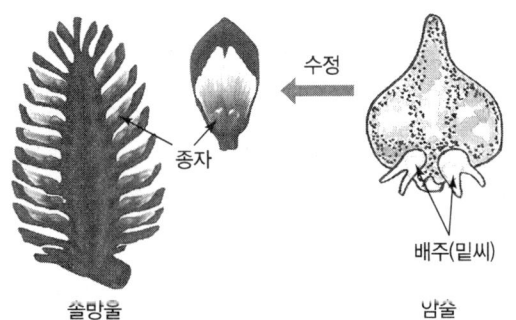

117 다음은 유성생식에 대한 설명이다. 옳지 않은 것은?

① 화아는 당년지혹은 1년 이상 된 가지의 정단부에 정아로 달리거나 엽액에 생긴다.
② 피자식물과 나자식물 모두 화아원기는 전년도에 형성된다.
③ 1가화의 경우에는 대개 수꽃이 암꽃보다 먼저 형성된다.
④ 나자식물은 암꽃이 수꽃보다 먼저 형성된다.
⑤ 피자식물의 주심 내의 한 개의 세포가 난모세포로 분화한다.

해설 나자식물은 일반적으로 수꽃이 암꽃보다 먼저 형성된다.

정답 115 ⑤ 116 ④ 117 ④

118 다음은 유성생식에 대한 설명이다. 옳지 않은 것은?

① 피자식물은 4개의 난모세포 중 1개만이 유사분열을 3회 거듭하여 7개 세포에 8개의 핵을 가진 배낭을 형성한다.
② 피자식물의 수술은 꽃밥, 꽃실로 분화한다.
③ 피자식물의 꽃밥(약)은 4개의 화분낭으로 발달하고 각 화분낭은 4개의 화분을 생산한다.
④ 나자식물은 한 개의 난모세포가 연속적인 세포분열을 실시한다.
⑤ 나자식물에서는 웅성배우체가 배유의 역할을 대신한다.

해설 나자식물에서는 자성배우체가 배유의 역할을 대신한다.

119 다음 수목 중 충매화에 해당하는 것은?

① 호도나무
② 자작나무
③ 포플러
④ 단풍나무
⑤ 참나무류

해설 충매화는 과수류, 피나무, 단풍나무, 버드나무류 등으로 화분의 생산량이 적은 편이다.
※ 풍매화 : 호도나무, 자작나무, 포플러, 참나무류, 침엽수 등으로 화분의 생산량이 많다.

120 다음은 수분에 대한 설명이다. 옳지 않은 것은?

① 피자식물의 수분이란 화분이 수술에서 암술머리로 이동하는 현상이다.
② 피자식물의 화분이 비산할 때 주두 감수성이 높은 상태를 동시성이 있다고 한다.
③ 나자식물의 감수기간에는 노출된 배주에서 수분액을 분비한다.
④ 나자식물의 수분액은 밤에 분비된다.
⑤ 피자식물의 경우에는 과실의 성숙을 위해 많은 화분은 필요 없다.

해설 피자식물의 경우 과실의 성숙을 위해서 많은 화분이 필요하다.

정답 118 ⑤ 119 ④ 120 ⑤

121 다음은 피자식물의 수정에 관한 설명이다. 옳지 않은 것은?

① 생식핵이 두 번 분열하여 4개의 정핵을 만든다.
② 화분관이 배주에 도달하면 한 개의 정핵은 난자와 결합하여 배를 만든다.
③ 배주에 도달한 다른 한 개의 정핵은 2개의 극핵과 결합하여 배유를 만든다.
④ 피자식물은 수정을 두 번 하는 중복수정을 한다.
⑤ 염색체 수에서 배는 2n이 되고 배유는 3n이 된다.

해설 화분립이 발아할 때 화분관핵과 생식핵이 화분관 속으로 들어가면서, 생식핵은 한 번 분열하여 두 개의 정핵을 만든다.

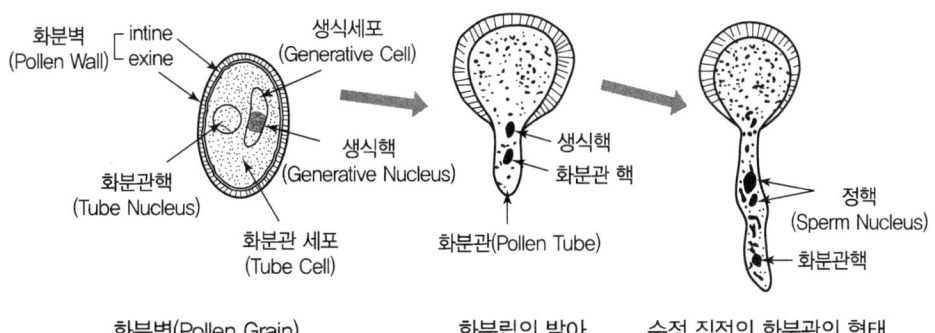

122 다음은 수정에 대한 설명이다. 옳지 않은 것은?

① 피자식물에서 화분관이 자라 내려가는 속도는 무척 빠르다.
② 중복수정은 피자식물의 특징이다.
③ 나자식물은 개화 상태인 암꽃의 배주에서는 난모세포를 형성하는 단계이며 아직 난자를 형성하지 않는다.
④ 피자식물의 생식핵에서 분열한 정핵은 1개의 극핵과 결합해 배유를 형성한다.
⑤ 나자식물은 수정과정에서 난세포의 소기관이 소멸되어 웅성배우체의 세포질 유전이 일어난다.

해설 피자식물의 생식핵에서 분열한 정핵은 2개의 극핵과 결합해 배유를 형성한다.

123 종자 없이 열매가 성숙하는 것을 무엇이라 하는가?

① 단위결과
② 다배현상
③ 부정배
④ 무성생식
⑤ 단일수정

해설 종자 없이 열매가 성숙하는 경우를 단위결과라 한다.

정답 121 ① 122 ④ 123 ①

124 수목의 개화생리 연구의 문제점으로 옳지 않은 것은?

① 유형기가 있어서 상당 기간 동안 개화하지 않는다.
② 크기가 커서 실험 대상으로 관리하기가 쉽지 않다.
③ 유성생식기간이 길고 환경의 영향을 많이 받는다.
④ 대부분의 수목은 광주기에 민감하다.
⑤ 대부분 타가수분이어서 순계육성이 어렵다.

해설 대부분의 수목은 광주기에 반응하지 않는다.

125 다음은 개화생리에 대한 설명이다. 옳지 않은 것은?

① 수목은 불규칙한 결실을 나타낸다.
② 소나무의 경우 활력지에서는 암꽃이, 쇠약지에서는 수꽃이 형성된다.
③ 수목은 영양 상태가 양호하게 유도하면 개화촉진이 늦어진다.
④ 소나무과의 가장 확실한 개화촉진법은 간벌이다.
⑤ 기후인자 중 수목의 개화에 가장 영향을 끼치는 것은 태양복사량과 강우량이다.

해설 수목은 영양 상태가 양호하게 유도하면 개화촉진이 이루어진다.

126 다음은 종자에 관한 설명이다. 옳지 않은 것은?

① 고등식물에서 새로운 세대를 탄생시키는 매개체 역할을 한다.
② 나자식물의 대부분은 종자로만 번식시킬 수 있다.
③ 종자는 배, 저장물질, 종피로 나눌 수 있다.
④ 배는 자엽, 유아, 하배축, 유근으로 나눌 수 있다.
⑤ 저장물질의 경우 참나무류는 탄수화물이 높고, 소나무류는 전분이 높다.

해설 소나무류는 지방이 높다.

정답 124 ④ 125 ③ 126 ⑤

127 다음은 종자에 대한 설명이다. 옳지 않은 것은?

① 단자엽식물은 1개의 자엽을 가지고 있으며 대나무류와 야자나무류가 있다.
② 나자식물은 2~18개의 자엽을 가지고 있다.
③ 자엽이 저장물질을 가지고 있으면 배유가 없는데 이를 무배유종자라고 한다.
④ 나자식물의 저장물질은 자성배우체에 있으며 반수체인 2n염색체를 가진다.
⑤ 무배유종자는 아까시나무, 너도밤나무가 있다.

해설 나자식물의 저장물질은 자성배우체에 있으며 반수체인 1n염색체를 가진다.

128 다음은 종자휴면에 대한 설명이다. 옳지 않은 것은?

① 성숙한 종자가 발아하기에 적합한 환경에서도 발아하지 못하는 상태를 의미한다.
② 종자휴면의 원인이 중복되어 휴면의 원인이 되는 경우는 자연 상태에서 많지 않다.
③ 배휴면은 미숙배 상태에 있기 때문에 발아가 안 되는 것이다.
④ 종피휴면은 종피가 발아에 필요한 가스의 교환이나 수분의 흡수를 억제하는 경우이다.
⑤ 생리적 휴면은 배 혹은 배 주변의 조직이 생장억제제를 분비하여 발아를 억제하는 경우이다.

해설 실제로는 둘 이상의 원인이 중복되어 나타나는 중복휴면이 자연 상태에서 많이 관찰된다.

129 다음은 종자발아에 대한 설명이다. 옳지 않은 것은?

① 종자의 발아는 배의 하배축이 먼저 주공을 통하여 자란다.
② 자엽 혹은 유엽이 토양 밖으로 나와 광합성을 할 수 있는 기관을 형성한다.
③ 지상자엽형 발아는 발아할 때 배의 하배축이 길게 자라서 자엽이 지상 밖으로 나온다.
④ 지하자엽형 발아는 자엽은 지하에 남아있고 상배축이 지상으로 자라서 본엽을 형성한다.
⑤ 지하발아형의 수목으로 참나무류, 밤나무 등이 있다.

해설 종자의 발아는 배의 유근이 먼저 주공을 통하여 자란다.

정답 127 ④ 128 ② 129 ①

130 다음은 발아생리에 영향을 주는 요인들에 대한 설명이다. 옳지 않은 것은?

① 수분흡수는 건조한 종자 내 원형질에 가수분해작용이 일어나면서 여러 소기관이 수분을 흡수하는 것이다.
② 종자는 호흡을 통해 ATP를 생산하고 ATP는 세포 구성을 위한 효소를 생산한다.
③ 종자가 수분을 흡수하면 gibberellin이 생산되어 효소 생산을 촉진한다.
④ 종자의 발아 초기에는 저장물질을 분해하는 가수분해효소의 활동이 왕성해진다.
⑤ 나자식물에서는 cytokinin이 지방의 분해를 촉진한다.

해설 수분흡수는 건조한 종자 내 원형질에 수화작용이 일어나면서 여러 소기관이 수분을 흡수하는 것이다.

131 다음 중 종자 내 산화효소가 살아 있는지를 시약의 발색으로 검사하는 방법은?

① 발아시험
② 배추출 시험
③ 테트라졸리움 시험
④ X선 사진법
⑤ 염색법

해설 종자활력검사법에서 종자활력시험은 확실한 발아능력을 검증하나 시간이 많이 걸리므로 이를 대신하여 종자활력시험인 테트라졸리움 시험과 배추출 시험을 실시한다. 종자 내 산화효소가 살아 있는지 여부를 여러 시약의 발색반응으로 검사(테트라졸리움이 산화효소에 의해 붉게 변색)하는 시험은 테트라졸리움 시험이다.
- 테트라졸리움 시험
  - 물에 침적(18~20시간)
  - 종피에 상처 유도 : 칼로 주공쪽을 약간 잘라냄
  - 1% tetrazolium 용액에서 종자 침적 : pH 6.5~7.0, 30℃, 48시간
  - 종자가 핑크색으로 염색된 정도를 검사함
  - 어떤 종자는 염색이 잘 안되며, 염색 정도를 해석하는 데 어려움이 있고, 비정상발아를 찾아낼 수 없다는 단점이 있음
- 배추출 시험
  - 종자에서 배를 추출하여 배양하면서 변화를 관찰함
  - 추출배 → 여과지 위 → 광선하에서 18~20℃, 14일간 배양 → 산 것과 죽은 것 선별
  - 소나무속 몇 종 권장, 단풍나무, 물푸레나무, 사과나무에서 인정함
- 기타 방법
  - X선 사진법 : 충실종자, 비립종자, 손상종자 감별, 염화바륨($BaCl_2$) 용액 사용
  - Indigo carmin, selenium, tellurium

정답 130 ① 131 ③

132 다음은 식물호르몬에 대한 설명이다. 옳지 않은 것은?

① 식물호르몬은 보통 1μM 이하의 낮은 농도에서 기능한다.
② 에틸렌의 경우 생산된 곳에서 생리적 작용을 나타내지 않는다.
③ 식물호르몬은 환경요인의 변화를 감지한다.
④ 식물의 각 부위 간의 내적 연락체계를 확립한다.
⑤ 생체 내에서 생리, 생장 또는 발달에 중요하고 특징적인 기능을 해야 한다.

해설 에틸렌의 경우 생산된 곳에서 생리적 반응을 나타낸다.

133 다음은 식물호르몬에 대한 설명이다. 옳지 않은 것은?

① Auxin : 자엽초가 주광성을 나타내는 것에서 발견되었으며, 뿌리의 생장을 촉진한다.
② Gibberellin : 벼의 키다리병을 연구하면서 발견되었으며, 줄기의 생장을 촉진한다.
③ Cytokinin : 담배의 조직배양에서 발견되었으며, 정아우세를 소멸하고 측지 발달을 촉진한다.
④ Abscisic acid : 목화열매의 낙과현상에서 발견되었으며, 잎의 상편생장을 촉진한다.
⑤ Ethylene : 과일의 성숙과 관련된 연구에서 발견되었으며, 줄기와 뿌리의 신장을 억제한다.

해설 Abscisic acid는 휴면 유도, 탈리현상 촉진, 스트레스 감지, 모체 내의 종자 발아 억제 등의 기능을 한다.

134 다음은 옥신에 대한 설명이다. 옳지 않은 것은?

① 천연적으로 발견된 옥신에는 4가지가 있으며 IAA가 가장 먼저 발견되었다.
② 합성 옥신으로는 2,4-D와 MCPA 등이 있다.
③ 식물이 옥신을 불활성의 상태로 만들려면 aspartic acid, inositol 또는 glucose와 결합시킨다.
④ 체내에서 옥신의 운반은 목부를 통해서 이루어진다.
⑤ 옥신은 줄기에서는 구기적 방향으로 운반된다.

해설 옥신의 운반은 유관 속 조직에 인접한 유세포를 통해 이루어진다.

정답 132 ② 133 ④ 134 ④

135 다음은 옥신에 관한 설명이다. 옳지 않은 것은?

① 옥신의 운반은 대단히 느리게 진행된다. 그러나 단순한 확산 속도보다는 10배가량 빠르다.
② 줄기에서는 항상 구기적 방향으로 운반된다.
③ 구정적 방향으로 운반된다는 의미는 분열조직이 있는 곳에서 줄기 방향으로 운반된다는 것을 말한다.
④ 옥신의 운반은 에너지를 소모하는 과정이다.
⑤ IAA의 운반을 억제하는 항옥신으로 TIBA, NPA이 알려져 있다.

해설

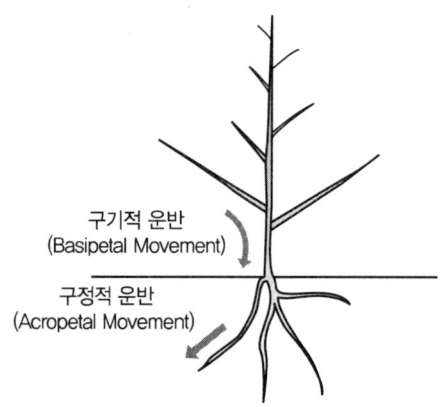

극성을 나타내는 옥신의 운반 방향. 줄기에서는 구기적 운반 현상을, 뿌리에서는 구정적 운반 현상을 나타낸다.

136 다음은 옥신의 생리적 효과이다. 옳지 않은 것은?

① 주광성
② 굴지성
③ 발아 촉진
④ 낙엽지연
⑤ 형성층 분열 유도

해설 옥신은 암꽃 형성을 촉진한다. 종자가 수분을 흡수하면 지베렐린이 생산되어 발아를 촉진한다.

정답 135 ③ 136 ③

137 다음은 옥신에 대한 설명이다. 옳지 않은 것은?

① 극히 낮은 농도의 옥신을 처리하면 뿌리의 신장을 촉진한다.
② 제초제로 단자엽식물에게는 피해가 없고 잎이 넓은 쌍자엽식물을 죽인다.
③ 줄기에서 생산된 옥신은 뿌리로 운반되어 뿌리의 원기형성을 촉진한다.
④ 뿌리에 10^{-6}M 이상으로 높은 옥신을 처리하면 ethylene이 생산되어 뿌리의 신장을 억제한다.
⑤ 옥신은 원형 그대로의 식물체에서 세포 신장과 분열을 촉진한다.

해설 옥신은 베어낸 자엽초나 줄기의 신장 생장을 촉진한다. 원형 그대로의 식물체에서 세포 신장과 분열을 촉진하는 것은 지베렐린이다.

138 다음은 지베렐린에 대한 설명이다. 옳지 않은 것은?

① 모든 지베렐린은 산성을 띤다.
② 최근에는 bacteria에서도 추출되었다.
③ 미성숙 종자에 높은 농도로 존재한다.
④ 목부와 사부를 통하여 위아래 양방향으로 운반된다.
⑤ 뿌리의 신장을 촉진한다.

해설 지베렐린은 줄기의 생장을 촉진한다.

139 다음은 지베렐린에 대한 설명이다. 옳지 않은 것은?

① 봄철에 어린잎에서 생산되어 휴면 상태의 형성층의 세포분열을 유도한다.
② 상업적으로 착과를 촉진하고 과실의 크기와 품질을 향상시킨다.
③ 장일성 식물을 단일 조건에서 개화시킬 수 있다.
④ 2년생 초본류의 경우 일정 기간 저온처리를 거쳐야 개화하는 경우에도 개화시킬 수 있다.
⑤ 지베렐린은 베어낸 줄기의 신장 생장을 촉진시킨다.

해설 베어낸 자엽초나 줄기의 신장 생장을 촉진하는 것은 옥신이다. 지베렐린은 원형 그대로의 식물체에서 세포 신장과 분열을 촉진한다.

정답 137 ⑤ 138 ⑤ 139 ⑤

140 다음은 사이토키닌에 대한 설명이다. 옳지 않은 것은?

① 식물의 세포분열을 촉진하고 잎의 노쇠를 지연시키는 물질이다.
② 담배의 수조직을 배양할 때 세포분열을 촉진하는 adenine의 치환체를 총칭한다.
③ 사이토키닌의 작용을 나타내는 물질은 모두 adenine의 구조를 가지고 있다.
④ 사이토키닌이 가장 높은 농도로 존재하는 곳은 식물의 종자, 잎, 열매와 뿌리 끝부분이다.
⑤ 뿌리끝에서 생산된 사이토키닌은 사부조직을 통해 줄기로 운반된다.

해설 뿌리끝에서 생산된 사이토키닌은 목부조직을 통해 줄기로 운반된다.

141 다음은 사이토키닌에 대한 설명이다. 옳지 않은 것은?

① 유상조직(callus) 배양 시 사이토키닌을 첨가하면 세포분열이 촉진된다.
② 사이토키닌/옥신 비율의 조절로 유상조직에서 줄기와 뿌리를 가진 완전한 식물을 만들 수 있다.
③ 사이토키닌의 함량이 낮으면 유상조직이 줄기로 분화하여 눈, 대, 잎을 형성한다.
④ 정아우세를 소멸시키고 측아의 발달을 촉진한다.
⑤ 사이토키닌은 주변으로부터 영양분을 모아들이는 능력이 있다.

해설 사이토키닌의 함량이 높으면 유상조직이 줄기로 분화하여 눈, 대, 잎을 형성한다. 반면 옥신의 함량이 높으면 유상조직이 뿌리로 분화한다.

142 다음은 에브시식산과 에틸렌의 생리적 효과에 대한 설명이다. 공통적으로 나타나는 생리적 효과로 옳은 것은?

① 탈리현상 촉진
② 스트레스 감지
③ 잎의 황화현상
④ 잎의 상편생장
⑤ 줄기의 비대 촉진

해설
- 에틸렌
  - 과실의 성숙 촉진
  - 잎의 상편생장 및 탈리현상 촉진, 잎의 황화현상 억제
  - 줄기의 신장 억제, 줄기의 비대 촉진
  - 뿌리의 신장 억제, 부정근 발생, 병균에 대한 저항성 약화
- 에브시식산
  - 휴면 유도
  - 탈리현상 촉진
  - 스트레스 감지
  - 모체 내의 종자 발아 억제

정답 140 ⑤ 141 ③ 142 ①

143 다음은 에브시식산에 대한 설명이다. 옳지 않은 것은?

① 에브시식산은 목화열매의 낙과현상을 연구하다 발견되었다.
② 생합성이 일어나는 장소는 색소체에서 일어난다.
③ 목부와 사부를 통하여 식물체 내로 운반되며 유세포를 통한 이동은 하지 않는다.
④ 수분스트레스를 감지하여 기공을 폐쇄한다.
⑤ 잎, 꽃, 열매의 탈리현상을 촉진한다.

해설 목부와 사부를 통하여 식물체 내로 운반되며 유세포를 통한 이동을 할 때는 극성을 띠지 않는다.

144 다음 중 에브시식산의 합성이 이루어지는 곳으로 옳지 않은 것은?

① 잎의 엽록체
② 열매의 색소체
③ 뿌리의 백색체
④ 종자의 전색소체
⑤ 정단분열조직

해설 에브시식산의 생합성 장소는 색소체를 가진 식물의 여러 기관이다.
• 잎 : 엽록체
• 열매 : 색소체
• 뿌리와 종자의 배 : 백색체와 전색소체

145 다음은 수목이 침수된 경우 에틸렌의 효과이다. 옳지 않은 것은?

① 전구물질인 ACC가 축적된다.
② 과실의 성숙을 촉진한다.
③ 줄기의 신장 억제와 줄기의 비대 촉진을 한다.
④ 잎의 상편생장을 일으킨다.
⑤ 뿌리의 신장을 억제한다.

해설 침수 시 에틸렌 독성은 잎의 황화현상, 줄기의 신장 억제, 줄기의 비대 촉진, 잎의 상편생장, 탈리작용, 뿌리의 신장 억제, 부정근, 저항성 약화 등을 야기한다.

정답 143 ③ 144 ⑤ 145 ②

146 다음 중 항균성 단백질의 생산을 촉진하는 생장조절제로 옳은 것은?

① Jasmonates
② Phenol 화합물
③ Salicylicacid
④ Brassinosteroids
⑤ Spermine

해설 Salicylic acid는 병원균에 대한 저항성을 높여주는 항균성 단백질의 생산을 촉진한다.
① Jasmonates : 낙엽 촉진
② Phenol 화합물 : 생장 억제
④ Brassinosteroids : 생장 촉진
⑤ Spermine : 세포분열 촉진, 막의 안정성 유지, 열매 발달 촉진, 잎의 노쇠 방지

147 다음은 식물호르몬과 생장과 관련된 설명이다. 옳지 않은 것은?

① 줄기의 옥신 함량은 줄기의 신장 속도와 상관관계가 있다.
② 어린잎에서 생산된 지베렐린은 밑의 줄기의 신장생장을 촉진한다.
③ 형성층의 분열 개시는 눈 바로 밑에서 시작되어 구기적 방향으로 밑으로 진행된다.
④ 눈을 제거하거나 제엽, 박피를 실시하면 형성층 생장이 중단된다.
⑤ 외부에서 호르몬을 처리하여도 형성층의 생장이 재개되지 않는다.

해설 외부에서 호르몬을 처리하면 형성층의 생장이 재개된다.

148 투여량 반응곡선에서 수준이 증가에 따라서 최대한의 반응을 나타내는 최소한의 수준을 무엇이라 하는가?

① 부족수준
② 적정수준
③ 인내수준
④ 유독수준
⑤ 최소수준

해설 **투여량 반응곡선**
• 부족수준 : 식물의 반응이 증가하는 구간
• 적정수준 : 수준 증가에 따라서 최대한의 반응을 나타내는 최소한의 수준
• 인내수준 : 수준이 증가할 때 반응이 증가하지 않는 수준
• 유독수준 : 추가적인 수준 증가가 반응의 감소를 가져올 때

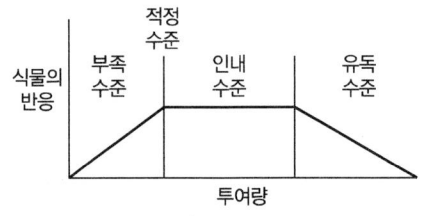

정답 146 ③ 147 ⑤ 148 ②

149 다음은 저온스트레스에 대한 설명이다. 옳지 않은 것은?

① 생물이 생존할 수 있는 최저온도는 그 한계가 없다고 생각된다.
② 왕성하게 자라고 있는 식물은 빙점 근처에서도 치명적으로 피해를 입는다.
③ 저온순화된 수목은 빙점 이하에 노출될 때에는 동해를 받지 않는다.
④ 온대지방의 많은 수목의 동결은 약 −40℃에서 일어나며 이런 현상을 과냉각이라 한다.
⑤ 자작나무, 오리나무는 과냉각으로 인해 세포는 극심한 탈수상태를 겪는다.

해설   내한성이 큰 수목인 자작나무, 오리나무, 사시나무, 버드나무류는 과냉각에 의한 동결현상이 나타나지 않는다. 이를 대신하여 세포간극에서 결빙이 일어나면서 탈수가 진행되면 세포는 극심한 탈수상태에서 견디게 된다.

150 다음은 저온스트레스에 대한 설명이다. 옳지 않은 것은?

① 온대지방의 수목은 야간에 구름이 전혀 없이 지표의 온도가 급속히 내려갈 때 피해가 생긴다.
② 온도가 내려가면 막의 지질이 고체겔화하면서 수축하며 틈이 생겨서 투과성이 증가하여 기능을 상실한다.
③ 동해의 원인은 온도가 빙점 이하로 내려갈 때 세포 내에서 얼음결정이 세포막을 파손하는 것이다.
④ 서서히 내려가서 얼음결정이 세포 밖에 생겨도 원형질이 탈수상태에서 견디지 못한다.
⑤ 포화지방산의 비율이 크면 냉해에 대한 저항성이 크다.

해설   포화지방산은 불포화지방산에 비해 온도가 내려가면 쉽게 굳는다.

151 다음은 저온스트레스에 대한 설명이다. 옳지 않은 것은?

① 한겨울 수간의 남쪽 부위가 그늘진 쪽 수간보다 20℃ 이상 올라가고 일몰 후 급격히 온도가 떨어지면서 형성층 조직이 받는 피해를 동계피소라 한다.
② 수간이 동결하는 과정에서 안쪽 목재보다 바깥쪽 목재가 더 수축하기 때문에 수직 방향으로 균열이 발생하는 것을 상렬이라 한다.
③ 생육기간 중에 서리로 인해 형성층의 시원세포에서 유래한 어린세포가 일시적으로 피해를 입는 것을 상륜이라 한다.
④ 진흙이 섞인 습한 땅에서 많이 발생하는 피해로 상주가 있다.
⑤ 만상은 가을의 생장 휴지기 전에 내리는 서리로 남부 수종을 북부에 이식하였을 경우 발생한다.

해설   조상에 대한 설명이다.

정답   149 ⑤   150 ⑤   151 ⑤

152 다음은 내한성 발달에 대한 설명이다. 옳지 않은 것은?

① 가을에 수목은 생장을 정지하면서 탄수화물과 지질의 함량이 증가한다.
② 빙점에 가까이 온도가 내려가면 단백질과 막지질의 합성이 이루어진다.
③ 내한성이 증가하면서 뚜렷하게 증가하는 것은 전분이다.
④ 당류는 주로 액포 내에 저장되어 수분이 결빙되는 양을 감소시킨다.
⑤ 수용성단백질은 세포 내 자유수를 감소시키고 세포 내 결빙현상을 억제한다.

해설   내한성이 증가하면서 뚜렷하게 증가하는 것은 당류이다.

153 다음 중 바람의 부정적인 영향으로 옳지 않은 것은?

① 증산작용의 촉진   ② 줄기의 기형 유도
③ 기공 폐쇄   ④ 잎의 손상
⑤ CO_2 공급 촉진

해설   • 바람의 긍정적 영향 : 화분과 종자의 비산, 엽소의 방지, CO_2의 공급 촉진
     • 바람의 부정적 영향 : 증산작용의 촉진, 풍도, 줄기의 기형 유도, 기공 폐쇄, 잎의 손상, 토양침식 등

154 다음은 바람에 의한 스트레스의 설명이다. 옳지 않은 것은?

① 풍도는 침엽수가 활엽수보다 피해가 더 크다.
② 주풍이 일정하게 불고 있는 지역에서 연간 풍속 24Km/h가량 될 때 심하게 나타난다.
③ 침엽수는 바람이 불어 가는 쪽에 신장이상재가 발생한다.
④ 바람은 수고생장을 감소시킨다.
⑤ 바람은 수목의 초살도를 증가시킨다.

해설   침엽수는 압축이상재, 활엽수는 신장이상재가 발생한다.

정답 152 ③   153 ⑤   154 ③

155 압축이상재의 형성을 촉진하는 식물호르몬으로 옳은 것은?

① 옥신, 지베렐린
② 지베렐린, 사이토키닌
③ 사이토키닌, 에브시식산
④ 에브시식산, 에틸렌
⑤ 에틸렌, 옥신

해설 이상재의 형성은 식물호르몬의 재분배로 인해 유도된다.

압축이상재	• 기울어진 수간의 아래쪽에 옥신의 농도가 증가하여 세포분열 촉진, 넓은 연륜을 가짐 (정아나 수간에 IAA 처리 시 발생) • 에틸렌도 압축이상재 발생 촉진
신장이상재	• 기울어진 수간의 위쪽에 나타남. 기울어진 수간의 위쪽에 옥신의 농도가 감소하여 발생 • 옥신을 처리하면 이상재 형성을 억제하고 옥신의 길항제인 TIBA를 처리하면 이상재 형성을 촉진함

156 다음은 대기오염에 대한 설명이다. 옳지 않은 것은?

① 대기오염의 피해가 가장 먼저 나타나는 병징은 잎의 황화현상이다.
② 만성피해의 경우 기공 주변의 엽육조직에서 먼저 피해가 나타나고 일부 조직의 괴사가 동반된다.
③ 급성피해의 경우 하표피와 엽육조직이 붕괴하고 책상조직도 파괴된다.
④ 통도조직은 비교적 피해가 크다.
⑤ 아황산가스에 노출되면 잎 가장자리 조직과 엽맥 사이에 있는 조직이 황화현상을 일으킨다.

해설 통도조직의 피해가 비교적 적다.

정답 155 ⑤ 156 ④

157 다음의 증상에 따른 대기오염물질로 옳은 것은?

> ㉠ 기체 형태의 오염물질 중 가장 독성이 크고, 황화현상이 잎 가장자리에서 중륵을 따라서 확대된다.
> ㉡ 잎 표면에 주근깨 같은 반점이 형성되고 책상조직이 먼저 붕괴되며, 반점이 합쳐져서 백색화된다.
> ㉢ 노출 초기에 회녹색 반점이 생기고 잎의 가장자리가 괴사하며, 엽맥 사이의 조직이 괴사한다.

	㉠	㉡	㉢
①	질소산화물	오존	불소
②	불소	오존	질소산화물
③	아황산가스	오존	불소
④	오존	불소	PAN
⑤	불소	질소산화물	아황산가스

해설 ㉠은 불소, ㉡은 오존, ㉢은 질소산화물에 대한 설명이다.
㉠ 불소
- 활엽수 : 잎 끝의 황화, 잎 가장자리로 확대, 중륵을 따라 안으로 확대, 황화조직의 고사
- 침엽수 : 잎 끝의 고사, 고사부위와 건강부위의 경계선 뚜렷함

㉡ 오존
- 활엽수 : 잎 표면에 주근깨 같은 반점, 책상조직이 먼저 붕괴, 이후 백색화
- 침엽수 : 잎 끝의 괴사, 황화현상의 반점, 왜성 황화된 잎

㉢ 질소산화물
- 활엽수 : 흩어진 회녹색 반점, 잎의 가장자리 괴사, 엽맥 사이 조직이 괴사함
- 침엽수 : 잎 끝이 적갈색 변색, 잎의 기부까지 확대됨

158 다음은 오존에 대한 설명이다. 옳지 않은 것은?

① NO_x가 대기권에서 자외선에 의해 산화될 때 생긴다.
② 기공을 통해 들어가면 엽육세포 표면의 물분자를 쉽게 용해한다.
③ Radical과 H_2O_2가 세포막과 소기관의 막의 기능을 마비시킨다.
④ 침엽수에서 병징은 잎 끝의 괴사, 황화현상의 반점, 왜성화된 잎이다.
⑤ 광화적산화물 중 가장 독성이 강하다.

해설 광화학산화물 중 가장 독성이 강한 것은 PAN이다.

정답 157 ② 158 ⑤

159 강우는 조직 내의 무기염을 용탈시키는데, 가장 많이 용탈되는 무기염은 무엇인가?

① Ca
② N
③ P
④ Mg
⑤ K

해설 K가 가장 많이 용탈되며, 그 다음으로 Ca, Mg, Mn이 용탈된다. 그 밖에 당, 아미노산, 유기산, 호르몬, 비타민, 페놀류 등의 유기물도 용탈된다.

160 다음은 산림쇠퇴에 대한 원인과 기작에 대한 설명이다. 옳지 않은 것은?

① 오염가스의 피해
② 무기영양소의 용탈
③ 토양의 철분의 독성
④ 병해충의 피해
⑤ 영양의 불균형

해설 산림쇠퇴에 대한 원인 및 기작에는 오염가스의 피해, 무기영양소의 용탈, 토양의 알루미늄의 독성, 병해충의 피해, 영양의 불균형, 기후에 대한 저항성 약화 등이 있다.

161 생식생장 단계 중 대기오염의 영향을 받지 않는 것은?

① 화아원기 형성
② 화분관 발아
③ 과실(종자) 성숙
④ 종자 발아
⑤ 수분

해설 화아원기 형성* → 개화(화분생산*) → 수분 → 화분관 발아* → 수정 → 과실(종자) 성숙* → 종자 발아* → 영양생장*
※ 표시된 부분이 대기오염에 의해 수목의 생식생장이 영향을 받는 단계이다.

정답 159 ⑤ 160 ③ 161 ⑤

162 다음에서 설명하는 대기오염물질은?

- 기체 상태의 오염물질 중에서 가장 독성이 크다.
- 체내에 계속 축적된다.
- 식물의 기공과 각피층을 통하여 흡수된다.
- 금속 양이온과 결합하여 무기영양상태를 교란한다.
- 여러 효소와 결합하여 효소의 작용을 방해한다.

① 아황산가스
② 질소산화물
③ 오존
④ PAN
⑤ 불소

해설 F(불소)
- 기체 상태의 오염물질 중 독성이 가장 큼
- 기공과 각피층으로 흡수되어 금속 양이온과 결합하여 무기영양상태를 교란시킴
- 세포벽 형성, 산소 흡수, 전분 합성 등을 억제함
- 병징
  - 활엽수 : 잎 끝의 황화, 잎 가장자리로 확대, 중륵을 따라 안으로 확대, 황화조직의 고사
    ※ 중륵 : 엽신의 중앙기부에서 끝을 향해 있는 커다란 맥으로 주된 잎맥이며, 보통 가장 굵은 맥을 의미함
  - 침엽수 : 잎 끝의 고사, 고사 부위와 건강 부위의 경계선 뚜렷

정답 162 ⑤

PART

04

산림토양학

Tree
Doctor

기출예상문제

001 토양수분의 함량이 각각 위조점 30%, 흡습계수 5%, 포장용수량 10%일 때, 유효수분함량(%)은?

① 5
② 10
③ 20
④ 25
⑤ 30

해설 유효수분함량은 포장용수량에서 위조점 사이이므로 유효수분함량 = 위조점(30%) − 포장용수량(10%) = 20%이다.

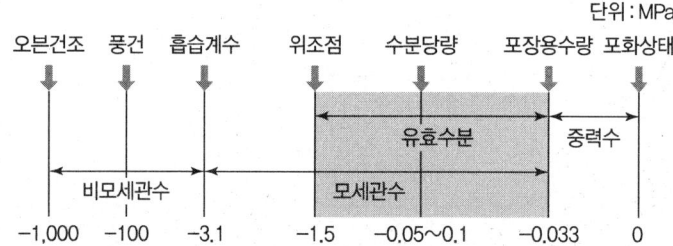

※ **토양수분의 종류**
- 최초에 포화된 토양이 건조하기 시작하면서 토양수분의 물리적인 작용, 식물생육과의 관계가 점진적 연속적으로 변하게 됨. 이때부터 매트릭퍼텐셜이 중력퍼텐셜보다 더 크게 작용
- 최대수분용량(Maximum Retention Capacity) = 최대용수량
  - 비가 올 때 수계유역에서 토양이 일시적으로 빗물을 저장할 수 있는 능력을 파악하는 데 사용됨 → 홍수 조절 기능
  - 토양의 모든 공극이 물로 채워진 상태, 즉 포화된 상태로 토양이 최대한 가질 수 있는 수분 함량[매트릭퍼텐셜이 0kPa(0bar), 용적수분함량이 전체 공극의 양과 같은 상태]
- 포장용수량
  - 식물이 이용할 수 있는 최대의 수분 상태
  - 큰 공극에 존재하는 과잉수분이 중력에 의해 배수된 상태의 토양수분함량으로 토양수분은 대부분 매트릭퍼텐셜에 의하여 남아 있는 상태가 됨(강우 후 1~3일 후)
  - 큰 공극은 공기로 채워지고 작은 공극은 물로 채워져서 식물생육에 좋은 조건이 됨
  - 매트릭퍼텐셜은 −30kPa(−0.3bar) 정도
- 위조점(wilting point)
  - 일시 위조점 : 토양수분이 점진적으로 감소하여 식물이 수분부족에 의하여 시들게 되는 시점의 수분함량. 시든 식물을 수분으로 포화된 공기 중에 두면 다시 살아남

정답 001 ③

- 영구 위조점[-1,500kPa(-15bar)] : 수분함량이 더욱 감소하여 위조가 심해지면 수분으로 포화된 공기 중에 두어도 다시 살아나지 않는 수분 상태
• 흡습계수(hydroscopic coefficient)
 - 건조한 토양을 공기 중에 두면 공기 중의 습도와 평형을 이룰 때까지 수분을 흡수함
 - 토양입자 주변에 몇 개의 물분자층을 이루며 존재하며 이때의 수분 상태를 흡습계수(hydroscopic coefficient)라고 함
 - 수분퍼텐셜은 -3,100kPa(-31bar) 정도이며, 작물이 전혀 이용할 수 없는 수분임
• 결합수(결정수), 오븐건조수분
 - 토양 중 화합물의 구성분
 - 105℃로 가열하여도 분리되지 않으며 잔류함
 - 토양광물이나 화합물을 구성하는 성분
 - 매트릭퍼텐셜이 -1,000MPa(pF7) 이하인 수분

002 1ha 면적 토양에서 길이 10cm, 용적밀도 1Mg/m³, 탄소함량 1%일 때 탄소 무게(Mg)는?

① 1
② 10
③ 100
④ 1,000
⑤ 10,000

해설 용적밀도=무게÷부피, 무게=용적밀도×부피
→ 1ha=10,000m², 부피=10,000m²×0.1=1,000m³
→ 무게=1(용적밀도)×1,000m³(부피)×0.01(탄소함량)=10(Mg)

003 고상률 60%, 중량수분함량(w/w) 10%, 용적밀도 1.5g/cm³일 때, 기상률(%)은?

① 10
② 15
③ 20
④ 25
⑤ 30

해설
• 고상률 : 60%
• 공극률(액상+기상) : 40%
• 용적수분함량=중량수분함량×용적밀도=10×1.5=15%
• 기상률=40%-15%=25%
• 입자밀도=고형입자의 무게/고형입자의 용적
• 용적밀도
 - 고형입자의 무게/전체 용적
 - 일정 면적의 토양의 무게를 환산하는 데 중요한 인자

정답 002 ② 003 ④

- 공극률
  - 공극의 용적(액상+기상)/전체 토양의 용적＝1－(용적밀도/입자밀도)
  - 용적밀도와 공극률은 서로 반비례
- 공극비＝공극용적(액상+기상)/고상용적
- 공기충전공극률＝공기용적/전체 토양의 용적

004 고상 60%, 질량 기준 수분함량 20%(w/w), 전용적밀도 1.5g/cm³인 토양의 기상비율은?

① 10%
② 15%
③ 20%
④ 25%
⑤ 30%

해설 고상이 60%이므로 액상비율만 구하면 된다.
용적수분함량＝질량(＝중량)수분함량×용적밀도＝20×1.5＝30%
→ 100%－고상(60%)－액상(30%)＝기상(10%)

005 대부분 작은 입자(2~5mm)로 구성되고 딱딱하고 치밀하며 건조하지만 유기물이 많은 곳에서 발달하는 토양구조는?

① 입상구조
② 단립구조
③ 괴상구조
④ 판상구조
⑤ 원주상구조

해설

구조	입단의 상태	층위
입상(구상)	유기물 많은 표토층, 입단 결합 약함	A층위
판상	습윤지토양, 배수불량	논토양, 경반층
괴상	블록다면체, 배수와 통기성 양호, 뿌리 발달	Bt층위, 심토층
주상	세로배열, 건조, 반건조심토층	Bt층위
원주상	수평면이 둥글게 발달, Na, B층	논토양, 심토층

- 단립(홑알) : 사구와 같이 토양입자가 단독으로 배열된 구조
- 입상 : 비교적 작은 입자 2~5mm로 구성되어 있으며 딱딱하고 치밀함. 건조하지만 유기물이 많은 곳에 발달
- 견과상 : 각 모서리나 변이 둥글고 다면상으로 밀하게 조성되어 있으며 입자는 1~3cm로 큼. 건조와 습윤이 반복되고 점토함유율이 많은 토양에 발달. 벽상구조와 같이 물리성이 불량하고 뿌리생장도 나쁨
- 괴상 : 다면상이고 각이 비교적 둥글며 표면이 약함. 입자도 1cm 이상이며 건습의 차가 없는 토양의 B층에 출현함. 적윤한 토양의 하부와 공중습도가 높고 일시적으로 건조한 토양표층에 잘 발달하여 이화학성은 비교적 양호함
- 판상 : 입단의 배열이 판자상이며 단단하고 수평으로 발달

정답 004 ① 005 ①

006 호기성 미생물에 의해 산소가 소비되어 환원상태가 발달하는 토양생성작용은?

① 포드졸화작용
② 회색화작용
③ 점토생성작용
④ 철·알루미늄집적작용
⑤ 염류집적작용

해설 **토양생성작용**

- 회색화작용 : 과습·포화상태일 때 Fe^{3+}이 Fe^{2+}으로, Mn^{4+}, Mn^{3+}이 Mn^{2+}으로 변하며 제1철 화합물이 풍부한 청록회색으로 됨
- 염기용탈작용 : 강수량＞증발량일 때 K, Na, Ca, Mg 용탈
- 점토의 기계적 이동작용 : 점토, 철의 산화물, 수산화물, 세립 등이 1차 하방이동하며 A층에서 B층으로 이동함
   ※ 토양발달의 순서(미숙토 → 반숙토 → 완숙토 → 과숙토)
- 포드졸화 : 습윤, 한대지방의 침엽수림, 낮은 온도에서 생성하며 미생물 활동 느림. 풀브산(강산성, 저분자부식물질)이 많으며 용탈층은 회색(E층), 집적층은 부식일 때 흑갈색, 철일 때 적갈색
- 염류화작용(증발산＞강수량)과 탈염류화작용(증발산＜강수량)
- 알칼리작용 : pH(탄산나트륨, 탄산수소나트륨의 가수분해)
- 석회화작용 : 건조, 반건조지대 → $CaCO_3$나 $MgCO_3$ 토양 축적
- 수성표백작용 : 물이 포화상태일 때 Fe^{2+}, Mn^{2+} → 표층이 회백색(지하수 포드졸화)

구분	설명
회색화작용 (gleization)	• 지하수위가 높은 저습지나 배수가 불량한 곳에서 진행되는 토양생성작용 • 툰드라 기후와 관련이 깊으나 습윤 대륙성기후하에서도 진행 • 기온이 낮아 유기물이 많이 쌓이므로 표면에는 강산성의 토탄층이 형성. 그 밑에는 글레이층(gleihorizon)이라고 불리는 토층이 발달. 글레이층은 일반적으로 담청색 또는 청회색의 치밀한 점토질 물질로 이루어져 있는 것이 특색. 수분으로 포화된 상태하에 놓여 있기 때문에 산소가 부족하여 산화 제2철은 부분적으로 산화 제1철(FeO)의 형태로 환원. 글레이층의 담청색은 산화 제1철에 의하여 생기는 빛깔. 논토양생성에 지배적
석회화작용 (calcification)	수분의 증발량이 강수량보다 많은 반건조지역 또는 스텝기후지역에서 진행되는 토양생성작용
podzol화작용	• 한랭습윤 침엽수림지역에서 일어나는 토양생성작용 • 토양의 무기성분이 산성부식질의 영향으로 심하게 분쇄되어 역동성이 가장 작은 Polynov의 제4상에 해당하는 철, 알루미늄 등까지도 솔(sol) 상태로 하층으로 이동하는 토양생성과정
latetite화작용	• 열대나 아열대의 고온다우하에서 일어나는 토양생성작용 • 고온다습의 영향으로 토양은 가수분해가 심하게 일어나므로 토양 중의 알칼리금속과 알칼리토류금속은 용액 중에 끊임없이 공급되어 토양은 중성 또는 알칼리성 반응하에서 분해를 받게 됨. 따라서 규산은 가용성으로 되어 용탈되고 철, 알루미늄 등의 수산화물 또는 산화물은 토양 중에 남아 집적되게 됨

정답 006 ②

007 부식화된 유기물과 섞여 있기 때문에 아래 층위보다는 암색을 띠며 대부분 입단구조가 발달된 토층은?

① O층   ② A층
③ B층   ④ C층
⑤ R층

해설 무기물 표층(A층)
- 부식화된 유기물과 섞여 있기 때문에 아래 층위보다는 암색을 띠고 물리성이 좋음
- 위층의 유기물과 광물질토양이 혼합된 표층으로 하층토보다 유기물 함량이 높고, 토양구조도 발달되어 투수성, 통기성이 양호하며, 토양동물과 미생물의 활동이 왕성하고 뿌리도 잘 분포되어 있음
- 대부분 입단구조가 발달되어 있으며 식물의 잔뿌리가 많이 뻗어 있어 임목의 뿌리신장활동에 가장 적합한 토층

토층 명칭	특징
H	물로 포화된 유기물층
O층 유기물층	• 주로 식물의 유체 등 유기물이 많이 축적되어 있는 토층 • Oi : 미부숙, Oe : 중간 정도 부숙, Oa : 잘 부숙
A층 무기물층	• 성토층의 가장 윗부분으로 기후, 식생 등의 영향을 직접 받아 가용성염기류가 용탈될 뿐만 아니라 경우에 따라 점토, 부식 등과 같은 물질도 아래층으로 이동 • 용탈(무기물 토층)
E층 용탈층	• A2층을 말하며 점토와 철, 알루미늄 등의 산화물 또는 염기 등이 아래층으로 용탈되어 담색을 나타냄 • A층의 용탈이 이곳에서 이루어짐(최대용탈층)
B층 집적층	• 점토, 철, 알루미늄, 부식 등이 집적되고 구조가 어느 정도 뚜렷하게 발달 • 빛깔이 다른 층위보다 진함 • 집적층상부 토층에서 용탈된 철과 알루미늄의 산화물 및 점토 등이 집적
C층 모재층	무기물층으로 아직 토양생성작용을 받지 않은 모재층

008 광물의 풍화작용에 대한 내용으로 틀린 것은?

① 현무암과 같은 암석은 표면적이 크고 다공성이다.
② 석영은 잘 풍화되지 않는다.
③ 유기산에 의한 산은 풍화를 가속화한다.
④ 고온의 열대지방일수록 풍화가 활발하다.
⑤ 기계적 붕괴작용에 의해 2차 광물이 형성된다.

해설 2차 광물은 모재에서 화학적 풍화를 받아 형성된다.
- 모암(암석) → 모재 → 토양(풍화 과정 : 붕괴, 파쇄, 분해)
- 암석의 풍화와 모재의 생성
  - 물리적(기계적), 화학적, 생물적 풍화작용 → 동시, 병행

정답 007 ②

- 규산염 점토광물, 풍화가 극도로 진행 후 안정된 철과 알루미늄 산화물, 석영과 같이 풍화에 대한 안정성이 매우 큰 1차 광물
- 풍화 내성 정도
  - 1차 광물 : 석영＞백운모＞미사장석＞정장석＞흑운모＞조장석＞각섬석＞휘석＞회장석＞감람석
  - 2차 광물 : 침철광＞적철광＞깁사이트＞점토광물＞백운석＞방해석＞석고

009 산 중간에서 나타나는 퇴적토양으로 주로 급경사면에서 나타나는 퇴적층은?

① 잔적층 ② 붕적층
③ 충적층 ④ 풍적토
⑤ 포행토

해설 퇴적양식

모재별	생성과정	분포지형
잔적층 모재	풍화되어 원위치에 생성	저구릉, 구릉 및 산악지
붕적층 모재	중력에 의한 운반퇴적	산록경사지
충적층 모재	물에 의한 운반퇴적	선상지, 하성충적지, 하해혼성 충적지
화산회 모재	화산 분출 용암류대지	분석구
유기질 모재	식물 잔해의 집적	이탄, 흑니

- 잔적토 : 풍화된 토양이 그 자리에 쌓인 토양(정적토)으로, 주로 산정부 또는 능선부에 나타남
- 포행토 : 사면 상부에서 내려온 토양과 하부로 내려간 토양이 거의 같은 조건에서 형성된 토양으로, 비교적 급경사면에서 주로 나타남
- 붕적토 : 사면 상부로부터 내려온 토양에 의해 퇴적된 토양으로 포행토의 일종

010 다음 중 지각을 구성하는 원소 함량이 높은 순서대로 나열한 것은?

① Si＞Al＞Na＞Mg ② Al＞Si＞Na＞Mg
③ Si＞Al＞Mg＞Na ④ Al＞Mg＞Na＞Si
⑤ Al＞Si＞Mg＞Na

해설 지각의 화학적 원소 조성 비율은 산소(46.7%)＞규소(27.7%)＞알루미늄(8.1%)＞칼슘(3.7%)＞나트륨(2.8%)＞칼륨(2.6%)＞마그네슘(2.1%) 순이다.

정답 008 ⑤ 009 ⑤ 010 ①

011 다음 중 2:1형 광물이 아닌 것은?

① 일라이트
② 클로라이트
③ 스멕타이트
④ 카올리나이트
⑤ 몽모리올나이트

해설 점토광물의 종류

결정형 점토광물	1:1형	kaolinite, halloysite
	2:1형	• 비팽창형 : illite • 팽창형 : vermiculite, montmorillonite, beidellite, saporonite, nontronite
	2:1:1형 (혼층형 광물)	• 규칙혼층형 : chlorite ※ 넓은 의미로 2:1 광물에 포함 • 불규칙혼층형
비결정형 점토광물	산화광물	• 산화알루미늄 : gibbsite($Al_2O_3 \cdot 3H_2O$) • 산화철 : hematite(Fe_2O_3, 적철광), goethite($Fe_2O_3 \cdot H_2O$, 침철광) • 무정형 광물 : allophane[SiO_2, $(Al_2O_3)m(H_2O)n$]

012 양이온 교환용량(CEC)에 관한 설명으로 옳지 않은 것은?

① 기계적 풍화작용에 의해 생성되는 미세입자의 영향을 받는다.
② pH에 영향을 받는다.
③ 부식함량에 영향을 받는다.
④ 동형치환에 의한 영구전하가 많을수록 크다.
⑤ 토양입자의 음전하가 많을수록 크다.

해설 • 양이온 교환용량(CEC)
 - 일정량의 토양이나 교질물이 양이온을 흡착 · 교환할 수 있는 능력
 - 이전에는 토양 100g에 교환할 수 있는 양이온의 총량을 밀리당량(meq)으로 표시(meq/100g)
 - 건조토양 1kg이 교환할 수 있는 양이온의 총량을 cmolc로 나타냄(cmolc/kg)
  예 6meq/100g=60mmolc/kg soil(60mmol+/kg soil)=6cmolc/kg soil(6cmol+/kg soil)
 - 식물양분의 저장과 공급, 토양의 완충기능, 정화기능 등과 관련됨
 - 교환성 K, Ca, Mg는 식물 양분의 주공급원임
 - 석회 시용량은 CEC가 클수록 증가함
 - K, NH_4는 이동성이 낮아져 용탈이 방지됨
 - Cd, Zn, Ni, Pb 등 중금속 이온을 흡착하여 독성 경감

정답 011 ④ 012 ①

- 동형치환
    - 영구전하에 의해 생성되며, 층상 광물들의 결정화 단계임
    - 광물결정의 변두리에 존재하는 결합에 관여하지 않는 여분의 음전하 때문에 생성됨
    - 형태의 변화 없이 규산 4면체나 알루미늄 8면체의 격자 내 중심원자의 크기가 비슷하고, 산화가가 다른 원자로 치환되는 현상
    - 치환이 일어나면 광물의 결정에 양전하가 부족하게 되며 O 또는 OH의 음전하가 중화되지 못하고 남게 되므로 광물은 순 음전하를 가지게 됨
    예 $Si^{4+} \to Al^{3+}$ 원자가 치환, $Al^{3+} \to Fe^{2+}$나 Mg^{2+} 원자가 치환

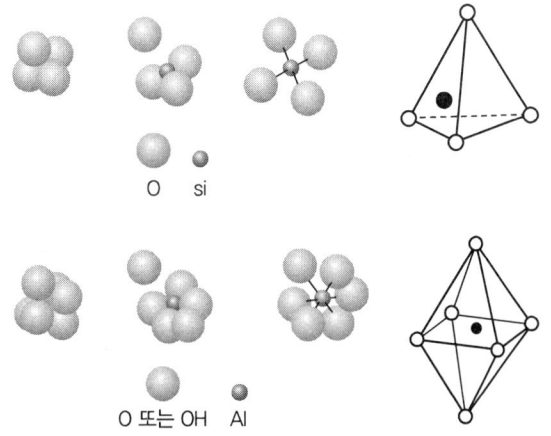

- 변두리전하(edge charge)
    - 층상의 광물결정이 무한정 확장될 수 없기 때문에 양 끝에는 절단면이 생김
    - 절단면에는 규산 4면체나 알루미늄 8면체의 O 또는 OH가 외부에 노출되어 있으며, 이들은 중심 양이온에 의하여 정상적으로 공유되지 못하고 결국 광물은 음전하를 가지게 됨
- 가변전하(= 일시적 전하=pH 의존전하) : pH가 낮은 조건에서는 양전하가 생성되고, pH가 높은 조건에서는 과량의 음전하가 생성

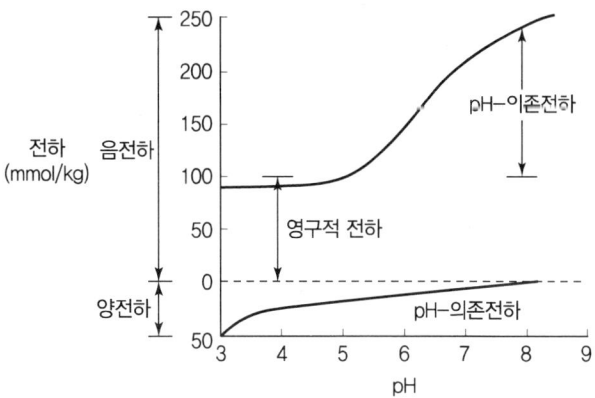

013 토양에 산이나 알칼리 물질을 가해도 pH가 별로 크게 변하지 않는다. 이러한 완충용량현상에 관한 내용으로 옳지 않은 것은?

① 양이온교환능력이 클수록 완충용량이 작다.
② pH 변화를 억제하는 능력이다.
③ 점토함량이 많을수록 크다.
④ 양이온교환능력이 높은 토양일수록 pH를 변화시키는 데 더 많은 석회가 요구된다.
⑤ 입자의 음전하량이 많을수록 크다.

해설 **토양완충능력**
- 토양의 변화에 대한 저항력(완충력), 일반적으로 토양의 양이온치환용량(CEC)이 커질수록 완충용량은 커지게 되며 점토나 부식물이 많은 토양일수록 커짐
- 토양에 외부로부터 물질이 유입되었을 때 이의 영향을 최소화할 수 있는 능력
- 토양용액의 pH에 대한 완충능=토양 pH의 완충능
- 일반적으로 다른 요인이 같을 경우 양이온치환용량이 높을수록 완충능이 높음
- 토양이 가지고 있는 양분농도를 일정하게 유지하려고 하는 능력을 토양양분의 완충능이라고 함
- 양이온들의 콜로이드에 대한 흡착강도의 순서 : $Al^{3+} - H^+ > Sr^{2+} > Ca^{2+} > Mg^{2+} > Cs^+ > K^+ = NH_4^+ > Na^+ > Li^+$
- 용액 속의 양이온 농도가 높을수록, 원자가가 클수록 흡착되기 쉬움
- 원자가가 같으면 수화된 원자의 직경이 작을수록 콜로이드 입자 표면에 가까이 이동하여 강하게 흡착

014 토양에 산성화를 일으키는 원인이 아닌 것은?

① 유기물의 호기성 분해
② 질산암모늄 비료 시용
③ 염류집적
④ 양분의 용탈
⑤ 미생물 작용에 의한 황산의 생성

해설 염류집적은 알칼리화를 일으킨다. 토양에 산성화를 일으키는 원인으로는 주로 질산칼슘과 같은 산성 비료의 시비, 물의 작용에 의한 침식, 산성비와 공해물질의 유입, 식물의 양분 흡수 등이 있다.

토양산성화의 원인
- 토양의 산성화 : H^+의 증가, 염기의 용탈
- 모암 : 산성암인 화강암과 화강편마암
- 기후 : 강우에 의한 염기의 용탈 → 교환성 양이온 중에서 수소이온과 여러 형태의 Al-hydroxyl 이온이 차지하는 비율 증가
- 점토에 흡착된 H^+의 해리 : $Al^{3+} + H_2O \Leftrightarrow Al(OH)_2^+ + H^+$
- 부식에 의한 산성화 : $-COOH$와 $-OH$에서 H^+의 해리
- CO_2에 의한 산성화 : $CO_2 + H_2O \Leftrightarrow H_2CO_3 \Leftrightarrow H^+ + HCO_3^- \Leftrightarrow H^+ + CO_3^{2-}$
- 유기산에 의한 산성화 : 미생물에 의해 유기물이 분해될 때 유기산이 생성됨

정답 013 ① 014 ③

- 무기산에 의한 산성화 : 산성비
- 비료에 의한 산성화 : $NH_4^+ + 2O_2 \rightarrow NO_3^- + H_2O + H^+$

015 산성토양에 대한 내용으로 옳은 것은?

① 알루미늄이온이 많아서 산성화된다.
② 철의 유효도가 감소한다.
③ 토양미생물의 활동이 활발해진다.
④ 양이온교환능력이 증가한다.
⑤ 식물체에 독성을 나타내지 않는다.

해설 토양 산성화 시 문제점
- 작물에 필요한 영양성분의 불용화나 불가급태로 변한다.
- 알루미늄 성분의 과다로 인해 유해성분이 증가한다.
- 양분 유실이 많다.
- 길항작용이 나타난다.
- 유효미생물의 발달이 억제된다.
- 인산질의 불용화 현상이 나타난다.
- 식물의 생장에 필수적인 인산, 마그네슘, 몰리브덴, 붕소 등의 여러 원소들이 부족해진다.
- 토양의 산성화가 진행되면 SO_2^-가 물에 용해되어 생성되는 HSO_3^-와 같은 산성비 구성성분이 토양 속의 미생물에 독성이 큰 물질로 작용하게 되어 피해를 준다.
- 산성 토양 속의 수소 이온(H^+)이 식물의 뿌리에 닿아 세포의 단백질을 변형시켜 굳게 만들어 영향을 준다.
- 알루미늄이 수소를 만나면 수소에 전자를 빼앗겨 알루미늄 이온(Al^{3+})이 용출되며 알루미늄 이온의 강한 독성으로 식물 뿌리의 생장을 방해하고, 인산, 마그네슘 등의 주요 원소의 흡수를 방해한다.

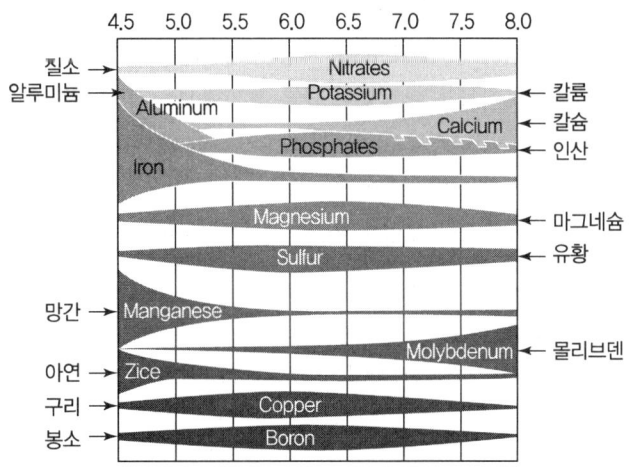

정답 015 ①

016 염해토양의 개선대책으로 옳지 않은 것은?

① 황산 처리를 한다.
② 석고나 석회를 사용한다.
③ 암거배수를 한다.
④ 유기물 처리를 통해 물리성을 개선한다.
⑤ 물을 충분히 주입한다.

> 해설 배수상태와 관개수의 질을 아는 것이 중요하며 석고나 석회석 시용, 황분말 사용, 토양물리성 개선 등의 대책이 있다.

017 토양미생물의 주요 환경인자가 아닌 것은?

① 유기물
② 토성
③ pH
④ 통기성
⑤ 온도

> 해설 미생물에게 영향을 주는 환경인자는 영양분, 에너지원, 온도, 기체, 물, 염, pH, 방사선, 다른 생물체 등이다.

구분	탄소원	에너지원	미생물
화학자급영양	CO_2	무기물	질산화세균, 황산화세균, 수소산화세균
화학종속영양	유기물	유기물	부생성세균, 공생세균
광합성자급영양	CO_2	빛	녹조류, 남조류, 자색황세균

018 탄소와 질소의 비율인 C/N율에 대한 내용으로 틀린 것은?

① 탄소의 일부는 에너지원으로 사용되어 CO_2로 배출된다.
② 탄질률이 높은 유기물은 탄질률이 낮은 유기물보다 분해속도가 훨씬 느리다.
③ 낙엽층보다는 F층이나 H층의 탄질률이 더 낮다.
④ 탄질률이 낮은 유기물이 토양에 가해지면 식물체의 질소기아현상이 나타난다.
⑤ 탄질률이 높은 유기물이 토양에 가해지면 미생물에 의해 질소 손실이 증가한다.

> 해설 **C/N율(탄수화물 ÷ 질소)**
> - 식물은 뿌리가 토양에서 수분과 양분을 흡수하여 물관을 타고 가지, 잎, 열매에 공급함
> - 반대로 잎에서 탄소동화작용에 의해 만들어진 탄수화물은 체관부를 타고 뿌리 쪽으로 내려와 뿌리에 공급함
> - C/N율은 탄소동화작용에 의해 잎에서 만들어진 탄수화물(C)과 뿌리에서 흡수된 질소(N)성분의 비율임

정답 016 ③   017 ②   018 ④

- 식물의 생장, 꽃눈형성 및 결실에 영향을 미치게 됨
- C/N율에 따라서 식물이 잘 살아갈 수 있는 재배환경을 만들어 주는 것이 중요함

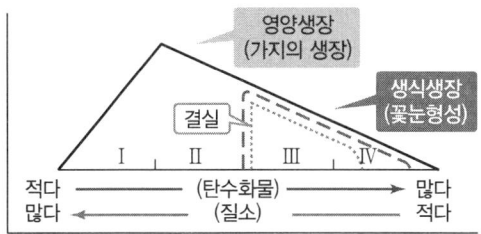

- 무기화작용과 고정화 작용
  - C/N율이 30 이상 : 고정화반응 우세
  - C/N율이 20~30 사이 : 고정화반응=무기화작용
  - C/N율이 20 이하 : 무기화작용 우세
- 질소기아현상 : 고정화반응>무기화반응 시 미생물이 식물이 이용할 토양용액 중의 무기태질소를 흡수, 식물에서는 일시적으로 질소 부족
- C/N율은 퇴비의 부숙 정도를 나타내는 척도로서 고려됨
- C/N율이 높을수록 분해되기 어렵고, 낮을수록 분해되기 쉬움

019 다음 중 다량영양소가 아닌 것은?

① 탄소(C)
② 질소(N)
③ 철(Fe)
④ 황(S)
⑤ 칼슘(Ca)

해설
- 다량영양소 : C, H, O, N, P, K, Ca, Mg, S
- 미량영양소 : Mn, Fe, Cu, Zn, B, Mo, Cl

020 질소 순환에 대한 설명으로 옳은 것은?

① 질산화작용은 산소가 부족할 때 활발하다.
② 요소비료 사용 시 pH가 증가되어 질소 휘산을 억제한다.
③ 유기물로부터 유리된 NH_4^+에서 NO_3^-로 가는 반응을 용탈작용이라 한다.
④ 탈질작용이 일어나면 N_2O와 같은 온실가스가 많아진다.
⑤ 탈질작용에 의해 손실되는 것은 NH_4^+이다.

해설
① 충분할 때 활발하다.
② 질소 휘산을 촉진한다.
③ 질산화작용에 대한 설명이다.
⑤ NO_3^-이다.

정답 019 ③ 020 ④

- 질소고정 작용 : 고정화 작용(immobilization)은 무기태 질소가 유기태 질소의 형태로 변환되는 반응으로 무기화 과정의 반대임. 무기화 과정에서 생성된 무기태 질소를 토양미생물이 흡수하여 단백질 등 생체 구성물질로 다시 동화시키는 반응. 일부 미생물은 불활성의 기체 분자질소(N_2)를 식물이 이용할 수 있는 형태로 전환시킬 수 있는 특별한 기능을 지니고 있음
- 무기화 작용 : 유기태 질소가 무기태 질소(NH_4^+)로 변환되는 과정. 이 반응은 미생물이 에너지를 얻기 위하여 유기물을 분해함으로써 부수적으로 발생하며, 크게 아민화 반응과 암모니아화 반응으로 나눔. 즉 단백질 등의 질소 함유 유기물이 미생물에 의해 분해되면서 아민 화합물을 거쳐 암모니아 형태의 무기질소로 전환되는 반응
- 질산화 작용 : 토양에 가해진 유기물이 미생물의 활동에 의하여 분해되고 그중에 함유되어 있는 질소화합물들은 아미노산으로 분해되며 아미노산은 다시 탈아미노화작용을 받아 암모니아로 생성되어 식물에 흡수 이용되거나 미생물의 영양원이 되며 일부는 질산화작용을 받게 됨. 질산화균에 의하여 일어나는 2단계의 산화반응
- 탈질작용 : 토양 내에 있는 탈질균에 의하여 NO_3^-이 여러 가지 질소산화물을 거쳐 최종적으로 N_2까지 전환되는 반응으로서 배수가 불량한 토양이나 산소가 부족한 토양조건에서 일어남. 이러한 토양조건에서 통성 혐기성 균은 산소 대신 NO_3^-을 전자수용체로 이용
- 휘산 : 담수된 논토양이 환원에 의하여 산화 환원층이 분화되고 여기에 암모니아태(NH_4) 질소를 산화층인 표층에 시비하면 질화균에 의하여 질화작용을 받아 암모니아가 질산으로 됨

021 다음 중 인에 대한 내용으로 옳지 않은 것은?

① pH 7 이상에서 알루미늄과 결합한다.
② 산성토양에서 철과 결합한다.
③ 주로 $H_2PO_4^-$, HPO_4^{2-} 형태로 흡수한다.
④ 침식과정에서 인 유실량은 낮다.
⑤ 인 유효도는 중성에서 가장 높다.

해설
- 인(산성 : $H_2PO_4^-$, 염기성 : HPO_4^{2-}) : 다른 원소와 반응 큼
- pH 7.0 이상 → $Ca(H_2PO_4)_2$, 산성 → Fe-OH, Al-OH
- 에너지 저장·전달, 핵산 인지질, 세포분열, 개화·결실
- 과린산석회(인광석+황산 : 속효성), 중과린산석회(인광석+인산), 용성인비(인광석 용융), 용과린(과인산+용성인비), 토마스인비

정답 021 ①

022 우리나라 갈색산림토양군에 대한 내용으로 옳지 않은 것은?

① 기호는 영문으로 B이다.
② A, B, C 층위가 발달했고, 토양아군은 갈색 산림토양아군과 적갈계 갈색산림토양아군으로 2개이다.
③ 임목 생육상태가 가장 양호한 토양형은 갈색약건 산림토양이다
④ 우리나라 대부분의 산지에 분포해 있어 기초조사 대상이다.
⑤ 6개의 토양형이 존재한다.

해설 갈색의 적윤한 산림토양(B3)이다.

갈색산림토양군(B ; Brown forest soils)
- 적윤한 온대 및 난대기후하에 분포하는 토양으로 A-B-C 층위가 발달하며 암갈색~흑갈색으로 부식을 다량 함유
- B층은 갈색~암갈색의 광물질층 인산성토양으로 전국 산지에 대부분 출현하는 토양
- 형태적 특징은 A층이 대부분 흑갈색으로 토심은 비교적 깊고 적윤한 상태를 보임. 또한 단립, 입상 구조가 많이 나타나며 B층은 갈색으로 적윤하며 괴상구조가 발달. 임목의 생육상태는 양호함
- 구분
  - 갈색의 건조한 산림토양(B1)
  - 갈색의 약건한 산림토양(B2)
  - 갈색의 적윤한 산림토양(B3)
  - 갈색의 약습한 산림토양(B4)
  - 적색계 갈색의 건조한 산림토양(rB1)
  - 적색계 갈색의 약건한 산림토양(rB2)

023 토양 침식에 영향을 끼치는 인자가 아닌 것은?

① 모암
② 온도
③ 지형
④ 토성
⑤ 강우

해설 **토양 침식을 지배하는 인자**
- 기후
  - 인자 중 강우가 가장 큰 비중을 차지
  - 강우 이외의 인자는 식생에 관련되어 간접적으로 발생
  - 침식은 강우량보다는 강우강도에 더 큰 영향을 받음
- 토양
  - 특성 : 토양의 성질, 토양의 수분, 유기물질, 밀도, 경도
  - 토성은 강우에 의한 입자의 분산, 침투정도 등에 의하여 침식에 영향을 미침

정답 022 ③ 023 ②

- 식생
  - 특성 : 식물의 뿌리와 잔재물, 작물의 종류, 밀생 상태
  - 밀집된 식물은 강우의 차단으로 침식방지에 효과가 큼
- 지형
  - 특성 : 경사도, 사면장, 유역의 크기와 형상, 방향성
  - 경사도는 유출량과 유속에 의해 침식을 좌우
- 인위적 작용
  - 특성 : 개간, 부지조성, 골프장 건설
  - 개발로 인한 침식은 부분적이나 일시적으로 큰 영향을 미침

024 다음 중 시비법의 원리에 대한 연결이 잘못된 것은?

① 길항작용은 어떤 생물이 분비한 항생물질 또는 기타 활동산물이 다른 생물의 생육을 억제하는 작용을 말한다.
② 상조작용은 상호작용의 하나로 상호 간의 작용을 서로 돕는 것으로 두 개의 요인이 동시에 주어졌을 때의 작용이 각각 단독으로 주어졌을 경우에 나타나는 효과의 합보다 큰 것을 의미한다. 또한 단독으로 주어졌을 경우에는 효과가 없으나 동시에 주어졌을 경우에만 효과가 나타나는 것도 해당된다.
③ 최소양분율(Liebig)은 작물의 생산량은 가장 부족한 무기성분량에 의해서 지배된다는 이론이다.
④ 수확점감의 법칙은 비료의 시용량이 적은 범위 내에서는 일정 시용량에 따른 수량의 증가량은 크지만 어느 범위 이상으로 시용량이 많아지면 일정량을 시비한 데 따르는 수량 증가량은 점점 작아지고 마침내는 시비량이 증가하여도 수량은 증가하지 못하는 상태에 도달하게 된다는 법칙이다. 즉, 양분의 공급량에 대한 수량의 증가율이 점차 줄어드는 현상을 말한다.
⑤ 모든 작물에 비료의 3요소가 절대적으로 필요하지만 그 필요량은 작물의 종류에 따라서 다르다. 이러한 필요량의 일부는 비료로 주지 않더라도 토양이나 관개용수 또는 빗물로부터 공급되는데, 이렇게 천연으로 공급되는 3요소의 양은 논 쪽보다는 밭 쪽이 더 많다.

해설 천연으로 공급되는 3요소의 양은 밭 쪽보다 논 쪽이 더 많다.

정답 024 ⑤

025 화산분출물, alophane과 같은 특성이 나타나는 토양목은?

① Andisol ② Alfisol
③ Inceptisol ④ Oxisol
⑤ Histosol

해설

구분	표기	설명	생성된 곳
Alfisol	alf	Al, Fe 하층에 집적	습윤온대, 아열대기후
Ultisol	ulf	• 세탈이 극심 • 염기가 매우 적은 토양	온난습윤, 열대, 아열대
Oxisol	ox	Al, Fe 풍부	산화층으로 주로 습윤열대
Histisol	ist	늪지 토양	담수상태 또는 산성조건
Andisol	and	화산분출물	화산회 토양
Gelisol	el	영구동결층	고산지대, 고위도
Entisol	ent	미숙, 발달하지 않은 새로운 토양	모든 기후
Vertisol	ert	팽윤, 수축 반복, 팽창성 점토	건습 교호되는 아열대, 열대기후
Inceptisol	ept	발달 시작한 젊은 토양	온대, 열대습윤
Moliisol	oll	두껍고 팽윤된 암색표층	반건, 반습의 초원
Aridsol	id	건조지 토양으로 어느 정도 발달	건조지대
Spodosol	od	• podzol을 뜻하며 사질인 모재 • 주로 spodic층이 발달됨	온대의 습윤기후

026 다음 중 산림토양의 유기물층에 대한 올바른 표시는?

① Ai, Ae, Aa으로 표시한다.
② Ol층, Of층, Oh층으로 표시한다.
③ Bk, Bn, Bq으로 표시한다.
④ AB, EB, BA 등으로 표시한다.
⑤ E, C, R 등으로 표시한다.

해설 L층(낙엽층), F층(발효층), H층(부식층)으로 표시한다.
① Oi : 미부숙 유기물층, Oe : 중간 정도 부숙된 유기물층, Oa : 잘 부숙된 유기물층
③ B : 집적층, k : 탄산염, n : Na, q : 규산 → 종속토층
④ A : 무기물층 = 전이층AB(A>B), EB(E>B), BA(B>A)
⑤ E : 용탈층

산림토양의 단면
- 산림토양에서 중요한 것은 A층과 B층이며 60cm 정도 됨(작토층의 2배)
- 토양단면 : 토양표면에서 토양모재까지의 수직적인 면
- 토양층위 : 유입, 유실, 이동, 변환 등 4가지 토양 생성 과정의 산물
- 유기물층(O층) : 우리나라 평균 5cm 정도
  - 낙엽층(L) : 낙엽이나 낙지가 원래의 형태를 유지
  - 분해층(F) : 일부 분해가 진행되고 있으나 원래의 형태를 알 수 있는 상태
  - 부식층(H) : 분해가 잘 되어 원래의 형태를 구별할 수 없는 상태
- A층(표토층) : 주로 암갈색이나 암회색의 유기물함량이 높고 생물학적 활동이 활발, 세근 풍부
- B층(심토층) : 갈색 또는 적색, 표토층보다 점토함량이 높고 뿌리는 적음, B층 하부는 밝은 황색
- C층(모재층) : 모암의 형태와 특성을 가지는 층, 생물학적 활동이 거의 발생하지 않음

※ **한국의 산림토양분류** : 8개의 토양군과 11개의 토양아군, 28개의 토양형으로 분류
  - 갈색산림토양 : 내륙산악지방의 대부분, 습윤한 온대 및 난대기후하에 분포, A-B-C 층위를 갖는 산성토양
  - 적황색산림토양 : 고온 기후하에 생성된 토양, 야산지에 주로 분포, 퇴적상태가 견밀한 토양
  - 암적색산림토양 : 석회암 및 염기성암을 모재로 생성된 토양. 모재층에 가까워질수록 적색이 강함
  - 회갈색산림토양 : 통기성과 투수성이 불량하여 나무뿌리가 토양 깊이 침투하지 못함. 영덕, 포항, 울산 등 동해안 지방
  - 화산회산림토양 : 화산활동에 의해 생성된 흑갈색~적갈색 토양
  - 침식토양 : 침식을 받아 토층의 일부가 유실된 토양
  - 미숙토양 : 산복사면, 계곡저지 및 산복하부에 출현하는 토양
  - 암쇄토양 : 산정 및 산복사면에 나타나는 토양, A-C층의 단면 형태, 암반 노출

027 산림토양과 경작토양의 차이점을 틀리게 설명한 것은?

① 토양공극이 많은 것은 산림토양이다.
② 투수율은 산림토양이 좋다.
③ pH는 산림토양은 낮고 경작토양은 알칼리이다.
④ 무기태질소의 형태는 산림토양은 암모늄 형태이며 경작토양은 질산태이다.
⑤ 양이온치환능력은 경작토양이 더 높다.

해설 pH는 산림토양은 낮고 경작토양은 중성이다.

산림토양과 경작토양 비교

항목	산림토양	경작토양
토양단면 유기물층	L층(낙엽층), F층(발효층), H층(부식층)	없음
물리적 성질		
토성	모래와 자갈이 많음(점토유실)	미사와 점토가 많음
보수력	낮음(모래, 경사지)	높음
통기성	좋음(모래, 배수 양호)	보통
토양공극	많음(뿌리, 유기물)	적음(트랙터 사용으로 다져짐)
용적비중	작음(공극 많음)	큼
온도(변화의 폭)	적음(낙엽층의 피복)	큼(노출됨)
화학적 성질		
유기물 함량	많음	적음
C/N율	높음(섬유소의 계속적 공급)	낮음(시비 효과)
타감물질	축적됨(페놀, 타닌)	거의 없음
pH	낮음(humicacid 생산)	중성부근
양이온치환능력	낮음	높음(점토함량 높음)
비옥도	낮음	높음(시비효과)
무기태질소 형태	주로 암모늄(NH_4^+)	주로 질소(NO_3^-)
생물학적 성질		
토양미생물	곰팡이	박테리아, 곰팡이
질산화작용	억제됨(낮은 pH)	왕성함(중성 pH)

028 탄질률에 대한 설명으로 틀린 것은?

① C/N율이 높은 토양을 잘 분해시키려면 C를 추가해 준다.
② 미생물은 유기물을 분해하여 탄소는 에너지원으로 질소는 영양원으로 섭취하여 세포구성에 이용된다.
③ 탄소가 50%, 질소가 5%라면 탄질률은 10이 된다.
④ 침엽수는 활엽수보다 탄질률이 높다.
⑤ 탄질비가 너무 높은 유기물은 질소기아현상이 나타난다.

해설 N을 추가시킨다.

정답 028 ①

029 다음 중 토양 pH 관리에 대한 설명으로 틀린 것은?

① 토양 pH 교정은 점토나 부식함량에 따라 달라진다.
② 산성토양은 토양 pH가 낮으므로 이를 올리기 위하여 석회물질을 사용한다.
③ 석회질 비료 선택 시 양질, 식질토에는 지효성 석회비료인 소석회를 사질토양에는 속효성인 석회석을 시용한다.
④ 알칼리성 토양은 토양 pH를 낮추기 위하여 유황을 이용할 수 있다.
⑤ 토양 pH 교정 자재 시용효과는 부식함량이 많은 토양에서는 낮추기 어렵고 사토에서는 빨리 낮아진다.

해설 석회질 비료 선택 시 양질·식질토에는 속효성 석회비료인 소석회를, 사질토양에는 지효성인 석회석을 시용한다.

030 양이온 교환용량(CEC)에 대한 설명으로 틀린 것은?

① 건조토양 1kg이 교환할 수 있는 양이온의 총량을 cmolc로 나타낸다.
② 철, 알루미늄 산화물의 CEC는 매우 높다.
③ 식토가 사토에 비하여 CEC가 높다.
④ CEC가 클수록 유효양분 보유량이 크다.
⑤ CEC가 크면 비료성분의 이용률이 크며 토양 교질에 흡착되었다가 서서히 방출해서 완충능도 커진다.

해설 철, 알루미늄 산화물의 CEC는 매우 낮다.

031 토양수분에 대한 설명으로 틀린 것은?

① 결합수는 토양 표면에 강하게 결합되어 식물이 잘 흡수·이용할 수 있는 물이다.
② 흡습수는 건조한 토양이 공기 중에 있을 때 입자 표면에 흡착되는 물이다.
③ 모세관수는 물의 두께가 두꺼워지고, 물의 양이 많아져 공극(모세관)에 채워진 물이다.
④ 중력수는 큰 공극으로 이동된 물이 중력에 의해 흘러내리게 되는 물, 즉 지하수를 말한다.
⑤ 수분당량은 물로 포화시킨 1cm 두께의 토양에 중력의 약 1,000배에 상당하는 원심력을 30분간 작용시킬 때 토양 내에 남아 있는 수분함량이다.

해설 결합수는 식물이 이용하지 못하는 물이다.

정답 029 ③   030 ②   031 ①

032 7YR 7/1의 토양색에 대한 설명으로 옳은 것은?

① 환원상태이다.
② 유기물이 많다.
③ 산성이다.
④ 견고하다.
⑤ 산화상태이다.

해설 7Y(R) 7/1에서 7/1은 채도의 숫자가 작아 짙은 색을 띠므로 환원상태이다. 산화상태는 밝은 색을 띠므로 '/' 뒤의 숫자가 1보다 크다.

Munsell 색 분류 체계
- 물체의 색을 나타내는 3가지 속성(색상, 명도, 채도)의 조합으로 나타냄. 색을 표시할 때는 색상, 명도, 채도의 순으로 표시함 예 10YR 5/6
- 색상(hue) : 색의 속성
  - 빨강(R), 노랑(Y), 초록(G), 파랑(B), 보라(P)의 5개 색상과 5개의 중간 색상을 포함하여 10개의 색상으로 구분하고 각 색상은 다시 2.5, 5, 7.5, 10의 4단계로 구분하여 총 40개의 색상으로 구분함
  - 5YR, 5Y 등과 같이 '5'자가 붙은 것은 각 색상의 대표색을 나타냄
- 명도(value) : 색의 밝기 정도
  - Munsell 체계에서는 완전한 검은 색을 0, 온전한 흰색을 10으로 하여 11단계로 구분함
  - 토양의 명도는 2.5에서 8까지 7단계로 구분함
- 채도(chroma) : 색의 선명도
  - 각각의 색상별로 회색에 가까울수록 낮은 값인 1로부터 2, 3, 4, 6, 8까지 6단계로 구분함

033 토양 공극에 대한 설명 중 틀린 것은?

① 떼알구조가 크면 사이에 있는 공극은 작다.
② 토양의 액상과 기상을 합쳐 부르는 말이며 토양입자 사이의 빈 공간을 일컫기도 한다.
③ 가장 이상적인 공극의 균형은 충분한 물과 공기의 보유 및 물의 이동이 자유로운 양토와 같은 토성이다.
④ 공극률은 $100 \times (1 - 가비중/진비중)$이다.
⑤ 소공극이 물을 보유할 수 있는 힘을 가지는 것은 모세관현상 때문이다.

해설 떼알구조가 크면 공극도 크다.
- 공극률 : 단위 부피의 토양에 있어서 공기와 수분으로 메워질 수 있는 공간의 양
  - 공극률이 낮으면 공기의 순환이 원활하지 않고 빗물의 침투가 어려움
  - 공극률이 높으면 물 침투가 잘 되지만, 수분이 빨리 빠져나가 보수력이 낮음
- 극분류 : 비모세관공극(큰 공극, 공기의 통로)과 모세관공극(수분 보유)으로 분류, 균형 유지는 식물생육에 좋은 영향을 끼침

034 토양의 답압에 관한 설명으로 틀린 것은?

① 답압을 받은 토양은 기상이 파괴되어 작물의 뿌리가 산소결핍이 되기 쉽다.
② 투수성이 악화되어 습해의 원인이 된다.
③ 토성이 양토이거나 수분함량이 높은 경우, 또는 유기물 함량이 낮은 토양은 답압에 민감하다.
④ 건조 또는 동결된 토양이나 유기물 함량이 높은 거친 토양은 상대적으로 답압피해를 더 받게 된다.
⑤ 답압이 발생하면 토양의 대공극비율이 감소하여 밀도와 기계적인 저항이 증가하기 때문에 토양 내 공기와 수분의 유통이 감소한다.

해설 건조 또는 동결된 토양이나 유기물 함량이 높은 거친 토양은 상대적으로 답압피해를 덜 받게 된다.

답압의 발생 및 증상
- 토양구조를 매우 건조한 곳에서 나타나는 견과상 구조로 발달
- 토양환경의 3상에서 공기가 차지하는 공간인 기상이 감소하여 뿌리의 생육이 불량해짐
- 물의 총량은 토양입자인 고상의 특성에 따라 변화되는 것으로 전체량은 변화하지 않지만, 식재지의 총 부피가 감소되어 수분함량은 상대적으로 증가
- 답압이 되면 대공극은 사라지고 소공극만 남게 됨
- 답안으로 인한 수목피해 증상
  - 과습의 피해와 유사한 증상이 나타남
  - 초기에는 잎이 작아지고 잎의 양도 점차 감소
  - 가지 선단부에서부터 마르거나 생장이 둔화되고 쇠퇴의 양상이 분명히 나타남
  - 장기간에 걸쳐 답압이 계속되면 양분이 부족한 토양에서 나타나는 증세와 같이 잎에 황화현상이 생김
  - 답압이 심할 경우 뿌리의 호흡과 생장이 안 되고, 양분을 흡수하지 못해 광합성도 이루어지지 않아 수관은 점차 앙상해지고 결국 고사에 이르게 됨

035 수분퍼텐셜에 관한 설명으로 틀린 것은?

① 매트릭퍼텐셜은 건조토와 스펀지에 물이 스미는 현상에서 볼 수 있으며 부착력과 토양공극 내 모세관 작용에 의해 생긴다.
② 매트릭퍼텐셜은 기준상태인 자유수에 비하여 낮은 퍼텐셜로 항상 −값을 가진다.
③ 압력퍼텐셜은 물이 누르는 압력으로 생기며 포화상태의 토양은 +값을 가진다.
④ 삼투퍼텐셜은 토양 중에 존재하는 이온이나 용질 때문에 생긴다.
⑤ 삼투퍼텐셜은 용액 중의 이온이나 분자들은 수화현상으로 물 분자들을 끌어당기기 때문에 물의 퍼텐셜에너지가 높아진다.

해설 수화현상으로 물 분자들을 끌어당기기 때문에 물의 퍼텐셜에너지가 낮아진다.

정답 034 ④ 035 ⑤

036 알칼리토양과 염류토양의 설명으로 틀린 것은?

① 나트륨성 토양은 pH가 8.5 이상으로 강알칼리성이어서 많은 식물의 생육이 저해된다.
② 나트륨성 토양은 유기물이 분산되어 토양이 백색을 띤다.
③ $CaSO_4$는 토양의 Ca를 높이고 교환성 나트륨 퍼센테이지(ESP)를 낮춘다.
④ 염류토양은 가용성 염류가 비교적 많고 가용성 탄산염은 보통 들어 있지 않다.
⑤ 알칼리토양은 교질이 분산되어 있어 경운하기가 어렵다.

해설 나트륨성 토양은 어두운 색, 염류토양은 백색을 띤다.

알칼리토양의 구분요소

구분	영명	단위
전기전도도(EC)	Electric Conductivity	dS/m
교환성 나트륨 퍼센트(ESP)	Exchangeable Sodium Percentage	%
나트륨 흡착비(SAR)	Sodium Absorption Ratio	–

염류집적토양의 분류

구분	EC(dS/m)	ESP	SAR	pH
정상토양	<4.0	<15	<13	<8.5
염류토양	>4.0	<15	<13	<8.5
나트륨성 토양	<4.0	>15	>13	>8.5
염류나트륨성 토양	>4.0	>15	>13	<8.5

037 인에 대한 설명으로 틀린 것은?

① 산성일 때는 $H_2PO_4^-$ 형태로, 염기성일 때는 HPO_4^{2-} 형태로 흡수한다.
② pH 7.0 이상에서는 $Ca(H_2PO_4)_2$, 산성일 때는 Fe-OH, Al-OH로 결합한다.
③ 흡착과 고정이 잘 일어나며 이동성이 높다.
④ 과인산석회는 인광석에 황산을 처리하여 만들며 속효성이다.
⑤ 중과린산석회는 인광석에 인산을 처리하여 만든다.

해설 인은 이동성이 낮다.
※ 용성인비 : 인광석 용융(지효성), 용과린 : 과인산+용성인비

정답 036 ② 037 ③

038 토양의 질소 용탈에 관한 설명으로 틀린 것은?

① 질산은 토양에 흡착되지 못하고 하층(환원층)으로 용탈되는데, 환원층에서는 탈질균에 의해 질소가스로 바뀌어 공중으로 휘산된다.
② 건토효과는 토양을 건조시킨 후 가수하면 미생물의 활동이 촉진되어 유기태 질소의 무기화가 촉진되는 것이다.
③ 지온상승효과는 한여름 논토양의 지온이 높아지면 유기태 질소의 무기화가 촉진되어 질산태질소가 생성되는 것이다.
④ 알칼리효과는 토양에 알칼리 비료를 사용하고 담수하면 유기태 질소의 무기화가 촉진되는 것이다.
⑤ 토양이 혐기적 조건이 되면 토양 혐기성균들이 유리 상태의 산소 대신에 질산화작용에 의해 생성된 NO_3형 산소를 이용하여 에너지를 얻는다.

해설 지온상승효과는 한여름 논토양의 지온이 높아지면 유기태 질소의 무기화가 촉진되어 암모니아가 생성되는 것이다.

039 침식에 대한 설명으로 틀린 것은?

① 면상침식은 유거수가 전면에 걸쳐 표토를 이동시키는 평면적인 토양침식이다.
② 면상침식은 토양입자가 양 표면에서 균일하고 일률적으로 유실되어 마치 얇은 막이 벗겨지듯 토양이 유실되는 침식을 말한다.
③ 세류침식은 1~2mm 폭과 깊이를 가지는 작은 물길 혹은 세류에서부터 20cm 내외의 폭과 깊이에서 일어나는 침식을 말한다.
④ 협곡침식은 세류가 점차 커져서 통상적인 경운으로는 메울 수 없을 정도 이상의 큰 세류에서 일어나는 침식을 말한다.
⑤ 토양 유실의 대부분은 면상침식이나 세류침식보다 협곡침식에 의해 일어난다.

해설 토양 유실의 대부분은 협곡침식보다 면상침식이나 세류침식에 의해 일어난다.

040 토양의 오염물질이 아닌 것은?

① 벤조(a)피렌
② PCB
③ 6가크롬
④ Sr(스트론튬)
⑤ 페놀

해설 토양의 오염물질로는 카드뮴, 구리, 비소, 수은, 납, 6가크롬, 아연, 니켈, 불소, 유기인화합물, PCBs, 시안, 페놀, 벤조(a)피렌, 톨루엔 등이 있다.

정답 038 ③　039 ⑤　040 ④

041 건조한 토양의 부피가 20cm³이고, 무게가 12g일 때, 이를 물 25mL가 담긴 실린더에 넣었더니 수고의 높이가 30mL였다. 이 토양의 가밀도(g/cm³), 진밀도(g/cm³) 및 공극량(%)은?

① 0.6, 2.4, 75
② 0.6, 1.2, 75
③ 0.5, 2.4, 75
④ 0.5, 2.4, 45
⑤ 0.5, 1.2, 45

해설
- 건조토 부피가 20cm³, 무게가 12g이므로 용적밀도(가밀도) = 12/20 = 0.6g/cm³
- 부피가 25mL에서 30mL로, 고체의 부피는 5mL이므로 입자밀도(진밀도) = 12/5 = 2.4g/cm³
- 공극률 = [1 − (가밀도/진밀도)] × 100이므로 1 − (0.6/2.4) = 1 − 0.25 = 0.75, 즉 75%

042 부식(토양유기물)의 기능이 아닌 것은?

① 염기치환 용량이 크다.
② 보수력이 크다.
③ 부식이 많은 땅은 농약이나 화학비료를 조금 과하게 사용해도 피해를 보지 않는다.
④ 부식은 태양열을 흡수해 토양의 온도를 상승케 한다.
⑤ 유효 인산을 고정화한다.

해설 유효 인산의 고정을 억제한다.

043 토양반응에 대한 설명으로 틀린 것은?

① 토양 중의 양분 유효도, 유해물질(독성물질) 유효도, 식물뿌리 및 미생물의 생리활성 반응 결정 등에 중요한 역할을 한다.
② 토양 내 무기성분의 용해도를 결정한다.
③ pH 4~5 정도(산성)로 내려가면 작물에 유해할 정도로 Al 및 Mn 농도가 증가한다.
④ 알칼리 토양에서는 미량원소의 유효도 증가로 생장이 촉진된다.
⑤ 알칼리(pH 8.0 이상)에서 Ca와 Mg 증가로 K와 Na 함량이 감소한다.

해설 알칼리 토양에서는 미량원소의 유효도 감소로 생리장해가 발생한다.

토양 pH와 양분 유휴도
- 산성 쪽에서 결핍되기 쉬운 양분 : 인, 칼슘, 마그네슘, 몰리브덴 등
- 알칼리 쪽에서 결핍되기 쉬운 양분 : 철, 망간, 붕소 등
- pH 7(6.5~7) 부근에서는 영양분의 흡수율이 증가함
- pH 7이 넘게 되면 Fe, Mn, Cu, Zn, B 등의 필수영양소들은 흡수율이 감소하는데, 반대로 Mo만은 그 유효도가 증가함

정답 041 ① 042 ⑤ 043 ④

유기농업기사 필기 기출문제

044 강우 시 강우량이 침투량보다 많을 때 발생하는 현상으로만 연결된 것은?

① 차단(interception), 유거(runoff)
② 침투(infiltration), 증발(evaporation)
③ 모세관 상승(capillary rise), 유거(runoff)
④ 유거(runoff), 침식(erosion)

해설
- 침투(Infiltration) : 물이 토양면을 통해 토양 속으로 스며드는 현상(중력과 표면장력에 의한 모세관 현상)
- 유거 : 토양에 가해진 물의 양이 토양의 침투율을 능가 시 침투하지 못하고 물이 지표면을 따라 다른 지역, 인접토양이나 하천으로 이동하는 현상
- 토양침식 : 물이나 바람에 의하여 표토의 일부분이 원래의 위치에서 분리되어 다른 곳으로 이동되어 유실되는 현상(수식과 풍식)

※ 물에 의한 토양침식의 종류
- 면상침식 : 비교적 지표가 고른 경우 유거수는 지표면을 고루 흐르게 되고 이때 토양의 표면전면으로부터 얇게 일어나는 침식
- 세류상침식 : 미세한 도랑이 생겨 유속이 빨라지고 침식력 또한 강해져서 많은 양의 토양이 유실되는 침식
- 구상침식 : 세류상침식이 더욱 진행되어 넓고 깊은 도랑이 생겨 일어나는 침식
- 가속침식 : 토양침식이 물 이외의 다른 요인이 첨가되어 침식이 더욱 가속화되는 것

※ 수식에 관여하는 인자(Wischmeier의 토양유실 공식)
- $A = R \times K \times LS \times C \times P$
- R : 강우인자, K : 토양수식성, L : 경사장, S : 경사구배, C : 작물관리인자(작물피복 정도), P : 토양보전관리인자
- 강우인자 : 강우량과 강우강도에 따라 침식이 달라지는데, 강우강도가 특히 영향이 큼
- 토양인자 : 토양의 성질 중 토양침식에 가장 큰 영향을 주는 특성은 물의 침투능력과 토양구조의 안전성
- 지형(=경사장과 경사도) : 다른 조건이 같을 때 경사도가 크면 클수록 토양침식이 많이 일어나며 경사장이 길면 길수록 한 곳으로 집중되는 유거수량이 많아지기 때문에 토양의 침식량도 많아짐
- 작물관리 : 보리나 밀과 같이 토양피복도가 좋은 작물은 토양보전효과가 큼
- 토양보전관리 : 유기물이나 석회를 시용해 토양의 입단형성을 좋게 하고 경종법을 개선

정답 044 ④

045 시설토양에 대한 설명으로 옳지 않은 것은?

① 염류 용탈이 심하여 꾸준한 비료 공급이 필요하다.
② 심한 답압과 인공관수로 인해 토양이 단단히 다져져 공극량이 적은 편이다.
③ 염류집적 토양의 경우 관수를 하여도 물의 흡수가 방해된다.
④ 대체로 토양 내 인산집적이 뚜렷하게 나타난다.

해설 **시설토양의 염류 집적 과정**
- 시설재배지 지표면에 집적되는 염류는 비료 성분 중 작물이 흡수되지 않고 남아 있는 물질들로 물에 쉽게 녹는 염화칼슘($CaCl_2$), 질산칼슘($CaNO_3$), 염화칼리(KCl), 염화마그네슘($MgCl_2$) 등이 있음
- 이들이 물과 함께 표층토로 이동되어 물은 증발되고, 염류만 백색 결정으로 남음
- 축분퇴비를 과다하게 넣으면 비료성분인 인산과 칼륨이 집적되고, 비료와 함께 부성분으로 딸려온 염소와 나트륨 함량이 높아 토양의 질을 떨어뜨림

046 토양을 조사하고 분류할 때 기본적으로 토양의 단면 특성을 파악해야 한다. 이때 조사해야 할 특성에 해당되지 않는 것은?

① 토양층위의 발달
② 토색
③ 토양미생물 구성
④ 토양 구조

해설
- 단면의 개략적 기술 : 지형, 토양의 특징(구조발달도, 유기물 집적도, 자갈함량 등), 모재의 종류
- 개별 층위의 기술 : 토층기호, 층위의 두께, 주 토색, 반문, 토성, 구조, 견고도, 점토피막, 치밀도나 응고도, 공극, 돌, 자갈, 암편 등의 모양과 양, 무기물 결괴, 경반, 탄산염 및 가용성 염류의 양과 종류, 식물뿌리의 분포 등

047 인산에 대한 설명으로 옳지 않은 것은?

① pH가 낮은 토양에서는 철 및 알루미늄과 반응하여 용해도가 감소한다.
② pH가 높은 토양에서는 칼슘과 반응하여 용해도가 감소한다.
③ 인산의 식물 흡수형태는 HPO_4^{2-}와 $H_2PO_4^-$이다.
④ 음이온 형태이므로 토양에 흡착되지 않고 쉽게 용탈된다.

해설
- 인(산성 : $H_2PO_4^-$, 염기성 : HPO_4^{2-}) : 다른 원소와 반응 ↑
- pH 7.0 이상 → $Ca(H_2PO_4)_2$, 산성 → $Fe-OH$, $Al-OH$
- 흡착과 고정이 일어남, 이동성이 낮음
- 에너지 저장·전달, 핵산 인지질, 세포분열, 개화·결실
- 과린산석회(인광석+황산 : 속효성), 중과린산석회(인광석+인산), 용성인비(인광석 용융), 용과린(과인산+용성인비), 토마스인비

정답 045 ① 046 ③ 047 ④

048 우리나라 대부분의 토양이 산성인 원인으로 가장 옳지 않은 것은?

① 모암이 화강암과 화강편마암이기 때문
② 지표면에서의 수분 증발산량보다 많은 강우량 때문
③ 과다한 질소질 화학비료 사용 때문
④ 제올라이트 광물의 객토 때문

해설 우리나라 모암은 화강암, 화강편마암, 반암, 혈암, 사암, 역암, 석회암 등으로 이루어져 있다. 제올라이트는 알루미늄 산화물과 규산 산화물의 결합으로 생겨난 음이온에 알칼리 금속 및 알칼리 토금속이 결합되어 있는 광물을 총칭한다. 결정구조 내에 교환 가능한 양이온을 함유하고 있기 때문에 다른 양이온과 자유롭게 교환된다.

049 토양수분의 측정 방법이 아닌 것은?

① 중성자법
② tensiometer법
③ psychrometer법
④ 양이온

해설 토양의 수분함량 직접 측정 방법은 전기저항, 중성자법, TDR법 등이 있다.
- 전기저항법 : 저항값 → 수분↑ 저항값↓, 수분↓ 저항값↑
- 중성자법 : 간편, 신속, 비파괴적 → 중성자가 물분자의 수소원자와 충돌하면 속력이 느려지고 반사되는 원리
  ※ 느린 중성자의 수는 토양 수분함량에 비례
- TDR법 : 토양의 유전상수를 측정 → 토양의 수분함량을 환산
- 토양수분퍼텐셜 측정
  - tensiometer(장력계) : 다공성 세라믹컵과 진공압력계, 유효수분함량 평가, 관개시기와 관계수량 결정. 80KPa 이상은 측정 못 함
  - psychrometer : 토양 공극 내 상대습도 측정

050 작물의 생육 중 삼투압 및 이온균형조절, 광합성 과정에서의 물의 광분해에 관여하는 원소로 옳은 것은?

① B
② Cl
③ Si
④ Na

해설 ① 붕소(B) : 음이온 $H_2(BO_3)^-$의 형태로 흡수되어 분열조직의 발달, 화분 발아, 유관속의 발달, 세포막의 형성, 화분관의 신장 등에 필수적인 역할을 한다. 부족 시 심부병, 축과병, 코르크병이 발생할 수 있다.
③ 규소(Si) : 규질화세포를 형성하며, 조직기관을 튼튼하게 한다. 병충해에 대한 저항성을 높이고 도복의 저항성 증가의 역할을 한다. 과잉 시에는 조기 낙엽 현상이 나타나며, 부족 시에는 황갈색으로 괴사한다.

정답 048 ④ 049 ④ 050 ②

④ 나트륨(Na) : 염생식물은 나트륨을 많이 흡수하여 체내 세포액의 삼투퍼텐셜을 낮추어 수분의 흡수와 기공의 개폐를 조절한다. 즉 주변의 NaCl의 해독작용을 방지하고 삼투퍼텐셜이 낮은 외액으로부터 수분의 흡수를 가능케 한다.

051 질산화작용의 과정으로 옳은 것은?

① $NO_2^- \to NH_4^+ \to NO_3^-$
② $NO_2^- \to NO_3^- \to NH_4^+$
③ $NO_3^- \to NH_4^+ \to NO_2^-$
④ $NH_4^+ \to NO_2^- \to NO_3^-$

해설 질산화(Nitrification) 작용은 질산화 박테리아에 의해 암모니아성 질소(NH_3)가 아질산성 질소(NO_2), 혹은 질산성 질소(NO_3)로 변환되는 작용을 말한다. 질산화 박테리아 중 암모니아를 아질산성 질소로 변환시키는 종류는 Nitrosomonas이고, 질산성 질소로 변화시키는 종류는 Nitrobacter이다.

반응식	미생물
$NH_4^+ + 1.5O_2 \to NO_2^- + H_2O + 2H^+$	Nitrosomonas
$NO_2^- + 0.5O_2 \to NO_3^-$	Nitrobacter
$NH_4^+ + 2O_2 \to NO_3^- + H_2O + 2H^+$	전체 화학 반응식

052 균근류와 공생함으로써 식물이 얻을 수 있는 이점이 아닌 것은?

① 식물의 광합성 효율이 증대된다.
② 뿌리의 병원균 감염이 억제된다.
③ 뿌리의 유효면적이 증대된다.
④ 물의 인산 등 양분 흡수가 증대된다.

해설
- 균근균 : 양분, 수분 흡수, 항생물질, 입단화, 인산화 유효도 증가
- 외생균근
  - 근권 확장 약 10배 이상의 양분과 수분을 식물에게 전달
  - 염과 중금속 이온의 흡수를 최소화하며, 항생물질 생성 및 병원균의 침입을 억제

정답 051 ④ 052 ①

053 토양 15g을 105℃ 건조기에 넣고 24~48시간 건조시킨 후의 무게가 12g이었다. 이 토양의 중량수분함량은?

① 20% ② 25%
③ 50% ④ 80%

해설
- 중량수분함량＝토양수분 함량/건조토양의 무게＝3/12＝0.25＝25%
- 용적수분함량＝토양수분 함량/전체토양의 용량＝중량수분함량×용적밀도
- 수분포화도＝액상용적/공극의 용적

054 비료의 반응에 대한 설명으로 옳은 것은?

① 생리적 반응이란 비료 수용액의 고유반응을 말한다.
② 중성비료를 사용하면 토양은 중성이 되고, 염기성비료를 사용하면 토양이 염기성이 된다.
③ 용성인비, 토마스인비, 나뭇재는 화학적으로 염기성비료이다.
④ 유기질 비료는 분해 시 젖산, 초산 등의 유기산만 생성하여 반응이 일정하다.

해설 ① 생리적 반응이란 비료가 토양에 녹았을 때의 고유의 성분이 아니라 식물 뿌리의 흡수작용 또는 미생물의 작용을 받은 뒤에 토양에 잔존하는 성분에 의해 나타나는 산도를 말한다.
④ 초산, 젖산 등의 유기산이 토양 중에서 일정한 지연 기간을 거친 후 4~10일 사이에 집중 방출되도록 하여 토양 중에서 초기 10일 정도 기간 동안 병원성 미소동물 및 미생물의 방제 기능을 할 수 있도록 한 토양 방제 기능이다.

비료의 반응
- 화학적 반응
  - 산성비료 : 과인산석회 · 중과인산석회 · 황산암모늄 등
  - 중성비료 : 염화암모늄 · 요소 · 질산암모늄 · 황산칼륨 · 염화칼륨 · 콩깻묵 · 어박 등
  - 염기성비료 : 석회질소 · 용성인비 · 토머스인비 · 나뭇재 등
- 생리적 반응
  - 산성비료 : 황산암모늄 · 질산암모늄 · 염화암모늄 · 황산칼륨 · 염화칼륨 등
  - 중성비료 : 요소 · 과인산석회 · 중과인산석회 · 석회질소 등
  - 염기성비료 : 칠레초석 · 용성인비 · 토머스인비 · 퇴구비 · 나뭇재 등

정답 053 ② 054 ③

055 토양 내 성분의 산화 · 환원 형태가 잘못된 것은?

	산화형태	환원형태
㉠	CO_2	CH_4
㉡	H_2S	SO_4^{2-}
㉢	Fe^{3+}	Fe^{2+}
㉣	Mn^{4+}	Mn^{2+}

① ㉠
② ㉡
③ ㉢
④ ㉣

해설 산소는 전자수용체로 작용하므로 토양 공기 중에 산소가 충분할 경우 산화적인 화학반응과 토양미생물의 산화적인 대사활동이 활발하다. 반대로 산소가 부족할 경우 NO_3, Fe^{3+}, Mn^{4+}, SO_4^{2-} 등이 전자수용체로 작용하여 환원되고 유기물의 분해 또한 환원적으로 일어나기 때문에 CO_2 대신 CH_4이 발생한다.
※ $NO_3 \leftrightarrow N_2, NH_3$

056 미생물의 에너지원과 영양원으로 작용하는 물질로 알맞게 짝지어진 것은?

① 규소 – 붕소
② 탄소 – 질소
③ 염소 – 인
④ 비소 – 철

해설 미생물은 유기물을 분해하여 탄소는 에너지원으로, 질소는 영양원으로 섭취하여 세포구성에 이용한다.

구분	탄소원	에너지원	미생물
화학자급영양	CO_2	무기물	질산화세균, 황산화세균, 수소산화세균
화학종속영양	유기물	유기물	부생성세균, 공생세균
광합성자급영양	CO_2	빛	녹조류, 남조류, 자색함세균

057 토양의 용적밀도 $1.3g/cm^3$, 입자밀도 $2.6g/cm^3$, 점토함량 15%, 토양수분 26%, 토양구조가 사열구조일 때 공극률은?

① 7.5%
② 13%
③ 25%
④ 50%

해설 공극률 = 1 − (용적밀도/입자밀도) = 1 − (1.3/2.6) = 0.5

058 토양 내 질소의 고정화반응과 무기화반응이 동등하게 일어날 수 있는 C/N율의 범위는?

① 5~15
② 20~30
③ 40~50
④ 60~70

해설 C는 광합성을 통하여 축적된 탄소화합물을 말하며, N은 요소와 같은 질소를 흡수하여 축적된 질소화합물의 총합을 뜻한다. 미생물은 유기물을 분해하여 탄소는 에너지원으로, 질소는 영양원으로 섭취하여 세포구성에 이용하는데, 유기물의 분해속도는 탄소와 질소의 함량에 따라 달라진다. 미생물에 의한 유기물의 분해는 탄질비(20~30)가 미생물 세포의 탄질비와 비슷해질 때까지 이루어진다.

059 질소기아현상에 대한 설명으로 옳지 않은 것은?

① 대체로 탄질률이 30 이상일 때 나타난다.
② 토양미생물과 식물 사이의 질소경쟁으로 나타난다.
③ 탄질률이 15 이하가 되면 해소된다.
④ 볏짚을 사용하면 해소될 수 있다.

해설 토양 중에 있는 질소의 양이 작물의 생육에는 부족하지 않으나, 탄질률이 30 이상 높은 유기물을 넣을 때 미생물이 원래 토양 중에 있는 질소를 빼앗아 이용하므로 작물이 일시적으로 질소의 부족 증상을 일으키는 현상을 '질소기아'라고 한다.

※ **탄질률**
- 침엽수의 톱밥 : 600
- 활엽수의 톱밥 : 400
- 밀짚 : 80
- 볏짚 : 70

060 유수에 의해 토양이 침식될 때 토양 내 양분과 가용성 염류, 유기물이 같이 씻겨 내려가는 토양침식을 일컫는 용어는?

① 우곡침식
② 평면침식
③ 유수침식
④ 비옥도침식

해설
① 우곡침식 : 빗물이 모여 작은 골짜기를 만들어 토양을 침식
② 평면침식 : 빗물이 어느 한쪽으로 흐르지 않고 토양 전면에 흐르는 침식을 말함
③ 유수침식 : 골짜기 물이 모여 강물을 이루고 암석을 깎아내는 삭마작용의 침식을 말함

침식
- 물이나 바람에 의하여 표토의 일부분이 원래의 위치에서 분리되어 다른 곳으로 이동되어 유실된 현상
- 침식에 영향을 미치는 인자 : 강우인자, 토양인자, 지형(경사도), 작물관리

정답 058 ② 059 ④ 060 ④

061 토양생성 중 나타나는 풍화작용에 대한 설명으로 틀린 것은?

① 모암이 토양이 되기 위해서는 붕괴, 분해과정을 거쳐서 모재가 되어야 한다.
② 풍화작용은 물리적 → 화학적 → 생물적 순서로 진행된다.
③ 화학적 풍화작용은 산화, 환원, 가수분해 등의 화학작용이 수반된다.
④ 산악지와 같은 경사지에서의 풍화물은 중력, 물, 바람 등의 작용으로 운적모재가 된다.

해설 풍화작용은 순서 없이 물리적 · 화학적 · 생물적으로 동시에 일어난다.

062 토양 유효토심의 제한요인으로 볼 수 없는 것은?

① 암반
② 지하수위
③ 모래 및 자갈
④ 식생

해설 작물의 뿌리가 자라는 데 큰 지장이 없는 층위를 유효토심이라 하며, 매우 얕음(20cm 이하), 얕음(20~50cm), 보통(50~100cm), 깊음(100cm~150cm), 매우 깊음(150cm 이상) 등으로 구분한다.

063 토양 생성의 주요인자에 해당되지 않는 것은?

① 기후
② 모재
③ 경운
④ 시간

해설 **토양 생성의 주요인자**
- 기후 : 강우량(토양생성속도, 토심, 침식), 기온(풍화속도 10℃↑, 2~3배 화학반응)
  - P-E지수(강수효율) : 1년 동안의 월별 P-E를 더한 값
  - T-E지수(기온효율) : 1년 동안의 월별 T-E를 더한 값
- 모재 : 화학적 비옥도(산성 : 석영, 1가 양이온, 염기성 : 2가 양이온)
  - 산성 화성암 : 포드졸, 물리성이 양호한 토양
  - 염기성 화성암 : 갈색, 높은 비옥도, 식생이 풍부
    ※ 우리나라 모암 : 화강암, 화강편마암, 반암, 혈암, 사암, 역암, 석회암
- 지형 : 지표면의 형상과 기복
  - 경사도가 급할수록 토양생산량보다 침식량이 많아 암쇄토 형성
  - 평탄지 : 표토 안정, 투수량이 많아져 토심 깊고 발달한 단면(B층), 유기물분해량 많아짐(총질소량 감소)
  - 볼록지형 : 건조연쇄, 모세관상승량이 많아져 알칼리화 촉진
  - 오목지형 : 습윤연쇄
- 생물 : 식생(기후의 영향을 가장 많이 받는 종속변수 : 지형, 모재)
  - 토양유기물의 주공급원, 초지 A층 발달, 산림 O층 발달
  - 식물뿌리 : 토양구조 발달, 광물의 풍화촉진
  - Plaggen 표층 : 초지농업지대

정답 061 ② 062 ④ 063 ③

- 시간 : 누적효과
  - 토양발달로 나타냄, 층위수나 두께, 질적 차이
  - 동일 모재 : 기후조건에 따라 속도가 달라짐(석회암은 건조조건에서 풍화 속도가 매우 느림)

064 토양에서 유기물의 분해에 미치는 요인에 대한 설명으로 틀린 것은?

① 토양이 심한 산성이나 알칼리성이면 유기물의 분해속도가 매우 느리다.
② 혐기조건보다는 호기조건에서 분해가 빨리 일어난다.
③ 페놀이 많이 함유되어 있는 유기물이 분해가 빠르다.
④ 탄질비가 높은 유기물이 분해가 느리다.

해설 페놀은 미생물의 활동을 억제하므로 유기물의 분해가 느리다. 페놀함량이 건물 무게의 3~4%가 포함되어 있으면 분해 속도가 대단히 느려진다.

065 다음 중 토양 입단구조를 만드는 방법과 거리가 먼 것은?

① 유기물질의 시용
② 염화나트륨의 시용
③ 고토의 시용
④ 석회의 시용

해설 수화반지름이 큰 Na^+이 오히려 점토입자들의 분산효과를 나타낸다.

066 토양 유실량이 가장 많은 작부 방법은?

① 잦은 경운
② 소맥연작
③ 옥수수연작
④ 옥수수 · 소맥 · 클로버윤작

해설 잦은 경운은 토양표면을 노출시켜 토양침식을 심하게 받게 한다.

067 토양의 입자밀도가 $2.60g/cm^3$이라 하면, 용적밀도가 $1.17g/cm^3$인 토양의 고상의 비율은?

① 40%
② 45%
③ 50%
④ 55%

해설 공극률은 [1−(용적밀도/입자밀도)]×100으로 [1−(1.17/2.60)]×100=[1−0.45]×100=55%이다. 나머지가 고상이므로 고상의 비율은 45%이다.

정답 064 ③ 065 ② 066 ① 067 ②

068 토양용액 중 양이온들의 농도가 모두 일정할 때 다음 중 이액순위가 가장 높은 이온과 가장 낮은 이온으로 짝지어진 것은?

① $Mg^{+2} - K^+$
② $H^+ - Li^+$
③ $Ca^{+2} - Mg^{+2}$
④ $H^+ - Ca^{+2}$

해설 이액순위=흡착세기=침입세기이다. 이액순위가 높은 순서대로 나열하면 $H^+ > Al(OH_2) > Ca^{2+} = Mg^{2+} > K^+ = NH^{4+} > Na^+ > Li^+$ 이다.

069 토양 중 수소이온(H^+)이 생성되는 원인으로 틀린 것은?

① 탄산과 유기산의 분해에 의한 수소이온 생성
② 질산화작용에 의한 수소이온 생성
③ 교환성염기의 집적에 의한 수소이온 생성
④ 식물뿌리에 의한 수소이온 방출 생성

해설 염기가 집적되면 pH가 올라간다.

070 치환산도 측정을 위해 수소이온 침출용으로 어떤 용액을 주로 사용하는가?

① KCl
② NaCl
③ $CaCl_2$
④ $MgCl_2$

해설 토양교질물에 흡착된 H^+와 Al^{3+}이온에 의해 나타나며 교질물 평형이 깨어져서 나타나는 산성을 치환산성이라고 하며 치환산도는 중성염인 KCl, $CaCl_2$을 가해 줄 때 용출되는 산성으로 측정한다.

071 시설재배시 토양의 염류를 낮추는 방법으로 틀린 것은?

① 옥수수를 재배한다.
② 염화칼리를 시용한다.
③ 볏짚을 넣고 깊이 갈아준다.
④ 담수를 2회 이상 한다.

해설 염화칼리를 사용하면 염류 작용이 집적된다.

정답 068 ② 069 ③ 070 ① 071 ②

072 화성암을 구성하는 광물이 아닌 것은?

① 석회석
② 감람석
③ 각섬석
④ 휘석

해설 화성암의 주요광물 6대 조암광물은 석영, 장석류, 운모류, 각섬석, 휘석, 감람석 등이다.

073 다음과 같은 화학적 특성을 가진 토양 중에서 수목생육에 불리한 것은?

① pH 완충력이 큰 토양
② 인산 고정력이 큰 토양
③ 양이온교환용량이 큰 토양
④ 염기포화도가 큰 토양

해설 인산이 고정되면 인산요구량을 충족하지 못하므로 생육에 불리하게 작용한다.

074 수식(Water Erosion)에 의한 USLE 침식공식 요인이 아닌 것은?

① 토양 침식도
② 경사 길이
③ 강우 침식도
④ 조도 인자

해설 **토양유실예측공식(USLE)** : $A = R \times K \times LS \times C \times P$
- R : 강우인자 → 강우 강도
- K : 토양침식성인자(0.025~0.04) → 침투율과 안정성
- LS : 경사도 > 경사장인자(22.1m, 9%)
- C : 작부인자 → 작물 피복
- P : 토양관리인자 → 상, 하경(1)~등고선재배, 초생대

075 다음 특성을 가지는 점토광물은?

- 대표적인 알루미늄의 수산화물이다.
- Ultisols이나 Oxisols 같이 심하게 풍화된 토양에 많이 존재한다.
- 동형치환이 전혀 없으며 토양의 pH에 따라 순 양전하를 가질 수도 있다.

① montmorillonite
② allophane
③ hematite
④ gibbsite

해설 gibbsite(2차 알루미늄의 수산화물, $Al_2O_3 \cdot 3H_2O$)는 1차 광물의 풍화로 생성된 규산염광물의 알루미늄이 잔류 집적되어 생성되며, 열대 및 온대에 광범위하게 분포한다.

정답 072 ① 073 ② 074 ④ 075 ④

076 다음에서 설명하는 것은?

- geosmins와 같은 물질을 분비해 흙에서 냄새가 난다.
- 원핵생물로서 그램양성균이다.

① 방선균 ② 세균
③ 탈질균 ④ 조류

해설 방선균은 세균과 같은 원핵생물로, 실 모양의 균사 상태로 자라면서 포자를 형성한다는 점에서 사상균과 비슷하지만, 사상균은 진핵생물이고 방선균은 세포핵이 없기 때문에 원핵생물이라는 점에서 차이점을 갖는다. 사상균은 균사 폭이 $3\sim8\mu m$이지만, 방선균은 $0.5\sim1.0\mu m$로 매우 작다.

077 염류나트륨성 토양에 대한 내용으로 옳은 것은?

① pH<8.5, EC>4dS/m, ESP>15, SAR>13
② pH>8.5, EC>4dS/m, ESP>15, SAR>13
③ pH<8.5, EC>4dS/m, ESP<15, SAR>13
④ pH<8.5, EC>4dS/m, ESP>15, SAR<13

해설

구분	영명	단위
전기전도도(EC)	Electric Conductivity	dS/m
교환성나트륨 퍼센트(ESP)	Exchangeable Sodium Percentage	%
나트륨 흡착비(SAR)	Sodium Absorption Ratio	-

구분	EC(dS/m)	ESP	SAR	pH	비고
정상토양	<4.0	<15	<13	<8.5	-
염류토양	>4.0	<15	<13	<8.5	백색알칼리토양, 가용성염류 많음
나트륨성 토양	<4.0	>15	>13	>8.5	흑색알칼리토양, $NaCO_3$ 형성, 석고이용개량
염류나트륨성 토양	>4.0	>15	>13	<8.5	
석회질토양	pH 7.0~8.3 반건조지역, $CaCO_3$				

정답 076 ① 077 ①

078 다음 중 −3.1 MPa에 해당하는 것은?

① 포화상태
② 포장용수량
③ 위조점
④ 흡습계수

해설

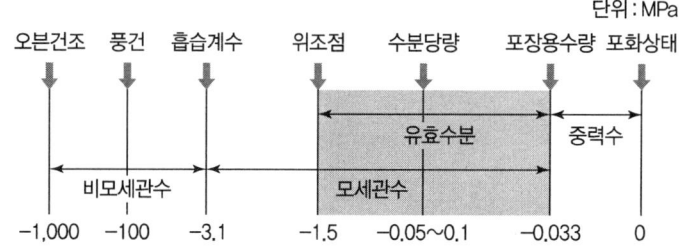

079 토양수분퍼텐셜(Soil water potential)의 구성종류가 아닌 것은?

① 중력퍼텐셜
② 압력퍼텐셜
③ 부피퍼텐셜
④ 삼투퍼텐셜

해설
- 중력퍼텐셜 : 중력의 작용으로 인하여 물이 가질 수 있는 에너지(Ψg)
- 매트릭퍼텐셜 : 극성을 가진 물 분자가 토양표면에 흡착되는 부착력과 토양입자 사이의 모세관에 의하여 생기는 에너지(Ψm)
- 삼투퍼텐셜 : 토양용액에 녹아 있는 이온이나 용질에 의하여 생기는 삼투압이 가지는 에너지
- 압력퍼텐셜 : 물의 무게에 의해서 생성, 수면 아래 어느 지점에서 그 위에 있는 물이 누르는 압력 때문에 생기는 퍼텐셜

080 토양의 단면 중 점토 및 양분이 가장 많이 용탈되는 층과 집적되는 층은?

① O층과 A층
② A층과 B층
③ B층과 C층
④ C층과 R층

해설

토층 명칭	특징
H	물로 포화된 유기물층
O층 유기물층	• 주로 식물의 유체 등 유기물이 많이 축적되어 있는 토층 • Oi : 미부숙, Oe : 중간 정도 부숙, Oa : 잘 부숙
A층 무기물층	• 성토층의 가장 윗부분. 기후, 식생 등의 영향을 직접 받아 가용성염기류가 용탈 • 경우에 따라 점토, 부식 등과 같은 물질도 아래층으로 이동. 용탈(무기물 토층)
E층 용탈층	• A2층을 말하며 점토와 철, 알루미늄 등의 산화물 또는 염기 등이 아래층으로 용탈되어 담색을 나타냄 • A층의 용탈이 이곳에서 이루어짐(최대용탈층)

정답 078 ④ 079 ③ 080 ②

토층 명칭	특징
B층 집적층	• 점토, 철, 알루미늄, 부식 등이 집적되고 구조가 어느 정도 뚜렷하게 발달 • 빛깔이 다른 층위보다 진함 • 집적층상부 토층에서 용탈된 철과 알루미늄의 산화물 및 점토 등이 집적
C층 모재층	무기물층. 아직 토양생성작용을 받지 않은 모재층

081 부식물질을 산, 알칼리 시약에 용해성으로 구분할 때 해당되지 않는 물질은?

① 아미노산 ② 부식산
③ 풀빅산 ④ 휴민

해설 ② 부식산 : 알칼리용액에는 가용성, 산처리는 비가용성
③ 풀브산(풀빅산) : 알칼리용액과 산처리 시 모두 가용성
④ 부식회(휴민) : 알칼리용액 비가용성

082 최초의 미생물 개체수가 10^5이었고 24시간 배양 후 개체수가 10^8이었다면 세대기간은 몇 시간인가?

① 1.5시간 ② 2.4시간
③ 3.6시간 ④ 5.2시간

해설 세대기간＝배양시간×log2/(log 배양 후 세균수－log 배양 전 세균수)＝24×0.3/(8－5)＝2.4

083 다음 중 질산화 과정으로 옳은 것은?

① $NO_2^- \rightarrow NH_4^+ \rightarrow NO_3^-$ ② $NO_3^- \rightarrow NH_4^+ \rightarrow NO_2^-$
③ $NH_4^+ \rightarrow NO_3^- \rightarrow NO_2^-$ ④ $NH_4^+ \rightarrow NO_2^- \rightarrow NO_3^-$

해설 질산화(Nitrification) 작용은 질산화박테리아에 의해 암모니아성 질소(NH_3)가 아질산성 질소(NO_2), 혹은 질산성 질소(NO_3)로 변환되는 작용이다.

정답 081 ① 082 ② 083 ④

084 유기물의 퇴비화 과정 중에서 분해가 용이한 물질부터 순서대로 나열된 것은?

① 당질 → 헤미셀룰로스 → 셀룰로스 → 리그닌
② 당질 → 리그닌 → 헤미셀룰로스 → 셀룰로스
③ 리그닌 → 셀룰로스 → 헤미셀룰로스 → 당질
④ 당질 → 셀룰로스 → 헤미셀룰로스 → 리그닌

해설
- 첫 번째 단계는 퇴비원료 중에 당류, 아미노산, 지방산 등 분해되기 쉬운 물질들이 분해되는 초기 단계로서 부숙온도가 상승한다.
- 두 번째 단계는 셀룰로스, 헤미셀룰로스, 펙틴 등 난해성 물질들이 분해되는 단계로서 고온성 미생물이 관여하며 수주간 지속된다.
- 세 번째 단계는 퇴비 더미의 온도가 떨어지며 분해 속도도 지연되는 단계로서 숙성 단계라고 하며, 방선균을 중심으로 한 중온성 균들이 관여한다.

※ **퇴비제조의 목적**
- 유기물 중의 C/N율을 30 전후로 조절함으로써 토양 중에서 급격한 분해, 작물의 질소기아를 방지한다.
- 유기물에 함유된 유해성분을 미리 분해하여 작물의 생육장해를 방지한다.
- 유기물 중의 유해해충, 잡초의 종자를 고열에 의하여 사멸시킨다.
- 오물감을 없애므로 취급이 쉬우며, 안심하고 사용할 수 있다.

085 식물이 생육하는 데 이용되는 pF 2.7~4.5 상태의 수분(유효수분)을 갖는 토양수분 영역은?

① 결합수   ② 흡습수
③ 모관수   ④ 풍건상태

해설 결합수(pF>7.0), 흡습수(pF=4.5~7.0), 모관수(pF=2.5~4.5), 중력수(pF 0<2.0)이다.

086 토양의 정전기적 물질흡착에 대한 설명으로 틀린 것은?

① 토양의 pH가 증가하면 CEC가 증가된다.
② 음이온보다 양이온을 더 많이 흡착한다.
③ 토양 유기물보다 점토의 흡착용량이 크다.
④ 점도 함량이 높을수록 흡착능력도 증가한다.

해설 유기물이 점토보다 흡착용량이 크다. 흡착능력은 양이온의 전하가 증가할수록, 양이온의 수화반지름이 작을수록, 교환체의 음전하가 증가할수록 증가한다.

정답 084 ① 085 ③ 086 ③

087 토양입자와의 결합력이 작아 용탈되기 가장 쉬운 성분은?

① Ca^{+2}
② Mg^{+2}
③ PO_4^{-3}
④ NO_3^-

해설 토양이 대부분 음이온이기 때문에 NO_3^- 같은 음이온은 용탈되기 쉽다.

088 모래입자 분석에 사용하는 미국 ASTM 표준체 10번 눈금의 크기는?

① $2,000\mu m$
② $1,000\mu m$
③ $500\mu m$
④ $10\mu m$

해설 모래입자는 10번 체($2,000\mu m$)=2mm로 $2,000\mu m$ 눈금을 사용한다.
※ 10번 체 : $2,000\mu m$, 35번 체 : $500\mu m$, 60번 체 : $250\mu m$, 325번 체 : $25\mu m$

089 필수 식물 구성 원소들로만 나열된 것은?

① B, Cl, Si, Na
② K, Ca, Mg, Mn
③ Fe, Ca, Mo, Ag
④ C, H, O, I

해설 필수원소
- 다량원소 : C, H, O, N, P, K, S, Mg, Ca
- 미량원소 : Fe, Mn, Cu, Zn, B, Cl, Mo

090 다음 중 포장용수량이 가장 큰 토성은?

① 사양토
② 양토
③ 식양토
④ 식토

해설 점토성분이 많은 토양일수록 포장용수량도 많으므로 식토의 포장용수량이 가장 크다.

정답 087 ④ 088 ① 089 ② 090 ④

091 다음에서 설명하는 것은?

- 세포 내의 미세 구조가 세포핵이 없는 원핵생물로서 그램양성균이며, 실 모양의 균사 상태로 자라면서 포자를 형성한다.
- 균사폭이 0.5~1.0μm로 매우 작다.
- 토양미생물의 10~50%를 구성하고 있다.
- geosmins를 분비한다.

① 균근균 ② 탈질균
③ 사상균 ④ 방선균

해설 토양방선균은 세균과 같은 원핵생물이다. 방선균은 실모양의 균사 상태로 자라면서 포자를 형성한다는 점에서 사상균과 비슷하지만 사상균은 진핵생물이고 방선균은 세포핵이 없기 때문에 원핵생물이라는 점에서 차이점을 갖는다. 대부분의 방선균은 유기물을 분해하며 생육하는 부생성 생물이다.

092 양이온교환용량이 20cmolc/kg인 토양입자표면에 흡착되어 있는 H^+, Al^{+3}, Ca^{+2}, Mg^{+2}, K^+, Na^+의 양이 각각 4, 5, 3, 2, 4, 2cmolc/kg이라면, 이 토양의 염기포화도는 얼마인가?

① 40% ② 55%
③ 70% ④ 80%

해설
- 염기포화도(%) = (교환성 염기의 총량/양이온교환용량) × 100 = [(3+2+4+2)/20] × 100 = 11/20 = 0.55%
- 교환성 염기 : Ca, Mg, K, Na

093 비료의 원료인 쌀겨의 성분함량 중 가장 많은 것은?

① 아연 ② 인산
③ 비타민 A ④ 비타민 C

해설 흡수되기 어려운 불용성의 인산을 다량 함유하고 있는 쌀겨도 왕겨, 부엽토와 섞어 발효시키게 되면 비료로 활용 가능하다.

정답 091 ④ 092 ② 093 ②

094 다음 중 생리적 산성비료는?

① 질산암모늄 ② 석회질소
③ 황산암모늄 ④ 요소

해설
• 화학적 반응 : 수용액의 직접적인 반응

화학적 산성비료	화학적 중성비료	화학적 염기성비료
과인산석회, 중과인산석회 황산암모늄(유안)	요소, 질산암모늄(초안), 황산칼륨, 염화칼륨, 질산칼륨 등	생석회, 소석회, 암모니아수, 탄산칼륨, 탄산암모니아, 석회질소, 용성인비, 규산질비료, 규석회비료 등

• 생리적 반응 : 시비 후 토양 중에서 식물뿌리의 흡수 작용이나 미생물의 작용을 받은 뒤에 나타나는 반응

생리적 산성비료	생리적 중성비료	생리적 염기성비료
황산암모늄(유안), 염화암모늄, 황산칼륨	요소, 질산암모늄, 질산칼륨	질산나트륨, 질산칼슘, 탄산칼륨(초목회) 등

문화재수리기술자 기출문제

095 광물의 풍화에 관한 설명으로 옳은 것은?

① 건조한 지역에서는 화학적 풍화가 물리적 풍화보다 우세하게 일어난다.
② 침철석은 풍화에 대한 저항성이 낮다.
③ 감람석은 화학적으로 쉽게 풍화된다.
④ 흑운모는 Fe^{3+}를 많이 함유하여 쉽게 풍화된다.

해설
• 건조한 지역 : 물리적 풍화 > 화학적 풍화
• 침철광 > 적철광 > 깁사이트 > 점토광물 > 백운석 > 방해석 > 석고
• 철과 알루미늄의 가동률이 가장 낮음

096 토양무기성분의 변화가 주로 일어나는 생성작용에 관한 설명으로 옳지 않은 것은?

① 초기생성작용에서 세균에 의한 풍화작용으로 장석이나 운모류의 표면에 얇은 점토막이 생성된다.
② 갈색화작용은 화학적 풍화에 의해 규산염광물로부터 유리된 철이온이 가수산화철로 변환되는 과정에서 발생한다.
③ 점토생성작용은 토양 중의 1차광물이 분해되어 새로운 2차규산염광물로 재합성되는 과정이다.
④ 고온다습한 조건에서 염기와 규산이 강하게 용탈되며, 이때 수산화알루미늄 등이 용출된다.

해설 용출이 아니라 침전된다.

097 우리나라 산림토양의 8개 토양군에 속하지 않는 것은?

① 침식토양　　　　　　　　　② 갈색산림토양
③ 흑색산림토양　　　　　　　④ 미숙토양

해설 **한국의 산림토양의 분류**(8토양군 11토양아군 28토양형)
- 갈색산림토양(B)
- 적·황색산림토양(R·Y)
- 암적색산림토양(DR)
- 회갈색산림토양(GrB)
- 화산회산림토양(Va)
- 침식토양(Er)
- 미숙토양(Im)
- 암쇄토양(Li)

098 우리나라에서 두 번째로 많이 분포하는 토양목(soil order)은 미숙토이다. 이 토양목에 속하는 토양통(soil series)은?

① 삼각통　　　　　　　　　　② 관악통
③ 백산통　　　　　　　　　　④ 지산통

해설 **우리나라의 주요 토양**
- 미숙토(Entisol) : 낙동통, 관악통
- 반숙토(Inceptisol) : 삼각통, 지산통, 백산통
- 성숙토(Alfisol) : 평창통, 덕평통
- 과숙토(Ultisol) : 붕계통, 천곡통
- 기타토양 : 신불통(Inceptisol 일종)

정답 096 ④　097 ③　098 ②

099 미국농무성(USDA)법에 의한 토성분급 중 토양분리물 각각의 함량 차이가 가장 적은 것은?

① 사질식토
② 실트(미사)질양토
③ 식양토
④ 사양토

해설

토성속	토성명
사질토	사토, 양질사토
사양질토	사양토
양질토	양토, 미사질양토, 미사토
식양질토	식양토, 사질식양토, 미사질식양토
식질토	사질식토, 미사질식토, 식토

100 토양입단에 관한 설명으로 옳지 않은 것은?

① 입단이란 토양을 구성하는 입자들의 배열상태를 말한다.
② 입단형성에 도움을 주는 양이온에는 칼슘과 철 등이 있다.
③ 유기물은 토양입단을 생성하고 안정화시키는 데 중요한 역할을 한다.
④ 입단형성은 미생물이 유기물을 분해하면서 만들어 내는 균사에 의해서도 촉진된다.

해설 토양을 구성하는 입자들의 배열상태는 토양구조이다.

입단
- 작은 토양입자들이 서로 응집하여 뭉쳐진 덩어리
- 토양이 입단화되면 통기와 통수성이 좋아지고, 건조와 수축이 적어지며, 보수력과 보비력이 높아지며 토양 경도가 낮아짐
- 유기물은 미생물 활동을 증대시키고 칼슘은 입단화를 촉진하므로 석회와 유기물을 지속적으로 시용하여 대소공극을 균형 있게 만듦
- 토양을 표층시비, 유기물 표층 피복 등으로 피복 관리를 하여 폭우 등에 의한 침식을 방지함
- 토양이 젖었거나 말랐을 때 경운작업 토양의 입단구조를 파괴하며, 잦은 경운작업도 입단을 파괴하는 주원인임
- 경운로터리 작업은 입자에 결합되어 있는 유기물의 산화를 촉진시켜 입단을 파괴함
- 입단(떼알) 생성에 효과적인 작물(심근성 두과작물, 목초)을 윤작하는 것도 매우 좋음

정답 099 ③ 100 ①

101 토양공기에 관한 설명으로 옳지 않은 것은?

① 조성 기체분자의 확산 방향은 집단류의 이동 방향과 항상 같다.
② 조성 기체분자의 확산은 분압이 감소하는 방향으로 이동한다.
③ 토양공기는 전체 토양의 열용량에 거의 영향을 주지 않는다.
④ 헨리의 법칙은 기체상태의 분자와 수용액에 용존되어 있는 분자 사이의 평형에 관한 것이다.

해설
- 확산 : 기체 분자가 분자운동을 하여 다른 기체나 액체 속으로 퍼져나가는 현상. 분자량이 적을수록, 온도가 높을수록, 장애물이 적을수록(진공>기체>액체) 활발함
- 용적열용량 : 단위 부피의 토양온도를 1℃ 높이는 데 필요한 열량
- 헨리의 법칙
  - 일정 온도에서 기체의 용해도가 용매와 평형을 이루고 있는 그 기체의 부분압력에 비례한다는 법칙
  - 헨리의 법칙은 H_2, O_2, N_2, CO_2 등 용해도가 낮은 기체에 대해 낮은 압력에서만 적용되며, 반대로 $HCl(g)$ 같은 경우 물속에서 해리 반응을 하므로 헨리의 법칙에 잘 들어맞지 않음

102 토양수분에 관한 설명으로 옳지 않은 것은?

① 포장용수량의 토양수분함량은 토양결지성의 액성한계에 가깝다.
② 포장용수량에 해당하는 토양수분함량은 사질토양에서보다 점질토양에서 높다.
③ 위조점에 해당하는 토양수분함량은 점토함량이 많은 토성에서 높다.
④ 유효수분함량은 식토에서보다 실트질 양토에서 높다.

해설 포장용수량에서 토양은 소성의 하부 한계에 근접한다(강성 → 이쇄성 → 소성 → 액성).

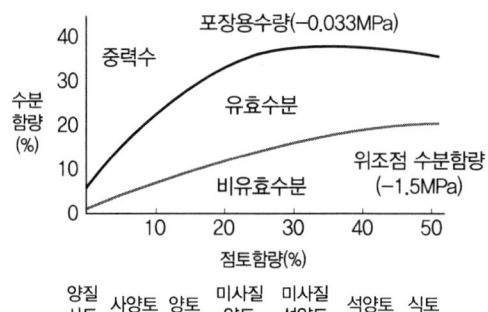

정답 101 ① 102 ①

103 다음 규산염 점토광물 중 팽윤성이 가장 높은 것은?

① 미세운모　　　　　　　　② 녹점토
③ 해록석　　　　　　　　　④ 녹니석

해설
- Smectite : 녹점토(2:1 점토광물)
- Chlorite : 녹니석(2:1:1 비팽창형 점토광물)
- Kaolite : 고령토(1:1 비팽창형 점토광물)
- Glauconite : 해록석(2:1 illite류 비팽창형광물)

104 부식의 교질특성에 관한 설명으로 옳은 것은?

① 부식의 음전하는 pH의 변화에 크게 영향을 받지 않는다.
② 부식의 양이온교환용량은 점토광물에 비해 매우 작다.
③ 토양유기물이 교질특성을 지니게 되는 것은 부식 때문이다.
④ 부식의 비표면적은 매우 작다.

해설 **부식의 주요 기능**
- 염기치환 용량이 크며 보수력이 큼
- 토양의 완충능을 증대하고, 토양 산성의 심한 변화를 막음
- 구리(Cu)와 같은 중금속 이온의 유해 작용을 감소시킴
- 토립을 연결시켜 안정한 입단 구조를 형성하고, 토양의 물리적 성질을 개선함
- 토양 중 유효 인산의 고정을 억제함

부식의 전하
- pH가 낮은 조건에서는 양전하가 생성되고, pH가 높은 조건에서는 과량의 음전하가 생성됨
- pH 의존전하=가변전하=일시적 전하
- 철, 알루미늄 산화물 : Fe, Al 등을 중심 양이온으로 하고 6개의 O 또는 OH가 결합하여 팔면체의 단위구조를 형성하고, 여분의 음전하를 가지며 pH 의존전하를 생성

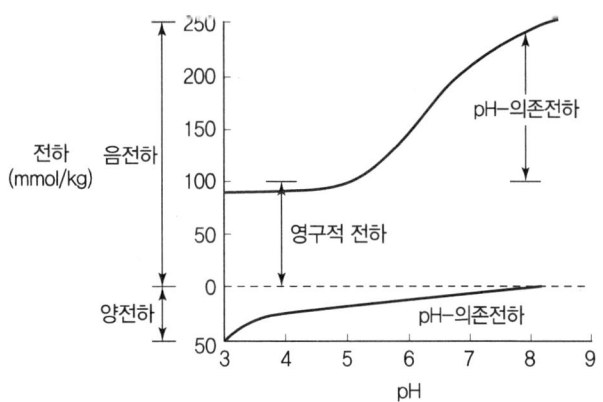

정답　103 ②　104 ③

105 토양의 이온교환에 관한 설명으로 옳지 않은 것은?

① 토양교질에 흡착되어 있는 양이온은 토양용액 속에 있는 다른 양이온과 교환되어 토양용액으로 나온다.
② 토양교질에 양이온이 흡착되어 있는 세기는 교환체의 음전하가 감소할수록 증가한다.
③ 양이온교환용량은 토성에 따라 달라진다.
④ 염기포화도를 계산하는 데는 교환성 염기의 총량이 필요하다.

해설 토양교질에 양이온이 흡착되어 있는 세기는 교환체의 음전하가 증가할수록 증가한다.

106 토양 산도 및 알칼리도에 관한 설명으로 옳은 것은?

① 염치환산도는 약산의 염용액으로 용출한 산도이다.
② 가수산도는 강산의 염용액으로 추출하여 얻을 수 있는 산도이다.
③ 토양 알칼리도는 수산화물 및 중탄산염 등을 측정하여 탄산칼슘의 농도로 표시한다.
④ 활산도와 교환성산도, 잔류산도, 잠산도 모두를 합친 것을 전산도라고 한다.

해설
- 치환산성 : KCl과 같은 강산의 염용액을 토양 시료에 넣어 주면 치환성 수소이온은 K^+이온과 치환·침출되어 HCl이 되고, 이것이 해리되어 수소이온이 나오는데, 이 수소이온의 양이나 pH를 측정하여 나오는 치환성 수소이온이 나타내는 산성
- 가수산성 : 약산염, 즉 식초산 칼슘이나 식초산 나트륨액을 가할 때 용출되는 수소이온에 의해 나타나는 산성
- 교환성 산도 또는 염교환산도 : KCl(염화칼륨, potassium chloride), NaCl(염화나트륨, sodium chloride) 등과 같은 염용액에 의하여 용출되는 산도
- 활산도 : 토양용액에 해리되어 있는 H이온과 Al이온에 의한 산도(식물의 뿌리나 미생물 활동의 중요한 환경)
- 잠산도 : 토양입자에 흡착되어 있는 교환성 수소 및 교환성 알루미늄(토양산도의 주요 원인물질)

107 다음 토양비료 중 지효성인 것은?

① 생석회
② 탄산석회
③ 소석회
④ MgO

해설
- 생석회(CaO), 소석회($Ca(OH)_2$) : 속효성
- 탄산석회($CaCO_3$) : 지효성

정답 105 ② 106 ③ 107 ②

108 산성토양을 개량하기 위한 석회요구량을 결정하는 데 필요한 요인을 모두 고른 것은?

> ㄱ. 토양 pH
> ㄴ. 알루미늄 포화도
> ㄷ. 토양 깊이
> ㄹ. 석회물질의 화학적 조성

① ㄱ
② ㄱ, ㄴ
③ ㄴ, ㄷ, ㄹ
④ ㄱ, ㄴ, ㄷ, ㄹ

해설 석회요구량은 토양 pH, 알루미늄 포화도, 토양 깊이, 석회물질의 화학적 조성에 따라 결정된다.

109 토양생물에 관한 설명으로 옳지 않은 것은?

① 식물 뿌리와 이끼는 대형식물군에 속한다.
② 종속영양생물은 유기물로부터 탄소와 에너지를 얻는다.
③ 방선균은 독립영양생물이다.
④ 선형동물과 원생동물은 미소동물군에 속한다.

해설 방선균은 종속영양생물이다.

구분	탄소원	에너지원	미생물
화학자급영양	CO_2	무기물	질산화세균, 황산화세균, 수소산화세균
화학종속영양	유기물	유기물	부생성세균, 공생세균
광합성자급영양	CO_2	빛	녹조류, 남조류, 자색황세균
대형식물군	식물의 뿌리, 이끼		–
미소식물군	독립영양생물		녹조류, 규조류
	종속영양생물		사상균(효모, 곰팡이, 버섯), 방선균
	독립 및 종속영양생물		세균, 남조류

110 균근에 관한 설명으로 옳지 않은 것은?

① 균근은 세균과 식물 뿌리와 공생한다.
② 균근에 감염된 식물은 감염되지 않은 식물보다 매우 높은 양분 흡수율을 갖는다.
③ 외생균근은 온대지방의 소나무나 참나무 등과 공생관계를 형성한다.
④ Arbuscular mycorhizae는 대표적인 내생균근이다.

해설 균근이란 균류(곰팡이)와 공생 또는 기생하는 식물의 뿌리이다.

정답 108 ④ 109 ③ 110 ①

111 식물과 공생관계에 있는 질소고정 미생물은?

① Azotobacter
② Rhizobium
③ Azospririlum
④ Pseudomonas

해설
① Azotobacter : 단생질소고정균(타급영양, 호기성 세균)
③ Azospririlum : 단생질소고정균(타급영양, 미호기성 세균)
④ Pseudomonas : 탈질균

112 탄질비가 50인 유기물이 토양에 가해질 경우 일어날 수 있는 반응은?

① 무기화작용이 왕성하여 식물에 충분한 양의 무기성분을 공급한다.
② 작물에 일시적인 질소기아현상이 나타나기도 한다.
③ 미생물이 유기물을 분해하는 데 필요한 양의 질소를 충분히 공급한다.
④ 탄질비가 25인 유기물보다 분해 속도가 빠르다.

해설
• C/N율이 30 이상 : 고정화반응
• C/N율이 20~30 사이 : 고정화반응＝무기화반응
• C/N율이 20 이하 : 무기화 우세
※ 질소기아현상 : 고정화반응＞무기화반응 시 미생물이 식물이 이용할 토양용액 중의 무기태 질소를 흡수하므로 식물에서는 일시적으로 질소 부족 현상이 발생함

113 퇴비화에 관한 설명으로 옳지 않은 것은?

① 퇴비화 과정에서 질소는 NOx 기체로 휘산된다.
② 퇴비화는 병원성 미생물을 사멸시킨다.
③ 유기물이 분해되어 부피가 감소된다.
④ 농약이나 식물에 피해를 줄 수 있는 독성화합물을 분해한다.

해설 퇴비화 과정에서 날아간 CO_2 때문에 탄질률이 낮아져 토양에 투입되더라도 질소기아가 일어나지 않고 양분 이탈 없이 좁은 공간에서 안전하게 공급된다.

정답 111 ② 112 ② 113 ①

114 토양 환경에서 일어나는 탄소순환에 관한 설명으로 옳지 않은 것은?

① 토양유기물 중의 탄소는 미생물에 의해 분해되면서 이산화탄소로 환원된다.
② 토양유기물의 함량이 감소하면 토양에서 대기로 방출되는 이산화탄소 농도는 증가하게 된다.
③ 토양에서 이산화탄소의 동화와 호흡은 대기의 탄소균형에 영향을 끼치게 된다.
④ 토양에서 방출된 이산화탄소는 대기의 차단층을 파괴하여 지구온난화의 원인이 된다.

해설 이산화탄소로 산화된다.

115 식물에 이용되는 영양원소에 관한 설명으로 옳은 것은?

① 뿌리차단에 의한 영양소 공급은 접촉교환설로 설명할 수 있다.
② 영양소가 뿌리 근처로 이동하여 뿌리로 흡수되는 기작을 뿌리차단이라 한다.
③ 순수한 수용액에서 보다 토양용액에서 이온의 확산계수는 낮다.
④ 토양용액의 영양소 농도가 낮고, 식물의 요구량이 많으면 대부분의 영양소는 집단류에 의해 공급된다.

해설 **식물 뿌리의 양분 흡수**
- 어떤 경우에도 뿌리접촉으로 공급되는 영양소들은 바로 고갈됨
- 영양소 이온들의 농도가 유지되는 3가지 기본 기작
  - 뿌리차단 : 뿌리 영양소가 고갈되지 않은 새로운 토양으로 뻗어나가는 현상
  - 집단류 : 용해된 영양소들이 토양으로부터 물을 능동적으로 끌어당기는 뿌리를 향한 토양수 흐름을 따라 운반되는 현상(대류현상)
  - 확산작용 : 영양소 농도가 더 높은 지역으로부터 뿌리 표면의 농도가 낮은 지역으로 이동하는 현상
- 영양소 흡수는 뿌리 대사 작용을 저해하는 조건(과다한 토양수분 함량, 불량한 토양 통기성, 토양 온도의 극단적 변화 등 또한 영양소 흡수를 저해함)

116 작물의 표준 시비량이 $N-P_2O_5-K_2O$로 $23-17-21kg/10a$일 때, 농경지 1ha에 필요한 요소 시비량(kg)은? (단, 요소 중에 질소함량은 46%이다.)

① 23
② 50
③ 230
④ 500

해설
- 복합비료의 3요소 성분함량 표시는 $N-P_2O_5-K_2O$ 순서대로 수치를 기재함
  예 $23-17-21$인 복합비료라면 이 비료 100kg 중에는 질소(N), 인산(P_2O_5), 가리(K_2O)가 각각 23, 17, 21kg가 함유되어 있다는 것을 표시
- P/P_2O_5의 환산계수 : $2P/P_2O_5 = (2 \times 31)/\{(2 \times 31) + 5 \times 16)\} = 62/142 = 0.44$
- $K/(K_2O)$의 환산계수 : $2K/K_2O = (2 \times 39)/\{(2 \times 39) + 16)\} = 78/94 = 0.83$

정답 114 ① 115 ① 116 ④

- N : P₂O₅ : K₂O → N : P : K, 23 : 17 : 21 → 23 : 7 : 21
- 23/0.46 = 50 → kg/10a일 때, 농경지이므로 1ha는 10배 → 500kg

117 풍식에 의한 토양입자의 이동양식이 아닌 것은?

① 약동
② 포행
③ 부유
④ 융기

해설 바람에 의한 침식(풍식)
- 바람에 의해 토괴로부터 토양입자가 분산되는 침식 현상
- 바람에 실린 토양입자는 세 가지 경로를 통하여 이동
  - 부유(0.25~0.1mm) : 토양입자가 공중에 떠서 토양표면과 평행하게 멀리 이동하는 것으로 전 이동량의 15~40% 정도를 차지함
  - 약동(0.1~0.5mm) : 토양입자가 토양표면에서 구르거나 튀는 모양으로 이동하는 것으로 전 이동량의 50~90%를 차지함
  - 포행(1mm 이상) : 보다 큰 토양입자가 토양표면을 구르거나 미끄러지며 이동하는 것으로 전 이동량의 5~25%를 차지함

118 토양 중금속의 산화 및 환원 특성에 관한 설명으로 옳지 않은 것은?

① 카드뮴은 환원조건에서 불용화된다.
② 산화셀레늄은 다른 셀레늄 화학종보다 용해도가 높다.
③ 크롬의 환경 위해성을 낮추기 위해 토양 pH가 5.5 이상이고 환원된 토양을 만든다.
④ 비소의 독성과 위해성을 방지하기 위하여 습윤하고 환원된 조건을 만든다.

해설 비소는 환원 상태에서 독성이 증가($As^{+3} > As^{+5}$)한다.
- 환원 상태에서의 독소 : 철, 비소, Cr^{+3}, 망간
- 산화 상태에서의 독소 : 아연, 구리, Cr^{+6}, 카드뮴
- 독소는 $Cr^{+6} > Cr^{+3}$

119 토양오염물질과 그 정화기술의 연결이 옳지 않은 것은?

① 휘발성금속 – 열탈착
② 중금속 – 토양세척
③ 휘발성유기물질 – 증기추출법
④ 유류 – 유리화

해설 유리화는 전기적으로 오염된 토양 및 슬러지를 용융시킴으로써 용출특성이 매우 작은 결정구조로 만드는 방법이다. 휘발성유기물질, 준휘발성유기물질, 다이옥신, PCBs 등을 정화할 때 사용한다.

정답 117 ④ 118 ④ 119 ④

120 다음 토양생성작용에 대한 설명이 바르게 연결되지 않은 것은?

① 석회화작용 : 건조 또는 반건조 지대에서 우기 때 용해도가 큰 수용성염류는 대부분 용탈되고 Ca, Mg 등의 탄산염이 토양단면에 집적된 것
② 염류화작용 : 건조, 반건조에서의 관개농업으로 염류화된 토양에 강수량 증가나 인위적 관개 등으로 집적되었던 가용성 염류가 제거되는 것
③ 회색화작용 : 토양이 과습해 Fe과 Mn이 환원되는 것
④ 갈색화작용 : 규산염광물이나 산화물광물로부터 유리된 철이온이 산소나 물 등과 결합해 가수산화철이 되는 것

해설 탈염류화작용에 대한 설명이다.

121 토양생성에 대한 설명 중 틀린 것은?

① 산성화성암류의 모재에는 석영과 1가 양이온 함량이 많고, 염기성 화성암류의 모재에서는 칼슘, 마그네슘 등의 2가 양이온의 함량이 많다.
② 고운 입자의 모재지대에 물의 이동이 제한되면 회색화 현상이 발달한다.
③ 강수량이 많은 습윤지대에서는 미포화산성 교질이 생성된다.
④ 고온기후에서는 강수량과 관계없이 유기물 함량이 많다.

해설 고온기후에서 유기물 함량은 강수량과 관계없이 적다.

122 토양의 견지성에 대한 설명 중 틀린 것은?

① 토양의 강성은 반데르발스힘에 의해 결합되어 있다.
② 구상계 무정형광물은 강성이 높다.
③ 점토 함량이 증가하면 수성지수가 증가한다.
④ 경운하기 좋은 조건은 이쇄성 토양이다.

해설 구상계 무정형광물은 강성이 낮다.

정답 120 ② 121 ④ 122 ②

123 토양 내에서의 수분의 이동에 관한 설명 중 옳은 것은?

① 포화상태에서의 물의 이동에 영향을 끼치는 퍼텐셜은 주로 중력퍼텐셜과 매트릭퍼텐셜이다.
② Darcy의 법칙에 의하면 유량은 토주의 수두차에 비례한다.
③ 점토함량이 많은 토양의 수리전도도는 높다.
④ 불포화상태에서의 수분 이동은 대공극이나 토양입자의 표면에 흡착된 수분층을 따라 일어난다.

해설 ① 포화상태에서는 중력퍼텐셜과 압력퍼텐셜에 의해 물이 이동한다.
③ 점토함량이 많은 토양의 수리전도도는 낮다.
④ 불포화상태에서의 수분이동은 모세관공극을 따라 일어난다.

124 토양의 이온교환에 관한 설명 중 옳은 것은?

① K는 Ca보다 이액순위가 높다.
② 산성토양의 pH를 높이기 위한 석회요구량은 CEC가 클수록 많아진다.
③ pH가 7 이상인 알칼리성 토양에서는 염기포화도가 낮다.
④ 음이온 흡착세기는 황산<규산<염소 순이다.

해설 ① 양이온이 교질물에 흡착되기 쉬운 정도를 이액순위라 한다. 낮은 것부터 순서대로 나열하면 Li<Na<K=NH_4<Mg=Ca<Al(OH)$_2$<H의 순이므로 K은 Ca보다 이액순위가 낮다.
③ 알칼리토양에서는 염기포화도가 높고, 산성토양에서는 염기포화도가 낮다.
④ 음이온 흡착세기는 질산<염소<황산<몰리브덴산<규산<인산 순이다.

125 식물체의 구성성분에 관한 설명으로 옳은 것은?

① 식물체의 구성분은 셀룰로스>헤미셀룰로스>리그닌의 순이다.
② 셀룰로스는 식물체가 성장함에 따라 감소한다.
③ 펙틴의 분해속도는 헤미셀룰로스와 비슷하다.
④ 전분은 glucose가 $\alpha-1,6$ 결합으로 중합체를 형성한 아밀로스와 $\alpha-1,4$ 결합의 가지를 가진 아밀로펙틴이 있다.

해설 ① 셀룰로스>리그닌>헤미셀룰로스>단백질의 순이다.
② 셀룰로스는 식물체가 성장함에 따라 증가한다.
④ glucose가 $\alpha-1,4$ 결합으로 중합체를 형성한 선형의 아밀로스와 아밀로스에 $\alpha-1,6$ 결합의 가지를 가진 아밀로펙틴이 있다.

정답 123 ② 124 ② 125 ③

126 유효도에 관련된 설명으로 틀린 것은?

① 토양의 영양소 농도가 높으면 유효도가 높은 것이다.
② 식물은 토양용액으로부터 양이온을 흡수하면서 뿌리로부터 H^+를 방출한다.
③ 식질토양은 사질토양보다 토양용액 중의 영양소 농도가 높고 완충용량이 크다.
④ 토양용액 중에 존재하는 양이온의 함량은 일반적으로 Ca > Mg > K > Na의 순이다.

해설 유효도란 토양영양소가 식물에 의해 얼마나 잘 이용될 수 있는가를 설명하는 용어로 토양의 영양소 농도가 높더라도 흡수·이용이 안 되면 유효도가 낮다고 한다.

127 다음 설명 중 틀린 것은?

① 휘산작용 : 질소가 기체상태인 암모니아로 대기 중에 손실되는 현상으로 pH 7 이상, 온도가 높고 건조, $CaCO_3$가 많이 존재하는 석회질 토양에서 일어난다.
② 탈질작용 : 토양 중에 NO_3^-가 미생물의 작용에 의해 기체 질소로 변하여 대기 중으로 휘산하는 현상으로 유기물과 질산 풍부, 산소 부족(10% 미만), 온도 25~35℃, pH가 중성일 때 일어난다.
③ 질산화작용 : 비료나 유기물로부터 유리된 NH_4^+가 NO_3^-로 전환되는 과정으로 pH 4.5~7.5, 포장용수량일 때 일어난다.
④ 확산작용 : 불규칙적인 열운동에 의하여 이온이 높은 농도에서 낮은 농도 쪽으로 이동하는 현상으로, 양이온이 음이온보다 높은 확산계수를 가진다.

해설 음이온이 양이온보다 높은 확산을 갖는 것은 음전하를 띤 토양교질의 영향이다.

128 세류침식에 대한 설명이 아닌 것은?

① 유출수가 침식에 약한 부분에 모여 작은 수로를 형성하며 흐르는데, 유출수에 의하여 일어나는 침식이다.
② 식물이 새로 식재된 곳이나 휴한지에서 일어난다.
③ 세류침식은 작은 수로를 형성하며 진행된다.
④ 토양 유실은 면상침식보다 세류침식과 협곡침식에 의하여 일어난다.

해설 토양 유실은 대부분 가시적으로 확실히 구별되는 협곡침식보다 면상침식이나 세류침식에 의하여 일어난다.

정답 126 ① 127 ④ 128 ④

129 모암에 대한 설명으로 틀린 것은?

① 지표를 구성하는 암석은 크게 화성암, 변성암, 퇴적암으로 구분한다.
② 모든 암석의 근원은 화성암이다.
③ 퇴적암은 지표면의 75%를 덮고 있다.
④ 변성암은 원래의 암석보다 조직이 치밀하지 못하여 풍화에 약하다.

해설 변성암은 원래의 암석보다 조직이 치밀하고 비중이 무거워져 풍화에 잘 견딘다.

130 공극에 대한 설명으로 틀린 것은?

① 대공극은 물이 빠지는 통로이고, 작은 토양 생물의 이동통로이다.
② 중공극은 모세관현상에 의하여 유지되는 물이 있고, 곰팡이와 뿌리털이 자라는 공간이다.
③ 소공극은 식물이 흡수하는 물을 보유하고, 세균이 자라는 공간이다.
④ 미세공극은 점토입자 사이의 공간으로 미생물이 자랄 수 없는 공간이다.

해설 작물이 이용하지 못하며, 미생물의 일부만 자랄 수 있는 공간이다.

131 토양목(soil order)의 특징에 대한 설명으로 옳지 않은 것은?

① Inceptisols : 습윤 기후조건에서 발달하며 토층분화가 중간 정도인 토양이다.
② Entisols : 최근에 형성된 지질지형에서 발견되며 토양발달에 의한 감식층위가 뚜렷하지 않은 토양이다.
③ Mollisols : 표층의 유기물 함량이 높고 염기의 공급이 많은 검은색을 띠는 토양이다.
④ Histosols : 표층의 유기물 함량이 낮으며 건조한 지역에 존재하는 토양이다.

해설 Histosols는 탄소 함량이 12~18% 정도인 토양유기물을 포함하며 배수 상태가 나쁘고 산성을 띠며 식물 생장에 필요한 주요 양분은 용탈되어 결핍된 토양이다.

132 3월, 4월 봄철에 젖은 토양의 온도가 건조된 토양의 온도보다 서서히 증가하는 이유는?

① 물의 밀도(density)가 무기광물보다 크기 때문이다.
② 물의 비열(specific heat)이 무기광물보다 크기 때문이다.
③ 물의 유전상수(dielectric constant)가 무기광물보다 크기 때문이다.
④ 물의 용적열용량(volumetric heat capacity)이 무기광물보다 작기 때문이다.

해설
- 비열 : 토양 1g의 온도를 1℃ 올리는 데 필요한 열량으로 물(1) > 유기물(0.4) > 무기광물(0.2) > 공기(0.0003)
- 용적열용량 : 비열 × 밀도

정답 129 ④ 130 ④ 131 ④ 132 ②

133 토양수분 함량과 퍼텐셜의 관계에 대한 설명으로 옳지 않은 것은?

① 물은 수분퍼텐셜이 높은 지점에서 낮은 지점으로 이동한다.
② 수분함량이 같을 경우 토성에 따라 매트릭퍼텐셜이 달라진다.
③ 토양수분이 감소할수록 수분퍼텐셜은 증가한다.
④ 토양수분은 염의 농도가 낮은 지점에서 높은 지점으로 이동한다.

해설 포장용수량일 때 수분함량은 사양토 11.3%, 식토 22.3%이다.

134 물이나 바람에 의해 토양유실이 일어날 경우 환경에 미치는 영향으로 옳지 않은 것은?

① 토양이 척박해 진다.
② 토양의 투수율이 증가한다.
③ 토양의 입단구조가 파괴된다.
④ 하천이나 호수의 부영양화를 야기할 수 있다.

해설 유수에 의해 분산된 토립이 미세공극을 막아 투수율이 감소한다.

135 토양에서 수분의 이동 및 수리전도도에 대한 설명으로 옳지 않은 것은?

① 불포화 상태에서 토양수분의 이동은 중력보다 매트릭퍼텐셜 차이에 의해 주로 결정되므로 토양수분이 심토에서 표토로 이동할 수 있다.
② 수분함량이 포화 영역에 가까울 때는 사질양토(sandy loam)가 식질양토(clay loam)보다 수리전도도가 높지만, 수분함량이 포장용수량보다 낮을 경우에는 정반대의 경향을 보인다.
③ 복수의 토양층으로 이루어진 토양을 통과하여 지하수로 유입되는 수분의 총량은 공극발달이 가장 좋고 수리전도도가 가장 높은 토양층에 의해 결정된다.
④ 토양 입단구조가 잘 발달된 토양은 그렇지 못한 토양에 비해 대공극을 형성하고 높은 수리전도도를 보인다.

해설 불포화토양에서는 토양 내 위치에 따른 수분함량과 공극에 따라서 수리전도도가 일정하지 않다.

정답 133 ③ 134 ② 135 ③

136 현장에서 50cm³ 크기의 토양시료채취용기(soil core)를 이용하여 습토시료를 채취하였다. 이때 용기를 포함한 총 시료 무게는 90g이었으며, 105℃에서 12시간 완전건조 후의 무게가 75g이었다. 이 토양의 용적밀도(g/cm³)와 용적수분함량(%)이 바르게 짝지어진 것은? (단, 용기의 무게는 10g이다.)

	용적밀도	용적수분함량
①	1.3	23
②	1.3	30
③	1.5	23
④	1.5	30

[해설]
- 용적밀도 = (75 − 10)/50 = 1.3
- 용적수분함량 = 중량수분함량 × 용적밀도 = (15/65) × 100 × 1.3 = 30

137 토양 100g 중의 점토 함량이 40%, 부식 함량이 2%이다. 이 토양의 양이온교환용량(CEC)(cmolc/kg)은? (단, 점토의 CEC는 20, 부식의 CEC는 250이고, 모래와 미사의 CEC는 무시한다.)

① 10　　　　　　　　　② 11
③ 12　　　　　　　　　④ 13

[해설] 점토는 20 × 0.4 = 8, 부식은 250 × 0.02 = 5이므로 양이온교환용량은 8 + 5 = 13이다.

138 어느 토양의 양이온교환용량(CEC)이 pH 5.0에서 8cmolc/kg이고, pH 8.2에서 14cmolc/kg이다. pH가 높아짐에 따라 토양의 CEC가 증가되는 이유는?

① 점토광물에 존재하는 Al 이온이 K 이온을 동형치환하기 때문이다.
② 유기교질물질의 작용기에서 H 이온이 방출되어 음전하가 증가되기 때문이다.
③ 2:1형 점토광물의 표면에서 pH 의존적 전하가 증가되기 때문이다.
④ 1:1형 점토광물사면체 층에서 Al 이온이 Si 이온을 동형치환하기 때문이다.

[해설]
- $Al^{3+} \leftrightarrow Fe^{2+}$, Mg^{2+}, $Si^{4+} \rightarrow Al^{3+}$ (Al이온이 Fe이나 Mg이온으로 동형치환이 이루어져 CEC 증가)
- R−COOH = R−COO⁻ + H⁺ (유기물에서 H이온이 방출되어 산성화가 됨)
- 2:1형 점토광물은 영구전하(=동형치환)가 증가되기 때문에 CEC가 증가한다.

정답　136 ②　137 ④　138 ②

139 미생물에 대한 설명으로 옳지 않은 것은?

① Thermophile : 고온성미생물로 40~50℃에서 생육과 활성이 높지만, 100℃ 부근에서도 생육 가능한 경우도 있다.
② Facultative anaerobes : 산소를 우선적으로 이용하지만 산소가 부족할 때는 CH_4, NH_3, H_2S 등을 전자수용체로 이용한다.
③ Xerophile : 가뭄 저항성이 크다.
④ Halophile : 높은 염농도에서 생육이 좋다.

해설 Facultative anaerobes는 황산염, 탄산염, 질산염 등을 전자수용체로 이용한다.

140 부식의 교질 특성에 대한 설명으로 옳은 것은?

① 부식은 비결정질이며 부식의 비표면과 흡착능은 층상의 점토 광물보다 크다.
② 부식의 음전하는 pH 의존적 전하인데, 이는 부식산들이 다가의 강산으로 작용하기 때문이다.
③ 부식의 등전점은 대개 3 정도로서 토양의 pH가 3 이하이면 부식은 순 음전하를 가진다.
④ 부식의 작용기 중 음전하 생성에 가장 큰 기여를 하는 것은 페놀성 OH이다.

해설 ② 부식산들이 다가의 약산으로 작용하기 때문이다.
③ 토양의 pH가 3 이상이면 부식은 순 음전하를 가진다.
④ 음전하 생성에 가장 큰 기여를 하는 것은 Carboxyl이다.

141 다음 설명에 해당하는 중금속은?

> 살충제, 살균제, 제초제 등의 농약에도 포함되어 있으며 산화형보다 환원형의 독성이 더 강해 밭토양보다 논토양에서 장해를 유발한다.

① 카드뮴(Cd)　　　　　② 구리(Cu)
③ 납(Pb)　　　　　　　④ 비소(As)

해설 비소(As)는 산화상태보다 환원상태에서 높은 독성을 띤다(As^{3+}가 As^{5+}보다 독성이 크다). 비소는 비록 금속은 아니지만 중금속과 같은 성질을 가지고 있으며, 그 독성은 수은, 납과 비슷하며 생활환경에서 비소는 살충제, 살서제, 방부제, 농약 등에 포함되어 있다.
※ 크롬(Cr)은 산화상태에서 6가 크롬이 되고 환원상태에서 3가 크롬이 되며, 6가 크롬이 독성이 훨씬 강하다.

정답 139 ② 140 ① 141 ④

142 다음 중 토양을 구성하는 1차 광물 중 온대지방의 습윤 기후 조건에서 가장 풍화되기 어려운 광물은?

① 정장석
② 감람석
③ 휘석
④ 방해석

해설 1차 광물을 온대지방의 습윤 기후 조건에서 풍화되기 어려운 것부터 순서대로 나열하면 석영 > 백운모 > 미사장석 > 정장석 > 흑운모 > 조장석 > 각섬석 > 휘석 > 회장석 > 감람석 순이다.

143 나트륨성 토양(sodic soil)에 대한 설명으로 옳지 않은 것은?

① 교환성나트륨 퍼센트가 15% 이상이고, pH가 8.5 이상이다.
② pH가 높은 이유는 Na 탄산염이 Ca 탄산염보다 용해도가 높기 때문이다.
③ 건조기에 염들이 백색으로 석출되므로 백색 알칼리토양이다.
④ pH가 높아지는 이유는 CO_3^{2-}가 가수분해되면 OH^-가 생성되기 때문이다.

해설 유기물이 분산되어 흑색을 띤다.

144 유기물이 많은 A토양과 유기물이 적은 B토양을 비교한 설명으로 옳지 않은 것은?

① A토양이 B토양보다 토양 생물의 활성이 높다.
② A토양이 B토양보다 용적밀도가 높다.
③ A토양이 B토양보다 양이온교환용량이 크다.
④ A토양이 B토양보다 완충능력이 크다.

해설 유기물이 많을수록 용적밀도는 낮아지므로 A토양이 B토양보다 용적밀도가 낮다.

145 농경지에서 오랫동안 관행 경운을 한 후 토양유실을 경감하기 위해 무경운으로 전환하여 10년 동안 경작하였을 때, 무경운경작으로 인해 표토에서 일어날 수 있는 변화를 설명한 것으로 옳은 것은?

① 유기물 함량이 증가된다.
② 보수성과 배수성이 감소된다.
③ 토양침식이 증가된다.
④ 입단안정화가 감소된다.

해설
- 무경운 : 경운에 의한 토양교반 없이 토양 중의 수분과 유기물 함량 증가, 토양 유실 감소, 생물의 다양성과 양을 증가시킴
- 경운 : 대형 농기구의 하중으로 인한 경운 작업 시 토양의 심토가 다져져 경반층(Hard pan)이 형성되며, 표토의 입자는 단립으로 부서지기 때문에 토양의 물리성이 악화됨. 토양 전염성 병해충 확산, 잡초 발생량 증가, 생물다양성을 감소시키는 원인이 됨

정답 142 ① 143 ③ 144 ② 145 ①

146 가축 분뇨와 같은 유기성 폐자원을 토양에 바로 투입하지 않고 퇴비화한 후 처리할 때 장점으로 옳지 않은 것은?

① 유기물의 탄질률(C/N ratio)을 낮출 수 있고 토양에 투입되었을 때 가용 질소 성분의 고갈을 방지할 수 있다.
② 퇴비화 과정 중에 식물생육에 영향을 미치는 병원성 미생물들과 잡초종자들을 제거할 수 있다.
③ 원재료보다 취급이 용이하고 품질이 균일해 진다.
④ 탄소:질소:인산의 비율이 식물생육에 이상적인 비료가 된다.

해설 질소, 인산은 증가하지만 탄소의 비율은 낮아진다.

퇴비의 유익한 점
- 탄소 이외의 양분용탈 없이 좁은 공간에 보관이 가능하다.
- 부피가 감소되어 취급하기가 편리하다.
- 퇴비화 과정에 탄질률이 낮아져 토양에 질소기아현상이 일어나지 않는다.
- 탄질률이 높은 유기물의 분해를 돕는다.
- 퇴비화 과정의 열에 의해 잡초의 씨앗 및 병원성 미생물을 사멸시킨다.
- 퇴비화 과정 중 독성화합물이 분해된다.
- Pseudomonas, Bacillus, Actinomycetes 등과 같은 미생물이 토양병원균의 활성을 막는다.

147 유안(ammonium sulfate), 요소(urea), 질산가리(potassium nitrate)를 논토양에 시용했을 때 일어나는 질소 반응에 대한 설명으로 옳지 않은 것은?

① 유안이나 요소를 표층시비하면 유안이 요소보다 암모니아 휘산이 많다.
② 유안이나 요소를 심층시비하면 표층시비할 때보다 질산화가 느리다.
③ 심층시비하면 질산가리가 유안보다 탈질량이 많다.
④ 표층시비하면 유안이 질산가리보다 토양 pH를 더 낮춘다.

해설 요소(urea) → urease → 탄산암모늄 → 암모늄이온 → 암모니아

휘산
- 질소가 암모니아(NH_3)로 대기 중으로 손실되는 현상으로 주로 요소나 암모늄 형태의 질소질비료를 시용할 경우 발생한다.
- 즉 비료에 포함된 질소의 함량에 따라 휘산량이 달라지는데 유안보다는 요소의 질소함량이 높다.

구분	비료의 종류	함유하여야 할 주성분의 최소량(%)
01	황산 암모늄(유안)	암모니아태질소 : 20%
02	요소	질소전량 : 45%
03	염화 암모늄	암모니아태질소 : 25%
04	부산 염화 암모늄	암모니아태질소 : 23%

정답 146 ④ 147 ①

구분	비료의 종류	함유하여야 할 주성분의 최소량(%)
05	질산 암모늄	암모니아태질소 : 16%, 질산태질소 : 16%
06	석회질소	질소전량 : 19%
07	암모니아수	암모니아태질소 : 15%

148 논토양에 유기질 퇴비를 과량으로 시비하는 경우 결핍 가능성이 가장 큰 원소는?

① 황(S) ② 붕소(B)
③ 몰리브덴(Mo) ④ 구리(Cu)

해설 구리의 경우 유기물과 결합력이 강하다.

149 토양오염물질의 확대 메커니즘에 대한 설명으로 옳지 않은 것은?

① 용해도가 높은 유기염소계 화합물은 지하수 등을 통해 오염이 확대되는 경향이 있다.
② 비중이 크고 용해도가 낮은 중금속은 토양에서 확산 속도가 느리다.
③ 오염물질과 토양의 흡착력이 클수록 오염물질의 침출 및 유출이 용이하다.
④ 투수성이 크고 유기물질 함량이 낮은 사질토양에서 오염물질의 침출이 더 용이하다.

해설 오염물질과 토양의 흡착력이 클수록 오염물질의 침출 및 유출이 어렵다.

150 토양을 구성하는 입자들의 표면전하량에 대한 설명으로 옳지 않은 것은?

① 화산재에서 유래된 allophane 점토광물은 영구전하를 가지지 못하는 대신 pH 의존적 전하를 가진다.
② vermiculite는 표면전하량이 매우 많고 이들 전하의 대부분은 pH에 의존하지 않는다.
③ 토양 유기물은 토양 광물들에 비해 전하량이 월등히 많고 이들 전하의 대부분은 pH에 의존하지 않는다.
④ kaolinite는 표면전하량은 적으나 분쇄하면 절단면에서 pH 의존적 전하가 생성된다.

해설 • 영구전하＝동형치환＝2:1 점토광물
• 가변전하＝pH의존전하＝유기물, 비결정형광물

정답 148 ④   149 ③   150 ③

PART

05

수목관리학

Tree
Doctor

05 PART 기출예상문제

001 다음은 가로수의 구비조건이다. 설명 중 옳지 않은 것은?

① 직립성이고 지하고가 높아야 한다.
② 대기오염에 강해야 한다.
③ 가지치기 후 부패하지 않아야 한다.
④ 보행자가 위험하거나 거부되지 않아야 한다.
⑤ 엽량이 많고 상록성일 것이어야 한다.

해설 '엽량이 많고 상록성일 것'은 가로수의 구비조건에 해당하지 않는다.

가로수의 구비조건
- 직립성, 지하고가 높고, 대기오염에 강할 것
- 상처, 가지치기 후 부패하지 않은 것
- 보행자에 위험하거나 거부되지 않을 것

예 느릅나무, 느티나무, 은행나무, 칠엽수, 회화나무

002 다음은 수목의 식재 부지와 기후에 관한 설명이다. 옳지 않은 것은?

① 내한성은 수목이 분포지역을 확장하는데 꼭 필요한 생리적 구비조건이다.
② 지구온난화는 고산성 수종의 생장불량으로 잘 안 자라므로 독일가문비나무, 스트로브잣나무를 식재한다.
③ 이산화탄소의 농도가 390ppm까지 증가하여 지구온난화현상이 계속되고 있다.
④ 대기오염에 대한 저항성이 높은 내공해성 수목으로 아까시나무, 이태리포플러 등이 있다.
⑤ 재배한 역사가 짧은 수종일수록 병해충에 대한 저항성이 크다.

해설 대기오염에 대한 저항성이 높은 내공해성 수목으로 은행나무, 플라타너스, 향나무, 가죽나무, 회화나무, 버드나무류, 아까시나무, 현사시 등이 있다.
- 내공해성이 강한 수목 : 은행나무, 플라타너스, 향나무, 가죽나무, 회화나무, 버드나무류, 아까시나무, 현사시 등
- 내공해성이 약한 수목 : 이태리포플러, 느티나무, 소나무 등

정답 001 ⑤ 002 ④

003 다음은 특수한 토양환경에 대한 설명이다. 옳지 않는 것은?

① 공간이 제한된 토양에서 플라타너스의 생장이 좋다.
② 중금속에 오염된 토양에서 아까시나무, 포플러가 내성이 좋다.
③ 배수가 잘 안 되는 토양에서 네군도단풍, 낙엽송이 강하다.
④ 약간의 복토에는 은행나무, 독일가문비나무가 잘 견딘다.
⑤ 매립지의 유해가스에는 아까시나무, 버드나무가 강하다.

해설 배수가 잘 안 되는 토양에서 네군도단풍, 플라타너스, 미루나무, 버드나무류, 낙우송의 저항성이 강하다.
① 공간이 제한된 토양 : 플라타너스의 생장이 좋음
② 중금속에 오염된 토양 : 아까시나무, 포플러의 내성이 좋음
④ 약간의 복토 : 은행나무, 독일가문비나무, 스트로브잣나무, 곰솔, 플라타너스, 참느릅나무의 저항성이 좋음
⑤ 매립지의 유해가스 : 아까시나무, 버드나무, 현사시의 저항성이 좋음

004 다음은 사계절 변화에 따라 변하는 수목의 외형에 대한 설명이다. 옳지 않은 것은?

① 봄에 개화하는 수종은 동백나무, 생강나무, 산초나무 등이 있다.
② 여름에 개화하는 수종은 배롱나무, 모감주나무, 자귀나무, 회화나무 등이 있다.
③ 가을에 단풍이 드는 나무는 화살나무, 단풍나무, 풍나무 등이 있다.
④ 겨울철 열매가 열리는 피라칸타, 낙상홍, 마가목 등이 있다.
⑤ 겨울철 수피 색깔이 특징인 수종은 자작나무, 노각나무가 있다.

해설 봄에 개화하는 수종은 동백나무, 생강나무, 산수유 등이 있다. 산초나무는 8~9월 개화한다.
② 여름에 개화하는 수종 : 배롱나무, 모감주나무, 자귀나무, 회화나무, 능소화
③ 가을에 단풍이 드는 수종 : 화살나무, 단풍나무, 풍나무
④ 겨울철 열매가 열리는 수종 : 피라칸타, 낙상홍, 마가목
⑤ 겨울철 수피 색깔이 특징인 수종 : 사작나무, 노각나무

정답 003 ③ 004 ①

005 어린 수목의 식재로 얻을 수 있는 이점이 아닌 것은?

① 이식에 따른 스트레스는 나무가 작을수록 적게 받는다.
② 어린 나무를 이식해도 원래의 나무 모습을 그대로 유지하기 쉽지 않다.
③ 적은 비용으로 이식이 가능하다.
④ 활착된 후 가지치기를 통해 수형 조절이 가능하다.
⑤ 균형 잡힌 큰 나무를 얻을 수 있다.

> **해설** 어린 수목 식재의 이점
> - 이식에 따른 스트레스는 나무가 작을수록 적게 받는다.
> - 어린 나무를 이식해야 원래의 나무 모습을 그대로 유지할 수 있다.
> - 적은 비용으로 이식이 가능하다.
> - 활착된 후 가지치기를 통해 수형 조절이 가능하다.
> - 균형 잡힌 큰 나무를 얻을 수 있다.

006 다음의 수목에 대한 설명 중 옳지 않은 것은?

① 구삽법은 깊이 10cm 정도의 고랑을 파고 삽수를 1~2cm 길이로 꽂고 흙을 덮고 다진다.
② 이토삽목법은 상면 10cm 길이를 물 반죽해서 못자리처럼 만들어 삽수를 10cm 이상 깊게 꽂는 방법이다.
③ 나근묘는 근원경 5cm 미만의 낙엽수에 적합하다.
④ 근분묘는 근분이 클수록 유리하다.
⑤ 용기묘의 꼬인 뿌리는 생장에 지장이 없다.

> **해설** 용기묘
> - 꼬인 뿌리를 가위나 삽으로 절단 후 식재한다.
> - 꼬인 뿌리는 생장장애의 원인이 된다.

정답 005 ② 006 ⑤

007 다음은 대경목의 이식에 대한 설명이다. 옳지 않은 것은?

① 이식할 때의 뿌리 상태에 따라 나근법, 근분법, 동토법, 기계법으로 나뉜다.
② 큰 나무를 이식하면 비용도 많이 들고 성공하여도 원래의 모습을 유지하기 어렵다.
③ 조림적지를 판정하는 방법으로는 토양조사에 의한 방법, 지위지수 조사에 의한 방법 등이 있다.
④ 차폐용 수목은 가지가 고사하지 않고 건조와 공해에 저항력이 큰 수종인 주목, 서양측백나무, 사철나무 등이 적합하다.
⑤ 녹음식재용 수목은 적당한 지하고를 가진 수종인 느티나무, 팽나무, 은행나무 등이 적합하다.

해설 **녹음식재용 수목**
- 적당한 지하고를 가진 수종
- 수관이 큰 수종
- 잎이 밀생하는 수종
- 병해충과 답압의 피해가 적은 수종
- 악취가 없고 가시가 없는 수종
- 느티나무, 팽나무, 칠엽수 등

008 다음은 수목의 식재부지 특성에 대한 설명이다. 옳지 않은 것은?

① 토성은 진흙, 미사, 모래의 상대적 혼합비율을 의미한다.
② 산림토양의 공극률은 40~60%이고, 용적비중이 0.8~1.6가량이다.
③ 사질토양은 모래가 최소 40% 이상이다.
④ 토양입자와 유기물의 표면은 음전기를 띠고 있어 양전기를 띤 양료를 보유하거나 다른 양이온과 교환한다.
⑤ 토양의 유기물은 분해되어 무기양료가 된다.

해설 **토성**
- 토양의 진흙, 미사, 모래의 상대적 혼합비율을 의미한다.
- 사질토양은 모래가 최소한 50% 이상이다.
- 진흙은 보수력이 좋고 양료 함량이 많으며, 배수가 잘 안 되고 통기성이 나쁘다.
- 모래는 배수가 잘 되고 통기성이 좋으며, 보수력이 나쁘고 양료의 함량이 적다.
- 양토는 진흙, 미사, 모래가 적절하게 섞인 흙(식물생장에 가장 유리)이다.

009 다음은 토양에 관한 설명이다. 옳지 않은 것은?

① 지렁이는 토양 내 무기양료의 순환을 촉진하고 토양의 물리적 성질을 개량하여 비옥하게 한다.
② 박테리아는 주로 경작지에서 유기물을 분해한다.
③ 산성토양에서 인, 칼슘, 붕소가 불용성이다.
④ 토양곰팡이는 대개 혐기성이며 표토 근처에서 자란다.
⑤ 토양이 척박하거나 기상조건이 나쁠 경우 균근 형성에 도움이 된다.

> **해설** **토양미생물**
> - 조류, 박테리아, 방사상균, 곰팡이 등이 있음
> - 박테리아는 호기성과 혐기성이 있음
> - 모두 주로 경작지에서 유기물을 분해함
> - 질소고정박테리아는 콩과식물과 공생하며 질소를 고정함
> - 토양곰팡이는 대개 호기성이며 표토 근처에서 자람
> - 곰팡이는 유기물과 낙엽을 분해하는 중요한 역할임

010 다음은 식재 및 사후관리에 관한 설명이다. 옳지 않는 것은?

① 구덩이파기는 소경목의 경우 근분 직경이 2배가 원칙이며, 구덩이의 가장자리가 근분에서 최소한 30cm 이상 떨어지도록 크게 해야 한다.
② 대경목의 구덩이 경우 사람이 마무리 작업을 해야 하므로 빈공간이 60cm 이상이 되어야 한다.
③ 토양이 극히 딱딱한 경우 뿌리가 아래로 내려가기 어려울 경우 근분의 3배가량 넓게 판다.
④ 이식목의 방향 잡기는 아름답게 보이는 쪽이 보이도록 구덩이에 집어넣는다.
⑤ 중경목 이상의 경우 근분의 맨바닥에 깔려있는 포장재료를 반드시 제거해야 한다.

> **해설** **근분포장의 제거**
> - 볏짚으로 만든 새끼끈과 마대는 제거하지 않아도 된다.
> - 지표면에 노출되거나 가까이 있는 새끼끈, 마대 등 모든 포장물질을 반드시 제거한다.
> - 중경목 이상의 경우 근분의 맨바닥에 깔려 있는 포장재료를 제거하려고 하면 근분이 깨질 우려가 있으므로 그대로 둔다.
> - 썩는 물질은 제거하지 않아도 되지만 썩지 않는 것은 반드시 제거해야 한다.

정답 009 ④ 010 ⑤

011 다음은 야자수 이식에 관한 설명이다. 옳지 않은 것은?

① 우리나라에서는 1960년대 말부터 제주도에 심기 시작했다.
② 수간에는 형성층이 없어 목질화되면 직경이 굵어지지 않는다.
③ 줄기의 꼭대기에 있는 생장점에서 세포가 증식하여 수고생장을 하고, 이때 만들어진 관다발이 줄기를 형성한다.
④ 뿌리는 수간의 기부에 있는 발근 구역에서 새로이 발생하는 잠아에 의해 대체한다.
⑤ 잎은 묶어주어 정아를 보호하고 증산을 줄인다.

> **해설** 야자수의 생장 특성
> - 야자수는 줄기의 꼭대기에 있는 생장점에서 세포가 증식하여 수고생장을 하고 이때 만들어진 관다발이 줄기를 형성하며, 수간에는 형성층이 없어 목질화되면 직경이 굵어지지 않음
> - 잎은 줄기 꼭대기에 모여 나며 수고가 생장함에 따라 오래된 잎은 떨어짐
> - 꽃이 피는 시기는 3~10년
> - 수명은 일반적으로 50~100년
> - 뿌리는 수간의 기부에 있는 발근 구역에서 새로이 발생하는 부정근에 의해 대체
> - 칼륨이 부족하면 녹색의 잎이 감소하고 기존 잎이 조기 노화하는 현상 발생

012 다음은 포장지역의 수목에 대한 설명이다. 옳지 않은 것은?

① 식재 구덩이의 공간을 가능한 넓게 토양의 깊이는 60cm 이상, 가능하면 1m 이상 확보한다.
② 기존의 흙은 수목생장에 적합한 경우가 대부분이므로 흙을 가능한 한 적게 제거하고 새로운 흙은 유기물이 20~30%가량 함유하도록 퇴비를 섞는다.
③ 배수를 위해 모래와 유기물이 부피의 50%가량 되도록 한다.
④ 숨틀은 답압과 제한된 토양 공간으로 인하여 통기와 배수불량 그리고 관수와 시비의 어려움을 일시에 해결한다.
⑤ 보도의 경우 작은 보도블록, 투수성 포장재 등을 사용한다.

> **해설** 객토는 기존의 흙은 수목생장에 부적합한 경우가 대부분이므로 흙을 가능한 한 많이 제거하고 새로운 흙을 객토하고 유기물이 20~30%가량 함유하도록 퇴비를 섞는다. 또한 배수를 위해 모래와 유기물이 부피의 50%가량 되도록 한다.

정답 011 ④ 012 ②

013 다음은 수목 식재 환경관리에 대한 설명이다. 옳지 않은 것은?

① 하수구 내 뿌리 피해는 가스관이나 하수관의 파괴와 매립지에서 나오는 가스인 메탄, 이산화탄소, 황화수소, 에틸렌, 시안화수소가 원인이다.
② 뿌리/포장 간 충돌의 초기의 지상부 병징은 잎이 황화현상을 보이지만 작아지지는 않는다.
③ 뿌리/포장 간 충돌은 가지 끝부터 서서히 밑으로 죽어 내려오면서 수관이 축소된다.
④ 흙 속에 가스가 방출되면 수분결핍증상과 유사 생장이 느리고 잎이 작아지며 조기 낙엽된다.
⑤ 하수구 내 뿌리 피해는 가스와 뿌리 호흡으로 생긴 이산화탄소는 토양 속의 산소를 결핍시키고 뿌리의 흡수기능을 약화시켜 심하면 고사한다.

해설 뿌리/포장 간 충돌
- 가로수나 주차장 주변에서 자라는 수목의 뿌리가 도로포장으로 인해 아스팔트와 콘크리트 물질 자체도 뿌리에 피해를 주지만 뿌리가 수분과 산소부족을 경험함
- 답압과 복토의 증상과 유사함
- 초기의 지상부 병징은 잎이 황화현상을 보이고 작아짐
- 가지 끝부터 서서히 밑으로 죽어 내려오면서 수관이 축소됨
- 초기증상이 영양결핍증상처럼 보임
- 포장을 걷어 내거나 구멍을 뚫어 통기성을 확보하고 토양환경을 개선함

014 다음은 수목의 특수환경관리에 대한 설명이다. 옳지 않은 것은?

① 나무를 식재할 때 뿌리를 검사하여 뿌리 조임, 뒤틀림 가능성이 있는 뿌리는 제거하거나 식재하지 말아야 한다.
② 식혈법은 작은 제비집 모양의 구덩이를 파서 평평한 땅을 만들고 나무를 앞쪽으로 당겨서 심는다.
③ 계단식 식재는 각 식재목마다 물웅덩이를 만들어서 집수가 되도록 한다.
④ 성토지는 토양수분이 부족하고 유기물이 부족하다.
⑤ 실내조경에서 조도관리의 광도는 최소 900럭스 이상으로 유지한다.

해설 실내조경
- 실내 조경환경
  - 광도가 낮고, 낮과 밤의 온도차가 크지 않고 계절에 따른 변화가 적음
  - 수목의 생장이 둔화되고 약해를 쉽게 받고 대기오염에 약함
- 조도관리
  - 광도는 최소 1,500럭스 이상으로 유지
  - 인공조명은 형광등(경제적)+백열등(식물을 웃자라게 함)=3:1이 가장 바람직한 조합

정답 013 ② 014 ⑤

- 수목선정과 토양
  - 그늘에서 양묘된 개체를 사용
  - 실내 조경에 적당한 수종은 아열대성과 관엽식물
- 시비와 관수
  - 무기양분은 1/10 정도만 필요
  - 증산작용이 작아 자주 관수할 필요 없음(주 1회 정도)
- 온도 조절
  - 실내온도를 의도적으로 조절이 어려움
  - 열대식물과 온대식물이 함께 자랄 수 있는 온도는 23~27℃, 열대식물은 18℃ 이하에서 피해, 온대식물은 35℃에서 생장 장애, 온도 22~25℃에서 적당

015 다음은 수목의 특수환경관리에 대한 설명이다. 옳지 않은 것은?

① 실내조경의 인공조명은 형광등(경제적)+백열등(식물을 웃자라게 함)=3:1이 가장 바람직한 조합이다.
② 실내조경은 노지에 비해 무기양분은 1/10 정도만 필요하고 증산작용이 작아 자주 관수할 필요가 없다.
③ 쓰레기 매립지는 일반적으로 20년 이상 지나면 수목의 식재가 가능하다.
④ 실내조경의 수목선정은 양지에서 양묘된 개체를 사용한다.
⑤ 플랜트 식재의 경우 플랜터는 최소한 1시간당 50mm의 물을 배수할 수 있어야 한다.

해설 **실내조경**
- 실내 조경환경
  - 광도가 낮고, 낮과 밤의 온도차가 크지 않고 계절에 따른 변화가 적음
  - 수목의 생장이 둔화되고 약해를 쉽게 받고 대기오염에 약함
- 조도관리
  - 광도 : 최소 1,500럭스 이상으로 유지
  - 인공조명 : 형광등(경제적)+백열등(식물을 웃자라게 함)=3:1이 가장 바람직한 조합
- 수목선정과 토양
  - 그늘에서 양묘된 개체를 사용
  - 실내 조경에 적당한 수종은 아열대성과 관엽식물
- 시비와 관수
  - 무기양분은 1/10 정도만 필요
  - 증산작용이 작아 자주 관수할 필요 없음(주 1회 정도)
- 온도 조절
  - 실내온도를 의도적으로 조절이 어려움
  - 열대식물과 온대식물이 함께 자랄 수 있는 온도는 23~27℃, 열대식물은 18℃ 이하에서 피해, 온대식물은 35℃에서 생장 장애, 온도 22~25℃에서 적당

정답 015 ④

016 다음은 공사 중 수목보호의 필요성에 대한 설명이다. 옳지 않은 것은?

① 수목은 독특한 미적 가치 이외에 수백 년 동안 장수함으로써 다른 동식물에서 찾을 수 없는 고유의 가치가 있다.
② 수목 보전의 목표는 수목의 장기적 생존과 안전성 유지이다.
③ 공사 충격완화설계는 대부분의 경우 수목에 대한 공사 충격을 완전히 피할 수 없기 때문에 목표는 견딜 수 있는 수준으로 최대화하는 것이다.
④ 수목은 산소를 공급하고 탄산가스와 아황산가스, 오존가스 등을 흡수하여 공기를 정화한다.
⑤ 건물, 통행 등을 위한 수직적 공간 확보를 위해 공사에 앞서 필요한 높이만큼 전정한다.

해설 공사 중 수목보호는 대부분의 경우 수목에 대한 공사 충격을 완전히 피할 수 없기 때문에 목표는 견딜 수 있는 수준으로 최소화하는 것이다.

공사 중 수목보호
- 지표 높이 낮추기, 성토와 구조물을 위한 지반준비 : 수목으로부터 가능하면 먼 거리까지 자연적인 지표면을 유지한 다음 옹벽을 설치
- 포장을 위한 노상준비 : 수목 근처를 피하는 통행패턴 설계, 수관 폭 내에 포장 아래서의 최소 노상 다지기
- 장비에 의한 손상 : 수목 주위에 울타리 설치
- 건물, 통행 등을 위한 수직적 공간 확보 : 공사에 앞서 필요한 높이만큼 전정

017 다음은 수분의 기능에 대한 설명이다. 옳지 않은 것은?

① 수분은 원형질의 주성분이며 탄소동화작용의 간접적인 재료이다.
② 토양 중의 양분과 비료를 녹여 뿌리가 흡수할 수 있게 만든다.
③ 세포액의 팽압에 의해 체형을 유지한다.
④ 지표와 공중의 습도가 높아지면 수목의 증산량이 감소한다.
⑤ 뿌리 호흡과 미생물 등에 의해 토양 중의 유해가스를 배출한다.

해설 수분은 원형질의 주성분이며 탄소동화작용의 직접적인 재료이다.

수분의 기능
- 토양 중의 양분과 비료를 녹여 뿌리가 흡수할 수 있게 만듦
- 세포액의 팽압에 의해 체형을 유지
- 증산은 잎의 온도상승을 막고 수목의 체온 유지
- 지표와 공중의 습도가 높아지면 수목의 증산량이 감소
- 뿌리 호흡과 미생물 등에 의해 토양 중의 유해가스를 배출
- 토양의 건조를 막고 토양 중의 염류를 제거
- 식물체 표면의 오염물질을 씻어내어 초기 병해충을 방제

정답 016 ③ 017 ①

018 **다음은 수분에 대한 설명이다. 옳지 않은 것은?**

① 토양수분은 결합수, 모세관수, 자유수, 포장용수량으로 분류한다.
② 결합수는 토양입자표면에 흡착되거나 화학적으로 결합한 수분으로 식물이 이용을 못 한다.
③ 모세관수는 토양입자와 물분자 간의 부착력에 의하여 모세관 사이에 존재하는 물이다.
④ 자유수는 중력수와 범람수가 합쳐진 것이다.
⑤ 포장용수량은 중력수가 빠져나가고 모세관수가 꽉 차 있을 때이다.

해설 토양수분은 결합수, 모세관수, 자유수의 세 가지로 분류한다.
② 결합수 : 토양입자표면에 흡착되거나 화학적으로 결합한 수분, 식물이 이용을 못 함
③ 모세관수 : 토양입자와 물분자 간의 부착력에 의하여 모세관 사이에 존재하는 물, 식물이용 가능 (중력수 제외)
④ 자유수 = 중력수 + 범람수
⑤ 포장용수량 : 중력수가 빠져나가고 모세관수가 꽉 차 있을 때

019 **다음은 가지치기에 대한 설명이다. 옳지 않은 것은?**

① 활엽수는 어린 나무든 성숙목이든 가지치기에 의하여 수형을 비교적 마음대로 바꾼다.
② 침엽수는 주지를 제거해도 측지가 자라 원추형을 유지하려 한다.
③ 가지치기는 치수의 골격 결정, 안전 도모, 건강 유지, 이식목의 활착 증진, 개화 결실의 지연 등을 목적으로 한다.
④ 수목은 대부분 지륭 안에 가지보호대라고 부르는 독특한 화학적 보호대를 가진다.
⑤ 무궁화, 배롱나무, 금목서는 4월에 전정한다.

해설 가지치기의 목적은 치수의 골격 결정, 안전 도모, 건강 유지, 이식목의 활착 증진, 개화 결실의 조정 등이다.

가지치기의 목적
- 치수의 골격 결정 : 적절한 높이에서 서로 중복되지 않게 공간적으로 배치되어 적절한 각도로 굵어 지도록 유인
- 안전 도모 : 교통장애, 풍도에 의한 피해, 보행자의 안전
- 건강 유지 : 부러진 가지, 상처난 가지, 통기성 개선
- 나무의 모양 가다듬기와 가치 증가
- 이식목의 활착 증진
- 수목크기의 조절
- 개화 결실의 조절

정답 018 ① 019 ③

020 다음은 가지치기에 대한 설명이다. 옳지 않은 것은?

① 옆 가지를 남겨 놓고 원가지를 자르고자 할 때에는 옆 가지의 각도와 같게 비스듬히 자르되 가지터기를 약간 남긴다.
② 길게 자란 가지를 중간에서 절단할 때는 옆 눈이 있는 곳의 위에서 비스듬히 자른다.
③ 굵은 가지를 가지치기할 때 가장 중요한 것은 가지터기를 남기지 않고 바짝 자르는 것이다.
④ 5cm 이하일 경우 한 번에 잘라도 되지만, 5cm 이상일 경우 3단계로 나누어 절단한다.
⑤ 죽은 가지는 지륭이 튀어나와 있으면 지륭의 안쪽 부분에서 바짝 잘라준다.

해설 죽은 가지는 지륭이 튀어나와 있더라도 지륭의 바깥 부분에서 바짝 잘라준다.

---

021 다음은 가지치기에 대한 설명이다. 옳지 않은 것은?

① 두목작업으로 생기는 맹아지는 직립성이라 모든 가지가 곧추서서 자라 수형이 자연스럽지 않다.
② 적심은 느티나무, 단풍나무, 벚나무와 같이 1년에 여러 마디씩 자라는 자유생장을 하는 수종을 대상으로 한다.
③ 덩굴 시렁은 조경수를 덩굴형태로 기르되 아치형으로 유지하는 것을 뜻한다.
④ 격자 시렁은 묵은 가지에서 꽃이 피는 사과, 배, 복숭아 등의 과수와 피라칸타가 적당한 수종이다.
⑤ 가지의 중간 혹은 그 아랫부분을 잘라버리면 길이가 짧아지는 것을 적심이라 한다.

해설 적심
- 침엽수의 마디와 마디 간의 길이가 너무 길어서 수관이 엉성하게 보이는 것을 극복하기 위해 마디 간의 길이를 줄여서 수관이 치밀하게 되도록 교정하는 작업이다.
- 소나무, 잣나무, 전나무, 가문비나무와 같이 1년에 한마디씩 자라는 고정생장을 하는 수종이다.
- 봄에 동아가 트면 5월 중순까지 잎은 별로 자라지 않은 채 가지만 올라와 촛대처럼 보인다.
- 이때 가지는 매우 연약하여 가지의 중간 혹은 그 아랫부분을 잘라버리면 길이가 짧아지는 것을 적심이라 한다.
- 소나무류는 5월 초순~중순경에 실시해야 한다.
- 한 개의 어린 가지를 자를 경우 가지 끝에서 두 개 이상의 새로운 눈이 생겨나는 현상으로 수관이 한층 더 치밀해지고 빈 공간을 채우게 된다.

정답 020 ⑤ 021 ②

022 다음은 뿌리의 진단에 대한 설명이다. 옳지 않은 것은?

① 잎의 색깔이 변하고 수세가 쇠퇴하여 가지의 발생과 생장이 저조한 경우 뿌리부패가 의심된다.
② 과습 시 수관에서 부분적으로 잎이 마르고 신초(어린 가지)가 고사한다.
③ 건조 시 엽병이 누렇게 변하면서 잎이 고사한다.
④ 20cm 이상으로 복토가 되면 잎의 왜소현상과 어린 가지의 고사현상이 나타난다.
⑤ 잎과 꽃의 숫자가 줄고 크기가 작아지는 경우 뿌리의 부패가 의심된다.

해설
- 과습 시
  - 수관에서 부분적으로 잎이 마르고 신초(어린 가지)가 고사
  - 엽병이 누렇게 변하면서 잎이 고사
- 복토 시
  - 20cm 이상으로 복토가 되면 잎의 왜소현상과 어린 가지의 고사현상
  - 점토로 복토가 되면 당년에 피해, 사토로 복토가 되면 2~3년 후에 증세

023 다음은 뿌리 수술에 대한 설명이다. 옳지 않은 것은?

① 수술 적기는 봄이지만 10월까지는 가능하다.
② 살아 있는 뿌리가 나타나면 3cm 폭으로 환상 박피하거나, 7~10cm 길이로 부분 박피 후 발근촉진제(IBA)를 뿌리고 도포제를 발라준다.
③ 삽이나 아가(뿌리 검토장)를 이용하여 지표 20cm 이내에 잔뿌리가 있는지 확인한다.
④ 뿌리가 썩어서 지극히 쇠약해진 나무를 살릴 수 있는 유일한 방법이다.
⑤ 점토로 복토가 되면 당년에 피해, 사토로 복토가 되면 2~3년 후에 증세가 나타난다.

해설
뿌리 수술은 뿌리 중에서 아직도 살아 있는 부분을 찾아서 뿌리를 절단하고 살아 있는 뿌리를 박피하여 새로운 뿌리의 발달을 촉진하고 토양의 개량하여 양분 흡수를 용이하게 한다. 수술 적기는 봄이지만 9월까지는 가능하다.

정답 022 ③ 023 ①

024 다음은 수목의 상처관리에 대한 설명이다. 옳지 않은 것은?

① 가지가 왕성하게 자라는 봄의 중간과 단풍이 드는 시기에는 가지치기를 삼간다.
② 지주 설치 시 일자형은 수목의 가지가 낮게 수평방향으로 뻗고 있을 때 간단히 설치한다.
③ 지주 설치 시 Y자형은 파이프의 끝부분에 강판을 고정하고 접시의 폭은 줄기 직경의 2배가량으로 줄기가 바람에 움직일 수 있게 한다(고무판 설치).
④ 지주 설치 시 낮은 가지의 경우 두 개의 파이프를 X자로 교차되게 세우고 위에 가지를 얹어서 받쳐 주고 더 이상 움직이지 않도록 확실하게 고정한다.
⑤ 중앙에 공동이 있을 시에는 공동을 가로질러서 쇠조임을 3개 이상 설치한다.

해설 쇠조임
- 쇠막대기를 이용하여 수간이나 가지를 관통시켜서 약한 분지점을 보완하거나 찢어진 곳을 봉합하는 것
- 줄기가 좁은 각도로 분지되어 있는 경우 갈라진 곳 바로 아랫부분에 수평으로 설치
- 구멍은 쇠막대기가 꼭 맞게 하고 워셔를 이중으로 사용, 형성층 안쪽의 목질부까지 넣음(형성층이 자라 너트를 완전히 감싸도록 함)
- 가지가 굵거나 이미 찢어진 가지를 봉합하는 경우 한 개의 조임쇠로는 부족하므로 윗부분에 2개를 추가로 설치(위, 아래의 조임쇠 간격은 가지 직경의 2배)
- 중앙에 공동이 있을 시에는 공동을 가로질러서 쇠조임을 2개 이상 설치

025 다음은 수목의 상처관리에 대한 설명이다. 옳지 않은 것은?

① 줄당김은 처지는 가지를 수간에 붙들어 매는 것으로 이때 가지와 철선의 각도를 90° 이상이 되도록 매야 안전하다.
② 이미 찢어진 가지를 봉합하는 경우 한 개의 조임쇠로는 부족하므로 윗부분에 2개를 추가로 설치하며 위, 아래의 조임쇠 간격은 가지 직경의 2배가 적절하다.
③ 당김줄은 보행자가 많은 번화한 상가에서 고정장치를 땅속에 설치하고자 할 때 사용한다.
④ 수피가 들떠 있거나 말라있는 부분을 제거하고 노출된 상처를 매끈하게 가다듬는 것이 유상조직을 더 빠르게 합쳐지게 한다.
⑤ 수피 이식은 늦은 봄에 실시하면 성공률이 높다.

해설 줄당김
- 꼬아 만든 굵은 철사를 이용하여 가지와 가지 사이 혹은 가지와 수간 사이를 서로 매어줌으로써 구조적으로 보강
- 줄당김을 실시하기 전에 하중을 줄일 수 있도록 가지치기를 통해 수형을 바로잡을 수 있게 검토
- 가지치기가 끝나면 가지의 크기, 각도, 분지점, 부패 정도를 고려하여 가장 효율적인 줄당김 형태를 결정

정답 024 ⑤ 025 ①

- 가장 쉬운 형태는 처지는 가지를 수간에 붙들어 매는 것으로 이때 가지와 철선의 각도를 45° 이상이 되도록 매야 안전함
- 수간이 여러 개로 갈라져 있는 상태에서 밖으로 수간이 기울어지려고 할 때 수간끼리 의지하도록 서로 수평으로 연결(대각선 연결법, 삼각 연결법, 중앙고리 연결법)

026 다음은 수목의 상처의 관리에 대한 설명이다. 옳지 않은 것은?

① 줄당김은 수간이 여러 개로 갈라져 있는 상태에서 밖으로 수간이 기울어지려고 할 때 수간끼리 의지하도록 서로 수평으로 연결한 것이다.
② 줄당김은 꼬아서 만든 철사를 쓰며, 조임틀(turnbuckle), 천공기, 볼트, 연결고리를 사용한다.
③ 수피 이식은 상처가 수평으로 길게 이어진 경우 5cm 길이로 잘라 연속적으로 부착 후 고정한다.
④ 수피 이식은 이른 봄에 실시하면 성공률이 높다.
⑤ 수간주사는 봄에 실시하면 치유에 도움이 된다.

해설 수피 이식
- 환상으로 수피가 벗겨진 경우 수피 이식을 통해 살릴 수 있다.
- 상처 부위를 깨끗이 하고 상처의 위, 아래에서 높이 2cm가량의 살아 있는 수피를 수평으로 벗겨내고 비슷한 두께의 신선한 수피를 이식한다.
- 상처가 수평으로 길게 이어진 경우 5cm 길이로 잘라 연속적으로 부착 후 고정한다.
- 젖은 천으로 감싸고 비닐로 덮어 마르지 않게 한다.
- 수피 이식은 늦은 봄에 실시하면 성공률이 높다.

027 다음은 공동관리에 대한 설명이다. 옳지 않은 것은?

① 외과수술의 목적은 공동이 더 이상 부패하지 않도록 조치하는 것이다.
② 외과수술의 목적은 수간의 물리적 지지력을 높여 주는 것이다.
③ 방어벽은 부후가 나이테를 따라 둘레 방향인 접선 방향으로 진전되는 것을 저지하기 위해 방사단면에 만든 벽이다.
④ 대부분의 목재부후균은 혐기성이기 때문에 수분을 차단하여야 한다.
⑤ 지면과 수간 상단가지 연결된 공동의 충전은 미관향상을 위한 충전이다.

해설 대부분의 목재부후균은 호기성이기 때문에 공기를 차단하여야 한다. 따라서 공동 충전은 공기의 공급을 완전히 차단할 수 있어야 효과적이다.

정답 026 ④ 027 ④

028 다음은 수목의 건강관리에 대한 설명이다. 옳지 않은 것은?

① 기본정신은 수목의 자연적인 능력을 최대한 유지할 수 있도록 나무를 관리해야 한다.
② 수목관리의 목적은 푸른 잎과 건강한 수관을 가진 아름다운 나무로 자라도록 하는 것이다.
③ 화학적 방어기제는 가시, 털, 잎의 두꺼운 큐티클층과 딱딱한 수피 등을 생산함으로써 병해충의 침입을 억제하는 수단이다.
④ 타감물질로 제충국-피레트린, 침엽수-테르펜, 주목-택솔(taxol) 등이 있다.
⑤ 음수는 그늘에서도 자라지만 어린 시절을 제외하면 햇빛에서 더 잘 자란다.

해설 **물리적 방어기제**
- 가시, 털, 잎의 두꺼운 큐티클층과 딱딱한 수피 등을 생산함으로써 병해충의 침입을 억제하는 수단
- 가지치기와 태풍으로 물리적 상처가 생기면 자연방어벽이 무너져 병해충이 침입하기 쉬움

029 다음은 수목의 건강관리에 대한 설명이다. 옳지 않은 것은?

① 내한성, 내음성, 내건성, 내습성, 내공해성 등은 각 수종의 고유 특성이며, 이를 기초로 식재수종을 선택한다.
② 모든 수목의 건강은 햇빛을 받은 만큼 증진된다.
③ 광합성을 수행한 만큼 내한성, 내공해성, 항균성이 높아진다.
④ 나무가 자라면서 어떤 수형을 갖추는가는 수목의 건강과 수명에 상대적인 영향을 미친다.
⑤ 내외생균근은 어린 묘목 시절에만 나타나며, 균사가 세포 내 침투한다.

해설 **수형조절**
- 나무가 자라면서 어떤 수형을 갖추는가는 수목의 건강과 수명에 절대적인 영향을 미친다.
- 교목은 주간을 단간을 가지게 하고 원줄기를 곧게 세우고 골격지가 적절한 간격을 두고 발달하도록 유도한다.
- 굵은 줄기나 가지의 아귀다툼을 방지하기 위해 주기적인 전정을 실시한다.

정답 028 ③ 029 ④

030 다음은 수목의 건강관리에 대한 설명이다. 옳지 않은 것은?

① 종합적병해충관리(Integrated Pest Management)개념을 조경수 관리에 응용하기 위해 식물건강관리(Plant Health Care)를 개발한 것이다.
② 병해충의 지속적인 모니터링이 PHC의 핵심 업무이고, 피해의 사전 방지를 강조한다.
③ 수목건강관리(Plant Health Care)는 수목 자체, 스트레스, 개입과 조정, 평가로 구성된다.
④ 식물건강관리(PHC)의 피해의 사전 방지로 수종선택, 식재지 선정, 수목관리 최적화가 필요하다.
⑤ 모니터링은 병해충에 대한 관찰, 인지, 동정, 숫자파악, 문제를 기록하는 행위를 1회 실시한 것이다.

해설 건강관리 전략
- 종합적병해충관리(Integrated Pest Management)와 식물건강관리(Plant Health Care)의 관계
- 식물건강관리(PHC)는 1980년대 조경수 관리 전문가들에 의한 조경수 관리의 효율 시도
- 농작물의 생산과정에서 도입되었던 종합적병해충방제(IPM) 개념을 응용
- IPM은 다양한 방제법(기계적, 재배적, 생물적, 화학적, 법제적 방제)을 동원하여 적절히 해충의 숫자를 줄이되 박멸하는 것은 아니며 경제적 피해를 최소화하는 발생밀도를 조절하는 것
- 정찰이란 병해충에 대한 관찰, 인지, 동정, 숫자파악, 문제를 기록하는 행위이고, 여러 차례에 걸친 지속적인 정찰을 모니터링이라 함
- IPM의 개념을 조경수 관리에 적용하면 경제적 피해수준과 경제적 피해허용수준을 결정하기 어려움

031 다음은 수목관리 작업 안전에 대한 설명이다. 옳지 않은 것은?

① 안전은 상해, 손실, 감손, 위해 또는 위험에 노출되는 것으로부터 자유를 말한다.
② 안전모의 안전기준은 사용시간 3,000~3,500시간 보증, 내용연수는 3~3.5년이다.
③ 청력보호장치는 70db(A) 이상의 소음 수준에서는 무조건 착용(소음감소는 소음을 듣기 가능한 상태)해야 한다.
④ 안전복은 전체적으로 숨겨진 지퍼로 구성한다.
⑤ 안전화는 발목보호를 위해 최소한의 높이는 195mm로 한다.

해설 머리보호용 안전모
- 안전모
  - 낙하물 또는 던져지는 물체로부터 머리를 보호하도록 설계 제작
  - 안전기준 : 사용시간은 3,000~3,500시간 보증, 내용연수는 3~3.5년
- 청력보호장치 : 90db(A) 이상의 소음 수준에서는 무조건 착용(소음감소는 소음을 듣기 가능한 상태)
- 안면보호장치 : 이물질이 작업자의 얼굴로 날아들 것을 방지

정답 030 ⑤ 031 ③

032 다음은 수목관리 작업안전 중 교목 벌도에 대한 설명이다. 옳지 않은 것은?

① 방향 베기(수구) 각도는 45° 이상 유지한다.
② 경첩부위(남겨지는 부분)는 직경의 10%, 최소 2cm 이상 남겨 수목을 절단한다.
③ 수목의 절단 시 수목 중심부에서 뒤쪽 좌우측 45° 정도의 안전지역 확보한다.
④ 따라 베기(주구)는 방향 베기의 수평면보다 약간 위를 절단한다.
⑤ 밑으로 베기는 나무가 지면에 닿기 전 경첩부가 찢어질 우려가 있다.

해설 밑으로 베기
- 가파른 경사의 직경이 큰 나무
- 방향 베기의 각도는 최소 45° 이상
- 방향 베개의 하단 절단각은 마무리 절단각과 일치
- 잘 찢어지는 수종에 적합
- 그루터기 높이를 가장 낮게 할 수 있음

033 다음은 수목관리 작업안전에 대한 설명이다. 옳지 않은 것은?

① 해당 중장비는 자격을 갖춘 지정된 운전자가 운전하여야 하며 작업 전반을 관리할 수 있는 감독자가 배치되어야 한다.
② 차량 운반구를 적상 또는 적하 시 운전자가 탑승을 해야 한다.
③ 1996년 8월 작업안전규정의 발표에 따라 민간기업과 공공기관 모두 효력을 발휘하고 모든 근로자와 고용주에 통합된 기본적 의무를 부여한다.
④ KWF(산림작업 및 임업기술위원회)의 FPA를 통과한 도구와 장비는 안전기준에 부합한 것이다.
⑤ 근로자는 작업에 집중하고 작업 후 휴식을 취하며 편안한 작업을 한다.

해설 중장비 안전
- 해당 중장비는 자격을 갖춘 지정된 운전자가 운전하여야 하며 작업 전반을 관리할 수 있는 감독자가 배치되어야 함
- 시야간섭이 예상되는 지역에서는 통신장비를 휴대한 지정된 신호수 배치
- 연약지반이나 협소공간에서의 작업 금지
- 중량물의 이동은 허용하중 및 붐의 안전각도를 유지
- 차량 운반구를 적상 또는 적하 시 운전자의 탑승을 금함
- 장비의 부속 및 부품, 물체를 결속하는 보조달기구는 규정품을 사용
- 중장비는 일상점검과 정기검사를 실시
- 중장비 작업계획과 내용은 장비투입 전 작업주관 부서 및 관련부서와 상의

정답 032 ⑤ 033 ②

034 다음은 생물적 · 비생물적 피해에 대한 설명이다. 옳지 않은 것은?

① 비생물적 피해는 생물적 피해인 병해의 피해, 해충의 피해를 제외한 모든 피해를 말한다.
② 비생물적 피해는 피해장소에 자라는 다른 수종에서도 동일한 피해 증상이 나타난다.
③ 생물적 피해는 한 개체 내에서도 피해가 수관 전체에 균일하게 나타나지 않는다.
④ 생물적 피해는 동일한 수종(과, 속, 종)에서만 피해가 나타난다.
⑤ 비생물적 피해는 피해속도가 서서히 나타난다.

해설 비생물적 피해는 피해속도가 생물적 피해에 비해 비교적 급진적으로 나타난다.

생물적 피해의 특징	비생물적 피해의 특징
• 해충이나 병해의 질병인 경우 증거 보임(유충, 탈피각, 알, 난각, 배설물, 병징, 표징) • 한 개체 내에서도 피해가 수관 전체에 균일하게 나타나지 않음 • 동일한 수종(과, 속, 종)에서만 피해가 나타남 • 같은 수종에 대하여 전염성 • 피해속도가 서서히 나타남	• 해충이나 병해의 증거가 보이지 않음 • 한 개체 내에서 피해가 수관 전체에 균일 • 피해장소에 자라는 다른 수종에서도 동일한 피해 증상이 나타남 • 같은 수종에 대하여 전염성이 없다. • 피해속도가 생물적 피해보다 비교적 급진적

035 다음은 고온피해에 대한 설명이다. 옳지 않은 것은?

① 식물이 생장할 수 있는 온도의 범위를 임계온도라고 한다.
② 세포막에 있는 지방질의 액화, 단백질의 변성으로 세포막이 제 기능을 상실하여 물질이 새어 나온다.
③ 온대 지방의 임계온도는 0~35℃ 정도이다.
④ 엽소의 병징은 잎의 가장자리부터 마르기 시작하여 갈색으로 변색한다.
⑤ 한대수종인 소나무, 주목, 잣나무, 전나무, 자작나무 등에서 자주 발생한다.

해설 엽소의 병징
- 잎의 가장자리부터 마르기 시작하여 갈색으로 변색
- 엽맥에서 가장 먼 부분부터 마르기 시작
- 장마기간 경화되지 않은 잎에서 자주 발생
- 활엽수 : 칠엽수, 단풍나무, 층층나무, 물푸레나무, 느릅나무 등
- 한대수종 : 주목, 잣나무, 전나무, 자작나무 등

정답 034 ⑤ 035 ⑤

036 다음은 고온피해에 대한 설명이다. 옳지 않은 것은?

① 장마기간 경화되지 않은 잎에서 자주 발생한다.
② 피소는 수간의 남서쪽 수피가 오후 햇빛에 간접 노출되어 수피의 온도가 상승한다.
③ 피소는 대개 수직 방향으로 불규칙하게 수피가 갈라지면서 괴사하여 수피가 지저분하다.
④ 피소는 지상 2m 이내에서 피해가 생기므로 이 부분을 마대로 감싸준다.
⑤ 여름철에 강한 햇빛으로 토양의 온도가 고온(35℃ 이상)이 되어 나무에 피해를 주는 것은 열해이다.

해설 피소 원인
- 도로포장으로 인한 지열 반사, 건물에서 열 반사, 지구온난화, 벽면의 유리의 햇빛 반사 등
- 수간의 남서쪽 수피가 오후 햇빛에 직접 노출되어 수피의 온도가 상승
- 이때 수분부족이 함께 오면 온도를 낮추는 증산작용을 못해 형성층 가지 파괴

037 다음은 저온피해에 대한 설명이다. 옳지 않은 것은?

① 냉해는 생육기간 중 주로 봄과 가을 같은 환절기에 나타나는 저온피해로 0℃ 이상의 온도에서 피해가 생긴다.
② 온대수목의 경우 봄과 가을에 수정이 제대로 이루어지지 않는다.
③ 가을에 덜 익은 과일을 생산한다.
④ 열대성 관상수는 잎에서 엽록소가 파괴되어 황화현상이 나타나며 마른다.
⑤ 서리의 피해는 생육기간(4~10월)에 발생한다.

해설 냉해의 병징
- 열대성 관상수는 잎에서 엽록소가 파괴되어 백화현상이 나타나며 마른다.
- 생식생장에 영향을 주어 수정과 과실의 온전한 생장을 방해한다.
- 조경수의 피해는 생장이 둔화된다.

038 다음은 동해피해에 대한 설명이다. 옳지 않은 것은?

① 동해는 저온 순화되지 않은 수목이 빙점 이하의 온도에 노출되는 경우 발생한다.
② 동해는 얼음이 세포 밖에서 생겨도 원형질이 탈수상태에서 견디지 못한다.
③ 내한성 수종으로 자작나무, 오리나무, 사시나무, 편백, 주목 등이 있다.
④ 동해의 병징은 엽육조직의 붕괴와 세포질의 응고 현상이다.
⑤ 잎의 녹색이 어두워지면서 붉은색을 띠는 현상은 회복 가능한 피해이다.

정답 036 ② 037 ④ 038 ③

해설 **동해의 원인**
- 저온 순화되지 않은 수목이 빙점 이하의 온도에 노출되는 경우 발생
- 세포 내에서 얼음 결정이 형성되어 세포막을 파손
- 얼음이 세포 밖에서 생겨도 원형질이 탈수상태에서 견디지 못함
- 내한성 수종 : 자작나무, 오리나무, 사시나무, 버드나무류, 소나무, 잣나무, 전나무, 주목 등
- 내한성이 약한 수종 : 삼나무, 편백, 금송, 개잎갈나무, 배롱나무, 피라칸타, 곰솔, 줄사철나무 등

039 다음은 서리피해에 대한 설명이다. 옳지 않은 것은?

① 산계곡이나 경사면 하부에 피해가 많다.
② 주목의 경우 1년 이상 경화된 잎들도 피해가 있다.
③ 활엽수의 경우 잎이 검은색으로 변색, 침엽수의 경우 붉은색으로 변색 후 말라 죽는다.
④ 목련, 백합나무, 모과나무, 주목, 전나무, 일본잎갈나무 등은 만상의 피해가 크다.
⑤ 만상은 주로 새순에만 오고 나무에 치명적이 피해는 주지 않는다.

해설 **만상의 병징**
- 봄에 새로 나온 새순, 잎, 꽃이 하룻밤 사이에 시들어 마름
- 남쪽과 남서쪽 수관이 더 큰 피해
- 활엽수의 경우 잎이 검은색으로 변색, 침엽수의 경우 붉은색으로 변색 후 말라 죽음
- 활엽수 중 큰 피해 : 목련, 백합나무, 모과나무, 단풍나무, 철쭉, 영산홍, 쥐똥나무 등
- 침엽수 중 큰 피해 : 주목(1년 이상 잎은 피해 없음), 전나무, 일본잎갈나무 등
- 만상은 주로 새순에만 오고 나무에 치명적이 피해는 주지 않음

040 다음은 저온피해에 대한 설명이다. 옳지 않은 것은?

① 북부지방의 수종을 남부지방에 식재하면 만상의 피해가 많다.
② 조상은 새순과 잎에서 나타나는데, 소나무의 경우 잎의 기부에 피해를 입어 잎이 밑으로 쳐진다.
③ 조상은 주로 새순에만 오고 나무에 치명적인 피해는 주지 않는다.
④ 조상에 의해 나무가 왜성 혹은 관목형으로 변하기도 한다.
⑤ 상렬은 직경 15~30cm가량 되는 나무에서 주로 발생한다.

해설 **조상의 병징**
- 새순과 잎에서 나타나는데 소나무의 경우 잎의 기부에 피해를 입어 잎이 밑으로 처짐
- 모든 새순을 죽여 그 후유증이 1~2년간 지속되어 만상보다 더 나무의 모양을 훼손함
- 나무가 왜성 혹은 관목형으로 변하기도 함

정답 039 ② 040 ③

041 다음은 건조피해에 대한 설명이다. 옳지 않은 것은?

① 이식목은 처음 2년 동안 수분이 절대적으로 부족하여 회복하는 데 5년이 걸린다.
② 잎이 시들 때에는 가장자리부터 엽맥 사이 조직까지 갈색으로 고사하면서 말려 들어간다.
③ 관수해야 할 경우 1회를 실시하더라도 하층토까지 완전히 젖을 만큼 충분히 관수한다.
④ 건조피해 시에는 스프링클러법이 바람직하다.
⑤ 활엽수는 남서향의 가지와 바람에 노출된 부위가 먼저 피해가 진전되고 낙엽된다.

해설 **건조피해 시 방제법**
- 관수해야 할 경우 1회를 실시하더라도 하층토까지 완전히 젖을 만큼 충분히 관수함
- 이식 시 근분 주변에 물구덩이를 설치하여 주기적으로 충분히 관수함
- 점적관수법이 바람직함
- 가을에 이식한 상록수는 겨울철 날씨가 따뜻하면 관수함
- 하층 식생을 식재하는 것은 수분 경쟁을 유발하여 바람직하지 않음
- 이식목은 초기 2년 수분이 절대 부족하고 회복하는 데 5년 정도가 걸림
- 보수력이 좋은 양토, 식양토, 식토 또는 입단구조의 토양으로 개량함

042 다음은 수목의 피해에 대한 설명이다. 옳지 않은 것은?

① 눈이 수목의 가지나 잎에 부착한 것을 설압해 또는 착설체라고 한다.
② 수간이 크게 휘어지거나 줄기가 부러지거나 뿌리가 뽑히는 피해가 발생한다.
③ 일조량이 부족하면 절간 생장이 촉진되어 키가 커진다.
④ 관설해는 낙엽수보다 상록수가 더 큰 피해가 생긴다.
⑤ 설해는 습설에 의한 피해이다.

해설 **설해의 원인**
- 겨울철 눈이 나무 위에 쌓여서 생기는 피해(관설해)와 눈사태로 나무가 매몰되는 피해(설압해)가 있음
- 침엽수들은 수관에 눈이 쌓일 경우 가지가 부러지거나 나무 전체가 쓰러짐
- 눈사태는 산이 높을수록, 사면이 길수록, 그리고 경사도가 심할수록 자주 발생함
- 설해는 습설에 의한 피해임

정답 041 ④ 042 ①

043 다음은 낙뢰의 피해에 대한 설명이다. 옳지 않은 것은?

① 홀로 자라거나 모여 있는 나무 중에 가장 높거나, 가장자리에 있거나, 물가에 자라는 나무에는 낙뢰 가능성이 높다.
② 나무 꼭대기에서 밑동으로 내려가면서 갈라진 수피의 폭이 넓어진다.
③ 전분의 함량과 수피의 특징이 따라 낙뢰 확률이 다르다.
④ 피뢰침은 반드시 꼬아서 만든 동선(직경 1cm)을 사용하고 나무의 가장 높은 곳보다 높게 설치해야 한다.
⑤ 수목이 흉고직경 1m 이상인 경우 1개 이상의 피뢰침을 독립된 동선으로 연결해 각각 묻는다.

해설 **낙뢰의 방제**
- 피뢰침을 설치하여 수목을 보호한다.
- 피뢰침은 반드시 꼬아서 만든 동선(직경 1cm)을 사용하고 나무의 가장 높은 곳보다 높게 설치한다.
- 수간을 따라 내린 후 땅속에 일단 묻은 후 다시 수관 가장자리보다 더 밖으로 뽑아 묻고 3m 가량 수직으로 땅속에 묻힌 구리막대에 연결한다.
- 수목이 흉고직경 1m 이상인 경우 2개 이상의 피뢰침을 독립된 동선으로 연결해 각각 묻는다.
- 노출된 상처를 부직포나 비닐로 덮어 건조를 막는다.
- 3개월 이상 그대로 두면서 살아날 가능성을 판단한다.
- 낙뢰로 노출된 부위를 형성층을 노출시켜 유상조직이 자라도록 유도하고 상처도포제를 발라준다.

044 다음은 인위적 피해에 대한 설명이다. 옳지 않은 것은?

① 수피 중에서 들떠 있거나 말라있는 부분만을 예리한 칼로 제거한다.
② 들뜬 수피는 상처를 받은 지 2~3일 내 즉시 조치하면 형성층을 살릴 수 있다.
③ 수피 이식 시 수피의 위 방향과 아래 방향이 바뀌지 않게 조심한다.
④ 수피 이식은 형성층의 세포분열이 왕성한 늦은 봄에 실시한다.
⑤ 수피 이식은 상처의 위아래에서 높이 5cm가량 수평으로 벗겨내고, 다른 나무에서 벗겨온 비슷한 수피를 이식하여 덮어준다.

해설 **수피 이식**
- 환상으로 수피가 벗겨진 경우 수목은 결국 죽는다.
- 이식 과정에 밧줄로 인한 손상, 딱따구리가 줄기에 상처를 만들어 환상을 손상하는 경우 최근에 수피가 벗겨지고 그 간격이 좁다면 수피 이식을 통해 살릴 수 있다.
- 상처의 위, 아래에서 높이 2cm가량 수평으로 벗겨내고, 다른 나무에서 벗겨온 비슷한 수피를 이식하여 덮어준다.
- 수피의 위 방향과 아래 방향이 바뀌지 않게 조심한다.
- 수피 이식이 끝나면 젖은 천으로 패들을 만들어 덮고 비닐로 덮어 건조하지 않고 그늘을 만든다.
- 수피 이식은 형성층의 세포분열이 왕성한 늦은 봄에 실시한다.

정답 043 ⑤ 044 ⑤

045 다음은 산불의 피해에 대한 설명이다. 옳지 않은 것은?

① 산불발생의 3요소는 연료, 열, 공기이다.
② 지중화는 낙엽층 밑의 조부식층의 하부와 부식층이 타는 불이다.
③ 지중화는 산소의 공급이 막혀 연기도 적고 불꽃도 없이 서서히 강한 열로 오래 계속되어 균일한 피해이다.
④ 수관화는 진화하기가 힘들고 큰 손실을 가져오는 불이다.
⑤ 수관화는 지중화 다음으로 발생 건수가 많고, 소화 곤란, 피해면적도 매우 크다.

> **해설** **수관화**
> - 나무의 수관에서 수관으로 번지는 불이다.
> - 진화하기가 힘들고 큰 손실을 가져오는 불이다.
> - 수지가 많은 침엽수에 한해 일어나나 마른 잎이 수관에 남아있는 활엽수림에서도 발생한다.
> - 지표화 다음으로 발생건수가 많음. 소화 곤란, 피해면적도 매우 크다.
> - 바람이 부는 방향으로 V자형으로 뻗어간다.

046 다음은 산불의 피해에 대한 설명이다. 옳지 않은 것은?

① 수관화는 바람이 부는 방향으로 V자형으로 뻗어간다.
② 활엽수 중에서 일반적으로 상록수가 낙엽수보다 불에 강하다.
③ 내화력이 약한 수종으로 녹나무, 벽오동, 참죽나무, 사철나무 등이 있다.
④ 노령림은 지표화로 피해를 잘 받지 않고 수관화가 되기 어렵다.
⑤ 공중의 관계습도가 50% 이하일 때 산불이 발생하기 쉽고 25% 이하에서는 수관화가 대부분 발생한다.

> **해설** 사철나무는 내화력이 강한 수종에 해당한다.
>
> | 구분 | 내화력이 강한 수종 | 내화력이 약한 수종 |
> |---|---|---|
> | 침엽수 | 은행나무, 잎갈나무, 분비나무, 가문비나무, 개비자나무, 대왕송 등 | 소나무, 곰솔, 삼나무, 편백 등 |
> | 상록활엽수 | 아왜나무, 굴거리나무, 후피향나무, 붓순, 합죽도, 황벽나무, 동백나무, 비쭈기나무, 사철나무, 가시나무, 회양목 등 | 녹나무, 구실잣밤나무 등 |
> | 낙엽활엽수 | 피나무, 고로쇠나무, 마가목, 고광나무, 가중나무, 네군도단풍나무, 난티나무, 참나무, 사시나무, 음나무, 수수꽃다리 등 | 아까시나무, 벚나무, 능수버들, 벽오동, 참죽나무, 조릿대 등 |

정답 045 ⑤ 046 ③

047 다음은 농약해에 대한 설명이다. 옳지 않은 것은?

① 살포대상 수종을 잘못 선정했을 시 발생한다.
② 권장 농도 이상으로 진하게 사용할 시 발생한다.
③ 한 곳에 너무 많이 사용할 시 발생한다.
④ 바람에 의해 비산될 시 발생한다.
⑤ 한 가지 이상의 농약을 혼용 시 발생한다.

해설 농약해는 2가지 이상의 농약을 혼용할 시 발생한다.

048 다음은 농약의 피해에 대한 설명이다. 옳지 않은 것은?

① 살충제 중 디프수화제는 핵과 식물은 농도와 관계없이 약해가 발생한다.
② 무기양분을 토양관주하여 농약 대신 양분 흡수를 유도하여 방제한다.
③ 토양에 석회를 넣어 제초제를 중화한다.
④ 활성탄을 토양에 혼합하여 농약을 흡착시켜 농약의 농도를 낮춘다.
⑤ 조직이 연약한 경우나 태풍 피해 후, 기온이 높을 때는 살포를 지양한다.

해설 **농약 살포 시 유의점**
- 농약 혼용 시 적부표 점검
- 조직이 연약한 경우나 태풍 피해 후, 기온이 높을 때 살포 지양
- 바람이 강하게 부는 날, 농약을 살포 후 비가 오는 날 살포 지양
- 살균제 중 디프수화제는 핵과 식물은 농도와 관계없이 약해가 발생

049 다음은 대기오염의 피해에 대한 설명이다. 옳지 않은 것은?

① 만성피해 시 활엽수는 엽맥 사이 조직, 잎 가장자리, 잎 끝의 황화와 괴사, 주근깨 같은 반점 형성, 백화현상, 조기낙엽 등이 발생한다.
② 급성피해 시 침엽수는 황화현상, 잎 끝의 적갈색 변색과 괴사현상이 발생한다.
③ 분진이 자동차 매연과 혼합되어 있을 때에는 세제를 물에 풀어서 세척한다.
④ 관수를 자주하면 기공이 열려 대기오염에 민감하므로 적절한 수분스트레스를 부여한다.
⑤ 수목이 왕성한 생장을 하면 대기오염에 민감하므로 생장 억제제를 살포한다.

정답 047 ⑤ 048 ① 049 ①

해설
- 급성피해 시
  - 활엽수는 엽맥 사이 조직, 잎 가장자리, 잎 끝의 황화와 괴사, 주근깨 같은 반점 형성, 백화현상, 조기낙엽 등이 발생
  - 침엽수는 황화현상, 잎 끝의 적갈색 변색과 괴사 현상 발생
- 만성피해 시
  - 황화현상, 잎이 작아지고 활력 감소, 연녹색을 띠고 조기낙엽
  - 검댕이나 먼지가 잎의 기공을 막아서 광합성을 방해하고 생장이 나빠지고, 낙엽, 가지고사

050 다음은 대기오염의 피해에 대한 설명이다. 옳지 않은 것은?

① 아황산가스(SO_4)는 활엽수의 경우 잎의 끝부분과 엽맥 사이 조직의 괴사, 물에 젖은 듯한 모양이다.
② 아황산가스(SO_4)의 경우 침엽수는 물에 젖은 듯한 모양, 적갈색으로 변색된다.
③ 식나무, 사철나무, 향나무 등은 아황산가스의 피해에 저항성이 있다.
④ 불화수소는 활엽수의 경우 초기에 잎 끝의 황화, 잎 가장자리로 확대, 중륵을 따라 안으로 확대된다.
⑤ 불화수소는 침엽수의 경우 잎 끝이 고사하며 고사 부위와 건강 부위의 경계선이 불명확하다.

해설 불화수소는 침엽수의 경우 잎 끝의 고사하며 고사 부위와 건강 부위의 경계선이 뚜렷하다.
- 활엽수 : 초기에는 잎 끝의 황화, 잎 가장자리로 확대, 중륵을 따라 안으로 확대되며, 황화조직은 고사된다.
- 침엽수 : 잎끝의 고사, 고사 부위와 건강 부위의 경계선이 뚜렷하다.

051 다음은 대기오염에 대한 설명이다. 옳지 않은 것은?

① 질소산화물은 초기에 잎에 흩어진 회녹색 반점 형성, 잎의 가장자리 괴사, 엽맥 사이 조직이 괴사한다.
② 오존은 잎 표면에 주근깨 같은 반점이 형성되고, 해면조직이 먼저 붕괴된다.
③ 산성비는 pH 5.6 이하의 강우를 뜻한다.
④ 아황산가스와 질소산화물이 햇빛에 의해 산화되어 각각 황산과 질산으로 변한 후 빗물에 녹아 산성비가 된다.
⑤ 오존에 저항성을 갖는 수종은 편백, 서양측백나무, 은행나무, 녹나무, 태산목 등이 있다.

정답 050 ⑤ 051 ②

|해설| **오존(O_3)**
- 활엽수 : 잎 표면에 주근깨 같은 반점 형성, 책상조직이 먼저 붕괴됨. 반점이 합쳐져 표면이 백색화됨
- 침엽수 : 잎 끝의 괴사, 황화현상의 반점, 왜성 황화된 잎
- 오존에 강한 수종
  - 활엽수 : 삼나무, 곰솔, 편백, 화백, 서양측백나무, 은행나무 등
  - 침엽수 : 버짐나무, 굴참나무, 졸참나무, 개나리, 금목서, 녹나무, 광나무, 돈나무, 태산목 등

052 다음은 심식의 피해에 대한 설명이다. 옳지 않은 것은?

① 나무를 옮겨 심을 때 예전에 나무가 묻혀 있던 깊이보다 더 깊게 심으면 안 된다.
② 일반적으로 15cm가 넘으면 심식으로 본다.
③ 심식 시 가지생장이 둔화되면서 잎이 작아지고 황화현상이 발생한다.
④ 표토를 제거하여 나무의 주변이 낮아지면 물웅덩이에 물이 고이지 않게 방제 조치를 한다.
⑤ 심식 시 뿌리가 위로 올라와 있으면 흙을 제거하지 않아도 된다.

|해설| **심식의 방제**
- 즉시 예전에 묻혀 있던 높이까지 표토를 제거해야 한다.
- 뿌리가 위로 올라와 있더라도 흙을 제거하여 수피가 더 썩는 것을 막아야 한다.
- 표토를 제거하여 나무의 주변이 낮아지면 물웅덩이에 물이 고이지 않게 조치해야 한다.

053 다음은 절토의 피해에 대한 설명이다. 옳지 않은 것은?

① 수목 주변의 모든 흙을 30cm 깊이로 제거하면 나무가 살 수 없다.
② 수관 폭 반경의 절반 부근에서 절토가 이루어지면 뿌리의 30%가 제거된다.
③ 활엽수는 뿌리가 잘린 쪽의 반대쪽 수관부터 마르기 시작한다.
④ 수관 폭의 2/3만큼 원형으로 남겨두고 석축을 쌓아 흙이 더 이상 무너지지 않게 해야 한다.
⑤ 수관의 한쪽 가장자리 끝에서 절토가 이루어지면 전체 뿌리의 15%를 제거해야 한다.

|해설| **절토의 병징**
- 수관의 한쪽 가장자리 끝에서 절토가 이루어지면 전체 뿌리의 15%가 제거됨
- 수관 폭 반경의 절반 부근에서 절토가 이루어지면 뿌리의 30%가 제거됨
- 그 이상 절토가 되면 수관에 피해가 나타남
- 활엽수는 뿌리가 잘린 쪽의 수관부터 마르기 시작함
- 침엽수는 나선상으로 물이 올라가기 때문에 반대편에 나타날 수도 있음

정답 052 ⑤ 053 ③

054 다음은 답압과 산성토양의 피해에 대한 설명이다. 옳지 않은 것은?

① 토양 내 수분, 산소, 무기양분이 부족해서 나타나는 현상을 합쳐 놓은 것과 흡사하다.
② 중장비에 의한 답압은 그 위에 수목을 식재하면 수목의 생장이 거의 불가능하다.
③ 답압은 경운을 통하여 흙 속 30cm 이상의 물리성을 개선해 준다.
④ 산성토양 가지의 오래된 잎에 결핍증상의 원인은 질소, 인산, 칼륨, 마그네슘 부족의 현상이다.
⑤ 산성토양 수목 가지의 선단이나 새로 나온 잎의 결핍증상은 칼슘, 황, 철, 망간, 구리, 아연 등의 결핍이다.

해설 답압의 방제
- 토양멀칭은 다공성 유기물을 깐다(바크, 우드칩, 솔방울, 솔잎, 볏짚 등).
- 천공법은 토양표면에 구멍을 뚫고 모래, 유기물, 다공성 물질을 넣는다(5cm 직경, 30cm 깊이).
- 수목의 보호를 위한 울타리를 설치한다.
- 경운을 통하여 흙 속 30cm 이내의 물리성을 개선시켜 준다.

055 다음은 중금속이 피해에 대한 설명이다. 옳지 않은 것은?

① 중금속의 피해는 엽록소 함량의 감소로 인한 광합성 방해한다.
② 탄수화물의 대사의 불균형을 유발한다.
③ 토양에서 흡수한 질산이온의 단백질화 과정을 담당하는 질산환원효소를 활성화한다.
④ 중금속이 활성산소를 생산하여 지질을 산화시키고 식물색소와 세포막을 파괴하여 효소의 활성화를 막는다.
⑤ 붕소의 경우 잎의 가장자리부터 검은색의 작은 반점들이 생긴다.

해설 중금속 피해 원인
- 중금속의 피해는 엽록소 함량의 감소로 인한 광합성 방해
- 탄수화물의 대사의 불균형 유발
- 토양에서 흡수한 질산이온의 단백질화 과정을 담당하는 질산환원효소를 불활성화
- 이온 운반과 치환 등을 유발
- 이러한 독성은 중금속이 활성산소를 생산하여 지질을 산화시켜 식물색소와 세포막을 파괴하고 효소의 활성화를 막기 때문

정답 054 ③ 055 ③

056 다음은 중금속 피해에 대한 설명이다. 옳지 않은 것은?

① 잎, 줄기, 뿌리의 모든 부위에서 병징이 나타난다.
② 중금속 중독의 공통점은 잎에 반점을 형성한다.
③ 붕소의 경우 잎의 가운데 부분부터 검은색의 작은 반점들이 생긴다.
④ 현사시는 카드뮴의 내성이 커서 식물복원법에 응용한다.
⑤ 카드뮴은 엽맥 부근에 축적되어 엽맥 부근에서 검은 반점이 먼저 나타나고 잎의 전면으로 불규칙하게 퍼진다.

> **해설** **중금속의 병징**
> - 잎, 줄기, 뿌리의 모든 부위에서 나타남
> - 잎의 황화현상과 왜소화, 뒤틀림, 괴사, 조기 낙엽
> - 잎의 숫자와 엽면적이 감소하고, 줄기 및 뿌리의 신장과 측근의 발달을 억제함
> - 중금속 중독의 공통점은 잎에 반점을 형성하는 것임
> - 카드뮴은 엽맥 부근에 카드뮴이 축적되어 엽맥 부근에서 검은 반점이 먼저 나타나고 잎의 전면으로 불규칙하게 퍼짐
> - 붕소의 경우 잎의 가장자리부터 검은색의 작은 반점들이 생김

057 다음은 질소의 부족에 대한 설명이다. 옳지 않은 것은?

① 질소는 아미노산, 단백질, 효소, 핵산, 식물호르몬, 엽록소의 구성성분이다.
② 흡수된 질산태질소는 암모늄태질소로 환원되어야 아미노산으로 이용이 가능하다.
③ lupine형은 잎에서 질소환원이 일어나며 대부분의 식물에서 볼 수 있다.
④ 질소는 체내 건중량의 1.5~2% 함량을 차지한다.
⑤ 성숙잎이 황녹색으로 균일하게 변한다.

> **해설** **질소의 기능**
> - 아미노산, 단백질, 효소, 핵산, 식물호르몬, 엽록소의 구성성분
> - 생물의 여러 가지 대사의 핵심 역할
> - NO_3^-, NH_4^+의 형태로 흡수
> - 도꼬마리형 : 잎에서 질산환원, 대부분의 수종
> - lupine형 : 뿌리에서 질산환원, 산성토양에 강한 소나무류, 진달래류
> - 체내 건중량의 1.5~2%

정답 056 ③ 057 ③

058 다음은 마그네슘에 대한 설명이다. 옳지 않은 것은?

① 침엽수 잎 끝이 오렌지~적색으로 변색되고 성숙엽과 수관 상부에서 먼저 나타난다.
② ATP와 결합하여 ATP가 제 기능을 하도록 활성화한다.
③ 광합성, 호흡작용 그리고 핵산합성에 관여하는 효소의 활성제 역할을 한다.
④ 건중량의 0.1~0.2%가량 포함된다.
⑤ 성숙잎의 엽맥 사이와 가장자리가 붉은색으로 변색 후에 엽맥 사이 조직이 괴사한다.

해설 **마그네슘의 결핍현상**

활엽수	침엽수	치료법
• 성숙잎의 엽맥 사이와 가장자리가 붉은색으로 변색 후 엽맥 사이 조직 괴사 • 잎이 얇고 조기 낙엽가지 • 결핍될 때까지 정상생육	• 잎의 끝이 오렌지~적색으로 변색 • 성숙엽과 수관 하부에서 먼저 나타남 • 잎에서 변색된 곳과 녹색의 경계가 뚜렷함	• 황산마그네슘 $-MgSO_4 7H_2O$ • 석회석($CaCO_3$) $-2~25Kg/100m^2$

059 다음은 철에 대한 설명이다. 옳지 않은 것은?

① 광합성과 호흡작용에서 관련된 효소의 활성제이다.
② 엽록소를 합성하는 단백질이 철분을 필요로 한다.
③ 광합성과 호흡작용에서 전자를 전달하는 단백질은 ferredoxin, cytochrome이다.
④ 철분의 결핍 시 가지의 기부에 있는 성숙엽은 짙은 녹색으로 남아있다.
⑤ 결핍 시 황화된 잎은 갈색으로 변하며 잎의 가장자리와 끝이 타들어간다.

해설 **철의 기능**
• 광합성과 호흡작용에서 전자를 전달하는 단백질(ferredoxin, cytochrome)과 효소의 구성성분
• 엽록소를 합성하는 단백질이 철분을 필요(엽록체에 많음)
• 엽록소에 철분이 많이 존재
• Mg의 결핍증과 흡사하게 엽맥 사이 조직에서 먼저 시작(어린잎)

정답 058 ① 059 ①

060 다음은 붕소에 대한 설명이다. 옳지 않은 것은?

① 결핍현상은 산성토양에 한해 나타난다.
② 핵산의 합성과 hemicellulose의 합성에 관여한다.
③ 결핍 시 정단분열조직인 줄기 끝과 뿌리 끝이 죽는다.
④ 밤나무의 경우 조기낙과현상이 발생한다.
⑤ 산림에서 철과 더불어 미량원소 중에서 흔하게 나타난다.

해설 **붕소의 결핍현상**
- 정단분열조직(줄기 끝과 뿌리 끝)이 죽음
- 수분 흡수력이 떨어짐
- 밤나무의 경우 조기낙과현상
- 산림에서 철과 더불어 미량원소에서 흔하게 나타남
- 산성과 알칼리성 토양 모두에서 나타남

061 다음은 무기영양소에 대한 설명이다. 옳지 않은 것은?

① 망간은 엽록소의 합성에 필수적이며 효소 활성제이다.
② 망간은 광합성 시 물 분자를 가르는 광분해를 촉진한다.
③ 아연은 아미노산의 일종인 tryptophan의 생산에 관여한다.
④ 아연 결핍 시 지베렐린 부족으로 절간생장이 억제되고 잎이 작아진다.
⑤ 구리는 엽록체 단백질인 plastocyanin의 구성성분이다.

해설 **아연의 기능**
- 아미노산의 일종인 tryptophan의 생산에 관여하여 부수적으로 auxin의 생산에 관여
- 아연 결핍 시 옥신 부족으로 절간생장이 억제되고 잎이 작아짐

정답 060 ① 061 ④

062 다음은 무기영양소에 대한 설명이다. 옳지 않은 것은?

① 구리는 산화-환원 반응에 관여하는 효소의 구성성분이다.
② 몰리브덴은 17가지 원소 중에서 체내에서 가장 적은 농도(0.1ppm)이다.
③ 염소는 광합성에서 망간과 함께 H_2O의 광분해를 촉진한다.
④ 니켈은 요소를 CO_2와 NH_4^+로 분해하는 urease효소의 구성성분이다.
⑤ 몰리브덴은 식물호르몬인 auxin계통의 화합물의 구성성분이다.

해설 **몰리브덴의 기능**
- 17가지 원소 중에서 체내에서 가장 적은 농도(0.1ppm)
- 질산환원효소의 구성성분($NO_3^- \rightarrow NO_2^-$)
- 핵산의 구성요소인 purines계(adenine&guanine)의 해체에 관여
- abscisic산의 합성에 관여

063 다음은 무기영양소에 대한 설명이다. 옳지 않은 것은?

① 몰리브덴은 질산환원효소의 구성성분($NO_3^- \rightarrow NO_2^-$)이다.
② 염소는 식물호르몬인 abscisic산의 합성에 관여한다.
③ 염소는 삼투압을 높이는 데 기여한다.
④ 니켈은 결핍 시 동부의 경우 잎에 요소가 축적되어 검은 반점으로 괴사한다.
⑤ 구리는 엽록체 단백질인 plastocyanin의 구성성분이다.

해설 **몰리브덴의 기능**
- 17가지 원소 중에서 체내에서 가장 적은 농도(0.1ppm)
- 질산환원효소의 구성성분($NO_3^- \rightarrow NO_2^-$)
- 핵산의 구성요소인 purines계(adenine&guanine)의 해체에 관여
- abscisic산의 합성에 관여

정답 062 ⑤ 063 ②

064 다음은 무기영양소의 불균형에 대한 방제법의 설명이다. 옳지 않은 것은?

① 무기영양소의 일반적인 결핍증상은 왜성화, 황화현상, 조직 괴사이다.
② 무기영양소의 결핍에 대한 조사법은 가시적 결핍증 관찰, 시비실험, 토양분석, 엽분석 등이 있다.
③ 엽분석은 가장 정확한 방법으로 가지의 중간에서 잎을 채취 후 분석하는데 봄 잎은 4월 중순, 여름 잎은 8월 중순에 채취한다.
④ 황화현상은 N, Mg, K, Fe, Mn 부족으로 엽록소 합성에 이상이 생겨 발생한다.
⑤ 이동이 용이한 원소인 N, P, K, Mg 결핍 증세는 성숙잎부터 나타난다.

해설 **무기영양소의 결핍 검사법**
- 가시적 결핍증 관찰(육안분석법) : 결핍상태를 육안으로 확인(많은 지식과 경험 필요. 신속함)
- 시비실험 : 무기영양소를 하나씩 추가하면서 부족한 무기영양소를 알아냄
- 토양분석 지표 10cm에서 토양을 채취하여 무기영양소의 함량을 측정(식물의 흡수율과 다름)
- 엽분석 : 가장 정확한 방법으로 가지의 중간에서 잎을 채취 후 분석(봄 잎은 6월 중순, 여름 잎은 8월 중순에 채취)

065 다음은 「산림보호법」에 관한 설명이다. 옳지 않은 것은?

① '생태 숲'이란 산림생태계가 안정되어 있거나 산림생물 다양성이 높아 특별히 현지 내 보전·관리가 필요한 숲을 말한다.
② '예찰·방제기관'이란 산림병해충의 예찰·방제를 하는 지방자치단체나 산림청 소속 기관을 말한다.
③ '수목진료'란 수목의 피해를 진단·처방하고, 그 피해를 예방하는 것으로 치료를 위한 활동은 제외한다.
④ '수목치료기술자'란 나무의사의 진단·처방에 따라 예방과 치료를 담당하는 사람으로서 제21조의6 제2항에 따라 수목치료기술자 자격증을 발급받은 사람을 말한다.
⑤ '나무의사'란 수목진료를 담당하는 사람으로서 제21조의6 제1항에 따라 나무의사 자격증을 발급받은 사람을 말한다.

해설 '수목진료'란 수목의 피해를 진단·처방하고, 그 피해를 예방하거나 치료하기 위한 모든 활동을 말한다.

정답 064 ③　065 ③

066 다음은 나무의사 등의 양성기관으로 지정에 대한 설명이다. 옳지 않은 것은?

① 지정된 나무의사 등의 양성기관이 실시하여야 하는 교육의 내용·기간, 그 밖의 필요한 사항은 농림축산식품부령으로 정한다.
② 거짓이나 부정한 방법으로 지정을 받은 경우에는 지정 취소한다.
③ 지정 당시 제출한 나무의사 등의 양성과정과 다르게 운영하는 경우 등 농림축산식품부령으로 정하는 경우에는 시정명령한다.
④ 산림청장은 지정요건에 적합하지 아니하게 된 경우에 따라 지정이 취소된 자에 대하여는 지정이 취소된 날부터 1년 이내에 나무의사 등의 양성기관으로 지정하여서는 아니 된다.
⑤ 거짓이나 부정한 방법으로 지정을 받은 경우 사유로 지정이 취소된 경우에는 지정이 취소된 날부터 3년 이내에 나무의사 등의 양성기관으로 지정하여서는 아니 된다.

해설 지정 당시 제출한 나무의사 등의 양성과정과 다르게 운영하는 경우 등 대통령령으로 정하는 경우에는 시정명령한다.

「산림보호법」 제21조의7(나무의사 등의 양성기관 지정 등)
1. 거짓이나 부정한 방법으로 지정을 받은 경우
2. 제1항에 따른 지정요건에 적합하지 아니하게 된 경우
3. 지정 당시 제출한 나무의사 등의 양성과정과 다르게 운영하는 경우 등 대통령령으로 정하는 경우
4. 제21조의14제1항에 따른 보고 또는 자료제출을 정당한 사유 없이 이행하지 아니하거나 조사·검사를 거부한 경우

「산림보호법 시행령」 제12조의8(나무의사 등의 양성기관 지정 등)
1. 법 제21조의11에 따른 한국나무의사협회
2. 「고등교육법」 제2조 각 호의 학교
3. 「공무원 인재개발법」 제4조제1항에 따른 전문교육훈련기관
4. 「국민 평생 직업능력 개발법」 제2조제3호의 직업능력개발훈련시설
5. 「산림조합법」에 따른 산림조합중앙회
6. 「임업 및 산촌 진흥촉진에 관한 법률」에 따른 한국임업진흥원
7. 「민법」 또는 그 밖의 다른 법률에 따라 허가를 받아 설립된 수목진료 관련 비영리법인
8. 지방자치단체에 소속되어 산림보호와 관련된 연구를 수행하는 기관

정답 066 ③

067 다음은 나무병원에 대한 설명이다. 옳지 않은 것은?

① 수목진료 사업을 하려는 자는 법인으로서 대통령령으로 정하는 나무병원의 종류별 기술수준·자본금 등의 등록기준을 갖추어 시, 군, 구청장에게 등록하여야 한다.
② 시·도지사는 제21조의9(나무병원의 등록) 제1항에 따른 나무병원의 등록을 한 자에게 등록증을 발급하여야 한다.
③ 등록한 사항 중 대통령령으로 정하는 중요 사항이 변경된 경우에는 농림축산식품부령으로 정하는 기간에 변경등록을 하여야 한다.
④ 나무병원의 등록을 하지 아니하고는 다음 각 호의 수목을 대상으로 수목진료를 할 수 없다.
⑤ 나무병원의 등록 또는 변경등록의 절차, 그 밖에 필요한 사항은 농림축산식품부령으로 정한다.

해설 수목진료 사업을 하려는 자는 법인으로서 대통령령으로 정하는 나무병원의 종류별 기술수준·자본금 등의 등록기준을 갖추어 시·도지사에게 등록하여야 한다.

068 다음은 나무의사협회에 대한 설명이다. 옳지 않은 것은?

① 나무의사는 나무의사의 복리 증진과 수목진료기술의 발전을 위하여 산림청장의 인가를 받아 한국나무의사협회를 설립할 수 있다.
② 협회는 법인으로 한다.
③ 협회 회원의 자격과 임원에 관한 사항, 협회의 업무 등은 정관으로 정하며, 그 밖에 정관에 포함되어야 할 사항은 대통령령으로 정한다.
④ 협회에 관하여 이 법에서 규정한 사항을 제외하고는 「상법」 중 사단법인에 관한 규정을 준용한다.
⑤ 한국나무의사협회의 임원에 관한 사항은 정관으로 정하며, 그 밖에 정관에 포함될 내용은 국무총리령으로 정한다.

해설 협회 회원의 자격과 임원에 관한 사항, 협회의 업무 등은 정관으로 정하며, 그 밖에 정관에 포함되어야 할 사항은 대통령령으로 정한다.

「산림보호법」 제21조의11(한국나무의사협회)
① 나무의사는 나무의사의 복리 증진과 수목진료기술의 발전을 위하여 산림청장의 인가를 받아 한국나무의사협회(이하 이 조에서 '협회'라 한다)를 설립할 수 있다.
② 협회는 법인으로 한다.
③ 협회 회원의 자격과 임원에 관한 사항, 협회의 업무 등은 정관으로 정하며, 그 밖에 정관에 포함되어야 할 사항은 대통령령으로 정한다.
④ 협회에 관하여 이 법에서 규정한 사항을 제외하고는 「민법」 중 사단법인에 관한 규정을 준용한다.

069 다음은 나무의사에 대한 설명이다. 옳지 않은 것은?

① 나무의사는 진료부를 갖추어 두고 자기가 직접 수행한 수목진료 사항에 대해 진료부에 기록·서명하여야 하며, 필요한 경우 처방전·진단서 또는 증명서를 발급한다.
② 나무의사는 자기가 직접 진료하지 아니하고는 처방전 등을 발급해서는 아니 된다.
③ 나무의사는 직접 진료한 수목에 대해 수목진료 신청인으로부터 처방전 등의 발급을 요구받았을 때에는 정당한 사유 없이 이를 거부하여서는 아니 된다.
④ 수목진료 사업을 수행하는 나무병원은 농약을 사용할 경우 반드시 나무의사의 처방전을 발급받아야 하며, 나무병원은 그 처방전에 따라 농약을 사용하여야 한다.
⑤ 처방전을 발급한 나무의사는 농약을 사용하는 자가 처방전에 표시된 농약의 명칭·용법 및 용량 등에 대하여 문의한 때에는 추후에 서면으로 응답한다.

해설 처방전을 발급한 나무의사는 농약을 사용하는 자가 처방전에 표시된 농약의 명칭·용법 및 용량 등에 대하여 문의한 때에는 즉시 이에 응답하여야 한다.

070 다음은 나무의사의 교육에 대한 설명이다. 옳지 않은 것은?

① 나무병원에 종사하는 나무의사는 전문성과 윤리의식을 높이기 위하여 보수(補修)교육을 정기적으로 받아야 한다.
② 농림축산식품부장관은 농림축산식품부령으로 정하는 시설·인력 및 교육실적 등의 기준에 적합한 기관 및 단체를 보수교육을 실시하는 기관으로 지정할 수 있다.
③ 교육기관이 보고 또는 자료제출을 정당한 사유 없이 이행하지 아니하거나 조사·검사를 거부한 경우 등록을 취소할 수 있다.
④ 보수교육을 이수하지 아니한 자를 이수한 것으로 처리한 경우 교육기관 등록을 취소할 수 있다.
⑤ 보수교육의 기간·내용·방법·절차·비용 및 그 밖에 필요한 사항은 농림축산식품부령으로 정한다.

해설 산림청장은 농림축산식품부령으로 정하는 시설·인력 및 교육실적 등의 기준에 적합한 기관 및 단체를 보수교육을 실시하는 기관(이하 이 조에서 '보수교육기관'이라 한다)으로 지정할 수 있다.

정답 069 ⑤ 070 ②

071 다음은 「소나무재선충병 방제특별법」에 대한 설명이다. 옳지 않은 것은?

① '소나무류'란 소나무, 해송, 잣나무와 그 밖에 산림청장이 재선충병에 감염되는 것으로 인정하여 고시하는 수종을 말한다.
② '소나무재선충병'이란 소나무재선충에 감염되어 소나무류가 고사하는 병을 말한다.
③ '재선충병 감염우려목'이란 따른 소나무류반출금지구역의 소나무류 중 재선충병 감염 여부 확인을 받지 아니한 소나무류를 말한다.
④ '훈증'이란 재선충병에 감염된 소나무류 또는 감염우려목을 벌채·집재한 후 재선충과 이를 매개하는 솔수염하늘소 등 해충의 유충을 죽이는 효과가 인정된 농약을 넣은 후 비닐로 밀봉하는 것을 말한다.
⑤ 이 법은 소나무재선충병으로 피해를 받고 있는 산림을 보호하고, 산림자원으로서의 기능을 확보하기 위한 피해방지대책을 강구하여 추진함으로써 산림의 보전에 이바지함을 목적으로 한다.

해설 이 법은 소나무재선충병으로 피해를 받고 있는 산림을 보호하고, 산림자원으로서의 기능을 확보하기 위한 피해방지대책을 강구하여 추진함으로써 국토의 보전에 이바지함을 목적으로 한다.

072 「소나무재선충병 방제특별법」에서 산림소유자 등의 의무에 대한 설명 중 옳지 않은 것은?

① 산림소유자, 산림소유자 외에 감염목 또는 감염의 소유자 및 그 대리인은 재선충병이 발생하였거나 발생할 우려가 있을 때에는 이를 구제(驅除)·예방(豫防)하여야 한다.
② 산림소유자 등은 농림축산식품부령이 정하는 바에 따라 연접하고 있는 타인의 토지에 들어가서 재선충과 이를 매개하는 매개충을 구제·예방할 수 있다.
③ 해당 산림의 연접 토지소유자는 재선충병 피해방제를 위한 산림소유자 등의 토지 출입에 응할 선택을 할 수 있다.
④ 산림소유자 등은 국가 및 지방자치단체가 재선충병 방제를 위해 필요한 조치를 할 경우 협조하여야 한다.
⑤ 국가 및 지방자치단체는 규정에 따라 산림소유자 등이 구제·예방을 하였을 때에는 예산의 범위 안에서 그 비용을 지원할 수 있다.

해설 해당 산림의 연접 토지소유자는 재선충병 피해방제를 위한 산림소유자 등의 토지 출입에 응하여야 한다.

정답 071 ⑤　072 ③

073 다음은 「소나무재선충병 방제특별법」의 국가 및 지방자치단체의 책무에 대한 설명이다. 옳지 않은 것은?

① 재선충병의 방제를 위한 조직 · 인력 · 예산 및 장비 확충
② 재선충병의 예방 및 조기발견 신고체계
③ 재선충병의 방제를 위한 기술연구개발과 지원
④ 재선충병의 방제를 위한 관계 기관과의 협조대책
⑤ 재선충병의 방제를 위한 토지 등에 대한 손실보상 대책

해설 재선충병의 방제를 위한 토지 등에 대한 손실보상 대책은 존재하지 않는다.

「소나무재선충병 방제특별법」 제4조(국가 및 지방자치단체의 책무)
1. 재선충병의 방제를 위한 조직 · 인력 · 예산 및 장비 확충
2. 재선충병의 예방 및 조기발견 신고체계
3. 재선충병의 방제를 위한 기술연구개발과 지원
4. 재선충병의 방제를 위한 관계 기관과의 협조대책
5. 재선충병에 대한 교육 및 홍보
6. 재선충병에 관한 정보수집 및 분석

074 다음은 「소나무재선충병 방제특별법」의 방제에 대한 설명이다. 옳지 않은 것은?

① 시장 · 군수 · 구청장 또는 국유림관리소장은 발생지역 및 그 연접지역에 대하여 정기적으로 예비관찰조사를 실시하여야 한다.
② 예비관찰요령, 예비관찰시기와 예비관찰결과에 대한 조치사항은 산림청장이 정한다.
③ 타인의 토지에의 출입 등의 경우 공무원 등은 해당 행위 10일 전까지 그 행위의 목적 · 내용 · 기간 등을 대상 토지 · 입목 등의 소유자 또는 점유자에게 통지하여야 한다.
④ 시장 · 군수 · 구청장 또는 지방산림청장은 급속하게 확산될 우려가 큰 경우에는 불구하고 그 행위의 목적 · 내용 · 기간 등을 48시간 전까지 통지하여야 한다.
⑤ 시장 · 군수 · 구청장 또는 지방산림청장은 제6조의2 제1항 및 제2항에 따른 조치로 인하여 손실이 발생하였을 때에는 보상하여야 한다.

해설 타인의 토지에의 출입 등의 경우 공무원 등은 해당 행위 7일 전까지 그 행위의 목적 · 내용 · 기간 등을 대상 토지 · 입목 등의 소유자 또는 점유자에게 통지하여야 한다.

정답 073 ⑤ 074 ③

「소나무재선충병 방제특별법」 제6조의2(타인의 토지에의 출입 등)
① 시장·군수·구청장 또는 지방산림청장은 재선충병 예비관찰·방제에 관한 조사·측량과 방제작업을 하기 위하여 필요한 경우에는 소속 공무원 및 「산림재난방지법」 제58조에 따른 한국산림재난안전기술공단 직원(이하 "공무원등"이라 한다)으로 하여금 타인의 토지에 출입하게 하거나 다음 각 호의 행위를 하게 할 수 있다. 이 경우 공무원등은 해당 행위 7일 전까지 그 행위의 목적·내용·기간 등을 대상 토지·입목 등의 소유자 또는 점유자에게 통지하여야 한다.
 1. 재료의 적치장 또는 임시도로로 일시사용
 2. 형질의 변경 또는 공작물의 설치
 3. 입목·죽·떼 또는 풀의 채취
 4. 입목·죽·토석 또는 그 밖의 장애물의 변경·제거

075 다음은 「소나무재선충병 방제특별법」의 신고·보고 및 진단에 대한 설명이다. 옳지 않은 것은?

① 재선충병에 감염된 것으로 의심되는 소나무류를 발견한 자는 산림청, 지방산림청, 지방산림청 국유림관리소, 시도, 자치구, 읍·면·동사무소 등 인근 행정기관에 신속하게 신고하여야 한다.
② 신고를 받은 행정기관은 재선충병에 대한 보고 및 진단을 하여야 한다.
③ 재선충병의 신고·보고 및 진단에 관한 사항은 산림청장이 별도로 정한다.
④ 산림청장 또는 지방자치단체의 장은 역학조사 실시 7일 전까지 조사의 목적·일시·내용 등을 조사대상자에게 서면으로 통지하여야 한다.
⑤ 역학조사 실시를 위하여 지방자치단체의 장의 협조요청이 있는 경우 지방산림청장은 이에 적극 협조하여야 한다.

해설 역학조사 실시를 위하여 지방자치단체의 장의 협조요청이 있는 경우 국립산림과학원장은 이에 적극 협조하여야 한다.

정답 075 ⑤

076 다음은 「소나무재선충병 방제특별법」의 방제명령 및 방제사업 시행에 대한 설명이다. 옳지 않은 것은?

① 산림청장 또는 지방자치단체의 장은 벌채·소각 또는 파쇄 등의 명령을 받은 입목의 소유자에게 예산의 범위에서 대통령령으로 정하는 바에 따라 방제비용을 지원할 수 있다.
② 재선충병이 시·도 또는 국유림·공유림과 사유림 간에 걸쳐서 발생한 경우 대통령령으로 정하는 경우에는 지방산림청장이 방제사업을 할 수 있다.
③ 국가 또는 지방자치단체의 장은 긴급히 방제가 필요한 경우에는 직접 재선충병 방제·예방 사업을 실시하고 그 사실을 방제명령을 받은 자에게 지체 없이 알려야 한다.
④ 「엔지니어링산업 진흥법」에 따른 산림전문분야 엔지니어링사업자는 방제사업의 설계·감리를 할 수 있다.
⑤ 방제사업의 감리자는 방제사업 시공자가 요청에 따르지 아니하면 구두로 그 방제사업을 중지하도록 요청할 수 있다.

해설 방제사업의 감리자는 방제사업 시공자가 요청에 따르지 아니하면 서면으로 그 방제사업을 중지하도록 요청할 수 있다. 이 경우 공사 중지를 요청받은 방제사업 시공자는 정당한 사유가 없으면 즉시 공사를 중지하여야 한다.

「소나무재선충병 방제특별법」 제8조의3(방제사업의 설계·감리)
① 국가 또는 지방자치단체의 장은 제8조제2항 및 제3항에 따라 방제사업을 시행하려는 경우에는 설계·감리를 할 수 있다.
② 제1항에 따른 설계·감리는 다음 각 호의 어느 하나에 해당하는 자에게 위탁하거나 대행하게 할 수 있다.
  1. 「기술사법」에 따라 산림 분야 사무소를 개설한 기술사
  2. 「엔지니어링산업 진흥법」에 따른 산림전문분야 엔지니어링사업자
  3. 「산림조합법」에 따른 산림조합중앙회
③ 방제사업을 설계하거나 감리하는 자는 이 법이나 이 법에 따른 명령 또는 그 밖의 관계 법령에 맞게 설계·감리하여야 한다.
④ 방제사업의 감리자는 이 법이나 이 법에 따른 명령 또는 그 밖의 관계 법령을 위반한 사항을 발견하거나 방제사업 시공자가 설계대로 방제사업을 하지 아니하면 방제사업 시공자에게 시정하거나 재시공하도록 요청하여야 한다.
⑤ 방제사업의 감리자는 방제사업 시공자가 제4항의 요청에 따르지 아니하면 서면으로 그 방제사업을 중지하도록 요청할 수 있다. 이 경우 공사 중지를 요청받은 방제사업 시공자는 정당한 사유가 없으면 즉시 공사를 중지하여야 한다.
⑥ 방제사업의 설계·감리 기준 및 절차, 그 밖에 필요한 사항은 농림축산식품부령으로 정한다.

정답 076 ⑤

077 다음은 「농약관리법」에 대한 설명이다. 옳지 않은 것은?

① 농약은 농작물[수목(樹木), 농산물과 임산물을 포함]을 해치는 균(菌), 곤충, 응애, 선충(線蟲), 바이러스, 잡초, 그 밖에 농림축산식품부령으로 정하는 동식물을 방제(防除)하는 데에 사용하는 살균제·살충제·제초제이다.
② 농약은 농작물의 생리기능(生理機能)을 증진하거나 억제하는 데에 사용하는 약제이다.
③ 농약은 농림축산식품부령으로 정하는 약제이다.
④ 천연식물보호제는 진균, 세균, 바이러스 또는 원생동물 등 살아 있는 미생물을 유효성분(有效成分)으로 하여 제조한 농약이다.
⑤ 자연계에서 생성된 유기화합물 또는 무기화합물을 유효성분으로 하여 제조한 농약은 천연식물보호제는 해당하지 않는다.

해설 자연계에서 생성된 유기화합물 또는 무기화합물을 유효성분으로 하여 제조한 농약은 천연식물보호제에 해당한다.

「농약관리법」 제2조(정의)
1의2. "천연식물보호제"란 다음 각 목의 어느 하나에 해당하는 농약으로서 농촌진흥청장이 정하여 고시하는 기준에 적합한 것을 말한다.
  가. 진균, 세균, 바이러스 또는 원생동물 등 살아있는 미생물을 유효성분(有效成分)으로 하여 제조한 농약
  나. 자연계에서 생성된 유기화합물 또는 무기화합물을 유효성분으로 하여 제조한 농약

078 다음은 생물다양성협약 및 나고야 의정서(ABS)에 대한 설명이다. 옳지 않은 것은?

① 1992년 리우에서 개최된 유엔환경개발정상회의(UNCED ; United Nations Conference on Environment and Development)에서 생물 종(種) 감소의 가속화로 생물다양성협약(CBD)이 채택되었다.
② 생물 다양성 3대 협약은 생물 다양성 보전, 그 구성요소의 지속 가능한 이용, 생물유전자원 관련 이익의 공평한 공유이다.
③ '나고야 의정서'는 생물유전자원을 이용해서 발생하는 이익을 자원 제공국과 공유하도록 규정하는 국제규범이다.
④ '나고야 의정서'에서는 유전자원 접근 시 사전통보승인(PIC ; Prior Informed Consent)이 필요하다.
⑤ '나고야 의정서'에서는 생물유전자원은 ABS에 포함되지만 관련 전통지식은 ABS에 포함하지 않는다.

해설 '나고야 의정서'에서는 생물유전자원과 관련 전통지식까지 ABS에 포함된다.

나고야 의정서의 주요 내용
- 유전자원 접근 시 사전통보승인(PIC ; Prior Informed Consent) 필요
- 유전자원 접근과 이익 공유에 대해 유전자원 제공자와 이용자 간에 상호합의조건(MAT ; Mutually Agreed Terms) 체결이 필요
- 생물유전자원과 관련 전통지식까지 ABS에 포함

079 다음 중 내음성이 높은 수종의 순으로 옳은 것은?

① 회양목 → 낙우송 → 자작나무
② 단풍나무 → 포플러 → 벚나무
③ 서어나무 → 은행나무 → 전나무
④ 주목 → 일본잎갈나무 → 소나무
⑤ 사철나무 → 버드나무 → 목련

해설
- 내음성의 관계인자
  - 온도 : 온도가 높을수록 수목이 요구하는 광량 감소
  - 고도 : 고도가 증가에 따라 광선요구량 증가
  - 수령 : 어릴 때 내음성이 더 강함
  - 토양양료와 수분 : 양료와 수분 적당하면 요광량 감소
- 내음성 순위
  - 극음수 : 주목, 개비자나무, 나한백, 사철나무, 회양목, 굴거리나무
  - 음수 : 전나무, 가문비나무, 솔송나무, 너도밤나무, 서어나무, 함박꽃나무, 칠엽수, 녹나무, 단풍나무류
  - 중용수 : 잣나무, 편백, 느릅나무류, 참나무류, 은단풍, 목련, 동백나무, 물푸레나무, 산초나무, 층층나무, 철쭉류, 피나무, 팽나무, 굴피나무, 벚나무류
  - 양수 : 은행나무, 소나무류, 측백나무, 향나무, 낙우송, 밤나무, 오리나무, 버짐나무, 오동나무, 사시나무, 일본잎갈나무
  - 극양수 : 방크스소나무, 왕솔나무, 잎갈나무, 연필향나무, 버드나무, 자작나무, 포플러

정답 079 ①

080 다음 중 내화력이 높은 수종과 낮은 수종이 순서대로 바르게 연결된 것은?

① 은행나무, 녹나무
② 굴참나무, 은행나무
③ 회양목, 은행나무
④ 소나무, 편백
⑤ 아까시나무, 구실잣밤나무

해설 내화력이 약한 수종 : 양수>음수보다 위험하다. 침엽수>활엽수, 낙엽수>상록활엽수

구분	강한수종	약한수종
침엽수	은행나무, 일본잎갈나무, 분비나무, 가문비나무, 개비자나무, 대왕송	소나무, 곰솔, 삼나무, 편백
상록활엽수	아왜나무, 굴거리나무, 후피향나무, 붓순, 황벽나무, 동백나무, 사철나무, 회양목	녹나무, 구실잣밤나무
낙엽활엽수	굴참나무, 상수리나무, 고로쇠나무, 피나무, 고광나무, 가중나무, 참나무, 사시나무, 음나무	아까시나무, 벚나무, 능수버들, 벽오동, 참죽나무 조릿대

081 다음은 토양환경 피해에 대한 설명이다. 옳지 않은 것은?

① 토양이 pH 5 이하로 내려가면 암모니아태 질소, 인, 칼륨, 마그네슘의 흡수가 줄어들고, 철, 망간, 아연, 구리, 니켈의 흡수는 증가한다.
② 산성토양의 교정 시 필요한 석회량 계산식은 석회요구량=C(A−B)×D/10에서 D는 개량하려고 하는 토양의 깊이이며 단위는 m이다.
③ 심식에 의한 피해를 예방하기 위해 수목 이식시 발근촉진을 위하여 상식하는 것이 좋다.
④ 토양에 산소가 부족할 경우 비닐로 피복하여 토양의 온도를 상승시키도록 조치를 취한다.
⑤ 토양의 온도가 저하되었을 경우 토양수분 함량을 감소시키는 조치를 취한다.

해설 산성토양의 교정 시 필요한 석회량 계산식은 석회요구량=C(A−B)×D/10에서 D는 개량하려고 하는 토양의 깊이이며, 단위는 cm이다.

산성토양이 교정 시 필요한 석회량 산전시(kg/100m^2)
- C(A−B)×D/10
  - C : PH1 단위 변화시키는데 필요한 석회량
  - A : 개량하려고 하는 토양의 pH
  - B : 개량 전 pH
  - D : 개량하려는 토양의 깊이(cm)

정답 080 ① 081 ②

082 아황산가스, 불화수소, 오존에 대한 저항성이 큰 수종이 순서대로 옳게 짝지어진 것은?

① 팽나무, 단풍나무, 은행나무
② 벽오동, 일본잎갈나무, 은행나무
③ 박태기나무, 소나무, 은행나무
④ 수수꽃다리, 벚나무, 녹나무
⑤ 모과나무, 떡갈나무, 느티나무

해설
- 아황산가스
  - 강한수종 : 은행나무, 무궁화, 동백나무, 돈나무, 삼나무, 화백, 식나무, 감탕나무, 박태기나무
  - 약한수종 : 리기다소나무, 일본잎갈나무, 소나무, 느티나무, 황철나무, 층층나무, 들메나무
- 오존
  - 강한수종 : 녹나무, 가시나무, 소귀나무, 삼나무, 곰솔, 일본잎갈나무, 편백, 은행나무, 단풍나무, 박태기나무, 소나무, 사철나무, 무궁화
  - 약한수종 : 느티나무, 느릅나무, 자귀나무, 개나리, 일본목련, 능수버들
- 불화수소
  - 저항성 침엽수 : 소나무, 향나무, 전나무, 일본전나무
  - 활엽수 : 가중나무, 양버즘나무, 아까시나무, 떡갈나무, 버드나무류

083 다음 중 결핍되면 잎에 검은 반점과 잎 주변에 황화현상이 나타나고 뿌리썩음병에 대한 저항성이 약해지는 무기영양소는?

① Mg
② Ca
③ S
④ Na
⑤ K

해설 칼륨(K)은 잎에 검은 반점이 생기며, 주변에 황화현상이 나타난다. 결핍된 식물은 병에 대한 저항성이 약해져 뿌리썩음병에 잘 걸린다.

084 다음은 수목의 눈에 대한 설명이다. 옳지 않은 것은?

① 피자식물의 도장지와 나자식물의 맹아지는 모두 잠아에서 유래한 것이다.
② 도장지는 부정아에서 비롯된다.
③ 액아는 잎의 겨드랑이에서 나오는 눈이다.
④ 부정아는 줄기 끝이나 엽액에서 유래하지 않는다.
⑤ 잠아는 처음에 대와 잎 사이의 엽액에 만들어진다.

해설 부정아는 줄기 끝이나 엽액에서 유래하지 않고 수목의 오래된 부위에서 불규칙하게 형성되는 것으로 상처 입은 유상조직이나 형성층 근처에서 만들어진다.
※ 잠아에서 유래 : 도장지(피자식물), 맹아지(나자식물), 주맹아(그루터기), 가지치기 후 생긴 가지

정답 082 ③ 083 ⑤ 084 ②

085 다음 중 수종을 이식하였을 때 성공률이 가장 높은 수종으로 옳은 것은?

① 백송
② 느티나무
③ 향나무
④ 굴거리나무
⑤ 삼나무

해설

이식성공률	침엽수	활엽수
높음	야자나무, 은행나무	가죽나무, 느티나무, 단풍나무, 매화나무, 무궁화, 물푸레나무, 배나무, 배롱나무, 버드나무, 벽오동, 사철나무, 오동나무, 오리나무, 쥐똥나무, 피나무 등
중간	가문비나무, 일본잎갈나무, 낙우송, 메타세쿼이아, 잣나무, 측백나무, 곰솔, 향나무, 화백 등	계수나무, 금목서, 돈나무, 돌배나무, 동백나무, 때죽나무, 마가목, 모감주나무, 벚나무, 사과나무, 회화나무, 칠엽수 등
낮음	눈잣나무, 백송, 삼나무, 섬잣나무, 소나무	가시나무류, 삼나무, 굴거리나무, 목련, 밤나무, 산사나무, 산수유, 층층나무, 백합나무, 호두나무, 호랑가시나무 등

086 다음 중 멀칭의 효과에 해당하지 않은 것은?

① 토양미생물의 증진
② 답압피해의 예방
③ 토양수분의 증발 억제
④ 호광성 잡초종자의 발아 촉진
⑤ 피소에 의한 피해 경감효과

해설 토양 표면을 유기물로 멀칭하는 것은 수분증발 방지, 토양유실 방지, 잡초억제, 토양미생물 활성화, 온도 완화, 토양의 물리적, 화학적 성질 개량 등 효과가 있다.
※ 호광성 잡초종자의 발아촉진 : 햇빛을 좋아하는 잡초종자는 멀칭을 하게 되면 발아하기가 어렵다.

정답 085 ② 086 ④

087 다음 중 수목에 대한 월동대책에 대한 설명이다. 옳지 않은 것은?

① 배수시설을 설치하여 배수를 철저히 한다.
② 관목의 경우 방풍막을 설치한다.
③ 토양이 동결되기 전 충분히 관수한다.
④ 동해에 약한 수목의 경우 수간을 감싸준다.
⑤ 뿌리발근제를 관주하여 뿌리생장을 유도한다.

> **해설** **월동대책**
> - 배수철저 : 배수가 잘되고 통기성이 좋은 토양에서는 토양동결이 적게 일어남
> - 토양멀칭 : 토양이 깊게 동결되지 않아 수분부족으로 인한 동계건조를 방지
> - 토양동결 전 관수 : 상록활엽수와 침엽수는 겨울철에도 증산작용을 하므로 토양이 동결되기 전 충분히 관수
> - 수간보호 : 내한성이 약한 수목의 지제부와 수간을 볏짚이나 새끼줄로 싸서 보호
> - 방풍림 혹은 방풍벽 설치 : 상록수로 된 방풍림이나 인공방풍벽을 북서향에 조성하여 한랭한 바람 차단
> - 증산억제제 살포 : 초겨울에 영산홍이나 회양목에 증산억제제를 뿌려주면 잎이 갈색으로 변하는 것을 방지
> - 따뜻한 겨울철 관수 : 겨울철이 따뜻해지면 상록수는 증산작용을 계속하므로 따뜻한 날 낮에 가끔 관수

088 다음은 수목의 뿌리에 대한 설명이다. 옳은 것은?

① 점토질토양에서는 뿌리가 더 깊게 발달한다.
② 외생균근에 감염된 수목은 뿌리털을 형성하지 않는다.
③ 뿌리의 흡수기능은 주로 심장근에서 이루어진다.
④ 뿌리는 방사상형성층을 형성한다.
⑤ 뿌리의 생장은 지상부에 있는 줄기생장과 동시에 시작되고 정지된다.

> **해설** 수목에 외생균근이 형성되면 수목의 뿌리털 기능을 대신하여 수분과 무기영양소를 흡수한다.
>
> **수목의 뿌리**
> - 점질토양에서는 호흡이 어려워 뿌리가 천근성으로 자란다.
> - 단근은 수분과 영양분 흡수를 담당하고 토양곰팡이와 균근을 형성하여 세근이 된다.
> - 뿌리의 생장은 지상부보다 먼저 시작하고 더 나중까지 생장한다.
> - 수목의 뿌리는 동심원상의 형성층을 형성한다.

정답 087 ⑤   088 ②

089 **다음은 수분관리에 대한 설명이다. 옳지 않은 것은?**

① 토양수분이 포장용수량 이하에서 물은 모세관현상에 의해 수분함량이 높은 곳에서 낮은 곳으로 이동한다.
② 굵은 입자의 층위가 가는 입자의 토양 아래에 위치할 경우 가는 입자만 잘 통과하면 수분이 아래로 잘 전달된다.
③ 중력수가 배수된 후 토양 내에 남아있는 물의 양을 포장용수량이라 한다.
④ 토양의 소공극에 있는 모세관수의 절반정도를 식물이 이용할 수 있다.
⑤ 포장용수량과 영구위조점 사이의 물을 유효수분으로 볼 수 있다.

해설 토양의 층위(위와 아래의 토양의 입자가 다를 경우)가 달라질 경우 수분이 잘 통과하지 못한다.

090 **다음은 전정을 한 후 수목의 반응에 대한 설명이다. 옳지 않은 것은?**

① 전정을 하면 항상 수목의 크기가 줄어든다.
② 전정하는 시기는 수종, 수목의 여건, 원하는 결과에 따라 다르다.
③ 남겨진 가지가 활력이 좋아지는 것은 전정을 할 경우의 일반적인 현상이다.
④ 꽃이 피지 않는 어린 수목을 전정하는 것은 남은 가지에 활력을 주지만 수목의 총생장량은 감소한다.
⑤ 꽃이 피는 성목을 전정하면 남은 가지에 활력을 주지만 개화와 결실을 감소시켜 수목의 총생장량은 증가할 수 있다.

해설 수목의 일부 중 주로 가지와 줄기를 제거하여 나무의 크기와 모양을 조절하는 것으로 항상 크기가 줄어지는 않는다.

091 **다음 중 2년생 가지에서 화아형성이 되는 수종으로 옳지 않은 것은?**

① 개나리, 목련
② 산수유, 생강나무
③ 배롱나무, 살구나무
④ 등, 박태기나무
⑤ 복사나무, 벚나무

해설 배롱나무는 당년지에서 꽃 피는 수종이다.

개화시기	수종
당년지에서 꽃 피는 수종	장미, 무궁화, 배롱나무, 싸리나무류, 협죽도, 능소화, 포도, 불두화, 목서, 감나무, 대추나무, 아까시나무 등
2년지에서 꽃 피는 수종	진달래, 개나리, 벚나무, 박태기나무, 수수꽃다리, 매실나무, 목련, 철쭉류, 복사나무, 산수유, 생강나무, 앵두나무, 모란, 살구나무, 등 등
3년지에서 꽃 피는 수종	사과나무, 명자나무, 배나무, 산당화 등

정답 089 ② 090 ① 091 ③

092 다음 병의 증상 중 원인이 다른 것은?

① 한 개체 내에서 병징이 수관 전체에 불규칙하게 나타난다.
② 한 종류 또는 유사한 종류의 수목에서만 증세가 나타난다.
③ 동일 수종 내에서 건강상태에 따라 건전체와 이병체가 혼재한다.
④ 곰팡이에 의한 경우 표징이 나타나는 경우가 있다.
⑤ 수관의 방향, 위치, 높이에 따라 그 지역 전체 수종에 같은 증상이 나타난다.

해설 비생물적 피해에 대한 설명이다.

093 다음 중 피소의 피해에 감수성인 수종끼리 짝지어진 것은?

① 오동나무, 낙우송, 가문비나무
② 목련, 벚나무, 매실나무
③ 버짐나무, 굴거리나무, 메타세쿼이아
④ 가문비나무, 소나무, 배롱나무
⑤ 솔송나무, 상수리나무, 벚나무

해설 피소의 피해에 감수성인 수종은 수피가 얇은 수종으로 벚나무, 단풍나무, 목련, 매실나무, 물푸레나무 등이 있다.

094 다음 중 저온에 저항성이 큰 수종끼리 짝지어진 것은?

① 소나무, 잣나무, 전나무, 편백
② 삼나무, 곰솔, 피라칸다, 벽오동
③ 오동나무, 자작나무, 소나무, 배롱나무
④ 개잎갈나무, 자목련, 오리나무, 소나무
⑤ 자작나무, 오리나무, 사시나무, 버드나무

해설 저온에 저항성이 큰 수종은 내한성이 큰 수목으로 자작나무, 오리나무, 사시나무, 버드나무류 등이 있다.

정답 092 ⑤ 093 ② 094 ⑤

095 다음은 설해 피해에 대한 설명이다. 옳지 않은 것은?

① 복층림의 경우 피해가 적게 나타난다.
② 밀식된 임지의 경우 피해가 크다.
③ 독일 가문비나무는 설해 피해에 강한 편이다.
④ 침엽수보다는 활엽수의 피해가 적다.
⑤ 수목의 가지, 잎에 눈이 부착되어 생긴 피해를 관설해라고 한다.

해설 복층림의 경우 더 큰 피해를 입게 된다.

설해 피해
- 겨울철 눈이 나무위에 쌓여서 생기는 피해(관설해)와 눈사태로 나무가 매몰되는 피해(설압해)
- 침엽수들은 수관에 눈이 쌓일 경우 가지가 부러지거나 나무 전체가 쓰러짐
- 눈사태는 산이 높을수록, 사면이 길수록, 그리고 경사도가 심할수록 자주 발생

096 다음 중 서리 피해에 대한 설명이다. 옳지 않은 것은?

① 남사면이 북사면보다 피해가 심하다.
② 습기가 많은 곳일수록 서리의 피해가 심하다.
③ 겨울철 토양수분이 얼어붙으면서 상주현상이 발생한다.
④ 어린 수목이 성숙목에 비해 서리의 피해가 크다.
⑤ 맑은 날보다 흐린 날에는 피해가 작다.

해설 서리 피해
- 봄에 새로 나온 새순, 잎, 꽃이 하룻밤 사이에 시들어 마름
- 남쪽과 남서쪽 수관이 더 큰 피해
- 활엽수의 경우 잎이 검은색으로 변색, 침엽수의 경우 붉은색으로 변색 후 말라 죽음
- 활엽수 중 큰 피해 : 목련, 백합나무, 모과나무, 단풍나무, 철쭉, 영산홍, 쥐똥나무 등
- 침엽수 중 큰 피해 : 주목, 전나무, 일본잎갈나무 등. 주목 1년 이상 잎은 피해 없음
- 만상은 주로 새순에만 주로 오고 나무에 치명적이 피해는 주지 않음

097 다음 중 산성비의 pH는?

① pH 5.5 이하
② pH 5.0 이하
③ pH 5.6 이하
④ pH 5.8 이하
⑤ pH 6.0 이하

해설 산성비는 pH 5.6 이하의 비를 말한다.

098 다음 중 상대적으로 대기오염에 약한 수종은 무엇인가?

① 은행나무 ② 벽오동
③ 가죽나무 ④ 사철나무
⑤ 느티나무

해설 대기오염에 대한 저항성

구분	침엽수	활엽수
강함	은행나무, 편백, 향나무류	가죽나무, 감탕나무, 개나리, 굴거리나무, 녹나무, 대나무류, 돈나무, 동백나무, 때죽나무, 매자나무, 먼나무, 물푸레나무류, 버드나무류, 벽오동, 사철나무, 산사나무, 아까시나무, 자작나무, 쥐똥나무, 층층나무, 태산목, 회양목, 팥배나무 등
약함	가문비나무, 반송, 삼나무, 소나무, 잣나무류, 전나무, 측백나무, 개잎갈나무	가시나무류, 감나무, 느티나무, 단풍나무, 명자꽃, 목서류, 목련, 박태기, 벚나무류, 이태리포플러, 자귀나무, 진달래, 백합나무, 화살나무 등

099 다음 중 2차 생성 대기오염물질로 옳은 것은?

① 아황산가스 ② 불화수소
③ PAN ④ 염소
⑤ 이산화질소

해설 2차 생성 대기오염물질에는 NO_3, HNO_3, O_3, PANs 등이 있다.

100 다음은 대기오염물질 중 잎의 가장자리와 주변에 황화 또는 갈색으로 변색시키는 것은?

① 불화수소 ② 일산화탄소
③ 이산화황 ④ PAN
⑤ 이산화탄소

해설 불화수소의 피해 증상은 괴사조직과 건전조직 간의 차이가 아황산가스의 피해보다 뚜렷하며, 주로 잎의 가장자리와 주변부에 발생한다. 불화수소에 접촉하면 잎이 녹색 → 황갈색 → 갈색으로 변색된다.

정답 098 ⑤ 099 ③ 100 ①

101 다음 중 아황산가스의 피해로 가장 심하게 손상되는 부분은?

① 목부조직 ② 해면조직
③ 책상조직 ④ 사부조직
⑤ 수선조직

해설 아황산가스는 해면조직에 큰 피해가 생기고 오존은 책상조직에 큰 피해가 생긴다.

102 다음 중 아황산가스가 식물에 생리적 영향을 끼치는 발단농도는?

① 0.3~0.6ppm ② 1.0~1.5ppm
③ 0.8~1.0ppm ④ 2.0ppm 이상
⑤ 0.5~1.0ppm

해설 아황산가스가 식물에 생리적 영향을 끼치는 발단농도는 0.3~0.6ppm이다.

아황산가스
- 민감 수종 : 0.3~0.6ppm에서 3시간, 1.0~1.5ppm에서 5분
- 저항성 수종 : 0.8ppm에서 3시간, 2.0ppm에서 5분

103 보호수로 지정된 노거수 중 가장 많은 분포를 나타내는 수종은?

① 은행나무 ② 소나무
③ 느티나무 ④ 팽나무
⑤ 회화나무

해설 우리나라의 보호수는 대략 1만 3,000여 그루이다. 가장 많은 수종은 느티나무로서 전체본수의 43% 정도이며, 그중 10% 정도인 1,200그루 정도가 팽나무, 느티나무는 자생수종이고 열악한 환경에서도 잘 살며 수관폭이 넓고 거목으로 자라며 오래 살기 때문에 정자목으로서는 가장 좋은 수종이다. 다음으로는 검팽나무, 폭나무를 포함한 팽나무류가 12.1%, 은행나무 10.7%, 소나무류 9.0%, 버드나무류 5.4%, 회화나무 5.2%, 느릅나무류 4.9%, 향나무 2.2% 순이며, 참나무류, 이팝나무, 시무나무, 배롱나무도 1% 내외이다.

정답 101 ② 102 ① 103 ③

104 임업통계 중 2019년 기준으로 해충피해가 면적이 큰 것부터 나열된 것은?

① 솔잎혹파리 > 미국선녀벌레 > 갈색날개매미충 > 솔껍질깍지벌레
② 솔껍질깍지벌레 > 미국선녀벌레 > 갈색날개매미충 > 솔잎혹파리
③ 미국흰불나방 > 미국선녀벌레 > 갈색날개매미충 > 솔잎혹파리
④ 솔잎혹파리 > 솔껍질깍지벌레 > 갈색날개매미충 > 꽃매미
⑤ 솔잎혹파리 > 미국선녀벌레 > 갈색날개매미충 > 미국선녀벌레

해설 솔잎혹파리(12.7%) > 미국선녀벌레(10.4%) > 갈색날개매미충(6.7%) > 솔껍질깍지벌레(6.2%) > 미국흰불나방(5.2%) > 꽃매미(2.5%)

105 2018년 6월부터 나무병원등록을 하지 않고 수목진료를 할 경우 벌금은?

① 100만원 ② 200만원
③ 300만원 ④ 500만원
⑤ 1천만원

해설 **나무병원 등록**
- 1종(수목진료) : 나무의사 1인 및 수목치료기술자 1인 이상, 자본금 1억원
- 2종(처방에 따른 치료·예방) : 수목치료기술자 1인 이상, 자본금 1억원 등의 요건을 갖춰 등록 가능하며 2종은 4년 후 폐지
  - 수목피해의 진단·처방·치유를 업으로 하는 산림사업법인에서 1년 이상 종사한 수목보호기술자 또는 식물보호기사·산업기사는 개정 산림보호법시행일로부터 5년간 나무의사자격을 취득한 것으로 된다.
  - 수목진료사업자는 나무병원 등록을 한 후에야 아파트 등의 수목진료가 가능하며, 이를 위반한 경우 500만원의 벌금에 처해진다.

정답 104 ① 105 ④

106 다음 중 해면조직에 가장 큰 피해를 주는 대기오염물질은?

① SO_2
② NH_3(암모니아)
③ PAN
④ 오존
⑤ HF

해설 해면조직에 가장 큰 피해를 주는 대기오염물질은 PAN이다.
  PAN : 어린잎에 피해
  • 활엽수: 잎의 뒷면에 광택이 나면서 후에 청동색으로 변함, 고농도에서 잎 표면도 피해(엽육조직 피해), 해면조직이 손상
  • 침엽수 : 잘 알려져 있지 않음
  ① 아황산가스(SO_2) : 성숙잎에 피해
    • 활엽수: 잎의 끝 부분과 엽맥 사이 조직의 괴사, 물에 젖은 듯한 모양(엽육조직 피해), 책상조직과 해면조직 파괴
    • 침엽수 : 물에 젖은 듯한 모양, 적갈색 변색
  ② 질소화합물(NH_3)
    • 활엽수: 잎에 흩어진 회녹색 반점, 잎의 가장자리 괴사, 엽맥 사이 조직 괴사
    • 침엽수 : 잎끝의 적갈색 변색되고 잎의 기부까지 확대, 건강 부위와 경계선이 뚜렷함
  ④ 오존(O_3) : 성숙잎에 피해
    • 활엽수: 잎 표면에 주근깨 같은 반점, 책상조직이 먼저 붕괴되고 표면이 백색화됨
    • 침엽수 : 잎 끝의 괴사, 황화현상의 반점, 왜성화된 잎
  ⑤ 불화수소가스(HF) : 어린잎에 피해
    • 활엽수: 초기 잎 끝의 황화, 잎 가장자리로 확대, 중륵을 따라 안으로 확대, 황화된 조직의 고사. 기체 상태로 가장 높은 독성물질
    • 침엽수: 잎 끝의 고사, 고사 부위와 건강 부위의 경계선이 뚜렷함

107 아황산가스에 강한 수종이 아닌 것은?

① 향나무
② 은행나무
③ 낙우송
④ 양버즘나무
⑤ 느티나무

해설 아황산가스에 약한 수종으로는 가문비나무, 삼나무, 소나무, 오엽송, 일본잎갈나무, 전나무, 히말라야시더, 반송, 느티나무, 백합나무, 단풍나무, 왕벚나무가 있다.

정답 106 ③ 107 ⑤

108 다음 중 내건성 및 내습성 수종으로 묶여있는 것은?

① 소나무-졸참나무
② 싸리-철쭉꽃
③ 오리나무-신나무
④ 소나무-왕버들
⑤ 소나무-주목

해설

구분	내습성 강함	내습성 약함
침엽수류	낙우송, 메타세쿼이아, 삼나무, 솔송나무	독일가문비, 리기다소나무, 소나무, 해송, 향나무
상록 활엽수	태산목, 아왜나무, 동백나무, 식나무, 호랑가시나무, 죽절초, 감탕나무, 먼나무, 후피향나무, 광나무, 돈나무, 붓순나무, 사철나무	소귀나무, 졸가시나무, 사스레피나무, 사철나무, 피라칸사스
낙엽 활엽수	버드나무류, 포플라류, 주엽나무, 호두나무, 개오동나무, 대추나무, 위성류, 층층나무, 풍년화, 병꽃나무, 죽도화, 철쭉류, 수국, 까치박달, 귀룽나무, 떡갈나무, 상수리, 목련류, 벚나무류, 참중나무, 칠엽수, 팽나무, 양버즘나무, 은백양, 홍단풍, 무궁화, 무화과, 보리수, 아그배나무	가중나무, 아까시나무, 자작나무, 사시나무, 산오리나무, 매화나무, 배롱나무, 붉나무, 자귀나무, 개암나무

109 다음 중 전분수가 아닌 수종은?

① 참나무
② 벚나무
③ 느릅나무
④ 단풍나무
⑤ 밤나무

해설
- 전분이 당분으로 전환되어 내동성을 높이는 수종은 전분수라고 하며 참나무류, 서어나무, 느릅나무, 포플러, 물푸레나무, 단풍나무, 벚나무, 오리나무 등이 있음
- 전분이 유지분으로 전환되어 내동성을 높이는 수종은 유지수라고 하며 대부분의 침엽수와 활엽수 중 버드나무, 밤나무, 자작나무 등이 이에 속함

110 산림의 건강, 활력도진단평가에 해당하지 않는 항목은?

① 수목건강
② 식생건강
③ 토양건강
④ 대기건강
⑤ 침식, 산불건강

정답 108 ④ 109 ⑤ 110 ⑤

해설 「산림보호법」 제19조(산림의 건강·활력도)
① 산림청장은 산림의 기능을 증진시키기 위하여 산림생태계가 건강하고 다양하게 유지되고 있는 정도(이하 '산림의 건강·활력도'라 한다)를 조사·평가할 수 있다.
② 산림청장은 제1항에 따라 산림의 건강·활력도를 조사·평가한 결과 특별히 보호할 필요가 있다고 인정되는 산림에 대하여는 보전대책을 수립·시행하여야 한다.
③ 산림의 건강·활력도의 조사기준·평가방법, 그 밖에 필요한 사항은 대통령령으로 정한다.

「산림보호법 시행령」 제10조(산림의 건강·활력도의 조사·평가 등)
① 법 제19조제3항에 따른 산림의 건강·활력도의 조사기준은 다음 각 호와 같다.
  1. 식물의 생장 정도
  2. 토양의 산성화 정도 등 토양 환경의 건전성 정도
  3. 대기오염 또는 산림병해충 등에 의한 산림의 피해 정도
  4. 산림생태계의 다양성 정도
  5. 그 밖에 산림의 건강에 영향을 미치는 요인
② 법 제19조 제3항에 따른 산림의 건강·활력도에 대한 평가는 제1항의 조사기준에 따른 조사 결과에 대한 연도별 또는 5년 주기별 비교평가 방법으로 한다.
③ 법 제19조 제3항에 따라 산림청장은 매년 농림수산식품부령으로 정하는 바에 따라 산림의 건강·활력도의 조사계획을 수립하여야 하고, 수립한 조사계획을 관계 행정기관의 장 및 시·도지사에게 통보하여야 한다.

111 관설해와 설압해에 대한 설명으로 틀린 것은?

① 관설해는 강설이 임목의 가지나 잎에 부착한 것을 말한다.
② 관설해는 가늘고 긴 수간 및 경사를 따른 임목의 고밀하게 배치된 곳에서 많이 발생한다.
③ 설압해는 수체의 일부 또는 전체가 적설에 묻혀 적설의 변형, 이동에 따라 수체가 무리한 자세가 되어 손상을 입는 것을 말한다.
④ 설압해는 수간형태의 빈약화, 여름의 생장저하, 병원균 침입 등의 원인이 된다.
⑤ 설압해의 큰 문제 중 하나는 위 부분의 잔가지가 찢어지는 것이다.

해설 설압해의 큰 문제 중 하나는 밑둥치 부분의 잔가지가 굽는 것으로 복림층의 하층목에서 발생한다. 설압해 방지책으로는 도목(쓰러진 나무) 일으키기, 풀베기, 시비를 설상목으로 완성하기 등이 있다.

정답 111 ⑤

112 「농약관리법」상 농약에 포함되는 것은?

① 쥐약
② 바퀴벌레약
③ 진드기약
④ 달팽이약
⑤ 개미약

해설 「농약관리법」상 농약과 식품위생법상 농약으로 나뉘는데 일반적으로 농작물에 병과 해충에 관한 것은 「농약관리법」에 의해서 규정하고 위생해충, 즉 사람에게 피해를 주는 해충에 관한 것은 「식품위생법」에서 규정하고 있다. 쥐, 진드기, 개미, 바퀴벌레 등은 소독약 또는 방역약제로 방제한다.

113 농약병에 표시해야 할 사항이 아닌 것은?

① 농약의 명칭 및 제제형태
② 유효성분의 일반명 및 함유량과 기타성분의 함유량
③ 포장단위
④ 농작물별 적용병해충(제초제·생장조정제나 약효를 증진시키는 농약의 경우에는 적용대상토지의 지목이나 해당 용도를 말한다) 및 사용량
⑤ 유효기간

해설 **농약 제품의 포장지에 반드시 표기해야 하는 사항**
- '농약' 문자표기
- 품목등록번호
- 농약의 명칭 및 제제형태
- 유효성분의 일반명 및 함유량과 기타성분의 함유량
- 포장단위
- 농작물별 적용병해충 및 사용량
- 사용방법과 사용에 적합한 시기
- 안전사용기준 및 취급제한기준(그 기준이 설정된 농약에 한한다.)
- 그림문자, 경고문구 및 주의사항
- 저장·보관 및 사용상의 주의사항
- 상호 및 소재지
- 농약제조 시 제품의 균일성이 인정되도록 구성한 모집단의 일련번호
- 약효보증기간
- 작용기작그룹
- 독성·행위금지 등 그림문자 및 설명
- 해독 및 응급처치 요령
- 상표명
- 바코드
- 빈 농약용기 처리에 관한 설명

정답 112 ④ 113 ⑤

114 다음 중 저온 피해에 관한 설명 중 틀린 것은?

① 저온으로 인해 조직 내 결빙현상이 발생하여 원형질 분리가 일어나고 원형질 응고를 유발시켜 식물체 전체를 죽게 하는 경우인데, 온대식물에서 많이 발생한다.
② 세포내 동결은 동상에서 많이 발생한다.
③ 세포외 동결은 만상과 조상에서 많이 발생한다.
④ 원형질 분리가 일어나서 곧 풀리어도 원상회복은 되지 않는다.
⑤ 원형질 분리가 풀리지 않고 오래 가면 원형질 응고가 일어나 죽는다.

해설 원형질 분리가 일어나서 곧 풀리면 원상회복된다.

동해의 발생기작
- 세포외 결빙 현상 : 세포의 수분 투과성이 용이한 경우 세포 사이의 간극에 결빙이 점차 커짐에 따라 원형질이 탈수되어 기계적 변형이 생기고 원형질 표층부의 변화가 일어나는 동결 온도가 높고 시간이 짧은 경우에는 해를 받지 않으나 동결온도가 낮아짐에 따라 견디는 시간도 짧아진다.
- 세포 내 결빙 현상 : 세포의 수분 투과성이 낮은 경우 원형질 내부로 결빙이 침투하여 원형질 콜로이드 구조에 기계적 장해를 줌에 따라 세포가 파괴된다.
- 급격한 동결과 융해
  - 온도가 서서히 규칙적으로 저하 하면서 조직 내에 결빙이 일어날 경우 원형질 사이의 수분의 평형이 이루어지면서 작물체에 큰 장해를 주지 않고 결빙되므로 이 경우 보리는 20℃까지도 생존할 수 있다.
  - 급격한 동결이 일어날 경우 세포 내 결빙이 쉽게 일어나고 원형질 분리가 생기지 않고 수축하여 기계적 파괴가 일어남에 따라 이때에는 −8℃만 되어도 동사하게 된다.
  - 동결된 조직이 급히 녹을 경우 세포벽이 원형질에 비해 먼저 팽창하게 되므로 기계적 파괴가 일어나게 되어 조직이 동사한다.

115 다음 중 감나무탄저병 약에 해당하는 것은?

① 테부쿠나졸미탁제
② 디노테퓨란
③ 디플루벤주론
④ 뷰프로페진
⑤ 아세타미프리드

해설 ② 다노테퓨란 : 총채벌레
③ 디플루벤주론 : 꼭지나방
④ 뷰프로페진 : 깍지나방
⑤ 아세타미프리드 : 꼭지나방

정답 114 ④ 115 ①

116 다음 설명 중 조류에 관한 설명으로 틀린 것은?

① 균류와 공생관계를 만들며 지의류를 형성한다.
② 광합성을 통해 만든 탄소화합물을 곰팡이와 공유하면서 곰팡이에게 에너지원을 공급한다.
③ 조류는 건조지역과 같은 극한환경에서 생존할 수 없다.
④ 곰팡이가 서식처와 수분을 제공하면서 조류가 어느 환경에서도 살아남을 수 있도록 만들어 준다.
⑤ 고약병과 밀접한 관계가 있다.

해설 조류와 관계가 없으며 고약병은 깍지벌레와 곰팡이의 관계에 해당된다. 균류와 조류가 공생관계를 맺고 있는 생명체는 지의류이다.

117 저온 상태에서 수목의 피해에 대한 설명 중 옳지 않은 것은?

① 세포 내에서 얼은 결정이 형성되어 세포막이 파손된다.
② 영하로 기온이 내려가면 땅속 토양입자 사이의 모세관을 통해 물이 땅 표면에서 얼게 되고, 이것이 반복되어 얼음 기둥이 위로 올라가는 현상을 서리발이라 한다.
③ 온도가 서서히 내려가서 얼음결정이 세포밖에 생기더라도 원형질이 탈수상태에서 견디지 못할 경우 발생한다.
④ 상렬은 늦서리로 인하여 생장이 일시적으로 중지되었을 때 수목에 나타나는 현상이다.
⑤ 따뜻한 지방의 나무를 추운지방에 옮겨 심었을 때 조상의 피해를 입기 쉽다.

해설 위연륜은 늦서리로 인하여 생장이 일시적으로 중지되어 수목에 나타나는 현상이다(상륜). 상렬은 겨울철 수간이 동결하는 과정에서 변재부가 심재보다 심하게 수축(증산)되는 과정에서 수직방향으로 갈라지는 현상을 말한다.

118 가지의 무게를 지탱하기 위하여 발달한 가지 밑살로서 화학적 보호층을 가지고 있어 나무의 방어체계 중 하나를 구성하는 부분은?

① 지륭
② 지피융기선
③ 상구유합
④ 맹아지
⑤ 지제부

해설 **지륭**
- 수목은 대부분 지륭 안에 가지보호대라고 부르는 독특한 화학적 보호대 가짐
- 부후균의 침입, 확산을 억제함
- 활엽수-페놀화합물, 침엽수-테르펜

정답 116 ⑤ 117 ④ 118 ①

② 지피융기선 : 줄기와 가지 사이에 경계부위에 돋아서 이어진 선
③ 상구유합 : 상처 둘레에 유상조직을 만들어 상처를 보호
④ 맹아지 : 힘이 강한 가지의 기부에 자리 잡은 부정아가 어떤 자극을 받아 급속도로 굵고 길게 자란 가지
⑤ 지제부 : 식물체 지상부와 토양 사이의 경계 부위

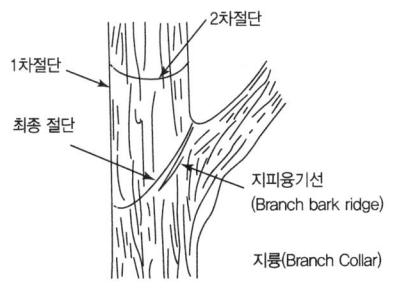
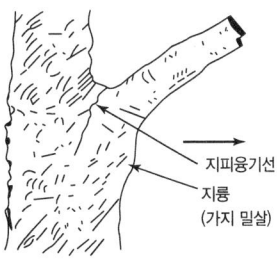

119 아바멕틴(Abamectin)의 농약번호는?

① 가 1
② 나 2
③ 1 a
④ 6
⑤ C 1

해설 마크로라이드계 – 6
- 염소통로 활성화
- 아바멕틴은 방선균에서 분리된 살응애, 살충제
- 넓은 스펙트럼을 가지며 모든 발육단계에 효과
- 아바멕틴, 에마멕틴 벤조에이트, 밀베멕틴

120 다음에 해당하는 농약 명칭은?

농약을 구성하는 화합물의 이름을 암시하면서 단순화시킨 것으로 국제적으로 통용됨

① 화학명
② 일반명
③ 품목명
④ 상표명
⑤ 시험명

해설

화학명	• 농약 유효성분의 공통적인 화학구조에 따라 붙여진 명칭 • IUPAC(국제 순수 및 응용화학 연합)에서 정함
일반명	농약을 구성하는 화합물의 이름을 암시하면서 단순화시킨 것으로 국제적으로 통용됨 예 mancozeb

정답 119 ④ 120 ②

품목명	• 농약의 제제화와 관련하여 붙여진 이름 • 농약 등록 시 사용 예 만코제브 수화제, 만코제브 유제
상표명	농약을 제품화할 때 농약회사에서 붙이는 고유의 이름 예 ○○ 만코제브
시험명	농약이 개발되어 일반명이 주어지기 전 단계에 제조회사나 개발자의 이름을 약칭하여 붙여진 이름 예 BAY 9491

농약의 정의
- 농약이라 함은 농작물(수목 및 농·임산물을 포함)을 해하는 균, 곤충, 응애, 선충, 바이러스, 잡초, 기타 달팽이, 조류 또는 야생동물과 이끼류, 잡목의 방제에 사용하는 살균제, 살충제, 제초제, 기타 기피제, 유인제, 전착제와 농작물의 생리기능을 증진하거나 억제하는 데 사용되는 약제를 말함
- 농약이란 작물을 재배하기 위한 토양 및 종자의 소독, 재배 기간 중 작물의 보호, 수확 후 농작물의 저장 및 품질 향상을 위한 모든 약제를 포함함
- 최근에는 미생물을 이용한 생물농약 등도 농약에 포함됨

121 원제를 물에 녹이고, 동결방지제, 방부제 등을 넣어 만드는 농약제형은?

① 수화제　　　　　　　　　② 입상수화제
③ 수용제　　　　　　　　　④ 유제
⑤ 액제

수화제	• 제조 : 난용성 원제와 점토광물 증량제(kaolin, bentonite 등)를 혼합. 10~20μm 크기로 미분쇄한 후 습전제, 분산제 등의 계면활성제를 첨가. 분말형 제제 • 장단점 : 생산비가 적고 취급이 용이. 내우성이 낮고 살포기의 노즐이 막힐 우려가 많음. 수화제는 액상수화제, 과립수화제로 점차 대체
입상수화제	• 제조 : 고체원제와 증량제를 공기압축 분쇄기로 미분쇄한 후 계면활성제, 접착제, 습윤제, 분산제, 붕괴제 등을 첨가 과립상 제제(액상원제의 경우 증량제에 흡착 후 분쇄함)
수용제	• 제조 : 수용성 원제와 수용성 증량제를 혼합 분쇄한 분말제제(물에 희석하면 수용액 상태로 됨) • 장단점 : 액체보다 취급, 수송, 보관이 용이하나 제제 가능한 극히 제한. 약효가 낮은 편이고 가끔 완전 용해되지 않아 노즐이 막힐 우려가 있음
유제	• 제조 : 난용성 원제, 용제, 유화제의 3성분으로 된 액상 제제로서 물에 희석하면 유탁액이 됨 • 용제 : 인화성과 휘발성이 낮은 xylene, benzene, MFG, 알코올류 등의 단용 또는 혼용
액제	• 제조 : 수용성원제, 물, 계면활성제의 3성분으로 된 액상제제로서 원제의 가수분해 우려가 없는 경우에 이용 • 보조제 : 5% 정도의 비이온성 계면활성제, 동결방지제 등(1,000배 희석 시 약 50ppm 농도의 계면활성제가 부착) • 단점 : 물에 쉽게 용해되는 원제만이 제조할 수 있는 제제로서 제제 가능한 원제가 많지 않음

정답 121 ⑤

	액상수화제	• 제조 : 난용성 고체 원제를 물에 농후하게 분산시킨 현탁제제(flowable제라고 하기도 함) • 제조특성 : 일반적으로 주성분 20~50%, 계면활성제 5~10%, 조점제 1~3%, 물 20~75%의 비율로 혼합함 • 분쇄 : 수화제(10~20μm)보다는 미분쇄하여야 함(5μm 이하)

122 다음 중 급성경구 고체 고독성농약의 LD50(mg/kg) 값은?

① 5 미만
② 5~50
③ 20 미만
④ 20~200
⑤ 10~100

구분	반수치사량(mg/kg)			
	급성경구		급성경피	
	고체	액체	고체	액체
맹독성	5 미만	20 미만	10 미만	40 미만
고독성	5~50	20~200	10~100	40~400
보통독성	50~500	200~2,000	100~1,000	400~4,000
저독성	500 이상	2,000 이상	1,000 이상	4,000 이상

123 어류에 대한 어독성 II급의 LC50(mg/l) 값은?

① 0.5 미만
② 0.5~2
③ 2~5
④ 2 이상
⑤ 5 이상

어류에 대한 독성 정도에 따른 농약 등의 구분
• 농약 등의 어류에 대한 독성(이하 '어독성'이라 한다)의 구분은 제품농약 등이 어류의 반수를 죽일 수 있는 농도(유효성분)를 기준
• 벼 재배용 농약 등의 경우에는 어류에 대한 어독성이 Ⅱ급 또는 Ⅲ급에 속하는 농약 등으로서 미꾸라지에 대한 어독성이 Ⅰ급에 속하는 농약 등은 Ⅰ급 다음의 Ⅱ급으로 구분

구분	반수를 죽일 수 있는 농도(mg/l, 48시간)
Ⅰ급	0.5 미만
Ⅱ급	0.5 이상 2 미만
Ⅲ급	2 이상

정답 122 ② 123 ②

124 다음 중 테부코나졸 작용기작은?

① 라5
② 사1
③ C1
④ 16
⑤ O

해설 tebuconazole, 사1. 살균제, 막에서 스테롤 생합성 저해 : 트리아졸계, 잎마름병, 점무늬병, 갈색무늬병, 탄저병
① 라5 : 단백질 합성 저해(테트라사이클린계), 아미노산 및 단백질 합성 저해
③ C1 : 광합성 저해
④ 16 : 키틴합성 저해
⑤ O : 옥신작용 저해 · 교란, 인돌아세트산 유사작용

125 다음 중 소나무 솔잎혹파리 나무주사약제로 사용되는 것은?

① 글리포세이트
② 디노테푸란
③ 페니트로티온
④ 베노밀
⑤ 보호살균제

해설
- 디노테푸란 액제(dinotefuran) : 4a(신경전달물질 수용체 차단)
- 살충제로 소나무재선충, 각종 응애, 솔나방, 솔잎혹파리, 방패벌레 각종 진딧물, 꽃매미, 미국흰불나방 등 주요해충 및 돌발해충에 사용
- 아바멕텐 벤조에이트+디노테퓨란

126 원제농도 10%, 2,000 배액으로 400L 희석액을 만들기 위한 농약량(수화제)은?

① 100g
② 200g
③ 300g
④ 400g
⑤ 500g

해설 농약량=단위면적당 소요살포량(물의 양)/희석배수=(400×1,000)/2,000=200

농약 희석
- 1,000배액(물 1ℓ에 유제 : 1mℓ, 수화제 : 1g)
- 2,000배액(물 1ℓ에 유제 : 0.5mℓ, 수화제 : 0.5g)

정답 124 ② 125 ② 126 ②

127 키틴합성저해 기작을 가진 농약의 계통은?

① 피레트로이드
② 카바메이트계
③ 네레톡신계
④ 테플루벤주론
⑤ 메소프렌

해설 키틴(chitin)의 생합성 저해
- 연약한 탈피로 건조증에 노출, 치사
- 곤충생장조절(IGR)계 살충제 : 뷰프로페진, 디플루벤쥬론, 클로르플루아쥬론, 헥사플루뮤론, 테플루벤쥬론, 트리플루뮤론 등
- 0형 키틴합성 저해 : 벤조일요소계
- I형 키틴합성 저해 : 뷰프로페진
- 키틴합성 저해제의 특징
  - 곤충의 표피를 형성하는데 필요한 키틴생합성을 저해하여 탈피 및 용화가 불가능하게 함으로써 치사효과를 지님
  - 지효성 약제
  - 종 특이성이 높아 적용해충의 범위가 좁음
  - 특정발육단계, 즉 유충에 한해서만 적용할 수 있음
  - 곤충의 발육단계의 한정된 기간에만 효력을 나타냄
  - 인축에 대한 독성이 낮음
  - 비표적곤충(꿀벌, 천적 등)에 부작용이 적음
  - 환경위해성이 낮음
  - 허용 약품 : 노발루론, 노비플루무론, 디플루벤주론, 테플루벤주론

작용점에 따른 살충기작과 살충제

구분	내용
신경기능 저해	• 신경축색의 전달 저해 : DDT, 피레트로이드(pyrethroid)계 • 시냅스 전막의 저해 : BHC나 사이클로디엔(cyclodien)계 • 아세틸콜린에스테라제의 활성 저해 : 유기인계, 카바메이트계
아세틸콜린수용체의 저해	니코틴, 네레이스톡신, 카탑
에너지대사의 저해	메틸브로마이드, 클로로피크린, 로테논(rotenone)
키틴의 생합성 저해	뷰프로페진, 디플루벤쥬론, 클로르플루아쥬론, 테플루벤주론 등
호르몬 균형의 교란	메소프렌, 프리코센
미생물 살충제	Bt제

정답 127 ④

128 살충제의 종류가 아닌 것은?

① 펜티오피라드
② 페니트로치온
③ 메소프렌
④ 뷰프로페진
⑤ 디플루벤쥬론

해설 펜티오피라드 : 크린캡, 흰가루병약, 살균제
② 살충제 중 곤충의 아세틸콜린에스터라아제 저해약제(유기인계)
③ 호르몬교란
④, ⑤ 키틴합성저해

작용기작	종류
신경독	유기인제, BHC, 피레트린
원형질독	비소제, 유기수은제
피부독	기계유 유제
호흡독	청산가스
근육독	-

129 미국흰불나방으로 방제로 사용하는 '메타플루미존'의 작용기작은?

① Na 통로 폐쇄
② 아세틸콜린에스터라제 기능 저해
③ Cl 통로 활성화
④ 다점저해
⑤ 신경전달물질수용체 통로 폐쇄

해설 메타플루미존 작용기작(Metaflumizone, 22b)은 전위 의존 Na 통로 차단으로 살충작용하며 저항성 과수해충방제, IGR 약제, IPM에 적합하다.
② 아세틸콜린에스터라제 기능 저해 : 1a 카바메이트계, 1b 유기인계
③ Cl 통로 활성화 : 아바멕틴계, 밀베마이신계
④ 다점저해(훈증제) : 클로로피크린
⑤ 신경전달물질수용체 통로 폐쇄 : 네레이스톡신계

정답 128 ① 129 ①

130 회양목 묘포에 많이 쓰이는 오리잘린(Oryzalin) 작용기작표시는?

① 3a
② 가1
③ K1
④ 6
⑤ C1

해설 디니트로아닐린계 제초제, 세포분열 저해, K1 : 미소관 조합 저해, 잔디밭 전용 발아 전 토양처리 제초제
① 3a : Na 통로조절 합성피레스로이드계(살충제)
② 가1 : 핵산 합성 저해, RNA 중합효소 1 저해(살균제)
④ 6 : Cl 통로 활성화, 아버멕틴, 밀베마이신계
⑤ C1 : 광합성 저해

131 보호살균제에 관한 설명으로 틀린 것은?

① 병원균의 포자가 발아하여 식물체 내로 침입하는 것을 방지하기 위하여 사용되는 약제이다.
② 병이 발생하기 전에 작물체에 처리하여 예방을 목적으로 사용된다.
③ 침입한 병원균에 독성을 나타내는 작용을 하는 약제로 치료를 목적으로 사용되므로 발병 후에도 충분한 방제가 가능하다.
④ 보호살균제는 약효 지속기간이 길어야 한다.
⑤ 물리적으로 부착성 및 고착성이 양호하여야 한다.

해설 직접살균제에 대한 설명이다.

132 기계톱의 안전사용에 대한 설명으로 틀린 것은?

① 가이드바(안내판, 엔진톱 톱판)의 끝부분으로 작업하는 것을 피한다.
② 연속 조작시간은 길어도 30분 이내로 한다.
③ 기계톱의 조작시간은 하루 2시간 이하로 한다.
④ 항상 쏘체인(sawchain)의 장력에 주의하고 느슨해지면 바로 조정한다.
⑤ 엔진오일을 많이 넣으면 매연이 심하게 나면서 엔진톱의 출력이 저하된다.

해설 연속 조작시간은 길어도 10분 이내로 한다. 엔진오일을 규정치보다 적게 넣으면 매연이 심하게 나면서 엔진톱의 출력이 저하된다.

정답 130 ③ 131 ③ 132 ②

133 나무의사 관련 1차 자격취소 사항에 해당하지 않는 것은?

① 고의로 수목병을 잘못 진료한 경우
② 나무의사 등의 자격정지기간에 수목진료를 행한 경우
③ 동시에 두 개 이상의 나무병원에 취업한 경우
④ 고의로 수목진료를 사실과 다르게 행한 경우
⑤ 거짓이나 부정한 방법으로 나무의사 등의 자격을 취득한 경우

해설 1차의 경우 자격정지 2년, 2차의 경우 자격취소 사항에 해당하는 위반 행위이다.

나무의사 등의 자격취소 및 정지처분의 세부기준

위반 행위	위반횟수			
	1차	2차	3차	4차
거짓이나 부정한 방법으로 나무의사 등의 자격을 취득한 경우	자격취소			
법 제21조의4제4항을 위반하여 동시에 두 개 이상의 나무병원에 취업한 경우	자격정지 2년	자격취소		
법 제21조의5에 따른 결격사유에 해당하게 된 경우	자격취소			
법 제21조의6제4항을 위반하여 나무의사 등의 자격증을 빌려준 경우	자격정지 2년	자격취소		
나무의사 등의 자격정지기간에 수목진료를 행한 경우	자격취소			
고의로 수목진료를 사실과 다르게 행한 경우	자격취소			
과실로 수목진료를 사실과 다르게 행한 경우	자격정지 2개월	자격정지 6개월	자격정지 12개월	자격취소
거짓이나 그 밖의 부정한 방법으로 법 제21조의12에 따른 처방전 등을 발급한 경우	자격정지 2개월	자격정지 6개월	자격정지 12개월	자격취소

정답 133 ③

134 다음에 해당하는 과태료는?

- 수목을 직접 진료하지 아니하고 처방전 등을 발급한 나무의사
- 정당한 사유 없이 처방전 등의 발급을 거부한 나무의사
- 보수교육을 받지 아니한 나무의사

① 500만원 이하 ② 300만원
③ 200만원 ④ 100만원
⑤ 50만원

해설
- 500만원 이하의 과태료 부과
  - 신고를 하지 아니하고 숲 가꾸기를 위한 벌채, 그 밖에 대통령령으로 정하는 입목·죽의 벌채, 임산물의 굴취·채취를 한 자
  - 나무의사의 처방전 없이 농약을 사용하거나 처방전과 다르게 농약을 사용한 나무병원
  - 나무의사 등의 자격취득을 하지 아니하고 수목진료를 한 자
  - 동시에 두 개 이상의 나무병원에 취업한 나무의사 등
  - 나무의사 등의 명칭이나 이와 유사한 명칭을 사용한 자
  - 자격정지기간에 수목진료를 한 나무의사 등
  - 나무병원을 등록하지 아니하고 수목진료를 한 자
  - 나무병원의 등록증을 다른 자에게 빌려준 자
- 100만원 이하의 과태료
  - 위반하여 산림에 오물이나 쓰레기를 버린 자
  - 진료부를 갖추어 두지 아니하거나, 진료한 사항을 기록하지 아니하거나 또는 거짓으로 기록한 나무의사
  - 수목을 직접 진료하지 아니하고 처방전 등을 발급한 나무의사
  - 정당한 사유 없이 처방 전등의 발급을 거부한 나무의사
  - 보수교육을 받지 아니한 나무의사
  - 산림이나 산림인접지역에서 불을 피우거나 불을 가지고 들어간 자(같은 조 제2항의 허가를 받은 경우는 제외)
  - 산림이나 산림인접지역에서 농림축산식품부령으로 정하는 기간에 풍등 등 소형열기구를 날린 자
- 30만원 이하의 과태료를 부과
  - 산림에서 담배를 피우거나 담배꽁초를 버린 자
  - 인접한 산림의 소유자·사용자 또는 관리자에게 알리지 아니하고 불을 놓은 자
  - 금지명령을 위반하여 화기, 인화 물질, 발화 물질을 지니고 산에 들어간 자

정답 134 ④

135 어린잎에 피해가 큰 대기오염물질은?

① 오존
② 아황산가스
③ 불화수소
④ PAN
⑤ 일산화탄소

해설 불화수소(HF)
- 주로 알루미늄 제련공장, 인광석을 주원료로 한 인산비료인 과인산석회·인산액 등을 제조하는 비료공장, 불소화합물을 원료로 하는 타일공장 및 기와공장 등에서 배출
- 식물에 대한 독성이 매우 강하여 ppb의 단위에서도 민감한 식물에서는 피해 징후가 나타남
- 물에 쉽게 녹는 성질이 있어서 기공을 통하여 흡수된 후 빠른 속도로 잎의 선단부와 엽록부분에 쌓임
- 피해증상은 대부분 잎의 선단부와 엽록부에 괴사반점이 생김
- 괴사반점의 특징은 괴사부분과 건전한 조직 간에 명확히 식별할 수 있는 갈색 밴드가 나타나는 것
- 어린잎의 선단과 주변부에 백화현상 또는 황화현상을 일으킴
- 피해 받은 식물은 시들음 현상을 나타내기도 하며, 침엽수는 봄에 침엽이 신장할 때 피해가 크게 발생하고, 잎의 원형질과 엽록소를 분해하여 세포를 괴사

① 오존 : 어린엽보다 성숙엽에서 크게 나타남

136 방풍림의 선정 식재 시 특징으로 틀린 것은?

① 심근성이면서 줄기와 가지가 강인한 것을 골라야 한다.
② 수고는 가옥의 추녀보다 높이 자라고 상록성인 것이 겨울철에도 효과가 높다.
③ 꺾꽂이로 빨리 키워 낸 나무가 효과적이다.
④ 침엽수에는 해송, 삼나무, 편백, 전나무 등이 있다.
⑤ 가시나무, 녹나무, 구실잣밤나무, 후박나무, 돈나무, 아왜나무, 동백나무, 은행나무, 떡갈나무, 갈참나무, 팽나무, 느티나무, 피나무 등이 활엽수 수목으로 많이 쓰인다.

해설 꺾꽂이로 키워 낸 나무는 직근이 없어서 바람에 쓰러지기 쉽다. 씨뿌림으로 육성하는 것이 적합하다.

137 뿌리돌림의 목적과 필요성으로 올바르지 않은 것은?

① 이식이 곤란한 수종을 이식하려고 할 때
② 비이식 적기에 이식할 때
③ 거목을 이식하고자 할 때
④ 개화 결실을 억제시키려고 할 때
⑤ 건전한 묘목이나 수목을 육성하고자 할 때

해설 개화 결실을 촉진시키려고 할 때 필요하다.

정답 135 ③ 136 ③ 137 ④

138 산불 후에 따른 토양의 변화로 올바른 것은?

① 일반적으로 산불이 일어난 직후 토양의 pH가 증가한다.
② 토양 pH의 증가는 대부분 낙엽과 생물량의 연소과정에서 방출되는 양이온에 의한 것이다.
③ 양이온 중 칼슘과 칼륨의 증가가 두드러진다.
④ 질산태질소 함량은 비산화지에 비해 5배 이상 증가한다.
⑤ 검은색의 재로 인해 토양의 온도가 상승하며 그 결과 표층토의 수분함량이 감소한다.

해설 암모니아태 질소의 함량도 비산화지에 비해 5배 이상 증가한다.

139 저온에 의한 수목의 피해 설명으로 틀린 것은?

① 상렬은 겨울철 수간이 동결하는 과정에서 변재부가 심재보다 심하게 수축되는 과정에서 수직방향으로 갈라지는 현상이다.
② 동해는 0도 이하에서 식물의 세포막의 결빙으로 세포 내 수분을 탈취하여 원형질 분리에 의한 고사로 이어지는 것이다.
③ 따뜻한 지방의 나무를 추운 곳에 심으면 만상의 피해를 받기 쉽다.
④ 동해를 예방하기 위해서는 식재하기 전에 음지에 보관하여 일찍 싹이 트는 것을 방지한다.
⑤ 전분이 유지분으로 변하여 내동성을 높이는 것에는 대부분의 침엽수와 버드나무, 밤나무, 자작나무 등이 있다.

해설 따뜻한 지방의 나무를 추운 곳에 심으면 조상의 피해를 받기 쉽다. 전분이 당분으로 전환되는 전분수는 참나무, 서나무, 느릅나무, 포플러, 물푸레나무, 단풍나무, 벚나무, 오리나무 등이 있다.

정답 138 ④　139 ③

140 수목의 양분요구도에 대한 설명으로 틀린 것은?

① 일반적으로 빠른 생장을 하는 나무(포플러, 플라타너스, 매화 등)는 양분을 많이 필요로 한다.
② 활엽수는 침엽수보다 빨리 자라기 때문에 더 많은 양분을 필요로 한다.
③ 침엽수 중에서 소나무는 가장 적은 양의 양분을 필요로 하는데, 땅은 척박하더라도 햇빛이 좋고 배수가 잘 되는 곳이 생장 적지다.
④ 소나무류 중에 양분의 요구량은 B → P → N 순이다.
⑤ (비옥한 토양) 농작물 → 유실수 → 활엽수 → 침엽수 → 소나무류 (척박한 토양) 순이다.

해설 소나무류 중에 양분의 요구량은 N → P → B 순이다.

식물의 필수원소 함량평균

다량원소	(%)	미량원소	(ppm)
탄소(C)	45	철(Fe)	100
산소(O)	45	염소(Cl)	100
수소(H)	6	망간(MN)	50
질소(N)	1.5	아연(Zn)	20
칼륨(K)	1.0	붕소(B)	20
칼슘(Ca)	0.5	구리(Cu)	6
마그네슘(Mg)	0.2	몰리브덴(Mo)	0.1
인(P)	0.2		
황(S)	0.1		

조경수종별 양분 요구도의 차이

양분 요구도	활엽수	침엽수
높음 (비옥지를 좋아함)	감나무, 느티나무, 단풍나무, 대추나무, 동백나무, 매화나무, 모과나무, 물푸레나무, 배롱나무, 벚나무, 오동나무, 이팝나무, 칠엽수, 플라타너스, 피나무, 호두나무, 회화나무	금송, 낙우송, 독일가문비나무, 삼나무, 주목, 측백나무
중간	가시나무류, 버드나무류, 자귀나무, 자작나무, 포플러	가문비나무, 미송, 솔송나무, 잣나무, 전나무
낮음 (척박지에 강함)	등나무, 보리수나무, 소귀나무, 싸라나무류, 아카시나무, 오리나무, 참나무류	곰솔, 노간주나무, 대왕송, 방크스소나무, 소나무, 향나무

정답 140 ④

141 전정방법에 대한 설명으로 틀린 것은?

① 약전정은 수관 내의 통풍이나 일조상태의 불량에 대비하여 밀생된 부분에서 실시한다.
② 적심은 4~5월경에 5~10cm로 자란 새순을 한군데에 3개 정도만 남기고 나머지 순을 손가락으로 밑 부분을 따버린다.
③ 강전정을 하면 수목의 탄소 동화 작용 등이 점차 감소되어 양분의 축적이 적어진다.
④ 생장이 왕성한 유목에는 강전정, 노목에는 약전정을 실시한다.
⑤ 침엽수는 수지가 나오지 않는 늦가을에 실시한다.

해설 침엽수는 이른 봄에 새 가지가 나오기 전에 실시하는 것이 가장 좋다.

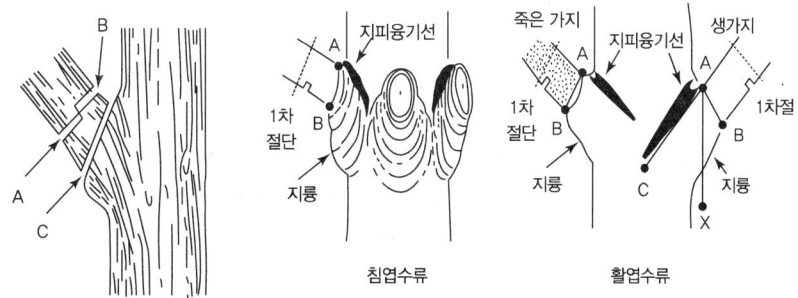

142 내건성 식물의 특징으로 틀린 것은?

① 원형질의 건조를 회피하는 능력, 즉 건조저항성을 가진다.
② 원형질의 건조를 피해를 받지 않고 견딜 수 있는 능력, 즉 건조인내성을 가진다.
③ 건조저항성은 심근성 뿌리로 깊은 땅속의 수분을 흡수하는 야자나무, 유칼리나무, 소나무 등이 있다.
④ 건조저항성 식물에는 체내에 저수조직을 갖고 있는 선인장, 소나무 등이 있다.
⑤ 건조저항성은 두꺼운 각피층과 다량의 왁스, 높은 T/R률로 수분소비를 감소시키는 등의 원리로 건조한 환경 조건을 살아남는다.

해설 **내건성이 강한 식물**
- 낮은 T/R률이 특징이다.
- 잎이 작고 두껍고, 질감이 거칠고, 털이 많고, 다즙이다.
- 왁스로 덮여있고 밝은 색이며, 뿌리는 넓고 깊게 뻗는 것이 특징이다.
예 소나무, 노간주나무, 향나무, 아까시나무, 배롱나무, 오리나무, 자작나무, 녹나무, 싸리나무

143 뿌리의 수분 및 무기양분 흡수에 대한 설명으로 틀린 것은?

① 뿌리에 흡수된 무기물이 내피에 도착하면 자유공간은 일단 없어진다.
② 심플라스트는 세포질 및 원형질 연락사를 통해 이동하는 것이다.
③ 아포플라스트는 세포벽과 세포 사이의 공극을 통해 이동하는 것을 말한다.
④ 카스페리안대는 제초제와 같은 유해한 화학물질에 대한 장벽을 만들어 낸다.
⑤ 일부의 수분은 세포막의 내재성단백질인 '아쿠아포린'을 통하여 삼투압의 형태로 흡수되기도 한다.

해설
- 집단류
  - 압력구배에 따라 물분자의 집단이 함께 이동하는 것이다.
  - 압력구배가 발생할 때 일어난다.
  - 물분자 집단에 압력이 가해지면, 물분자는 압력이 낮은 쪽으로 집단이동한다.
  - 식물의 세포막에서도 아쿠아포린이라는 내재성 단백질에 의해 선택적 수분이동이 일어난다.
  - 줄기에서 도관 내 수액의 장력, 정수압 등의 압력구배 말한다.
  - 식물체 내에서 수분의 신속한 이동과 원거리 이동은 주로 집단류의 특성으로 일어난다.
  - 집단류와 함께 각종 용질분자가 동시 이동한다.
- 카스페리안대
  - 뿌리에 흡수된 무기염이 내피에 도착하면 자유공간은 일단 없어진다.
  - 무기염은 카스페리안대라 불리는 띠 모양의 조직에 의해 차단된다.
  - 카스페리안대는 리그닌과 수베린(목전질)과 같은 불침투성 물질로 구성되어 있다.
  - 제초제와 같은 유해한 화학물질에 대한 장벽을 만들어 냄으로써 통과할 수 없다.
  - 내배엽 세포벽의 일부가 두꺼워져서 토양으로 물과 무기양분의 흡수를 조절하고 식물의 방어에 적극적인 역할을 한다.
- 심플라스트 경로
  - 식물의 살아 있는 부분을 통한 물의 이동경로이다.
  - 세포들을 서로 연결하는 채널인 원형질연락사 등 식물의 살아 있는 부분을 심플라스트라고 한다.
  - 이를 통해 물이 세포와 세포 사이를 이동하는 경로를 말한다.
- 아포플라스트 경로
  - 식물의 살아있지 않은 부분을 통한 물의 이동경로이다.
  - 식물의 뿌리에 흡수되는 대부분의 물은 세포벽과 세포간극을 통해 아포플라스트를 따라 이동한다.
  - 뿌리의 피층세포와 중심주의 경계를 이루는 내피세포에 다다를 때까지 **빠르게** 움직인다.

정답 143 ⑤

144 1차대기오염물질과 2차오염물질의 설명 중 틀린 것은?

① 1차오염물질이란 발생원으로부터 방출된 물질이 그대로 오염물질이 되어 있는 것을 말한다.
② 1차오염물질에는 아황산가스, 먼지, 이산화질소, 일산화탄소 및 탄화수소 등이 있다.
③ 2차오염물질은 1차오염물질이 대기 중에서 물리·화학적 반응에 의해 비슷한 물질이 혼합된 것을 말한다.
④ 자동차나 공장 등에서 배출된 탄화수소와 질소화합물이 태양의 자외선에 의한 광화학반응을 받아서 생긴 산화제 등이 그 예이다.
⑤ 2차대기오염물질은 오존, 광화학스모그, PAN 등이 있다.

해설 2차오염물질은 1차오염물질이 대기 중에서 물리·화학적 반응에 의해 전혀 다른 물질로 생성된 것을 말한다.
※ 대기 중에 있는 물질이 정상적인 농도 이상으로 존재할 때를 일컫는 말 : 고체, 액체 혹은 고체 형태, 천연적, 인공적 오염원에서 직접적으로 발생하는 오염물질을 1차오염물질이라고 하며, 방출된 물질로부터 대기권에서 새롭게 형성된 물질을 2차오염물질이라 함
- 병징 : 수목의 여러 기관 중 외부 환경의 변화에 가장 예민하게 반응을 나타내는 곳은 잎으로 유세포가 집중적으로 모여 있으며 대사활동이 가장 왕성하기 때문임
  - 대기오염 물질은 기공을 통하여 잎 속으로 들어가서 엽육조직에 피해를 주기 때문에 가장 먼저 나타나는 병징은 '잎의 황화현상'
  - 만성피해는 대기오염이 치명농도 이하에서 장기간 계속될 때 황화현상으로 서서히 나타나는데, 기공 주변의 엽육조직에서 먼저 피해가 나타나면서 일부 조직의 괴사(necrosis)가 동반함
  - 급성피해는 치명적인 농도에서 급속히 노출될 경우, 기공이 있는 하표피와 엽육조직이 붕괴하고 엽록체가 뒤틀리면서 책상조직도 파괴. 통도조직은 비교적 피해를 적게 받음
  - 오염물질이 한 가지일 경우 비교적 병징이 독특함
- 활엽수의 경우
  - 아황산가스(SO_2)에 노출되면 잎 가장자리 조직과 엽맥 사이에 있는 조직이 먼저 황화현상을 일으킴
  - 침엽수의 잎은 잎의 끝부분이 적갈색으로 변함
  - 만성적인 피해가 계속되면 1년생 이상된 잎이 대부분 고사, 당년생 잎만 남게 됨
  - 오존(O_3)의 피해는 잎에 주근깨 같은 반점(fleck)이 생김
  - PAN의 피해는 잎 뒷면에 광택이 나면서 후에 청동색
  - 불소(F)는 기체 형태의 오염물질 중에서 가장 독성이 크게 나타나는 물질로서 체내에 계속적으로 축적. 황화현상이 잎 가장자리에서 중륵을 따라서 안으로 확대
- 독성 기작
① 아황산가스(SO_2) : 아황산가스는 엽면의 기공을 통하여 식물체에 침입하고, 기공으로 흡수된 SO_2의 대부분은 황산 또는 황산염으로 되어 피해를 주게 됨
  - 생체 내에서 산화되어 황산으로 변하여 증산작용, 호흡작용, 동화작용 등의 여러 작용을 쇠퇴시키게 됨
  - 접촉량이 많고 가스의 흡수속도가 빠르면 황산이 접촉부위 부근에 축적되어 피해가 현저해질 수 있음

정답 144 ③

- SO_2에 의한 급성증상은 잎의 주변부와 엽맥 사이에 조직의 괴사가 나타나고, 연반현상도 나타남

② 질소산화물(NOx)
- 주로 차량의 배기가스와 각종 공장, 화력발전소의 연료연소에 의하여 배출됨
- NO_2는 동·식물에 유해, 광화학적 스모그현상 및 산성비의 원인이 됨
- 주 피해징후는 잎의 표면에 수침상의 반전이 나타나 차츰 백색, 회백색, 남갈색의 연반이 불규칙한 반점 형태, 연반이 발생한 후에 낙엽현상, 낙과현상이 생김

③ 오존(O_3)
- 오존(O_3)은 2차오염물질이며, 대기 중에서 질소산화물, 탄화수소(HC)가 자외선에 의한 촉매반응으로 광화학스모그가 생성·축적되며, 이렇게 생성된 광화학물질이 O_3와 PAN이 됨
- 광화학스모의 구성성분인 옥시던트의 90% 이상이 오존이며, 산화력이 강하기 때문에 많은 식물에 피해를 줌
- O_3와 PAN에 의한 피해는 반드시 광에 노출될 때 발생함
- 엽록체가 파괴되어 피해를 받은 식물은 잎에 적색화 및 황화현상이 일어나고, 잎의 앞면이 표백화되며 백색의 작은 반점이 생기고 암갈색의 점상 반점이 생김
- 일반적으로 피해가 격심할 때 불규칙한 대형 괴사증상이 발생. 장기적으로 계속 영향을 받을 경우에는 잎, 꽃, 어린 열매의 낙과 및 생육의 감소 등이 일어남
- 가시적인 피해는 책상조직이 선택적으로 파괴되는 경우가 많음

④ PAN : 2차오염물질이며, 대기 중에서 질소산화물, 탄화수소(HC)가 자외선에 의한 촉매반응으로 광화학산화반응으로 형성되는 2차오염물질로서 옥시던트 중에 미량(2~10%)으로 존재하는 산화력이 매우 강한 유기물, 강한 산화력을 지님
- 잎의 뒷면이 광택을 두른 은회색 또는 갈색이 변한 은회색을 나타내며, 피해가 극심하게 되면 잎의 표면에도 장해가 나타남
- 잎의 뒷면이 황백화, 시간이 경과함에 따라 잎의 뒷면에 주로 은백색을 나타내는 식물과 청동색을 나타내는 식물이 있음
- 유령기에 피해를 받으면 발육이 억제되어 결국 잎이 소형으로 되며 기형, 엽면적의 확대가 계속되는 미성숙잎에 강하게 작용하며, 성숙잎에는 해가 발생하기 어려움
- PAN은 어린잎에, SO_2는 성숙잎에 피해가 나타남

⑤ 불화수소(HF) : 주로 알루미늄 제련공장, 인광석을 주원료로 한 산비료인 과인산석회, 인산액 등을 제조하는 비료공장, 불소화합물을 원료로 하는 타일공장 및 기와공장 등에서 배출
- 식물에 대한 독성이 매우 강하여 ppb의 단위에서도 민감한 식물에서는 피해 징후가 나타남
- 물에 쉽게 녹는 성질이 있어서 기공을 통하여 흡수된 후 빠른 속도로 잎의 선단부와 엽록부분에 쌓임
  ※ ppb(parts per billion) : 10억 분의 1(10^{-9})
    - 피해증상은 대부분 잎의 선단부와 엽록부에 괴사반점이 생김
    - 괴사반점의 특징은 괴사부분과 건전한 조직 간에 명확히 식별할 수 있는 갈색 밴드가 나타나는 것
    - 어린잎의 선단과 주변부에 백화현상 또는 황화현상을 일으킴
    - 피해 받은 식물은 시들음 현상을 나타내기도 하며, 침엽수는 봄에 침엽이 신장할 때 피해가 크게 발생하고, 잎의 원형질과 엽록소를 분해하여 세포를 괴사
    - 피해감정법은 클라디오스와 같은 지표식물을 현지에 식재하여 피해감정

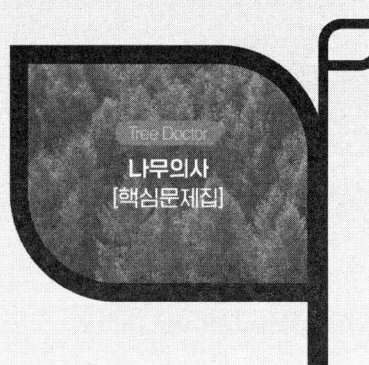

PART 06

실전모의고사

제1회 실전모의고사

제2회 실전모의고사

제1회 실전모의고사 정답 및 해설

제2회 실전모의고사 정답 및 해설

Tree
Doctor

PART 06 제1회 실전모의고사

PART 01 | 수목병리학

01 우리나라 주요 수목병에 대한 설명으로 틀린 것은?
① 포플러녹병의 중간기주는 낙엽송과 현호색류이다.
② 잣나무 털녹병의 중간기주인 송이풀류에서 녹병포자와 녹포자세대가 발견되고 있다.
③ 오동나무 빗자루병은 옥시테트라사이클린의 수간주입을 치료가 된다.
④ 소나무재선충병은 곰솔과 잣나무에서도 발생한다.
⑤ 소나무류 송진가지마름병은 테부코나졸 유탁제의 수간주사로 방제 효과가 높다.

02 수목병해에 대한 설명으로 옳은 것은?
① 파이토플라스마와 원생동물에 의한 수목병은 온대지방에서 흔하다.
② 세균과 바이러스에 의한 병은 초본보다 목본에서 더 흔하다.
③ 휴면기를 지난 1차 전염원은 접종에서부터 시작하며 접촉이 있어야 발병한다.
④ 구획화는 가지부분에서만 일어난다.
⑤ 바이러스는 선충에 의해서 옮겨지지만 종자, 꽃가루 등에서는 옮겨지지 않는다.

03 다음 설명 중 틀린 것은?
① *Fusarium*균에 의한 모잘록병은 비교적 습윤한 토양에서 잘 발생한다.
② 자줏빛날개무늬병은 개간 직후의 임지에서 피해가 심하다.
③ 질소질 비료를 과용하면 동해나 냉해가 발생하기 쉽다.
④ 수간주사는 4월 초순에서 10월 초에 실시하는 것이 좋다.
⑤ 소나무의 유입식 주간주입기로 3~11월에는 수간주입이 안 되지만 압력식수간주입기를 사용하면 연중수간주입이 가능하다.

04 다음 설명 중 틀린 것은?
① 절대기생체에 속하는 균류는 노균병균, 흰가루병, 녹병균, 무사마귀병균 등이 있다.
② 기생체 중에서 식물과 공생하는 것은 뿌리혹박테리아, 균근균, 지의류 등이 있다.
③ 균류는 직접침입, 자연개구를 통한 침입, 상처침입이 모두 가능하다.
④ 세균은 이동이 가능하며 직접침입할 수 있다.
⑤ 바이러스는 직접침입, 자연개구를 통한 침입은 할 수 없다.

05 식물 병원세균이 생산하는 생리활성물질이 아닌 것은?

① 다당류 ② 효소
③ 식물독소 ④ 식물호르몬
⑤ 플라스미드

06 바이러스에 대한 설명으로 틀린 것은?

① DNA나 RNA 중 한 종류의 핵산과 소수의 단백질만 가지고 있고 식물에 대한 감염성이 있다.
② 에너지 생산계를 만드는 유전정보가 없으므로 단백질 합성에는 기주세포의 리보솜을 이용한다.
③ 소독약이나 열에 대해서는 세균보다 약하지만 항생물질에 대해서는 저항성을 보인다.
④ 외부형태는 막대모양, 공모양, 원통형의 막대모양이 있다.
⑤ 식물의 바이러스병은 한 가닥 RNA 형태이다.

07 파이토알렉신에 대한 설명으로 틀린 것은?

① 식물에 저항성반응을 유도하는 물질이다.
② 글루칸, 키토산, 당단백질, 다당류 등이 속한다.
③ 생산된 파이토알렉신의 종류는 식물에 따라 결정되며 접종한 균의 종류에 따라 관계가 있다.
④ 감염균사의 신장저해작용과 병원균의 세포침입을 저지하는 감염저해작용을 한다.
⑤ 파세올린, 피사틴 등이 속한다.

08 수복은 병원제가 기수에 침입하기 선 저항성 반응으로 기주측에 기계적인 방어력을 형성하는데 이에 해당되지 않는 것은?

① 코르크형성 ② 파이토알렉신
③ 전충제형성 ④ 검형성
⑤ 칼로스돌기형성

09 빈칸 안에 들어갈 용어는?

> (   ) 병원균의 침입으로부터 유도된 저항성으로 살리실산이 전달물질의 역할을 하고 저항성산물로 감염특이적 단백질(PR protein)이 생성된다. (   )은/는 외부자극에 의해 식물체 일부분에 유도된 저항성이 식물 전신말단부까지 퍼지는 것으로 감염되지 않은 부위에도 오래 지속되고, 원래 감염된 병원체 외의 병원체에도 저항성을 나타낸다.

① 전신획득저항성 ② 레이스
③ 파이토알렉신 ④ 분화형
⑤ HRGP

10 곰팡이의 유성생식에 대한 설명 중 틀린 것은?

① 유성생식은 원형질융합, 핵융합, 감수분열의 과정을 거친다.
② 유성세대는 대개 월동이나 휴면 또는 유전적 변이를 통한 환경적응의 기작이다.
③ 접합균류는 유성생식에서 크기가 다른 배우자낭과 합쳐서 접합포자가 된다.
④ 반자낭균강의 자낭은 단일벽이다.
⑤ 담자포자는 담자기 위에 4개의 담자포자가 형성된다.

11 공생성 곰팡이에 대한 설명으로 틀린 것은?

① 내생균근은 접합균문에 속하는 곰팡이다.
② 내생균근은 격벽이 있는 난초형과 철쭉형이 있다.
③ 외생균근은 담자균문이나 자낭균문에 속한다.
④ 외생균근은 베시클(vesicle)과 아뷰스쿨(arbuscule)을 형성한다.
⑤ 내외생균근을 형성하는 곰팡이는 자낭균목에 속한다.

12 다음 설명 중 틀린 것은?

① 병환의 주요단계는 접종-접촉-침입-기주인식-감염-침투-정착이다.
② 세계 3대 수병은 느릅나무시들음병, 밤나무줄기마름병, 잣나무털녹병이다.
③ 바이러스는 전신성 병해로 모자이크 병징을 나타낸다.
④ 세균은 흡착기가 있으며 개구부와 상처에 침입하며 뿌리혹병, 세균성 궤양병, 불마름병을 일으킨다.
⑤ 생물적(기생성, 전염성) 피해는 기주 선호성, 부위별 감염성, 다양한 진전 등이 특징이다.

13 우리나라 주요 수목병의 설명 중 틀린 것은?

① 포플러류 녹병은 낙엽송을 중간기주로 하는 *Melampsora larici-populina*와 현호색류를 중간기주로 하는 *M. magnusiana*가 분포한다.
② 잣나무 털녹병은 송이풀 및 까치밥나무류가 중간기주이다.
③ 대추나무 빗자루병은 옥시테트라사이클린을 살포함으로 병을 효과적으로 치료가 가능하다.
④ 주로 잣나무는 북방수염하늘소가 소나무의 재선충의 매개충이다.
⑤ 소나무류 송진가지마름병은 리기다소나무에 심하며 병원균은 *Fusarium circinatum*이다.

14 병의 삼각형에 대한 설명으로 틀린 것은?

① 농약살포는 병원체(주인)배제에 해당한다.
② 저항성 품종 이용은 기주(소인)배제에 해당한다.
③ 환경조절은 발병환경(유인)배제에 해당한다.
④ 발병 관계 3대 요소는 기주(소인), 병원체(주인), 환경요인(유인)으로 이 중 어느 하나도 '0'이면 병의 발생은 없다.
⑤ 레이스(race)는 한 종내 유전적·지리적으로 독특한 교배집단으로 환경요인(유인) 해당한다.

15 바이러스에 설명으로 틀린 것은?

① 기주식물체 내에서 스스로 증식(복제)된다.
② 식물바이러스는 핵산은 겹가닥 RNA이다.
③ 기주 수목 내에서 지속적으로 인접한 세포로 새로 감염시켜 전체로 퍼지는 전신적 병원균이다.
④ 절대기생체로 살아 있는 기주체에서만 기생한다.
⑤ 곤충에 의한 매개(흡즙성 곤충), 상처를 통한 매개(영양번식, 전정), 선충, 종자, 꽃가루에 의한 매개 등이 있다.

16 면역학적 진단에 대한 설명으로 틀린 것은?

① 항혈청을 이용하여 바이러스병 및 진균병, 세균병 진단할 수 있다.
② 특이성과 신속성이 있다.
③ 응집과 침강반응의 원리를 이용한다.
④ 면역효소항체법(ELISA법)은 최근 식물병 진단에 가장 많이 이용된다.
⑤ PCR법, IF법, ISEM법, dot-blot assay, dipstick 등이 있다.

17 병징에 대한 설명 중 틀리게 연결된 것은?

① 이층형성-조기낙엽 원인
② 상편생장-잎이 아래쪽으로 처지거나 쭈글쭈글하게 오그라드는 현상
③ 잎맥투명화-주로 바이러스 감염 시 나타남
④ 1차 대상의 장애-안토시아닌의 발달 지연으로 색깔 변형
⑤ 기능장애-황화, 수화, 괴저증상, 고무질, 수지즙액 분비

18 병징에 대한 설명 중 틀린 것은?

① 바이러스와 파이토플라스마는 뚜렷한 표징이 없다.
② 구멍이 병징으로 나타날 때 바이러스, 세균, 곰팡이와 동해나 물리적 피해에 의해서도 나타난다.
③ 궤양은 곰팡이에 의해 나타난다.
④ 토양수분이 부족할 경우에 발생한다.
⑤ 엽화는 제초제 피해에 의해서도 나타난다.

19 다음 진단법에 해당하는 것은?

- 시들음 증상이 곰팡이에 의한 것인지 세균에 의한 것인지 판단
- 자실체의 형태 및 포자 색깔 동정

① 배양적습실처리 ② 영양배지법
③ 생리화학적 ④ 해부학적
⑤ 현미경적 진단

20 다음 설명 중 틀린 것은?

① 흰가루병은 절대기생체이다.
② 목재의 변색균이나 부후균은 부생성이다.
③ 세균은 곰팡이의 뿌리병 발생에 중요한 촉진인자로 작용한다.
④ 기생성 종자식물은 절대기생체로 흡기를 기주식물에 박고 물, 무기물, 영양분을 탈취한다.
⑤ 테부코나졸, 티오파네이트메틸, 베노밀 등은 직접 살균제이며 침투성 약제에 속한다.

21 모잘록병의 방제 방법으로 틀린 것은?

① 파종량을 알맞게 하고 복토를 두텁지 않게 하며 밀식되었을 때에는 솎아준다.
② 묘포장의 배수를 철저히 하여 과습을 피하고 통기성을 좋게 한다.
③ 질소질 비료의 과용을 삼가고 인산질 비료를 충분히 주며 완숙한 퇴비를 준다.
④ 병든 묘목은 발견 즉시 뽑아 태우고 병이 심한 포지는 돌려짓기를 한다.
⑤ 밀식되지 않도록 적기에 속아주며 오래된 종자는 선별하여 사용한다.

22 모잘록병에 대한 설명 중 틀린 것은?

① 모잘록병원균 중 불완전 균류인 것은 *Rhizoctonia solani, Fusarium oxysporum, Cylindrocladium scoparium*이다.
② 토양습도가 높을 때 피해가 큰 병원은 *Rhizoctonia solani, Pythium debaryanum*이다.
③ 건조한 토양에서 잘 발생하는 병원은 *Fusarium oxysporum*이다.
④ *Pythium*은 기주가 없거나 환경이 좋지 못한 상태에서는 난포자로 휴면한다.
⑤ *Pythium*은 주로 기주세포에 부착기와 침입관을 형성하여 침입한다.

23 그을음병에 대한 설명으로 틀린 것은?

① 자낭균에는 Meliolaceae 및 Capnodiaceae과에 속하는 균과 불완균류로 Dematiaceae과에 속하는 균이 많다.
② Meliolaceae 및 Asterinaceae과는 따뜻한 지방의 상록활엽수에 많이 기생한다.
③ Capnodiaceae과는 흡즙성 곤충에 수반하여 부생(腐生)하는 대표적인 균으로 널리 분포한다.
④ 해충과는 관계없이 나무로부터 직접 영양을 흡수하는 기생성 균에 의한 것도 있다.
⑤ 병원균의 월동은 균사나 자낭구의 상태로 이루어진다.

24 다음 *Phytophthora*병에 대한 설명 중 틀린 것은?

① 기주우점병으로 조직 특이적병해 중에 하나이다.
② 밤나무잉크병은 학명이 *Phytophthora katsurae*이다.
③ 개비자, 일본잎갈나무, 편백나무에 감염되는 역병균은 *Phytophthora cinnamomi*이다.
④ 묘목의 경우 수세가 쇠약해져 생장이 불량하고 침엽은 연녹색을 띤다.
⑤ 뿌리를 살펴보면 뿌리의 일부가 검은색으로 썩는 것을 관찰할 수 있다.

25 참나무시들음병에 대한 설명으로 틀린 것은?

① 병원균은 *Raffaelea quercus-mongolicae*이며 매개충은 광릉긴나무좀이다.
② 참나무류(주로 신갈나무), 서어나무 등이 기주이다.
③ 가슴높이 직경이 20cm 이하의 나무가 주로 피해를 받는다.
④ 집중적으로 침입을 받은 나무는 7월 말부터 빠르게 시들면서 빨갛게 말라죽는다.
⑤ 죽은 나무의 땅 부위 줄기에는 매개충이 침입한 구멍(직경 1mm 정도)이 많이 있다.

PART 02 | 수목해충학

26 충영형성에 대한 설명으로 이에 해당하는 해충은?

> 성충과 약충이 잎눈 속에서 가해하여 꽃봉오리 모양의 벌레혹 형성

① 사철나무혹파리
② 붉나무혹응애
③ 회양목혹응애
④ 밤나무혹벌
⑤ 사사키잎혹진딧물

27 솔잎혹파리에 대한 설명으로 틀린 것은?

① 1920년대 초반에 우리나라에 침입한 것으로 추정된다.
② 성충이 솔잎기부에 충영을 형성한다.
③ 가을철에 솔잎은 갈색으로 변하여 일찍 낙엽이 지고 나무의 생장이 저하된다.
④ 전면적으로 확산되면 5~7년차에 극심한 피해극심기에 도달한다.
⑤ 피해임목의 고사는 지피식생이 많은 임지, 북향 임지 및 산록부임분에서 많이 나타난다.

28 솔잎혹파리에 대한 설명으로 올바른 것은?

① 1년에 2회 발생한다.
② 성충으로 월동한다.
③ 하루 중 우화시기는 11시경이다.
④ 유충의 낙하시기는 남부보다 북부지방이 빠르다.
⑤ 3~4월에 성충, 알, 번데기가 같이 나타난다.

29 말린 잎 속에서 유충이 가해하며 흰가루병과 그을음병이 발생하기도 하는 것은?

① 사철나무혹파리
② 아카시잎혹파리
③ 외줄면충
④ 밤나무혹벌
⑤ 사사키잎혹진딧물

30 복숭아명나방에 대한 설명 중 틀린 것은?

① 침엽수를 가해하는 침엽수형과 활엽수를 가해하는 활엽수형으로 나눈다.
② 유충은 배설물을 가해부위에 붙여놓는다.
③ 밤에는 주로 조생종의 피해가 심하다.
④ 1년에 2~3회 발생한다.
⑤ 번데기로 월동한다.

31 솔껍질깍지벌레에 대한 설명으로 틀린 것은?

① 한국과 일본에 분포하며 곰솔과 소나무에 모두 피해를 준다.
② 피해증상은 3~5월에 수관 상부 가지의 잎부터 갈색으로 변색된다.
③ 수령에 따른 피해율은 7년 이상 22년 이하의 수령에서 가장 높다.
④ 최초 침입 후 4~5년 경과 후에 피해가 심해진다.
⑤ 피해도가 '심' 이상의 수종갱신이 필요한 지역은 모두베기를 실시한다.

32 절지동물문에 대한 설명으로 틀린 것은?
① 순환계는 개방혈관계이다.
② 단단한 외골격으로 이루어져 있으며 주기적인 탈피를 통해 체량을 증가시킨다.
③ 유사한 여러 대의 몸마디(절)로 이루어져 있다.
④ 몸의 좌우 대칭성을 가진다.
⑤ 체강은 환형동물과 같은 구조를 가지고 있다.

33 더듬이에 대한 설명으로 틀린 것은?
① 촉각, 후각, 청각, 미각 등 다양한 감각기관 역할을 한다.
② 더듬이는 크게 세 분류 밑마디(첫 번째 마디), 흔들마디(두 번째 마디), 채찍마디(세 번째 마디)로 나누어진다.
③ 나비의 더듬이 모양은 끝부분이 갑자기 부풀어 오른 곤봉 모양이다.
④ 나방의 더듬이는 실모양, 빗살모양, 톱니모양, 깃털모양 등 종류에 따라 다양하다.
⑤ 거위벌레의 더듬이는 'ㄱ'자 모양이고, 바구미는 일자 모양으로 약간 꺾여 있다.

34 내분비계의 설명으로 틀린 것은?
① 곤충이 성충이 되면 앞가슴샘은 퇴화된다.
② 카디아카체는 뇌의 신경분비세포에서 신호를 받은 후 앞가슴샘자극호르몬을 방출한다.
③ 알라타체는 성충 형질의 발육을 촉진하는 유약호르몬을 생산한다.
④ 성충에서 알라타체는 페로몬생성에 관여한다.
⑤ 신경분비세포에는 경화호르몬, 이뇨호르몬 등이 있다.

35 외분비계에 대한 설명으로 잘못 연결된 것은?
① 성페로몬 – 종특이성
② 집합페로몬 – 사회성 유지
③ 분산페로몬 – 산란 시 간격페로몬
④ 길잡이페로몬 – 단시간에 신속한 효과
⑤ 경보페로몬 – 방향성 물질로 빠른 확산

36 알에 대한 설명으로 틀린 것은?
① 대부분의 곤충의 생식유형은 난생이다.
② 알은 여러 개의 살아 있는 세포이다.
③ 난각은 수분손실이 거의 없고 호흡을 통한 산소와 이산화탄소의 가스교환 기공이 있다.
④ 암컷에는 정자를 보관할 수 있은 저정낭이 있다.
⑤ 수정으로 배수체 접합자를 만든다.

37 기생성 천적에 대한 설명으로 틀린 것은?
① 해충의 밀도를 조절할 수 있다.
② 기생벌류에는 맵시벌상과, 먹좀벌상과, 좀벌상과가 있다.
③ 개미침벌과 가시고치벌은 내부기생성이다.
④ 내부기생성 천적은 대부분 긴 산란관으로 기주의 체내에 알을 낳는다.
⑤ 솔잎혹파리의 방제에 이용되는 것은 기생벌이다.

38 다음 중 솔잎혹파리의 천적기생벌이 아닌 것은?
① 혹파리등뿔먹좀벌   ② 혹파리반뿔먹좀벌
③ 솔잎혹파리먹좀벌   ④ 혹파리살이먹좀벌
⑤ 혹파리잔뿔먹좀벌

39 포식성 천적 중 빠는 형 입틀을 가진 해충은?
① 무당벌레   ② 꽃등애잎벌
③ 사마귀   ④ 풀잠자리
⑤ 말벌류

40 복숭아유리나방에 대한 설명으로 틀린 것은?
① 가해부는 적갈색의 굵은 배설물과 함께 흘러나와 쉽게 눈에 띈다.
② 어린 유충은 가해 시 잎말이나방류로 오인되기 쉽다.
③ 연 1회 발생한다.
④ 어린 유충은 노숙 유충보다 방제가 어렵다.
⑤ 페로몬트랩을 이용하여 성충을 유인하고 유살한다.

41 다음에 해당하는 해충은?

- 활엽수와 침엽수를 가해한다.
- 유충이 어릴 때는 초본류를, 성장 후에는 수목의 수피와 목질부 표면을 고리모양으로 파먹는다.
- 더듬이는 짧고 입은 퇴화되었으며, 몸은 가늘고 길다.

① 박쥐나방　　　　② 소나무좀
③ 오리나무좀　　　④ 앞털뭉뚝나무좀
⑤ 알락하늘소

42 다음 중 소나무 좀에 대한 설명으로 틀린 것은?

① 새로 우화한 성충은 신초에 후식피해를 입는다.
② 더듬이 끝은 달걀형이고 중간마디는 5마디이다.
③ 연 1회 발생한다.
④ 유충기간은 20일이고 2회 탈피한다.
⑤ 후식피해는 수관의 하부보다는 상부, 정아지보다는 측아지에서 피해가 높다.

43 다음에 해당하는 해충은?

- 1983년 국내 수입재 해충
- 느티나무를 가해하며 단근작업으로 옮겨 심은 이식목에 피해가 많이 발생
- 피해목은 5~8월에 줄기에서 우윳빛이나 연갈색 액체가 침입공을 통해 흘러나옴
- 유충갱도는 양쪽으로 뻗은 방사 형태로 90개 내외 생성

① 오리나무좀　　　② 광릉긴나무좀
③ 앞털뭉뚝나무좀　④ 소나무좀
⑤ 박쥐나방

44 복숭아유리나방이 벚나무사향하늘소와 다른 차이점으로 옳은 것은?

가. 목설은 많은 가루를 포함한다.
나. 목설은 섬유질 형태를 띤다.
다. 우드칩모양은 짧고 넓다는 특징이 있다.
라. 가해부는 굵은 배설물과 함께 수액이 흘러나온다.

① 가, 라　　　② 가, 나
③ 가, 다　　　④ 나, 라
⑤ 나, 다, 라

45 충영해충에 설명으로 틀린 것은?

① 회양목혹응애 – 성충과 약충이 잎눈 속에서 가해하며 꽃봉오리 모양의 벌레혹을 형성
② 붉나무혹응애 – 성충과 약충이 잎 뒷면에 기생하여 잎 앞면에 사마귀 같은 둥근 벌레혹 형성
③ 아까시잎혹파리 – 성충은 새잎 뒷면 가장자리에 알을 낳으며 흰가루병과 그을음병이 동시 발생
④ 솔잎혹파리 – 벌레혹은 수관의 상부에 많이 형성되고 피해가 심할 때는 정단부 당년도 가지가 대부분 말라 죽음
⑤ 외줄면충 – 느티나무 잎 앞면에서 즙액을 빨아 먹으며 잎 표면에 표주박 모양의 담녹색 벌레혹을 만듦

46 깍지벌레 중 월동 형태가 다른 것은?

① 주머니깍질벌레　　② 거북밀깍지벌레
③ 뿔밀깍지벌레　　　④ 루비깍지벌레
⑤ 쥐똥밀깍지벌레

47 다음 중 곤충의 순환계에 대한 설명으로 틀린 것은?

① 곤충의 순환계는 개방순환계이다.
② 곤충 체액은 혈액과 림프액을 합한 혈림프이다.
③ 혈액의 순환은 부속박동기관의 도움을 받는다.
④ 혈구의 기능은 식균작용이다.
⑤ 혈구는 내배엽에서 발생한다.

48 개체발생 과정상에서 구조와 외형이 매우 다르게 변하는 것을 과변태라고 한다. 다음 중 과변태에 해당하지 않는 곤충류는?

① 가뢰　　　　　② 부채벌레
③ 매미기생나방　④ 사마귀붙이류
⑤ 꽃등에

49 생물적 방제의 장점 중 틀린 것은?
① 화학적 방제에 비해 방제효과의 영속성
② 자연과의 조화성
③ 경제적 이익성
④ 생물요소들과 상호영향성
⑤ 속효적이며 일시적으로 효과가 큼

50 국내외 생물적 방제에 해당하는 사례로, 해충과 그 천적이 올바르게 짝지어진 것은?
① 이세리아깍지벌레 – 꼬마무당벌레
② 루비깍지벌레 – 온실가루이좀벌
③ 점박이응애 – 베달리아무당벌레
④ 콜레마니진디벌 – 진딧물류
⑤ 사과면충 – 이세리아깍지벌레

PART 03 | 수목생리학

51 다음 설명 중 틀린 것은?
① 나무는 증산작용으로 에너지 소모 없이 수분을 운반한다.
② 소나무류는 잣나무류보다 비중이 높다.
③ 곰솔 잎의 유관속은 2개로 이루어져 있다.
④ 붉가시나무의 종자는 개화 이듬해에 익는다.
⑤ 후각조직은 원형질이 없다.

52 다음은 식물의 영양구조와 생식구조에 관한 설명이다. 옳지 않은 것은?
① 식물의 생식구조에는 꽃, 열매, 종자의 기관이 있다.
② 피자식물의 완전화는 꽃잎, 암술, 수술, 꽃받침으로 구성되어 있다.
③ 피자식물의 암술은 암술머리, 암술대, 꽃밥으로 구성되어 있다.
④ 영양구조는 생장을 위한 구조로 잎, 줄기, 뿌리의 기관이 있다.
⑤ 잎은 유세포로 구성되어 있고 광합성에 중요한 기관이다.

53 다음은 식물의 잎에 대한 설명이다. 옳은 것은?
① 기공을 구성하는 공변세포는 안쪽 세포벽은 얇고 바깥쪽은 더 두껍다.
② 해면조직은 책상조직과 함께 엽록체를 가지고 있어 광합성이 활발하게 일어나는 곳이다.
③ 유칼리나무는 잎의 구별이 뚜렷한 양면엽을 가지고 있다.
④ 피자식물의 잎은 엽신과 엽병으로 이루어져 있으며, 이는 나자식물도 같다.
⑤ 엽육조직의 한복판에는 엽맥이 있는데 상표피 쪽에 탄수화물을 이동하는 사부가 하표피 쪽에 수분을 이동하는 목부가 있다.

54 다음은 뿌리에 대한 설명이다. 옳지 않은 것은?
① 일반적으로 밑으로 깊숙이 빠른 속도로 자라 내려가는 직근과 옆 방향으로 넓게 퍼지는 측근으로 나뉜다.
② 소나무의 경우는 장근과 단근의 구별이 뚜렷하다.
③ 단근은 뻗어나가는 장근에서 기원하여 천천히 자라는데, 형성층이 없어서 직경생장을 하지 않는다.
④ 모근은 가지를 많이 쳐서 넓은 면적을 확보하는데 개척근보다 직경이 크고 길이가 짧다.
⑤ 단근은 수분과 영양분 흡수를 담당하고, 토양곰팡이와 균근을 형성하는 세근이 된다.

55 다음의 식물조직 중 영구 조직에 속하는 것으로 옳은 것은?
① 생장점조직
② 유관속형성층
③ 동화조직
④ 코르크형성층
⑤ 절간분열조직

56 다음은 수목부후구획화(CODIT)에 대한 설명이다. 〈보기 1〉과 〈보기 2〉를 옳게 연결한 것은?

〈보기 1〉
가. Wall 1은 목재의 상하 방향의 확산을 막는 벽
나. Wall 2는 목재중심으로 확산방지
다. Wall 3은 수간의 좌우 확산방지
라. Wall 4는 새로 만들어지는 조직으로 확산방지

〈보기 2〉
A. 형성층 B. 전충제
C. 종축유세포 D. 방사조직
E. 테르펜

① 가−B, 나−C, 다−D, 라−A
② 가−E, 나−D, 다−C, 라−A
③ 가−B, 나−E, 다−D, 라−A
④ 가−E, 나−D, 다−B, 라−A
⑤ 가−B, 나−C, 다−A, 라−D

57 다음은 체관요소 중 callose에 대한 설명이다. 옳지 않은 것은?

① callose는 $\beta-1,3$ 결합에 의한 포도당 중합체이다.
② 사관요소가 상처를 입으면 callus의 형성과 함께 callose도 급격히 합성되어 사판 주위에 축적된다.
③ 성숙한 기능을 하는 사관요소에서 다량의 callose가 사판 위에 축적되어 있는 것을 볼 수 있다.
④ 식물의 전류시스템을 유지할 수 있도록 한다.
⑤ 광합성 산물의 수송을 차단한다.

58 다음은 잎에 대한 설명이다. 옳지 않은 것은?

① 식물이 처음으로 갖는 잎은 자엽이다.
② 인편은 눈을 보호하고 양분을 저장하기도 한다.
③ 밤나무는 자엽에 탄수화물을 저장한다.
④ 자엽은 종자 내에 있는 배유가 자란 것이다.
⑤ 인편은 눈이 형성될 때 제일 먼저 만들어진다.

59 다음은 뿌리의 형성층을 설명한 것이다. 옳지 않은 것은?

① 어린뿌리는 내초 안쪽에 1차 목부가 십자형 혹은 일자형으로 배열한다.
② 1차 목부와 1차 사부 사이에 있는 유세포가 세포분열을 시작하여 형성층을 만든다.
③ 형성층의 안쪽으로 2차 목부가 축적되면 형성층이 펴지고 1차 사부가 밖으로 밀려난다.
④ 시간이 경과하면 형성층은 서로 원형으로 연결되어 연속적인 유관속형성층으로 변한다.
⑤ 내피의 세포가 세포분열하여 만든 코르크형성층은 뿌리를 보호한다.

60 다음은 광주기에 관한 설명이다. 옳지 않은 것은?

① 단일 조건은 줄기의 생장을 정지시키고 동아의 형성을 촉진한다.
② 장일 조건은 휴면을 지연시키거나 억제한다.
③ 고정생장을 하는 수종의 줄기생장 정지는 단일 조건에 의해서 결정되는 것은 아니다.
④ 무한생장을 하는 수목은 단일 조건에서 줄기의 끝이 죽어버리면서 생장을 정지한다.
⑤ 아까시나무와 단풍나무는 일장과 온도를 늘려도 겨울에 줄기생장을 계속하지 않는다.

61 다음은 광합성에 대한 설명이다. 옳지 않은 것은?

① 엽록소는 햇빛을 모아 네 가지 단백질군이 임의로 작용하여 물분자(H_2O)를 분해하고 산소(O_2)를 발생시킨다.
② 태양에너지는 광반응을 거치면서 NADPH와 ATP에 저장된다.
③ 전자가 물분자에서 출발하여 NADP까지 전달되는 과정은 햇빛에너지 없이는 불가능하다.
④ 암반응은 한밤중에 일어날 수 있다는 말이 아닌 ATP와 NADPH가 있을 경우에만 가능하다.
⑤ 암반응에서 CO_2를 환원시키는 힘은 NADPH의 강력한 환원력 때문이다.

62 다음의 설명 중 옳지 않은 것은?

① 수목의 여러 부위 중에서 광합성을 할 수 있는 곳은 잎과 녹색을 띤 어린줄기뿐이다.
② 조직이나 기관은 모두 잎에서 공급되는 탄수화물을 이용한다.
③ 3~4월에 활엽수 밑동 자르기를 실시한다.
④ 상록수의 경우 탄수화물의 계절적 변화는 낙엽수에 비해 훨씬 적다.
⑤ 올리고당류는 물에 잘 녹아 이동성이 크다.

63 다음은 질소고정에 대한 설명이다. 옳지 않은 것은?

① *Azotobacter*는 호기성 박테리아로 지구상에서 호흡작용을 가장 왕성하게 하는 생물이다.
② *Clostridium*은 혐기성 박테리아로 산성토양에서 활동이 더 높다.
③ *Cyanobacteria*는 곰팡이와 함께 공생형태인 지의류를 형성한다.
④ *Frankia*는 *Actinomycetes*의 일종으로 사상균이다.
⑤ *Rhizobium*과 *Frankia*는 기주세포 밖에서 공생하는 외생공생이다.

64 다음은 지질의 기능에 대한 설명이다. 옳지 않은 것은?

① 원형질막의 인지질로 이루어져 용질의 선택적 투과성을 나타낸다.
② 종자나 과일의 중요한 저장물질이다.
③ 잎, 줄기 또는 종자의 표면을 보호하는 피복층을 만든다.
④ Carotenoids은 병원균이나 곤충의 침입을 막는다.
⑤ 인지질은 수목의 내한성을 증가시킨다.

65 다음은 Phenol 화합물에 대한 설명이다. 옳지 않은 것은?

① Phenol 화합물은 땅속에서 분해될 때 가장 최후까지 남아있다.
② 리그린의 가장 중요한 기능은 cellulose의 인장강도와 사부의 물리적인 지지력을 높인다.
③ 리그린은 수분이 이동하는데 생기는 장력을 견딜 수 있게 해 준다.
④ 리그린은 cellulose가 병원균, 곤충, 초식동물에 의하여 먹이로 사용되는 것을 방지한다.
⑤ 타닌은 식물의 생장을 억제하는 타감물질 역할을 한다.

66 다음의 무기영양소에 대한 설명이다. 옳지 않은 것은?

① 인은 핵산과 원형질막의 구성성분이다.
② 질소가 결핍하면 T/R률이 적어진다.
③ 인은 주로 $H_2PO_4^-$ 형태로 흡수된다.
④ 인 결핍 시 소나무잎은 자주색을 띤다.
⑤ 황은 체내에서 이동이 잘 안 되어 어린잎 전체(엽맥 제외)가 황화현상을 나타낸다.

67 다음은 증산작용에 대한 설명이다. 옳지 않은 것은?

① 증산작용을 거의 하지 않을 때는 무기염은 이동하지 못한다.
② 증산작용은 잎의 온도를 낮추어 준다.
③ 증산작용 시 대기의 수분퍼텐셜이 잎의 수분퍼텐셜보다 낮기 때문에 가능하다.
④ 증산작용이 과도하게 촉진되면 무기염이 축적되어 독성을 나타낼 수 있다.
⑤ CO_2를 흡수하기 위해서는 필연적으로 수분손실이 일어난다.

68 다음은 균근에 대한 설명이다. 옳지 않은 것은?

① 식물의 어린뿌리가 토양 중의 곰팡이와 공생하는 형태를 말한다.
② 균근은 고등육상식물의 97%에서 발견될 만큼 흔하게 존재한다.
③ 북극의 툰드라 지역이나 고산지대와 같이 생육환경이 나쁜 곳에서는 특히 중요하다.
④ 균근은 인산의 흡수를 촉진시켜준다.
⑤ 산성토양에서 질산태(NO_3^-) 질소를 흡수할 수 있게 도와준다.

69 다음은 유형기에 있는 수목의 특징과 수목의 연결로 옳지 않은 것은?

① 잎의 모양 – 향나무
② 가시의 발달 – 아까시나무
③ 엽서 – 고무나무
④ 곧추선 가지 – 일본잎갈나무
⑤ 낙엽의 지연성 – 참나무류

70 다음 중 개화하는 순서가 가장 빠른 나무는?

① 오리나무
② 잎갈나무
③ 소나무
④ 잣나무
⑤ 자귀나무

71 다음은 휴면타파에 대한 설명이다. 옳지 않은 것은?

① 후숙은 종자의 배휴면, 종피휴면의 정도가 가벼운 종자는 습윤한 상태로 보관한다.
② 저온처리는 종자를 젖은 상태로 겨울철 땅속의 낮은 온도에서 보관한다.
③ 열탕처리는 콩과식물의 씨앗을 뜨거운 물에 잠깐 담근다.
④ 약품처리는 1% 과산화수소에 48시간 처리한다.
⑤ 상처유도법은 아까시나무, 피나무 종자를 진한 황산으로 처리한다.

72 다음의 발아생리를 순서대로 연결한 것으로 옳은 것은?

> ㄱ. 수분흡수
> ㄴ. 식물호르몬 생산
> ㄷ. 세포분열과 확장
> ㄹ. 효소생산
> ㅂ. 기관 분화
> ㅁ. 저장물질의 분해와 이동

① ㄱ – ㄴ – ㄹ – ㅁ – ㄷ – ㅂ
② ㄱ – ㄴ – ㅁ – ㄹ – ㄷ – ㅂ
③ ㄴ – ㄹ – ㄱ – ㅁ – ㄷ – ㅂ
④ ㄹ – ㄴ – ㄱ – ㄷ – ㅂ – ㅁ
⑤ ㄴ – ㄱ – ㄷ – ㅁ – ㄹ – ㅂ

73 녹병균에 감염된 부위에 green island를 만드는 식물호르몬은 무엇인가?

① 옥신
② 지베렐린
③ 사이토키닌
④ 에브시식산
⑤ 에틸렌

74 다음 중 간벌쇼크로 인한 현상으로 옳지 않은 것은?

① 잎의 황화현상
② 조직의 피소현상
③ 수목의 풍도현상
④ 도장지 감소
⑤ 병해충 증가

75 다음은 이상재에 대한 설명이다. 옳지 않은 것은?

① 오동나무나 개오동나무는 편심생장을 하지 않는다.
② 압축이상재는 기울어진 수간의 아래쪽에 옥신의 농도가 증가한다.
③ 침엽수는 정아나 수간에 IAA를 처리하면 압축이상재가 생긴다.
④ 신장이상재는 기울어진 수간의 위쪽에 옥신의 농도가 감소하여 생긴다.
⑤ 신장이상재는 기울어진 수간에 옥신을 처리하면 신장이상재의 형성이 촉진된다.

PART 04 | 산림토양학

76 다음 설명 중 틀린 것은?

① cellulase효소를 분비하는 미생물은 *Aspergillus*, *Fusarium* 등의 사상균과 *Pseudomonas*, *Bacillus* 등의 세균이 있다.
② 셀룰로스의 각각의 중합체는 인접하는 중합체외 수소결합함으로써 정교한 구조를 가지며 분해의 저항성도 어느 정도 가지고 있다.
③ 펙틴은 중간 라멜라층에 존재하면서 세포벽과 세포벽을 결합하는 역할을 한다.
④ 토양에 들어간 리그닌은 미생물에 의해 분해되지 않고 토양 부식이 된다.
⑤ 토양에서 활성이 강한 미생물은 고온성균이다.

77 영구전하에 대한 설명으로 틀린 것은?

① 동형치환과 광물결정의 변두리에 존재하는 결합에 관여하지 않는 여분의 음전하 때문에 생성되는 전하이다.
② 층상광물들의 결정화단계에서 이루어지며 pH 등의 환경 조건에 달라져도 그대로 유지하는 전하이다.
③ smectite, vermiculite, mica, chlorite 등은 동형치환이 많이 일어나지 않기 때문에 아주 적은 영구전하를 가진다.
④ 1:1형 광물에서는 동형치환이 거의 일어나지 않기 때문에 아주 적은 영구전하를 가진다.
⑤ 일부 점토광물들의 생성과정에서 전기적 균형이 맞지 않게 생성되는 경우도 있으며, 특히 동형치환현상이 그 원인이 된다.

78 풍식예측공식에 포함되지 않는 것은?

① 토양풍식성인자(I)
② 토양면의 조도인자(K)
③ 기후인자(C)
④ 포장의 나비(L)
⑤ 토양관리인자(P)

79 건조 또는 반건조지대의 비세탈형 토양수분상 조건에서 볼 수 있으며, 연중 토양용액의 상승운동이 우세하지만 우기에는 하강운동으로 용탈작용도 어느 정도 있을 때에 일어나는 작용은?

① 수성표백작용
② 석회화작용
③ 포드졸작용
④ 회색화작용
⑤ 염류화작용

80 다음 설명 중 틀린 것은?

① 토양에서 모래분석은 체 번호 10부터 체 번호 325를 사용한다.
② 입자밀도는 유기물을 포함하며 인위적인 요인에 의하여 변하지 않는다.
③ 용적밀도와 공극률은 서로 반비례한다.
④ 공기충전공극률과 수분포화도는 반대의 개념을 나타낸다.
⑤ 수분의 용적을 전체 토양의 용적으로 나눈 것이 중량수분함량이다.

81 다음 설명 중 틀린 것은?

① 지표면으로부터 약 30cm 이내의 표층의 토양에서는 구형의 입상과 판상의 구조가 발견된다.
② 무형구조의 토양은 주로 모재가 풍화과정에 있는 C층에서 발견된다.
③ 이쇄성은 적은 힘으로 경운할 수 있고 경운한 후에도 입단구조가 잘 형성되는 장점이 있다.
④ 토양을 생성론적 분류할 때 흑색토, 갈색토, 회백색토, 율색토 등의 용어를 사용하는데, 이는 토양의 색깔을 이용한 것이다.
⑤ 토양단면이 붉은색 또는 주황색으로 변하면 배수가 불량하다는 것을 의미한다.

82 다음 설명 중 옳은 것은?
① 토양입자에 의하여 수분이 보유되는 데에 작용하는 두 가지 인력은 원심력, 응집력이다.
② 최대 용적수분함량은 토양의 공극률과 같다.
③ 매트릭퍼텐셜과 압력퍼텐셜은 동일지점의 토양에서 동시에 작용한다.
④ 불포화상태에서 압력퍼텐셜과 삼투퍼텐셜이 토양의 총수분퍼텐셜을 결정한다.
⑤ 물 보유력을 압력이라는 용어 대신 흡입력, 또는 장력으로 표현하고 압력의 부호와 같다.

83 젖은 토양의 무게가 150g, 110℃에서 건조시킨 토양의 무게가 120g이라고 할 때 이 토양의 수분함량은?
① 15% ② 20%
③ 25% ④ 30%
⑤ 40%

84 동일한 수분함량에서 물은 어느 토양에 가장 강하게 보유되어 있는가?
① 식토 ② 양토
③ 사토 ④ 사양토
⑤ 식양토

85 다음 설명 중 틀린 것은?
① 금속산화물은 결정형과 비결정형이 동시에 존재하며, 비결정형은 비교적 빠른 침전반응으로 생성된다.
② 금속산화물은 영구전하를 가질 수 없으며, 대신 결정의 외부 표면에서 일어나는 수소이온의 해리와 결합을 통해 pH의존 전하를 가진다.
③ immogolite와 allophane은 short-range order 광물이라고도 부른다.
④ 우리나라 화산회토양 allophane은 동형치환에 의한 음전하가 많으며 양이온 교환능력도 크다.
⑤ kaolinite 광물은 비팽창형광물이며, 동형치환이 거의 일어나지 않으며, 현미경으로 관찰된 결정은 판상이다.

86 다음 산림토양 설명 중 틀린 것은?
① 산림토양의 단면은 위에서 아래로 낙엽층-발효층-부식층-용탈층-집적층으로 배열되어 있다.
② H층(humus layer, 부식층)은 분해가 잘 되어 원래의 형태가 무엇인지를 구별할 수 없는 무정형의 고분자화합물(모두 분해)로 되어 있다.
③ 용적밀도가 높은 토양은 식물의 뿌리자람과 배수성이 좋다.
④ 화강암과 같은 산성암을 모재로 하는 토양은 비교적 밝은 색을 띤다.
⑤ 토양산도가 높을수록 미생물의 활성도와 양분의 유효도가 낮다.

87 산림토양의 수직적 단면에 나타나는 각 층위에 대한 설명으로 옳지 않은 것은?
① 집적층-풍화작용이 가장 활발하게 이루어지고, 낙엽이 쌓여 분해되고 있는 층
② 용탈층-위층의 유기물과 광물질토양이 혼합된 층
③ 유기물층-나무나 풀의 죽은 잎과 줄기, 곤충의 사체 등이 모여 있는 층
④ 모재층-토양생성작용이 거의 없는 거친 입자로 구성된 층
⑤ A층-유기물과 광물질토양이 혼합된 표층토

88 산림토양의 표토에서 많이 나타나고 유기물이 풍부하여 보수성과 통기성이 좋아 수목의 생장에 가장 적합한 토양구조는?
① 판상구조(platy)
② 벽상구조(blocky)
③ 입상구조(granular)
④ 주상구조(prismatic)
⑤ 단립구조(crumbled structure)

89 염기성 토양에서 가장 잘 견디는 수종은?
① 곰솔   ② 오리나무
③ 떡갈나무 ④ 가문비나무
⑤ 피나무

90 토양산도(pH) 범위에서 정상적으로 생육할 수 있는 식물로 옳지 않은 것은?

① 4.0~4.7 - 소나무, 낙엽송
② 5.5~6.5 - 굴참나무, 단풍나무
③ 6.6~7.3 - 호두나무, 백합나무
④ 7.4~8.0 - 네군도단풍, 개오동나무
⑤ 8.1~8.5 - 지의류, 선태류

91 산성 토양에서 가장 잘 견디는 수종은?

① 측백나무
② 노간주나무
③ 물푸레나무
④ 개오동나무
⑤ 버즘나무

92 산림토양의 환경에 대한 설명으로 옳은 것은?

① 유기물이 많은 산림토양은 단립구조의 토양 특성을 지닌다.
② 일반적으로 교질입자가 많을수록 토양은 척박해진다.
③ 산림토양은 일반적으로 염기불포화토양이다.
④ 대부분의 침엽수는 pH 7.5~8.0 산림토양에서 잘 자란다.
⑤ 유기물층인 A층은 식물사체의 분해정도에 따라 L, F, H층으로 세분한다.

93 산성토양의 특성에 대한 설명으로 옳지 않은 것은?

① 산성토양에서는 Al^{3+}이 용출되어 식물생육에 장해를 초래한다.
② 토양세균과 토양소동물의 활성감퇴를 초래한다.
③ 유용 염기의 유실 및 용탈에 의해 토양 내 양분결핍이 나타난다.
④ pH가 4.0~5.5인 산성토양에서는 활엽수보다 침엽수의 생육이 불리하다.
⑤ C층은 구성물질이 비교적 거친 입자인 모래와 많은 석력으로 되어 있다.

94 토양의 산성화와 관련된 설명으로 옳은 것은?

① 토양의 pH 값이 4~5 이하의 수준으로 떨어져 토양이 산성화되면 H^+이 감소하여 식물 뿌리의 양분흡수력과 뿌리 안의 효소작용이 촉진된다.
② 토양의 pH 값이 낮아져서 4~5 이하로 유지되면 인산의 가용성은 감소하지만 알루미늄의 용해도는 증가한다.
③ 토양이 산성화될수록 토양세균과 소동물의 활동이 증가된다.
④ 삼나무와 느티나무는 산성토양에 대한 저항력이 강해 잘 자란다.
⑤ 최근 10년간 산림토양의 산성화는 점차 줄고 있다.

95 토양 3상에 관한 설명으로 옳은 것은?

① 점토와 모래가 많을수록 고상의 비율이 낮다.
② 부식이 많고 입단화도가 높을수록 기상과 액상의 비율이 높다.
③ 고상은 암석의 풍화물인 무기물로만 구성된다.
④ 기상은 토양공기로 대기에 비해 산소농도가 높다.
⑤ 전체 용적 중 액상과 기상이 차지하는 비율을 공극비라고 한다.

96 면적 10ha, 작토깊이 0.1m, 전용적밀도 1.25Mg/m^3, 토양유기물함량 2.0%인 농경지에서의 작토와 토양유기물의 무게는?

① 작토 : 125톤, 유기물 : 0.5톤
② 작토 : 125톤, 유기물 : 2.5톤
③ 작토 : 1,250톤, 유기물 : 5톤
④ 작토 : 1,250톤, 유기물 : 25톤
⑤ 작토 : 1,250톤, 유기물 : 50톤

97 판상구조에 관한 설명으로 옳은 것은?

① 토양수분의 하향이동이 잘 일어난다.
② 우리나라 논토양에서 많이 발견된다.
③ 주로 유기물이 많은 표층토에서 발달된다.
④ 전용적 밀도가 낮고 공극률이 높다.
⑤ 수분이동이 가능하다.

98 어떤 토양이 가질 수 있는 질량(중량)수분함량은 토양수분장력 1, 30 및 1,500kPa에서 각각 0.4, 0.3, 0.1kg/kg이다. 이 토층 0.2m가 가질 수 있는 유효수분함량은 깊이 단위(cm)로 얼마인가? (단, 물의 밀도는 $1.0Mg/m^3$, 전용적 밀도는 $1.2Mg/m^3$이다.)

① 2.4
② 3.6
③ 4.8
④ 6.0
⑤ 8.0

99 토양공기에 대한 설명으로 옳지 않은 것은?

① 토양 내 각 성분 기체의 이동 방향은 다를 수 있다.
② 대기에 비해 상대습도가 높다.
③ 토양 내 기체는 주로 확산에 의해 이동한다.
④ 이산화탄소는 주로 대기에서 토양으로 이동한다.
⑤ 고상의 비율이 낮을수록 통기성이 좋아진다.

100 점토광물에 대한 설명으로 옳지 않은 것은?

① 대부분 2차 광물로 구성되어 있다.
② 카올리나이트(kaolinite)는 우리나라의 주된 점토광물이다.
③ 카올리나이트는 1:1 격자형으로 팽창성이다.
④ 결정질 규산염점토광물은 규산 4면체와 알루미나 8면체로 구성되어 있다.
⑤ 점토광물들은 대부분의 환경 조건하에서 순 음전하를 가진다.

PART 05 | 수목관리학

101 다음은 수목병에 대한 설명이다. 옳지 않은 것은?

① 곰팡이에 의해 발생하는 병은 점무늬병, 탄저병, 흰가루병, 불마름병 등이 있다.
② 병삼각형에서 각 요소는 정도에 따라 각 변의 길이가 달라지므로 세 변에 의해 형성되는 삼각형의 면적은 병의 총량이다.
③ 수목병리학은 수목과 그 집단적 유기체인 산림의 건강에 대해 연구하는 학문이다.
④ 병원체에 의해 수목병이 발생되기 위해서는 최소한 병원체가 수목과 접촉에 의한 기주-기생체의 상호관계가 성립되어야 한다.
⑤ 생물적 요인에 의한 전염성 병의 경우 병의 발달과 병원체의 증식 과정을 병환이라 한다.

102 다음은 삽목 번식의 장점이다. 옳지 않은 것은?

① 접목묘처럼 접목부의 상처가 없어 수피가 아름답다.
② 실생묘에 비해 묘목의 생육이 잘되고 개화 전까지 기간이 단축된다.
③ 유전적으로 어미나무와 동일한 묘목을 얻을 수 있다.
④ 실생묘에 비해 뿌리가 깊고 약간 단명하는 경향이 있다.
⑤ 한꺼번에 많은 묘목을 얻을 수 있다.

103 다음은 뿌리분 제작에 대한 설명이다. 옳지 않은 것은?

① 수간 직경의 약 4배가 되는 곳을 기준으로 원형으로 파서 세근을 유도한다.
② 첫해 전체 뿌리 주변의 절반을 파고 5cm 미만은 절단, 그 이상은 환상 박피를 한다.
③ 수간의 직경은 근원경으로 표시하며 직경 10cm 이상은 지상 50cm 높이에서 측정한다.
④ 최종 근분의 반경보다 10cm가량 바깥쪽을 60cm 이상의 폭으로 판다.
⑤ 직경 30cm 이상의 수목의 근분은 수간 직경의 6~8배로 만든다.

104 다음은 수목의 특수환경관리에 대한 설명이다. 옳지 않은 것은?

① 내화성 경관 관리 대상지는 침엽수림의 벌채 후 대형산불의 피해가 있었거나 발생의 위험이 있는 조림 또는 갱신 지역이다.
② 마을, 도로, 농경지의 인접 산림에 참나무류 등 활엽수종을 중심으로 내화수림대를 한다.
③ 내화수림대의 폭은 30m 내외로 한다.
④ 뿌리 조임과 뿌리 꼬임은 주로 경급이 작은 나무에 피해가 발생한다.
⑤ 뿌리 조임과 뿌리 꼬임은 수분이 많거나 점질토양의 경우 많이 발생한다.

105 다음은 가지치기에 대한 설명이다. 옳지 않은 것은?

① 수관 솎아베기는 나무에 더 많은 햇빛과 공간을 주어 옆 가지 발생을 촉진시켜 초살도 증가한다.
② 수관 솎아베기는 수관밀도의 1/3가량 제거하는 것이 보통이다.
③ 수관축소는 남겨 둘 옆 가지의 직경이 잘려나가는 원가지 직경의 1/3가량 되도록 한다.
④ 정형적 생울타리는 식재 간격을 관목성 상록수의 경우 30~40cm 이내, 교목성 활엽수의 경우 50~80cm 높이로 잘라준다.
⑤ 두목작업은 크게 자란 나무를 작게 유지하기 위하여 동일한 위치에서 새로 자란 가지를 1~3년 간격으로 모두 잘라 버리는 반복전정이다.

106 다음은 수목의 위험평가에 관련된 설명이다. 옳지 않은 것은?

① 수목의 위험평가 방법은 정성적 평가방법과 정량적 평가방법이 있다.
② 여러 국가의 정부기관이나 업체에서 보편적으로 사용하는 방법은 정량적 평가방법이다.
③ 정량적 평가방법은 '위험도=발생 가능성×피해정도'이다.
④ 정량적 평가의 장점은 수목 위험성을 다른 수목뿐만 아니라 다른 형태의 위험성과 비교 가능하다는 점이다.
⑤ 정성적 평가는 발생 가능성과 피해정도를 등급화하는데, 이때 단점은 본질적으로 주관성과 모호성이다.

107 다음은 당김줄의 사용 및 설치에 관한 설명이다. 옳지 않은 것은?

① 직경이 큰 나무를 옮겨 심으면서 나무를 견고하게 세우고자 할 때 사용한다.
② 바람에 기울어진 나무를 다시 곧게 세우고자 할 때 사용한다.
③ 보행자가 많은 번화가에서 고정장치를 땅속에 설치하고자 할 때 사용한다.
④ 철선은 땅과 45도 각도를 유지하여 3개 혹은 4개를 설치하고 매는 높이는 수고의 1/2 정도이다.
⑤ 한 나무에서 이웃 나무로 연결할 때 지지를 받는 나무는 수관의 1/2 이상에서 매고, 지지해 주는 나무는 수관의 1/2 이하로 연결한다.

108 다음은 과습피해에 대한 설명이다. 옳지 않은 것은?

① 초기증상은 엽병이 누렇게 변하면서 아래로 처지는 현상이 나타난다.
② 주목에는 edema현상이 발생한다.
③ 가장 확실한 후기 병징은 수관 꼭대기부터 가지가 밑으로 죽어 내려오면서 수관이 축소된다.
④ 과습에 낮은 저항성 수목은 가문비나무, 서양측백나무, 오리나무류, 벚나무류, 아까시나무 등이 있다.
⑤ 배수가 불량한 토양은 비가 많이 온 뒤 5일이 경과한 후에도 웅덩이(깊이 1m)의 물이 남은 경우이다.

109 다음은 수목의 바람에 의한 피해에 대한 설명이다. 옳지 않은 것은?

① 평소 적절한 바람은 수목의 뿌리발달과 나무 밑동의 생장을 촉진하여 초살도 증가한다.
② 강풍에 의한 피해는 활엽수보다 목재의 인장강도가 약한 침엽수에서 더 크다.
③ 주풍이란 풍속 10~15m/s 정도의 속도로 장기간 같은 방향으로 부는 바람이다.
④ 폭풍에 의한 피해는 침엽수가 활엽수보다 크며 천연림이 인공림보다 피해가 적다.
⑤ 활엽수는 바람이 불어가는 쪽에 압축이상재가 생긴다.

110 다음은 대기오염 피해에 대한 설명이다. 옳지 않은 것은?

① 산성비는 토양이 산성화되어 칼슘과 마그네슘의 흡수를 방해시켜 결핍증상을 유발한다.
② pH 3.1~4.5의 산성비는 엽록소 파괴, 잎의 양료 용탈 같은 수목의 간접적 피해를 발생시킨다.
③ PAN은 잎의 표면에 광택이 나면서 후에 청동색으로 변하게 한다.
④ 중금속으로 인한 피해는 엽맥 사이 조직의 황화현상, 조기 낙엽, 잎의 왜성화 등이 있으며 등 성엽에서 먼저 발생한다.
⑤ 염소는 잎맥 사이 조직 탈색 및 괴저가 생기고 잎이 다 자라기 전에 떨어지게 한다.

111 다음은 염류토양의 피해에 대한 설명이다. 옳지 않은 것은?

① 소금함량과 전기전도도가 높으면 Ca, Fe, Mg 등의 함량이 높아 뿌리가 물과 양분을 흡수하지 못한다.
② 눈이 많이 온 지역에 제설염을 살포하면 토양의 염도농도가 높아 나무에 피해가 발생한다.
③ 바닷가에서는 태풍에 의해 바닷물의 피해를 받아 조기낙엽되고 수세가 약해진다.
④ 염분의 피해가 심한 지역은 석회석($CaCO_3$)을 사용하고 퇴비를 충분히 주어 완충작용을 한다.
⑤ 염도의 피해는 흙이 건조하면 피해가 심하므로 건조 시 수분을 충분히 관수한다.

112 다음은 황에 대한 설명이다. 옳지 않은 것은?

① cysteine, methionine과 같은 아미노산의 구성성분이다.
② thiamine, biotin, coenzyme A와 같이 호흡작용에 관여하는 조효소의 구성성분이다.
③ 유엽과 성숙엽에서 잎 전체가 담녹색을 띤다.
④ 성숙엽에서 잎 끝이 황화, 적색화하며 후에 괴사된다.
⑤ 체내에서 이동이 잘 되지 않아 어린잎 전체가 황화 현상을 나타내고 아미노산이 소모된다.

113 다음은 「산림보호법」에 대한 설명이다. 옳지 않은 것은?

① 산림청장은 효율적이고 체계적인 산림병해충 예찰·방제를 위하여 장기계획을 10년마다 수립·시행하여야 한다.
② 산림청장은 매년 전국 산림병해충 예찰·방제계획을 수립하여 시·도지사와 지방산림청장에게 알려야 한다.
③ 산림청장, 시·도지사 또는 지방산림청장은 피해 예방·진단·치유방법에 관한 사항이 포함된 수목진료에 관한 시책을 수립·시행하여야 한다.
④ 나무의사 자격시험의 응시자격, 시험과목 등 시험에 필요한 세부적인 사항은 농림축산식품부령으로 정한다.
⑤ 「농약관리법」 또는 「소나무재선충병 방제특별법」을 위반하여 징역의 실형을 선고받고 그 집행이 종료되거나 집행이 면제된 날부터 2년이 지나지 아니한 사람은 나무의사가 될 수 없다.

114 다음 중 나무병원의 즉시 등록취소가 되지 않는 것은?

① 거짓이나 부정한 방법으로 등록을 한 경우
② 등록기준에 미치지 못하게 된 경우
③ 영업정지 기간에 수목진료 사업을 한 경우
④ 최근 5년간 3회 이상 영업정지 명령을 받은 경우
⑤ 폐업한 경우

115 다음 중 「농약관리법」에 따라 영업 등록을 할 수 없는 경우로 옳지 않은 것은?

① 미성년자
② 파산선고를 받고 복권되지 아니한 사람
③ 농약관리법을 위반하여 징역의 실형을 선고받고 그 집행이 끝나거나 집행이 면제된 날부터 2년이 지나지 아니한 사람
④ 농약관리법을 위반하여 징역형의 집행유예를 선고받고 그 유예기간 중에 있는 사람
⑤ 피성년후견인 또는 피한정후견인

116 방풍림의 효과가 미치는 거리는 풍상에서는 수고의 5배이다. 풍하에서는 수고의 몇 배인가?

① 5~10배
② 10~15배
③ 15~20배
④ 20~25배
⑤ 25~30배

117 다음은 수목의 전정작업에 대한 설명이다. 옳지 않은 것은?

① 축소절단은 줄기가 있는 곳에서 가지를 절단하는 것이다.
② 두절은 원하는 위치에서 줄기나 가지를 절단하는 것이다.
③ 제거절단은 지피융기선과 지륭의 바깥쪽을 절단하는 것이다.
④ 동일세력 줄기의 절단 시 어린 묘목은 일시에 절단한다.
⑤ 동일세력 줄기의 절단 시 직경 5cm 이상은 제거 대상 줄기를 억제한 후 전정한다.

118 다음은 과습에 대한 설명이다. 옳지 않은 것은?

① 수분의 흡수율이 급격히 떨어진다.
② 엽병이 쳐지면서 황화되는 것은 ABA의 영향이다.
③ 일부 수종에서는 과습돌기(edema)현상이 생기기도 한다.
④ 토양이 포장용수량보다 더 많은 수분을 가지고 있을 때 주로 나타난다.
⑤ 뿌리에 산소가 부족한 상태가 계속되면 ABA가 생산된다.

119 다음은 산불의 예방방법으로 방화선을 설치하여 산불의 확대를 막을 때 방화선의 폭으로 가장 적당한 것은?

① 5~10m
② 10~20m
③ 15~20m
④ 20~25m
⑤ 20~30m

120 농약 허용기준 강화제도(PLS)에 대한 설명으로 옳지 않은 것은?

① 잔류허용기준(MRL)이 설정된 농약 이외에 등록되지 않은 농약은 원칙적으로 사용을 금지하는 제도를 말한다.
② 1차는 2016년 12월 31일부터 시행하여 견과종실류 및 열대과일류를 대상으로 우선 적용했다.
③ 잔류농약 허용기준이 미설정된 농산물은 일률기준 0.01ppm 이하만 적합하다.
④ 잔류농약 허용기준이 설정된 농산물은 현재와 같이 기준 이하만 적합하다.
⑤ 2차는 2021년 1월 1일 시행 예정으로 모든 농산물에 확대 적용하고 있다.

121 다음에 해당하는 농약의 성질은?

> 작은 입자나 물에 녹지 않은 용제에다 주제를 녹인 액체의 입자를 물에다 균일하게 분산시키려는 성질

① 유화성
② 고착성
③ 습윤성
④ 확전성
⑤ 현수성

122 비피엠씨 유제(50%)를 1,000배 희석하여 10당 8말(160ℓ)을 살포하려고 할 때 비피엠씨 유제의 소요량은?

① 100ml ② 120ml
③ 150ml ④ 160ml
⑤ 200ml

123 다음에 해당하는 농약의 명칭은?

"Mancozeb"

① 화학명 ② 일반명
③ 품목명 ④ 상표명
⑤ 시험명

124 농약의 종류별 포장지 색깔의 연결이 잘못된 것은?

① 살균제 – 분홍색
② 살충제 – 초록색
③ 비선택 제초제 – 노란색
④ 생장조절제 – 파란색
⑤ 전착제 – 흰색

125 살충제저항성의 기작이 아닌 것은?

① 행동작용으로 약제를 살포한 곳의 기피를 위한 식별능력 증가
② 형태적 변화로 살충제의 충체 침투를 막기 위한 피부 두께의 증대와 활력 증가
③ 살충제의 피부투과성의 감소
④ 살충제의 독성활성화 저지
⑤ 체내에 흡수된 살충제의 해독작용 감소

제2회 실전모의고사

PART 01 | 수목병리학

01 참나무시들음병에 대한 끈끈이롤트랩 설치에 관한 설명으로 틀린 것은?
① 매개충의 우화 최성기 이전인 5월 중순~6월 초순까지 반드시 설치한다.
② 설치 후 40~50일 뒤에 전량 회수한다.
③ 피해가 극심하거나 확산의 우려가 있는 지역에서는 2회 설치 가능하다.
④ 끈끈이롤트랩은 빗물이 스며들지 않도록 가급적 하단에서 상단으로 돌려 가며 감아주는 것이 효과적이다.
⑤ 매개충이 가장 많이 침입하는 1.5m 부분에서 더 감아준다.

02 식물체가 병원체에 의해 감염되면 나타나는 화학적 방어 반응이 아닌 것은?
① 큐티클
② 파이토알렉신
③ PR단백질
④ HRGP
⑤ 리그닌

03 식물세균에 의한 설명 중 틀린 것은?
① 세균의 형태는 구형, 타원형, 막대형 등이 있다.
② 대부분의 식물병원세균은 단세포이다.
③ 세균에 따라서는 플라스미드, 내생포자를 가지고 있는 것도 있다.
④ 세균은 스스로 이동할 수 있는 능력을 갖고 있다.
⑤ 유성, 무성생식법으로 매우 빠르게 증식한다.

04 바이러스의 외부병징으로 연결이 잘못된 것은?
① 분열조직자극 - 뿌리혹, 털뿌리, 궤양, 썩음
② 엽록소 결핍 - 모자이크, 잎맥투명, 꽃얼룩무늬, 퇴록둥근무늬
③ 생육이상 - 위축, 왜화
④ 조직의 변형 - 잎의 기형화
⑤ 조직의 괴사 - 괴저병반

05 식물세균의 특징이 아닌 것은?
① 세균은 각피침입을 할 능력이 없다.
② 편모가 있는 세균들은 거리 이동이 가능하다.
③ 세균 내 플라스미드는 세균과 세균 사이에서 이동이 가능하다.
④ *Bacillus*, *Clavibacter*, *Clostridium*, *Streptomyces*는 막대(간상) 모양이다.
⑤ 일반적으로 하나의 세포로 된 미생물이며 곰팡이와 같이 엽록체가 없다.

06 세균의 특징이 아닌 것은?

① 모든 세균은 편모를 가지고 있다.
② 기주생활을 하지만 기주 밖에서도 살 수 있다.
③ 전염은 물, 곤충, 동물, 바람 및 종자나 묘목에 의하여 이루어진다.
④ 플라스미드는 하나 또는 그 이상의 작은 원형의 유전물질을 가지고 있다.
⑤ 혹병, 물관병, 유조직병을 유발한다.

07 파이토플라스마의 동정방법이 아닌 것은?

① toluidine blue의 조직염색에 의한 광학현미경기법
② confocal laser microscopy 등에 의해 입자 검정
③ DNA에 특이적으로 결합하는 형광염색소인 DAPI
④ 유합조직에 형광염색소인 아닐린블루염색법
⑤ 그람염색(Gram stain)에 사프라닌으로 대조염색

08 선충에 대한 설명으로 틀린 것은?

① 대부분의 식물선충은 1령유충에서 성충이 되기까지 4회 탈피한다.
② 선충의 몸은 부드럽고 투명한 막으로 된 큐티클로 덮여 있다.
③ 생식방법으로 유성생식인 양성생식이 있고, 단위생식이나 처녀생식 등의 무성생식이 있다.
④ 식물선충은 기생 방법에 따라 외부기생선충, 내부기생선충 및 반내부기생선충으로 나눌 수 있다.
⑤ 암컷 성충은 운동성이 없어 고착성이다.

09 뿌리썩이선충에 대한 설명으로 틀린 것은?

① 유충과 성충은 주로 뿌리의 피층 조직 안을 이동하면서 양분을 흡수하며, 토양으로 빠져나와 이동하여 다른 식물체의 뿌리로 침입한다.
② 토양 속에 있는 선충은 가물어 수분이 부족하면 휴면 상태로 얼마 동안 생존할 수 있다.
③ 선충의 침입 부위로 푸사리움 등 토양병원 미생물이 쉽게 침입하여 약해진 뿌리의 병을 쉽게 유발할 수 있어서 뿌리썩음 증상이 심해진다.
④ 뿌리썩음 병원이 두 가지에 의한 복합적 원인인 경우가 많아 간혹 선충의 피해가 간과되기도 한다.
⑤ 묘목을 통해 전파되지는 않는다.

10 뿌리혹선충에 대한 설명으로 틀린 것은?

① *Meloidogyne*속에 속하는 선충으로 이주성 내부기생선충이다.
② 주로 암컷에 의해 피해가 나타난다.
③ 혹의 표면은 처음에는 흰색이지만 나중에는 갈색~검은색으로 변한다.
④ 지상부 증상으로 병든 묘목의 생육이 불량하고 땅 윗부분은 누렇게 변하며 심하면 말라 죽는다.
⑤ 병든 수목은 뿌리의 기능이 약화되어 가뭄에 식물체가 쉽게 시든다.

11 균류의 생활사에 대한 설명으로 틀린 것은?

① 무성세대 또는 유성세대로 형성된다.
② 유성포자는 다른 두 개의 세포가 융합과 감수분열 과정을 거쳐 생산된다.
③ 유성포자는 대부분 일 년에 한 번 형성되지만 유전적으로 다양한 것이 만들어지며 불리한 환경에도 생존할 기회가 많다.
④ 균사의 핵상은 배수체(2n)이다.
⑤ 균핵과 자좌는 영양기관에 속한다.

12 난균강에 속하지 않는 것은?

① *Phytophthora*
② *Pythium*
③ *Bremia*
④ *Pseudoperonospora*
⑤ *Entrophospore*

13 *Cronartium*에 속하지 않는 녹병은?

① 잣나무털녹병
② 소나무혹병
③ 소나무줄기녹병
④ 잣나무잎녹병
⑤ 문항 없음

14 단세포, 구형, 난형이며 핵상은 n+n으로 기주교대를 하는 세대형은?

① 녹병정자
② 녹포자
③ 여름포자
④ 겨울포자
⑤ 담자포자

15 다음 설명 중 틀린 것은?

① 4대 산림병해충은 소나무재선충병, 참나무시들음병, 솔잎혹파리, 솔껍질깍지벌레이다.
② 병원체, 수목, 환경, 시간, 인간 간섭을 병의 오각형이라고 한다.
③ 흰가루병, 그을음병, 줄기마름병의 병원체 월동 장소는 기주의 표피이다.
④ 1차 전염원은 월동하면서 휴면 상태로 생존하였다가 봄이나 가을에 감염을 일으키는 전염원을 말한다.
⑤ 파이토플라스마는 이분법 증식을 한다.

16 녹병에 의한 수목 병해에 있어 녹병균을 잘못 설명하고 있는 것은?

① 생활사를 마치기 위해 서로 다른 두 종의 기주를 필요로 하는 이종기생균과 동종기생균도 있다.
② 종자식물 및 선태식물을 침해하는 대표적인 식물병원균으로 순환물기생체 또는 절대기생체이다.
③ 분류학적으로 완전히 다른 그룹의 식물을 기주 교대한다.
④ 기주는 경제적으로 중요한 식물이다.
⑤ 녹병균이 형성하는 5가지 포자형은 녹병정자-녹포자-여름포자-겨울포자-담자포자이다.

17 *Nectria* 궤양병에 대한 설명으로 틀린 것은?

① 병원균은 불완전세대(Cylindrocarpon)이며 다년생윤문을 형성한다.
② 병원균은 매년 형성층을 조금씩 파괴하며 수목은 봄에 유합조직을 형성한다.
③ 90% 정도의 환상박피까지는 생장 감소가 없다.
④ 호두, 백양, 단풍, 자작, 느릅, 참피, 사과나무 등 활엽수에서 발생한다.
⑤ 붉은색 자낭반이 궤양의 가장자리에 생긴다.

18 다음은 담자균류에 대한 설명이다. 틀린 것은?

① 녹병균, 깜부기병균, 목재부후균 및 대부분의 버섯이 담자균이다.
② 담자균의 영양체는 잘 발달된 균사로 격벽이 있다.
③ 담자포자는 일반적으로 1핵의 단상체이며 자낭포자와 마찬가지로 원형질융합, 핵융합, 감수분열의 결과로 형성된다.
④ 균사의 격벽은 자낭균류보다는 간단한 구조를 가지고 있다.
⑤ 유성세대로는 담자기 위에 유성포자인 담자포자를 형성한다.

19 다음 병징에 대한 설명 중 틀린 것은?

① 밤나무줄기마름병 – 병환부에는 갈색 또는 흑색을 띤 무성세대의 분생포자반과 유성세대의 자낭반이 형성된다.
② 타르점무늬병 – 잎에 검은색의 자좌 부위가 녹색으로 남아 있어 지저분한 느낌을 준다.
③ 철쭉 떡병과 민떡병 – 잎 앞면과 뒷면에 형성된 흰색 가루는 담자포자와 분생포자이다.
④ 은행나무 잎마름병 – 병반에는 검은색의 작은 점(분생포자 퇴)이 겹둥근무늬로 나타나고 습기가 많을 때는 원뿔 모양으로 포자덩이가 솟아난다.
⑤ 아밀라리아뿌리썩음병 – 나무의 뿌리목 주변에는 송진이 흘러 굳어 있으며, 수피를 벗겨보면 버섯 냄새가 나고 흰색 부채꼴 모양의 균사층이 형성되어 있다.

20 다음 중 병원균의 연결이 잘못된 것은?

① 벚나무 빗자루병 – *Taphrina wiesneri*
② 아밀라리아뿌리썩음병 – *Armillari mellea*
③ 밤나무잉크병 – *Helicobasidium mompa*
④ 밤나무줄기마름병 – *Cryphonectria parasitica*
⑤ 떡병 – *Exobasidium japonicum*

21 그을음병에 대한 설명으로 올바른 것은?

① 병원균은 *cystotheca*와 *meliolaceae*이다.
② 병원균은 대부분 기주식물을 직접침입한다.
③ 기주특이성이 있다.
④ 발생하는 여부 및 발생정도는 그 나무에 서식하는 곤충과 관계가 없다.
⑤ 균사 또는 자낭각의 상태로 겨울을 나고 이듬해 전염원이 된다.

22 다음 중 연결이 잘못된 것은?

① 타르점무늬병 – *Rhytisma* – 반균강
② 소나무류 피목가지마름병 – *Cenangium* – 자낭반
③ 소나무 가지끝마름병 – *Diplodia* – 분생포자각
④ 철쭉류 떡병 – *Exobasidium* – 담자포자기
⑤ 소나무잎떨림병 – *Lophodermium* – 자낭각

23 바이러스에 대한 설명 중 틀린 것은?

① 외부병징으로 보아 바이러스 감염이 의심되는 식물의 세포에서 봉입체가 관찰되면 바이러스에 감염되었다고 보아도 된다.
② 보독식물이란 바이러스에 감염되어도 육안으로 뚜렷한 병징이 나타나지 않는 식물을 말한다.
③ 외부병징은 잎, 꽃줄기에서도 나타난다.
④ 감염식물의 전체에 퍼지는 전신감염을 일으킨다.
⑤ 임의기생체이다.

24 다음 중 수간주입방법에 대한 설명으로 틀린 것은?

① 중력식 수간주사는 수액 이동 시기인 4월 말~5월 초에 하는 것이 가장 좋다.
② 중력식은 우리나라에서 가장 많이 사용하며, 저농도로 많은 양을 주입한다.
③ 미세압력식은 당해에 생겨난 목재까지만 구멍을 뚫고 물질을 주입하여도 최대로 흡수되고 퍼질 수 있다.
④ 미세압력식은 중력식에 비해 약액이 주입되는 속도가 느리다.
⑤ 흡수식은 주입기 없이 직접 뚫어 설치하므로 주입 속도가 빠르고 설치비용도 적게 든다.

25 푸사리움 가지마름병에 대한 설명 중 틀린 것은?

① 자낭균류에 속한다.
② 피해가지는 송진이 흐르며 고사한다.
③ 병원균은 잎의 기공을 통하여 침입한다.
④ 묘목으로부터 대경목까지 모든 크기의 나무가 피해를 받는다.
⑤ 피해수종은 리기다소나무, 해송, 리기테다소나무이다.

PART 02 | 수목해충학

26 다음 중 진딧물의 가해 수목의 연결이 잘못된 것은?

① 검은배네줄면충 – 느릅나무
② 외줄면충 – 느티나무
③ 사사키잎혹진딧물 – 벚나무류
④ 목화진딧물 – 무궁화, 석류
⑤ 복숭아가루진딧물 – 때죽나무

27 다음 중 기계적 방제방법의 설명으로 잘못된 것은?

① 차단법 – 솔잎혹파리 우화시기 – 비닐 피복
② 박피법 – 소나무 재선충병 매개충인 하늘소 – 유충을 노출
③ 파쇄법 – 소나무 재선충병 매개충인 하늘소 – 1.5cm 이하로 제제
④ 소각법 – 미국흰불나방 – 유충소각
⑤ 이온화에너지 조사 – 불임충 방사

28 다음에 해당하는 나방과는?

- 대형종으로 날개는 넓고 크며, 성충의 입틀은 퇴화되어 있다.
- 특히 수컷성충은 긴 빗살 모양의 더듬이가 있다. 또한 앞, 뒷날개에 종종 눈 모양의 무늬가 있다.
- 광식성인 종이 많다.

① 자나방과   ② 솔나방과
③ 산누에나방과   ④ 박각시나방과
⑤ 재주나방과

29 다음에 해당하는 곤충은?

- 한국, 일본에 분포하며 신갈나무, 떡갈나무 등을 가해한다.
- 유충이 잎살만 갉아 먹어 잎은 갈색으로 변색된다.
- 1년에 1회 발생, 노숙 유충으로 토양에서 월동한다.

① 남포잎벌 ② 좀검정잎벌
③ 극동등애잎벌 ④ 참긴더듬이잎벌레
⑤ 노랑쐐기나방

30 다음에 해당하는 해충은?

- 쥐똥나무, 광나무, 물푸레나무, 층층나무, 수수꽃다리 등의 잎을 가해하며 특히 쥐똥나무에 피해가 많다.
- 발생 빈도가 높을 때는 나뭇가지에 수많은 번데기가 거꾸로 매달려 있다.
- 1년에 보통 1회 발생하며 집단을 이룬 중령유충이 가지와 잎에 거미줄을 치고 월동한다.

① 벚나무모시나방 ② 별박이자나방
③ 극동등애잎벌 ④ 참긴더듬이잎벌레
⑤ 노랑쐐기나방

31 어떤 곤충을 사육하였을 때 25℃에서 10일이 걸렸다. 이 곤충의 발육영점온도가 13℃일 때 유효적산온도(DD ; Degree-Days)는?

① 120 ② 150
③ 180 ④ 200
⑤ 300

32 다음 중 생물적 방제법 중 천적과의 연결이 잘못된 것은?

① 이세리아깍지벌레 - 베달리아무당벌레
② 솔나방 - 송충알벌
③ 미국흰불나방 - 납작선두리먼지벌레
④ 솔수염하늘소 - 솔잎혹파리먹좀벌
⑤ 매미나방 - 송충알벌

33 광릉긴나무좀의 가해 흔적에 대한 설명으로 틀린 것은?

① 수세가 쇠약한 나무나 대경목의 목질부를 가해한다.
② 수컷성충은 5~6월에 통형으로 나타난다.
③ 암수교미 후 6~7월에 구형으로 나타난다.
④ 유충은 8~9월에 분말형으로 나타난다.
⑤ 새로운 가해수종의 변재부를 식해한 후 산란한다.

34 가해 흔적을 통한 해충 흔적의 연결이 잘못된 것은?

① 잎의 변색 - 흡즙성 해충
② 종자와 구과에 벌레똥이나 가해흔적 - 명나방류
③ 뿌리를 갉아 먹음 - 풍뎅이류
④ 줄기나 새순에 구멍이 뚫림 - 순나방류
⑤ 잎의 똥조각 및 탈피각 - 선녀벌레류

35 페로몬트랩의 특징이 아닌 것은?

① 나방류나 솔껍질깍지벌레의 수컷 성충을 유인하기 위한 성페로몬이 있다.
② 트랩의 포획 효율은 색, 형태 등과는 관련이 없다.
③ 딱정벌레류나 노린재류의 경우 집합페로몬이 이용된다.
④ 종 특이성이 강하다.
⑤ 설치 장소에 구애받지 않아 해충의 정확한 발생 시기와 밀도를 예측할 수 있다.

36 다음 중 살비제의 조건이 아닌 것은?

① 성충, 유충, 약충뿐만 아니라 알까지 죽이는 효과가 있어야 한다.
② 약제에 대한 저항성 유발이 적어야 한다.
③ 특정 적용 응애에만 효과가 있어야 한다.
④ 천적 및 유용생물에는 안전해야 한다.
⑤ 격발현상이 없어야 한다.

37 곤충 이주의 잠재적 이점에 대한 설명으로 틀린 것은?

① 보다 유리한 양육조건을 찾는다.
② 경쟁을 감소하거나 과밀화를 경감한다.
③ 대체 기주식물로 분산한다.
④ 천적으로부터 피신한다.
⑤ 근친교배를 최대화하기 위한 유전자급원의 재조합이 가능하다.

38 곤충의 생명표에 대한 설명 중 틀린 것은?

① 같은 시기에 출생한 집단에 대한 자료이다.
② 기간, 초기개체수, 사망수, 사망요인, 사망률 등의 항목으로 이루어져 있다.
③ 생명표에서 가장 주요한 것은 생존율이다.
④ 곤충은 생존곡선의 제1형에 해당한다.
⑤ 생존곡선의 유형은 고정적이지 않고 환경 조건이나 밀도의 영향을 받아 변화하기도 한다.

39 입틀의 큰턱, 작은턱, 아랫입술 등의 운동 및 감각신경과 가장 밀접한 것은?

① 전대뇌
② 중대뇌
③ 후대뇌
④ 말초신경계
⑤ 식도하신경절

40 어떤 곤충 유충의 발육률(y)과 온도(x)와의 관계식을 $y = ax + b$와 같이 표현했을 때 곤충의 발육영점온도를 추정하는 방법은?

① $-b \div a$
② $a - b$
③ $-1 \div a$
④ $-1 \div b$
⑤ $a + b$

41 곤충의 배설계에 대한 설명으로 옳지 않은 것은?

① 말피기관의 끝은 막혀 있다.
② 지상곤충은 주로 질소대사산물을 암모니아 형태로 배설한다.
③ 말피기관은 중장과 후장의 접속 부분에서 후장에 연결되어 있다.
④ 말피기관 밑부와 직장은 물과 무기이온을 재흡수하여 조직 내의 삼투압을 조절한다.
⑤ 육상곤충의 경우 요산의 형태로 배설물을 배출한다.

42 다음 괄호 안에 들어갈 용어로 바르게 연결된 것은?

> 가. 한 가지 방제만으로는 해충 문제를 해결할 수 없으므로 여러 가지 방제 수단을 적절하게 조합하는 (　　) 수단을 지향하고 있다.
> 나. (　　)은/는 경제적 손실이 나타나는 해충의 최저 밀도로서, 해충에 의한 피해액과 방제비가 같은 수준의 해충밀도를 말한다.

	가	나
①	종합적 방제	경제적 피해 수준
②	생물적 방제	경제적 피해 수준
③	법적 방제	경제적 피해 수준
④	재배적 방제	경제적 피해 허용 수준
⑤	행동적 방제	경제적 피해 허용 수준

43 수목을 가해하는 해충의 발생세대수, 목명, 학명의 연결로 옳지 않은 것은?

① 목화진딧물 : 수회, *Hemiptera*, *Aphis gossypii*
② 버즘나무방패벌레 : 3회, *Hemiptera*, *Corythucha ciliata*
③ 미국흰불나방 : 2~3회, *Leidoptera*, *Hyphantria cunea*
④ 밤바구미 : 1회, *Coleoptera*, *Curculio sikkimensis*
⑤ 미국선녀벌레 : 1회, *Lepidoptera*, *Metcalfa pruninosa*

44 다음 중 유전적 결함으로 인해 생식이 불가능한 경우는?
① 단위생식 ② 자웅동체
③ 자웅양형 ④ 처녀생식
⑤ 유성생식

45 곤충의 생식에 대한 설명으로 괄호 안에 들어갈 핵상을 순서대로 나열한 것은?

> 가. 양성생식은 접합자 (　　)을/를 형성한다.
> 나. 단위생식의 의한 곤충은 모든 암컷은 (　　), 모든 수컷은/는 (　　)이다.

① 2n, 2n, 2n ② 2n, 2n, n
③ 2n, n, n ④ 2n, n, 2n
⑤ n, 2n, 2n

46 곤충의 탄수화물은 혈림프에서 어떤 형태로 저장되는가?
① 트레할로스 ② 디글리세이드
③ 모노글리세이드 ④ 글리세롤
⑤ 유리지방산

47 다음 중 외래침입해충이 아닌 것은?
① 갈색날개매미충 ② 꽃매미
③ 아까시잎혹파리 ④ 버즘나무방패벌레
⑤ 매미나방

48 곤충의 순환계에 대한 설명 중 올바른 것은?
① 폐쇄순환계이다.
② 혈구는 내배엽에서 발생하였다.
③ 혈장은 식균작용과 응고작용을 한다.
④ 혈구는 양분의 저장·운반 작용을 한다.
⑤ 부맥박기관은 혈액의 순환과 역류방지를 하는 기관이다.

49 곤충의 외분비계에 대한 설명 중 틀린 것은?
① 페로몬은 동일종의 한 개체가 다른 개체에게 정보를 전달하는 화학물질로 아주 적은 양으로도 신호물질로 작용할 수 있다.
② 성페로몬의 구조를 최초로 밝힌 것은 누에에서의 봄비콜(bombykol)이라는 페로몬이다.
③ 성페로몬의 대표적인 활용 방법에는 유인제 방출기와 트랩 자재가 있다.
④ 기생벌이나 기생파리가 자신의 숙주 냄새에 끌리는 것은 카이로몬으로 볼 수 있다.
⑤ 알로몬은 분비자와 감지자 모두에게 도움이 되는 물질이다.

50 다음 설명 중 틀린 것은?
① 돌발해충은 문제가 되지 않던 해충이 환경 조건의 변화 등으로 대발생하여 경제적 피해 수준을 넘는 경우이다.
② 2차해충은 방제로 인해 평형이 파괴되어 천적과 같은 밀도제어 요인이 없어지면서 급격히 증가하는 해충이다.
③ 대부분 산림생태계를 구성하는 수많은 곤충류는 비경제해충에 속한다.
④ 잠재해충은 비경제해충 중 환경이 바뀌어 밀도의 증가로 돌발해충이나 주요해충으로 될 가능성이 있는 해충이다.
⑤ 솔잎혹파리나 솔껍질깍지벌레는 2차해충이라 부르기도 한다.

PART 03 | 수목생리학

51 다음은 식물의 특징에 대한 설명이다. 옳지 않은 것은?

① 식물의 증산작용은 물분자 간의 응집력에 의한 압력유동설로 설명할 수 있다.
② 식물은 환경에 대한 선택성이 적다.
③ 식물은 세포 하나마다 두꺼운 세포벽을 만들어 세포의 지지력을 높여 몸을 지지한다.
④ 식물은 엽록소를 이용한 광합성에 의해 에너지원을 합성할 수 있다.
⑤ 식물은 무기영양분들을 물에 녹아 있는 수용성 무기물의 형태로 뿌리로 흡수한다.

52 다음 중 나자식물에만 있는 조직은 무엇인가?

① 엽신
② 엽병
③ 책상조직
④ 해면조직
⑤ 수지구

53 다음은 피자식물과 나자식물의 목재의 구성성분 중 배열 세포에 관한 설명이다. 이 중 종축 방향 배열 세포로 옳지 않은 것은?

① 도관
② 가도관
③ 수지구세포
④ 목부섬유
⑤ 수선유세포

54 새로운 측근(곁뿌리)이 생길 때 원기가 형성되는 부위는?

① 표피(epidermis)
② 내피(endodermis)
③ 피층(cortex)
④ 내초(pericycle)
⑤ 유관속(vascular tissue)

55 다음은 수관의 기본형에 대한 설명이다. 옳지 않은 것은?

① 수목의 기본형은 수관, 수간, 뿌리로 구분된다.
② 수관은 잎과 가지로 이루어져 있다.
③ 수간은 나무가 굵은 단일 줄기를 가지고 있을 때를 말한다.
④ 수간을 통해 잎으로부터 뿌리로 포도당이 전달된다.
⑤ 뿌리는 토양으로부터 수분과 무기양분을 흡수한다.

56 다음은 도관과 가도관에 대한 설명이다. 옳지 않은 것은?

① 기계적인 지지 역할을 하는 목화된 2차벽이 발달하였다.
② 도관은 세포가 상하로 연결되어 관을 형성한다.
③ 가도관은 천공과 막공을 통해 수분이 이동한다.
④ 도관과 가도관은 벽공을 가지고 있다.
⑤ 도관은 격막을 가지고 있지 않다.

57 다음은 수목의 생장에 관한 설명이다. 옳지 않은 것은?

① 세포분열, 세포신장, 세포분화의 3단계로 이루어진다.
② 영양생장과 생식생장으로 나뉘는데, 무성번식의 경우는 생식생장으로 보지 않는다.
③ 수목의 정단분열조직은 줄기와 뿌리의 끝부분과 형성층에 위치한다.
④ 줄기는 대(stem)와 잎(leaf)으로 구성된다.
⑤ 절은 잎이 붙어 있거나 가지가 돋아난 곳을 의미한다.

58 다음은 직경생장에 관한 설명이다. 옳지 않은 것은?

① 옥신/지베렐린이 높으면 목부를 생산한다.
② 형성층이 생산하는 목부와 사부의 비율은 일정치 않다.
③ 어떤 수종은 환경에 따라 목부의 생산량보다 사부의 생산량이 많은 경우가 있다.
④ 잣나무의 경우 목부와 사부의 생산 비율이 14:1로 관찰되었다.
⑤ 형성층은 바깥쪽으로 사부를 추가시키며 계속 분열 조직으로 남게 된다.

59 다음은 뿌리의 형성층을 설명한 것이다. 옳지 않은 것은?

① 어린뿌리는 내초 안쪽에 1차 목부가 십자형 혹은 일자형으로 배열한다.
② 1차 목부와 1차 사부 사이에 있는 유세포가 세포분열을 시작하여 형성층을 만든다.
③ 형성층의 안쪽으로 2차 목부가 축적되면 형성층이 펴지고 1차 사부가 밖으로 밀려난다.
④ 시간이 경과하면 형성층은 서로 원형으로 연결되어 연속적인 유관속형성층으로 변한다.
⑤ 내피의 세포가 세포분열하여 만든 코르크형성층은 뿌리를 보호한다.

60 다음 중 광합성의 명반응의 결과로 생성된 물질이 아닌 것은?

① NADH ② H^+
③ ATP   ④ NADPH
⑤ O_2

61 다음은 수목의 호흡에 관한 설명이다. 옳지 않은 것은?

① 과실의 호흡은 결실 직후에 가장 높으며 자라며 급격히 저하되는데, 완전히 성숙되기 직전 호흡이 일시적으로 증가하는 것을 climacteric이라 한다.
② climacteric 현상은 포도나 귤에 나타난다.
③ 대부분의 식물은 5~25℃에서 Q_{10}의 값은 2~2.5이다.
④ 수목은 야간에 광합성을 중단하고 호흡만을 수행한다.
⑤ 야간의 온도가 주간보다 낮아야 수목이 정상으로 자라는데, 이를 온도주기(thermoperiodism)라 한다.

62 다음은 단당류에 대한 설명이다. 옳지 않은 것은?

① 알데히드기나 케톤기를 하나 가지고 있다.
② 광합성과 호흡작용에서 탄소의 이동에 직접적으로 관여한다.
③ 물에 잘 녹고 이동이 용이하다.
④ 환원당으로 다른 물질을 환원시킬 수 있다.
⑤ 포도당은 5탄당으로서 살아 있는 유세포 내에 함유되어 있다.

63 다음은 식물단백질에 관한 설명이다. 옳지 않은 것은?

① 식물단백질의 분자량은 최소 40,000Dalton 이상이다.
② 원형질의 구성성분으로 세포막에 존재하여 세포막의 선택적 흡수 기능에 기여한다.
③ 엽록체에서는 엽록소와 carotenoid가 단백질에 부착되어 광에너지를 모은다.
④ 지구상에서 가장 흔한 단백질은 rubisco효소로 O_2를 붙잡는 역할을 한다.
⑤ Cytochrome은 광합성과 호흡작용에서 전자를 전달한다.

64 엽록체, peroxisome과 미토콘드리아 간에 광호흡 과정에서 생성되는 암모늄을 방출하고 다시 고정하는 것은?

① 질산환원과정
② 아미노기 전달반응
③ 환원적 아미노반응
④ 아질산환원과정
⑤ 광호흡 질소순환

65 다음은 isoprenoid 화합물에 대한 설명이다. 옳지 않은 것은?

① 고무는 isoprene 단위가 직선상으로 연결된 isoprenoid 화합물로서 isoprenoids 중 가장 분자량이 크다.
② 고무는 쌍자엽식물에서 합성되며, 단자엽식물에서는 작은 양만 합성된다.
③ Phytosterols은 동물에게 먹이로서 sterol을 제공하는 중요한 역할을 한다.
④ 스테롤은 6개의 isoprene 단위로 만들어진다.
⑤ Caroteroids는 광합성의 보조 색소 역할을 하여 엽록소가 햇빛에 의해 광산화되는 것을 방지한다.

66 다음 필수원소의 식물 이용 형태 중 옳지 않은 것은?

① 몰리브덴 : MoO_4^-
② 붕소 : HBO_3^-
③ 황 : SO_4^{--}
④ 아연 : Zn^{++}
⑤ 인 : HPO_4^{--}

67 다음은 증산작용에 대한 설명이다. 옳지 않은 것은?

① 광도가 높고 이산화탄소 농도도 높으면 증산량이 증가한다.
② 총엽면적이 클수록 증산량이 많아진다.
③ 잎의 크기가 크면 증산작용이 많아진다.
④ 복엽, 각피층 두께, 광선 반사도에 따라 증산작용이 달라진다.
⑤ 잎의 배열에 따라 광합성량의 영향을 받으며 증산량도 마찬가지다.

68 다음은 균근에 대한 설명이다. 옳지 않은 것은?

① 외생균근은 주로 담자균과 자낭균과 같은 버섯류이다.
② 외생균근은 뿌리 속 피층까지 침투하여 세포간극에 하티그망을 만든다.
③ 외생균근의 기주식물로는 소나무, 전나무, 참나무, 버드나무 등이 있다.
④ 내생균근은 균사가 피층세포 안으로 침투한다.
⑤ 내생균근은 균사가 내피까지만 들어가고 내초는 침범하지 않는다.

69 다음은 나자식물과 피자식물에 대한 설명이다. 옳지 않은 것은?

① 배주가 노출되어 대포자엽 혹은 실편의 표면에 부착되어 있는 식물이다.
② 피자식물은 배주가 자방 안에 감추어져 있는 식물이다.
③ 나자식물의 꽃은 양성화가 있다.
④ 소철류와 은행나무는 대표적인 2가화이다.
⑤ 구과목에 속하는 소나무과, 낙우송과, 측백나무과는 1가화이다.

70 다음은 배의 발달에 대한 설명이다. 옳지 않은 것은?

① 나자식물은 초기에 접합자가 분열하여 세포벽이 없다.
② 나자식물의 배병은 피자식물보다 길다.
③ 나자식물은 분열다배현상이 흔하게 발견된다.
④ 단위결과는 피자식물에서는 관찰되지만 나자식물에서는 관찰되지 않는다.
⑤ 나자식물의 다배현상은 단순다배현상과 분열다배현상이 있다.

71 다음 수목 중 지상자엽형 발아를 하지 않는 것은?

① 물푸레나무
② 아까시나무
③ 단풍나무
④ 개암나무
⑤ 소나무

72 다음은 발아의 환경요인에 대한 설명이다. 옳지 않은 것은?

① 대부분의 수목종자는 광선의 존재에 관계없이 발아한다.
② 산소는 호흡작용에서 전자를 받아들이는 전자수용체 역할을 한다.
③ 발아가 시작될 수 있는 최소한의 수분요구량은 대개 종자 중량의 2~3배 이내이다.
④ 임계온도는 식물이 생육할 수 있는 최저온도와 최고온도 사이의 온도범위이다.
⑤ 대부분의 수목의 종자는 주야간에 일정한 온도를 유지한 것이 더 높은 발아율을 보인다.

73 다음은 에틸렌에 대한 설명이다. 옳지 않은 것은?

① 심한 산소 부족 상태에서는 에틸렌 생산이 억제된다.
② 종자식물의 모든 살아 있는 조직에서 생산된다.
③ 에틸렌 생산에는 ATP가 소모되나 O_2를 요구하지는 않는다.
④ 식물에 옥신을 처리하면 에틸렌 생산을 촉진한다.
⑤ 에틸렌은 지용성이기 때문에 원형질막에 쉽게 부착된다.

74 다음은 고온 스트레스에 대한 설명이다. 옳지 않은 것은?

① 임계온도는 식물이 활동할 수 있는 최고온도와 최소온도 사이의 범위이다.
② 잎의 경우 엽록체의 thylakoid막이 기능을 상실하여 광합성을 하지 못 한다.
③ 세포막에 있는 지방질의 액화와 단백질의 변성으로 세포막이 제구실을 못 한다.
④ 열쇼크단백질은 단백질과 핵산이 변성된 것이다.
⑤ 토양 표면 근처에 있는 남쪽 수간조직이 피소의 피해를 보인다.

75 다음은 산림쇠퇴의 증상이다 옳지 않은 것은?

① 생장 감소
② 줄기와 가지의 부정아 발생
③ 세근과 균근 뿌리의 발생
④ 뿌리썩음병균에 의한 뿌리의 감염
⑤ 황화현상과 조기낙엽

PART 04 | 산림토양학

76 토양교질물(colloid)이 지닌 전하에 해당하지 않는 것은?

① 유기물이 지닌 유기산의 해리에 의한 전하
② 규산염점토광물의 동형치환에 의한 전하
③ 규산염점토광물의 변두리전하
④ 토양용액에 존재하는 이온의 전하
⑤ 토양유기교질물의 비표면적과 표면전하

77 토양교질물에 흡착되는 양이온에 관한 설명으로 옳지 않은 것은?

① 양이온이 교질물에 흡착되기 쉬운 정도를 이액 순위(lyotropic series)라 한다.
② 흡착세기는 교질물의 종류와 양이온의 종류에 따라 다르다.
③ 교질물이 같다면 양이온의 전하와 수화된 양이온의 크기가 클수록 잘 흡착된다.
④ 양이온의 흡착 정도는 질량작용 법칙의 영향을 받기도 한다.
⑤ 토양에 흡착되는 양이온은 주로 H, Ca, Mg, K, Na 등이다.

78 토양산성화의 원인이 아닌 것은?

① 석회물질 사용
② 알루미늄 이온의 가수분해
③ 토양에 용해된 탄산의 해리
④ 작물에 의한 염기 수탈
⑤ 질소질비료의 NH_4^+의 질산화 작용

79 직육면체 토양시료 채취기(가로 5cm, 세로 5cm, 높이 4cm)로 채취한 습윤 토양의 무게는 150g이었고, 건조 후 토양의 무게는 130g이었다. 이 토양의 입자밀도(particle density)는 $2.60g/cm^3$이고 물의 밀도가 $1.00g/cm^3$이라 할 때, 공극률(porosity)은 얼마인가?

① 0.30 ② 0.40
③ 0.50 ④ 0.60
⑤ 0.70

80 토양의 점토함량이 증가할수록 포장용수량이 증가하는 이유는?

① 소공극이 많아지고 모세관력이 증가하기 때문
② 소공극이 많아지고 모세관력이 작아지기 때문
③ 대공극이 많아지고 모세관력이 증가하기 때문
④ 대공극이 많아지고 모세관력이 작아지기 때문
⑤ 대공극이 많아지고 응집력이 작아지기 때문

81 토양의 열전도현상에 대한 설명으로 옳지 않은 것은?

① 토양수분함량이 증가하면 열전도율도 증가한다.
② 습윤한 토양이 건조한 토양보다 열전도도가 낮다.
③ 사토가 이탄토보다 열전도도가 높다.
④ B층의 열전도율이 O층의 열전도율보다 높다.
⑤ 무기입자보다 공기의 열전도율이 낮다.

82 오염토양 복원 방법에 대한 설명으로 옳지 않은 것은?

① in-situ 복원은 현장에서 토양의 원상태를 유지한 상태로 토양을 복원하는 방법이다.
② 토양세정(soil flushing)은 굴착한 오염토양을 유무기용제로 복원하는 방법이다.
③ 토양증기추출법(soil vapor extraction)은 휘발성 물질로 오염된 토양에서 토양가스를 추출하여 오염 농도를 낮추는 방법이다.
④ phytostabilization은 오염토양에 식물을 재배하여 오염물질의 독성과 이동성을 낮추는 방법이다.
⑤ bioventing은 오염된 불포화 토양에 공기를 주입함으로써 휘발성 오염물질을 기화하여 이동시키고, 토양 내 산소의 농도를 증가시킴으로써 미생물의 생분해능을 촉진시켜 처리하는 기술이다.

83 토양수분함량과 수분퍼텐셜의 설명으로 옳은 것은?

① 불포화토양에서 수분이동은 주로 중력퍼텐셜 차이에 기인한다.
② 토양 내 총수분퍼텐셜의 합은 수분함량과 상관없이 항상 0이다.
③ 장력계는 매트릭퍼텐셜을 측정하고, 중성자법은 토양수분함량을 측정한다.
④ 식토와 사토의 수분퍼텐셜이 -0.1bar로 동일할 때, 두 토양의 용적수분함량은 같다.
⑤ 토양의 수분보유력은 공극의 반지름과는 관계가 없다.

84 질산의 탈질이 증가하는 토양 조건은?

① 알칼리성 환원토양
② 유기물이 풍부한 환원토양
③ 통기성이 원활한 토양
④ *Rhizobium* 활성이 높은 토양
⑤ 산소가 풍부한 토양

85 면적 $2,000m^2$, 깊이 10cm, 용적밀도 $1.2g/cm^3$인 밭에서 12톤의 물이 증발되었다. 이때 감소된 용적수분함량(%)과 중량수분함량(%)은?

	용적수분함량	중량수분함량
①	5	6
②	6	5
③	10	12
④	12	10
⑤	14	16

86 산성토양에서 발생하는 인산의 주요 침전 형태는?

① Si-P 태 및 Ca-P 태
② 유기태 및 Mg-P 태
③ Ca-P 태 및 K-P 태
④ Fe-P 태 및 Al-P 태
⑤ Ca-P 태 및 Mg-P 태

87 토양유실예측공식(USLE)의 토양침식성인자(K)에 대한 설명으로 옳지 않은 것은?

① 투수성이 증가하면 K값이 높아진다.
② 내수성 입단이 발달하면 K값이 낮아진다.
③ 유기물 함량이 감소하면 K값이 높아진다.
④ 사토에 K값이 증가하면 유거량이 증가한다.
⑤ 침투율과 토양구조의 안정성 두 가지가 가장 많은 영향을 미친다.

88 다음 중 성대성 토양의 특징이 아닌 것은?

① 기후와 식생의 영향이 뚜렷하다.
② 토양 생성인자 중 가장 넓게 분포한다.
③ 한랭습윤하며, 침엽수림에 포드졸 토양이 여기에 속한다.
④ 체르노젬 토양이 여기에 속한다.
⑤ 갈색 산림토 및 회색 토양이 해당된다.

89 산림토양과 경작토양의 차이점에 대한 설명으로 옳은 것은?

① CEC는 산림토양이 경작토양보다 높다.
② 유기물은 산림토양에는 풍부하지만 경작토양에는 빈약하다.
③ 경작토양의 C/N율은 산림토양보다 높다.
④ 산림토양에 존재하는 무기태질소는 주로 질산태이다.
⑤ 경작토양은 산성이 강하고 산림토양은 알칼리성이 강하다.

90 산림토양에서 부식에 대한 설명으로 옳지 않은 것은?

① 토양미생물 중 곰팡이보다는 세균이 우세하다.
② 토양의 입단구조를 형성하게 한다.
③ 칼슘, 마그네슘, 칼륨 등 염기를 흡착하는 능력인 염기치환용량이 크다.
④ 임상 내 H에 해당되며 유기물이 많이 함유되어 있다.
⑤ 동결현상의 깊이를 감소시켜준다.

91 국내산림토양 분류 중 다음에 해당되는 항목은?

> 지형조건에 따른 수분환경을 감안해서 Ao층 발달 정도, 토양단면 형태, 층위 발달 정도 및 각 층위 구조, 토색 등의 차이로 구분한다.

① 토양군   ② 토양아 군
③ 토양통   ④ 토양형
⑤ 토양대군

92 다음 중 산림 토양의 토성에 따른 적합한 수종의 연결이 잘못된 것은?

① 사토 : 소나무, 리기다소나무 등
② 사양토 : 대부분의 수종 생장 가능
③ 식질양토 : 소나무, 전나무 등
④ 식토 : 낙엽송, 서어나무 등
⑤ 석력토 : 잣나무, 벚나무 등

93 산림토양에서 유기물의 기능으로 옳지 않은 것은?

① 지온 상승
② 용적밀도 증가
③ 토양입단화 증가
④ 양이온교환용량 증가
⑤ 금속과 킬레이트 화합물 형성

94 다음 중 국내 산림토양 분류 중 토양군에 속하지 않는 것은?

① 갈색산림토양 ② 암적색산림토양
③ 미숙토양 ④ 암쇄토양
⑤ 사방지토양

95 다음에 해당하는 토양형은?

- 사면의 요형 지형 및 산록 완사면에 분포하며 A0층이 얇고 H층은 거의 표토에 유입되어 있다. 수분 및 기타의 양분 분해 조건이 양호하다. 또한 자갈이 적당히 혼합되어 있어 통기성 및 투수성도 양호하며 식물근이 B층 깊이까지 뻗고 있다.
- 형태적 특징은 A층이 대부분 흑갈색으로 토심은 비교적 깊고 적윤한 상태를 보인다. 또한 단립입상구조가 많이 나타나며 B층은 갈색으로 적윤하고 괴상구조가 발달한다.

① B1 ② B2
③ B3 ④ B4
⑤ B5

96 어떤 토양의 수분퍼텐셜에 따른 수분량(g/100g)의 변화를 살펴본 결과 아래 표와 같았다. 이 토양의 모세관 공극에 존재 가능한 최대 수분량은 토양 100g당 몇 g인가?

토양 수분퍼텐셜(MPa)	토양 수분량(g/100g)
−0.033	22
−0.05	20
−1.0	15
−1.5	10
−3.1	8

① 2 ② 7
③ 12 ④ 14
⑤ 15

97 다음 물질들 중 우리나라 비료공정 규격에 설정되어 있는 주요 석회질 비료를 모두 고른 것은?

ㄱ. 소석회[$Ca(OH)_2$]
ㄴ. 석회석($CaCO_3$)
ㄷ. 석회고토($CaCO_3 \cdot MgCO_3$)
ㄹ. 석고($CaSO_4$)

① ㄱ ② ㄱ, ㄴ
③ ㄱ, ㄷ ④ ㄱ, ㄴ, ㄷ
⑤ ㄱ, ㄴ, ㄷ, ㄹ

98 다음 설명 중 올바른 것은?

① 고운토성의 토양은 공극률이 낮다.
② 입단이 형성되지 않은 토양은 미세공극이 많다.
③ 입단의 형성은 점토의 수화도에서 시작된다.
④ Na는 수화도가 커 입단을 촉진한다.
⑤ 소성지수는 소성한계와 액성한계와의 합이다.

99 우리나라에 가장 흔하게 분포하고, 침식이 심하지 않은 대부분의 산악지, 농경지로 쓰이고 있는 충적토와 붕적토 등이 속하는 토양목은?

① Entisol ② Ultisol
③ Inceptisol ④ Histosol
⑤ Ultisol

100 토양 내 균근(mycorrhizae)의 효과로 옳지 않은 것은?

① 수분 흡수 증대
② 토양 입단화 증대
③ 높고 낮은 pH에 저항력 증대
④ 병원균의 감염으로부터 식물 보호
⑤ 인의 함량에 비례로 형성

PART 05 | 수목관리학

101 다음의 수목에 대한 설명 중 옳지 않은 것은?

① 사철나무의 잎은 봄에 나면 가을에 지고, 늦여름에 나오면 다음해 봄에 새싹이 나올 때 진다.
② 낙엽활엽수의 잎은 보통 4~6개월에 낙엽하며, 건강할수록 잎의 수명이 길고 수분 부족이나 영양 결핍 시 수명이 짧다.
③ 담쟁이덩굴의 유엽은 삼출엽이고, 성엽은 하나의 둥근 모양이다.
④ 대화현상은 가지가 납작하게 자라는 현상으로 사철나무, 돈나무, 물푸레나무 등에서 발생하는 병이다.
⑤ 잣나무 잎의 수명은 4년이다.

102 다음 식재 수목의 조건으로 옳지 않은 것은?

① 줄기의 생장량은 1년에 최소 50cm가량 되어야 하며 수피는 금이 가거나 상처가 없어야 한다.
② 동아가 가지마다 뚜렷하고 크게 자리 잡고 있어야 한다.
③ 가로수일 경우 지하고가 2m 이상이어야 한다.
④ 골격지가 4방향으로 뻗어야 한다.
⑤ 수관의 높이는 수고의 2/3가량이 적당하다

103 다음 중 파종의 성과에 영향을 끼치는 인자로 옳지 않은 것은?

① 타감작용
② 흙 옷
③ 기상의 해
④ 수분조건
⑤ 토양의 양분

104 다음은 삽목에 대한 설명이다. 연결이 옳지 않은 것은?

① 잎 꺾꽂이 – 선인장 또는 다육식물류
② 근삽 – 국화, 능소화
③ 휘묻이 – 수국, 아이비
④ 인경 꽂이 – 백합, 히아신스
⑤ 줄기 꺾꽂이 – 무화과, 대나무

105 다음은 어린 수목의 식재에 대한 설명이다. 옳지 않은 것은?

① 겨울이 해당수종의 어린 수목에게 너무 춥지 않으면 가을에 식재 가능하다.
② 대부분의 가지가 있는 쪽이 강한 주풍을 향하도록 앉힌다.
③ 바람과 피소, 외관이 수목의 방향을 결정하는 요소가 아닌 경우에는 대부분의 가지가 위치한 쪽을 오후의 태양으로부터 멀리 위치하게 한다.
④ 구조가 좋은 토양에서 식재 구덩이는 수목의 근분이 들어갈 수 있는 정도면 충분하다.
⑤ 접목된 부분 바로 위의 구부러진 부분이 피소피해를 받지 않도록 접수를 오후의 태양 방향으로 향하지 않게 해야 한다.

106 다음은 식재 및 사후관리에 관한 설명이다. 옳지 않은 것은?

① 구덩이의 흙 채우기는 구덩이에서 나온 흙을 보관했다가 다시 사용한다.
② 물리화학적 성질 개선을 위해 완숙 퇴비를 되도록 많이 섞어 사용한다.
③ 한번 실시한 이식목을 다시 옮겨서는 안 된다.
④ 식재 시 나무 밑동에 가지가 달려있는 묘목도 지주가 필요하다.
⑤ 가지치기는 전체 가지의 1/3을 초과하지 않도록 한다.

107 다음은 수분관리에 대한 설명이다. 옳지 않은 것은?

① 재래식 관수는 수간 주변에 웅덩이에 관수하는 웅덩이 관수와 원형으로 도랑을 파고 물을 주는 고랑 관수가 있다.
② 스프링클러법은 나무와 잔디를 함께 관수할 때 사용한다.
③ 점적관수법은 나무가 있는 곳만을 관수한다.
④ 점적관수법은 노출된 가느다란 호스에서 물을 조금씩 흘려보내는 장치이다.
⑤ 명거배수는 토양이 극도로 딱딱하거나 경질 지층이 있어 배수가 극히 불량할 경우에 사용한다.

108 다음은 수목 위험평가와 관리에 대한 설명이다. 옳지 않은 것은?

① 상충은 수목과 사회적 기능 간에 발생하는 문제로 생장시에 문제 꽃가루, 과실(은행), 뿌리, 가지, 잎 등이 있다.
② 피뢰침은 반드시 꼬아서 만든 동선(직경 1cm가량)을 사용한다.
③ 흉고직경 1m 이상의 거목일 경우에는 1개 이상의 피뢰침을 나무 꼭대기에서부터 독립된 동선에 연결하여 각각 땅속에 묻는다.
④ 피해 경감 방안인 예방적 조치로 다양한 수종, 수령의 식재가 필요하며 수목의 적지적수가 필요하다.
⑤ 정성적 평가의 단점은 자연적인 진행 과정을 예측하기에는 능력이 제한된다는 것이다.

109 다음은 수목의 건강관리에 대한 설명이다. 옳지 않은 것은?

① 식물건강관리(PHC)는 1980년대 조경수 관리 전문가들에 의한 조경수 관리 효율을 위해 시도되었다.
② 농작물의 생산과정에서 도입되었던 종합적 병해충 방제(IPM) 개념을 응용한 것이다.
③ IPM은 다양한 방제법(기계적, 재배적, 생물적, 화학적, 법제적 방제)을 동원하여 적절히 경제적 피해를 최소화하는 발생밀도를 조절하는 것이다.
④ 정찰이란 병해충에 대한 관찰, 인지, 동정, 숫자파악, 문제를 기록하는 행위이고, 여러 차례에 걸친 지속적인 정찰을 모니터링이라 한다.
⑤ IPM의 개념을 조경수 관리에 적용하면 경제적 피해수준과 경제적 피해허용수준을 결정하기 쉽다.

110 다음은 동계건조와 월동대책에 대한 설명이다. 옳지 않은 것은?

① 가을에 이식한 상록수, 고산지대 남향에 있는 지역에서 자주 나타난다.
② 잎이 누렇게 마르고, 가지가 부분적으로 죽거나 나무전체가 동시에 마른다.
③ 지표면의 멀칭을 벗겨내어 해토를 촉진한다.
④ 초겨울에 영산홍이나 회양목에 증산억제제를 뿌려주면 잎이 갈색으로 변하는 것을 방지한다.
⑤ 토양멀칭은 토양이 깊게 동결되지 않아 수분 부족으로 인한 동계건조를 방지한다.

111 다음은 염해에 대한 설명이다. 옳지 않은 것은?

① 바닷가에서 잘 자라는 수목은 내염성 혹은 내조성이 있다.
② 활엽수의 경우 잎의 가장자리가 타 들어가고, 갈색 반점이 불규칙하게 나타나 수관 전체에 퍼진다.
③ 잎의 피해는 염화칼슘이나 염화나트륨이 가지나 잎에 묻어 나타나는 피해이다.
④ 침엽수는 잎 기부부터 위로 적갈색으로 변하고 바람에 의해 떨어진다.
⑤ 토양에 소석회나 석고($CaSO_4$)를 시비하여 흙과 석고 무기양료를 엽면시비하여 피해를 방제한다.

112 다음은 복토의 피해에 대한 설명이다. 옳지 않은 것은?

① 이미 심어져 있는 나무 위에 15cm 이상 흙을 덮어 수목의 뿌리호흡을 방해한다.
② 호흡량이 많은 어린 나무의 피해가 크다.
③ 활엽수는 피해 진전 시 뿌리를 파보면 잔뿌리의 발달이 없고, 뿌리껍질이 힘없이 벗겨진다.
④ 침엽수는 양분을 모두 소진할 때까지 잎에 병증을 나타내지 않다가 갑자기 고사한다.
⑤ 수관의 맨 꼭대기의 가지부터 잎이 탈락하여 죽기 시작하여 밑으로 확산하며 여기저기 맹아가 발생한다.

113 다음은 인에 대한 설명이다. 옳지 않은 것은?

① 염색체와 인지질로 만들어진 원형질막의 구성성분이다.
② 인은 에너지를 생산하고 전달하는 ATP 형태로 존재한다.
③ 광합성과 호흡작용에서 당류와 결합하여 여러 가지 대사를 주도한다.
④ 엽병, 잎의 뒷면이 동색~보라색으로 변색되고 약간 뒤틀리며 엉성하게 부착되어 조기 낙엽된다.
⑤ 인 결핍 시 가지의 길이는 짧고 굵어 보인다.

114 다음은 「산림보호법」에 대한 설명이다. 나무의사 자격을 반드시 취소하는 경우로 옳지 않은 것은?

① 동시에 두 개 이상의 나무병원에 취업한 경우
② 피성년후견인 또는 피한정후견인
③ 「농약관리법」 또는 「소나무재선충병 방제특별법」을 위반하여 징역의 실형을 선고받고 그 집행이 종료되거나 집행이 면제된 날부터 2년이 지나지 아니한 사람
④ 나무의사 등의 자격정지기간에 수목진료를 행한 경우
⑤ 고의로 수목진료를 사실과 다르게 행한 경우

115 다음은 「소나무재선충병 방제특별법」의 반출금지구역 지정·해제에 대한 설명이다. 옳지 않은 것은?

① 시장·군수·구청장은 재선충병의 방제 및 확산방지를 위하여 발생지역과 발생지역으로부터 5킬로미터 이내의 범위로 대통령령으로 정하는 행정동·리·단위를 소나무류반출금지구역으로 지정하여야 한다.
② 시장·군수·구청장은 지정사유가 소멸되었다고 인정되는 경우에는 반출금지구역 지정을 해제할 수 있다.
③ 시장·군수·구청장은 반출금지구역으로 지정하거나 해제한 경우에는 그 내용을 게시판 등을 통하여 공고하고, 지정 또는 해제사실을 신속히 시·도를 거쳐 산림청에 보고하여야 한다.
④ 훈증 등 산림청장이 별도로 정하는 처리 방식으로 방제하여 관계 공무원이 재선충이 죽은 것을 확인한 경우에는 이동이 가능하다.
⑤ 산지전용허가·신고지 또는 산지일시사용허가·신고지에서 생산되는 소나무류를 해당 허가·신고지 밖으로 이동하는 경우

116 다음 중 어린잎이나 신엽에 피해가 심하며 알루미늄 전해공장이나 인산질 비료공장에서 배출되어 피해를 주는 것은?

① 오존
② PAN
③ 불화수소
④ 아황산가스
⑤ 질소산화물

117 다음 중 2년생 가지에서 화아형성이 되는 수종으로 옳지 않은 것은?

① 개나리, 목련
② 산수유, 생강나무
③ 배롱나무, 살구나무
④ 등, 박태기나무
⑤ 복사나무, 벚나무

118 농약제제의 물리적 성질로 옳지 않은 것은?

① 유화성 : 유제(원액)를 물에 가한 경우 기름 입자가 균일하게 분산하여 유탁액으로 되는 성질
② 습전성 : 살포한 약액이 작물이나 해충의 표면을 잘 적시고 퍼지는 성질(계면활성제가 습윤제로써의 역할을 함
③ 표면장력 : 공기가 접하는 계면에 있어서의 계면장력(적당량의 계면활성제를 첨가하여 표면장력을 낮춤)
④ 접촉각 : 정지액체의 자유표면이 고체와 접하는 부분에서 액면과 고체면이 이루는 각을 말함(계면활성제를 첨가하면 접촉각이 커짐)
⑤ 현수성 : 수화제의 현탁액에서 고체입자가 균일하게 분산 부유하는 성질과 그 안정성을 나타내는 것을 의미

119 ADI가 0.1인 살충제 captafol가 몸무게 80kg인 사람이 매일 500g씩 섭취하는 쌀 속에 잔류 허용될 수 있는 농약량의 최대치(잔류허용한계농도)는 얼마인가?

① 10ppm　　② 12ppm
③ 15ppm　　④ 16ppm
⑤ 20ppm

120 다음에 해당하는 농약은?

> 물에 녹지 않는 원제를 벤토나이트, 고령토와 섞은 후 여기에 친수성, 습전성, 고착성 등을 부가시키기 위해 계면활성제를 가해서 미분말화시킨 것으로 물에 넣으면 현탁액이 됨

① 유제　　② 수용제
③ 수화제　　④ 액제
⑤ 분제

121 다음에 해당하는 농약의 명칭은?

> "패러 디클로라이드액제"

① 화학명　　② 일반명
③ 품목명　　④ 상표명
⑤ 시험명

122 PLS를 위한 농약판매상의 올바른 농약판매를 위한 5가지 실천사항이 아닌 것은?

① 정확한 처방과 판매
② 안전사용교육 실시
③ 과대광고 금지
④ 등록업소에서만 판매
⑤ 농약 포장지 라벨 확인

123 유기인계 살충제에 대한 설명으로 옳지 않은 것은?

① 살충력이 강하고 적용 해충 범위가 넓다.
② 식물·동물의 체내에서 분해가 빠르고 축적되지 않는다.
③ 약제 살포 후 광선 등에 의하여 빨리 소실되어 잔효성 비교적 적은 편이다.
④ 인축에 대한 독성이 강한 약제가 많고, 동식물의 체내에서 활성화되어 독력이 커진다.
⑤ 알칼리성 물질에 의하여 분해되지 않는다.

124 Carbamate계 살충제의 특징으로 옳지 않은 것은?

① 작용기작은 유기인계와 같은 AChE 저해제이다.
② 인축에 대한 독성이 낮으며 비교적 안정한 화합물이다.
③ 속효성 침투이행성이 좋으며 잔효력이 길지 않다.
④ 진딧물 등 흡즙성 해충에 효과적이다.
⑤ 유기염소제와 같이 체내에 축적되는 일 없이 체내에서 빨리 대사되므로 만성독성의 염려가 없다.

125 살균제의 작용기작에 해당되지 않는 것은?

① 핵산 합성저해
② 세포분열저해
③ 호흡저해
④ 아미노산 및 단백질 합성저해
⑤ 색소 생합성저해

제1회 실전모의고사 정답 및 해설

01	02	03	04	05	06	07	08	09	10
②	③	①	④	⑤	③	③	②	①	③
11	12	13	14	15	16	17	18	19	20
④	④	③	⑤	②	⑤	④	④	④	③
21	22	23	24	25	26	27	28	29	30
⑤	⑤	⑤	①	③	③	②	④	②	⑤
31	32	33	34	35	36	37	38	39	40
②	⑤	⑤	③	④	③	⑤	⑤	②	②
41	42	43	44	45	46	47	48	49	50
①	⑤	③	④	⑤	①	⑤	⑤	⑤	④
51	52	53	54	55	56	57	58	59	60
⑤	③	②	⑤	⑤	①	③	⑤	②	⑤
61	62	63	64	65	66	67	68	69	70
①	③	⑤	④	②	⑤	①	⑤	③	①
71	72	73	74	75	76	77	78	79	80
①	①	③	④	⑤	⑤	③	⑤	②	⑤
81	82	83	84	85	86	87	88	89	90
⑤	②	③	①	④	③	①	③	③	⑤
91	92	93	94	95	96	97	98	99	100
②	③	④	②	②	②	②	③	④	③
101	102	103	104	105	106	107	108	109	110
①	④	③	④	③	②	④	②	⑤	④
111	112	113	114	115	116	117	118	119	120
④	⑤	④	②	①	③	①	②	②	⑤
121	122	123	124	125					
①	④	②	③	⑤					

01 잣나무 털녹병의 중간기주인 송이풀류에서 여름포자와 겨울포자세대가 발견되고 있다.

02 ① 파이토플라스마와 원생동물에 의한 수목병은 열대와 아열대 지방에서 흔하다.
② 세균과 바이러스에 의한 병은 목본보다 초본에서 더 흔하다.
④ 구획화는 꽃, 잎, 가지, 뿌리 등 수목의 모든 부분에서 일어난다.
⑤ 바이러스는 선충에 의해서도 옮겨지며 종자, 꽃가루 등에서도 옮겨진다.

03 *Fusarium*균에 의한 모잘록병은 비교적 건조한 토양에서 잘 발생한다.

04 세균은 직접침입을 할 수 없다.

05 플라스미드(Plasmid)는 세균의 세포 내에 복제되어 독자적으로 증식할 수 있는 염색체 이외의 DNA 분자를 총칭하는 말이다. 작은 고리 모양의 DNA(디옥시리보핵산) 분자인 경우가 많으며, 세포질이고 자기복제 능력을 지니는 DNA 복제단위이다.

06 소독약이나 열에 대해서는 세균보다 강하며 항생물질에 대해서도 저항성을 보인다.

07 생산된 파이토알렉신의 종류는 식물에 따라 결정되며 접종한 균의 종류에는 관계가 없다.

08 파이토알렉신은 감염 후 생성된다.
• 감염 전 저항성 : 코르크형성, 이층형성, 전충제형성, 검형성, 칼로스돌기형성, HRGP
• 감염 후 저항성(능동적 저항성) : 과민성, 파이토알렉신, 감염특이적단백질, 조직의 변화

09 전신획득저항성(SAR ; Systemic Acquired Resistance)에 대한 내용이다.

10 접합균류는 유성생식에서 크기가 비슷한 배우자낭과 합쳐서 접합포자가 된다.

11 외생균은 Hartig net를 형성한다. 내생균은 베시클(vesicle)과 아뷰스큘(arbuscule)을 형성한다.

12 세균은 흡착기가 없다.

13 대추나무 빗자루병은 수간주사로만 효과가 있다.

14 레이스(race)는 마치 식물에 여러 품종이 있듯이 병원체에도 형태적으로 같은 종이면서 특정한 식물 또는 품종에만 병을 일으키는 등 기생성 및 기타 생리적인 성질이 다른 현상으로 병원체에 관한 사항을 병원체(주인)에 사항이다.

15 식물바이러스는 핵산은 외가닥 RNA이다.

16 PCR법(중합효소연쇄반응법)은 DNA의 원하는 부분을 복제·증폭시키는 분자생물학적 진단에 해당된다.

17 안토시아닌의 발달이 지연으로 색깔 변형은 2차 대상의 장애에 대한 설명이다.

18 토양수분이 과다할 경우에 발생한다.

19 해부학적 진단법은 형태, 내부변색, X-체, 시들음, 미세절편기로 판단한다.
① 배양적습실처리 : 병징, 표징 없을 때, 수입종자검역 시 사용
② 영양배지법 : 배양적 습실처리 안될 때 근자외선, 형광등으로 처리
③ 생리화학적 : 황산구리법(자색)은 세균(Biolog)을 구분
⑤ 현미경적 진단법 : 해부현미경, 광학현미경, 전자현미경 등을 이용함
  • 해부현미경 : 1차적인 진단 수행
  • 광학현미경 : 해부현미경보다 높은 배율로 분리 조직을 받침유리에 치상 후 진균, 세균진단
  • 전자현미경 : 가시광선보다 파장이 짧은 전자빔을 광원으로 활용하여 광학현미경보다 고배율, 고해상도에서 시료 관찰

20 세균은 곰팡이의 뿌리병 발생에 중요한 억제인자로 작용한다.

21 오래 묵힌 종자는 사용하지 않는다.

22 *Pythium*은 기주세포에 부착기와 침입관을 형성하여 침입하기보다 대부분 효소를 분비하여 조직을 연화시키는 화학적 방법으로 침입한다.

23 병원균의 월동은 자낭각의 상태로 이루어진다.

24 병원균 우점병이며, 조직 비특이적병해 중에 하나이다.

25 신갈나무와 같이 흉고직경이 20~30cm가 넘는 대경목에 피해가 많다.

26 회양목혹응애는 회양목의 눈속에 잠입하여 꽃봉오리와 같은 벌레혹을 형성하므로 회양목 생장과 수형 유지에 지장을 준다. 연 2~3회 발생하며 10월부터 성충으로 월동하나 알 또는 약충으로 월동하는 것도 있다. 9월 상순부터 출현하여 회양목의 눈 속에 잠입한다. 벌레혹 속에 있는 혹응애가 2~3회 번식하다가 벌레혹 내에서 월동한다.

27 유충이 솔잎기부에 충영을 형성한다.

28 ① 1년에 1회 발생한다.
② 유충으로 지피물 밑이나 흙속에서 월동한다.
③ 하루 중 우회시기는 15시경이다.
⑤ 5~7월에 성충, 알, 번데기가 같이 나타난다.

29 아카시잎혹파리는 연 5~6세대 발생하며 번데기로 월동한다. 5월 초순에 우화한 성충은 새잎에 산란을 하며 부화한 유충은 새잎의 전체를 말아 마치 고사리 새순 같은 형태를 띤다. 6월 이후 성숙된 잎에서 가해를 할 때는 잎의 가장자리를 부분별로 말아 피해를 주며 피해가 경과되면서 흰가루병과 그을음병을 동반한다.

30 복숭아명나방은 연 2~3회 발생한다. 침엽수형은 충소 속에서 중령유충으로 월동하여 5월부터 활동한다. 1화기 성충은 6~7월, 2화기 성충은 8~9월에 우화한다. 유충이 신초에 거미줄로 집을 짓고 잎을 식해하며 벌레 똥을 붙여 놓는다.

31 솔껍질깍지벌레에 대한 피해증상은 3~5월에 수관 하부 가지의 잎부터 갈색으로 변색된다.

32 선충은 표피, 근육, 신경, 소화기관, 배설기관 및 생식기관을 가지고 있으나 순환계, 호흡계는 존재하지 않는다. 소화계는 구강, 식도, 장을 거쳐 항문까지 계속된다. 따라서 절지동물과 환형동물은 같은 진체강 구조를 가진다.

33 거위벌레의 더듬이는 일자 모양이고, 바구미는 'ㄱ'자 모양으로 약간 꺾여 있다.

34 알라타체는 성충 형질의 발육을 억제하는 유약호르몬을 생산한다.

35 길잡이페로몬은 효과가 오랫동안 지속된다.

36 알은 하나의 살아 있는 세포이다.

37 개미침벌과 가시고치벌은 솔수염하늘소의 외부기생성 천적이다.

38 주요 기생벌에는 솔잎혹파리먹좀벌, 혹파리살이먹좀벌, 혹파리등뿔먹좀벌, 혹파리반뿔먹좀벌 등 4종이 있다. 이 중 가장 유력한 천적은 솔잎혹파리먹좀벌과 혹파리살이먹좀벌 2종이다. 잎에 산란된 솔잎혹파리의 알에 기생봉이 산란하여 그 속에서 발육, 기생한다.

39 꽃등애입벌이 빠는 형이고, 나머지는 씹는 형이다.

40 어린 유충은 수피 밑을 가해하므로 방제가 쉬우나 성장할수록 수피 안쪽으로 파고 들어가 방제가 어렵다.

41 박쥐나방
- 1년에 1세대 또는 2년에 1세대 경과하며 알로 월동한다. 어린 유충은 초목의 줄기 속을 식해하지만 성장한 후에는 나무로 이동하여 수피와 목질부 표면을 환상으로 식해한다.
- 거미줄을 토하여 벌레 똥과 먹이 찌꺼기로 바깥에 철하므로 혹같이 보인다.
- 처음에는 줄기 바깥부분을 고리모양으로 식해하지만, 이어 줄기의 중심부로 먹어 들어가며 위와 아래로 갱도를 뚫으면서 식해한다.

42 후식피해는 측아지보다 정아지의 피해가 높다.

43 앞털뭉뚝나무좀은 나무좀아과에 속하며 우리나라에는 1983년 국내수입재 해충으로 처음 기록되어 2010년 국내 서식이 확인되었다. 수세가 약한 거나 단근 작업을 옮겨 심은 이식목에서 많이 발생한다. 성충과 유충이 기주의 인피부와 목질부를 갉아먹으며 피해목은 줄기에서 5~8월경 걸쳐 우윳빛이나 연갈색 액체가 침입공을 통해 흘러나온다.

44
- 복숭아유리나방 : 가해부는 적갈색의 굵은 배설물(섬유질)과 함께 수액이 흘러나와 눈에 쉽게 띈다.
- 벚나무사향하늘소 : 목설은 많은 가루를 포함하고 있고 우드칩 모양은 길이가 짧고 넓은 특징이 있다.

45 외출면충은 느티나무 잎 뒷면에서 즙액을 빨아 먹는다.

46 주머니깍지벌레는 알, 혹은 유충의 형태로 월동한다.

월동충태	알	유충	번데기	성충
깍지벌레류	주머니깍지벌레	솔껍질깍지벌레, 소나무가루깍지벌레	–	벚나무깍지벌레, 사철나무깍지벌레, 뿔밀깍지벌레, 식나무깍지벌레, 거북밀깍지벌레, 루비깍지벌레, 쥐똥밀깍지벌레

47 혈구는 중배엽에서 발생한다.

48 과변태하는 곤충은 풀잠자리목의 약대벌레과, 딱정벌레목의 딱정벌레과, 반날개과, 가뢰과, 꽃벼룩과, 부채벌레목 전체, 파리목의 재니등에과, 꼽추등에과, 어리재니등에과, 기생파리의 일부, 벌목의 기생봉, 매미기생나방, 사마귀붙이류이다.

49 생물적 방제는 효과의 발현에 장기간이 소요되는 큰 단점이 있다.

50 해충과 그 천적
- 사과면충 – 사과면충좀벌
- 루비깍지벌레 – 루비깍지좀벌
- 목화진딧물 – 콜리마니진딧벌
- 꽃노랑 총채벌레 – 애꽃노린재류
- 온실가루이 – 온실가루이좀벌
- 진딧물 – 무당벌레 · 진딧벌
- 점박이응애 – 칠레이리응애, 긴털이리응애
- 이세리아깍지벌레 – 베달리아무당벌레

51 후각조직은 엽병, 엽맥, 줄기를 이루며 특수형태의 유세포이다. 비중은 무게:부피비를 말한다. 후각세포는 유세포로 이루어져 있으며, 유세포는 살아있기 때문에 원형질을 가지고 있다.

52 피자식물의 암술은 암술머리, 암술대, 씨방으로 구성되어 있고 수술은 꽃밥, 수술대로 구성되어 있다.

53 ① 공변세포는 안쪽의 세포벽이 두껍고, 바깥쪽이 더 얇다.
③ 건조지에서 자라는 유칼리나무는 책상조직이 양쪽에 있는 등면엽이다.
④ 나지식물은 엽병을 가지고 있지 않다.
⑤ 목부는 상표피쪽에 사부는 하표피쪽에 존재한다.

54 모근은 개척근보다 직경이 작고 길이가 짧다.

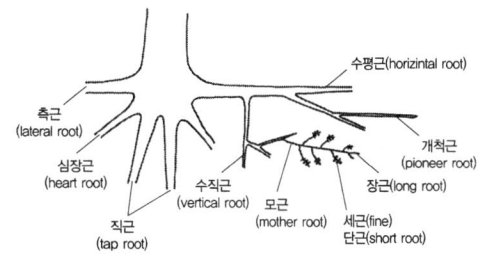

수평근(horizontal root), 측근(lateral root), 개척근(pioneer root), 심장근(heart root), 수직근(vertical root), 모근(mother root), 장근(long root), 직근(tap root), 세근(fine)단근(short root)

55
식물조직	분열조직	정단분열조직	생장점
		측방분열조직	유관속 형성층, 코르크 형성측
	영구조직	표피조직	근모, 기공, 배수조직, 모용, 주피(외수피)
		유관속조직	물관, 헛물관, 체관
		기본조직	• 유조직 : 동화, 저장, 분비, 통기 조직 • 기계조직 : 후각, 후벽(보강세포, 섬유세포)조직

- 모용 : 식물에 난 털 모양의 조직을 말한다. 틸란드시아 등은 모용을 통해 영양분과 수분을 흡수한다.
- 동화조직 : 세포 내에 엽록체를 함유하고 주로 광합성 작용을 하는 유조직. 엽육조직에서 책상조직과 해면조직과 어린수피, 어린과실 등의 피층조직이다.
- 절간분열조직 : 줄기 마디와 마디 사이의 생장, 줄기의 신장생장에 도움을 준다.

56 • Wall 1 : 상하(세로) 방향으로 확산방지, 도관 및 가도관 세포를 격리
  - 활엽수는 전충제(tylosis), 검(gum), 과립물질, 페놀 등으로 도관세포를 채움
  - 침엽수는 수지(resin), 테르펜 등으로 가도관 세포를 채움
• Wall 2 : 목재의 중심으로 확산 방지, 나이테의 종축 유세포
• Wall 3 : 수간의 좌우 둘레 확산 방지, 방사조직 수선조직이 관여
• Wall 4 : 새로 생성되는 조직으로 외부에서 침입 차단, 가장 강력한 방어층, 형성층이 관여

57 Callose(칼로스)
• 합성 : 체판 손상을 장기적으로 해결하기 위해 체판공에서 칼로스가 생성, 원형질막의 효소에 의해 합성되며, 원형질막과 세포벽 사이에 쌓여 물질의 이동을 막는다.
• 칼로스($\beta-1,3$-glucan)는 포도당 중합체로서 전분이나 셀룰로스 등과 관련이 깊다.
• 기능 : 정상 기능을 하는 사관요소에서는 소량이 사판의 표면에 발견되지만, 사관요소가 상처를 받거나 기능을 상실한 사관요소에서 callose(유합조직)의 형성과 함께 급격히 합성되어 사판 주변에 축적되어 사판 구멍을 봉합하여 전류시스템을 유지한다.

58 자엽은 종자 내에 있는 배가 자란 것이다.

59 내초의 세포가 분열을 시작하여 만든 코르크형성층은 뿌리를 보호하며, 어린뿌리의 피층에 해당하는 조직은 찢어져 없어진다.

60 아까시나무와 단풍나무는 장일 조건과 온도를 올려주면 겨울에도 줄기생장을 한다.

61 엽록소는 햇빛을 모아 네 가지 단백질군이 순서대로 작용하여 물분자를 분해하고 산소를 발생시킨다.

62 활엽수 밑동을 자를 때에는 탄수화물을 모두 소모시킨 6월 중순이나 하순경에 실시하는 것이 좋다.

63 *Rhizobium*과 *Frankia*는 기주세포 안에서 공생하는 내생공생이다.

산림 내 질소고정 미생물의 분류

구분	미생물 종류	생활 형태	기주	산림 내 질소고정량 (0cgN/ha/년)	출처
자유생활	*Azotobacter*	호기성	-	0.2~1.0	Tjepdkema, 1979
	Clostridium	혐기성	-	15~44	Knowless, 1955
공생	*Cyanobacteria*	외생공생	지의류	3~4	Denison, 1979
			소철	-	-
	Rhizobium	내생공생	콩과식물	100~200	Stewart, 1966
			Parasponia (느릅나무과)	-	-
	Frankia	내생공생	오리나무류	12~300	Tarrant & Trappe1 1971
			보리수나무	-	
			담자리꽃나무	-	
			소귀나무속		

64 카로테노이드는 광합성의 보조색소로 역할을 하여 엽록소가 햇빛에 의해 광산화되는 것을 방지한다.

65 리그린의 가장 중요한 기능은 cellulose의 인장강도와 목부의 물리적인 지지력을 높이는 것이다.

66 황은 체내에서 이동이 잘 안 되어 어린잎 전체(엽맥 포함)가 황화현상을 나타난다.

67 증산작용이 무기염 이동에 필수적인 것은 아니다. 따라서 증산작용을 거의 하지 않을 때 무기염이 이동하지 못하는 건 아니다.

68 산성토양에서 암모늄태(NH_4^+) 질소의 흡수를 도와준다.

69 엽서-유칼리나무의 경우 잎이 배열하는 순서와 각도가 성숙하면서 변화한다.

70 • 3월 : 오리나무, 개암나무   • 3월 말경 : 잎갈나무
   • 4월 하순 : 소나무   • 5월 중순 : 잣나무
   • 7~8월 : 자귀나무

71 후숙은 종자의 배휴면, 종피휴면의 정도가 가벼운 종자는 건조한 상태로 보관한다.

72 **발아생리의 순서**
수분흡수 → 식물호르몬 생산 → 효소생산 → 저장물질의 분해와 이동 → 세포분열과 확장 → 기관분화

73 **사이토키닌**
• 잎의 노쇠지연 : 사이토키닌이 주변으로부터 영양분을 모으는 능력 때문(어린잎이 성숙잎보다 사이토키닌 함량이 높음)
• 녹병 곰팡이는 잎을 감염시켜 사이토키닌을 생산하여 엽록소를 유지(green islands)
• 액포막의 기능을 활성화하여 액포 내의 protease효소가 세포질로 스며들어 오는 것을 억제
• 사이토키닌이 공급이 중단되면 액포막이 제 기능을 발휘하지 못하여 단백질분해효소(protease)가 세포질로 이동하고 엽록체와 mitochondria의 단백질과 지방산을 가수분해

74 간벌쇼크는 도장지가 발생하고 고사현상으로 나타난다.

75 신장이상재는 기울어진 수간에 옥신을 처리하면 신장이상재의 형성이 억제되며, 대신 옥신의 길항제인 TIBA를 처리하면 이상재의 형성이 촉진된다.

76 토양에서 활성이 강한 미생물은 중온성균이다.

77 smectite, vermiculite, mica, chlorite 등은 동형치환이 많이 일어나기 때문에 이들은 많은 영구전하를 가진다.

78 토양관리인자(P)는 토양유실 수식예측공식으로 E(풍식에 의한 토양유실량)=I×K×C×L×V이다. 이때, V는 식생인자이다.

79 석회화작용은 수분의 증발량이 강수량보다 많은 반건조지역 또는 스텝지역에서 진행되는 토양생성작용을 말한다. 주로 칼슘이나 칼륨 성분이 토양표면 아래 집적되는 현상이다.

80 수분의 용적을 전체 토양의 용적으로 나눈 것이 용적수분함량이다. 토양수분의 무게를 건조한 토양입자의 무게로 나눈 것이 중량수분함량이다.

81 토양단면이 붉은 밤색 또는 회색으로 변하면 배수가 불량하다는 것을 의미한다.

82 ① 토양입자에 의하여 수분이 보유되는 데에 작용하는 두 가지 인력은 부착력, 응집력이다.
③ 매트릭퍼텐셜과 압력퍼텐셜은 동일지점의 토양에서 동시에 작용하지 않는다.
④ 불포화상태에서 압력퍼텐셜과 삼투퍼텐셜이 모두 0이 되며, 토양의 총수분퍼텐셜은 매트릭퍼텐셜에 의해 결정한다.
⑤ 물보유력은 압력의 부호만 반대이다.

83 중량법에 의한 토양의 수분함량은 (수분무게)÷(마른토양 무게) ×100%=30g/120g×100%=25%이다.

84 식토는 동일한 수분퍼텐셜에서 양토 혹은 사토에 비해 훨씬 많은 물을 보유한다. 또한 동일한 수분함량에서 물은 식토에서 양토나 사토에 비하여 훨씬 강하게 보유되어 있다.

85 우리나라 화산회토양 allophane은 pH 의존적인 음전하를 많이 가지고 있어 양이온 교환능력도 크다. 하지만 allophane은 동형치환에 의한 음전하는 없다.

86 용적밀도가 낮은 토양은 식물의 뿌리자람과 배수성이 좋다.

87 집적층이 아닌 유기물층에 대한 설명이다.

88 입상구조(구상구조)는 주로 표층토의 토양구조로 작물생육과 관련이 깊은 매우 중요한 구조이며 입단구조라고도 한다. 입단구조는 주로 유기물의 결합작용으로 형성된 것이다. 또한 지렁이 등 토양동물과 미생물의 작용에 의해서 생성되기도 하며, 경운에 의한 영향을 크게 받는다. 산림토양에서 입상구조는 투수성, 배수상태, 통기성이 모두 양호하고 답압이나 침식에 대한 저항성이 높다.

89 pH에 따른 염기성에 적합한 수종
- 7.4~8.0 : 오리나무, 네군도단풍, 물푸레나무, 개오동나무, 측백나무 등
- 8.1~8.5 : 포플러 등

90~91 산도에 따른 적합한 수종
- 3.9 이하 : 지의류, 선태류(이끼류), 키 작은 관목류
- 4.0~4.7 : 소나무, 리기다소나무, 유럽적송, 낙엽송, 진달래, 노간주나무 등
- 4.8~5.5 : 잣나무, 가문비나무, 참나무류 등
- 5.6~6.5 : 대부분의 침엽수 및 참나무류, 피나무류, 느릅나무
- 6.6~7.3 : 호두나무, 백합나무, 측백나무, 양버즘나무, 전나무류, 폰데로사나무 등
- 7.4~8.0 : 오리나무, 네군도단풍, 물푸레나무, 개오동나무, 측백나무 등
- 8.1~8.5 : 포플러 등

92 ① 유기물이 많은 산림토양은 입단구조의 특성을 지닌다.
② 교질입자가 많을수록 토양은 비옥해진다.
④ 대부분의 침엽수는 pH 5.0~7.0 삼림토양에서 잘 자란다.
⑤ 유기물층은 O층으로 식물사체의 분해정도에 따라 L, F, H층으로 세분한다.

93 pH 5.0 이하의 산림지역은 침엽수가 식재되는 것이 바람직하다.

94 ① 토양의 pH가 산성이 될수록 H^+이 증가하여 뿌리의 양분 흡수력과 뿌리 안의 효소작용이 억제된다.
③ 토양이 산성화될수록 토양세균과 소동물의 활동이 억제된다. 대부분 미생물들은 중성상태를 좋아한다.
④ 산성토양에서 잘 자라는 수종은 소나무, 리기다소나무, 낙엽송 등이다.
⑤ 최근 10년간 산림토양의 산성도는 2010년 기준 pH 5.14에서 2019년 기준 pH 4.30으로 16% 감소하며 토양의 산성화가 매년 꾸준히 진행되고 있다.

95 ① 점토는 많을수록, 모래는 적을수록 고상의 비율이 낮다.
③ 고상은 무기물과 유기물로 구성된 것이다.
④ 기상은 토양공기로 대기에 비해 이산화탄소농도가 높다.
⑤ 전체 용적 중 액상과 기상이 차지하는 비율을 공극률이라고 한다. 공극비는 고상에 대한 액상과 기상이 차지하는 비율이다.

96 부피×전용용적밀도=작토무게이므로 1,000×0.1×1.25×10,000=125,000kg=125톤이다. 토양유기물함량이 2.0%이므로 125톤×0.02=2.5톤이다.

97 토양생성과정 중이나 인위적인 요인, 논토양 15cm, 전용적 밀도 크고 공극률이 낮아지며, 대공극 없어지고 수분이동 불가능, 뿌리의 생육이 어렵다.

구조	입단의 상태	층위
입상 (구상)	유기물 많은 표토층, 입단 결합 약함	A층위
판상	습윤지토양, 배수 불량	논토양, 경반층
괴상	블록다면체, 배수와 통기성 양호, 뿌리 발달	Bt층위, 심토층
주상	세로 배열, 건조, 반건조 심토층	Bt층위
원주상	수평면이 둥글게 발달, Na, B층	논토양, 심토층

98 • 포장용수량(-33kPa~) = 0.3kg/kg
  • 위조점(-1,500kPa) = 0.1kg/kg
  • 유효중량수분함량 = 0.3-0.1 = 0.2kg/kg
  • 용적수분함량 = 중량수분함량 × 용적밀도 × 토층
             = 0.2 × 1.2 × 0.2 = 0.048m = 4.8cm

99 토양 공기 중 이산화탄소는 토양미생물과 뿌리의 호흡으로 발생하여 대기보다 많으므로 토양에서 대기 중으로 확산에 의해 이동한다.

100 kaolinite(1:1), illite(2:1), chlorite(2:1:1)는 비팽창성 점토광물이고, montmorillonite, vermiculite는 팽창성 점토광물이다.

101 **원인별 수목병**

구분	병원	내용
생물적 원인	곰팡이	점무늬병, 탄저병, 흰가루병, 그을음병, 떡병, 가지마름병, 시들음병, 뿌리썩음병, 녹병 등
	세균	뿌리혹병, 세균성 궤양병, 불마름병 등
	바이러스	모자이크병
	파이토플라스마	빗자루병, 오갈병 등
	원생동물	코코넛야자 hartrot병 등
	선충	소나무 시들음병 등
	기생성 종자식물	새삼, 겨우살이, 칡 등
비생물적 원인	온도스트레스	과도한 고온 및 저온 등
	수분스트레스	대기의 과건 및 과습, 토양의 과건 및 과습
	토양스트레스	토양 습도의 과부족, 양분의 불균형, 토양 경화, 산소 부족 및 유해 가스의 과다, 염류 집적, 중금속 오염, 토양반응(PH)의 부적당 등
	대기오염	일산화탄소, 아황산가스, 탄화수소, 아질산, PAN, 오존, 산성비 등
	화학물질	제초제, 제설제 등

102 **삽목 번식의 장점**
  • 방법이 간단하고 특별한 기술을 필요로 하지 않다.
  • 한꺼번에 많은 묘목을 얻을 수 있다.
  • 유전적으로 어미나무와 동일한 묘목을 얻을 수 있다.
  • 실생묘에 비해 묘목의 생육이 잘되고 개화 전까지 기간이 단축된다.
  • 뿌리가 비교적 옆으로 뻗으므로 얕은 분에 가꾸거나 돌 붙임 분재에 적합하다.
  • 접목묘처럼 접목부의 상처가 없어 수피가 아름답다.

삽목 번식의 단점
  • 식물의 종류에 따라 삽목으로 발근되지 않는 것이 있다.
  • 실생묘에 비해 뿌리가 얕아 약간 단명하는 경향이 있다.

103 **근분의 크기**
  • 수간의 직경은 근원경으로 표시
  • 직경 10cm 미만 : 지상 15cm에서 측정
  • 직경 10cm 이상 : 지상 30cm 높이에서 측정
  • 직경 5cm 미만 : 수간 직경의 12배
  • 직경 8~15cm : 수간 직경의 10배
  • 직경 30cm 이상 : 수간 직경의 6~8배

104 **뿌리 조임과 뿌리 꼬임의 증상**
  • 주로 경급이 큰 나무에 피해가 발생
  • 뿌리 조임은 지제부 수간을 감아 직경생장을 할 수 없어 도관(가도관)의 생성을 방해하여 서서히 고사

105 **수관축소**
  • 성숙목이 처음 식재 당시의 목적에 맞지 않게 필요 이상으로 크게 자라면 크기를 줄여 주어야 한다.
  • 위쪽의 원가지를 자를 때 아래쪽에 남겨 둘 옆 가지의 직경이 잘려 나가는 원가지 직경의 1/2가량 되도록 한다.
  • 두목작업을 실시하면 수형도 기형적으로 되고 맹아지가 대량으로 발상하여 수형을 망친다.

106 **정성적 평가**
  • 발생가능성과 피해정도를 등급화
  • 여러 국가의 정부기관이나 업체에서 보편적으로 사용
  • 단점
    - 본질적으로 주관성과 모호성
    - 적용 시 신뢰성과 일관성을 제고하기 위하여 용어, 발생 가능성, 피해정도, 위험도 등에 대해 정의된 등급의 중요성을 명확하게 설명하는 것이 필요
    - 유용한 자료나 정보가 제한
    - 자연적인 진행과정을 예측하기에는 능력이 제한

107 **당김줄의 사용 및 설치**
  • 직경이 큰 나무를 옮겨 심으면서 나무를 견고하게 세우고자 할 때 사용한다.
  • 바람에 기울어진 나무를 다시 곧게 세우고자 할 때 사용한다.
  • 보행자가 많은 번화가에서 고정장치를 땅속에 설치하고자 할 때 사용한다.
  • 철선에 완충재를 씌워서 가지가 갈라진 곳에 돌려 맨다.
  • 철선은 땅과 45도 각도를 유지하여 3개 혹은 4개를 설치하고 매는 높이는 수고의 2/3 정도로 한다.
  • 철선을 땅에 고정할 때는 땅속에 콘크리트 블록, 쇠파이프, 각목, 철제 닻을 사용한다.
  • 한 나무에서 이웃 나무로 연결할 때 지지를 받는 나무는 수관의 1/2 이상에서 매고, 지지해 주는 나무는 수관의 1/2 이하로 연결한다.

108 • 과습에 높은 저항성 수목 : 낙우송, 물푸레나무, 버짐나무류, 오리나무류, 포플러류, 버드나무류 등
  • 과습에 낮은 저항성 수목 : 가문비나무, 서양측백나무, 소나무, 전나무, 벚나무류, 아까시나무, 자작나무류, 층층나무 등

109 활엽수는 바람이 불어오는 방향에 인장이상재, 침엽수는 바람이 불어가는 방향에 압축이상재가 생긴다.

110 **중금속으로 인한 피해**
- 활엽수 : 엽맥 사이 조직의 황화현상, 잎 끝과 가장자리의 고사, 조기 낙엽, 잎의 왜성화, 유엽에서 먼저 발생
- 침엽수 : 잎의 신장억제, 유엽 끝의 황화현상, 잎 기부로 고사 확대

111 **염류토양의 치료**
- 염도의 피해는 흙이 건조하면 피해가 심하므로 건조 시 수분을 충분히 관수
- 배수구를 설치하고 양질의 수분을 충분히 관수하여 염분을 제거함
- 염분의 피해가 심한 지역은 석고($CaSO_4$)를 사용하고 퇴비를 충분히 주어 완충작용
- 알칼리성 토양, 칼슘이 많은 토양은 황을 토양에 혼합처리

112 **황의 기능**
- cysteine, methionine과 같은 아미노산의 구성성분
- thiamine, biotin, coenzyme A와 같이 호흡작용에 관여하는 조효소의 구성성분
- 체내에서 이동이 잘 안 되어 어린잎 전체가 황화현상을 나타내고 아미노산이 축적

113 **「산림보호법」 제21조의4(나무의사 등의 자격 취득)**
① 나무의사가 되려는 사람은 제21조의7에 따른 나무의사 양성기관에서 교육을 이수한 후 산림청장이 시행하는 나무의사 자격시험에 합격하여야 한다.
② 나무의사 자격시험의 응시자격, 시험과목 등 시험에 필요한 세부적인 사항은 대통령령으로 정한다.
③ 수목치료기술자가 되려는 사람은 제21조의7에 따른 수목치료기술자 양성기관에서 교육을 이수하여야 한다.
④ 나무의사 및 수목치료기술자(이하 '나무의사 등'이라 한다)는 동시에 두 개 이상의 나무병원에 취업하여서는 아니 된다.
⑤ 이 법에 따른 나무의사 등의 자격을 보유한 자가 아니면 나무의사 등의 명칭이나 이와 유사한 명칭을 사용하지 못한다.
⑥ 나무의사 등의 자격증 발급 신청서 접수일을 기준으로 제21조의5의 결격사유에 해당하는 사람은 해당 자격을 취득할 수 없다.

114 **「산림보호법」 제21조의10(나무병원의 등록 취소 등)**
① 시 · 도지사는 나무병원이 다음 각 호의 어느 하나에 해당하는 경우에는 등록을 취소하거나 1년의 범위에서 영업정지를 명할 수 있다. 다만, 제1호 및 제5호, 제6호에 해당하는 경우에는 나무병원 등록을 취소하여야 한다.
 1. 거짓이나 부정한 방법으로 등록을 한 경우
 2. 제21조의9제1항에 따른 등록기준에 미치지 못하게 된 경우
 3. 제21조의9제3항을 위반하여 변경등록을 하지 아니하거나 부정한 방법으로 변경등록을 한 경우
 4. 제21조의9제5항을 위반하여 다른 자에게 등록증을 빌려준 경우
 4의2. 제21조의14제1항에 따른 보고 또는 자료제출을 정당한 사유 없이 이행하지 아니하거나 조사 · 검사를 거부한 경우
 5. 영업정지 기간에 수목진료 사업을 하거나 최근 5년간 3회 이상 영업정지 명령을 받은 경우
 6. 폐업한 경우

115 **「농약관리법」 제4조(결격사유)**
다음 각 호의 어느 하나에 해당하는 자는 제3조제1항 전단 및 제2항 전단에 따른 등록을 할 수 없다.
 1. 피성년후견인 또는 피한정후견인
 2. 파산선고를 받고 복권되지 아니한 사람
 3. 이 법을 위반하여 징역의 실형을 선고받고 그 집행이 끝나거나(집행이 끝난 것으로 보는 경우를 포함한다) 집행이 면제된 날부터 2년이 지나지 아니한 사람
 4. 이 법을 위반하여 징역형의 집행유예를 선고받고 그 유예기간 중에 있는 사람
 5. 제7조에 따라 등록이 취소(제4조제1호 및 제2호에 해당하여 등록이 취소된 경우는 제외한다)된 날부터 2년이 지나지 아니한 자
 6. 임원 중 제1호부터 제5호까지의 어느 하나에 해당하는 사람이 있는 법인

116 방풍림의 효과가 풍상에서는 수고의 5배, 풍하에서는 수고의 15~20배 거리까지 미친다.

117 축소절단은 길이를 줄이기 위해서 상대적으로 더 굵은 가지를 절단하는 것이다.

118 엽병이 처지면서 황화되는 것은 에틸렌의 영향이다.

119 **방화선의 설치**
- 보통 10~20m 폭으로 임목과 잡초, 관목을 제거하여 만든다.
- 방화선에 의해 구획되는 산림면적은 적어도 50ha 이상으로 한다.
- 보통 능선 바로 뒤편 8~9부 능선 정도에 설치한다.

120 2차는 2019년 1월 1일로 시행하여 모든 농산물에 확대 적용하고 있다.

121 유화성은 유제(원액)를 물에 가한 경우 기름 입자가 균일하게 분산하여 유탁액(emulsion)으로 되는 성질을 말한다.

122 비피엠씨유제의 소요량은(ml, g) 160×1,000÷1,000 = 160ml이다.

123 일반명은 화학명을 간략하게 만든 것으로 모핵화합물의 기본구조를 암시하는 어미를 부여하여 만든 경우가 많은데 농약유효성분, 구조 등을 간결하게 표현한 명칭으로 국제표준화기구(ISO)가 국제규격으로서 정한다.

124 비선택적 제초제는 빨간색 포장지를, 선택적 제초제는 노란색 포장지를 사용한다.

125 살충제저항성으로 체내에 흡수된 살충제의 해독작용 증대한다.

제2회 실전모의고사 정답 및 해설

1	2	3	4	5	6	7	8	9	10
⑤	①	⑤	①	④	①	⑤	⑤	⑤	①
11	12	13	14	15	16	17	18	19	20
④	⑤	④	②	⑤	②	⑤	④	①	③
21	22	23	24	25	26	27	28	29	30
⑤	⑤	⑤	④	①	⑤	⑤	③	①	②
31	32	33	34	35	36	37	38	39	40
①	④	⑤	⑤	②	③	⑤	④	⑤	①
41	42	43	44	45	46	47	48	49	50
②	①	⑤	③	②	①	⑤	⑤	⑤	⑤
51	52	53	54	55	56	57	58	59	60
①	⑤	⑤	④	④	③	②	③	⑤	①
61	62	63	64	65	66	67	68	69	70
②	⑤	④	⑤	②	②	①	⑤	③	④
71	72	73	74	75	76	77	78	79	80
④	⑤	③	④	③	③	③	①	③	①
81	82	83	84	85	86	87	88	89	90
②	②	③	②	②	④	①	⑤	②	①
91	92	93	94	95	96	97	98	99	100
④	⑤	②	⑤	③	④	④	②	③	⑤
101	102	103	104	105	106	107	108	109	110
④	①	⑤	⑤	⑤	④	⑤	③	⑤	⑤
111	112	113	114	115	116	117	118	119	120
④	②	⑤	①	⑤	③	③	④	④	①
121	122	123	124	125					
③	⑤	⑤	⑤	⑤					

01 주로 지표면에서 2m 이하의 줄기에 침입하는데 특히 지제부에 주로 침입한다.

02 • 물리적 저항성 : 큐티클, 왁스 등
• 화학적 저항성 : 페놀류, 파이토알렉신, PR단백질, HRGP, 리그닌 등

03 무성생식법(이분법)으로 증식한다.

04 세균에 의한 병징이다.

05 *Streptomyces*는 실 모양이다.

06 편모가 없는 것도 있다. 편모는 주로 간균이나 나선균에만 있고 구균에는 거의 없다.

07 세균의 동정방법은 염색법을 이용해 세포벽의 펩티도글리칸 두 께에 따라 모든 세균을 크게 그람양성과 그람음성으로 나뉜다. 즉 세균의 세포벽의 구성성분인 펩티도글리칸의 함량 차이에 의 한 것이다.

08 암컷 성충의 운동성에 따라 이주성 및 고착성으로 구분할 수 있다.

09 묘목을 통해 다른 곳으로 전파될 수 있다.

10 *Meloidogyne*속에 속하는 선충으로 고착성 내부기생성선충 이다.

11 균사의 핵상은 반수체(n)이다.

12 *Entrophospore*는 접합균에 속한다.

13 잣나무잎녹병은 *Coleosporium eupatoril*에 속한다.

14.

기호	세대형	특징	핵상	비고
0	녹병정자	단세포, 평활, 기주식물표피, 곤충유혹	n	원형질융합녹포자생성, 유성생식
I	녹포자	단세포, 구형 난형, 녹포자기	n+n	기주교대
II	여름포자	단세포, 구형 난형, 반복감염	n+n	여름포자퇴 (분생포자 역할)
III	겨울포자	포자퇴 (갈색, 검은색), 담자기 (4개 담자포자)	n+n → 2n	월동, 동포자
IV	담자포자	무색단핵포자	n	소생자, 기주교대

15. 파이토플라스마는 분열법으로 증식한다.

16. 종자식물 및 양치식물을 침해한다(선태식물이 아님).

17. 붉은색 자낭각이 궤양의 가장자리에 생긴다.

18. 균사의 격벽은 자낭균류보다는 복잡한 구조를 가진 유연공격벽이다.

19. 밤나무줄기마름병의 경우 병환부에는 갈색 또는 흑색을 띤 무성세대의 분생포자각과 유성세대의 자낭각이 형성된다.

20. 밤나무잉크병의 병원균은 *Phytophthora katsurae*이다. 참고로 자주빛날개무늬병의 병원균은 *Helicobasidium mompa*이다.

21. ① cystotheca는 흰가루병의 병원균이다.
    ② 직접침입하는 것이 아니라 부생성 외부착생균이다.
    ③ 기주특이성이 없다.
    ④ 서식 곤충과 관계가 있다.

22. 자낭각이 아니라 자낭반이다.

23. 바이러스는 절대순활물기생체이다.

24. 미세 압력식은 중력식에 비해 주입 속도가 빠르다.

25. 불완전균류에 속한다.

26. 복숭아가루진딧물의 가해 수목은 벚나무, 때죽납작진딧물 등이다. 참고로 일본납작진딧물의 가해 수목은 때죽나무이다.

27. 이온화에너지 조사는 물리적 방제에 대한 설명이다.

28. 산누에나방(어스레이나방)은 밤나무에서 많이 발생하며 국소적으로 대발생하여 수목에 피해를 주기도 한다. 연 1회 발생하며 줄기의 수피위에서 알로 월동한다. 4월 하순~5월 초순에 부화한 어린 유충은 모여 살면서 잎을 가해하지만 성장하면서 분산 가해한다.

29. 남포잎벌은 연 1회 발생하며 토양 내에서 노숙 유충으로 월동한다. 노숙 유충은 5월에 번데기가 된다. 신갈나무에서 발생하고 있으며 유충이 엽육만 식해하며 피해 잎은 갈색으로 변색된다.

30. 별박이자나방은 연 1회 발생하는 것이 보통이며 가지와 잎에 거미줄을 치고 중령유충이 집단을 이루고 월동한다. 유충이 잎과 가지에 거미줄을 치고 모여 살면서 잎을 가해하기 때문에 피해 부위는 잎이 없고 가지만 엉성하게 남게 된다. 특히 쥐똥나무에서 많이 발생한다.

31. 유효적산온도 = (측정온도 − 발육영점온도) × 측정온도에서의 발육일수 = $(25 - 13) \times 10 = 120℃$

32. • 솔수염하늘소의 천적 : 개미침벌, 가시고치벌
    • 솔잎혹파리의 천적 : 솔잎혹파리좀벌, 혹파리살이먹좀벌, 혹파리등뿔먹좀벌, 혹파리반뿔먹좀벌

33. 새로운 가해수종의 심재부를 식해한 후 산란한다.

34. 잎의 똥조각 및 탈피각은 방패벌레류의 흔적이다.

35. 트랩의 포획 효율은 색, 형태 등의 영향을 받는다.

36. 다양한 종류의 응애에 효과가 있어야 한다.

37. 근친교배를 최소화하기 위한 유전자급원의 재조합이 가능하다.

38. 생존곡선의 제1형은 어린 개체군의 사망률이 낮은 경우, 즉 인간에 해당한다. 제3형은 어린 개체에서 사망률이 높은 경우로, 곤충은 제3형에 해당한다.

39. **식도하신경절**
    • 구기, 침샘, 목 부위에 연결된 근육과 감각기관에 신경을 보냄
    • 운동을 촉진, 억제시키는 역할

40. 발육영점온도는 발육률이 0에 해당하는 경우이므로 $0 = ax + b$
    → $x = -b \div a$가 된다.

41. 곤충의 질소배설물은 물에 녹지 않는 요산·구아닌으로, 물과 함께 배설할 필요가 없어서 체내에 수분을 보존한다.

42. 가. 종합적 병해충 관리(IPM ; Intergrated Pest Management)는 이용 가능한 방제법을 동원하여 경제성을 고려하면서 적절한 방제법을 강구하는 방제 방법이다.
    나. 경제적 피해 수준(threshold damage level, economic injury level)은 해충이 발생하여 경제적 손실을 일으키기 시작하는 발생수준을 말한다. 즉, 해충발생수준이 방제비와 같은 수준의 손실을 가져오는 밀도를 말한다.

43. 미국선녀벌레는 노린재목으로 *Hemiptera*이다.

44 자웅양형은 유전적 결합에 의해 몸의 좌우 한쪽 절반은 암컷, 나머지 한쪽은 수컷인 경우로, 불임성이다.
   ①, ④, ⑤ 단위생식과 처녀생식은 정자와 난자의 결합 없이 하나의 성만으로 번식하는 방법이며, 종종 수정을 통한 유성생식도 겸한다.
   ② 자웅동체 또는 자웅혼성은 한 몸에 암수의 성질을 모두 가지고 있어 때로는 암컷으로 때로는 수컷으로 행동하며 번식하는 방법이다.

45 양성생식은 암컷의 알(n)과 수컷의 정자(n)가 결합하여 배수체 접합자(2n)가 형성된다. 단위생식을 하는 특히 수컷단위생식을 하는 곤충에서 암컷의 배수체는 (2n)이고 모든 수컷은 반수체(n)이다.

46 곤충. 꿀벌은 탄수화물을 트레할로스와 글리코겐으로 저장한다. 곤충의 포도당 두 분자를 결합하여 Trehalose(트레할로스)로 저장하여 혈림프 당으로 이용하며 트레할로스는 곤충의 동결보호, 곤충의 과냉각점을 낮추고 세포막을 안정화시켜 세포가 파괴되는 것을 막는다. 곤충에서 지질의 소화는 디글리세이드, 모노글리세이드 및 글리세롤 및 유리지방산으로 소화된다.

47 매미나방은 고유종이다.

48 곤충의 순환계
   • 개방순환계
   • 혈구는 중배엽에서 발생
   • 혈장 : 수분의 보존, 양분의 저장, 영양물질과 호르몬의 운반 등의 역할
   • 혈구 : 식균작용, 응고작용
   • 곤충 체액은 혈림프로 혈액+림프액, 등혈관이 심장으로 여러 개가 존재, 혈액의 순환은 근육의 수축과 등혈관의 연동수축으로 진행
   • 외배엽 : 표피, 외분비샘, 뇌 및 신경계, 감각기관, 전장 및 후장, 호흡계, 외부생식기
   • 중배엽 : 심장, 혈액, 순환계, 근육, 내분비샘, 지방체, 생식선 (난소 및 정소)
   • 내배엽 : 중장

49 알로몬은 분비자에게는 도움이 되지만 감지자에게는 손해가 되는 물질이다.

50 솔잎혹파리나 솔껍질깍지벌레는 1차해충이라 부른다.

51 증산작용을 설명하는 이론은 응집력설이다.

52 수지구는 나자식물에만 존재한다.

53 목재의 구성성분

피자식물(활엽수)		나자식물(침엽수)	
종축 방향	수평 방향	종축 방향	수평 방향
도관 가도관 목부섬유 종축유세포	수선유세포	가도관 종축유세포 수지구세포	수선가도관 수선유세포 수지구세포

54 내초는 분열조직 활성을 유지하고 있는 새로운 측근(곁뿌리)의 성장이 시작되는 부위이다. 측근 형성이 시작될 때는 뿌리 내부에 매몰되어 있다가 측근이 신장하며 피층과 표피를 뚫고 나온다.

55 광합성으로 생산된 포도당은 설탕(sucrose) 형태로 전환되어 이동한다.

56 가도관은 천공이 없고 막공을 통해 수평 이동이 가능하다.

종류	가도관	도관	체관
격막	○(혹은×)	×	체판(사판)
천공	×	○	체판공
벽공(막공)	○	○	○

57 무성번식도 다음 세대를 만들기 위한 생장이므로 생식생장으로 본다.

58 어느 수종이건 어떤 환경에서나 목부의 생산량이 사부보다 많다.

59 눈과 잎에서 생산되는 GA와 뿌리에서 생산되는 사이토키닌의 상호 작용이 형성층 생장을 결정한다.
   내초의 세포가 세포분열하여 만든 코르크형성층은 뿌리를 보호한다.

60 NADH는 호흡과정(시트르산 회로)에서 만들어진다.

61 climacteric 현상은 포도나 귤에는 나타나지 않고 사과, 복숭아, 자두, 바나나 등에 나타난다.

62 glucose는 fructose, mannose 등과 함께 6탄당에 해당한다.

63 지구상에서 가장 흔한 단백질은 rubisco효소로, CO_2를 붙잡는 역할을 한다.

64 광합성 과정에서 rubisco효소가 O_2와 결합한 후 몇 단계를 거쳐 CO_2를 발생하는데 이때 NH_4^+가 동시에 발생(미토콘드리아)한다. 이 NH_4^+는 엽록체로 이동 즉시 glutamate가 NH_4^+와 결합하여 glutamine을 생성한다.
   • 광호흡관계 기관 : 엽록체, 미토콘드리아, peroxisome 간의 광호흡 과정에서 생기는 NH_4^+를 방출하고 다시 고정하는 광호흡 질소순환
   • 광호흡 질소순환 : 세포 내에 광호흡으로 발생하는 NH_4^+가 축적되어 독성을 나타내게 된다.

65 고무는 쌍자엽식물에서 합성되며, 나자식물이나 단자엽식물에서는 생산되지 않는다.

66 붕소는 $H_2BO_3^-$ 형태로 이용된다.

67 광도가 높고 이산화탄소 농도가 낮으면 증산량이 증가한다.

68 내생균근은 피층세포는 침범하지만 내피세포는 침범하지 않는다.
　※ 외생균근은 피층세포 내 침입하지 않으며, 내생균근은 피층세포 내에 침입한다.

69 나자식물의 꽃은 양성화가 없다.

70 단위결과는 피자식물에서 주로 관찰되지만 나자식물에서도 관찰되는데, 비립종자만이 들어있는 상태에서 솔방울이 완전히 성숙하는 경우이다. 전나무속, 잎갈나무속, 가문비나무속, 향나무속, 주목속, 측백나무속에서 자주 관찰된다.

71 대립종자인 참나무류, 밤나무, 호두나무, 개암나무류는 지하자엽형 발아를 한다.

72 대부분의 수목종자는 주야간에 일정한 온도를 유지한 것보다 온도의 변화를 줄 때 더 높은 발아율을 보인다.

73 에틸렌 생산에는 ATP가 소모되며, O_2를 요구한다.

74 열쇼크단백질은 단백질과 핵산이 변성되는 것을 막는다.

75 **산림쇠퇴의 증상**
- 생장감소 : 줄기, 절간, 직경생장 감소
- 잎의 크기 감소, 황화현상, 조기낙엽
- 가지의 고사와 바깥수관의 쇠퇴
- 줄기와 가지의 부정아 발생
- 세근과 균근의 뿌리의 파괴
- 뿌리썩음병균에 의한 뿌리의 감염

76 규산염점토광물의 변두리전하는 pH 의존전하로 교질물이 지닌 전하가 아니다.

77 수화되면 흡착이 잘 안 된다.
　※ H>Al(OH)>Mg=Ca>K=NH4>Na

78 석회물질은 산성화를 개량한다.

79 공극률 = 1 − (용적밀도/입자밀도) = 1 − (1.3/2.6)
　　　　= 1 − 0.5 = 0.5 (= 50%)

80 소공극에는 수분이 존재하고, 대공극에서는 공기가 존재한다. 토양의 점토함량이 증가할수록 포장용수량이 증가하는 이유는 소공극이 많아지고 모세관력이 증가하기 때문이다.

81 습윤한 토양이 건조한 토양보다 열전도도가 높다.
- 열전도율 : 두께가 1cm인 물질 양면에 1℃ 온도차, 1초 동안 통과하는 열량으로 순서는 무기입자>물>부식>공기
- B : 무기물 집적층, O층 : 유기물층

82 토양세정(soil flushing)은 오염물질의 용해도를 증가시키기 위해 첨가제가 함유되어 있는 물을 토양공극 내에 주입하여 토양오염물질을 추출함으로써 처리하는 기술이다.

83 ① 불포화토양에서의 수분이동은 매트릭퍼텐셜차이에 기인한다.
② 총수분함량은 수분함량에 따라 최대 0에서 그 이하이다.
④ 식토가 점토함량이 더 많아서 용적수분함량을 더 많이 보유한다.
⑤ 토양의 수분보유력은 공극의 반지름과 관계가 있다.

84 · 증가 : 배수가 불량, 산소 부족, 유기물 많은 토양
　 · 불량 : pH5 이하의 산성토양, 10℃ 이하의 온도

85 · 용적수분함량 = 12,000/(2,000×0.1×10) = 6
　 · 중량수분함량 = 용적수분함량/용적밀도 = 6/1.2 = 5

86 산성일 때 Fe, Al와 결합하여 침전, 알칼리 때 Ca−P 형태로 침전한다.

87 투수성이 증가하면 K값이 낮아진다.
　※ 침투율과 토양구조에 따라 K(0~0.1) → 침투율 높은 것 (0.025), 침투율 낮은 것 (0.04)

88

목	토양 특징	작용인자	주요 대토양군
성대 토양	기후와 식생의 영향이 뚜렷하며 토양 생성인자 중 가장 넓게 분포함	· 한랭, 습윤, 침엽수 · 한랭, 습윤, 초본 · 온난, 습윤, 침/낙엽수 · 고온, 습윤, 활엽수	· 포드졸 토양 · 체르노젬 토양 · 적황색 토양 · 라토졸 토양
간대 토양	지형과 모재의 영향이 뚜렷함	· 건조지대에서 배수불량 · 지대가 낮고 배수 불량 · 석회함량이 많은 모래	· 퇴화 염류토양 · 회색 토양 · 갈색 산림토
무대 토양	토양단면에 특징 없음	풍화에 대한 저항성이 크고 침식 또는 퇴적이 빠르고 풍화기간이 짧음	· 암쇄 토양 · 퇴적 토양 · 충적 토양

※ 성대성 토양 : 기후나 식생과 같이 넓은 지역에 공통적으로 영향을 끼치는 유인에 의하여 생성된 토양
※ 간대성 토양 : 좁은 지역 내에서 토양 종류의 변이를 유발하는 지형과 모재의 영향을 주로 받아 형성된 토양
예 간대토양, 테라로사, 화산회토, 레구르, 이탄토, 글레이토 등

89 산림토양은 L(Oi) · F(Oe) · H(Oa)의 3가지 다른 종류의 층위를 포함하는 유기물층(임상층, forest floor)을 가지고 있다
① CEC는 경작토양이 산림토양보다 높다.
③ 경작토양의 C/N율은 산림토양보다 낮다.
④ 질산태가 아니라 암모니아태 질소(NH_4^+)이다.
⑤ 산림토양은 산성이 강하다.

90 세균보다 곰팡이가 우세하다.

91 토양군 − 토양아군 − 토양형 중 토양형에 해당한다.

92 토성에 따른 적합한 수종
- 사토 : 소나무, 리기다소나무, 버드나무, 아까시나무, 황철나무류 등
- 사양토 : 대부분의 수종 생장 가능
- 양토 : 잣나무, 참나무류 등 대부분 수종 생장 가능
- 미사질양토 : 잣나무 등 대부분 수종 생장 가능
- 식질양토 : 소나무, 전나무 등
- 식토 : 낙엽송, 서어나무, 가문비나무, 벚나무 등
- 석력토 : 대나무, 밤나무 등

93 산림토양은 유기물이 많아 용적밀도가 감소한다.

94 사방지토양은 침식토양(군)의 토양형 토양이다.

95 갈색산림토양(B ; Brown forest soils)군은 갈색건조산림토양 B1, 갈색약건산림토양 B2, 갈색적윤산림토양 B3, 갈색약습산림토양 B4로 4가지 토양형을 나눈다. 여기서 적윤산림토양은 B3이다.

96 모세관수 = 포장용수량(-0.033MPa) − 흡습수(-3.0MPa)
이므로 $22 - 8 = 14$(g/100g)이다.

97 석회함량순
생석회(CaO) > 소석회(Ca(OH)$_2$) > 고토석회(CaCO$_3$·MgCO$_3$) > 석회석(CaCO$_3$)
※ 석고(CaSO$_4$·2H$_2$O)는 황산칼슘의 이수화물이다.

98 ① 공극률이 높다.
③ 응집에서 시작된다.
④ 분산효과가 크다.
⑤ 소성한계와 액성한계의 차이이다.

99 우리나라 토양 발달이 어느 정도는 진행되었지만 특징적인 토양층이 나타나지 않는 인셉티솔(Inceptisols, 반숙토)이 전체 면적의 64.8%이다. 토양의 층위가 발달하기 시작한 젊은 토양에 속한다.

100 균근(Mycorrhizae 단수로 micorriza : '균류'와 '뿌리'를 뜻하는 그리스어에서 유래)은 숙주 식물에게 영양 물질과 물을 제공하고 숙주 식물로부터 탄수화물을 공급받는 균류 공생 생물체이다. 균근은 인의 함량에 반비례하여 형성된다.
① 무기염의 흡수 촉진 : 균근의 형성률(or 감염률)은 토양의 비옥도가 높을수록 낮다. 특히, 인산의 함량에 반비례
② 암모늄태 질소(NH$_4^+$)의 흡수 : 산림토양애 무기염의 흡수와 관련된 균근의 역할 중 특히 중요한 것은, 암모늄태 질소(NH$_4^+$)의 흡수
③ 생육불량의 한계토양, 병원균에 대한 저항성 증가 : 균근의 균사는 뿌리를 둘러싸고 있거나 토양 중에 뻗어 토양의 건조, 낮거나 높은 pH, 토양 독극물, 극단적인 토양온도에 대한 저항성을 높여주고, 뿌리 표면을 먼저 점령하여 항생제를 생산함으로써 병원균에 대한 저항성도 증가시켜줌
④ 건조토양에서 수분흡수력이 증가

101 대화현상은 병으로 보지 않는다.

102 줄기의 생장량은 1년에 최소 30cm가량 되어야 하며 수피는 금이 가거나 상처가 없어야 한다. 또한 동아가 가지마다 뚜렷하고 크게 자리 잡고 있어야 한다.
식재 수목의 조건
- 수간은 한 개의 줄기이다.
- 가로수일 경우 지하고가 2m 이상이어야 한다.
- 수관의 모양에서는 골격지의 배치를 우선적으로 본다.
- 골격지가 4방향으로 뻗어야 한다.
- 수관의 높이는 수고의 2/3가량이 적당하다.

103 파종의 성과에 영향을 끼치는 인자
- 수분조건
- 동물의 해 : 대립종은 토끼, 들쥐, 등, 소립종은 새들의 피해
- 기상의 해 : 열해, 상주 등
- 타감작용
- 흙 옷 : 발아한 어린 묘목은 빗방울로 흙을 덮어씀. 이로 인해 묘목이 죽고, 강우로 표토가 유실되어 뿌리 노출로 인한 건조의 해 및 열해 피해 발생
- 종자의 품질

104 ② 근삽(뿌리 꽂이)하는 수종 : 국화, 능소화, 대나무 등
③ 휘묻이 하는 수종 : 수국, 아이비, 등, 마삭줄 등. 길게 자란 식물의 줄기나 가지를 휘어서 일부가 땅에 묻히게 한 후 뿌리가 발생하면 분리됨
④ 인경 꽂이 하는 수종 : 백합, 히아신스, 수선화, 아마릴리스 등. 인경을 세로로 4~8등분한 후 조각들을 삽목

105 수목 앉히기
- 가장 자주 보이는 곳 : 수목이 가장 아름답게 보이게 방향
- 접목된 부분 바로 위의 구부러진 부분이 피소피해를 받지 않도록 접수를 오후의 태양 방향으로 향하게 함
- 수간이 노출되는 경우 : 흰 외장 라텍스 페인트로 칠함(피소우려)
- 가장 낮은 가지가 있는 쪽 : 활동성이 낮은 지역을 향하게 함
- 높은 가지가 있는 쪽 : 높은 통과높이가 필요한 지역을 향하게 바람과 피소, 외관이 수목의 방향을 결정하는 요소가 아닌 경우에는 대부분의 가지가 위치한 쪽을 오후의 태양으로부터 멀리 위치시킴
- 대부분의 가지가 있는 쪽이 강한 주풍을 향하도록 함

106 지주
- 지주는 불가피한 경우가 많음
- 지주는 초살도가 작아져서 바람에 대한 저항성이 약해짐
- 지주는 바람뿐만 아니라 사람, 자동차, 기계에 의한 피해도 막아 줌
- 나무 밑동에 가지가 달려 있는 묘목은 지주가 필요 없음
- 지주는 단각형, 이각형, 삼각형, 사각형이 있음
- 수간 직경 8cm 정도까지 지주로 버팀
- 중경목(8cm 이상)이나 대경목은 지주 대신 당김줄을 사용함
- 당김줄은 철사를 사용. 45도 각도로 세 개 혹은 네 개 줄을 땅에 고정함

107 암거배수에 관한 설명이다.
   암거배수
   - 토양이 극도로 딱딱하거나 경질 지층이 있어 배수가 극히 불량할 경우 사용
   - 경비가 많이 들지만 깊게 묻으면 가장 효과가 큼
   - 흙, 콘크리트, 플라스틱으로 배수관을 만듦
   - 배수관의 경사도가 일정하게 되도록 깊이 1m 이상의 도랑을 파고 자갈을 먼저 깔고, 배수관을 연결한 다음 자갈로 다시 덮고, 토목섬유를 감
   - 배수관 사이의 간격은 점질토의 경우 10m내외, 사질토양의 경우 30m 정도
   - 집수구역은 더 깊은 도랑을 만들어 자연배수 시키거나 양수기로 퍼냄

108 **피뢰 시스템**
   - 피뢰침은 반드시 꼬아서 만든 동선(직경 1cm가량)을 사용
   - 나무의 가장 높은 곳보다 더 높게 설치
   - 수간을 달아 내린 후 땅속에 일단 묻은 후 다시 수관 가장자리보다 더 밖으로 뽑아 묻음
   - 3m가량 땅속에 수직으로 묻힌 구리막대기에 연결
   - 흉고직경 1m 이상의 거목일 경우에는 2개 이상의 피뢰침을 나무 꼭대기에서부터 독립된 동선에 연결하여 각각 땅속에 묻음

109 **종합적병해충관리(Integrated Pest Management)와 식물건강관리(Plant Health Care)의 관계**
   - 식물건강관리(PHC)는 1980년대 조경수 관리 전문가들에 의한 조경수 관리 효율을 위한 시도이다.
   - 농작물의 생산과정에서 도입되었던 종합적병해충방제(IPM) 개념을 응용한다.
   - IPM은 다양한 방제법(기계적, 재배적, 생물적, 화학적, 법제적 방제)을 동원하여 적절히 해충의 숫자를 줄이되 박멸하는 것은 아니며 경제적 피해를 최소화하는 발생밀도를 조절하는 것이다.
   - 정찰이란 병해충에 대한 관찰, 인지, 동정, 숫자파악, 문제를 기록하는 행위이고, 여러 차례에 걸친 지속적인 정찰을 모니터링이라 한다.
   - IPM의 개념을 조경수 관리에 적용하면 경제적 피해수준과 경제적 피해허용수준을 결정하기 어렵다.

110 **동계건조의 원인**
   - 이른 봄 상록수가 과다한 증산작용으로 인해 말라 죽는 현상
   - 기온은 상승하여 증산작용이 증가하지만 토양은 얼어 있는 상태로 수분흡수가 원활하지 못하여 발생
   - 가을에 이식한 상록수, 고산지대 북향에 있는 지역에서 자주 나타남

111 **염해의 병징**
   - 침엽수의 경우 구엽이 갈색으로 변색되고 조기낙엽되어 수세가 약해지고 심하면 고사
   - 활엽수의 경우 잎이 없어 피해를 외관상으로는 알 수 없으나 봄에 개엽이 늦거나 잎이 작아지면서 고사지가 발생하고 심하면 고사
   - 침엽수는 잎 끝으로부터 아래로 적갈색으로 변하고 바람에 의해 떨어짐
   - 상록활엽수는 잎 가장자리에 괴저 현상이 나타나고 진전됨에 따라 낙엽이 되고 봄에 개엽이 늦으며 고사지가 발생
   - 수종에 따라서 총생이 나타남

112 **복토의 원인**
   - 이미 심어져 있는 나무 위에 15cm 이상 흙을 덮어 수목의 뿌리호흡을 방해함
   - 석축 조성 후 그 안에 흙을 채우는 행위로 복토와 같은 피해
   - 천연기념물을 비롯하여 노거수의 피해가 큼
   - 초기 뿌리의 활력이 나빠 무기양분의 흡수가 지연되어 잎과 가지가 죽고 이후에 밑동이 썩어 탄수화물이 뿌리로 전달되지 못해 고사

113 **활엽수의 인 결핍증상**
   - 잎
     - 성숙잎이 녹색 혹은 짙은 녹색
     - 엽병, 잎의 뒷면이 동색~보라색으로 변색
     - 약간 뒤틀리며 엉성하게 부착
     - 조기 낙엽
   - 가지 : 길이는 정상이나 가늘어 보임
   - 꽃 : 적게 달림
   - 열매 : 적게 달리고 작음

114 동시에 두 개 이상의 나무병원에 취업한 경우 500만원 이하의 벌금에 처한다.

115 산지전용허가·신고지 또는 산지일시사용허가·신고지에서 생산되는 소나무류를 해당 허가·신고지 내에서 이동하는 경우 이동이 가능하다.

116 불화수소가 기공을 통해 잎 내에 흡수되면 수분에 용해되어 조직을 괴사시키는데, 독성이 매우 강해 대기 중에 약 5ppm만 존재해도 식물에 피해를 준다.

117 배롱나무는 당년지에서, 살구나무는 2년지에서 꽃피는 수종이다.

개화시기	수종
당년지에서 꽃 피는 수종	장미, 무궁화, 배롱나무, 싸리나무류, 협죽도, 능소화, 포도, 불두화, 목서, 감나무, 대추나무, 아까시나무 등
2년지에서 꽃 피는 수종	진달래, 개나리, 벚나무, 박태기나무, 수수꽃다리, 매실나무, 목련, 철쭉류, 복사나무, 산수유, 생강나무, 앵두나무, 모란, 살구나무, 등 등
3년지에서 꽃 피는 수종	사과나무, 명자나무, 배나무, 산당화 등

118 계면활성제를 첨가하면 접촉각이 작아진다.

119 **잔류허용한계(잔류한계농도, MRL ; Maximum Residue Limit)**
   - 허용한계(ppm) = $\dfrac{\text{ADI(mg/kg/일)} \times \text{체중(kg)}}{\text{적용농산물 섭취량(kg/일)}}$
   - ppm = $\dfrac{0.1 \times 80}{0.5}$ = 16ppm(8mg/500g의 쌀)

120 수화제는 물에 녹지 않는 농약 원제를 활석이나 카오린 등의 광물질 증량제와 계면활성제를 첨가한 후 분쇄하여 가는 가루로 만든 것이다.

121 품목명은 농약의 제제화와 관련하여 붙여진 이름으로 영문의 일반명을 한글로 표시하며 뒤에 제형을 붙인다. 우리나라에서 농약을 등록할 때 사용하는 간략한 명칭이다.

122 판매가격 표시(판매자), 농약 구매 시 농약 판매업자에게 확인, 농약 사용 시 농약 포장지 라벨 확인(구입자)이다.

123 알칼리성 물질에 의하여 분해된다.

124 • 속효성 침투이행성은 좋으나 잔효력이 길지 않다.
• 유기염소계는 환경과 작물에 대한 잔효성이 길어서 국내에서 사용이 중지되었다.

125 색소 생합성저해는 제초제의 작용기작에 해당된다.

2026 나무의사 핵심문제집

초 판 발 행	2021년 10월 15일
개정5판1쇄	2025년 07월 25일
편　　　저	윤준원 · 김태성
발 행 인	정용수
발 행 처	㈜예문아카이브
주　　　소	서울시 마포구 동교로 18길 10 2층
T E L	02) 2038 – 7597
F A X	031) 955 – 0660
등 록 번 호	제2016 – 000240호
정　　　가	32,000원

- 이 책의 어느 부분도 저작권자나 발행인의 승인 없이 무단 복제하여 이용할 수 없습니다.
- 파본 및 낙장은 구입하신 서점에서 교환하여 드립니다.

홈페이지 http://www.yeamoonedu.com

ISBN   979-11-6386-494-3   [13520]